浙江省普通高校“十三五”新形态教材

复变函数与积分变换

COMPLEX FUNCTIONS AND INTEGRAL TRANSFORMS

陈军刚　林喜梅　叶　臣◎编

ZHEJIANG UNIVERSITY PRESS
浙江大学出版社
·杭州·

内容提要

本教材是浙江省"十三五"第二批教学改革项目(项目编号:jg20190608)和浙江省普通高校"十三五"新形态教材建设项目的成果.

本教材遵循"工科本科基础课程教学基本要求",在多年教学实践的基础上,结合相关学科的发展编写而成.教材共分9章,内容深入浅出,语言通俗易懂,论述清晰,突出应用.教材中配有一定的数字化资源、丰富的几何图形和应用案例,有助于提高读者学习兴趣,加深读者对抽象概念的理解和提升应用数学知识解决实际问题的能力.

本教材可作为高等院校工科类各专业学生的教材使用,也可供相关专业科技工作者和工程技术人员阅读参考.

图书在版编目(CIP)数据

复变函数与积分变换/陈军刚,林喜梅,叶臣编
.—杭州:浙江大学出版社,2023.8
ISBN 978-7-308-24128-1

Ⅰ.①复… Ⅱ.①陈… ②林… ③叶… Ⅲ.①复变函数 ②积分变换 Ⅳ.①O174.5 ②O177.6

中国国家版本馆 CIP 数据核字(2023)第158164号

复变函数与积分变换
陈军刚 林喜梅 叶 臣 编

责任编辑 陈 宇
责任校对 赵 伟
封面设计 雷建军
出版发行 浙江大学出版社
(杭州市天目山路148号 邮政编码310007)
(网址:http://www.zjupress.com)
排 版 杭州星云光电图文制作有限公司
印 刷 杭州宏雅印刷有限公司
开 本 787mm×1092mm 1/16
印 张 35.75
字 数 700千
版 印 次 2023年8月第1版 2023年8月第1次印刷
书 号 ISBN 978-7-308-24128-1
定 价 98.00元

前　言

复变函数与积分变换是高等院校工科专业的一门专业基础课，是自然科学与工程技术中常用的数学工具. 复变函数与积分变换是实变量函数（主要是高等数学）相关理论在复数域上的推广，已经被广泛地应用于自然科学和工程技术等众多领域，是解决诸如电磁学、热学、流体力学、弹性力学等理论中的平面问题的有力工具，特别是在信号处理和自动控制等领域. 因此，复变函数与积分变换的基本概念、理论与方法对于高等院校工科学生、工程技术等人员等是必不可少的基础知识，有着重要的学习意义和应用价值.

本教材坚持以习近平新时代中国特色社会主义思想为指导，深入贯彻落实、准确体现党的二十大精神，坚持和弘扬社会主义核心价值观，遵循教育教学规律和人才培养规律，注重守正创新，针对应用型本科人才培养需要，突出目标导向、问题导向和效果导向，主要体现在以下四个方面.

1. 融入课程思政元素，强化教材育人理念. 我们积极贯彻落实习近平新时代中国特色社会主义思想和党的二十大精神，优化课程思政内容，挖掘提炼知识体系中所蕴含的思想价值和精神内涵，科学合理地拓展教材的广度、深度和温度，注重在潜移默化中开展立德树人教育，践行社会主义核心价值观. 我们充分发挥教材的铸魂育人功能，坚定学生理想信念，培养学生的创新与奋斗精神，增强学生追求真理、勇攀科学高峰的责任感与使命感.

2. 贯彻人才分类培养精神，教材定位明确. 根据高等教育普及化阶段多样化人才需求，基于应用型本科人才培养的定位，在参考国内外相关优秀教材的基础上，处理好“继承与更新”的关系. 为此，我们精选教材内容，促使学生打好专业基础（基本知识、基本方法和基本思想）；引入学术研究成果，以保持教学方法和学习内容的先进性；增加应用环节（第 9 章），注重理论联系实际，处理好基础课程“学与用”的关系. 我们通过上述措施，加强学生解决问题的实践能力培养，激发学生勇于探索的创新精神，在应用中加深对知识、理论和方法的理解，实现“知行合一”“基础厚、应用强”的应用型本科人才培养目标.

3. 遵循教育教学规律和人才培养规律，优化内容编排. 复变函数与积分变换是部分工科专业的基础课，我们依据基础课为专业课服务的思想，秉持“以应用为目的，以后继课程够用为度”的原则，在保证教材结构严谨、体系完备与符合科学性的基础上，注意讲清概念，适当减少理论推导，将现代数学的观点、思想和应用渗透其中，处理好“内容多与学时少”的关系. 教材内容叙述力求通俗易懂，符合学生认知逻辑. 同时，教材兼顾数学方法的物理意义与工程应用背景，采用“提出问题，分析问题，得出结论，举例应用”的教学方法，循序善诱，符合学习规律，让学生带着问题积极思考，一步步、一层层地得到领悟和理解，不断提高思维能力、分析与解决问题的能力. 本教材各章节衔接紧凑，体系安排与高等数学内容基本一致，注重概念的引入与高中数学的衔接，以及其与实变量函数(高等数学)中相关概念形式、叙述上的连续和延伸；注重与实变量函数中相关理论、方法的比较与分析，做好从实变量函数到复变量函数的“打通”，同时更注意其中的创新和发展，强调两者的联系与变化，使学生既能熟悉各知识点，又能感到内容的深化与拓展. 我们力图通过这样的安排，帮助教师完成有效的备课，方便教师在课堂教学中开展启发式教学，符合“两性一度”(高阶性、创新性、挑战度)的教学标准，满足了学生自主学习的需求，在一定程度上解决了“教与学”之间的矛盾. 本教材还提供了大量的图像，有助于学生加深对抽象概念的理解，达到“易教易学”的教学效果.

4. 坚持守正创新、启智增慧，建设适应时代要求的教材. 本教材是浙江省新形态建设教材，坚持思想性、系统性、科学性、生动性、先进性相统一. 紧跟时代步伐，构建二维码形式的立体化资源配置，有效拓展了教材的功能和表现形式. 教材中的部分例题提供了一题多解，配备了比较丰富的习题、答案、思考题、小结、自测题、数学家介绍、拓展知识等线上资源，便于线下、线上不同形式的教与学，达到了“自主乐学”的效果. 另外，为适应教育的国际化发展潮流，本教材还给出了主要概念、公式和定理的英文名称，有助于学生对这些词汇的掌握和使用. 教材中打 * 的内容与习题，可以根据学时选讲或让学生自主学习.

希望学生能够通过本教材，体会到富有工科特色的教学内容安排，初步掌握复变函数的使用方法和积分的变换技巧，为学习有关专业课和扩大数学知识面打下坚固的数学基础；培养出数学思维，能结合专业课程中的理论知识解决一些实际问题.

在本教材的编写过程中，宁波大学科学技术学院的刘明华老师提供了非常有益的素材，并对教材的编写提供了很好的意见和建议，全体编者在此向她表示衷心的感谢！本书得以出版，要诚挚感谢浙江省高等教育学会、宁波大学科学技术学院特别是学校教务部的支持.由于我们学识水平有限，教材中难免有疏漏、错误和不妥之处，恳请广大读者批评指正，不胜感激. 电子邮箱：dove_cn@sina. com.

编　者

2023 年 3 月

复变函数的简要发展史

复变函数与积分变换知识结构图

书中部分彩色插图

目　录

第 1 章　复数与复变函数

复变函数就是自变量的取值可以为复数的函数. 本章我们先复习复数的概念、性质与运算,然后再引入平面上的点集、复变函数及其极限、连续、基本初等函数等. 本章的许多概念及定理在形式上与高等数学的一些基本概念有相似之处,因此可以把它们看作高等数学中相应的概念及定理在复数域上的推广.

§1.1　复数及其运算

1.1.1　复数的基本概念

在初等数学中,方程 $2x-3=0$ 是没有整数解的,即在整数域中找不到该方程的解,但此方程有有理数解,其解为 $x=\dfrac{3}{2}$. 这说明,只要我们对整数域进行适当的推广,方程解的存在性问题就可以得到完美的解决. 从这个角度来说,整数域是"不完美的",而有理数域是"完美的".

我们知道,方程 $x^2+1=0$ 在实数域内是无解的,即在实数域中找不到该方程的解. 原因是没有一个实数的平方等于 -1. 这意味着,对于方程 $x^2+1=0$ 的求解问题,实数域是"不完美的",因为它不能满足解方程的需求. 于是,人们对实数域进行了推广. 首先引入一个新的数 i,称之为**虚数单位(imaginary unit)**,并且规定 $\mathrm{i}^2=-1$. 也就是说,我们找到了一个称为虚数的数 i,且它的平方等于 -1,从而方程 $x^2+1=0$ 便有解了.

随着虚数 i 的引入,我们不但解决了方程 $x^2+1=0$ 解的存在性问题,而且更一般化地解决了一元二次实系数方程 $ax^2+bx+c=0(a\neq 0)$,在 $\Delta=b^2-4ac<0$ 时,非实数解的表示问题,即方程 $ax^2+bx+c=0(a\neq 0)$ 的根可以表示为

$x_{1,2}=\dfrac{-b\pm \mathrm{i}\sqrt{4ac-b^2}}{2a}$(这样的数不再是实数,定义1.1.1中将之称为复数).可见,虚数i的引入必将带来不凡的影响.

定义1.1.1 设x与y都为实数,则称$x+\mathrm{i}y$为**复数(complex number)**,记为z,即$z=x+\mathrm{i}y$. x称为z的**实部(real part)**,记为$\mathrm{Re}z$,即$\mathrm{Re}z=x$;y称为z的**虚部(imaginary part)**,记为$\mathrm{Im}z$,即$\mathrm{Im}z=y$.

例如,若复数$z=\sqrt{2}+\mathrm{i}$,则它的实部$\mathrm{Re}z=\sqrt{2}$,虚部$\mathrm{Im}z=1$.

当$y=0$时,$z=x+\mathrm{i}y=x$,z就是实数x.因此,实数可看作复数的特殊情形,或者说复数是实数的推广.当$x=0$时,$z=x+\mathrm{i}y=\mathrm{i}y$,我们称它是**纯虚数(pure imaginary number)**.特例,0既可以看作实数又可以看作纯虚数0i.

定义1.1.2 两复数$z_1=x_1+\mathrm{i}y_1$,$z_2=x_2+\mathrm{i}y_2$相等当且仅当这两个复数的实部与虚部分别对应相等,即

$$z_1=z_2\Leftrightarrow \mathrm{Re}z_1=\mathrm{Re}z_2,\text{且 }\mathrm{Im}z_1=\mathrm{Im}z_2.$$

注:两个复数不能比较大小,它们之间只有相等与不相等的关系,从而复数集是无序的.

例1.1.1 设$(x+y+2)+\mathrm{i}(x^2+y)=0$,求实数$x$和$y$.

解 因为两个复数相等即为实部等于实部,虚部等于虚部,所以

$$\begin{cases}x+y+2=0,\\x^2+y=0.\end{cases}$$

解方程组,得

$$\begin{cases}x=-1,\\y=-1,\end{cases}\text{或}\begin{cases}x=2,\\y=-4.\end{cases}$$

1.1.2 复平面

因为一个复数$z=x+\mathrm{i}y$可由一对有序实数(x,y)唯一确定,所以对于平面上给定的直角坐标系,复数的全体与该平面上点的全体之间是一一对应的,从而复数$z=x+\mathrm{i}y$可以用该平面上坐标为(x,y)的点来表示,于是我们给出复平面的定义.

定义1.1.3　由实轴(real axis)和虚轴(imaginary axis)按直角坐标系构成的平面,称为**复平面(complex plane)**或 **z 平面(z-plane)**. 其中,实轴用 x 轴表示,虚轴用 y 轴表示,如图 1-1-1 所示.

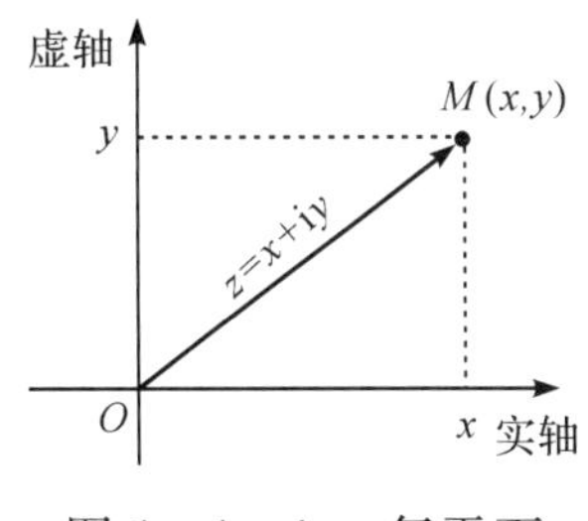

图 1-1-1　复平面

在复平面上,复数 z 还与从原点指向点 $M(x,y)$ 的平面向量一一对应,因此复数 z 也能用向量 $\overrightarrow{OM}$ 表示.

定义1.1.4　向量 $\overrightarrow{OM}$ 的长度称为复数 $z=x+\mathrm{i}y$ 的**模(modulus)**,记为 $|z|$,即

$$|\overrightarrow{OM}|=|z|=\sqrt{x^2+y^2}.$$

定义1.1.5　当 $z\neq 0$ 时,以正实轴为始边,以表示 z 的向量 $\overrightarrow{OM}$ 为终边的角 θ,称为复数 z 的**主幅角(principal argument)**或**幅角主值(principal value of argument)**,记为

$$\theta=\arg z \quad (-\pi<\theta\leqslant\pi).$$

复数 z 的**幅角(argument)**记为

$$\operatorname{Arg} z=\arg z+2k\pi \quad (k=0,\pm 1,\pm 2,\cdots).$$

引入了复平面后,复数就有了直观的几何形象,即复数是复平面上的点,进而两个复数之间的关系就可以归结为复平面上两点之间的关系,如图 1-1-2 所示,而且今后我们不再将"数"和"点"加以区别.

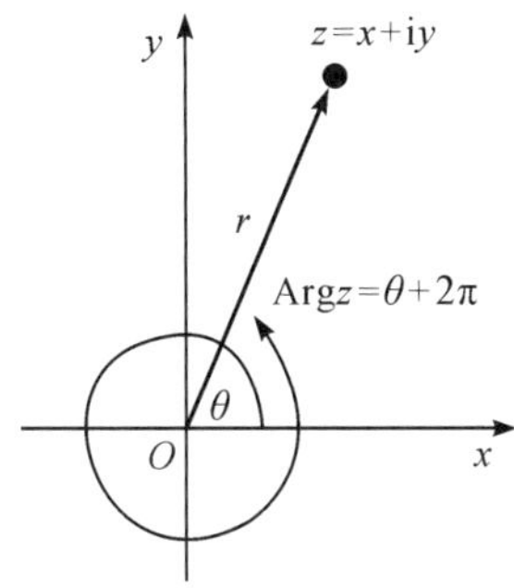

图 1-1-2　主幅角

例如,我们可以说"复数 $1+2\mathrm{i}$",也可以说"点 $1+2\mathrm{i}$""顶点为 z_1,z_2,z_3 的三角形"等.

例1.1.2 求通过点 $z_1=x_1+\mathrm{i}y_1$ 与点 $z_2=x_2+\mathrm{i}y_2$ 的直线方程的复数表达式.

解 因为通过点 (x_1,y_1) 与 (x_2,y_2) 的直线的两点式方程为

$$\frac{y-y_1}{y_2-y_1}=\frac{x-x_1}{x_2-x_1},$$

为了求出该直线的参数方程,我们令 $\frac{y-y_1}{y_2-y_1}=\frac{x-x_1}{x_2-x_1}=t$,则

$$\begin{cases}x=x_1+t(x_2-x_1), & (1.1.1)\\ & (-\infty<t<+\infty),\\ y=y_1+t(y_2-y_1) & (1.1.2)\end{cases}$$

将(1.1.1)式加上(1.1.2)式的 i 倍,得

$$x+\mathrm{i}y=(x_1+\mathrm{i}y_1)+t[(x_2+\mathrm{i}y_2)-(x_1+\mathrm{i}y_1)],$$

即,直线方程的复数表示式为

$$z=z_1+t(z_2-z_1)\quad(-\infty<t<+\infty).$$

注: 连接 $z_1=x_1+\mathrm{i}y_1$ 与 $z_2=x_2+\mathrm{i}y_2$ 的直线段的参数方程的复数形式为

$$z=z_1+t(z_2-z_1)\quad(0\leqslant t\leqslant 1).$$

1.1.2 复数的四则运算

定义1.1.6 设复数 $z_1=x_1+\mathrm{i}y_1$,$z_2=x_2+\mathrm{i}y_2$,则两个复数的四则运算规定如下.

(1) 复数的和或差(**addition and subtraction**) $z_1\pm z_2$:实部与实部相加(减),虚部与虚部相加(减),即

$$z_1\pm z_2=(x_1\pm x_2)+\mathrm{i}(y_1\pm y_2).$$

复数的和或差运算,符合矢量运算的平行四边形法则,如图 1-1-3 和图 1-1-4 所示.

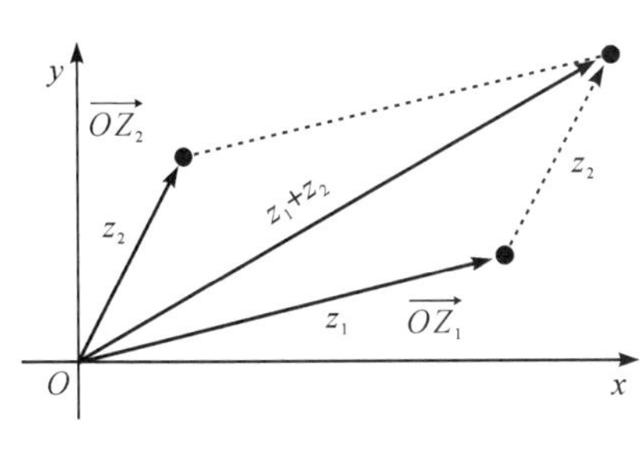

图 1-1-3 复数的加法

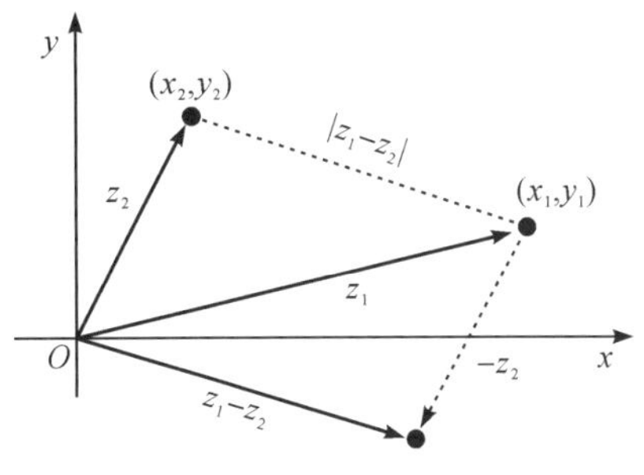

图 1-1-4 复数的减法

(2) 复数的**乘积(product)** z_1z_2:按照多项式的乘法计算,即

$$z_1z_2=(x_1x_2-y_1y_2)+\mathrm{i}(x_2y_1+x_1y_2).$$

复数的乘积一般仍是复数,其几何意义如图 1-1-5 所示.

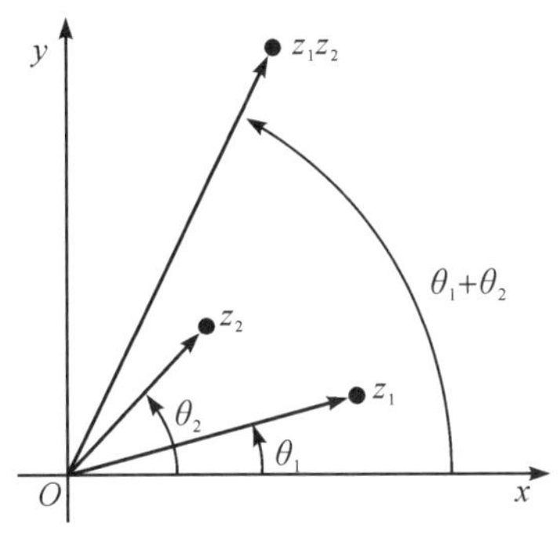

图 1-1-5 复数的乘积

(3) 复数的**除法/商(division/quotient)** $\dfrac{z_1}{z_2}$:

$$\frac{z_1}{z_2}=\frac{x_1+\mathrm{i}y_1}{x_2+\mathrm{i}y_2}=\frac{(x_1+\mathrm{i}y_1)(x_2-\mathrm{i}y_2)}{(x_2+\mathrm{i}y_2)(x_2-\mathrm{i}y_2)}=\frac{x_1x_2+y_1y_2}{x_2^2+y_2^2}+\mathrm{i}\,\frac{x_2y_1-x_1y_2}{x_2^2+y_2^2}.$$

由复数的四则运算定义可验证以下**运算性质(operational properties)**均成立.

(1) **加法交换性(commutativity of addition)**:$z_1+z_2=z_2+z_1$.

(2) **加法结合性(associativity of addition)**:$(z_1+z_2)+z_3=z_1+(z_2+z_3)$.

(3) **乘法分配性(distributivity of multiplication)**:$z_1(z_2+z_3)=z_1z_2+z_1z_3$.

(4) **乘法交换性(commutativity of multiplication)**:$z_1\cdot z_2=z_2\cdot z_1$.

(5) **乘法结合性(associativity of multiplication)**:$(z_1\cdot z_2)\cdot z_3=z_1\cdot(z_2\cdot z_3)$.

显然,复数的四则运算结果仍然可以认为是一个复数,全体复数构成的集合按照上述运算法则构成的数域称为**复数域(complex field)**,记为 **C**,复数域是实数域的推广.

1.1.3 共轭复数及其性质

定义1.1.7 称实部相同而虚部相反的两个复数为一对**共轭复数(conjugate complex number)**.复数 z 的共轭复数记为$\overline{z}$,读作 z 共轭.当 z 为实数时,它的共轭复数为 z 本身.

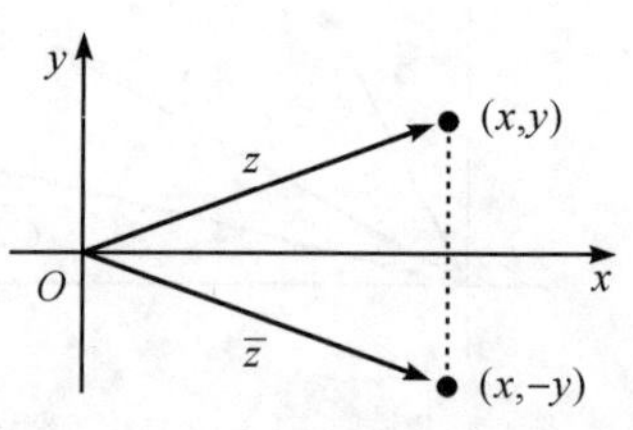

图1-1-6 共轭复数的关系

共轭复数的几何关系,如图1-1-6所示.

共轭复数具有如下一些常用性质.

(1) $\overline{z_1 \pm z_2} = \overline{z_1} \pm \overline{z_2}$, $\overline{z_1 z_2} = \overline{z_1}\,\overline{z_2}$, $\overline{\left(\dfrac{z_1}{z_2}\right)} = \dfrac{\overline{z_1}}{\overline{z_2}}$ $(z_2 \neq 0)$.

(2) $\overline{\overline{z}} = z$, $|z| = |\overline{z}|$, $\dfrac{z}{\overline{z}} = \dfrac{z^2}{|z|^2}$, $\dfrac{\overline{z}}{z} = \dfrac{\overline{z}^2}{|z|^2}$.

(3) $z\overline{z} = (\mathrm{Re}z)^2 + (\mathrm{Im}z)^2 = |z|^2$.

(4) $z + \overline{z} = 2\mathrm{Re}z, x = \mathrm{Re}z = \dfrac{z+\overline{z}}{2}$.

(5) $z - \overline{z} = 2\mathrm{i}\mathrm{Im}z, y = \mathrm{Im}z = \dfrac{z-\overline{z}}{2\mathrm{i}}$.

例1.1.3 将复数$\dfrac{3-2\mathrm{i}}{2+3\mathrm{i}}$写成 $x + \mathrm{i}y$ 形式.

解 分子、分母同乘以分母的共轭因子,得

$$\frac{3-2\mathrm{i}}{2+3\mathrm{i}} = \frac{(3-2\mathrm{i})(2-3\mathrm{i})}{(2+3\mathrm{i})(2-3\mathrm{i})} = \frac{(6-6)+\mathrm{i}(-4-9)}{2^2+3^2} = -\mathrm{i}.$$

例1.1.4 将直线方程 $x + 3y = 2$ 化为复数表示的直线方程.

解 由于

$$x = \frac{1}{2}(z+\overline{z}), y = \frac{1}{2\mathrm{i}}(z-\overline{z}),$$

将其代入直线方程 $x + 3y = 2$ 中,得

$$\frac{1}{2}(z+\overline{z}) + \frac{3}{2\mathrm{i}}(z-\overline{z}) = 2,$$

化简,得

$$\mathrm{i}(z+\overline{z}) + 3(z-\overline{z}) = 4\mathrm{i},$$

即

$$(3+\mathrm{i})z+(-3+\mathrm{i})\,\overline{z}=4\mathrm{i}$$

为直线方程的复数表示形式.

例1.1.5 设复数 $z=-\frac{1}{\mathrm{i}}-\frac{3\mathrm{i}}{1-\mathrm{i}}$,求 $\mathrm{Re}z,\mathrm{Im}z$ 与 $z\overline{z}$.

解 因为 $z=-\frac{1}{\mathrm{i}}-\frac{3\mathrm{i}}{1-\mathrm{i}}=\frac{\mathrm{i}}{\mathrm{i}(-\mathrm{i})}-\frac{3\mathrm{i}(1+\mathrm{i})}{(1-\mathrm{i})(1+\mathrm{i})}=\frac{3}{2}-\frac{1}{2}\mathrm{i}$,所以

$$\mathrm{Re}z=\frac{3}{2},\mathrm{Im}z=-\frac{1}{2},z\overline{z}=\left(\frac{3}{2}\right)^2+\left(-\frac{1}{2}\right)^2=\frac{5}{2}.$$

例1.1.6 设 $z_1=x_1+\mathrm{i}y_1,z_2=x_2+\mathrm{i}y_2$ 为两个任意复数,证明$z_1\overline{z_2}+\overline{z_1}z_2=2\mathrm{Re}(z_1\overline{z_2})$.

证明 (方法 1) 利用复数的乘法公式进行计算.

$$\begin{aligned}z_1\overline{z_2}+\overline{z_1}z_2&=(x_1+\mathrm{i}y_1)(x_2-\mathrm{i}y_2)+(x_1-\mathrm{i}y_1)(x_2+\mathrm{i}y_2)\\&=(x_1x_2+y_1y_2)+\mathrm{i}(x_2y_1-x_1y_2)+(x_1x_2+y_1y_2)-\mathrm{i}(x_2y_1-x_1y_2)\\&=2(x_1x_2+y_1y_2)=2\mathrm{Re}(z_1\overline{z}_2).\end{aligned}$$

(方法 2) 利用公式 $\mathrm{Re}z=\frac{1}{2}(z+\overline{z})$ 及共轭复数的性质计算.

$$2\mathrm{Re}(z_1\overline{z_2})=z_1\overline{z_2}+\overline{z_1\overline{z_2}}=z_1\overline{z_2}+\overline{z_1}z_2.$$

1.1.4 复数的表示方式

1. 复数的向量表示法

我们知道,点 $z=x+\mathrm{i}y$ 和从原点 O 到点 z 的向量$\overrightarrow{OM}$(即 $z=x+\mathrm{i}y$) 是一一对应的. 原点对应于零向量,向量$\overrightarrow{OM}=z$ 在实轴上的投影是 x,在虚轴上的投影是 y,z 的模就是向量$\overrightarrow{OM}$ 的长度,即复数的模 $|z|=\sqrt{x^2+y^2}$,幅角的正切值 $\tan(\mathrm{Arg}z)=\frac{y}{x}$,且

$$x=|z|\cos(\mathrm{Arg}z),\ y=|z|\sin(\mathrm{Arg}z).$$

这种利用复平面上的向量表示复数的方法,称为复数的**向量表示法(vector form)**.

定理1.1.1 对于任意复数 $z,z_1,z_2,\cdots,z_n$ 及 $w_1,w_2,\cdots,w_n$,有下列不等式成立.

(1) 实部不等式与虚部不等式(inequalities of real part and imaginary part):

$$|\mathrm{Re}z|\leqslant|z|,|\mathrm{Im}z|\leqslant|z|.$$

(2) 三角不等式(triangle inequality):

$$|z_1+z_2|\leqslant|z_1|+|z_2|,||z_1|-|z_2||\leqslant|z_1-z_2|.$$

(3) 柯西不等式(Cauchy inequality):

$$\left|\sum_{k=1}^{n}z_kw_k\right|^2\leqslant\sum_{k=1}^{n}|z_k|^2\sum_{k=1}^{n}|w_k|^2,$$ 当且仅当 $z_k=\lambda\overline{w_k}(\lambda\in\mathbf{R}),k=1,2,\cdots,n$ 时,等号成立.

证明 (1) 因为 $-|z|\leqslant\mathrm{Re}z\leqslant|z|$,所以 $|\mathrm{Re}z|\leqslant|z|$.

同理,可得 $|\mathrm{Im}z|\leqslant|z|$.

(2) 不妨假设坐标系的原点为 O,若点 O 与点 z_1,z_2 构成三角形,则 $|z_1|$, $|z_2|$ 和 $|z_2-z_1|$ 分别表示该三角形的三条边. 由于三角形的两边之和大于第三边,故 $|z_2+z_1|\leqslant|z_1|+|z_2|$,三角形两边之差小于第三边,故 $||z_1|-|z_2||\leqslant|z_1-z_2|$. 当 O,z_1 和 z_2 三点共线时,等号成立.

(3) 设 λ 是复数,则有如下恒等式成立:

$$\begin{aligned}0\leqslant\sum_{k=1}^{n}|z_k-\lambda\overline{w}_k|^2&=\sum_{k=1}^{n}(z_k-\lambda\overline{w}_k)(\overline{z}_k-\overline{\lambda}w_k)^2\\&=\sum_{k=1}^{n}|z_k|^2+|\lambda|^2\sum_{k=1}^{n}|w_k|^2-2\mathrm{Re}(\overline{\lambda}\sum_{k=1}^{n}z_kw_k),\end{aligned}\tag{1.1.3}$$

取 $\lambda=\dfrac{\sum\limits_{k=1}^{n}z_kw_k}{\sum\limits_{k=1}^{n}|w_k|^2}$ (w_k 不全为零),则有

$$\overline{\lambda}\sum_{k=1}^{n}z_kw_k=\frac{\left|\sum\limits_{k=1}^{n}z_kw_k\right|^2}{\sum\limits_{k=1}^{n}|w_k|^2},|\lambda|^2\sum_{k=1}^{n}|w_k|^2=\frac{\left|\sum\limits_{k=1}^{n}z_kw_k\right|^2}{\sum\limits_{k=1}^{n}|w_k|^2},\tag{1.1.4}$$

将(1.1.4) 式代入(1.1.3) 式,得

$$0\leqslant\sum_{k=1}^{n}|z_k-\lambda\overline{w}_k|^2=\sum_{k=1}^{n}|z_k|^2-\frac{\left|\sum\limits_{k=1}^{n}z_kw_k\right|^2}{\sum\limits_{k=1}^{n}|w_k|^2},$$

即 $\left|\sum_{k=1}^{n} z_k w_k\right|^2 \leqslant \sum_{k=1}^{n} |z_k|^2 \cdot \sum_{k=1}^{n} |w_k|^2$，当且仅当 $z_k = \lambda \overline{w_k}, k = 1, 2, \cdots, n, \lambda \in \mathbf{R}$ 时，等号成立.

2. 复数的三角表示法

欧拉

利用直角坐标系和极坐标系的关系

$$x = |z| \cos\theta, y = |z| \sin\theta.$$

令 $r = |z|$，则上述关系式转化为

$$x = r\cos\theta, y = r\sin\theta.$$

从而，可得复数的三角表示式（也可称为极坐标表示）

$$z = x + \mathrm{i}y = r(\cos\theta + \mathrm{i}\sin\theta), \tag{1.1.5}$$

$$\bar{z} = x - \mathrm{i}y = r(\cos\theta - \mathrm{i}\sin\theta) = r[\cos(-\theta) + \mathrm{i}\sin(-\theta)]. \tag{1.1.6}$$

3. 复数的指数表示法

(1) 欧拉公式

我们把关系式 $\mathrm{e}^{\mathrm{i}\theta} = \cos\theta + \mathrm{i}\sin\theta$ 称为**欧拉公式**（**Euler's formula**），其中 e 是自然对数的底，i 是**虚数单位**（**imaginary unit**），$\theta \in \mathbf{R}$，$\mathrm{e}^{\mathrm{i}\theta}$ 称为**单位复数**（**complex unit**），如图 1-1-7 所示.

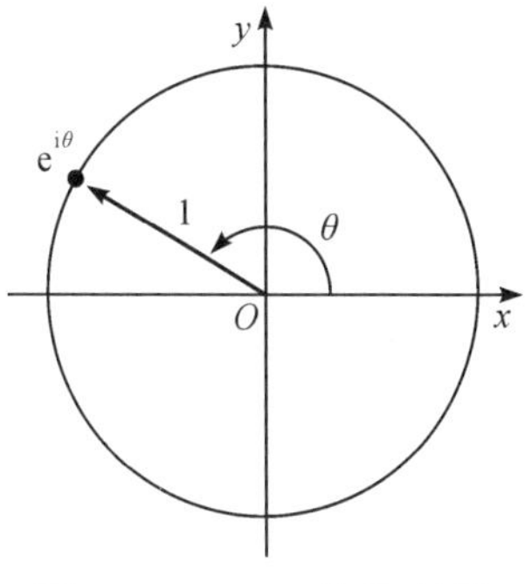

图 1-1-7 单位复数

欧拉公式是最著名的数学公式之一，它描述了复指数函数和三角函数之间的关系. 同时，它还阐述了笛卡尔坐标和极坐标之间的转换关系. 因此，可以在许多数学分支、物理学和工程学中见到该公式.

该公式的严格证明需要用到高等数学和本教材第 4 章中的一些知识. 此处，为了使读者对此公式有更好的理解，我们给出它的一个不严格、形式上的证明.

根据高等数学知识，指数函数 e^x 的泰勒级数为

$$\mathrm{e}^x = 1 + x + \frac{x^2}{2!} + \frac{x^3}{3!} + \frac{x^4}{4!} + \frac{x^5}{5!} + \cdots,$$

欧拉公式的严格证明

现取 $x = \mathrm{i}\theta$，则上述泰勒级数可转化为下面的形式

$$\mathrm{e}^{\mathrm{i}\theta} = 1 + \mathrm{i}\theta + \frac{(\mathrm{i}\theta)^2}{2!} + \frac{(\mathrm{i}\theta)^3}{3!} + \frac{(\mathrm{i}\theta)^4}{4!} + \frac{(\mathrm{i}\theta)^5}{5!} + \cdots,$$

由于 $i^2=-1$,我们对上式进行化简,得到

$$e^{i\theta}=1+i\theta-\frac{\theta^2}{2!}-\frac{i\theta^3}{3!}+\frac{\theta^4}{4!}+\frac{i\theta^5}{5!}-\cdots,$$

重新排列右边的项,将所有 i 项放在最后,得到

$$e^{i\theta}=\left(1-\frac{\theta^2}{2!}+\frac{\theta^4}{4!}-\cdots\right)+i\left(\theta-\frac{\theta^3}{3!}+\frac{\theta^5}{5!}-\cdots\right).$$

注意到 $\cos\theta$ 和 $\sin\theta$ 的泰勒级数展开式为

$$\cos\theta=1-\frac{\theta^2}{2!}+\frac{\theta^4}{4!}-\cdots,\ \sin\theta=\theta-\frac{\theta^3}{3!}+\frac{\theta^5}{5!}-\cdots,$$

所以,我们从形式上得到关系式

$$e^{i\theta}=\cos\theta+i\sin\theta, \tag{1.1.7}$$

这就是欧拉公式.

(2) 欧拉公式的应用

将欧拉公式(1.1.7) 分别代入(1.1.5) 式和(1.1.6) 式,可得

$$z=re^{i\theta},\ \overline{z}=re^{-i\theta}.$$

我们将上述两个表达式均称为复数的**指数表示式(exponential form)**,其几何表示如图 1-1-8 所示.

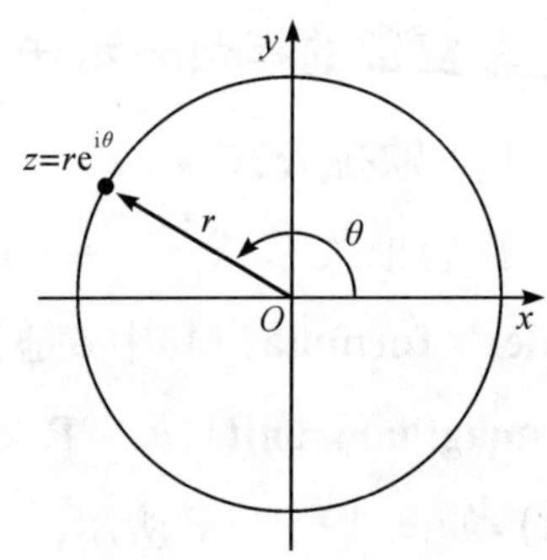

图 1-1-8　复数的指数表示

例1.1.7　请将满足方程 $|z-z_0|=r$ (r 为正实数)的复数 z 表示成指数形式.

解　由于 $|z-z_0|=r$ 表示以 z_0 为圆心,r 为半径的圆,如图 1-1-9 所示,所以满足方程 $|z-z_0|=r$ (r 为正实数)的复数 z 的指数形式为

$$z=z_0+re^{i\theta}\quad(0\leqslant\theta\leqslant 2\pi).$$

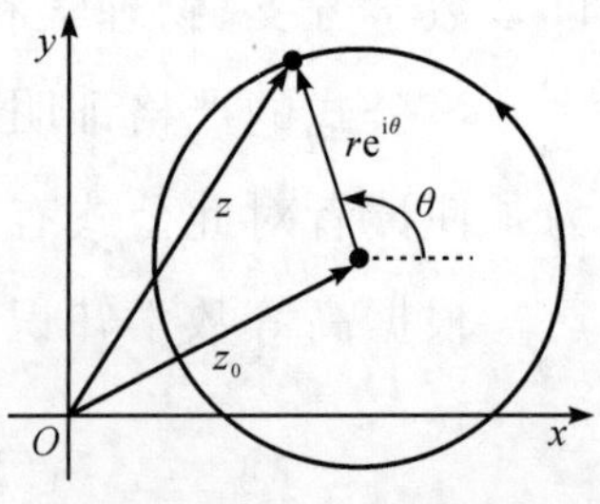

图 1-1-9　单位复数

我们将复数的各种表示式之间的互相转换关系汇总如下:

$$z=x+iy\xrightleftharpoons[r=|z|=\sqrt{x^2+y^2},\theta=\arg z]{x=r\cos\theta,y=r\sin\theta}z=r(\cos\theta+i\sin\theta)\xrightleftharpoons{e^{i\theta}=\cos\theta+i\sin\theta}z=re^{i\theta}.$$

注:(1) 在使用复数时,根据问题的需要,选择合适的表示法.

(2) 复数的三角表示式不是唯一的,因为幅角有无穷多种选择,如果有两个三角表示式相等,即

$$r_1(\cos\theta_1+\mathrm{i}\sin\theta_1)=r_2(\cos\theta_2+\mathrm{i}\sin\theta_2),$$

则可以得到如下关系:

$$r_1=r_2,\theta_1=\theta_2+2k\pi,\text{其中 } k\in\mathbf{Z}.$$

(3) 复数的主幅角根据如下几种情况确定:

$$\arg z=\begin{cases}\arctan\dfrac{y}{x}, & x>0,y\in\mathbf{R},\\ \dfrac{\pi}{2}, & x=0,y>0,\\ \arctan\dfrac{y}{x}+\pi, & x<0,y\geqslant 0,\ -\dfrac{\pi}{2}<\arctan\dfrac{y}{x}<\dfrac{\pi}{2}.\\ \arctan\dfrac{y}{x}-\pi, & x<0,y<0,\\ -\dfrac{\pi}{2}, & x=0,y<0.\end{cases}$$

例1.1.8 将下列复数化为三角表示式和指数表示式.

(1) $z=-\sqrt{12}-2\mathrm{i}$;(2) $z=-3+2\mathrm{i}$;(3) $z=\sin\dfrac{\pi}{5}+\mathrm{i}\cos\dfrac{\pi}{5}$.

解 (1) 先计算复数的模 $|z|=\sqrt{(-\sqrt{12})^2+(-2)^2}=4$.

再计算复数的幅角.因为复数 $z=-\sqrt{12}-2\mathrm{i}$ 在第三象限,所以幅角 θ 在第三象限,则主幅角为

$$\theta=\arctan\frac{-2}{-\sqrt{12}}-\pi=\arctan\frac{\sqrt{3}}{3}-\pi=\frac{\pi}{6}-\pi=-\frac{5}{6}\pi.$$

于是,复数的三角表示式为

$$z=4\left[\cos\left(-\frac{5}{6}\pi\right)+\mathrm{i}\sin\left(-\frac{5}{6}\pi\right)\right]=4\left(\cos\frac{5}{6}\pi-\mathrm{i}\sin\frac{5}{6}\pi\right).$$

其指数表示式为

$$z=4\mathrm{e}^{-\frac{5}{6}\pi\mathrm{i}}.$$

(2) 复数的模为 $|z|=\sqrt{(-3)^2+(2)^2}=\sqrt{13}$,因为幅角$\theta$在第二象限,则主幅角为

$$\theta=\arctan\frac{2}{-3}+\pi=\pi-\arctan\frac{2}{3}.$$

于是,复数的三角表示式为

$$z=\sqrt{13}\left[\cos\left(\pi-\arctan\frac{2}{3}\right)+\mathrm{i}\sin\left(\pi-\arctan\frac{2}{3}\right)\right].$$

其指数表示式为

$$z=\sqrt{13}\,\mathrm{e}^{\left(\pi-\arctan\frac{2}{3}\right)\mathrm{i}}.$$

(3) 复数的模为 $|z|=1$,又因为

$$\sin\frac{\pi}{5}=\cos\left(\frac{\pi}{2}-\frac{\pi}{5}\right)=\cos\frac{3}{10}\pi,\cos\frac{\pi}{5}=\sin\left(\frac{\pi}{2}-\frac{\pi}{5}\right)=\sin\frac{3}{10}\pi.$$

于是,复数的三角表示式为

$$z=\cos\frac{3}{10}\pi+\mathrm{i}\sin\frac{3}{10}\pi.$$

其指数表示式为

$$z=\mathrm{e}^{\frac{3}{10}\pi\mathrm{i}}.$$

*4. 复数的球面表示法

在实数域中,曾经引入了无穷大的概念,记为 ∞. 同样,在复数域内,为了讨论一些问题,也引入无穷大的概念.

在前面,我们把复数与平面上的点一一对应起来,引入了复平面. 那么,无穷大在复平面的几何表示是什么呢?为了回答这个问题,我们引入复球面的概念. 首先,我们看一个例子. 在地图制图学中,人们考虑到球面与平面上点的对应关系,往往把地球投影到平面上进行研究,这种方法叫作**测地投影法(geodesic projection method)**. 利用这种方法,我们可以建立全体复数与球面上的点之间的一一对应关系,于是可用球面上的点来表示复数,进而确立无穷大的几何意义.

作一个与复平面相切于坐标系原点的球面,如图 1-1-10 所示,球上的一点 S 与原点 O 重合,通过 S 点作垂直于复平面的直线与球面相交于点 N,称点 N 为**北极(the North Pole)**,点 S 为**南极(the South Pole)**. 对于复平面内任何一点 z,如果用一条线段把点 z 与点 N 连接起来,则这一条线段必定与球面交于异于点 N

的点 P，反之，对于球面上任何异于点 N 的点 P，用一条线段把点 P 与点 N 连接起来，这一条线段的延长线将与复平面相交于点 P'. 从以上讨论可以看出，球面上的点（除北极外）与复平面上的点是一一对应的，即

$$\text{球面上的点}\xrightleftharpoons[\text{一一对应}]{\text{除北极点 } N \text{ 外}}\text{复平面上的点}.$$

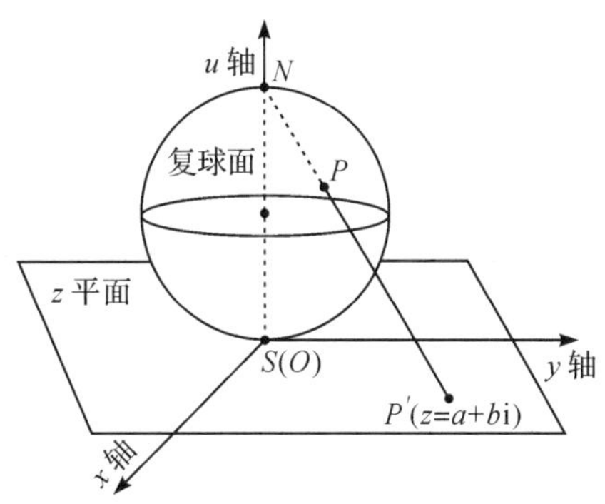

图 1-1-10　复球面（黎曼球面）

又知复数与复平面上的点一一对应，因此，球面上的点$\xrightleftharpoons[\text{一一对应}]{\text{除北极点 } N \text{ 外}}$复数. 因此，我们可以用球面上的点（除北极外）来表示复数.

通过上面的分析，我们发现一个问题：球面上的北极点 N 与复平面内的哪一点对应呢？

从图中可以看出，当点 P' 无限远离坐标原点时（或 $|z|$ 无限变大时），点 P 就无限接近于点 N，为使复平面上点与球面上所有的点都一一对应起来，我们规定：

（1）复平面上有一个唯一的"无穷远点"与球面上的北极点 N 相对应；

（2）复数中有唯一的"无穷大"与复平面上的无穷远点相对应，并把它记为 ∞.

因此，球面上的北极点 N 与复平面上的无穷远点 ∞ 对应. 这样一来，球面上的每一点都有唯一的复数与之对应. 我们把这样的球面称为**复球面（complex sphere）**或**黎曼球面（Riemann sphere）**. 把包含无穷远点的复平面称为**扩充复平面（extended complex sphere）**；不包含无穷远点的复平面称为**有限复平面（finite complex plane）**，简称为**复平面（complex plane）**. 今后，如无特殊说明，复平面均指有限复平面.

对于复数 ∞ 来说，它的实部、虚部和幅角均无意义，规定它的模为 $+\infty$. 对

于其他有限复数 z，则有 $|z|<+\infty$. 复数 ∞ 与有限复数 z 之间的运算法则，规定如下：

$$z\pm\infty=\infty\pm z=\infty,$$

$$z\cdot\infty=\infty\cdot z=\infty\quad(z\neq 0),$$

$$\frac{z}{\infty}=0,\frac{\infty}{z}=\infty\quad(z\neq 0).$$

需要注意的是 $0\cdot\infty,\frac{\infty}{\infty},\infty\pm\infty,\frac{0}{0}$ 仍然是没有确定意义的.

1.1.5 以三角表示或指数表示的复数间的运算

1. 乘法运算

设复数 $z_1=|z_1|(\cos\theta_1+\mathrm{i}\sin\theta_1)=|z_1|\mathrm{e}^{\mathrm{i}\theta_1}$，$z_2=|z_2|(\cos\theta_2+\mathrm{i}\sin\theta_2)=|z_2|\mathrm{e}^{\mathrm{i}\theta_2}$，则

$$\begin{aligned}z_1\cdot z_2&=|z_1|\cdot|z_2|[(\cos\theta_1\cos\theta_2-\sin\theta_1\sin\theta_2)+\mathrm{i}(\cos\theta_1\sin\theta_2+\sin\theta_1\cos\theta_2)]\\&=|z_1|\cdot|z_2|[\cos(\theta_1+\theta_2)+\mathrm{i}\sin(\theta_1+\theta_2)]=|z_1|\cdot|z_2|\mathrm{e}^{(\theta_1+\theta_2)\mathrm{i}}.\end{aligned}$$

由此发现，两复数乘积的模及幅角分别有如下关系：

$$|z_1\cdot z_2|=|z_1|\cdot|z_2|,\ \mathrm{Arg}(z_1z_2)=\mathrm{Arg}z_1+\mathrm{Arg}z_2.$$

定理1.1.2 两个复数乘积的模等于它们模的乘积，幅角等于它们的幅角之和.

说明：(1) 由于幅角是多值的，所以 $\mathrm{Arg}(z_1z_2)=\mathrm{Arg}z_1+\mathrm{Arg}z_2$ 可理解为对于左端的任一值，右端有一值与它对应；反之，也一样.

(2) 当用向量表示复数时，可以说表示乘积 $z_1\cdot z_2$ 的向量是从表示 z_1 的向量旋转一个角度 $\mathrm{Arg}z_2$，并伸长(缩短)到 $|z_2|$ 倍得到.

例如，$z_1\cdot z_2=\mathrm{i}z$，这里 $z_1=\mathrm{i}=\mathrm{e}^{\frac{\pi}{2}\mathrm{i}}$，$z_2=|z|\mathrm{e}^{\mathrm{i}\theta}$，则 $\mathrm{i}z=|z|\mathrm{e}^{\mathrm{i}(\theta+\frac{\pi}{2})}$，由 z 通过逆时针旋转 $\frac{\pi}{2}$，没有伸缩.

再如，$-z$ 相当于 z 通过逆时针旋转 π 得到.

(3) 若 $z_1=|z_1|\mathrm{e}^{\mathrm{i}\theta_1}$，$z_2=|z_2|\mathrm{e}^{\mathrm{i}\theta_2}$，…，$z_n=|z_n|\mathrm{e}^{\mathrm{i}\theta_n}$，则可逐步得到

$$z_1z_2\cdots z_n=|z_1||z_2|\cdots|z_n|\mathrm{e}^{\mathrm{i}(\theta_1+\theta_2+\cdots+\theta_n)}.$$

2. 除法运算

设复数 $z_1=|z_1|(\cos\theta_1+\mathrm{i}\sin\theta_1)=|z_1|\mathrm{e}^{\mathrm{i}\theta_1}$，$z_2=|z_2|(\cos\theta_2+\mathrm{i}\sin\theta_2)=|z_2|\mathrm{e}^{\mathrm{i}\theta_2}$，则

$$\frac{z_2}{z_1}=\frac{|z_2|\mathrm{e}^{\mathrm{i}\theta_2}}{|z_1|\mathrm{e}^{\mathrm{i}\theta_1}}=\left|\frac{z_2}{z_1}\right|\mathrm{e}^{\mathrm{i}(\theta_2-\theta_1)},$$

所以，有 $\frac{z_2}{z_1}$ 的模为 $\left|\frac{z_2}{z_1}\right|=\frac{|z_2|}{|z_1|}$，幅角主值为 $\operatorname{Arg}\frac{z_2}{z_1}=\operatorname{Arg}z_2-\operatorname{Arg}z_1$.

定理1.1.3 两复数商的模等于它们模的商，幅角等于被除数与除数的幅角之差.

例1.1.9 用三角表示式和指数表示式计算下列复数：

(1) $(1+\sqrt{3}\mathrm{i})(-\sqrt{3}-\mathrm{i})$； (2) $\frac{1+\mathrm{i}}{1-\mathrm{i}}$.

解 (1) 先将复数转化为三角式与指数式，因为

$$1+\sqrt{3}\mathrm{i}=2\left(\cos\frac{\pi}{3}+\mathrm{i}\sin\frac{\pi}{3}\right)=2\mathrm{e}^{\frac{\pi}{3}\mathrm{i}},$$

$$-\sqrt{3}-\mathrm{i}=2\left[\cos\left(-\frac{5\pi}{6}\right)+\mathrm{i}\sin\left(-\frac{5\pi}{6}\right)\right]=2\mathrm{e}^{-\frac{5\pi}{6}\mathrm{i}},$$

所以，三角表示式运算为

$$\begin{aligned}(1+\sqrt{3}\mathrm{i})(-\sqrt{3}-\mathrm{i})&=2\cdot 2\left\{\cos\left[\frac{\pi}{3}+\left(-\frac{5\pi}{6}\right)\right]+\mathrm{i}\sin\left[\frac{\pi}{3}+\left(-\frac{5\pi}{6}\right)\right]\right\}\\&=4\left[\cos\left(-\frac{\pi}{2}\right)+\mathrm{i}\sin\left(-\frac{\pi}{2}\right)\right]=-4\mathrm{i},\end{aligned}$$

指数表示式运算为

$$(1+\sqrt{3}\mathrm{i})(-\sqrt{3}-\mathrm{i})=2\cdot 2\mathrm{e}^{\frac{\pi}{3}+\left(-\frac{5\pi}{6}\right)}=4\mathrm{e}^{-\frac{\pi}{2}\mathrm{i}}=-4\mathrm{i}.$$

(2) 因为

$$1+\mathrm{i}=\sqrt{2}(\cos\arctan 1+\mathrm{i}\sin\arctan 1)=\sqrt{2}\mathrm{e}^{\frac{\pi}{4}\mathrm{i}},$$

$$1-\mathrm{i}=\sqrt{2}[\cos\arctan(-1)+\mathrm{i}\sin\arctan(-1)]=\sqrt{2}\mathrm{e}^{-\frac{\pi}{4}\mathrm{i}},$$

所以，三角表示式运算为

$$\frac{1+\mathrm{i}}{1-\mathrm{i}}=\cos\left[\frac{\pi}{4}-\left(-\frac{\pi}{4}\right)\right]+\mathrm{i}\sin\left[\frac{\pi}{4}-\left(-\frac{\pi}{4}\right)\right]=\cos\frac{\pi}{2}+\mathrm{i}\sin\frac{\pi}{2}=\mathrm{i},$$

指数表示式运算为

$$\frac{1+\mathrm{i}}{1-\mathrm{i}}=\mathrm{e}^{\left[\frac{\pi}{4}-\left(-\frac{\pi}{4}\right)\right]\mathrm{i}}=\mathrm{e}^{\frac{\pi}{2}\mathrm{i}}=\mathrm{i}.$$

棣莫弗

棣莫弗公式的证明

3. 乘方运算

设复数指数式为 $z=|z|\mathrm{e}^{\mathrm{i}\theta}$，$n$ 为正整数，则 n 个 z 相乘，即乘方为

$$z^n=|z|^n\mathrm{e}^{\mathrm{i}n\theta}=|z|^n(\cos n\theta+\mathrm{i}\sin n\theta).$$

特别地，当 $|z|=1$ 时，可得**棣莫弗公式(de Moivre's formula)**

$$(\cos\theta+\mathrm{i}\sin\theta)^n=\cos n\theta+\mathrm{i}\sin n\theta.$$

4. 开方运算

设复数 $z=|z|\mathrm{e}^{\mathrm{i}\theta}=|z|(\cos\theta+\mathrm{i}\sin\theta)$，$\sqrt[n]{z}$ 的值为 w，则

$$w=\sqrt[n]{z}=|z|^{\frac{1}{n}}\left(\cos\frac{\theta+2k\pi}{n}+\mathrm{i}\sin\frac{\theta+2k\pi}{n}\right)$$

$$=|z|^{\frac{1}{n}}\mathrm{e}^{\mathrm{i}\frac{\theta+2k\pi}{n}}\quad(k=0,1,2,\cdots,n-1).$$

* **证明**　设 $w=\rho(\cos\varphi+\mathrm{i}\sin\varphi)$，则由乘方公式，有

$$w^n=\rho^n(\cos\varphi+\mathrm{i}\sin\varphi)^n=\rho^n(\cos n\varphi+\mathrm{i}\sin n\varphi),$$

由于 $w=\sqrt[n]{z}$，所以 $w^n=z$. 又因为 $z=|z|(\cos\theta+\mathrm{i}\sin\theta)$，所以

$$\rho^n(\cos n\varphi+\mathrm{i}\sin n\varphi)=|z|(\cos\theta+\mathrm{i}\sin\theta),$$

由复数相等的条件，得

$$\rho^n=|z|,\cos n\varphi=\cos\theta,\sin n\varphi=\sin\theta,$$

即有

$$\rho=|z|^{\frac{1}{n}},n\varphi=\theta+2k\pi\quad(k=0,\pm1,\pm2,\cdots)$$

于是

$$w=\sqrt[n]{z}=|z|^{\frac{1}{n}}\left(\cos\frac{\theta+2k\pi}{n}+\mathrm{i}\sin\frac{\theta+2k\pi}{n}\right)=|z|^{\frac{1}{n}}\mathrm{e}^{\mathrm{i}\frac{\theta+2k\pi}{n}}.$$

注：当 $k=0,1,2,\cdots,n-1$ 时，得到 n 个相异的值；当 $k=n,n+1,\cdots$ 时，这些值又重复出现.

说明：在几何上，算式 $\sqrt[n]{z}$ 有 n 个值，它们是以原点为中心，$|z|^{\frac{1}{n}}$ 为半径的圆的内接正 n 边形的 n 个顶点.

例1.1.10　计算下列式子：

(1) $(1+\sqrt{3}\mathrm{i})^3$；　　(2) $\sqrt[4]{1+\mathrm{i}}$.

解　(1) 因为复数的模 $|1+\sqrt{3}\mathrm{i}|=2$，幅角 $\theta=\arctan\dfrac{\sqrt{3}}{1}=\dfrac{\pi}{3}$，则

$$(1+\sqrt{3}\mathrm{i})^3=\left[2\left(\cos\frac{\pi}{3}+\mathrm{i}\sin\frac{\pi}{3}\right)\right]^3=8(\cos\pi+\mathrm{i}\sin\pi)=-8.$$

(2) 因为复数的模 $|1+\mathrm{i}|=\sqrt{1+1}=\sqrt{2}$，幅角 $\theta=\arctan 1=\dfrac{\pi}{4}$，则

$$1+\mathrm{i}=\sqrt{2}\left(\cos\frac{\pi}{4}+\mathrm{i}\sin\frac{\pi}{4}\right),$$

所以，有

$$\sqrt[4]{1+\mathrm{i}}=\left[\sqrt{2}\left(\cos\frac{\pi}{4}+\mathrm{i}\sin\frac{\pi}{4}\right)\right]^{\frac{1}{4}}$$

$$=\sqrt[8]{2}\left(\cos\frac{\frac{\pi}{4}+2k\pi}{4}+\mathrm{i}\sin\frac{\frac{\pi}{4}+2k\pi}{4}\right)\quad(k=0,1,2,3),$$

即

$$w_0=\sqrt[8]{2}\left(\cos\frac{\pi}{16}+\mathrm{i}\sin\frac{\pi}{16}\right),\ w_1=\sqrt[8]{2}\left(\cos\frac{9\pi}{16}+\mathrm{i}\sin\frac{9\pi}{16}\right),$$

$$w_2=\sqrt[8]{2}\left(\cos\frac{17}{16}\pi+\mathrm{i}\sin\frac{17}{16}\pi\right),\ w_3=\sqrt[8]{2}\left(\cos\frac{25}{16}\pi+\mathrm{i}\sin\frac{25}{16}\pi\right).$$

这四个值是内接于中心在原点，半径为 $\sqrt[8]{2}$ 的圆的正方形的顶点，如图 1-1-11 所示，且

$$w_1=\mathrm{i}w_0,\ w_2=-w_0,\ w_3=-\mathrm{i}w_0,\ w_4=w_0.$$

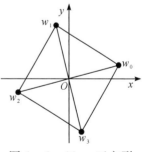

图 1-1-11　正方形

例1.1.11　求解方程 $z^3-1=0$ 的根.

解　由方程 $z^3-1=0$，得 $z^3=1$，其解为

$$z=\sqrt[3]{1}=(\cos 0+\mathrm{i}\sin 0)^{\frac{1}{3}}$$

$$=\cos\frac{2k\pi}{3}+\mathrm{i}\sin\frac{2k\pi}{3}=\mathrm{e}^{\frac{0+2k\pi}{3}\mathrm{i}}\quad(k=0,1,2).$$

所以，方程的三个根分别为

$$z_0=\mathrm{e}^0=1,z_1=\mathrm{e}^{\frac{2\pi}{3}\mathrm{i}}=\cos\left(\frac{2\pi}{3}\right)+\mathrm{i}\sin\left(\frac{2\pi}{3}\right)=-\frac{1}{2}+\mathrm{i}\frac{\sqrt{3}}{2},$$

$$z_2=\mathrm{e}^{\frac{4\pi}{3}\mathrm{i}}=\cos\frac{4\pi}{3}+\mathrm{i}\sin\frac{4\pi}{3}=-\frac{1}{2}-\mathrm{i}\frac{\sqrt{3}}{2}.$$

思考题 1.1

1. 举例说明复数以及复数的运算与实数有哪些不同.

2. 复数可以用复平面上的向量表示,那么复数的加减是否可以通过向量加减来实现?

3. 共扼复数间的几何关系是怎样的?它们的模和幅角主值有什么关系?

4. 复数各种表示形式之间的关系怎样?试举一例来说明.

5. 开方运算对应着几个值?几何上应该怎样解释?

6. 什么是棣莫弗公式?什么是欧拉公式?

习题 1.1

1. 写出下列复数的三角式和指数式.

(1)$1-\sqrt{3}\mathrm{i}$; (2)$-5\mathrm{i}$; (3)-1; (4) $\sqrt{-\mathrm{i}}$.

2. 将下列复数写成 $x+\mathrm{i}y$ 形式.

(1) $\dfrac{1-\mathrm{i}}{1+\mathrm{i}}$; (2) $\dfrac{\mathrm{i}}{1-\mathrm{i}}+\dfrac{1-\mathrm{i}}{\mathrm{i}}$.

3. 计算下列各题.

(1)$(\sqrt{3}-\mathrm{i})^4$; (2) $\sqrt{3+4\mathrm{i}}$.

4. 求解方程 $z^3-2=0$.

5. 用复参数方程表示下列曲线.

(1) 连接 0 与 $1+\mathrm{i}$ 的直线段;

(2) 以原点为中心,焦点在实轴上,长半轴为 a,短半轴为 b 的椭圆.

§1.2 复平面上的点集与区域

研究复变函数问题与实函数类似,每个复变量都有自己的变化范围,复自变量的变化范围类似二元函数的自变量的变化范围.我们先看几个例子.

例1.2.1　集合 $|z-z_0|\leqslant 4$ 是平面上到定点 z_0 的距离不超过 4 的点的集合,即是平面上以 z_0 为圆心,2 为半径的圆盘(见图 1-2-1).

例1.2.2　集合 $a<\mathrm{Im}z<b(a<b)$ 表示平面上虚部介于 a 与 b 之间的点的集合,它是平面上一条平行于 x 轴的带形区域(见图 1-2-2),不含边界.

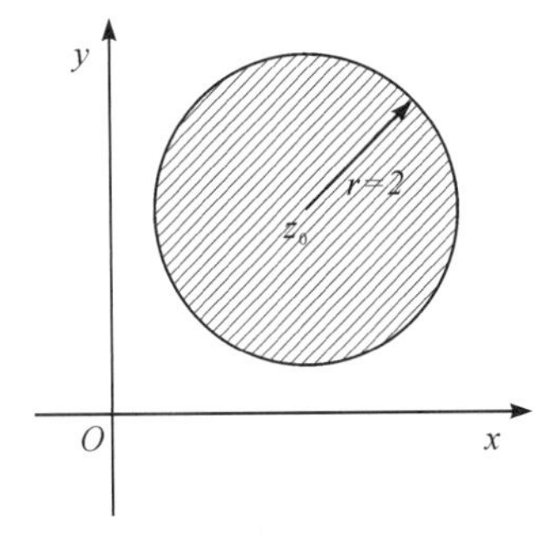

图 1-2-1　半径为 2 的圆盘

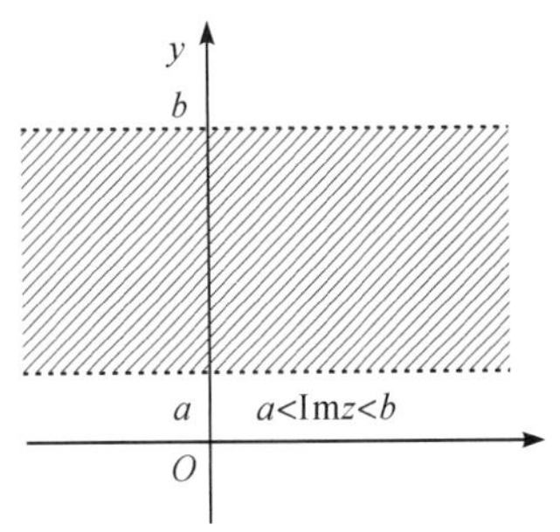

图 1-2-2　带形区域

1.2.1　开集与闭集

定义1.2.1　平面上以 z_0 为中心,$\delta>0$ 为半径的圆 $|z-z_0|=\delta$ 内部的点的集合称为 z_0 的 **δ 邻域(δ neighborhood)**,如图 1-2-3 所示.由 $0<|z-z_0|<\delta$ 所确定的点集称为 z_0 的**去心邻域(deleted neighborhood)**.包括无穷远点在内且满足 $|z|>M$(M 为有限大的任意正实数)的所有点的集合称为**无穷远点邻域(neighborhood at infinity)**.

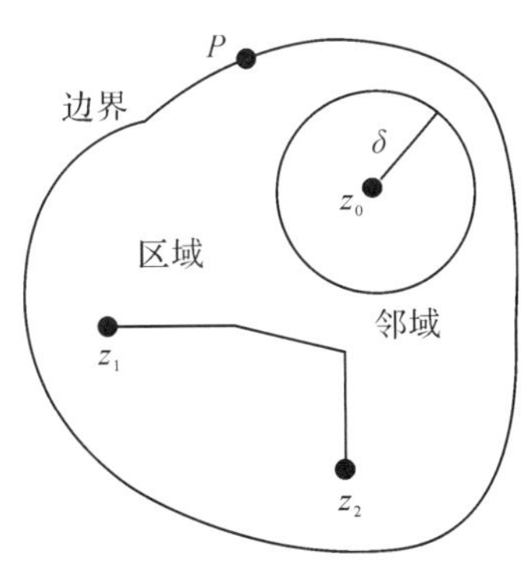

图 1-2-3　领域、区域和边界

定义1.2.2　设 G 是平面点集,z_0 为 G 中任一点,如果存在 z_0 的一个邻域,该邻域内的所有点都属于 G,则称 z_0 为 G 的**内点(interior point)**.

定义1.2.3　如果 G 中的每一个点都是内点,则称 G 为**开集(open set)**.

定义1.2.4　平面上不属于G的点的全体称为G的**余集(complementary set)**，记为G^C，开集的余集称为**闭集(closed set)**.

定义1.2.5　如果点z_0的任意邻域内既有G的点又有G^C的点，则称z_0是G的**边界点(boundary point)**，G的边界点全体称为G的**边界(boundary)**.

定义1.2.6　$z_0 \in G$，若在z_0的某一邻域内，除z_0外不含G的点，则称z_0是G的一个**孤立点(isolated point)**. G的孤立点一定是G的边界点.

定义1.2.7　如果存在一个以点$z=0$为中心的圆盘包含G，则称G为**有界集(bounded set)**，否则称G为**无界集(unbounded set)**.

例如，对于$r>0$，$G_1=\{z: |z|<r\}$是开集，$G_2=\{z: |z|\geqslant r\}$是闭集，这是因为它的余集$G_2^C=\{z: |z|<r\}$是开集，$|z|=r$是$G_2$的边界.

1.2.2　区域

定义1.2.8　若集合G中任意两点都可以用完全属于G的折线连接起来，则称G是**连通的(connected)**.

定义1.2.9　连通的开集称为**区域(region)**，记为D.

定义1.2.10　区域D与它的边界一起构成**闭区域(closed region)**，记为$\overline{D}$.

定义1.2.11　若区域D可以被包含在一个以原点为中心的圆内，即存在$M>0$，对D中每一点z，都有$|z|<M$，则称D为**有界区域(bounded region)**，否则称**无界区域(unbounded region)**.

定义1.2.12　满足不等式$0<r_1<|z-z_0|<r_2$的所有点构成的区域称为**圆环域(annular domain)**.

常见的区域：(1) 圆域$|z-z_0|<R$；　(2) 圆环域$r_1<|z-z_0|<r_2$；
(3) 角形域$0<\arg z<\varphi$；　(4) 带形域$a<\operatorname{Re}z<b$；
(5) 上半平面$\operatorname{Im}z>0$.

其中，(1)、(2) 是有限区域，(3)、(4)、(5) 是无限区域.

例1.2.3　下列各式所表示的点集是怎样的图形？请指出哪些是区域.

(1)$z+\overline{z}>0$；　(2)$|z+1-\mathrm{i}|\leqslant 1$；　(3)$\dfrac{\pi}{6}<\arg z<\dfrac{\pi}{3}$.

解 (1) 设 $z=x+\mathrm{i}y$，则 $z+\overline{z}=2x>0$，即 $x>0$ 表示右半平面，这是一个区域.

(2) 因为 $z+1-\mathrm{i}=z-(-1+\mathrm{i})$，则 $|z+1-\mathrm{i}|\leqslant 1$，即 $|z-(-1+\mathrm{i})|\leqslant 1$，它表示以 $-1+\mathrm{i}$ 为中心，以 1 为半径的圆周及其内部，这是一个闭区域，如图 1-2-4 所示.

(3) $\frac{\pi}{6}<\arg z<\frac{\pi}{3}$ 表示介于两射线 $\arg z=\frac{\pi}{6}$ 及 $\arg z=\frac{\pi}{3}$ 之间的一个角形区域，如图 1-2-5 所示.

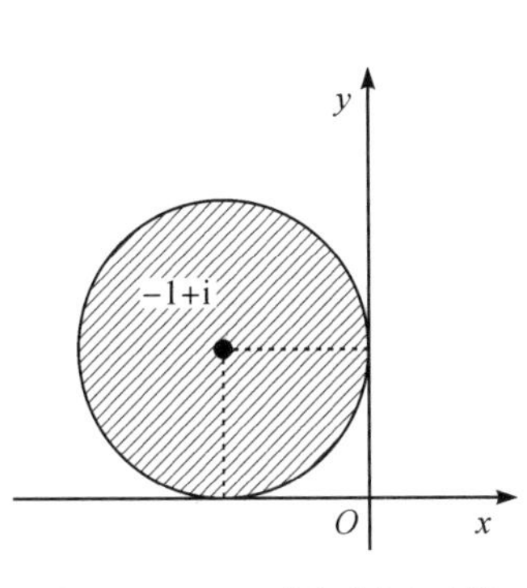

图 1-2-4 圆形闭区域

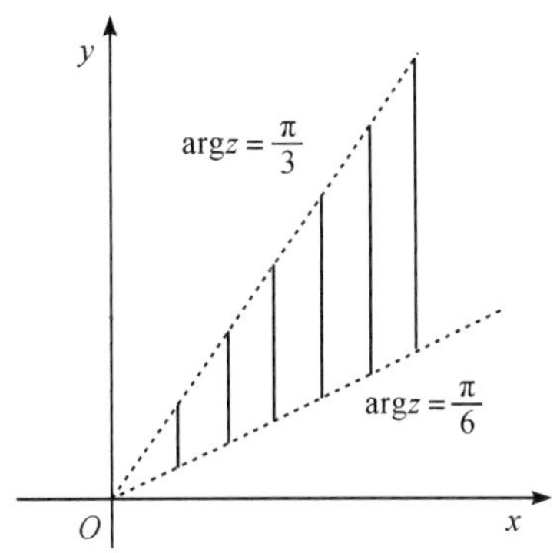

图 1-2-5 角形闭区域

1.2.3 平面曲线

定义1.2.13 若 $x(t)$，$y(t)$ 是两个连续的实函数，则 $\begin{cases}x=x(t),\\ y=y(t)\end{cases}$ $(a\leqslant t\leqslant b)$ 表示一条平面曲线，称为**连续曲线(continuous curve)**，$\begin{cases}x=x(t),\\ y=y(t)\end{cases}$ 称为该曲线的**参数方程(parametric equation)**.

例如，$\begin{cases}x=\cos t,\\ y=\sin t\end{cases}$ $(0\leqslant t\leqslant 2\pi)$ 为单位圆周曲线的参数方程，它在实数平面上表示单位圆周.

定义1.2.14 设 $z(t)=x(t)+\mathrm{i}y(t)$，如果曲线 C 可用复数 $z(t)(a\leqslant t\leqslant b)$ 的方程表示，那么称它为 C 的**复数形式的参数方程(parametric equation in complex form)**.

例1.2.4 当 $0 \leqslant t \leqslant 2\pi$ 时，方程 $z = \cos t + \mathrm{i}\sin t$ 表示怎样的曲线？

解 由于 $|z| = \cos^2 t + \sin^2 t \equiv 1$，所以 $z = \cos t + \mathrm{i}\sin t$ 表示以原点为圆心，半径为 1 的圆周，即它是单位圆周的复数形式的参数方程. 在实平面上的参数方程为 $\begin{cases} x = \cos t, \\ y = \sin t \end{cases}$ $(0 \leqslant t \leqslant 2\pi)$，直角坐标方程为 $x^2 + y^2 = 1$.

例1.2.5 方程 $z = (1 + \mathrm{i})t (0 \leqslant t \leqslant 1)$ 表示怎样的曲线？

解 因为当 $0 \leqslant t \leqslant 1$ 时，$\arg z$ 恒为定值，所以 $z = (1 + \mathrm{i})t \quad (0 \leqslant t \leqslant 1)$ 表示由 $z = 0$ 到 $z = 1 + \mathrm{i}$ 的直线段. 在实平面上，相当于 $\begin{cases} x = t, \\ y = t \end{cases}$ $(0 \leqslant t \leqslant 1)$，即它是直线的参数方程，其直角坐标方程为 $y = x \quad (0 \leqslant x \leqslant 1)$.

定理1.2.1 若实平面上的连续曲线 C 的方程为 $F(x, y) = 0$（其中 x, y 为实变量），则该曲线在复平面上的方程为 $F(\frac{z + \overline{z}}{2}, \frac{z - \overline{z}}{2\mathrm{i}}) = 0$.

证明 根据复数的性质可知，$x = \mathrm{Re} z = \dfrac{z + \overline{z}}{2}$，$y = \mathrm{Im} z = \dfrac{z - \overline{z}}{2\mathrm{i}}$. 将其代入方程 $F(x, y) = 0$ 即可得到 $F\left(\dfrac{z + \overline{z}}{2}, \dfrac{z - \overline{z}}{2\mathrm{i}}\right) = 0$.

由定理 1.2.1 可得，曲线 $z = \cos t + \mathrm{i}\sin t$（例 1.2.4）在复平面上的方程为 $|z| = 1$；曲线 $z = (1 + \mathrm{i})t \quad (0 \leqslant t \leqslant 1)$（例 1.2.5）在复平面上的方程为 $z + \overline{z} = -\mathrm{i}(z - \overline{z}) \quad (0 \leqslant \mathrm{Re} z \leqslant 1)$，

例1.2.6 讨论下列方程表示的曲线，并将方程化为直角坐标方程：

(1) $|z + \mathrm{i}| = 2$； (2) $|z - 2\mathrm{i}| = |z + 2|$； (3) $\mathrm{Im}(\mathrm{i} + \overline{z}) = 4$.

解 (1) 方程 $|z + \mathrm{i}| = 2$ 表示与点 $-\mathrm{i}$ 距离为 2 的点的轨迹，即中心在 $-\mathrm{i}$，半径为 2 的圆周.

若化为直角坐标方程，则将 $z = x + \mathrm{i}y$ 代入 $|z + \mathrm{i}| = 2$ 中，得

$$|(x + \mathrm{i}y) + \mathrm{i}| = 2,$$

即

$$\sqrt{x^2 + (y + 1)^2} = 2 \text{ 或 } x^2 + (y + 1)^2 = 4.$$

(2) 方程 $|z - 2\mathrm{i}| = |z + 2|$ 表示到点 $(0, 2\mathrm{i})$ 和点 $(-2, 0)$ 距离相等的动点的轨迹，即表示连接点 $(0, 2\mathrm{i})$ 和 $(-2, 0)$ 的线段的垂直平分线.

若化为直角坐标方程，将 $z = x + \mathrm{i}y$ 代入方程 $|z - 2\mathrm{i}| = |z + 2|$ 中，则直角坐标方程为

$$y = -x.$$

(3) 设 $z = x + \mathrm{i}y$，则 $\mathrm{i} + \bar{z} = x + (1 - y)\mathrm{i}$，于是 $\mathrm{Im}(\mathrm{i} + \bar{z}) = 4$，得 $1 - y = 4$，即 $y = -3$，故 $y = -3$ 是一条平行于 x 轴的直线.

定义1.2.15 设函数 $x(t), y(t)$ 满足如下两个条件：

(1) $x'(t), y'(t)$ 在区间 $[\alpha, \beta]$ 上连续；

(2) 当 $t \in [\alpha, \beta]$ 时，有 $[x'(t)]^2 + [y'(t)]^2 \neq 0$.

则称 $z = x(t) + \mathrm{i}y(t)$ 为**光滑曲线(smooth curve)**. 由若干段光滑曲线组成的曲线称为**分段光滑曲线(piecewise smooth curve)**.

例1.2.7 方程 $z = t^2 + \mathrm{i}t^3 (-1 \leqslant t \leqslant 1)$ 表示怎样的曲线？

解 该曲线方程可以写成直角坐标的参数式 $x = t^2, y = t^3$. 消去 t 可得

$$y = \pm x^{\frac{3}{2}} \quad (\text{半立方抛物线}).$$

容易验证：当 $t = 0$ 时，有 $x'(0) = y'(0) = 0$，曲线在 $t = 0$ 对应点处不光滑，因此该曲线是分段光滑曲线.

定义1.2.16 若曲线 $z = z(t)(\alpha \leqslant t \leqslant \beta)$，则称 $z(\alpha), z(\beta)$ 分别为曲线 $z = z(t)$ 的**起点(starting point)**和**终点(end point)**. 若曲线 $z = z(t)$ 满足如下的两个条件：

(1) $z(\alpha) = z(\beta)$；

(2) 当 $t_1 \neq t_2 (t_1 \neq \alpha, t_2 \neq \beta)$ 时，$z(t_1) \neq z(t_2)$.

则称这条曲线为**简单闭曲线(simple closed curve)**.

1.2.4 单连通与多连通区域

定义1.2.17 设 D 为一平面区域，若在 D 内的每一条简单闭曲线的内部总属于 D，则称 D 为**单连通区域(simply connected domain)**，否则称 D 为**多连通区域(multiply connected domain)**.

注：单连通区域 D 内的每一条简单闭曲线，均可经过连续变形缩成 D 中的一个点.

例1.2.8 满足下列条件的点 z 在复平面上构成怎样的点集？如果是区域，则它是单连通区域还是多连通区域？

(1) $|z|<3, \mathrm{Im}z>2$；

(2) $0<|z-\mathrm{i}|<4$；

(3) $0<\arg(z-1)<\frac{\pi}{3}, \mathrm{Re}z\geqslant 2$.

解 (1) 该点集是以原点为圆心，半径为 3 的圆域在直线 $\mathrm{Im}z=2$ 上方的部分区域，该区域为有界的单连通区域.

(2) 该点集是以点 i 为圆心，半径为 4 的去心圆域，它是有界的多连通区域.

(3) 该点集是以射线 $\arg(z-1)=\frac{\pi}{3}$、$\arg(z-1)=0$ 以及直线 $\mathrm{Re}z=2$ 为边界，且在直线 $\mathrm{Re}z=2$ 的右侧(包括该直线)的部分，该点集不是区域.

思考题 1.2

1. 平面上的圆域、环域、带形域、角形域如何表示？

2. 如何将平面曲线的参数方程转化为复数的参数方程？

3. 如何将平面曲线的复数方程转化为直角坐标的参数方程？

习题 1.2

1. 说明下列不等式所表示的区域.

(1) $|z-1|<2$； (2) $0<\arg z<\frac{\pi}{3}, 2<\mathrm{Re}z<4$； (3) $1\leqslant \mathrm{Im}z\leqslant 2$；

(4) $\mathrm{Re}z+|z|<1$； (5) $|z+1|+|z-1|<4$.

2. 满足下列各式的点的轨迹是什么曲线？

(1) $|z+2\mathrm{i}|=1$； (2) $\mathrm{Re}(\mathrm{i}\,\bar{z})=3$； (3) $\mathrm{Im}z=2$； (4) $\arg(z-\mathrm{i})=\frac{\pi}{4}$.

3. 把下列曲线的复参数方程转换为直角坐标方程.

(1) $z=(1-\mathrm{i})t$； (2) $z=t+\frac{\mathrm{i}}{t}$； (3) $z=3\mathrm{e}^{2\pi t\mathrm{i}}$ $(0\leqslant t\leqslant 1)$.

§1.3 复变函数

由二元实函数的相关知识可知,若 $u=u(x,y)$,$v=v(x,y)$ 是实变量 x,y 的两个二元函数,则对于每一对变量 (x,y),都有变量 (u,v) 与之对应,即 $(x,y)\xrightarrow{f}(u,v)$.

如果记 $w=u(x,y)+\mathrm{i}v(x,y)$,$z=x+\mathrm{i}y$,那么 $z\xrightarrow{f}(u,v)\longleftrightarrow w$,即

$$z=x+\mathrm{i}y\xrightarrow{f}w=u+\mathrm{i}v,$$

故可将 w 看作复变量 z 的函数,即得到一个复变量的函数 $w=f(z)$.

1.3.1 复变函数的定义

定义1.3.1 设 G 是一个复数的集合,如果存在一个确定的法则,对于 G 中的每一个复数 $z\in G$,都有一个或多个复数 $w=u+\mathrm{i}v$ 与之对应,那么称复数变量 w 是复数变量 z 的函数,简称为**复变函数(function of complex variable)**,记为 $w=f(z)$. z 称为**自变量(independent variable)**,w 称为**因变量(dependent variable)**. 点集 G 称为这个函数的**定义域(domain)**,而对应于 $\forall z\in G$ 的一切 w 值所组成的集合 G^* 称为函数的**值域(range)**.

说明:若 z 的一个值对应着 w 的一个值,称 $f(z)$ 在 G 上确定了一个**单值函数(single valued function)**;若对应着 w 的两个或两个以上的值,称 $f(z)$ 在 G 上确定了一个**多值函数(multiple valued function)**,今后若不作特定声明,则都是指单值函数.

1.3.2 复变函数与二元实函数的关系

给定复数 $z=x+\mathrm{i}y$ 相当于给出一对实数 (x,y),而复数 $w=u+\mathrm{i}v$ 同样对应一对实数 (u,v),即 $z\leftrightarrow(x,y)\xrightarrow{f}w=f(z)\leftrightarrow(u,v)$,亦即复变函数

$$w=f(z)\xLeftrightarrow{\text{对应}}u=u(x,y),v=v(x,y),$$

对应两个二元实变函数. 因此可以利用两个二元实变函数来讨论复变函数 $w=f(z)$.

例1.3.1 求复变函数 $w=z^2$ 对应的两个二元实函数 $u(x,y)$ 和 $v(x,y)$.

解 设 $z=x+\mathrm{i}y, w=u+\mathrm{i}v$,则复变函数

$$w=u+\mathrm{i}v=(x+\mathrm{i}y)^2=x^2-y^2+2\mathrm{i}xy,$$

于是,函数 $w=z^2$ 对应的两个二元实变函数分别为

$$u=x^2-y^2, v=2xy.$$

反之,对于任意给定的两个二元实函数 $u(x,y), v(x,y)$,那么有可能通过适当地重新组合函数 $w=u+\mathrm{i}v$ 中的 x 和 y,使得 x 与 y 仅以 $x+\mathrm{i}y=z$ 或 $\bar{z}=x-\mathrm{i}y$ 的形式表示,从而得到复变函数 $w=f(z)$.

例1.3.2 将下列两个二元实变函数表示为复变函数,即用 $z,\bar{z}$ 表示:

(1) $u(x,y)=\dfrac{x}{x^2+y^2}, v(x,y)=-\dfrac{y}{x^2+y^2}(x^2+y^2\neq 0)$;

(2) $w=3x+\mathrm{i}y$.

解 (1) 因为 $w=u+\mathrm{i}v=\dfrac{x-\mathrm{i}y}{x^2+y^2}$,且 $\bar{z}=x-\mathrm{i}y, z\bar{z}=x^2+y^2$,所以,

$$w=u+\mathrm{i}v=\frac{\bar{z}}{z\bar{z}}=\frac{1}{z}.$$

(2) 将 $x=\dfrac{1}{2}(z+\bar{z}), y=\dfrac{1}{2\mathrm{i}}(z-\bar{z})$ 代入 $w=3x+\mathrm{i}y$ 中,得

$$w=3x+\mathrm{i}y=3\,\frac{1}{2}(z+\bar{z})+\mathrm{i}\,\frac{1}{2\mathrm{i}}(z-\bar{z})=2z+\bar{z}.$$

注: 在复变函数中,只用 z 或 $\bar{z}$ 就可以表示的函数是一类重要的函数.

*1.3.3 复变函数的几何意义

高等数学中常把函数用几何图形来表示,这样就可以直观地帮助我们理解和研究函数的性质. 复变函数由于反映了两对变量 (x,y) 和 (u,v) 之间的对应关系,因而无法用同一个平面的几何图形来表示,故必须把它看成两个复平面上的点集之间的对应关系.

如果用 z 平面上的点表示自变量 z 的值,而用另一平面 w 上的点表示函数 w

的值，那么在几何意义上，可以把函数 $w=f(z)$ 看作是 z 平面上的点集 G（定义域）到 w 平面上的点集 G^*（函数值集合）的**映射(mapping)**或**变换(transformation)**. 这个映射通常简称为由函数 $w=f(z)$ 构成的映射.

定义1.3.2 如果复数域 G 中的点 z 被函数 $w=f(z)$ 映射成复数域 G^* 中的点 w，那么称 w 为 z 的**象(image)**，而 z 则称为 w 的**原象(inverse image)**.

例1.3.3 试研究函数 $w=\overline{z}$ 所构成的映射.

显然 $w=\overline{z}$ 将 z 平面上的点 $z=a+\mathrm{i}b$ 映射成 w 平面上的点 $w=a-\mathrm{i}b$，把 $\triangle ABC$ 映射成 $\triangle A'B'C'$，如图 1－3－1 所示.

如果把 z 平面和 w 平面重叠在一起，则 $w=\overline{z}$ 是关于实轴的一个对称映射.

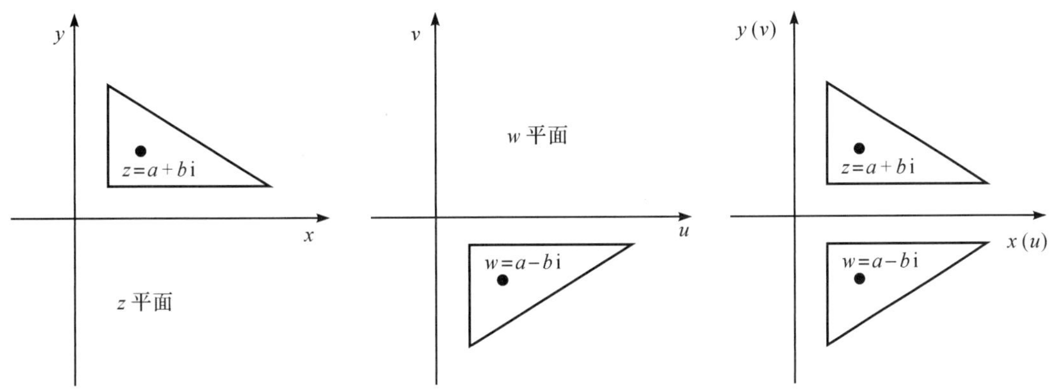

图 1－3－1 z 平面与 w 平面

例1.3.4 函数 $w=\dfrac{1}{z}$ 将 z 平面上的曲线 $x^2+y^2=4$ 和直线 $x=1$ 分别映成 w 平面上怎样的曲线?

解 先将函数的实部与虚部求出来，因为

$$w=\frac{1}{z}=\frac{x-\mathrm{i}y}{x^2+y^2}=\frac{x}{x^2+y^2}+\frac{-y}{x^2+y^2}\mathrm{i},$$

所以，有

$$u=\frac{x}{x^2+y^2},v=\frac{-y}{x^2+y^2}.$$

(1) 由于 $x^2+y^2=4$，故

$$u=\frac{x}{4},v=\frac{-y}{4},$$

从中消去 x,y，便得 w 平面上的曲线

$$u^2+v^2=\frac{1}{4},$$

这条曲线是 w 平面上以原点为圆心，半径为 $\frac{1}{2}$ 的圆，即 $|w|=\frac{1}{2}$.

(2) 因为

$$u^2+v^2=\frac{x^2+y^2}{(x^2+y^2)^2}=\frac{1}{x^2+y^2},$$

所以

$$u^2+v^2-u=\frac{1}{x^2+y^2}-\frac{x}{x^2+y^2}=\frac{1-x}{x^2+y^2}=0.$$

对上式配方，得

$$\left(u-\frac{1}{2}\right)^2+v^2=\frac{1}{4},$$

即

$$\left|w-\frac{1}{2}\right|=\frac{1}{2},$$

它是 w 平面上以点 $z=\frac{1}{2}$ 为圆心，以 $\frac{1}{2}$ 为半径的圆.

例1.3.5 研究函数 $w=z^2$ 构成的映射.

(1) 将 z 平面上角域 $0<\arg z<\alpha$ 映射到 w 平面，会得到怎样的区域？

(2) 将 z 平面上单位圆周 $|z|=1$ 映射到 w 平面，会得到怎样的曲线？

(3) 将 z 平面中直线 $x=1, x=\frac{1}{2}, y=1, y=\frac{1}{2}$ 映射到 w 平面，会得到怎样的曲线？

(4) $w=z^2$ 将 w 平面上的直线 $u=C_1, v=C_2$ 映射成 z 平面的怎样的曲线？

解 (1) 由乘法的模与幅角定理可知，其象是 $0<\arg w<2\alpha$，如图 1-3-2 (b) 所示. 并且，函数 $w=z^2$ 将点 $z_1=\mathrm{i}\xrightarrow{\text{映射}}w_1=-1$，点 $z_2=1+2\mathrm{i}\xrightarrow{\text{映射}}w_2=-3+4\mathrm{i}$，点 $z_3=-1\xrightarrow{\text{映射}}w_3=1$.

(2) 曲线 $|z|=1$ 经过映射 $w=z^2$，则有 $|w|=|z^2|=1$，这条曲线是 w 平面上的单位圆周，如图 1-3-2(d) 所示.

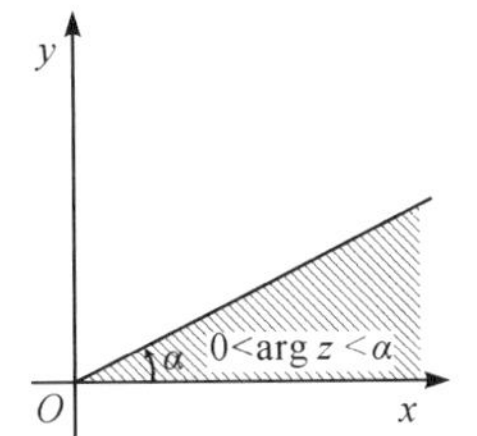

(a) 角域 $0 < \arg z < \alpha$

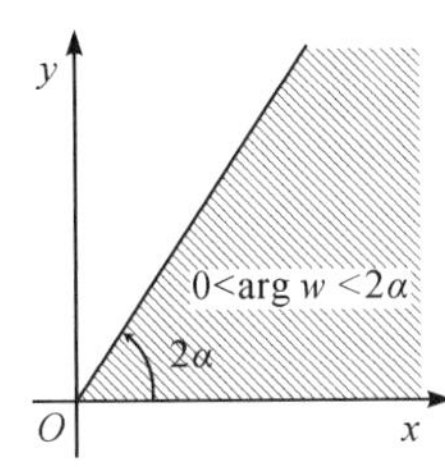

(b) 角域 $0 < \arg w < 2\alpha$

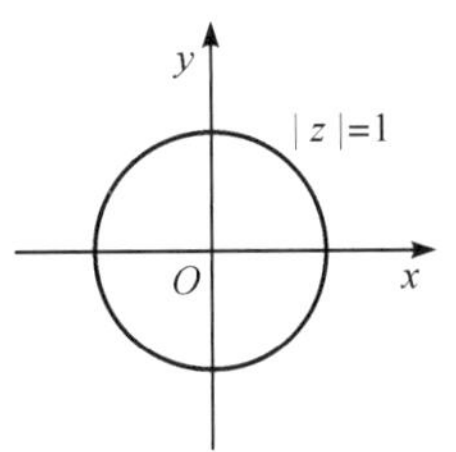

(c) 圆周 $|z| = 1$

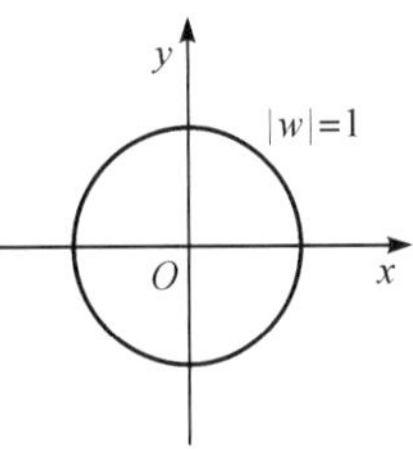

(d) 圆周 $|w| = 1$

图 1-3-2　角形区域之间及圆周之间的映射

(3) 先将函数的实部与虚部求出来. 因为 $w = (x + \mathrm{i}y)^2 = x^2 - y^2 + 2xy\mathrm{i}$, 所以

$$u(x,y) = x^2 - y^2, v(x,y) = 2xy,$$

将 z 平面上的直线 $x = 1$ 代入上式,得

$$u = 1 - y^2, v = 2y,$$

消去 y,可得 w 平面上的曲线为

$$u = -\frac{v^2}{4} + 1,$$

这条曲线是 w 平面上的抛物线.

将 z 平面上的直线 $x = \frac{1}{2}$ 代入 $u = x^2 - y^2, v = 2xy$ 中,得 $u + v^2 = \frac{1}{4}$,这是 w 平面上的抛物线,如图 1-3-3(a) 所示.

将 z 平面上的直线 $y = 1$ 代入 $u = x^2 - y^2, v = 2xy$ 中,得 $u = x^2 - 1, v = 2x$,再消去 x,便得 w 平面上的曲线

$$u = \frac{v^2}{4} - 1,$$

这条曲线是 w 平面上的抛物线.

同理,$y = \frac{1}{2} \xrightarrow{\text{映射}} u = v^2 - \frac{1}{4}$,这条曲线是 w 平面上的抛物线,如图 1-3-3(b) 所示.

(4) 因为 $u = x^2 - y^2, v = 2xy$,所以映射 $w = z^2$ 将 w 平面上直线 $u = C_1$ 映射为 $x^2 - y^2 = C_1$,将直线 $v = C_2$ 映射为 $2xy = C_2$,即

$$u = C_1 \xrightarrow{\text{映射}} x^2 - y^2 = C_1, v = C_2 \xrightarrow{\text{映射}} 2xy = C_2,$$

$x^2 - y^2 = C_1$ 是 z 平面上的双曲线,如图 1-3-3(c) 所示;$2xy = C_2$ 是 z 平面上反比例函数曲线,如图 1-3-3(d) 所示.

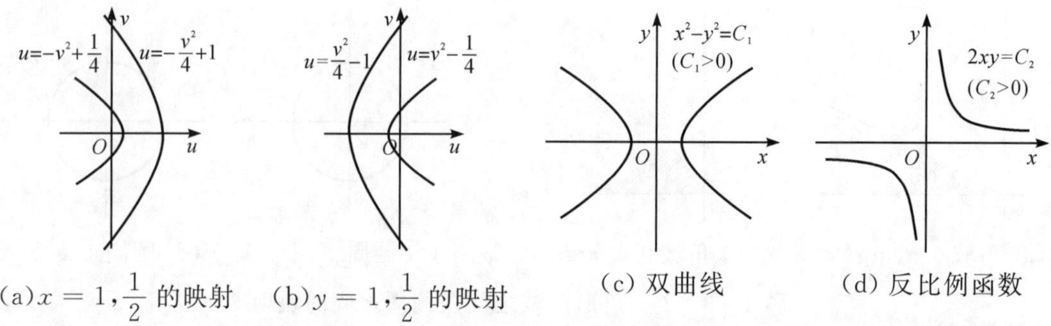

(a) $x=1,\frac{1}{2}$ 的映射　(b) $y=1,\frac{1}{2}$ 的映射　(c) 双曲线　(d) 反比例函数

图 1-3-3　第(3)、(4) 小题的映射曲线

采用上述的方法，我们容易发现，映射 $w=z^2$ 将 w 平面上由直线 $u=\frac{1}{2}$，$u=1$，$v=\frac{1}{2}$，$v=1$ 围成的区域映成 z 平面上由双曲线 $x^2-y^2=\frac{1}{2}$，$x^2-y^2=1$，$2xy=\frac{1}{2}$，$2xy-1$ 围成的区域(请有兴趣的读者，在 z 平面上描绘这个区域，即思考题 4).

定义1.3.3　设函数 $w=f(z)$ 定义在 z 平面上的集合 G 上，值域为 w 平面上的集合 G^*，那么 G^* 中的每一点 w 将对应 G 中的点(一个或多个). 根据复变函数的定义，这种对应确定了一个在 G^* 上的函数 $z=\varphi(w)$，称为 $w=f(z)$ 的**反函数(inverse function)** 或**逆映射(inverse mapping)**，记为 $w=f^{-1}(z)$.

如例 1.3.4 中的函数 $w=\frac{1}{z}$ 将 z 平面上的直线 $x=1$，映成了 w 平面上以点 $z=\frac{1}{2}$ 为圆心，$\frac{1}{2}$ 为半径的圆. 函数 $z=\frac{1}{w}$ 是 $w=\frac{1}{z}$ 的反函数，它将 w 平面上以点 $z=\frac{1}{2}$ 为圆心，$\frac{1}{2}$ 为半径的圆，映成 z 平面上的直线 $x=1$.

1.3.4　复变函数的极限

定义1.3.4　设函数 $w=f(z)$ 在 z_0 的去心邻域 $0<|z-z_0|<\rho$ 内有定义，如果有一个确定的复数 A 存在，对于任意给定的 $\varepsilon>0$，总存在正数 $\delta(\varepsilon)(0<\delta\leqslant\rho)$，使得对满足 $0<|z-z_0|<\delta$ 的一切 z，都有 $|f(z)-A|<\varepsilon$ 成立，那么称 A 为函数 $f(z)$，当 z 趋向 z_0 时，**极限(limit)** 记为 $\lim\limits_{z\to z_0}f(z)=A$ 或 $f(z)\to A$(当 $z\to z_0$ 时).

说明:(1) 极限定义的几何意义,当 z 进入 z_0 的充分小的去心邻域时,象函数 $f(z)$ 就落入 A 的预先给定的 ε 邻域中,这一点与高等数学中的一元函数的极限类似.

(2) 设 $z=x+\mathrm{i}y, z_0=x_0+\mathrm{i}y_0$,则当 $z\to z_0$ 时,等价于 $x\to x_0$,且 $y\to y_0$.

(3) 定义中 $z\to z_0$ 方式是任意的,即无论从何方向、以何方式趋向于 z_0 时,函数 $f(z)$ 都要趋向于一个确定常数,这一点与高等数学中的二元函数的极限类似.

(4) 不等式 $0<|z-z_0|<\delta$ 可以写成

$$0<|(x+\mathrm{i}y)-(x_0+\mathrm{i}y_0)|=\sqrt{(x-x_0)^2+(y-y_0)^2}<\delta,$$

不等式 $|f(z)-A|<\varepsilon$ 可以写成

$$|u(x,y)+\mathrm{i}v(x,y)-u_0-\mathrm{i}v_0|<\varepsilon.$$

于是,有如下定理.

定理1.3.1 设函数 $f(z)=u(x,y)+\mathrm{i}v(x,y)$,复常数 $A=u_0+\mathrm{i}v_0$, $z_0=x_0+\mathrm{i}y_0$,则 $\lim\limits_{z\to z_0}f(z)=A$ 的充分必要条件是 $\lim\limits_{(x,y)\to(x_0,y_0)}u(x,y)=u_0$, $\lim\limits_{(x,y)\to(x_0,y_0)}v(x,y)=v_0$.

* **证明** 必要性.

已知 $\lim\limits_{z\to z_0}f(z)=A$,由极限的定义知,对于任意给定的 $\varepsilon>0$,存在 $\delta>0$,当 $0<|z-z_0|<\delta$ 时,即当 $0<|(x+\mathrm{i}y)-(x_0+\mathrm{i}y_0)|=\sqrt{(x-x_0)^2+(y-y_0)^2}<\delta$ 时,有

$$|f(z)-A|=|(u-u_0)+\mathrm{i}(v-v_0)|=\sqrt{(u-u_0)^2+(v-v_0)^2}<\varepsilon,$$

因为

$$|u-u_0|\leqslant|(u-u_0)+\mathrm{i}(v-v_0)|,\ |v-v_0|\leqslant|(u-u_0)+\mathrm{i}(v-v_0)|,$$

于是,当 $0<\sqrt{(x-x_0)^2+(y-y_0)^2}<\delta$ 时,有

$$|u-u_0|<\varepsilon,\ |v-v_0|<\varepsilon,$$

故

$$\lim_{(x,y)\to(x_0,y_0)}u(x,y)=u_0,\quad \lim_{(x,y)\to(x_0,y_0)}v(x,y)=v_0.$$

充分性.

已知 $\lim\limits_{(x,y)\to(x_0,y_0)} u(x,y)=u_0$, $\lim\limits_{(x,y)\to(x_0,y_0)} v(x,y)=v_0$,由二元函数极限的定义知,当 $0<\sqrt{(x-x_0)^2+(y-y_0)^2}<\delta$ 时,有

$$|u-u_0|<\frac{\varepsilon}{2},\ |v-v_0|<\frac{\varepsilon}{2}.$$

又因为

$$|f(z)-A|=|(u-u_0)+\mathrm{i}(v-v_0)|\leqslant|u-u_0|+|v-v_0|,$$

所以,当 $0<|z-z_0|<\delta$ 时,有

$$|f(z)-A|<\frac{\varepsilon}{2}+\frac{\varepsilon}{2}=\varepsilon,$$

即

$$\lim_{z\to z_0}f(z)=A.$$

注:这个定理将求复变函数 $f(z)=u(x,y)+\mathrm{i}v(x,y)$ 的极限问题转化为求两个二元实函数 $u=u(x,y)$,$v=v(x,y)$ 的极限问题.

根据定理 1.3.1,不难证明高等数学中关于极限的有理运算法则,且对复变函数也成立.

定理1.3.2 如果 $\lim\limits_{z\to z_0}f(z)=A$,$\lim\limits_{z\to z_0}g(z)=B$,则下列运算律成立:

(1) $\lim\limits_{z\to z_0}[f(z)\pm g(z)]=\lim\limits_{z\to z_0}f(z)\pm\lim\limits_{z\to z_0}g(z)=A\pm B$;

(2) $\lim\limits_{z\to z_0}f(z)\cdot g(z)=\lim\limits_{z\to z_0}f(z)\cdot\lim\limits_{z\to z_0}g(z)=A\cdot B$;

(3) $\lim\limits_{z\to z_0}\dfrac{f(z)}{g(z)}=\dfrac{\lim\limits_{z\to z_0}f(z)}{\lim\limits_{z\to z_0}g(z)}=\dfrac{A}{B}\quad(B\neq 0)$.

例1.3.6 证明:当 $z\to 0$ 时,函数 $f(z)=\dfrac{\mathrm{Re}z}{|z|}$ 的极限不存在.

证明 (方法 1) 令 $z=x+\mathrm{i}y$,则 $f(z)=\dfrac{x}{\sqrt{x^2+y^2}}$.

因为二元函数 $u(x,y)=\dfrac{x}{\sqrt{x^2+y^2}}$,当 z 沿着直线 $y=kx$ 趋近于零时,极限

$$\lim_{\substack{x\to 0\\ y=kx}}u(x,y)=\lim_{\substack{x\to 0\\ y=kx}}\frac{x}{\sqrt{x^2+(kx)^2}}=\pm\frac{1}{\sqrt{1+k^2}}.$$

上式表明，该极限随 k 的不同而不同，所以极限 $\lim\limits_{\substack{x\to 0\\ y=kx}} u(x,y)$ 不存在，于是极限 $\lim\limits_{z\to 0} f(z)$ 不存在.

（方法 2）令 $z = r(\cos\theta + \mathrm{i}\sin\theta)$，则 $f(z) = \dfrac{r\cos\theta}{r} = \cos\theta$.

当 z 沿不同射线 $\theta = \arg z$ 趋向于零时，函数 $f(z)$ 趋向于不同的值.

例如，当 z 沿实轴 $\arg z = 0$ 趋向于零时，函数 $f(z) \to 1$；

当 z 沿虚轴 $\arg z = \dfrac{\pi}{2}$ 趋向于零时，函数 $f(z) \to 0$.

所以，极限 $\lim\limits_{z\to z_0} f(z)$ 不存在.

1.3.5 复变函数的连续性

定义1.3.5 设函数 $w = f(z)$ 在点 $z_0 = x_0 + \mathrm{i}y_0$ 的某邻域 $|z - z_0| < \delta\ (\delta > 0)$ 内有定义，如果极限 $\lim\limits_{z\to z_0} f(z) = f(z_0)$［或 $\lim\limits_{\Delta z\to 0} f(z_0 + \Delta z) = f(z_0)$］，则称函数 $f(z)$ 在点 z_0 处是**连续的(continuous)**，如果函数 $f(z)$ 在区域 D 内处处连续，则称 $f(z)$ 是 D 上的**连续函数(continuous function)**.

由定义 1.3.5 和定理 1.3.1 可以得到定理 1.3.2.

定理1.3.2 函数 $f(z) = u(x,y) + \mathrm{i}(x,y)$ 在点 $z_0 = x_0 + \mathrm{i}y_0$ 处连续的充分必要条件是二元函数 $u(x,y)$，$v(x,y)$ 在 (x_0, y_0) 处连续.

例1.3.7 讨论函数 $f(z) = \ln(x^2 + y^2) + \mathrm{i}(x^2 - y^2)$ 的连续性.

解 因为二元函数 $u = \ln(x^2 + y^2)$，$v = x^2 - y^2$ 在点 $(0,0)$ 外的复平面上处处连续，所以函数 $f(z)$ 在复平面除 $(0,0)$ 外的各点处处连续.

说明：复变函数的极限与连续性的定义与实函数的极限与连续性的定义在形式上完全相同，因此高等数学中的有关定理，对于复变函数而言依然成立. 于是，对于有界闭区域上的连续的复变函数，类似可得以下几个性质定理.

定理1.3.3 (1) 有限个连续函数的和、差、积、商（分母不为零）在其定义域内是连续函数.

(2) 连续函数的复合函数在其定义域内仍然是连续函数.

(3) 有界闭区域 $\overline{D}$ 上的连续函数 $f(z)$ 是有界函数，即存在一个正数 M，使得对于 $\overline{D}$ 上所有的点，都有 $|f(z)| \leqslant M$.

(4) 有界闭区域$\overline{D}$上的连续函数$f(z)$,在$\overline{D}$上函数的模$|f(z)|$有最大值与最小值,即在$\overline{D}$上一定有这样的点z_1与z_2存在,使得对于$\overline{D}$上的一切z,都有

$$|f(z_2)|\leqslant|f(z)|\leqslant|f(z_1)|.$$

由以上结论(1)(2)可得,有理函数$R(z)=\dfrac{P(z)}{Q(z)}$,在复平面内使分母不为零的点处连续.

思考题 1.3

1. 复变函数与高等数学中的函数有什么不同?

2. 复变函数中的极限与高等数学中的一元函数极限有什么不同?与二元函数极限又有什么关系?

3. 复变函数的连续性与高等数学中的一元函数的连续性有什么不同?与二元函数的连续性又有什么关系?

4. 描绘由映射$w=z^2$将w平面上的直线$u=\dfrac{1}{2}$,$u=1$,$v=\dfrac{1}{2}$,$v=1$所围成的区域映射为z平面所对应的区域.

习题 1.3

1. 证明:$\lim\limits_{z\to 0}\dfrac{\mathrm{Im}(z)}{z}$不存在.

2. 设函数$f(z)=\begin{cases}\dfrac{xy}{x^2+y^2}, & z\neq 0,\\ 0, & z=0,\end{cases}$ 试证明$f(z)$在$z=0$处不连续.

3. 证明:函数$f(z)=\overline{z}$在复平面上处处连续.

4. 证明:函数$f(z)=\dfrac{1}{1+z^2}$在圆域$|z|<1$内连续.

5. 证明:函数$f(z)=\arg z\quad(-\pi<\arg z\leqslant\pi)$在原点与负实轴上不连续.

6. 下列函数$w=f(z)$将z平面上的区域D映射到w平面上什么点集?

(1)$f(z)=\mathrm{i}z$,D:$\mathrm{Im}z\geqslant 0$; (2)$f(z)=z^2$,D:$1\leqslant|z|\leqslant 2$,$0\leqslant\arg z\leqslant\dfrac{\pi}{2}$.

§1.4 初等函数

我们知道高等数学主要的研究对象是初等函数，本节将把高等数学中的一些常用的实变函数(如基本初等函数)推广到复变函数中，并研究它们的性质.

1.4.1 指数函数

定义1.4.1 设 $z=x+\mathrm{i}y$，函数 $w=f(z)=\mathrm{e}^z=\mathrm{e}^x(\cos y+\mathrm{i}\sin y)$ 称为**指数函数(exponential function)**，记为 $w=\mathrm{e}^z$ 或 $w=\exp(z)$.

根据定义 1.4.1 可以得到指数函数的性质(1) ~ (6).

(1) 模与幅角(modulus and argument)：指数函数 $w=\mathrm{e}^z$ 的模为 $|\mathrm{e}^z|=\mathrm{e}^x>0$，幅角为 $\mathrm{Arg}\,\mathrm{e}^z=y+2k\pi\quad(k=0,\pm1,\pm2,\cdots)$.

(2) 实指数函数(real variable exponential function)：当 $\mathrm{Im}z=0$ 时，函数 $w=\mathrm{e}^z$ 化为 $f(z)=\mathrm{e}^x$，其中 $x=\mathrm{Re}z$. 此时，它与高等数学中的指数函数完全一致.

(3) 连续性(continuity)：指数函数 $w=\mathrm{e}^z$ 在复平面上是连续的.

(4) 加法公式(additive formula)：$\mathrm{e}^{z_1}\cdot\mathrm{e}^{z_2}=\mathrm{e}^{z_1+z_2}$.

(5) 周期性(periodicity)：$\mathrm{e}^{z+2k\pi\mathrm{i}}=\mathrm{e}^z$.

(6) 极限的存在性(existence of the limit)：指数函数 $f(z)=\mathrm{e}^z$，当 z 趋向于 ∞ 时，极限不存在.

* **证明** 此处仅给出性质(4) ~ (6)的证明，若有兴趣可自行证明性质(1) ~ (3).

(4) 加法定理：设 $z_1=x_1+\mathrm{i}y_1$，$z_2=x_2+\mathrm{i}y_2$，则

$$
\begin{aligned}
\mathrm{e}^{z_1}\cdot\mathrm{e}^{z_2}&=\mathrm{e}^{x_1}(\cos y_1+\mathrm{i}\sin y_1)\cdot\mathrm{e}^{x_2}(\cos y_2+\mathrm{i}\sin y_2)\\
&=\mathrm{e}^{x_1+x_2}[(\cos y_1\cos y_2-\sin y_1\sin y_2)+\mathrm{i}(\sin y_1\cos y_2+\cos y_1\sin y_2)]\\
&=\mathrm{e}^{x_1+x_2}[(\cos(y_1+y_2)+\mathrm{i}(\sin(y_1+y_2))]\\
&=\mathrm{e}^{z_1+z_2}.
\end{aligned}
$$

(5) 周期性：因为 $\mathrm{e}^{z+2k\pi\mathrm{i}}=\mathrm{e}^z\cdot\mathrm{e}^{2k\pi\mathrm{i}}=\mathrm{e}^z(\cos2k\pi+\mathrm{i}\sin2k\pi)=\mathrm{e}^z$，所以 e^z 是

以 $2k\pi\mathrm{i}$ 为周期的周期函数(这个性质是高等数学中的指数函数所没有的).

(6) 当 z 沿着实轴正向趋向于 ∞ 时,有

$$\lim_{\substack{z\to\infty\\ z=x>0}} \mathrm{e}^z = \lim_{x\to+\infty} \mathrm{e}^x = +\infty,$$

指数函数的图像

当 z 沿着实轴负向趋向于 ∞ 时,有

$$\lim_{\substack{z\to\infty\\ z=x<0}} \mathrm{e}^z = \lim_{x\to-\infty} \mathrm{e}^x = 0.$$

因为上述两个极限不相等,所以当 z 趋向于 ∞ 时,指数函数 $f(z)=\mathrm{e}^z$ 的极限不存在.

说明:(1) 指数函数 e^z 表示复数 $\mathrm{e}^x(\cos y+\mathrm{i}\sin y)$,此时 e^z 还没有幂的定义.

(2) 当 $x=0$ 时,有 $\mathrm{e}^z=\mathrm{e}^{\mathrm{i}y}=\cos y+\mathrm{i}\sin y$,即欧拉公式.

例1.4.1 计算 $\mathrm{e}^{-3+\frac{\pi}{4}\mathrm{i}}$ 的值.

解 根据指数函数的定义,有

$$\mathrm{e}^{-3+\frac{\pi}{4}\mathrm{i}} = \mathrm{e}^{-3}\left(\cos\frac{\pi}{4}+\mathrm{i}\sin\frac{\pi}{4}\right) = \mathrm{e}^{-3}\left(\frac{\sqrt{2}}{2}+\mathrm{i}\frac{\sqrt{2}}{2}\right).$$

例1.4.2 解方程 $\mathrm{e}^z = 1+\sqrt{3}\mathrm{i}$.

解 因为

$$\begin{aligned}\mathrm{e}^z &= 1+\sqrt{3}\mathrm{i} = 2\left(\cos\frac{\pi}{3}+\mathrm{i}\sin\frac{\pi}{3}\right)\\ &= 2\mathrm{e}^{\mathrm{i}(\frac{\pi}{3}+2k\pi)} = \mathrm{e}^{\ln 2}\mathrm{e}^{\mathrm{i}(\frac{\pi}{3}+2k\pi)}\\ &= \mathrm{e}^{\ln 2+\mathrm{i}(\frac{\pi}{3}+2k\pi)},\end{aligned}$$

所以,方程的解为

$$z = \ln 2+\mathrm{i}\left(\frac{\pi}{3}+2k\pi\right) \quad (k=0,\pm1,\pm2,\cdots).$$

对数函数的图像

1.4.2 对数函数

定义1.4.2 由方程 $\mathrm{e}^w = z \quad (z\neq 0)$ 确定的函数 $w=f(z)$,称为**对数函数(logarithmic function)**,记为 $w=\mathrm{Ln}z$.

对数函数定义为指数函数的反函数,这与实变量指数函数的定义是一致的.

不同之处在于，在实变量函数中对数函数记为 $\ln x$，而在复变量指数函数中记为 $\mathrm{Ln}z$. 那么，自然提出一个问题：函数 $\ln x$ 和函数 $\mathrm{Ln}z$ 有什么关系吗?接下来，我们通过计算探求它们的关系.

设 $w=\mathrm{Ln}z$，由于对数函数是指数函数的反函数，所以 $\mathrm{e}^w=z$.

令 $w=u+\mathrm{i}v,z=|z|\mathrm{e}^{\mathrm{i}\mathrm{Arg}z}$，将它们代入 $\mathrm{e}^w=z$ 中，得

$\mathrm{e}^{u+\mathrm{i}v}=|z|\mathrm{e}^{\mathrm{i}\mathrm{Arg}z}$，即 $\mathrm{e}^u\cdot\mathrm{e}^{\mathrm{i}v}=|z|\mathrm{e}^{\mathrm{i}\mathrm{Arg}z}$，

比较等式两端，得 $\mathrm{e}^u=|z|,v=\mathrm{Arg}z$，所以 $u=\ln|z|,v=\mathrm{Arg}z$. 因此，有

$$w=\mathrm{Ln}z=\ln|z|+\mathrm{i}\mathrm{Arg}z.$$

说明：(1) 对于函数 $w=\mathrm{Ln}z=\ln|z|+\mathrm{i}\mathrm{Arg}z=\ln|z|+\mathrm{i}(\arg z+2k\pi)\quad(k=0,\pm1,\pm2,\cdots)$.

① 它是多值函数，每两个值间相差 $2\pi\mathrm{i}$ 的整数倍；

② 若 $k=0$，则 $w=\ln|z|+\mathrm{i}\arg z$ 是一个单值函数，记为 $\ln z=\ln|z|+\mathrm{i}\arg z$，称为对数函数 $w=\mathrm{Ln}z$ 的**主值(principal value)**，其他各值可表示为 $\mathrm{Ln}z=\ln z+2k\pi\mathrm{i}\quad(k=\pm1,\pm2,\cdots)$；

③ 当 $z=x>0$ 时，$\mathrm{Ln}z$ 的主值 $\ln z=\ln x$ 是实变量函数中的对数函数.

(2) 截至目前，我们介绍了三种对数函数.

① 实变量的对数函数 $\ln x$，它对一切正数 $x>0$ 有定义且是单值函数；

② 复变量的对数函数 $\mathrm{Ln}z$，它对一切不为零的复数 $z\neq0$ 有定义，且每个 z 对应无穷多个值；

③ 复变量的对数函数 $\mathrm{Ln}z$ 的主值 $\ln z$，它对一切不为零的复数 $z\neq0$ 有定义，且为单值函数，即取 $\mathrm{Ln}z$ 无穷多值中的一个.

例1.4.3 求 $\mathrm{Ln}(-1)$，$\mathrm{Ln}\,\mathrm{i}$，$\mathrm{Ln}(-2+3\mathrm{i})$ 以及相应的主值.

解 (1) $\mathrm{Ln}(-1)=\ln|-1|+\mathrm{i}(\pi+2k\pi)=\mathrm{i}(\pi+2k\pi)\quad(k=0,\pm1,\pm2,\cdots)$，其主值为 $\ln(-1)=\pi\mathrm{i}$；

(2) $\mathrm{Ln}\,\mathrm{i}=\ln|\mathrm{i}|+\mathrm{i}\mathrm{Arg}\,\mathrm{i}=\mathrm{i}\left(\dfrac{\pi}{2}+2k\pi\right)=\left(2k+\dfrac{1}{2}\right)\pi\mathrm{i}\quad(k=0,\pm1,\pm2,\cdots)$，

其主值为 $\ln\mathrm{i}=\dfrac{1}{2}\pi\mathrm{i}$；

(3) $\mathrm{Ln}(-2+3\mathrm{i}) = \ln|-2+3\mathrm{i}| + \mathrm{i}\,\mathrm{Arg}(-2+3\mathrm{i})$

$$= \frac{1}{2}\ln 13 + \mathrm{i}\left(\pi - \arctan\frac{3}{2} + 2k\pi\right)$$

$$= \frac{1}{2}\ln 13 + \mathrm{i}\left[-\arctan\frac{3}{2} + (2k+1)\pi\right] \quad (k=0,\pm1,\pm2,\cdots),$$

其主值为 $\ln(-2+3\mathrm{i}) = \frac{1}{2}\ln 13 + \mathrm{i}\left(\pi - \arctan\frac{3}{2}\right)$.

根据定义 1.4.8 可以得到对数函数的性质.

(1) 运算性质(operational properties):

$$\mathrm{Ln}(z_1 z_2) = \mathrm{Ln}z_1 + \mathrm{Ln}z_2, \mathrm{Ln}\frac{z_1}{z_2} = \mathrm{Ln}z_1 - \mathrm{Ln}z_2.$$

(2) 连续性(continuity): 除去原点和负实数轴外,$\mathrm{Ln}z$ 的主值及各个分支函数处处连续.

* **证明** (1) $\mathrm{Ln}(z_1 z_2) = \ln|z_1 z_2| + \mathrm{i}\,\mathrm{Arg}(z_1 z_2)$

$$= \ln|z_1| + \ln|z_1| + \mathrm{i}\,\mathrm{Arg}z_1 + \mathrm{i}\,\mathrm{Arg}z_2$$

$$= \mathrm{Ln}z_1 + \mathrm{Ln}z_2.$$

同理,可得

$$\mathrm{Ln}\frac{z_1}{z_2} = \mathrm{Ln}z_1 - \mathrm{Ln}z_2.$$

(2) 因为函数 $w = \mathrm{Ln}z = \ln|z| + \mathrm{i}\,\mathrm{Arg}z = \ln|z| + \mathrm{i}(\arg z + 2k\pi)(k=0,\pm1,\pm2,\cdots)$,所以,我们只需研究其主值 $\ln z = \ln|z| + \mathrm{i}\arg z$ 的连续性即可.

① **模(modulus):** $\ln|z|$ 除原点外,在其他点都连续.

② **主幅角(principal value of argument):** $\arg z$ 在原点与负实轴上不连续,在其他区域均连续.因为,设 $z = x + \mathrm{i}y$,则当 $x < 0$ 时,

$$\lim_{y\to 0^-}\arg z = -\pi \neq \lim_{y\to 0^+}\arg z = \pi.$$

所以,除原点与负实轴外,对数函数 $\ln z$ 在复平面内的其他点上处处连续.

今后,我们在使用对数函数 $\mathrm{Ln}z$ 时,指的都是它在除去原点及负实轴的复平面内的某一单值分支.

说明:(1) 第一条性质的等式成立是要求等式两端取适当分支;

(2) 对实变量 x 成立的性质 $\ln\sqrt[n]{x}=\frac{1}{n}\ln x$,对复变量 z 该关系式不再成立,即 $\mathrm{Ln}\sqrt[n]{z}=\frac{1}{n}\mathrm{Ln}z$ 不再成立.

1.4.3　三角函数

根据欧拉公式,可得

$$e^{iy}=\cos y+i\sin y, e^{-iy}=\cos y-i\sin y.$$

将上述两式分别相减与相加,可得

$$\sin y=\frac{e^{iy}-e^{-iy}}{2i}, \cos y=\frac{e^{iy}+e^{-iy}}{2}.$$

三角函数的图像

正、余弦和指数函数间的关系

于是,我们给出正弦函数和余弦函数的定义.

定义1.4.3　设 $z=x+iy$,函数 $f(z)=\sin z=\frac{e^{iz}-e^{-iz}}{2i}$ 称为复变量 z 的**正弦函数(sine function)**;函数 $g(z)=\cos z=\frac{e^{iz}+e^{-iz}}{2}$ 称为复变量 z 的**余弦函数(cosine function)**.

定义1.4.4　将 $\frac{\sin z}{\cos z}$ 称为 z 的**正切(tangent)**,记为 $\tan z$,即 $\tan z=\frac{\sin z}{\cos z}$;将 $\frac{\cos z}{\sin z}$ 称为 z 的**余切(cotangent)**,记为 $\cot z$,即 $\cot z=\frac{\cos z}{\sin z}$.

定义1.4.5　将 $\frac{1}{\cos z}$ 称为 z 的**正割(secant)**,记为 $\sec z$,即 $\sec z=\frac{1}{\cos z}$;将 $\frac{1}{\sin z}$ 称为 z 的**余割(cosecant)**,记为 $\csc z$,即 $\csc z=\frac{1}{\sin z}$.

根据定义 1.4.3 可以得到正弦函数和余弦函数的性质(1) ~ (6).

(1) 连续性(continuity):正、余弦函数均为复平面上的连续函数.

(2) 周期性(periodicity):正、余弦函数均是以 2π 为周期的周期函数.

(3) 奇偶性(parity):正弦函数为奇函数,余弦函数为偶函数.

(4) 函数的零点(point of function):

函数 $f(z)=\sin z$ 的零点(即 $\sin z=0$ 的根)为 $z=k\pi\quad(k=0,\pm1,\pm2,\cdots)$,

函数 $f(z)=\cos z$ 的零点(即 $\cos z=0$ 的根)为 $z=k\pi+\frac{\pi}{2}\quad(k=0,\pm1,\pm2,\cdots)$.

(5) 三角公式(trigonometric formulas):

①$\sin^2 z+\cos^2 z=1$;

② $\sin(z_1\pm z_2)=\sin z_1\cos z_2\pm\sin z_2\cos z_1$,

$\cos(z_1\pm z_2)=\cos z_1\cos z_2\mp\sin z_1\sin z_2$;

③ $\sin(x\pm iy)=\sin x\cos(iy)\pm\sin(iy)\cos x$,

$\cos(x\pm iy)=\cos x\cos(iy)\mp\sin x\sin(iy)$.

用复数推导积化和差公式

(6) 无界性(unboundedness):在复平面上 $|\sin z|\leqslant 1$, $|\cos z|\leqslant 1$ 均不再成立.

* **证明** (1) 因为 $f(z)=\sin z=\frac{e^{iz}-e^{-iz}}{2i}$,所以由指数函数的连续性可知正弦函数是连续的.同理,余弦函数也是连续的.

(2) 因为指数函数 $f(z)=e^z$ 是以 $2\pi i$ 为周期的函数,所以 $\sin z,\cos z$ 是以 2π 为周期的函数.也可以通过计算得到 $2\pi i$ 为正弦函数和余弦函数的周期.

事实上,

$$\cos(z+2\pi)=\frac{e^{i(z+2\pi)}+e^{-i(z+2\pi)}}{2}=\frac{1}{2}(e^{iz+2\pi i}+e^{-iz-2\pi i})=\frac{1}{2}(e^{iz}+e^{-iz})=\cos z.$$

同理,可得 $\sin(z+2\pi)=\sin z$.

(3) 因为 $f(z)=\sin z=\frac{e^{iz}-e^{-iz}}{2i}$,所以

$$f(-z)=\sin(-z)=\frac{e^{-iz}-e^{iz}}{2i}=-\frac{e^{iz}-e^{-iz}}{2i}=-f(z).$$

因此,$f(z)=\sin z$ 为奇函数.同理,可得 $f(z)=\cos z$ 为偶函数.

(4) 令 $\sin z=0$,即$\frac{e^{iz}-e^{-iz}}{2i}=0$,则 $e^{iz}=e^{-iz}$,从而可得 $e^{iz}=\pm1$.

注意到

$$\pm 1 = \cos(k\pi) + \mathrm{i}\sin(k\pi) = \mathrm{e}^{\mathrm{i}k\pi} \quad (k = 0, \pm 1, \pm 2, \cdots),$$

所以 $\mathrm{e}^{\mathrm{i}z} = \mathrm{e}^{\mathrm{i}k\pi}$,从而可得函数 $f(z) = \sin z$ 的零点为

$$z = k\pi \quad (k = 0, \pm 1, \pm 2, \cdots).$$

同理,可得函数 $f(z) = \cos z$ 的零点为

$$z = k\pi + \frac{\pi}{2} \quad (k = 0, \pm 1, \pm 2, \cdots).$$

(5)① 因为 $\sin z = \dfrac{\mathrm{e}^{\mathrm{i}z} - \mathrm{e}^{-\mathrm{i}z}}{2\mathrm{i}}$,所以 $\sin^2 z = \left(\dfrac{\mathrm{e}^{\mathrm{i}z} - \mathrm{e}^{-\mathrm{i}z}}{2\mathrm{i}}\right)^2 = \dfrac{\mathrm{e}^{\mathrm{i}2z} + \mathrm{e}^{-\mathrm{i}2z} - 2}{-4}$.

同理,可得 $\cos^2 z = \dfrac{\mathrm{e}^{\mathrm{i}2z} + \mathrm{e}^{-\mathrm{i}2z} + 2}{4}$.

所以

$$\sin^2 z + \cos^2 z = \frac{\mathrm{e}^{\mathrm{i}2z} + \mathrm{e}^{-\mathrm{i}2z} - 2}{-4} + \frac{\mathrm{e}^{\mathrm{i}2z} + \mathrm{e}^{-\mathrm{i}2z} + 2}{4} = 1.$$

②$\sin z_1 \cos z_2 \pm \sin z_2 \cos z_1$

$$= \frac{\mathrm{e}^{\mathrm{i}z_1} - \mathrm{e}^{-\mathrm{i}z_1}}{2\mathrm{i}} \frac{\mathrm{e}^{\mathrm{i}z_2} + \mathrm{e}^{-\mathrm{i}z_2}}{2} \pm \frac{\mathrm{e}^{\mathrm{i}z_2} - \mathrm{e}^{-\mathrm{i}z_2}}{2\mathrm{i}} \frac{\mathrm{e}^{\mathrm{i}z_1} + \mathrm{e}^{-\mathrm{i}z_1}}{2}$$

$$= \frac{\mathrm{e}^{\mathrm{i}(z_1+z_2)} + \mathrm{e}^{\mathrm{i}(z_1-z_2)} - \mathrm{e}^{-\mathrm{i}(z_1-z_2)} - \mathrm{e}^{-\mathrm{i}(z_1+z_2)}}{4\mathrm{i}} \pm \frac{\mathrm{e}^{\mathrm{i}(z_1+z_2)} + \mathrm{e}^{-\mathrm{i}(z_1-z_2)} - \mathrm{e}^{\mathrm{i}(z_1-z_2)} - \mathrm{e}^{-\mathrm{i}(z_1+z_2)}}{4\mathrm{i}}$$

$$= \frac{\mathrm{e}^{\mathrm{i}(z_1 \pm z_2)} - \mathrm{e}^{-\mathrm{i}(z_1 \pm z_2)}}{2\mathrm{i}}$$

$= \sin(z_1 \pm z_2)$.

同理,可得

$$\cos(z_1 \pm z_2) = \cos z_1 \cos z_2 \mp \sin z_1 \sin z_2.$$

③ 将 $z_1 = x, z_2 = \mathrm{i}y$ 代入公式 $\sin(z_1 \pm z_2) = \sin z_1 \cos z_2 \pm \sin z_2 \cos z_1$,可得

$$\sin(x \pm \mathrm{i}y) = \sin x \cos(\mathrm{i}y) \pm \sin(\mathrm{i}y)\cos x.$$

同理,可得

$$\cos(x \pm \mathrm{i}y) = \cos x \cos(\mathrm{i}y) \mp \sin x \sin(\mathrm{i}y).$$

(6) 当 $z = \mathrm{i}y$ 时,

$$\sin z = \sin(\mathrm{i}y) = \frac{1}{2\mathrm{i}}(\mathrm{e}^{-y} - \mathrm{e}^{y}) = \frac{\mathrm{i}}{2}(\mathrm{e}^{y} - \mathrm{e}^{-y}),$$

$$\cos z = \cos(\mathrm{i}y) = \frac{1}{2}(\mathrm{e}^{-y} + \mathrm{e}^{y}).$$

所以,有

$$|\sin z| = \frac{|e^{y} - e^{-y}|}{2} \xrightarrow{|y| \to +\infty} +\infty, \quad |\cos z| = \frac{|e^{-y} + e^{y}|}{2} \xrightarrow{|y| \to +\infty} +\infty.$$

故在复平面上, $|\sin z| \leqslant 1$, $|\cos z| \leqslant 1$ 均不再成立.

1.4.4 幂函数

定义1.4.6 将函数 $w = z^{a}$ 定义为 $w = z^{a} = e^{a\mathrm{Ln}z}$(其中 a 为复数,且 $z \neq 0$),称为复变量 z 的**幂函数(power function)**.

说明:由于 $\mathrm{Ln}z$ 是多值函数,所以一般 $e^{a\mathrm{Ln}z}$ 也是多值函数,从而 $w = z^{a}$ 是多值函数,我们把函数 $w = e^{a\ln z}$ 称为函数 $w = z^{a}$ 的**主支(principal branch)**,其在点 z 处的取值称为**主值(principal value)**.

根据定义 1.4.6 可以得到幂函数的性质.

(1) 当 a 为正整数 n 时,函数 $w = z^{a}$ 在复平面内是单值的连续函数,且

$$w = z^{n} = e^{n\mathrm{Ln}z} = e^{n[\ln|z| + i(\arg z + 2k\pi)]} = |z|^{n} e^{in\arg z}.$$

(2) 当 a 为有理数时,不妨设 $a = \frac{p}{q}$(p 和 q 为互质的整数,且 $q > 0$),则

$$w = z^{\frac{p}{q}} = e^{\frac{p}{q}\ln|z| + i\frac{p}{q}(\arg z + 2k\pi)} \quad (k = 0,1,2,\cdots,q-1),$$

是一个多值函数,并且它们各分支除去原点和负实轴外在复平面是连续函数,这种开次方的幂函数又称为**根式函数(radical function)**.

特别地,当 $p = 1, q = n$ 时,

$$w = z^{\frac{p}{q}} = z^{\frac{1}{n}} = e^{\frac{1}{n}[\ln|z| + i(\arg z + 2k\pi)]} = |z|^{\frac{1}{n}} e^{i\frac{\arg z + 2k\pi}{n}} \quad (k = 0,1,2,\cdots,n-1).$$

在复平面内是多值函数,具有 n 个分支,即

$$w = z^{\frac{1}{n}} = e^{\frac{1}{n}\ln|z|}\left(\cos\frac{\arg z + 2k\pi}{n} + i\sin\frac{\arg z + 2k\pi}{n}\right)$$

$$= |z|^{\frac{1}{n}}\left(\cos\frac{\arg z + 2k\pi}{n} + i\sin\frac{\arg z + 2k\pi}{n}\right).$$

幂函数的图像

它的各分支除去原点和负实轴外在复平面上是连续函数.

(3) 当 a 为无理数或复数时, $w = z^{a}$ 有无穷多值,并且它们各分支除去原点和负实轴外在复平面是连续函数.

例1.4.4 求下列表达式的值与主值：

(1)$1^{\sqrt{2}}$； (2)i^{i}； (3)$(1+\mathrm{i})^{1-\mathrm{i}}$.

解 (1) 因为 $1^{\sqrt{2}}=\mathrm{e}^{\sqrt{2}\mathrm{Ln}1}=\mathrm{e}^{\ln 1+\sqrt{2}2k\pi\mathrm{i}}=\mathrm{e}^{2\sqrt{2}k\pi\mathrm{i}}$

$$=\cos(2\sqrt{2}k\pi)+\mathrm{i}\sin(2\sqrt{2}k\pi)\quad(k=0,\pm1,\pm2,\cdots),$$

所以，$1^{\sqrt{2}}$ 的主值为 1.

(2) 因为

$$\mathrm{i}^{\mathrm{i}}=\mathrm{e}^{\mathrm{i}\mathrm{Ln}\mathrm{i}}=\mathrm{e}^{\mathrm{i}[\ln 1+\mathrm{i}(\arg\mathrm{i}+2k\pi)]}=\mathrm{e}^{\mathrm{i}[0+\mathrm{i}(\frac{\pi}{2}+2k\pi)]}=\mathrm{e}^{-(\frac{\pi}{2}+2k\pi)}\quad(k=0,\pm1,\pm2,\cdots),$$

所以，i^{i} 的主值为 $\mathrm{e}^{-\frac{\pi}{2}}$.

(3)
$$\begin{aligned}(1+\mathrm{i})^{1-\mathrm{i}}&=\mathrm{e}^{(1-\mathrm{i})\mathrm{Ln}(1+\mathrm{i})}=\mathrm{e}^{(1-\mathrm{i})[\ln\sqrt{2}+\mathrm{i}(\frac{\pi}{4}+2k\pi)]}\\&=\mathrm{e}^{(\ln\sqrt{2}+\frac{\pi}{4}+2k\pi)+\mathrm{i}(\frac{\pi}{4}+2k\pi-\ln\sqrt{2})}\\&=\sqrt{2}\,\mathrm{e}^{\frac{\pi}{4}+2k\pi}\left[\cos\left(\frac{\pi}{4}+2k\pi-\ln\sqrt{2}\right)+\mathrm{i}\sin\left(\frac{\pi}{4}+2k\pi-\ln\sqrt{2}\right)\right]\end{aligned}$$

$(k=0,\pm1,\pm2,\cdots)$，所以$(1+\mathrm{i})^{1-\mathrm{i}}$ 的主值为

$$\sqrt{2}\,\mathrm{e}^{\frac{\pi}{4}}\left[\cos\left(\frac{\pi}{4}-\ln\sqrt{2}\right)+\mathrm{i}\sin\left(\frac{\pi}{4}-\ln\sqrt{2}\right)\right].$$

例1.4.5 求下列方程的解.

(1)$\mathrm{e}^{z}=1$； (2)$\sin z+\cos z=0$.

解 (1) 因为

$$1=\mathrm{e}^{2k\pi\mathrm{i}}\quad(k=0,\pm1,\pm2,\cdots),$$

所以

$$\mathrm{e}^{z}=\mathrm{e}^{2k\pi\mathrm{i}}\quad(k=0,\pm1,\pm2,\cdots),$$

因此，方程 $\mathrm{e}^{z}=1$ 的解为

$$z=2k\pi\mathrm{i}\quad(k=0,\pm1,\pm2,\cdots).$$

(2)(方法 1) 因为

$$\sin z=\frac{1}{2\mathrm{i}}(\mathrm{e}^{\mathrm{i}z}-\mathrm{e}^{-\mathrm{i}z}),\cos z\,\frac{1}{2}(\mathrm{e}^{\mathrm{i}z}+\mathrm{e}^{-\mathrm{i}z}),$$

所以，方程 $\sin z+\cos z=0$ 转化为

$$\frac{1}{2\mathrm{i}}(\mathrm{e}^{\mathrm{i}z}-\mathrm{e}^{-\mathrm{i}z})+\frac{1}{2}(\mathrm{e}^{\mathrm{i}z}+\mathrm{e}^{-\mathrm{i}z})=0,$$

化简得

$$e^{iz}-e^{-iz}+i(e^{iz}+e^{-iz})=0,$$

上式等号两边同时乘以 e^{iz}，得

$$e^{2iz}-1+i(e^{2iz}+1)=0,$$

提取公因子 e^{2iz}，并移项得

$$e^{2iz}(1+i)=1-i,$$

所以

$$e^{2iz}=\frac{1-i}{1+i}=\frac{(1-i)^2}{(1+i)(1-i)}=\frac{(1-i)^2}{2}=-i,$$

从而，有

$$e^{2iz}=-i=e^{(2k\pi-\frac{\pi}{2})i}\quad(k=0,\pm1,\pm2,\cdots),$$

因此，解得

$$2iz=\left(2k\pi-\frac{\pi}{2}\right)i,$$

于是，方程 $\sin z+\cos z=0$ 的解为

$$z=k\pi-\frac{\pi}{4}\quad(k=0,\pm1,\pm2,\cdots).$$

（方法 2）由题意知 $\tan z=-1$，所以 $z=k\pi-\dfrac{\pi}{4}\quad(k=0,\pm1,\pm2,\cdots)$.

1.4.5　反三角函数

与三角函数密切相关的一类函数便是反三角函数，接下来我们给出反三角函数的定义.

定义1.4.7　如果 $\sin w=z$，$\cos w=z$，$\tan w=z$ 或者 $\cot w=z$，则分别称 w 为复变量 z 的**反正弦函数(arcsine trigonometric function)**、**反余弦函数(arccosine trigonometric function)**、**反正切函数(arctangent trigonometric function)**或者**反余切函数(arccotangent trigonometric function)**，并将它们分别记为

$$w=\text{Arcsin } z,w=\text{Arccos } z,w=\text{Arctan } z\text{ 或者 }w=\text{Arccot } z.$$

根据定义 1.4.5 及正弦、余弦、正切和余切函数的定义，可得反三角函数与对数函数之间的关系为：

(1) $\mathrm{Arcsin}\, z = -\mathrm{i}\mathrm{Ln}(\mathrm{i}z + \sqrt{1 - z^2})$； (2) $\mathrm{Arccos}\, z = -\mathrm{i}\mathrm{Ln}(z + \sqrt{z^2 - 1})$

(3) $\mathrm{Arctan}\, z = \dfrac{\mathrm{i}}{2}\mathrm{Ln}\dfrac{\mathrm{i} + z}{\mathrm{i} - z}$； (4) $\mathrm{Arccot}\, z = \dfrac{\mathrm{i}}{2}\mathrm{Ln}\dfrac{z - \mathrm{i}}{z + \mathrm{i}}$.

* **证明** 仅以反余弦函数为例进行证明，其余结论类似可证，故此处略去.

根据余弦函数的定义可知 $\cos w = \dfrac{1}{2}(\mathrm{e}^{\mathrm{i}w} + \mathrm{e}^{-\mathrm{i}w})$，所以由 $z = \cos w$，可得

$$z = \frac{1}{2}(\mathrm{e}^{\mathrm{i}w} + \mathrm{e}^{-\mathrm{i}w}).$$

将上式的两端同乘以 $2\mathrm{e}^{\mathrm{i}w}$，得

$$2z\mathrm{e}^{\mathrm{i}w} = \mathrm{e}^{2\mathrm{i}w} + 1 \text{ 或 } (\mathrm{e}^{\mathrm{i}w})^2 - 2z\mathrm{e}^{\mathrm{i}w} + 1 = 0,$$

于是，有

$$\mathrm{e}^{\mathrm{i}w} = z + \sqrt{z^2 - 1},$$

再由对数函数的定义，解得

$$\mathrm{i}w = \mathrm{Ln}(z + \sqrt{z^2 - 1}),$$

所以

$$w = -\mathrm{i}\mathrm{Ln}(z + \sqrt{z^2 - 1}).$$

反三角函数的图像

由此可见，反余弦函数是多值函数. 类似的方法可得反正弦、反正切和反余切函数与对数函数的关系，且它们也都是多值函数.

1.4.6 双曲函数

与三角函数密切相关的另一类函数则是双曲函数，接下来我们给出它们的定义.

定义1.4.8 称 $\sinh z = \dfrac{\mathrm{e}^z - \mathrm{e}^{-z}}{2}$ 为复变量 z 的**双曲正弦函数(sine hyperbolic function)**，简记 $\mathrm{sh}z$；称 $\cosh z = \dfrac{\mathrm{e}^z + \mathrm{e}^{-z}}{2}$ 为复变量 z 的**双曲余弦函数(cosine hyperbolic function)**，简记 $\mathrm{ch}z$.

定义1.4.9 称 $\tanh z = \dfrac{\mathrm{sh}z}{\mathrm{ch}z}$ 为复变量 z 的**双曲正切(tangent hyperbolic function)**，简记 $\mathrm{th}z$，即 $\mathrm{th}z = \dfrac{\mathrm{sh}z}{\mathrm{ch}z} = \dfrac{\mathrm{e}^z - \mathrm{e}^{-z}}{\mathrm{e}^z + \mathrm{e}^{-z}}$；称 $\coth z = \dfrac{\mathrm{ch}z}{\mathrm{sh}z}$ 为复变量 z 的**双曲**

余切(**cotangent hyperbolic function**),即 $\coth z = \dfrac{\operatorname{ch} z}{\operatorname{sh} z} = \dfrac{e^z + e^{-z}}{e^z - e^{-z}}$.

根据定义 1.4.8 可以得到双曲正弦函数和双曲余弦函数的性质(1)～(3).

(1) 连续性(continuity):函数 $\operatorname{sh} z$,$\operatorname{ch} z$ 均在复平面上处处连续.

(2) 周期性(periodicity):函数 $\operatorname{sh} z$ 与 $\operatorname{ch} z$ 均是以 $2\pi i$ 为周期的周期函数.

(3) 奇偶性(parity):$\operatorname{sh} z$ 为奇函数,$\operatorname{ch} z$ 为偶函数.

(4) 三角公式(trigonometric formula):

①$\operatorname{sh}(x \pm iy) = \operatorname{sh} x \cos y \pm i \operatorname{ch} x \sin y$;$\operatorname{ch}(x \pm iy) = \operatorname{ch} x \cos y \pm i \operatorname{sh} x \sin y$;

②$\operatorname{sh}(x \pm iy) = \operatorname{sh} x \operatorname{ch}(iy) \pm \operatorname{ch} x \operatorname{sh}(iy)$;$\operatorname{ch}(x \pm iy) = \operatorname{ch} x \operatorname{ch}(iy) \pm \operatorname{sh} x \operatorname{sh}(iy)$;

③$\sin(x \pm iy) = \sin x \operatorname{ch} y \pm i \cos x \operatorname{sh} y$;$\cos(x \pm iy) = \operatorname{ch} x \cos y \mp i \operatorname{sh} x \sin y$.

* **证明**　性质(1)～(2):因为 e^z 及 e^{-z} 均在复平面上处处连续,且都是以 $2\pi i$ 为周期的函数,所以根据 $\operatorname{sh} z$ 和 $\operatorname{ch} z$ 的定义可知,它们在复平面上均处处连续,且都是以 $2\pi i$ 为周期的函数.

(4)①
$$\begin{aligned}\operatorname{sh}(x \pm iy) &= \frac{e^{x\pm iy} - e^{-(x\pm iy)}}{2} = \frac{e^x(\cos y \pm i\sin y) - e^{-x}(\cos y \pm i\sin y)}{2}\\ &= \frac{(e^x - e^{-x})}{2}\cos y \pm i\,\frac{e^x - e^{-x}}{2}\sin y\\ &= \operatorname{sh} x \cos y \pm i \operatorname{ch} x \sin y.\end{aligned}$$

即
$$\operatorname{sh}(x \pm iy) = \operatorname{sh} x \cos y \pm i \operatorname{ch} x \sin y,$$

双曲函数的图像

同理,可得
$$\operatorname{ch}(x \pm iy) = \operatorname{ch} x \cos y \pm i \operatorname{sh} x \sin y.$$

② 因为
$$\operatorname{sh}(iy) = \frac{e^{iy} - e^{-iy}}{2} = \frac{\cos y + i\sin y - \cos(-y) - i\sin(-y)}{2} = i\sin y,$$
$$\operatorname{ch}(iy) = \frac{e^{iy} + e^{-iy}}{2} = \frac{\cos y + i\sin y + \cos(-y) + i\sin(-y)}{2} = \cos y.$$

将 $i\sin y = \operatorname{sh}(iy)$,$\cos y = \operatorname{ch}(iy)$ 代入
$$\operatorname{sh}(x \pm iy) = \operatorname{sh} x \cos y \pm i \operatorname{ch} x \sin y \text{ 和 } \operatorname{ch}(x \pm iy) = \operatorname{ch} x \cos y \pm i \operatorname{sh} x \sin y$$

可得
$$\operatorname{sh}(x \pm iy) = \operatorname{sh} x \operatorname{ch}(iy) \pm \operatorname{ch} x \operatorname{sh}(iy),\operatorname{ch}(x \pm iy) = \operatorname{ch} x \operatorname{ch}(iy) \pm \operatorname{sh} x \operatorname{sh}(iy).$$

③ 因为

$$\cos(\mathrm{i}y)=\frac{1}{2}(\mathrm{e}^{-y}+\mathrm{e}^{y})=\mathrm{ch}y,\sin(\mathrm{i}y)=\frac{1}{2\mathrm{i}}(\mathrm{e}^{-y}-\mathrm{e}^{y})=\mathrm{i}\,\mathrm{sh}y,$$

所以,可得

$$\sin(x\pm\mathrm{i}y)=\sin x\,\mathrm{ch}y\pm\mathrm{i}\cos x\,\mathrm{sh}y;\cos(x\pm\mathrm{i}y)=\cos x\,\mathrm{ch}y\mp\mathrm{i}\sin x\,\mathrm{sh}y.$$

例1.4.6 计算函数值 $\cos(1+\mathrm{i})$.

解

$$\begin{aligned}\cos(1+\mathrm{i})&=\frac{1}{2}[\mathrm{e}^{\mathrm{i}(1+\mathrm{i})}+\mathrm{e}^{-\mathrm{i}(1+\mathrm{i})}]=\frac{1}{2}(\mathrm{e}^{-1+\mathrm{i}}+\mathrm{e}^{1-\mathrm{i}})\\&=\frac{1}{2}[\mathrm{e}^{-1}(\cos1+\mathrm{i}\sin1)+\mathrm{e}(\cos1-\mathrm{i}\sin1)]\\&=\frac{1}{2}(\mathrm{e}^{-1}+\mathrm{e})\cos1+\frac{\mathrm{i}}{2}(\mathrm{e}^{-1}-\mathrm{e})\sin1\\&=\cos1\,\mathrm{ch}1-\mathrm{i}\sin1\,\mathrm{sh}1.\end{aligned}$$

注:也可以将 $x=1,y=1$ 代入性质(4)③中的公式 $\cos(x\pm\mathrm{i}y)=\cos x\,\mathrm{ch}y\mp\mathrm{i}\sin x\,\mathrm{sh}y$,从而得到结果.

思考题 1.4

1. 复变函数上的指数函数、对数函数、正余弦函数、幂函数与高等数学中的函数有什么差异?

2. 复变函数上的正弦函数、余弦函数是否为有界函数?

3. 复变函数上的幂函数的一个自变量对应几个函数值?

4. $\mathrm{Ln}z^n=n\mathrm{Ln}z,\mathrm{Ln}\sqrt[n]{z}=\frac{1}{n}\mathrm{Ln}z$ 是否成立?为什么?请证明或举例说明.

5. $\ln(z_1\cdot z_2)=\ln z_1+\ln z_2,\ln\frac{z_1}{z_2}=\ln z_1-\ln z_2$ 是否成立?

习题 1.4

1. 求下列函数的值.

(1) $e^{1-\frac{\pi}{2}i}$； (2) $e^{\frac{1}{4}+\frac{\pi}{4}i}$； (3) $\mathrm{Ln}(-i)$； (4) $\mathrm{Ln}(1+i)$；

(5) $\cos i$； (6) $\sin(1+i)$； (7) $(1-i)^{2i}$； (8) 3^{1-i}.

2. 解下列方程.

(1) $\ln z=\frac{\pi i}{2}$； (2) $1+e^z=0$.

3. 设 $z=x+iy$,求下列复数的模.

(1) e^z； (2) $\mathrm{Ln}(z)$； (3) $\sin z$； (4) $\cos z$； (5) a^z.

4. 证明下面两个命题.

(1) 当 $y\to\infty$ 时，$|\sin(x+iy)|$ 和 $|\cos(x+iy)|$ 均趋于无穷大；

(2) 当 z 为复数时，$|\sin z|\leqslant 1$ 和 $|\cos z|\leqslant 1$ 均不再成立.

本章小结

本章学习了复数的概念、复数的表示与复数的运算；复变函数的概念、复变函数的极限、复变函数的连续以及常用的初等函数等内容.

一、复数的概念及其运算

1. 复数与实数有很多不同,复数不能比较大小,但是复数的实部、虚部和模均是实数,能够比较大小.

2. 复数的表示形式有代数表示、点表示、向量表示、三角表示、指数表示,使用上各有其便. 这些形式可以互相转换为

$$z=x+iy\Leftrightarrow(x,y)\xrightleftharpoons[r=\sqrt{x^2+y^2},\theta=\arg z]{x=r\cos\theta,y=r\sin\theta}z=r(\cos\theta+i\sin\theta)\xrightleftharpoons{e^{i\theta}=\cos\theta+i\sin\theta}z=re^{i\theta}.$$

3. 复数的加、减、乘、除、乘方、开方运算有代数运算、三角式运算与指数式运算,其中代数运算有加、减、乘、除，三角式运算与指数式运算有乘、除、乘方、开方.

二、复变函数

1. 复数的全体与复平面上点的全体是一一对应的，复数集可以视为平面点集，因此在学习二元函数概念时，平面点集的有关概念仍然可以在复变函数中使用.

2. 复变函数的定义域为复平面上某个区域，复变函数有单值与多值之分. 复变函数的极限、连续与一元实函数的极限、连续在形式上一致，但是复变函数比实变函数要求高得多.

3. 复变函数的极限、连续性等问题分别等价于其实部、虚部两个二元实函数的极限、连续性等问题.

4. 复初等函数与一元实初等函数形式一样，但是复初等函数含义更深.

三、复数与实数的不同

1. 实数可以比较大小，但是复数无法比较大小；

2. 复数可以进行开方(奇次方或偶次方) 运算，任意不等于零的复数均可以开方，其结果是多值的，当开 n 次方时，其结果就有 n 个值.

3. 复初等函数是实初等函数的推广，但是它们之间差异很大，比如，指数函数是周期函数，正余弦函数不再是有界函数等，对数函数是多值函数，且

$$\mathrm{Ln} z^n \neq n\mathrm{Ln} z, \mathrm{Ln}\sqrt[n]{z} \neq \frac{1}{n}\mathrm{Ln} z.$$

4. 幂函数(幂是正整数)、指数函数、正弦函数、余弦函数在复平面上连续，根式函数、对数函数在单值分支 $-\pi < \arg z < \pi$ 内连续.

5. 对于对数函数、幂函数(幂是非正整数) 的多值性，如何取单值分支，特别是主值如何作为普通单值函数的运算等问题，是我们学习的重点.

卡尔达诺

部分习题详解

知识拓展

自测题 1

一、选择题

1. 复数 $i^8 - 4i^{21} + i$ 的值等于 ( )

A. $1+3i$ B. $1-3i$ C. i D. $-i$

2. 使得 $z^2 = |z|^2$ 成立的复数是 ( )

A. 不存在 B. 唯一 C. 纯虚数 D. 实数

3. 方程 $|z+2-3i| = \sqrt{2}$ 所代表的曲线是 ( )

A. 圆心为 $2-3i$，半径为 $\sqrt{2}$ 的圆周

B. 圆心为 $-2+3i$，半径为 2 的圆周

C. 圆心为 $-2+3i$，半径为 $\sqrt{2}$ 的圆周

D. 圆心为 $2-3i$，半径为 2 的圆周

4. 函数 $f(z) = u(x,y) + iv(x,y)$ 在点 $A = a + ib$ 处极限存在的充要条件是 ( )

A. $\lim\limits_{(x,y)\to(a,b)} u(x,y)$ 存在

B. $\lim\limits_{(x,y)\to(a,b)} u(x,y)$，$\lim\limits_{(x,y)\to(a,b)} v(x,y)$ 都存在

C. $\lim\limits_{(x,y)\to(a,b)} v(x,y)$ 存在

D. $\lim\limits_{(x,y)\to(a,b)} [u(x,y)+v(x,y)]$ 存在

5. 函数 $f(z) = u(x,y) + iv(x,y)$ 在点 $z_0 = x_0 + iy_0$ 处连续的充要条件是 ( )

A. $u(x,y)$ 在 (x_0,y_0) 处连续

B. $v(x,y)$ 在 (x_0,y_0) 处连续

C. $u(x,y)$ 和 $v(x,y)$ 在 (x_0,y_0) 处连续

D. $u(x,y)+v(x,y)$ 在 (x_0,y_0) 处连续

6. $\lim\limits_{x\to x_0} \dfrac{\mathrm{Im}z - \mathrm{Im}z_0}{z - z_0}$ ( )

A. 等于 i B. 等于 $-i$ C. 等于 0 D. 不存在

二、填空题

1. 复数 $z=\dfrac{2\mathrm{i}}{-1+\mathrm{i}}$ 的实部 = ________，虚部 = ________，模 = ________，幅角 = ________，幅角主值 = ________.

2. 复数 $\left(\dfrac{1+\mathrm{i}}{1-\mathrm{i}}\right)^6$ 的值为________.

3. 复数 $z=2+2\mathrm{i}$ 的三角表示式为__________，指数表示式为__________.

4. 方程 $z^3+8=0$ 的所有根为______________.

5. 若 $\mathrm{Re}(z+2)=-1$，则点 z 的轨迹是__________________.

6. 极限 $\lim\limits_{z\to 1+i}(1+z^2+2z^4)=$ ________.

三、化简下列表达式

1. $(1+\mathrm{i})(1-\mathrm{i})$； **2.** $\dfrac{-2+3\mathrm{i}}{3+2\mathrm{i}}$； **3.** $\left(\dfrac{1-\sqrt{3}\mathrm{i}}{2}\right)^3$； **4.** $(-2+2\mathrm{i})^{\frac{1}{4}}$.

四、求下列各复数的值

1. $\mathrm{e}^{3+\pi\mathrm{i}}$； **2.** $\tan\mathrm{i}$； **3.** $\cos(\pi+5\mathrm{i})$；

4. $\mathrm{Ln}(1+3\mathrm{i})$； **5.** $1^{\sqrt{2}}$； **6.** $(-3)^{\sqrt{5}}$.

五、求连接点 $1+\mathrm{i}$ 与 $-1-4\mathrm{i}$ 的直线段的参数方程.

六、将下列坐标变换公式写成复数形式.

1. 平移公式 $\begin{cases}x=x_1+a,\\ y=y_1+b;\end{cases}$ **2.** 旋转公式 $\begin{cases}x=x_1\cos\alpha-y_1\sin\alpha,\\ y=x_1\sin\alpha+y_1\cos\alpha.\end{cases}$

七、将定义在复平面上的复变函数 $w=z^2+1$ 化为两个二元实函数.

八、将定义在复平面除去坐标原点的区域上的一对二元实函数

$$u=\frac{2x}{x^2+y^2},v=\frac{y}{x^2+y^2}(x^2+y^2\neq 0)$$

化为一个复变函数.

九、函数 $w=\dfrac{1}{z}$ 把下列 z 平面上的曲线映射成 w 平面上怎样的曲线?

1. $x^2+y^2=1$； **2.** $y=x$； **3.** $x=1$.

十、解方程 $\sin z+\mathrm{i}\cos z=4\mathrm{i}$.

第 2 章　解析函数

在复变函数中,解析函数是主要的研究对象,它在理论和实际问题中有着广泛的应用.本章在介绍复变函数导数的概念和求导法则的基础上,首先介绍解析函数的概念,随后着重介绍判别函数解析的方法以及解析函数的一些重要性质,最后介绍几种求解析函数的方法.

§2.1　解析函数的概念

2.1.1　复变函数的导数与微分

1.复变函数导数的定义

复变函数的导数是解析函数的基础,是高等数学中实变量函数导数的推广.因此,复变函数导数的定义与高等数学中导数的定义,在形式上是相同的.

定义2.1.1　设函数 $w=f(z)$ 在点 z_0 的某邻域内有定义,$z_0+\Delta z$ 是该邻域内任意一点,$\Delta w=f(z_0+\Delta z)-f(z_0)$ 为函数 $w=f(z)$ 在点 z_0 处的增量,如果极限

$$\lim_{\Delta z\to 0}\frac{f(z_0+\Delta z)-f(z_0)}{\Delta z}$$

存在,则称函数在 z_0 处**可导(derivable)**,其极限值称为函数 $f(z)$ 在 z_0 处的**导数(derivative)**,记作 $f'(z_0)$ 或 $\left.\frac{\mathrm{d}w}{\mathrm{d}z}\right|_{z=z_0}$,即

$$f'(z_0)=\left.\frac{\mathrm{d}w}{\mathrm{d}z}\right|_{z=z_0}=\lim_{\Delta z\to 0}\frac{f(z_0+\Delta z)-f(z_0)}{\Delta z}=\lim_{z\to z_0}\frac{f(z)-f(z_0)}{z-z_0}.$$

说明:(1) 定义中 $z_0+\Delta z\to z_0$(即 $\Delta z\to 0$) 的方式是任意的,即极限值的存在性与 $z_0+\Delta z\to z_0$ 的方式或路径无关;

(2) 如果函数 $f(z)$ 在区域 D 内处处可导,则称函数 $f(z)$ 在 D 内可导.

例2.1.1 求幂函数 $f(z)=z^2$ 的导数.

解 对于复平面上的任意点 z,根据导数的定义,可得

$$f'(z)=\lim_{\Delta z\to 0}\frac{f(z+\Delta z)-f(z)}{\Delta z}=\lim_{\Delta z\to 0}\frac{(z+\Delta z)^2-z^2}{\Delta z}=\lim_{\Delta z\to 0}(2z+\Delta z)=2z,$$

即 $f(z)=z^2$ 在复平面上是可导的,且 $f'(z)=2z$.

例2.1.2 函数 $f(z)=\bar{z}=x-\mathrm{i}y$ 是否可导?

解 我们考虑增量的比值

$$\frac{f(z+\Delta z)-f(z)}{\Delta z}=\frac{\overline{z+\Delta z}-\bar{z}}{\Delta z}=\frac{\bar{z}+\overline{\Delta z}-\bar{z}}{\Delta z}=\frac{\overline{\Delta z}}{\Delta z}=\frac{\Delta x-\mathrm{i}\Delta y}{\Delta x+\mathrm{i}\Delta y}.$$

(1) 当 $z+\Delta z$ 沿平行于实轴方向趋向于 z 时,即当 $\Delta y=0,\Delta x\to 0$ 时,有

$$\lim_{\Delta z\to 0}\frac{f(z+\Delta z)-f(z)}{\Delta z}=\lim_{\substack{\Delta x\to 0\\ \Delta y=0}}\frac{\Delta x-\mathrm{i}\Delta y}{\Delta x+\mathrm{i}\Delta y}=1;$$

(2) 当 $z+\Delta z$ 沿平行于虚轴方向趋向于 z 时,即当 $\Delta x=0,\ \Delta y\to 0$ 时,有

$$\lim_{\Delta z\to 0}\frac{f(z+\Delta z)-f(z)}{\Delta z}=\lim_{\substack{\Delta x=0\\ \Delta y\to 0}}\frac{\Delta x-\mathrm{i}\Delta y}{\Delta x+\mathrm{i}\Delta y}=-1.$$

由此可见,函数 $f(z)=\bar{z}=x-\mathrm{i}y$ 的导数不存在.

注:虽然函数 $f(z)=\bar{z}=x-\mathrm{i}y$ 的实部 $u=x$ 和虚部 $v=-y$ 是两个“很好”的函数,即它们都有任意阶连续偏导数,但函数 $f(z)=\bar{z}$ 作为复变函数时,导数却不存在.这说明,复变函数导数的概念尽管在形式上与实函数的导数一样,但实际上,其对于可导性的要求却很高.因为当 $z\to z_0$(在平面上以任何方式趋向于 z_0)时,$\dfrac{\Delta w}{\Delta z}$ 都要有同一个极限值,但在实函数中,当 $x\to x_0$ 时,只要求在 x 轴上 x_0 左、右两侧趋向于 x_0 时,表达式$\dfrac{\Delta y}{\Delta x}$有同一个极限值就够了.显然前者是二重极限问题,即当 $x\to x_0$ 和 $y\to y_0$ 同时进行时的极限问题.

2. 可导与连续的关系

从例 2.1.2 中可以看出，函数 $f(z)=\bar{z}$ 处处连续，但处处不可导. 反之，可导必连续，即函数 $w=f(z)$ 若在点 z_0 处可导，则它在点 z_0 处必连续.

事实上，由导数的定义知，若函数 $w=f(z)$ 若在点 z_0 处可导，则

$$f'(z_0)=\lim_{\Delta z\to 0}\frac{f(z_0+\Delta z)-f(z_0)}{\Delta z}.$$

所以

$$\lim_{\Delta z\to 0}f(z_0+\Delta z)-f(z_0)=\lim_{\Delta z\to 0}\frac{f(z_0+\Delta z)-f(z_0)}{\Delta z}\cdot\lim_{\Delta z\to 0}\Delta z=f'(z_0)\cdot 0=0.$$

由此可见，函数 $w=f(z)$ 在点 z_0 处连续.

函数 $w=\mathrm{Im}z, w=|z|$ 在形式上都是“好函数”，它们处处连续. 但容易验证，它们却都不是可导的函数. 值得注意的是，复变函数中还有很多这样的函数. 对于这一点，大家务必谨慎.

3. 求导法则

由于复变函数中导数的定义与一元实函数中导数的定义在形式上完全相同，而且极限的运算法则也一样，因而实函数中的求导法则可推广到复变函数中.

(1) $(C)'=0$ （其中 C 为常数）；

(2) $(z^n)'=nz^{n-1}$ （其中 n 为正整数）；

(3) $[f(z)\pm g(z)]'=f'(z)\pm g'(z)$；

(4) $[f(z)\cdot g(z)]'=f'(z)\cdot g(z)+f(z)\cdot g'(z)$；

(5) $\left[\dfrac{f(z)}{g(z)}\right]'=\dfrac{f'(z)\cdot g(z)-f(z)\cdot g'(z)}{g^2(z)}$ $(g(z)\neq 0)$；

(6) $\{f[g(z)]\}'=f'(w)g'(z)(w=g(z))$；

(7) $f'(z)=\dfrac{1}{\varphi'(w)}$，其中 $w=f(z)$ 与 $z=\varphi(w)$ 是互为反函数的单值函数，且 $\varphi'(z)\neq 0$.

4. 微分的概念

复变函数的微分在形式上与一元实函数的微分概念相同，因此它们在形式上有相似的微分定义.

定义2.1.2　设函数 $w=f(z)$ 在 z_0 处可导，且

$$\Delta w=f(z_0+\Delta z)-f(z_0)=A\Delta z+o(|\Delta z|)$$

其中 $o(|\Delta z|)$ 表示 $|\Delta z|$ 的高阶无穷小（$\Delta z\to 0$），A 为复常数，称函数 $w=f(z)$ 在 z_0 处可微，并把 $A\Delta z$ 称为 $f(z)$ 在点 z_0 处的**微分**（**differential**），记为

$$\mathrm{d}w=A\Delta z \text{ 或 } \mathrm{d}w=A\mathrm{d}z.$$

若 $f(z)$ 在区域 D 内处处可微，则称 $f(z)$ 在区域 D 内**可微**（**differentiable**）.

与高等数学中一元函数可导与可微的关系一样，复变函数的可导与可微也是等价的，且 $A=f'(z_0)$，所以 $\mathrm{d}w=f'(z_0)\Delta z$ 或 $\mathrm{d}w=f'(z_0)\mathrm{d}z$，从而有 $\Delta w=f'(z_0)\Delta z+\rho(\Delta z)\Delta z$，其中微分 $\mathrm{d}w=f'(z_0)\Delta z$ 是函数增量 Δw 的线性主部.

2.1.2　解析函数

在复变函数理论中，重要的不是只在某几个点可导的函数，而是在区域 D 内处处可导的函数，我们将之称为解析函数.

1. 解析函数的概念

定义2.1.3　（1）如果函数 $f(z)$ 在点 z_0 及 z_0 的邻域内处处可导，则称函数 $f(z)$ 在点 z_0 处**解析**（**analytic**）.

（2）如果函数 $f(z)$ 在区域 D 内每一点解析，则称函数 $f(z)$ 在 D 内解析，或称函数 $f(z)$ 是 D 内的一个**解析函数**（**analytic function**）.

（3）如果函数 $f(z)$ 在点 z_0 处不解析，则称 z_0 为函数 $f(z)$ 的**奇点**（**singular point**）.

（4）在整个复平面上处处解析的函数称为**整函数**（**entire function**）.

注：（1）函数在某一点处解析与其在该点处可导并不等价. 因为解析需要满足两个条件：首先函数要在该点可导，其次还要在该点的一个邻域内可导. 所以，解析比可导条件要强，即函数若在点 z_0 处解析，则其必在该点可导. 反之，函数点 z_0 处可导，但其在该点不一定解析.

（2）由定义可知，函数在区域内解析与其在该区域可导是等价的.

（3）函数 $f(z)$ 在点 z_0 处连续、可导、解析以及在区域 D 内可导与解析的关系如图 2－1－1 所示.

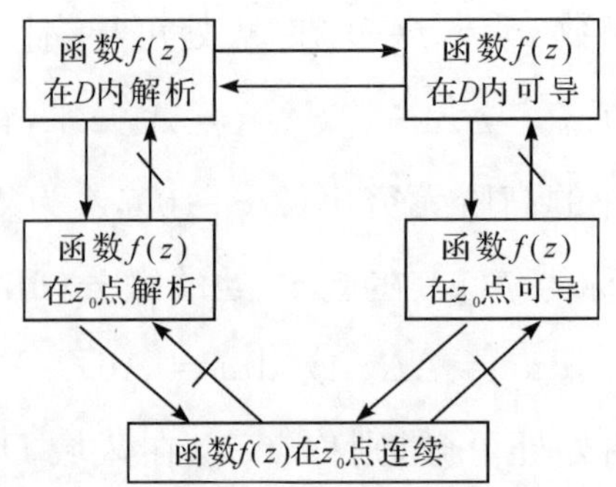

图 2-1-1　连续、可导以及解析之间的关系

例2.1.3　研究下列函数的解析性：

(1) $f(z)=z^2$；　(2) $g(z)=x-\mathrm{i}y$；　(3) $h(z)=|z|^2$.

解　(1) 对于函数 $f(z)=z^2$，例 2.1.1 中已经讨论了其在整个复平面上处处可导，所以函数 $f(z)=z^2$ 在整个复平面处处解析.

(2) 例 2.1.2 中已经讨论函数 $g(z)=x-\mathrm{i}y$ 是处处不可导的，所以它一定不解析.

(3) 为了探索函数 $h(z)=|z|^2$ 的解析性，我们首先任取 $z_0\in\mathbf{C}$，由于

$$\begin{aligned}\frac{h(z_0+\Delta z)-h(z_0)}{\Delta z}&=\frac{|z_0+\Delta z|^2-|z_0|^2}{\Delta z}\\&=\frac{(z_0+\Delta z)(\overline{z_0}+\overline{\Delta z})-z_0\overline{z_0}}{\Delta z}\\&=\frac{z_0\,\overline{\Delta z}+\overline{z_0}\Delta z+\Delta z\,\overline{\Delta z}}{\Delta z}=\overline{z_0}+\overline{\Delta z}+z_0\,\frac{\overline{\Delta z}}{\Delta z}.\end{aligned}$$

所以

① 当 $z_0=0$ 时，$\lim\limits_{\Delta z\to0}\left(\overline{z_0}+\overline{\Delta z}+z_0\,\dfrac{\overline{\Delta z}}{\Delta z}\right)=0$，即 $f'(0)=0$；

② 当 $z_0\neq0$ 时，令 $z_0+\Delta z$ 沿着直线 $y-y_0=k(x-x_0)$ 趋向于 z_0，则

$$\frac{\overline{\Delta z}}{\Delta z}=\frac{\Delta x-\mathrm{i}\Delta y}{\Delta x+\mathrm{i}\Delta y}=\frac{1-\dfrac{\Delta y}{\Delta x}\mathrm{i}}{1+\dfrac{\Delta y}{\Delta x}\mathrm{i}}=\frac{1-k\mathrm{i}}{1+k\mathrm{i}}.$$

上面的比值随着 k 的变化而变化，即当 $\Delta z\to0$ 时，$\dfrac{\overline{\Delta z}}{\Delta z}$ 不趋向于唯一确定的

定值. 所以,当 $\Delta z \to 0$ 时,$\dfrac{h(z_0+\Delta z)-h(z_0)}{\Delta z}$ 的极限不存在,即函数 $h(z)(z\neq 0)$ 不可导.

综上可知,函数 $h(z)=|z|^2$ 仅在 $z_0=0$ 处可导,而在其他点都不可导,所以根据解析函数的定义可知,函数 $h(z)$ 在复平面上处处不解析.

例2.1.4　研究函数 $w=\dfrac{1}{z}$ 的解析性.

解　根据导数的定义,对于任意 $z\neq 0$,有

$$\frac{\mathrm{d}w}{\mathrm{d}z}=\lim_{\Delta z\to 0}\frac{f(z+\Delta z)-f(z)}{\Delta z}=\lim_{\Delta z\to 0}\frac{\dfrac{1}{z+\Delta z}-\dfrac{1}{z}}{\Delta z}$$
$$=\lim_{\Delta z\to 0}-\frac{1}{z(z+\Delta z)}=-\frac{1}{z^2}\quad(z\neq 0),$$

所以,函数 $w=\dfrac{1}{z}$ 在复平面内除点 $z=0$ 外处处可导,且 $\dfrac{\mathrm{d}w}{\mathrm{d}z}=-\dfrac{1}{z^2}$. 于是在除 $z=0$ 外的复平面内,函数 $w=\dfrac{1}{z}$ 处处解析,而 $z=0$ 是函数的一个奇点.

2. 解析函数的运算法则

对于解析函数,利用求导法则不难证明下面的定理.

定理2.1.1　区域 D 内解析函数的和、差、积、商(除去分母为0的点)在 D 内解析.

定理2.1.2　设函数 $h=g(z)$ 在 z 平面上的区域 D 内解析,函数 $w=f(h)$ 在 h 平面上的区域 G 内解析. 如果对区域 D 内的每一个点 z,函数 $g(z)$ 的取值都属于 G,那么复合函数 $w=f[g(z)]$ 在区域 D 内解析.

定理2.1.3　多项式函数 $P(z)=a_0z^n+a_1z^{n-1}+\cdots+a_n$,在全复平面上处处解析;有理函数 $R(z)=\dfrac{P(z)}{Q(z)}=\dfrac{a_0z^n+a_1z^{n-1}+\cdots+a_n}{b_0z^n+b_1z^{n-1}+\cdots+b_n}$,在分母不为零的点的区域内解析,使得分母为零的点是函数的奇点.

例2.1.5　确定函数 $f(z)=\dfrac{1}{z^2-1}$ 的解析区域和奇点,并求其导函数.

解　函数 $f(z)=\dfrac{1}{z^2-1}$ 是有理函数,除去分母为零的点外处处解析.

因为分母 $Q(z)=z^2-1=(z-1)(z+1)$，所以分母等于零的点为 $z=\pm 1$，于是函数 $f(z)$ 的解析区域为除去点 $z=1$ 和 $z=-1$ 的复平面，其中 $z=1, z=-1$ 为函数的奇点. 且有导数

$$f'(z)=\left(\frac{1}{z^2-1}\right)'=\frac{-2z}{(z^2-1)^2}.$$

柯西

3. 函数解析的充分必要条件

对于给定的复变函数，我们可以按照解析函数的定义，通过判别该函数在某点的邻域内是否可导来确定该函数是否解析. 但这个办法还不够方便，甚至有时是非常困难的. 接下来，我们介绍一种判别函数解析的简便方法.

定理2.1.4 函数 $w=f(z)=u(x,y)+\mathrm{i}v(x,y)$ 在点 $z=x+\mathrm{i}y$ 处可导的充分必要条件是：

(1) 二元函数 $u(x,y)$ 与 $v(x,y)$ 在点 (x,y) 处可微；

(2) 二元函数 $u(x,y)$ 与 $v(x,y)$ 在点 (x,y) 处满足**柯西-黎曼方程(Cauchy-Riemann equations)**，简称 C-R 方程，即

$$\frac{\partial u}{\partial x}=\frac{\partial v}{\partial y},\ \frac{\partial u}{\partial y}=-\frac{\partial v}{\partial x}.$$

黎曼

* **证明** 必要性.

已知函数 $f(z)$ 在点 $z=x+\mathrm{i}y$ 处可导，由导数的定义知

$$f'(z)=\lim_{\Delta z\to 0}\frac{f(z+\Delta z)-f(z)}{\Delta z},$$

对充分小的 $|\Delta z|=|\Delta x+\mathrm{i}\Delta y|>0$，有

$$f(z+\Delta z)-f(z)=f'(z)\Delta z+o(|\Delta z|), \tag{4.1.1}$$

其中 $o(|\Delta z|)$ 表示 $|\Delta z|$ 的高阶无穷小 $(\Delta z\to 0)$.

设 $\Delta w=f(z+\Delta z)-f(z)=\Delta u+\mathrm{i}\Delta v$，$f'(z)=a+\mathrm{i}b$，将其代入(4.1.1)式，得

$$\begin{aligned}\Delta u+\mathrm{i}\Delta v&=(a+\mathrm{i}b)(\Delta x+\mathrm{i}\Delta y)+o(|\Delta z|)\\&=[a\Delta x-b\Delta y+o(|\Delta z|)]+\mathrm{i}[b\Delta x+a\Delta y+o(|\Delta z|)],\end{aligned}$$

从而，有

$$\Delta u=a\Delta x-b\Delta y+o(|\Delta z|),\ \Delta v=b\Delta x+a\Delta y+o(|\Delta z|).$$

根据高等数学中二元实变量函数可微的定义，可知函数 $u(x,y)$，$v(x,y)$ 在

(x,y) 处均可微，于是它们的偏导数存在，即

沿平行于实轴方向取极限，得

$$\frac{\partial u}{\partial x}=\lim_{\substack{\Delta x\to 0\\ \Delta y=0}}\frac{\Delta u}{\Delta x}=a.$$

沿平行于虚轴方向取极限，得

$$\frac{\partial v}{\partial y}=\lim_{\substack{\Delta x=0\\ \Delta y\to 0}}\frac{\Delta v}{\Delta y}=a.$$

从而

$$\frac{\partial u}{\partial x}=\frac{\partial v}{\partial y}.$$

同理，可以得到

$$\frac{\partial u}{\partial y}=-\frac{\partial v}{\partial x}.$$

充分性.

由于

$$\begin{aligned}\Delta w&=f(z+\Delta z)-f(z)\\&=u(x+\Delta x,y+\Delta y)+\mathrm{i}v(x+\Delta x,y+\Delta y)-u(x,y)-\mathrm{i}v(x,y)\\&=u(x+\Delta x,y+\Delta y)-u(x,y)+\mathrm{i}[v(x+\Delta x,y+\Delta y)-v(x,y)]\\&=\Delta u+\mathrm{i}\Delta v,\end{aligned}$$

而且我们注意到函数 $u(x,y)$，$v(x,y)$ 在点 (x,y) 处可微，所以根据高等数学中二元实变量函数可微的定义，可知

$$\Delta u=\frac{\partial u}{\partial x}\Delta x+\frac{\partial u}{\partial y}\Delta y+o(|\Delta z|),\Delta v=\frac{\partial v}{\partial x}\Delta x+\frac{\partial v}{\partial y}\Delta y+o(|\Delta z|).$$

因此，有

$$\begin{aligned}\Delta w&=f(z+\Delta z)-f(z)=\Delta u+\mathrm{i}\Delta v\\&=\left(\frac{\partial u}{\partial x}\Delta x+\frac{\partial u}{\partial y}\Delta y\right)+\mathrm{i}\left(\frac{\partial v}{\partial x}\Delta x+\frac{\partial v}{\partial y}\Delta y\right)+o(|\Delta z|)\\&=\left(\frac{\partial u}{\partial x}+\mathrm{i}\frac{\partial v}{\partial x}\right)\Delta x+\left(\frac{\partial u}{\partial y}+\mathrm{i}\frac{\partial v}{\partial y}\right)\Delta y+o(|\Delta z|),\end{aligned}$$

根据 C-R 方程

$$\frac{\partial u}{\partial x}=\frac{\partial v}{\partial y},\frac{\partial u}{\partial y}=-\frac{\partial v}{\partial x}=\mathrm{i}^2\frac{\partial v}{\partial x},$$

得

$$\begin{aligned}\Delta w &= f(z+\Delta z)-f(z)=\Delta u+\mathrm{i}\Delta v \\ &= \left(\frac{\partial u}{\partial x}+\mathrm{i}\,\frac{\partial v}{\partial x}\right)\Delta x+\left(\mathrm{i}^2\,\frac{\partial v}{\partial x}+\mathrm{i}\,\frac{\partial u}{\partial x}\right)\Delta y+o(|\Delta z|) \\ &= \left(\frac{\partial u}{\partial x}+\mathrm{i}\,\frac{\partial v}{\partial x}\right)\Delta x+\mathrm{i}\left(\frac{\partial u}{\partial x}+\mathrm{i}\,\frac{\partial v}{\partial x}\right)\Delta y+o(|\Delta z|).\end{aligned}$$

所以

$$\Delta w=f(z+\Delta z)-f(z)=\left(\frac{\partial u}{\partial x}+\mathrm{i}\,\frac{\partial v}{\partial x}\right)(\Delta x+\mathrm{i}\Delta y)+o(|\Delta z|),$$

或

$$\frac{\Delta w}{\Delta z}=\frac{f(z+z)-f(z)}{\Delta z}=\frac{\partial u}{\partial x}+\mathrm{i}\,\frac{\partial v}{\partial x}+\frac{o(|\Delta z|)}{\Delta z},$$

于是,有

$$f'(z)=\lim_{\Delta z\to 0}\frac{f(z+\Delta z)-f(z)}{\Delta z}=\frac{\partial u}{\partial x}+\mathrm{i}\,\frac{\partial v}{\partial x},$$

这表明函数 $f(z)$ 在 $z=x+\mathrm{i}y$ 处可导.

说明:(1) 由上面的证明过程可以看出,函数 $f(z)=u+\mathrm{i}v$ 在 $z=x+\mathrm{i}y$ 处的导数公式有四种形式,即

$$f'(z)=\frac{\partial u}{\partial x}+\mathrm{i}\,\frac{\partial v}{\partial x}=\frac{\partial v}{\partial y}-\mathrm{i}\,\frac{\partial u}{\partial y}=\frac{\partial u}{\partial x}-\mathrm{i}\,\frac{\partial u}{\partial y}=\frac{\partial v}{\partial y}+\mathrm{i}\,\frac{\partial v}{\partial x}.$$

为了便于记忆,可以用如下图示表示导数公式的这四种形式.

$$\begin{array}{ccc}\dfrac{\partial u}{\partial x} & \longrightarrow & -\dfrac{\partial u}{\partial y} \\ \big\downarrow & & \big\uparrow \\ \dfrac{\partial v}{\partial x} & \longleftarrow & \dfrac{\partial v}{\partial y}\end{array}$$

(2) 函数 $f(z)=u(x,y)+\mathrm{i}v(x,y)$ 在点 $z=x+\mathrm{i}y$ 处可导的充分必要条件是 $u(x,y)$ 与 $v(x,y)$ 在点(x,y)处可微且满足C-R方程,这两个条件缺一不可,只要有一条不满足,就可能无法得到函数 $f(z)$ 在 $z=x+\mathrm{i}y$ 处可导的结论.

把函数 $f(z)$ 在一点处可导改为在区域 D 内每一点都可导,便可得判别函数 $f(z)$ 在区域 D 内解析的一个充分必要条件.

定理2.1.5 函数 $w=f(z)=u(x,y)+\mathrm{i}v(x,y)$ 在区域 D 内解析的充分必要条件：

(1) 二元函数 $u(x,y)$ 与 $v(x,y)$ 在区域 D 内可微；

(2) $u(x,y)$ 与 $v(x,y)$ 在区域 D 内处处满足 C-R 方程.

注:(1) 定理2.1.5提供了一种判别函数在区域内解析的方法,但一般并不直接采用该定理判别函数在区域内的解析性,其原因在于证明二元函数的可微性不太容易.

(2) 由高等数学知识可知,若二元函数 $u(x,y)$ 与 $v(x,y)$ 的偏导数均连续,则函数 $u(x,y)$ 与 $v(x,y)$ 都可微.由此,两个偏导函数均连续可以作为判断函数 $f(z)=u(x,y)+\mathrm{i}v(x,y)$ 在区域 D 内解析的条件之一.因此,我们可以通过以下两点得出函数解析性：

① 函数 $u(x,y),v(x,y)$ 在区域 D 内偏导数连续；

② 满足 C-R 方程 $\dfrac{\partial u}{\partial x}=\dfrac{\partial v}{\partial y},\dfrac{\partial u}{\partial y}=-\dfrac{\partial v}{\partial x}$.

(3) 若函数 $f(z)=u(x,y)+\mathrm{i}v(x,y)$ 在区域 D 内不满足 C-R 方程,则函数 $f(z)$ 在区域 D 内不解析.

例2.1.6 判定下列函数在何处可导,在何处解析?

(1) $w=\overline{z}$； (2) $f(z)=\mathrm{e}^x(\cos y+\mathrm{i}\sin y)$； (3) $w=z\mathrm{Re}z$.

解 (1) $w=\overline{z}=x-\mathrm{i}y$,因为 $u=x,v=-y$,它们的偏导数均连续,且

$$\frac{\partial u}{\partial x}=1,\frac{\partial u}{\partial y}=0,\frac{\partial v}{\partial x}=0,\frac{\partial v}{\partial y}=-1.$$

可知$\dfrac{\partial u}{\partial x}\neq\dfrac{\partial v}{\partial y}$,即不满足 C-R 方程,所以函数 $w=\overline{z}$ 在复平面内处处不可导,从而处处不解析.

(2) $f(z)=\mathrm{e}^x(\cos y+\mathrm{i}\sin y)$ 是指数函数,因为 $u=\mathrm{e}^x\cos y,v=\mathrm{e}^x\sin y$,且

$$\frac{\partial u}{\partial x}=\mathrm{e}^x\cos y,\frac{\partial u}{\partial y}=-\mathrm{e}^x\sin y,\frac{\partial v}{\partial x}=\mathrm{e}^x\sin y,\frac{\partial v}{\partial y}=\mathrm{e}^x\cos y.$$

以上四个偏导数连续,且满足 C-R 方程,所以指数函数 $f(z)$ 在复平面内处处可导,并处处解析,且

$$f'(z) = e^x(\cos y + i\sin y) = f(z).$$

(3) $w = z\mathrm{Re}z = (x+iy)x = x^2 + ixy$，因为 $u = x^2, v = xy$，且

$$\frac{\partial u}{\partial x} = 2x, \frac{\partial u}{\partial y} = 0, \frac{\partial v}{\partial x} = y, \frac{\partial v}{\partial y} = x.$$

虽然这四个偏导数都连续，但只有当 $x = y = 0$ 时，才满足C-R方程，因此函数仅在 $z = 0$ 处可导，但在复平面内处处不解析.

注：指数函数的导数是其本身，这与高等数学中的实变量指数函数的导数是相同的.

例2.1.7 若函数 $f(z) = x + ay + i(bx + cy)$ 在复平面上解析，试确定实常数 a,b,c 的值.

解 因为 $u = x + ay, v - bx + cy$，且 $\frac{\partial u}{\partial x} = 1, \frac{\partial u}{\partial y} = a, \frac{\partial v}{\partial x} = b, \frac{\partial v}{\partial y} = c$，又函数 $f(z)$ 在复平面上解析，所以满足C-R方程 $\frac{\partial u}{\partial x} = \frac{\partial v}{\partial y}, \frac{\partial u}{\partial y} = -\frac{\partial v}{\partial x}$，于是有 $c = 1, b = -a$，故当 $c = 1, b = -a$ 时，函数 $f(z)$ 在复平面上解析.

例2.1.8 如果函数 $f(z)$ 在区域 D 内解析，而且满足下列条件之一，则 $f(z)$ 在区域 D 内为一常数.

(1) $f'(z) \equiv 0$；

(2) $\mathrm{Re}f(z)$ 为常数；

(3) $|f(z)|$ 为常数；

(4) $\overline{f(z)}$ 在区域 D 内解析.

证明 (1) 因为

$$f'(z) = \frac{\partial u}{\partial x} + i\frac{\partial v}{\partial x} = \frac{\partial v}{\partial y} - i\frac{\partial u}{\partial y} \equiv 0,$$

所以

$$\frac{\partial u}{\partial x} = \frac{\partial u}{\partial y} = \frac{\partial v}{\partial x} = \frac{\partial v}{\partial y} \equiv 0,$$

因此 u,v 均为常数，于是函数 $f(z)$ 在区域 D 内为常数.

(2) 因为 $\mathrm{Re}f(z) = u$ 为常数，所以 $\frac{\partial u}{\partial x} = \frac{\partial u}{\partial y} = 0$. 由C-R方程得 $\frac{\partial v}{\partial x} = \frac{\partial v}{\partial y} = 0$，于是函数 $f(z)$ 为常数.

(3) 因为 $|f(z)|^2 = u^2 + v^2$ 为常数(不妨记为 C)，即 $u^2 + v^2 \equiv C$. 它的两边分别对 x,y 求偏导数，得

$$u\frac{\partial u}{\partial x}+v\frac{\partial v}{\partial x}=0,u\frac{\partial u}{\partial y}+v\frac{\partial v}{\partial y}=0,$$

结合 C-R 方程,得

$$u\frac{\partial u}{\partial x}-v\frac{\partial u}{\partial y}=0,u\frac{\partial u}{\partial y}+v\frac{\partial u}{\partial x}=0.$$

接下来,求解关于$\frac{\partial u}{\partial x},\frac{\partial u}{\partial y}$的齐次线性方程组$\begin{cases}u\frac{\partial u}{\partial x}-v\frac{\partial u}{\partial y}=0,\\ v\frac{\partial u}{\partial x}+u\frac{\partial u}{\partial y}=0.\end{cases}$

① 当 $u^2+v^2\equiv C\neq 0$ 时,齐次线性方程组的系数行列式$\begin{vmatrix}u & -v\\ v & u\end{vmatrix}=u^2+v^2$ $\neq 0$,则该方程组只有零解,所以$\frac{\partial u}{\partial x}=\frac{\partial u}{\partial y}=0$,故 u,v 均为常数,于是函数 $f(z)$ 在区域 D 内为常数;

② 当 $u^2+v^2\equiv C=0$ 时,$u=v\equiv 0$,所以 $f(z)\equiv 0$,显然函数 $f(z)$ 在区域 D 内为常数.

(4) 因为 $f(z)=u+\mathrm{i}v$ 在区域 D 内解析,故$\frac{\partial u}{\partial x}=\frac{\partial v}{\partial y},\frac{\partial u}{\partial y}=-\frac{\partial v}{\partial x}$成立.

又因为 $\overline{f(z)}=u-\mathrm{i}v$ 在区域 D 内解析,故$\frac{\partial u}{\partial x}=-\frac{\partial v}{\partial y},\frac{\partial u}{\partial y}=\frac{\partial v}{\partial x}$成立.

综合上述两式,可得

$$\frac{\partial u}{\partial x}=\frac{\partial u}{\partial y}=\frac{\partial v}{\partial x}=\frac{\partial v}{\partial y}=0,$$

即 u, v 均为常数, 所以 $f(z)=u+\mathrm{i}v$ 为常数.

***例2.1.9** 如果 $w=u(x,y)+\mathrm{i}v(x,y)$ 为一解析函数,则它一定能单独用 z 来表示.

证明 因为

$$x=\frac{1}{2}(z+\overline{z}),y=\frac{1}{2\mathrm{i}}(z-\overline{z})=-\frac{\mathrm{i}}{2}(z-\overline{z}).$$

所以,如果将 x,y 代入函数 $w=u(x,y)+\mathrm{i}v(x,y)$ 中,那么 w 可看成是变量 $z,\overline{z}$ 的函数.因此,要证明 w 能单独用 z 来表示(即 w 仅依赖于 z),只要证明$\frac{\partial w}{\partial \overline{z}}\equiv 0$ 即可.

由于 $x=\frac{1}{2}(z+\overline{z}),y=\frac{1}{2\mathrm{i}}(z-\overline{z})=-\frac{\mathrm{i}}{2}(z-\overline{z})$,所以有

$$\frac{\partial x}{\partial \overline{z}}=\frac{1}{2},\frac{\partial y}{\partial \overline{z}}=\frac{\mathrm{i}}{2},$$

由求解复合函数偏导数的链式法则,得

$$\begin{aligned}\frac{\partial w}{\partial \overline{z}}&=\frac{\partial u}{\partial x}\frac{\partial x}{\partial \overline{z}}+\frac{\partial u}{\partial y}\frac{\partial y}{\partial \overline{z}}+\mathrm{i}\left(\frac{\partial v}{\partial x}\frac{\partial x}{\partial \overline{z}}+\frac{\partial v}{\partial y}\frac{\partial y}{\partial \overline{z}}\right)\\&=\frac{1}{2}\frac{\partial u}{\partial x}+\frac{\mathrm{i}}{2}\frac{\partial u}{\partial y}+\mathrm{i}\left(\frac{1}{2}\frac{\partial v}{\partial x}+\frac{\mathrm{i}}{2}\frac{\partial v}{\partial y}\right)\\&=\frac{1}{2}\left(\frac{\partial u}{\partial x}-\frac{\partial v}{\partial y}\right)+\frac{\mathrm{i}}{2}\left(\frac{\partial v}{\partial x}+\frac{\partial u}{\partial y}\right).\end{aligned}$$

由于 w 是解析函数,将C-R方程 $\frac{\partial u}{\partial x}=\frac{\partial v}{\partial y},\frac{\partial u}{\partial y}=-\frac{\partial v}{\partial x}$ 代入上式,可得 $\frac{\partial w}{\partial \overline{z}}=0$.

思考题 2.1

1. 函数在一点处可导与在一点处解析有什么不同?

2. 柯西-黎曼方程,即 C-R 方程是函数解析的什么条件?

3. 函数在区域上解析的充分必要条件是什么?

4. 下列说法是否正确?

(1)“函数 $f(z)$ 在点 z 解析”就是“函数 $f(z)$ 在点 z 的某个邻域内可微”;

(2)“函数 $f(z)$ 在点 z 解析”就是“函数 $f(z)$ 在点 z 可微”;

(3)“函数 $f(z)$ 在某邻域内解析”就是“函数 $f(z)$ 在某邻域内可微”;

(4)“函数 $f(z)$ 在某闭区域内解析”就是“函数 $f(z)$ 在闭区域内可微”.

5. 试举一例不解析的函数.

习题 2.1

1. 求下列函数的奇点.

(1) $\frac{z+1}{z(z^2+1)}$; (2) $\frac{z}{(z+2)^2(z^4-1)}$.

2. 求下列函数 $f(z)$ 的解析区域，并求其导数.

(1) z^3+2iz； (2) $\dfrac{1}{z^2-1}$； (3) $\dfrac{az+b}{cz+d}$ （c,d 中至少有一个不为零）.

3. 下列函数何处解析？如果解析，试求其导函数.

(1) $f(z)=x^3-y^3+2ix^2y^2$； (2) $f(z)=e^{-y}(\cos x+i\sin x)$；

(3) $f(z)=\mathrm{Re}z$； (4) $f(z)=|z|^2z$.

4. 若下列函数在复平面上解析，求函数中的实常数 a,b,c,d 的值.

$$f(z)=x^2+axy+by^2+i(cx^2+dx+y^2).$$

5. 如果函数 $f(z)$ 在区域 D 内解析，而且满足下列条件之一，则 $f(z)$ 在 D 内为一常数.

(1) $\overline{f(z)}$ 在 D 内解析； (2) $v=u^2$.

§2.2 调和函数

平面静电场中的电位函数、无源无旋的平面流速场中的势函数与流函数都是一种特殊的二元实函数，即所谓的调和函数，它们都与某种解析函数有着密切的关系. 下面给出调和函数的定义.

2.2.1 调和函数的概念

定义2.2.1 如果二元实变函数在区域 D 内具有二阶连续偏导数，并且满足二维**拉普拉斯方程(Laplace's equation)**

$$\frac{\partial^2\varphi}{\partial x^2}+\frac{\partial^2\varphi}{\partial y^2}=0,$$

则称 $\varphi(x,y)$ 为区域 D 内的**调和函数(harmonic function)**，或者说 $\varphi(x,y)$ 在区域 D 内是**调和的(harmonic)**.

在第 3 章中，我们还会证明解析函数有任意阶导数，并且解析函数的导数仍是解析函数. 那么调和函数与解析函数的有怎样的关系呢？

定理2.2.1 设函数 $f(z)=u(x,y)+iv(x,y)$ 在区域 D 内解析，则 $f(z)$ 的实部 $u(x,y)$ 和虚部 $v(x,y)$ 都是区域 D 内的调和函数.

证明 因为 $w=f(z)=u+\mathrm{i}v$ 为区域 D 内的一个解析函数，则在区域 D 内满足 C-R 方程

$$\frac{\partial u}{\partial x}=\frac{\partial v}{\partial y},\frac{\partial u}{\partial y}=-\frac{\partial v}{\partial x},$$

上式分别对 x,y 求偏导数，得

$$\frac{\partial^2 u}{\partial x^2}=\frac{\partial^2 v}{\partial y\partial x},\frac{\partial^2 u}{\partial y^2}=-\frac{\partial^2 v}{\partial x\partial y},$$

因为解析函数的导数是解析函数(这一事实在后面将给出证明)，则 u 与 v 具有任意阶连续的偏导数，所以

$$\frac{\partial^2 v}{\partial y\partial x}=\frac{\partial^2 v}{\partial x\partial y},$$

从而，有

$$\frac{\partial^2 u}{\partial x^2}+\frac{\partial^2 u}{\partial y^2}=\frac{\partial^2 v}{\partial y\partial x}-\frac{\partial^2 v}{\partial x\partial y}=0.$$

这表明 $u(x,y)$ 是区域 D 内的调和函数.

同理，可以证明

$$\frac{\partial^2 v}{\partial x^2}+\frac{\partial^2 v}{\partial y^2}=0.$$

因此，二元实函数 u,v 都是调和函数.

注: 本定理的逆命题不成立，即若实部 $u(x,y)$ 和虚部 $v(x,y)$ 都是区域 D 内的调和函数，那么函数 $f(z)=u(x,y)+\mathrm{i}v(x,y)$ 不一定在区域 D 内是解析的. 这个结论作为思考题，请读者举例证明.

2.2.2 共轭调和函数

定义2.2.2 设函数 $\varphi(x,y)$ 及 $\psi(x,y)$ 均为区域 D 内的调和函数，且在区域 D 内满足 C-R 方程

$$\frac{\partial \varphi}{\partial x}=\frac{\partial \psi}{\partial y},\frac{\partial \varphi}{\partial y}=-\frac{\partial \psi}{\partial x},$$

则称 $\psi(x,y)$ 是 $\varphi(x,y)$ 的**共轭调和函数(conjugate harmonic function)**.

显然，解析函数的虚部是实部的共轭调和函数. 反过来，具有共轭性质的

两个调和函数是否可以构造一个解析的复变函数呢?下面的定理回答了这个为问题.

定理2.2.2 复变函数 $f(z)=u(x,y)+\mathrm{i}v(x,y)$ 在区域 D 内解析的充分必要条件是在区域 D 内,函数 $f(z)$ 的虚部 $v(x,y)$ 是实部 $u(x,y)$ 的共轭调和函数.

根据这个定理,可以利用一个调和函数和它的共轭调和函数构造出一个解析函数.

2.2.3 解析函数与调和函数的关系

由定理 2.2.2 可以发现,解析函数的实部和虚部不是完全独立的,虚部是实部的共轭调和函数.那么,在已知解析函数实部(或虚部)的情况下,能找出它的虚部(或实部)吗?答案是肯定的.也就是说,如果已知一个调和函数 $u(x,y)$,那么可利用C-R方程求得它的共轭调和函数 $v(x,y)$,从而构成一个解析函数 $f(z)=u(x,y)+\mathrm{i}v(x,y)$.接下来,我们介绍几种求 $v(x,y)$ 的方法.

1.偏积分法

例2.2.1 证明 $u(x,y)=y^3-3x^2y$ 为调和函数,并求其共轭调和函数 $v(x,y)$ 和由它们构成的解析函数 $f(z)=u+\mathrm{i}v$.

解 (1) 先证明 $u(x,y)=y^3-3x^2y$ 为调和函数.

因为

$$\frac{\partial u}{\partial x}=-6xy,\frac{\partial^2 u}{\partial x^2}=-6y,\frac{\partial u}{\partial y}=3y^2-3x^2,\frac{\partial^2 u}{\partial y^2}=6y,$$

它们均连续函数,且满足

$$\frac{\partial^2 u}{\partial x^2}+\frac{\partial^2 u}{\partial y^2}=0,$$

所以,函数 $u(x,y)=y^3-3x^2y$ 为调和函数.

(2) 再求函数 $v(x,y)$.

由C-R方程可知 $\frac{\partial u}{\partial x}=\frac{\partial v}{\partial y}=-6xy$,所以

$$v(x,y)=\int -6xy\,\mathrm{d}y=-3xy^2+g(x),$$

将上式对 y 求偏导，得

$$\frac{\partial v}{\partial x}=-3y^2+g'(x),$$

将 $u(x,y)=y^3-3x^2y$ 和上式代入 C-R 方程 $\frac{\partial u}{\partial y}=-\frac{\partial v}{\partial x}$ 中，可得

$$3y^2-3x^2=3y^2-g'(x),$$

解得 $g'(x)=3x^2$，因此

$$g(x)=\int 3x^2\,\mathrm{d}x=x^3+C\text{，于是 } v(x,y)=-3xy^2+x^3+C.$$

从而，所构造的解析函数为

$$\begin{aligned}w=f(z)&=y^3-3x^2y+\mathrm{i}(x^3-3xy^2+C)\\&=\mathrm{i}[x^3-3xy^2+\mathrm{i}3x^2y-(\mathrm{i}y)^3+C],\end{aligned}$$

故

$$w=f(z)=\mathrm{i}(z^3+C).$$

此例说明，已知解析函数的实部为调和函数，则可以确定它的虚部，它们至多相差一个任意常数.

2. 不定积分法

由于解析函数 $f(z)=u+\mathrm{i}v$ 的导数 $f'(z)$ 仍为解析函数，且导数

$$f'(z)=\frac{\partial u}{\partial x}+\mathrm{i}\frac{\partial v}{\partial x}=\frac{\partial u}{\partial x}-\mathrm{i}\frac{\partial u}{\partial y}=\frac{\partial v}{\partial y}+\mathrm{i}\frac{\partial v}{\partial x}.$$

把 $\frac{\partial u}{\partial x}-\mathrm{i}\frac{\partial u}{\partial y}$ 与 $\frac{\partial v}{\partial y}+\mathrm{i}\frac{\partial v}{\partial x}$ 还原成 z 的函数（即用 z 表示），得

$$f'(z)=\frac{\partial u}{\partial x}-\mathrm{i}\frac{\partial u}{\partial y}=U(z)\text{ 与 }f'(z)=\frac{\partial v}{\partial y}+\mathrm{i}\frac{\partial v}{\partial x}=V(z),$$

将上式分别积分得

$$f(z)=\int U(z)\mathrm{d}z\text{ 与 }f(z)=\int V(z)\mathrm{d}z.$$

已知实部 $u(x,y)$，求 $f(z)$ 时，可用公式 $f(z)=\int U(z)\mathrm{d}z$；

已知虚部 $v(x,y)$，求 $f(z)$ 时，可用公式 $f(z)=\int V(z)\mathrm{d}z$.

如例 2.2.1 中，因为 $u=y^3-3x^2y$，故 $\frac{\partial u}{\partial x}=-6xy$，$\frac{\partial u}{\partial y}=3y^2-3x^2$，从而

$$\begin{aligned}f'(z) &= -6xy - \mathrm{i}(3y^2 - 3x^2)\\ &= 3\mathrm{i}(x^2 + 2xy\mathrm{i} - y^2) = 3\mathrm{i}(x + \mathrm{i}y)^2\\ &= 3\mathrm{i}z^2 \quad (z = x + \mathrm{i}y),\end{aligned}$$

故

$$f(z) = \int 3\mathrm{i}z^2\mathrm{d}z = \mathrm{i}z^3 + C_1,$$

其中 C_1 为任意纯虚数，因为 $f(z)$ 实部为已知函数，不含任意常数，所以

$$f(z) = \mathrm{i}(z^3 + C).$$

例2.2.2　已知调和函数 $v(x,y) = \mathrm{e}^x(y\cos y + x\sin y) + x + y$，求解析函数 $f(z) = u + \mathrm{i}v$，使得 $f(0) = 0$.

解　用不定积分法.

因为 $v = \mathrm{e}^x(y\cos y + x\sin y) + x + y$，所以

$$\frac{\partial v}{\partial x} = \mathrm{e}^x(y\cos y + x\sin y + \sin y) + 1, \frac{\partial v}{\partial y} = \mathrm{e}^x(\cos y - y\sin y + x\cos y) + 1$$

从而，有

$$\begin{aligned}f'(z) &= \frac{\partial v}{\partial y} + \mathrm{i}\frac{\partial v}{\partial x}\\ &= \mathrm{e}^x(\cos y - y\sin y + x\cos y) + 1 + \mathrm{i}[\mathrm{e}^x(y\cos y + x\sin y + \sin y) + 1]\\ &= \mathrm{e}^x(\cos y + \mathrm{i}\sin y) + \mathrm{i}(x + \mathrm{i}y)\mathrm{e}^x\sin y + (x + \mathrm{i}y)\mathrm{e}^x\cos y + 1 + \mathrm{i}\\ &= \mathrm{e}^{x+\mathrm{i}y} + (x + \mathrm{i}y)\mathrm{e}^{x+\mathrm{i}y} + 1 + \mathrm{i}\\ &= \mathrm{e}^z + z\mathrm{e}^z + 1 + \mathrm{i},\end{aligned}$$

对上式积分，可得

$$f(z) = \int (\mathrm{e}^z + z\mathrm{e}^z + 1 + \mathrm{i})\,\mathrm{d}z = z\mathrm{e}^z + (1 + \mathrm{i})z + C,$$

由于 $f(0) = 0$，所以 $f(0) = 0 + C = 0$，解得 $C = 0$.

所以，有

$$f(z) = z\mathrm{e}^z + (1 + \mathrm{i})z.$$

3. 曲线积分法

设函数 $u(x,y)$ 为区域 D 内的解析函数 $f(z)$ 的实部，由于它是调和函数，故有

$$\frac{\partial^2 u}{\partial x^2} + \frac{\partial^2 u}{\partial y^2} = 0,$$

即 $-\dfrac{\partial^2 u}{\partial y^2}=\dfrac{\partial^2 u}{\partial x^2}$. 令 $P=-\dfrac{\partial u}{\partial y},Q=\dfrac{\partial u}{\partial x}$,则$\dfrac{\partial P}{\partial y}=\dfrac{\partial Q}{\partial x}$,由此可知

$$P\mathrm{d}x+Q\mathrm{d}y=-\frac{\partial u}{\partial y}\mathrm{d}x+\frac{\partial u}{\partial x}\mathrm{d}y$$

必为某一函数 $v(x,y)$ 的全微分,即

$$\mathrm{d}v\xlongequal[\text{定义}]{\text{全微分}}\frac{\partial v}{\partial x}\mathrm{d}x+\frac{\partial v}{\partial y}\mathrm{d}y=-\frac{\partial u}{\partial y}\mathrm{d}x+\frac{\partial u}{\partial x}\mathrm{d}y, \tag{2.2.1}$$

由上式可得

$$\frac{\partial v}{\partial x}=-\frac{\partial u}{\partial y},\frac{\partial v}{\partial y}=\frac{\partial u}{\partial x},$$

即 u,v 满足 C-R 方程,从而 $u+\mathrm{i}v$ 为一解析函数.

对(2.2.1) 式积分,可得

$$v=\int_{(x_0,y_0)}^{(x,y)}-\frac{\partial u}{\partial y}\mathrm{d}x+\frac{\partial u}{\partial x}\mathrm{d}y+C,$$

其中 C 为常数,(x_0,y_0) 为区域 D 中的某一点.

如例 2.2.1,$v=\int_{(0,0)}^{(x,y)}(3x^2-3y^2)\mathrm{d}x+(-6xy)\mathrm{d}y+C=x^3-3xy^2+C$.

例2.2.3 求解析函数 $f(z)=u+\mathrm{i}v$,已知实部 $u=2(x-1)y$,且 $f(2)=-\mathrm{i}$.

解 首先验证函数 u 是全复平面上的调和函数.

因为$\dfrac{\partial u}{\partial x}=2y,\dfrac{\partial^2 u}{\partial x^2}=0,\dfrac{\partial u}{\partial y}=2(x-1),\dfrac{\partial^2 u}{\partial y^2}=0$,所以$\dfrac{\partial^2 u}{\partial x^2}+\dfrac{\partial^2 u}{\partial y^2}=0$. 因此,函数 u 是全复平面上的调和函数.

再根据曲线积分法计算得到函数 $v(x,y)$ 的表示式.

由 C-R 方程得,$\dfrac{\partial v}{\partial x}=-\dfrac{\partial u}{\partial y}=-2(x-1),\dfrac{\partial v}{\partial y}=\dfrac{\partial u}{\partial x}=2y$,所以根据曲线积分法,有

$$\begin{aligned}v&=\int_{(0,0)}^{(x,y)}(2-2x)\mathrm{d}x+2y\mathrm{d}y+C\\&=\int_0^x(2-2x)\mathrm{d}x+\int_0^y 2y\mathrm{d}y+C\\&=2x-x^2+y^2+C,\end{aligned}$$

所以，有

$$\begin{aligned} f(z) &= (2xy - 2y) + \mathrm{i}(2x - x^2 + y^2 + C) \\ &= -\mathrm{i}(x^2 - y^2 + 2xy\mathrm{i}) + 2\mathrm{i}(x + \mathrm{i}y) + \mathrm{i}C \\ &= -\mathrm{i}z^2 + 2\mathrm{i}z + \mathrm{i}C. \end{aligned}$$

又因为 $f(2) = -\mathrm{i}$，所以 $C = -1$，于是所求的解析函数为

$$f(z) = -\mathrm{i}z^2 + 2\mathrm{i}z - \mathrm{i} = -\mathrm{i}(z-1)^2.$$

思考题 2.2

1. 两个区域 D 内的调和函数 u 与 v 组成的函数 $f(z) = u + \mathrm{i}v$ 是否为解析函数？

2. 如果 u 是调和函数，如何选取 v，使 $f(z) = u + \mathrm{i}v$ 是解析函数？如果 v 是调和函数，如何选取 u，使 $f(z) = u + \mathrm{i}v$ 是解析函数？

习题 2.2

1. 证明 $u(x,y) = x^2 - y^2 + xy$ 为调和函数，并求它的共轭调和函数 $v(x,y)$ 和由它们构成的解析函数 $f(z) = u + \mathrm{i}v$，并且满足 $f(\mathrm{i}) = -1 + \mathrm{i}$.

2. 已知调和函数 $v(x,y) = \arctan \dfrac{y}{x} \quad (x > 0)$，求解析函数 $f(z) = u + \mathrm{i}v$.

3. 由下式条件求解析函数 $f(z) = u + \mathrm{i}v$.

(1) $u(x,y) = \mathrm{e}^x \cos y$； (2) $v(x,y) = \dfrac{y}{x^2 + y^2}$，$f(2) = 0$.

4. 证明 $u = x^2 - y^2$ 和 $v = \dfrac{y}{x^2 + y^2}$ 均是调和函数，但是 $u + \mathrm{i}v$ 不是解析函数.

5. 设函数 $f(z)$ 在区域 D 内解析，证明 $\begin{vmatrix} \dfrac{\partial u}{\partial x} & \dfrac{\partial u}{\partial y} \\ \dfrac{\partial v}{\partial x} & \dfrac{\partial v}{\partial y} \end{vmatrix} = |f'(z)|^2$.

§2.3 初等解析函数

第1章已经讨论了初等复变函数的一些性质，本节我们继续讨论它们的解析性质.

2.3.1 有理函数

设有理函数

$$f(z)=\frac{P(z)}{Q(z)}=\frac{a_n z^n+a_{n-1}z^{n-1}+\cdots+a_0}{b_m z^m+b_{m-1}z^{m-1}+\cdots+b_0}\quad(a_n,b_m\neq 0).$$

前面我们已经知道 $f(z)$ 除分母 $Q(z)=0$ 的点外处处可导，所以 $f(z)$ 在复平面上除去分母 $Q(z)=0$ 的点外处处解析.

2.3.2 指数函数

对于指数函数 $w=\mathrm{e}^z=\mathrm{e}^x(\cos y+\mathrm{i}\sin y)$，设 $u=\mathrm{e}^x\cos y, v=\mathrm{e}^x\sin y$，则

$$\frac{\partial u}{\partial x}=\mathrm{e}^x\cos y,\frac{\partial u}{\partial y}=-\mathrm{e}^x\sin y,\frac{\partial v}{\partial x}=\mathrm{e}^x\sin y,\frac{\partial v}{\partial y}=\mathrm{e}^x\cos y.$$

由于上述四个偏导数连续且满足C-R方程，所以指数函数 $f(z)$ 在复平面内处处可导，于是处处解析，且

$$f'(z)=\frac{\partial u}{\partial x}+\mathrm{i}\frac{\partial v}{\partial x}=\mathrm{e}^x(\cos y+\mathrm{i}\sin y)=\mathrm{e}^z=f(z).$$

2.3.3 对数函数

根据第1章知识，我们知道对数函数 $w=f(z)=\mathrm{Ln}z$ 有无穷多个连续分支，即

$$f(z)=\ln|z|+\mathrm{i}\mathrm{Arg}z=\ln|z|+\mathrm{i}(\arg z+2k\pi)(k=0,\pm 1,\pm 2,\cdots).$$

现任取一个分支，不妨假设为 $w=f_k(z)$. 接下来，我们利用反函数的求导法则，求此对数函数的分支的导数.

因为指数函数 $z=\mathrm{e}^w$ 在区域 $-\pi<v=\arg z<\pi$ 内的反函数为对数函数

$w=\ln z$，它是单值的，所以由反函数求导法则可知

$$\frac{\mathrm{d}\ln z}{\mathrm{d}z}=\frac{1}{\dfrac{\mathrm{d}\mathrm{e}^{w}}{\mathrm{d}w}}=\frac{1}{\mathrm{e}^{w}}=\frac{1}{z}.$$

所以，对数函数 $w=\ln z$ 在除原点及负实轴的复平面内解析，又由于 $\mathrm{Ln}z=\ln z+2k\pi\mathrm{i}$，因此 $\mathrm{Ln}z$ 的各个分支在除原点及负实轴的复平面内也解析，并且有相同的导数值.

2.3.4 幂函数

设幂函数 $w=z^{a}=\mathrm{e}^{a\mathrm{Ln}z}$ （a 为复数，$z\neq 0$），由于 $\mathrm{Ln}z$ 是多值函数，所以 $\mathrm{e}^{a\mathrm{Ln}z}$ 一般也是多值函数.接下来分情况讨论幂函数 $w=z^{a}$ 的解析性.

(1) 当 a 为正整数 n 时，幂函数在复平面内是单值解析函数，且导数 $(z^{n})'=nz^{n-1}$.

(2) 当 $a=\dfrac{1}{n}$ （n 为正整数）时，由于对数函数 $\mathrm{Ln}z$ 的各个单值连续分支在除去原点和负实轴的平面内解析，所以幂函数的各分支除去原点和负实轴外的复平面上解析，并且导数为

$$(z^{\frac{1}{n}})'=\frac{1}{n}z^{\frac{1}{n}-1}.$$

(3) 当 a 为有理数或 a 为无理数或复数时，它们的各分支在除去原点和负实轴外的复平面解析，并且它的导数可按复合函数求导法则求出，即

$$(z^{a})'=(\mathrm{e}^{a\mathrm{Ln}z})'=\mathrm{e}^{a\mathrm{Ln}z}\cdot a\cdot\frac{1}{z}=az^{a-1}.$$

2.3.5 三角函数

因为指数函数 $f(z)=\mathrm{e}^{z}$ 在复平面上解析，所以根据求导的运算法则，正弦函数、余弦函数在复平面上解析，且

$$(\sin z)'=\left(\frac{\mathrm{e}^{\mathrm{i}z}-\mathrm{e}^{-\mathrm{i}z}}{2\mathrm{i}}\right)'=\frac{\mathrm{i}\mathrm{e}^{\mathrm{i}z}+\mathrm{i}\mathrm{e}^{-\mathrm{i}z}}{2\mathrm{i}}=\frac{\mathrm{e}^{\mathrm{i}z}+\mathrm{e}^{-\mathrm{i}z}}{2}=\cos z,$$

$$(\cos z)'=\left(\frac{\mathrm{e}^{\mathrm{i}z}+\mathrm{e}^{-\mathrm{i}z}}{2}\right)'=\frac{\mathrm{i}\mathrm{e}^{\mathrm{i}z}-\mathrm{i}\mathrm{e}^{-\mathrm{i}z}}{2}=-\frac{\mathrm{e}^{\mathrm{i}z}-\mathrm{e}^{-\mathrm{i}z}}{2\mathrm{i}}=-\sin z.$$

同理，根据求导法则，正切函数与余切函数

$$\tan z = \frac{\sin z}{\cos z}, \ \cot z = \frac{\cos z}{\sin z}$$

在除去分母等于零的复平面上解析.

反双曲函数简介

2.3.6 反三角函数

由第 1 章知识可知,反三角函数与对数函数有如下的关系:

(1) $\mathrm{Arcsin}\, z = -\mathrm{i}\mathrm{Ln}(\mathrm{i}z + \sqrt{1-z^2})$;(2) $\mathrm{Arccos}\, z = -\mathrm{i}\mathrm{Ln}(z + \sqrt{z^2-1})$;

(3) $\mathrm{Arctan}\, z = \frac{\mathrm{i}}{2}\mathrm{Ln}\,\frac{\mathrm{i}+z}{\mathrm{i}-z}$; (4) $\mathrm{Arccot}\, z = \frac{\mathrm{i}}{2}\mathrm{Ln}\,\frac{z-\mathrm{i}}{z+\mathrm{i}}$.

由上可见,这类反函数都可以通过对数函数来刻画,因此根据对数函数的解析情况相应可得各个反三角函数的解析情况. 特别地,在各自的解析区域上,它们的主值的导数公式与高等数学中的导数公式是一样的,即

(1) $(\arcsin z)' = \frac{1}{\sqrt{1-z^2}}$; (2) $(\arccos z)' = -\frac{1}{\sqrt{1-z^2}}$;

(3) $(\arctan z)' = \frac{1}{1+z^2}$; (4) $(\mathrm{arccot}\, z)' = -\frac{1}{1+z^2}$.

另外,由双曲函数 $\mathrm{sh}z$、$\mathrm{ch}z$、$\mathrm{th}z$ 及 $\mathrm{coth}z$ 的定义可知,它们的解析性都可以借助指数函数的解析性类似可得,此处不再赘述.

思考题 2.3

1. 指数函数、正弦函数、余弦函数的解析区域是什么?

2. 幂函数、根式函数与对数函数的解析区域是什么?

3. 双曲函数都是解析函数吗?为什么?

习题 2.3

1. 求下列函数的导数.

(1) $f(z) = z^n e^z$; (2) $f(z) = e^z \cos z$; (3) $f(z) = \tan z$.

2. 证明 $(\mathrm{sh}z)' = \mathrm{ch}z$;$(\mathrm{ch}z)' = \mathrm{sh}z$.

本章小结

本章引入了导数的概念,给出了导数的运算性质,讨论了复变函数解析的条件及 C-R 方程,揭示了共轭调和函数与解析函数的联系. 最后,通过判别初等函数的解析性,给出了它们的解析区域.

一、解析函数

解析函数是复变函数主要的研究对象,因为它具有很好的性质. C-R 方程是判断函数解析的主要条件. 若函数 $w = f(z)$ 在点 z_0 处(或区域 D)解析,则下列结果成立:

1. 函数 $f(z)$ 在点 z_0 解析 ——$f(z)$ 在点 z_0 以及在 z_0 某邻域内处处可导;

2. 函数 $f(z)$ 在区域 D 内解析与其在区域 D 内可导是等价的;

3. 函数 $w = f(z)$ 解析,则函数 $f(z)$ 一定可以单独用 z 表示;

4. 解析函数有任意阶导数,并且导函数仍然是解析函数;

5. 有理分式函数$\dfrac{P(z)}{Q(z)}$,当 $Q(z) \neq 0$ 时,处处解析;

6. 函数解析的充分必要条件$\begin{cases} u(x,y)、v(x,y) \text{ 在}(x_0,y_0)\text{ 可微,} \\ \text{满足 C-R 方程}\dfrac{\partial u}{\partial x} = \dfrac{\partial v}{\partial y},\dfrac{\partial u}{\partial y} = -\dfrac{\partial v}{\partial x}; \end{cases}$

7. 函数解析的充分条件$\begin{cases} u(x,y)、v(x,y) \text{ 在}(x_0,y_0)\text{ 处偏导数连续,} \\ \text{满足 C-R 方程}\dfrac{\partial u}{\partial x} = \dfrac{\partial v}{\partial y},\dfrac{\partial u}{\partial y} = -\dfrac{\partial v}{\partial x}; \end{cases}$

8. 因为 $v(x,y)$ 是 $u(x,y)$ 的共轭调和函数,所以由此提供了构造解析函数的依据.

二、构造解析函数的方法

1. 偏积分法 —— 利用解析关系$\dfrac{\partial u}{\partial x} = \dfrac{\partial v}{\partial y},\dfrac{\partial u}{\partial y} = -\dfrac{\partial v}{\partial x}$,求出解析函数实部 $u(x,y)$ 与虚部 $v(x,y)$.

2. 不定积分法 —— 由 $f'(z)=\frac{\partial u}{\partial x}-\mathrm{i}\frac{\partial u}{\partial y}=U(z)$ 或 $f'(z)=\frac{\partial v}{\partial y}+\mathrm{i}\frac{\partial v}{\partial x}=V(z)$，求出

$$f(z)=\int U(z)\mathrm{d}z \text{ 或 } f(z)=\int V(z)\mathrm{d}z.$$

3. 曲线积分法 —— 由 $\frac{\partial^2 u}{\partial x^2}+\frac{\partial^2 u}{\partial y^2}=0$ 及 C-R 方程，得到 $-\frac{\partial u}{\partial y}\mathrm{d}x+\frac{\partial u}{\partial x}\mathrm{d}y=\mathrm{d}v$，作曲线积分，有

$$v=\int_{(x_0,y_0)}^{(x,y)}-\frac{\partial u}{\partial y}\mathrm{d}x+\frac{\partial u}{\partial x}\mathrm{d}y+C.$$

三、初等解析函数

幂函数(正幂次)、指数函数、正弦函数、余弦函数在复平面上解析；根式函数、对数函数在单值分支 $-\pi<\arg z<\pi$ 内连续且解析.

四、需要注意几点

1. 复变函数的导数定义与实一元函数的导数定义在形式上一样，但是复变函数若要可导，则它需要很严格的条件.

2. 要辨别清楚函数在一点可导与解析的关系，函数在区域 D 内可导与解析的关系.

3. 函数 $f(z)$ 在区域 D 内解析的充要条件是实部和虚部在区域 D 内可微且满足 C-R 方程.

4. 若函数 $f(z)$ 在区域 D 内解析，则实部和虚部为共轭调和函数；反之，若两个函数为共轭调和函数，则由它们组成的复变函数是解析函数，但是任意两个调和函数并不一定组成解析函数.

5. 虽然复变量初等函数是实变量初等函数在复平面上的推广，但是它们之间的差异却有很多，如在性质、运算及函数值等方面.

部分习题详解

知识拓展

自测题 2

一、选择题

1. 点 $z=0$ 是函数 $f(z)=3|z|^2$ 的 ( )

A. 解析点　　B. 可导点

C. 不可导点　　D. 既不解析也不可导点

2. 函数 $f(z)$ 在点 z 处可导是 $f(z)$ 在点 z 处解析的 ( )

A. 必要条件　　B. 充分条件

C. 充分必要条件　　D. 既非充分条件也非必要条件

3. 下列函数中,解析函数是 ( )

A. x^2-y^2-2xyi　　B. x^2+xyi

C. $2(x-1)y+i(y^2-x^2+2x)$　　D. x^3+iy^3

4. 若函数 $f(z)=x^2+2xy-y^2+i(y^2+axy-x^2)$ 在复平面内处处解析,那么实常数 $a=$ ( )

A. 0　　B. 1　　C. -2　　D. 2

5. 设函数 $f(z)=x^2+iy^2$,则 $f'(1+i)=$ ( )

A. 2　　B. 2i　　C. $1+i$　　D. $2+2i$

6. 设 $f(z)=\sin z$,则下列命题中,不正确的是 ( )

A. $f(z)$ 在复平面上处处解析　　B. $f(z)$ 以 2π 为周期

C. $f(z)=\dfrac{e^{iz}-e^{-iz}}{2}$　　D. $|f(z)|$是无界的

二、填空题

1. 设 $f(0)=1, f'(0)=1+i$,则 $\lim\limits_{z\to 0}\dfrac{f(z)-1}{z}=$ ________.

2. 函数 $f(z)=u+iv$ 在区域 D 内解析的充要条件为________.

3. 设 $f(z)=x^3+y^3+ix^2y^2$,则 $f'\left(-\dfrac{3}{2}+\dfrac{3}{2}i\right)=$ ________.

4. 函数 $f(z)=z\operatorname{Im}z-\operatorname{Re}z$ 仅在点 $z=$ ________处可导.

5. 若函数 $u(x,y)=x^3+axy^2$ 为某一解析函数的虚部,则常数 $a=$ ________.

6. 设 $u(x,y)$ 的共轭调和函数为 $v(x,y)$，那么 $v(x,y)$ 的共轭调和函数为________.

三、下列函数在何处解析?在何处可导?

1. $f(z)=\mathrm{Im}z$； **2.** $f(z)=z\,|\,z\,|$； **3.** $f(z)=\sin z\cdot\ln(2z)+z^3-2$.

四、试证下列函数在复平面上解析,并分别求出其导数.

1. $f(z)=\cos x\,\mathrm{sh}y-\mathrm{i}\sin x\,\mathrm{sh}y$；

2. $f(z)=\mathrm{e}^x(x\cos y-y\sin y)+\mathrm{i}\mathrm{e}^x(y\cos y+x\sin y)$.

五、函数 $f(z)=\dfrac{x+y}{x^2+y^2}+\mathrm{i}\dfrac{x-y}{x^2+y^2}$ 的解析区域是什么?在解析区域内求导数.

六、已知 $u-v=x^2-y^2$,试确定解析函数 $f(z)=u+\mathrm{i}v$.

七、函数 $v(x,y)=2xy+3x$ 是否可以作为解析函数的虚部?若可以,请构造一个解析函数 $f(z)$,且使它经过点 i 时,函数值为零.

八、设 $v(x,y)=\mathrm{e}^{px}\sin y$,求 p 的值,使得 $v(x,y)$ 为调和函数,并求出解析函数 $f(z)=u+\mathrm{i}v$.

九、证明题

1. 解析函数的导函数 $f'(z)=\dfrac{\partial u}{\partial x}+\mathrm{i}\dfrac{\partial v}{\partial x}$ 在区域 D 内满足的 C-R 方程为

$$\frac{\partial^2 u}{\partial x^2}=\frac{\partial^2 v}{\partial x\partial y},\ \frac{\partial^2 u}{\partial x\partial y}=-\frac{\partial^2 v}{\partial x^2}.$$

2. 若函数 $f(z)=u+\mathrm{i}v$ 在区域 D 内解析,并且满足条件 $8u+9v=C$(常数),试证明函数 $f(z)$ 在区域 D 内为常数.

第 3 章　复变函数的积分

复变函数积分理论是复变函数的核心内容，是研究复变函数性质的重要方法和解决实际问题的有力工具. 在高等数学中，引入实变量函数的积分后，可以解决很多重要的问题. 复变函数中也有类似的效果. 比如，有了积分就可以证明一个区域内可导的函数有无穷多阶导数，可以将一般的解析函数分解成一些最简单函数的叠加，这就给研究解析函数的性质提供了强有力的工具. 今后还会发现，用复变函数的积分来计算某些定积分会带来很大的方便.

本章首先介绍复变函数积分的概念、性质和计算方法，然后给出关于解析函数的柯西积分定理、柯西积分公式和高阶导数公式. 其中柯西积分定理和柯西积分公式是探讨解析函数性质的理论基础，在以后的章节中，经常要直接或间接地用到它. 本章内容与实变量二元函数有紧密关系，特别是二元函数的曲线积分的概念、性质、计算方法以及格林公式等.

§3.1　复变函数积分的概念

3.1.1　复变函数积分的定义

定义3.1.1　设 $C: z(t) = x(t) + y(t) (a \leqslant t \leqslant b)$ 为平面给定的一条**光滑 (smooth)** 或**按段光滑 (piecewise smooth)** 的**曲线 (curve)**，如果该曲线不会自相交，即对 $\forall t_1, t_2 \in [a, b]$，

$$z(t_1) \neq z(t_2), t_1 \neq t_2,$$

那么，我们将其称为**简单曲线 (simple curve)**. 更进一步地，若 $z(b) = z(a)$，则称其为简**单闭曲线 (simple closed curve)**. 如果选定 C 的两个可能方向的一个作为

正方向(positively oriented),则称 C 为**有向曲线(directing curve)**. 与曲线 C 反方向的曲线记为 C^{-}.

> **注**:一般我们把逆时针方向作为正方向,逆时针方向的曲线 C 称为**正向曲线(positively oriented curve)**.

在高等数学中,连续函数 $f(x,y)$ 沿着曲线 C 的第一类曲线积分定义为

$$\int_C f(x,y)\mathrm{d}s = \lim_{\lambda\to 0}\sum_{k=1}^{n} f(\xi_k,\eta_k)\Delta s_k,$$

其中 $\Delta s_k = s_k - s_{k-1}, (\xi_k,\eta_k)\in\Delta s_k, \lambda = \max\{\Delta s_k\}$.

接下来,我们仿照第一类曲线积分的定义,给出复变函数 $f(z)$ 的积分. 为此,我们首先作如下分析.

(1) 积分路径(path of integration):对第一类曲线积分,它的定义域是平面上的一条曲线,积分路径也是平面上的一条曲线;对于复变函数则不同,它的定义域是复平面上的区域,积分路径是这个区域内的一条曲线.

(2) 被积函数(integrand):对第一类曲线积分的被积函数是在曲线上有定义的二元函数 $f(x,y)$,对于复变函数,讨论的是在复平面某区域上有定义的复变函数 $w=f(z)$ 沿着该区域内曲线 C 的积分.

通过以上分析,我们给出复变函数沿复平面上曲线 C 的积分的定义.

定义3.1.2 设函数 $w=f(z)$ 定义在区域 D 内,C 为区域 D 内起点为 A,终点为 B 的一条有向光滑的简单曲线.

(1) 把曲线 C 任意分成 n 个小弧段,设分点为

$$A = z_0, z_1, z_2, \cdots, z_{k-1}, z_k, \cdots, z_n = B,$$

其中 $z_k = x_k + \mathrm{i}y_k \quad (k=0,1,2,\cdots,n)$.

(2) 在每个弧段 $\overset{\frown}{z_{k-1}z_k} \quad (k=0,1,2,\cdots,n)$ 上任取一点 $\zeta_k = \xi_k + \mathrm{i}\eta_k$,并作和

$$\sum_{k=1}^{n} f(\zeta_k)(z_{k-1} - z_k) = \sum_{k=1}^{n} f(\zeta_k)\Delta z_k,$$

其中 $\Delta z_k = z_k - z_{k-1} = \Delta x_k + \mathrm{i}\Delta y_k$.

(3) 设 $\lambda = \max\limits_{1\leqslant k\leqslant n} |\Delta z_k|$,当 $\lambda\to 0$ 时,如果和式的极限唯一存在(即无论 C 怎样分割,ζ_k 怎样选取),则称此极限值为函数 $f(z)$ 沿曲线 C 自 A 到 B 的**复积分(complex integral)**. 记为

$$\int_C f(z)\mathrm{d}z = \lim_{\lambda\to 0}\sum_{k=1}^{n} f(\zeta_k)\Delta z_k.$$

其中,$f(z)$ 称为**被积函数(integrand)**,z 为**积分变量(variable of integration)**,$f(z)\mathrm{d}z$ 称为**积分表达式(integral expression)**,曲线 C 为**积分路径(path of integration)**,$\sum_{k=1}^{n} f(\zeta_k)\Delta z_k$ 为**积分和(integral sum)**.

说明:(1) 今后无特别声明,总假设曲线 C 是分段光滑曲线,同时假设被积函数 $f(z)$ 在曲线 C 上是连续函数.

(2) 若 C 为闭曲线,则沿闭曲线积分记为 $\oint_C f(z)\mathrm{d}z$ (C 的正方向是逆时针方向).

(3) 积分 $\int_C f(z)\mathrm{d}z$ 表示沿曲线 C 自 A 到 B 的复积分,积分 $\int_{C^-} f(z)\mathrm{d}z$ 表示沿曲线 C 自 B 到 A 的复积分.

(4) 特别地,当 C 是 x 轴上的区间 $[a,b]$,且 $f(z)=u(x)$ 时,这个积分就是一元函数的定积分.

3.1.2 复积分的性质

因为复积分的实部和虚部都是曲线积分,故曲线积分的一些基本性质对复积分也成立.

(1) $\int_C f(z)\mathrm{d}z = -\int_{C^-} f(z)\mathrm{d}z$;

(2) $\int_C kf(z)\mathrm{d}z = k\int_C f(z)\mathrm{d}z$ (k 为常数);

(3) $\int_C [f(z)\pm g(z)]\mathrm{d}z = \int_C f(z)\mathrm{d}z \pm \int_C g(z)\mathrm{d}z$;

(4) $\int_C f(z)\mathrm{d}z = \int_{C_1} f(z)\mathrm{d}z + \int_{C_2} f(z)\mathrm{d}z$ (其中 C 是由曲线 C_1,C_2 构成);

(5) $\left|\int_C f(z)\mathrm{d}z\right| \leqslant \int_C |f(z)|\mathrm{d}s$;

(6) **估值不等式(inequality of estimation)**：$\left|\int_C f(z)\mathrm{d}z\right| \leqslant \int_C |f(z)|\mathrm{d}s$，若 L 为曲线 C 的长度且 $|f(z)| \leqslant M$，则 $\left|\int_C f(z)\mathrm{d}z\right| \leqslant ML$.

* **证明**　可采用高等数学中二元函数曲线积分性质的证明方法，并结合复积分的定义来证明. 性质(1) ～ (4) 的证明比较简单，故略去. 接下来，我们给出性质(5) 和性质(6) 的证明.

考虑积分和式 $\sum_{k=1}^{n} f(\zeta_k)\Delta z_k$，因为

$$\left|\sum_{k=1}^{n} f(\zeta_k)\Delta z_k\right| \leqslant \sum_{k=1}^{n} |f(\zeta_k)||\Delta z_k| \leqslant \sum_{k=1}^{n} |f(\zeta_k)||\Delta s_k|,$$

其中，Δs_k 是小弧段 $\overset{\frown}{z_{k-1}z_k}$ 的长，$|\Delta z_k| = \sqrt{\Delta x_k^2 + \Delta y_k^2} \leqslant \Delta s_k$，注意到

$$|\mathrm{d}z| - |\mathrm{d}x + \mathrm{i}\mathrm{d}y| = \sqrt{\mathrm{d}x^2 + \mathrm{d}y^2} = \mathrm{d}s,$$

因此，有

$$\lim_{\lambda\to 0}\left|\sum_{k=1}^{n} f(\zeta_k)\Delta z_k\right| \leqslant \lim_{\lambda\to 0}\sum_{k=1}^{n} |f(\zeta_k)||\Delta z_k| \leqslant \lim_{\lambda\to 0}\sum_{k=1}^{n} |f(\zeta_k)||\Delta s_k|,$$

根据复积分的定义，可得

$$\left|\int_C f(z)\mathrm{d}z\right| \leqslant \int_C |f(z)|\mathrm{d}s.$$

特别地，若曲线 C 的长度为 L，函数 $f(z)$ 在 C 上有界，即 $|f(z)| \leqslant M$，则根据性质(5) 得

$$\left|\int_C f(z)\mathrm{d}z\right| \leqslant \int_C |f(z)|\mathrm{d}s \leqslant ML.$$

例3.1.1　设曲线 C 为从原点到点 $3+4\mathrm{i}$ 的直线段，试求积分 $\int_C \frac{1}{z-\mathrm{i}}\mathrm{d}z$ 绝对值的一个上界.

解　因为在曲线 C 上，有

$$\left|\frac{1}{z-\mathrm{i}}\right| = \frac{1}{|3t+(4t-1)\mathrm{i}|} = \frac{1}{\sqrt{25\left(t-\frac{4}{25}\right)^2 + \frac{9}{25}}} \leqslant \frac{5}{3},$$

所以，由性质(5) 得

$$\left|\int_C \frac{1}{z-\mathrm{i}}\mathrm{d}z\right| \leqslant \int_C \left|\frac{1}{z-\mathrm{i}}\right|\mathrm{d}s \leqslant \frac{5}{3}\int_C \mathrm{d}s.$$

又因为曲线 C 的方程为

$$z=(3+4\mathrm{i})t \quad (0\leqslant t\leqslant 1),$$

所以,它的长度 $L=\int_C \mathrm{d}s=5$,从而得

$$\left|\int_C \frac{1}{z-\mathrm{i}}\mathrm{d}z\right|\leqslant\frac{25}{3}.$$

例3.1.2 证明:$\lim\limits_{r\to 0}\int_{|z|=r}\frac{z^3}{1+z^2}\mathrm{d}z=0$.

证明 因为 $r\to 0$,所以不妨设 $r<1$. 根据性质(5)和性质(6)可得

$$\left|\int_{|z|=r}\frac{z^3}{1+z^2}\,\mathrm{d}z\right|\leqslant\int_{|z|=r}\left|\frac{z^3}{1+z^2}\right|\,|\,\mathrm{d}z\,|\leqslant\frac{2\pi r^4}{1-r^2},$$

上式右端当 $r\to 0$ 时极限为 0,故左端极限也为 0,从而有

$$\lim_{r\to 0}\int_{|z|=r}\frac{z^3}{1+z^2}\mathrm{d}z=0.$$

3.1.3 复积分存在的条件

复函数的积分与二元函数的曲线积分有什么关系呢?接下来我们就来探索它们之间的关系.

根据复积分定义,我们把 $f(z),\Delta z_k,\zeta_k$ 写为实部与虚部的和的形式,即

$\zeta_k=\xi_k+i\eta_k, f(\zeta_k)=u(\xi_k,\eta_k)+\mathrm{i}v(\xi_k,\eta_k)=u_k+\mathrm{i}v_k,$

$z_k=x_k+\mathrm{i}y_k, \Delta z_k=\Delta x_k+\mathrm{i}\Delta y_k.$

则积分和式

$$\begin{aligned}&\sum_{k=1}^{n} f(\zeta_k)\Delta z_k\\ =&\sum_{k=1}^{n}[u(\xi_k,\eta_k)+\mathrm{i}v(\xi_k,\eta_k)](\Delta x_k+\mathrm{i}\Delta y_k)\\ =&\sum_{k=1}^{n}[u(\xi_k,\eta_k)\Delta x_k-v(\xi_k,\eta_k)\Delta y_k]+\mathrm{i}\sum_{k=1}^{n}[v(\xi_k,\eta_k)\Delta x_k+u(\xi_k,\eta_k)\Delta y_k].\end{aligned} \tag{3.1.1}$$

又由于函数 $f(z)$ 在光滑曲线 C 上连续,从而 $u(x,y),v(x,y)$ 在光滑曲线 C 上也连续,当 $\lambda\to 0$ 时,有 $\max\limits_{1\leqslant k\leqslant n}|\Delta x_k|\to 0,\max\limits_{1\leqslant k\leqslant n}|\Delta y_k|\to 0$,于是(3.1.1)式右端的极限存在,且有

$$\int_C f(z)\mathrm{d}z = \int_C u(x,y)\mathrm{d}x - v(x,y)\mathrm{d}y + \mathrm{i}\int_C v(x,y)\mathrm{d}x + u(x,y)\mathrm{d}y.$$

从而,我们得到了复变函数积分存在的充分条件.

定理3.1.1 设函数 $f(z) = u(x,y) + \mathrm{i}v(x,y)$ 在光滑曲线 C 上连续,则复积分 $\int_C f(z)\mathrm{d}z$ 存在,且有积分公式

$$\int_C f(z)\mathrm{d}z = \int_C u(x,y)\mathrm{d}x - v(x,y)\mathrm{d}y + \mathrm{i}\int_C v(x,y)\mathrm{d}x + u(x,y)\mathrm{d}y.$$

这个定理揭示了复变函数积分与实函数曲线积分之间的联系,建立了复变函数积分存在的充分条件.

说明:(1) 当函数 $f(z) = u(x,y) + \mathrm{i}v(x,y)$ 在光滑曲线 C 上连续时,复积分 $\int_C f(z)\mathrm{d}z$ 存在,并且可通过两个二元实变函数的曲线积分来计算其值.

(2) 若曲线 C 是由 $C_1, C_2, \cdots, C_n$ 等光滑曲线段依次相互连接所组成的按段光滑曲线,则有

$$\int_C f(z)\mathrm{d}z = \int_{C_1} f(z)\mathrm{d}z + \int_{C_2} f(z)\mathrm{d}z + \cdots + \int_{C_n} f(z)\mathrm{d}z.$$

3.1.4 复积分的计算方法

1. 计算方法

设光滑曲线 C 的参数方程为 $z = z(t) = x(t) + \mathrm{i}y(t)(\alpha \leqslant t \leqslant \beta)$,参数 α 及 β 对应于起点 A 及终点 B,由曲线积分计算可得

公式一:$$\int_C f(z)\mathrm{d}z = \int_\alpha^\beta \{u[x(t),y(t)]x'(t) - v[x(t),y(t)]y'(t)\}\mathrm{d}t + \mathrm{i}\int_\alpha^\beta \{v[x(t),y(t)]x'(t) + u[x(t),y(t)]y'(t)\}\mathrm{d}t;$$

公式二:$$\int_C f(z)\mathrm{d}z = \int_\alpha^\beta f[z(t)]z'(t)\mathrm{d}t.$$

2. 计算步骤

(1) 写出曲线的参数方程 $z(z) = x(t) + \mathrm{i}y(t)$,确定参数 α,β 的变化范围.

(2) 将曲线参数方程代入被积表达式中,并将其转化为定积分.

(3) 计算相应的定积分得到原复积分的结果.

例3.1.3 沿下列两种不同的路线(如图3-1-1所示),计算积分$\int_0^{3+i} z^2 dz$.

(1) 从原点到 $3+i$ 的直线段.

(2) 从原点 O 沿实轴到 $A(3,0)$,再竖直向上到点 $B(3,1)$.

解 (1) 先写出连接原点到点(3,1) 的直线的参数方程

$$\frac{x-0}{3-0}=\frac{y-0}{1-0}=t,$$

即有

$$\begin{cases} x=3t, \\ y=t \end{cases} (0\leqslant t\leqslant 1),$$

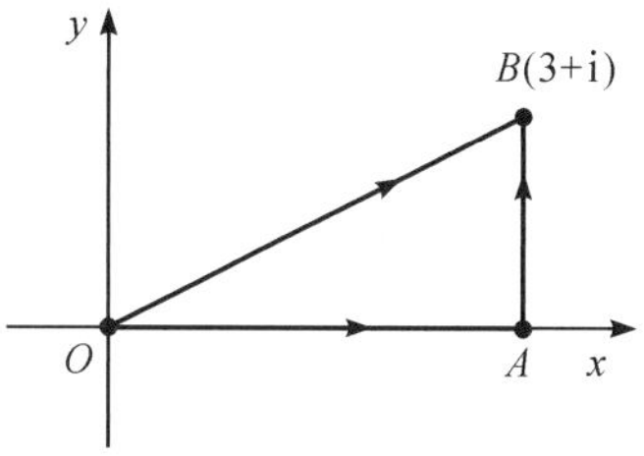

图 3-1-1 积分路线

则直线的复变量参数方程为

$$z=(3+i)t \quad (0\leqslant t\leqslant 1),$$

在直线 $z=(3+i)t$ 上,$dz=(3+i)dt$,于是

$$\begin{aligned}\int_0^{3+i} z^2 dz &= \int_0^1 [(3+i)t]^2(3+i)dt \\ &= \int_0^1 (3+i)^3 t^2 dt \\ &= \frac{1}{3}(3+i)^3 t^3 \Big|_0^1 \\ &= \frac{1}{3}(3+i)^3.\end{aligned}$$

(2) 折线方程为 $OA: z=x \quad (0\leqslant x\leqslant 3)$,$AB: z=3+iy \quad (0\leqslant y\leqslant 1)$,则

$$\begin{aligned}\int_0^{3+i} z^2 dz &= \int_{OA} z^2 dz + \int_{AB} z^2 dz \\ &= \int_0^3 x^2 dx + \int_0^1 (3+iy)^2 d(3+iy) \\ &= \frac{1}{3}x^3 \Big|_0^3 + \frac{1}{3}(3+iy)^3 \Big|_0^1 \\ &= \frac{1}{3}\cdot 3^3 + \frac{1}{3}\cdot (3+i)^3 - \frac{1}{3}\cdot 3^3 \\ &= \frac{1}{3}\cdot (3+i)^3.\end{aligned}$$

注: 沿不同的路径积分的结果是相同的,即该积分与路径无关,这是因为 $f(z)=z^2$ 是解析函数.

例3.1.4 计算积分$\int_C \overline{z}\mathrm{d}z$的值,其中$C$为:

(1) 沿从原点到点$z_0=1+\mathrm{i}$的直线段C_1;

(2) 沿从原点到点$z_1=1$的直线段C_2与从z_1到z_0的直线段C_3所组成的直线(如图3-1-2所示).

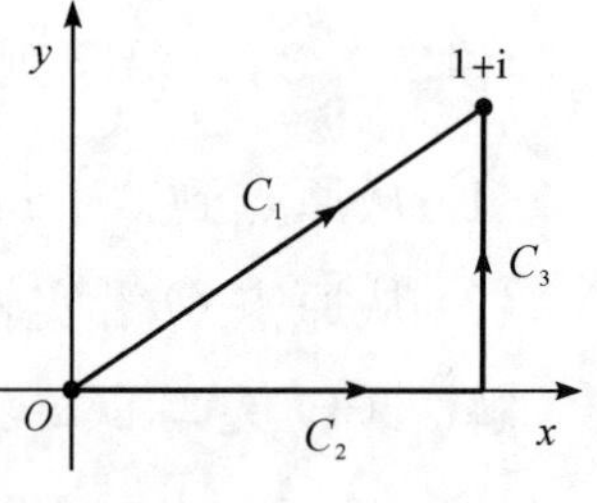

图3-1-2 积分路线

解 (1) 因为C_1的参数方程为$z=(1+\mathrm{i})t$ $(0\leqslant t\leqslant 1)$,所以

$$\int_C \overline{z}\mathrm{d}z=\int_0^1(t-\mathrm{i}t)(1+\mathrm{i})\mathrm{d}t=\int_0^1 2t\mathrm{d}t=1.$$

(2) 因为C_2的参数方程为$z=t$ $(0\leqslant t\leqslant 1)$,$C_3$的参数方程为$z=1+\mathrm{i}t$ $(0\leqslant t\leqslant 1)$,所以

$$\begin{aligned}\int_C \overline{z}\mathrm{d}z&=\int_{C_2}\overline{z}\mathrm{d}z+\int_{C_3}\overline{z}\mathrm{d}z\\&=\int_0^1 t\mathrm{d}t+\int_0^1(1-\mathrm{i}t)\mathrm{i}\mathrm{d}t\\&=\frac{1}{2}+(\frac{1}{2}+\mathrm{i})=1+\mathrm{i}.\end{aligned}$$

由例3.1.4可以看出,尽管积分的起点、终点都一样,但由于沿不同的曲线积分,则积分值不相同,这表明积分与路径有关.那么,什么样的函数积分与路径无关呢?我们将在后面讨论这个问题.

例3.1.5 计算积分$\oint_C \frac{\mathrm{d}z}{(z-z_0)^{n+1}}$,其中$C$是以$z_0$为圆心,$r$为半径的正向圆周,$n$为整数.

解 因为曲线C的参数方程为

$$\begin{cases}x=x_0+r\cos\theta,\\y=y_0+r\sin\theta\end{cases}\quad(0\leqslant\theta\leqslant 2\pi),$$

所以,曲线C的复变量的参数式为$z=z_0+r\mathrm{e}^{\mathrm{i}\theta}$ $(0\leqslant\theta\leqslant 2\pi)$.

于是

$$\oint_C \frac{\mathrm{d}z}{(z-z_0)^{n+1}}=\int_0^{2\pi}\frac{\mathrm{i}r\mathrm{e}^{\mathrm{i}\theta}\mathrm{d}\theta}{r^{n+1}\mathrm{e}^{\mathrm{i}(n+1)\theta}}=\int_0^{2\pi}\frac{\mathrm{i}}{r^n\mathrm{e}^{\mathrm{i}n\theta}}\mathrm{d}\theta=\frac{\mathrm{i}}{r^n}\int_0^{2\pi}\mathrm{e}^{-\mathrm{i}n\theta}\mathrm{d}\theta.$$

当$n=0$时,$\oint_C \frac{\mathrm{d}z}{(z-z_0)^{n+1}}=\mathrm{i}\int_0^{2\pi}\mathrm{d}\theta=2\pi\mathrm{i}$;

当 $n \neq 0$ 时，$\oint_C \frac{\mathrm{d}z}{(z-z_0)^{n+1}} = \frac{\mathrm{i}}{r^n}\int_0^{2\pi}(\cos n\theta - \mathrm{i}\sin n\theta)\mathrm{d}\theta = 0$.

综合上述，有

$$\oint_C \frac{\mathrm{d}z}{(z-z_0)^{n+1}} = \begin{cases} 2\pi\mathrm{i}, & n=0, \\ 0, & n \neq 0. \end{cases}$$

注：这个积分结果以后常会用到，需要熟记. 它的特点是积分值与积分圆周曲线的圆心和半径无关.

思考题 3.1

1. 复变函数积分和平面上的曲线积分有什么不同？又有什么联系？

2. 积分 $\oint_{|z-z_0|=r} \frac{\mathrm{d}z}{(z-z_0)^{n+1}}$，$n \in \mathbf{Z}$ 的值是多少？

习题 3.1

1. 计算下列积分.

(1) $\int_C \mathrm{Re}z\mathrm{d}z$，其中 C 为沿从原点到点 $z_0 = 2+\mathrm{i}$ 的直线段（记为 C_1）；

(2) $\int_C \mathrm{Re}z\mathrm{d}z$，其中 C 为沿从原点到点 $z_1 = 2$ 的直线段（记为 C_2）与从 z_1 到 z_0 的直线段（记为 C_3）所组成的折线.

2. 已知函数 $f(z) = \frac{1}{z}$，曲线 $C: z(t) = \cos t + \mathrm{i}\sin t \quad (0 \leqslant t \leqslant 2\pi)$，求积分 $\oint_C f(z)\mathrm{d}z$.

3. 计算积分 $\int_C \frac{\bar{z}}{|z|}\mathrm{d}z$ 的值，其中 C：(1) $|z|=2$；(2) $|z|=4$.

4. 计算积分 $\int_C (z-z_0)^n \mathrm{d}z$，积分路径 C 是以 z_0 为圆心，r 为半径的圆周.

5. 证明 $\left|\int_C \frac{1}{z^2}\mathrm{d}z\right| \leqslant 2$，其中积分路径 C 是点 i 与 $2+\mathrm{i}$ 之间的直线段.

§3.2 解析函数积分的基本定理

首先回顾上一节中的几个例子. 例 3.1.3 中的被积函数 $f(z)=z^2$ 在复平面内处处解析,它沿连接起点及终点的任何路线积分值均相同,换句话说,积分与路径无关. 在例 3.1.4 中,被积函数 $f(z)=\bar{z}$ 的实部 $u=x$,虚部 $v=-y$,不满足 C-R 方程,所以在平面上处处不解析,且积分 $\int_C \bar{z}\mathrm{d}z$ 与路径有关. 例 3.1.5 中的被积函数,在 $n=0$ 时,化为 $f(z)=\dfrac{1}{z-z_0}$,它在以 z_0 为圆心的圆周 C 的内部不是处处解析的(因为它在 z_0 没有定义,所以在 z_0 不解析),$f(z)$ 的积分 $\oint_C \dfrac{\mathrm{d}z}{z-z_0}=2\pi\mathrm{i}\neq 0$. 如果把 z_0 除去,虽然在除去 z_0 的 C 内部,函数处处解析,但是这个区域已经不是单连通区域. 通过对上节中几个例题的回顾,我们得到以下猜想:积分与路径无关,或沿闭曲线积分值为零的条件与被积函数的解析性及区域的单连通性有关. 究竟关系如何,这正是我们接下来将要讨论的问题.

由于复变函数积分可以用两个实函数曲线积分表示为

$$\int_C f(z)\mathrm{d}z=\int_C u(x,y)\mathrm{d}x-v(x,y)\mathrm{d}y+\mathrm{i}\int_C v(x,y)\mathrm{d}x+u(x,y)\mathrm{d}y.$$

故复变函数积分与积分路径无关问题的研究,可以转化为实变函数的曲线积分与积分路径无关的研究. 高等数学中有定理:如果 $P(x,y)$,$Q(x,y)$ 在单连通区域 D 内有一阶连续偏导数,并且 $\dfrac{\partial P}{\partial y}=\dfrac{\partial Q}{\partial x}$,则曲线积分 $\int_{AB} P\mathrm{d}x+Q\mathrm{d}y$ 的值与积分路径无关. 根据格林公式,上述条件又是沿区域 D 内任意一条闭曲线的积分值为零的条件.

于是,曲线积分 $\int_C f(z)\mathrm{d}z$ 与积分路径无关,或者 $f(z)$ 沿区域 D 内任何一条闭曲线的积分值等于零的条件是函数 u,v 的偏导数连续,并且满足

$$\frac{\partial u}{\partial x}=\frac{\partial v}{\partial y},\frac{\partial u}{\partial y}=-\frac{\partial v}{\partial x}.$$

这对表达式就是我们下面要介绍的柯西积分定理的最原始的形式.

3.2.1 柯西积分定理

定理3.2.1 如果函数 $f(z)$ 在单连通区域 D 内处处解析，那么函数 $f(z)$ 沿着区域 D 内的任何一条封闭曲线 C 的积分均为零，即

$$\oint_C f(z)\mathrm{d}z = 0.$$

证明 因为函数 $f(z)$ 在区域 D 内解析，故 $f'(z)$ 存在. 下面在 $f'(z)$ 连续的假设下证明此定理.

因为 u 与 v 的一阶偏导数存在且连续，所以根据格林公式得

$$\begin{aligned}\oint_C f(z)\mathrm{d}z &= \int_C u(x,y)\mathrm{d}x - v(x,y)\mathrm{d}y + \mathrm{i}\int_C v(x,y)\mathrm{d}x + u(x,y)\mathrm{d}y \\ &= -\iint_G \left(\frac{\partial v}{\partial x} + \frac{\partial u}{\partial y}\right)\mathrm{d}x\mathrm{d}y + \mathrm{i}\iint_G \left(\frac{\partial u}{\partial x} - \frac{\partial v}{\partial y}\right)\mathrm{d}x\mathrm{d}y.\end{aligned}$$

其中，G 为简单闭曲线 C 所围区域，由于函数 $f(z)$ 解析，故 C-R 方程成立，即

$$\frac{\partial u}{\partial x} = \frac{\partial v}{\partial y}, \frac{\partial u}{\partial y} = -\frac{\partial v}{\partial x}.$$

所以

$$\int_C u(x,y)\mathrm{d}x - v(x,y)\mathrm{d}y = -\iint_G \left(\frac{\partial v}{\partial x} + \frac{\partial u}{\partial y}\right)\mathrm{d}x\mathrm{d}y = 0,$$

$$\mathrm{i}\int_C v(x,y)\mathrm{d}x + u(x,y)\mathrm{d}y = \mathrm{i}\iint_G \left(\frac{\partial u}{\partial x} - \frac{\partial v}{\partial y}\right)\mathrm{d}x\mathrm{d}y = 0.$$

从而

$$\oint_C f(z)\mathrm{d}z = 0.$$

说明：(1) 我们把此定理称为**柯西积分定理(Cauchy integral theorem)**，它是法国数学家柯西(Cauchy) 于 1825 年给出的. 柯西积分定理是复变函数解析理论的基石.

(2) 虽然用格林公式证明很简单，但是必须有导函数 $f'(z)$ 连续的条件，今后我们会证明只要函数 $f(z)$ 解析，则 $f'(z)$ 必连续，即 $f'(z)$ 的连续性已经包含在解析的假设条件中.

(3) 法国数学家古萨(Goursat)在对柯西积分定理的证明过程中没有使用 $f'(z)$ 连续的条件(这使得证明过程变得比较复杂),所以人们又将柯西积分定理称为**柯西-古萨积分定理(Cauchy-Goursat integral theorem)**.

(4) 若函数在区域 D 内解析,在闭区域 $\overline{D}=D+C$ 上连续,其中 C 为区域 D 的边界,则 $\oint_C f(z)\mathrm{d}z=0$ 仍然成立,我们把这个结论称为**柯西积分定理的推广形式(generalized form of Cauchy integral theorem)**. 在实际应用中,我们常采用推广形式的柯西积分定理.

柯西积分定理表明:若函数满足解析条件,则复变函数的积分与路径无关.

由于函数 $\sin z,\cos z,\mathrm{e}^z,z^n$($n$ 为自然数)在全复平面上解析,所以由柯西积分定理可知,它们沿着复平面上任意简单闭曲线的积分均为零,即

$$\oint_C \sin z\mathrm{d}z=0,\oint_C \cos z\mathrm{d}z=0,\oint_C \mathrm{e}^z\mathrm{d}z=0,\oint_C z^n\mathrm{d}z=0.$$

例3.2.1 求积分 $\oint_C \frac{\mathrm{d}z}{2+z}$ 的值,其中 C 是单位圆周 $|z|=1$,并由此证明:

$$\int_0^{2\pi}\frac{1+2\cos\theta}{5+4\cos\theta}\mathrm{d}\theta=0,\int_0^{2\pi}\frac{\sin\theta}{5+4\cos\theta}\mathrm{d}\theta=0.$$

解 被积函数 $f(z)=\frac{1}{2+z}$ 仅有一个奇点 $z=-2$,但是这个奇点在单位圆 $|z|=1$ 外,即函数 $f(z)$ 在 C 所围成的闭区域上解析,所以由柯西积分定理得

$$\oint_C \frac{\mathrm{d}z}{2+z}=0.$$

古萨

又因为单位圆 $|z|=1$ 的参数方程为

$$z=\mathrm{e}^{\mathrm{i}\theta}=\cos\theta+\mathrm{i}\sin\theta\quad(0\leqslant\theta\leqslant 2\pi),$$

且 $\mathrm{d}z=\mathrm{i}\mathrm{e}^{\mathrm{i}\theta}\mathrm{d}\theta$,所以

$$\oint_C \frac{\mathrm{d}z}{2+z}=\int_0^{2\pi}\frac{\mathrm{i}\mathrm{e}^{\mathrm{i}\theta}}{2+\cos\theta+\mathrm{i}\sin\theta}\mathrm{d}\theta=0,$$

即有

$$\int_0^{2\pi}\frac{\mathrm{i}\mathrm{e}^{\mathrm{i}\theta}}{2+\cos\theta+\mathrm{i}\sin\theta}\mathrm{d}\theta=\int_0^{2\pi}\frac{\mathrm{i}(\cos\theta+\mathrm{i}\sin\theta)(\cos\theta+2-\mathrm{i}\sin\theta)}{(2+\cos\theta)^2+\sin^2\theta}\mathrm{d}\theta$$

$$=\int_0^{2\pi}\frac{-2\sin\theta}{5+4\cos\theta}\mathrm{d}\theta+\mathrm{i}\int_0^{2\pi}\frac{1+2\cos\theta}{5+4\cos\theta}\mathrm{d}\theta=0.$$

于是，其实部和虚部均为零，即

$$\int_0^{2\pi}\frac{-2\sin\theta}{5+4\cos\theta}\mathrm{d}\theta=0,\int_0^{2\pi}\frac{1+2\cos\theta}{5+4\cos\theta}\mathrm{d}\theta=0.$$

3.2.2　原函数与不定积分

我们知道沿闭曲线的曲线积分为零的充分必要条件是曲线积分与路径无关.类似于实变函数曲线积分的定理，可以从定理3.2.1得到关于复变函数积分与路径无关的定理.

定理3.2.2　设 $f(z)$ 在单连通区域 D 内解析，z_0,z_1 为区域 D 内任意两点，C_1,C_2 是区域 D 内任意两条连接 z_0,z_1 的曲线，则

$$\int_{C_1}f(z)\mathrm{d}z=\int_{C_2}f(z)\mathrm{d}z. \tag{3.2.1}$$

定理3.2.2告诉我们解析函数在单连通区域内的积分只与曲线的起点 z_0 及终点 z_1 有关，而与积分路径无关，这里所说的积分与路径无关的概念与实变量函数积分与路径无关是相似的.

例3.2.2　计算$\int_C(3z^2+2z+1)\mathrm{d}z$的值，其中 $C:\begin{cases}x=a(\theta-\sin\theta),\\ y=a(1-\cos\theta)\end{cases}$ $(0\leqslant\theta\leqslant2\pi)$是摆线的一段，如图3-3-1所示.

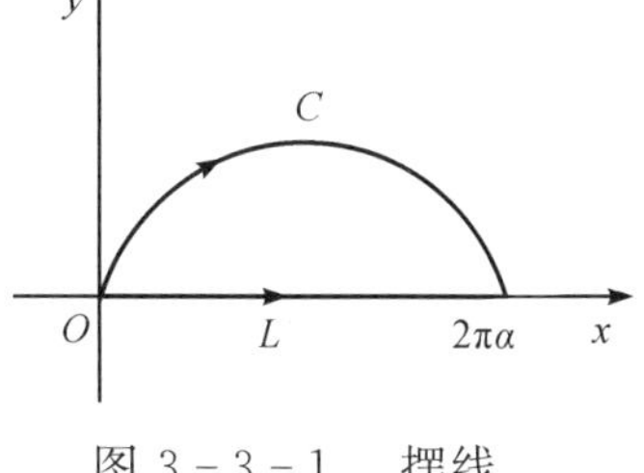

图3-3-1　摆线

解　设 L 为从0到 $2\pi a$ 的直线段，则 L 和 C^- 构成闭曲线，因为 $3z^2+2z+1$ 在复平面内解析，根据定理3.2.2可知

$$\int_{L+C^-}(3z^2+2z+1)\mathrm{d}z=0,$$

于是

$$\begin{aligned}\int_C(3z^2+2z+1)\mathrm{d}z&=\int_L(3z^2+2z+1)\mathrm{d}z\\&=\int_0^{2\pi a}(3z^2+2z+1)\mathrm{d}x\\&=2\pi a(4\pi^2a^2+2\pi a+1).\end{aligned}$$

1. 积分上限函数

定义3.2.1 若固定 z_0，让上限 $z_1=z$ 变动，则将积分 $\int_{z_0}^{z} f(z)\mathrm{d}z$ 称为 z 的**积分上限函数(integral upper limit function)**.

注：上限 z 与积分变量 z 是不同的. 为了表示这个区别，可以将上面表达式记作

$$F(z)=\int_{z_0}^{z} f(\zeta)\mathrm{d}\zeta.$$

对于积分上限函数 $F(z)=\int_{z_0}^{z} f(\zeta)\mathrm{d}\zeta$，我们有下面的定理.

定理3.2.3 设函数 $f(z)$ 在单连通区域 D 内解析，则函数 $F(z)$ 必为区域 D 内的一个解析函数，并且 $F'(z)=f(z)$.

* **证明** 根据复积分计算公式，有

$$\begin{aligned}F(z)&=\int_{z_0}^{z} f(\zeta)\mathrm{d}\zeta\\&=\int_{(x_0,y_0)}^{(x,y)}(u\mathrm{d}x-v\mathrm{d}y)+\mathrm{i}\int_{(x_0,y_0)}^{(x,y)}(v\mathrm{d}x+u\mathrm{d}y)\\&=P(x,y)+\mathrm{i}Q(x,y),\end{aligned}$$

其中 $P(x,y)=\int_{(x_0,y_0)}^{(x,y)}(u\mathrm{d}x-v\mathrm{d}y)$，$Q(x,y)=\int_{(x_0,y_0)}^{(x,y)}(v\mathrm{d}x+u\mathrm{d}y)$.

由于函数 $f(z)$ 在单连通区域 D 内解析，所以上述两个曲线积分与路径无关，由高等数学中的知识可知，P,Q 在区域 D 内均可微，所以

$$\frac{\partial P}{\partial x}=u,\frac{\partial P}{\partial y}=-v,\frac{\partial Q}{\partial x}=v,\frac{\partial Q}{\partial y}=u.$$

于是，函数 P,Q 满足 C-R 方程

$$\frac{\partial P}{\partial x}=\frac{\partial Q}{\partial y},\frac{\partial P}{\partial y}=-\frac{\partial Q}{\partial x},$$

因此，函数 $F(z)=P(x,y)+\mathrm{i}Q(x,y)$ 是解析的，并且

$$F'(z)=\frac{\partial P}{\partial x}+\mathrm{i}\frac{\partial Q}{\partial x}=u+\mathrm{i}v=f(z).$$

这个定理与高等数学中的积分上限函数的求导定理完全类似. 故在此基础上，对于复变函数也可得出类似于高等数学中的微积分基本定理和牛顿-莱布尼茨公式.

2.原函数的概念

定义3.2.2 若函数 $F(z)$ 在区域 D 内的导数等于 $f(z)$，即 $F'(z)=f(z)$，则称函数 $F(z)$ 为 $f(z)$ 在区域 D 内的一个**原函数(primitive function)**.

注：(1) 积分上限函数 $F(z)=\int_{z_0}^{z} f(\zeta)\mathrm{d}\zeta$ 是 $f(z)$ 的一个原函数.

(2) 容易验证函数 $f(z)$ 的任意两个原函数之差为一个复常数.

由此可知，若函数 $f(z)$ 在区域 D 内有一个原函数 $F(z)$，则它有无穷多个原函数 $F(z)+C$ （C 为任意复常数）. 根据这个结论，我们就可以像高等数学中的情形一样，利用原函数来求解析函数的积分.

定理3.2.4 设函数 $f(z)$ 在单连通区域 D 内解析，$G(z)$ 为函数 $f(z)$ 的一个原函数，则

$$\int_{z_0}^{z_1} f(z)\mathrm{d}z = G(z_1)-G(z_0), \tag{3.2.2}$$

其中 z_0，z_1 为区域 D 内的两点.

证明 因为 $F(z)=\int_{z_0}^{z} f(z)\mathrm{d}z$ 是函数 $f(z)$ 的一个原函数，设 $G(z)$ 是函数 $f(z)$ 的另一个原函数，所以

$$F(z)=G(x)+C,$$

即

$$\int_{z_0}^{z} f(z)\mathrm{d}z = G(z)+C.$$

当 $z=z_0$ 时，$\int_{z_0}^{z_0} f(z)\mathrm{d}z = G(z_0)+C=0$，得 $C=-G(z_0)$，

于是，有

$$\int_{z_0}^{z} f(z)\mathrm{d}z = G(z)-G(z_0),$$

从而，有

$$\int_{z_0}^{z_1} f(z)\mathrm{d}z = G(z_1)-G(z_0).$$

有了定理3.2.4，在复变函数中就可利用与高等数学中类似的方法来计算解析函数的积分.比如换元积分法、分部积分法等，均可在复变函数积分的计算中使用，但是要注意满足使用条件，即被积函数必须是解析的.

例3.2.3 计算下列积分：

(1)$\int_0^{1+i} z^2 dz$；

(2)$\int_a^b z\cos z^2 dz$；

(3)$\int_1^i \frac{\ln(z+1)}{z+1} dz$，其中积分路径为$|z|=1$，且$\mathrm{Im}z \geqslant 0$，$\mathrm{Re}z \geqslant 0$.

解 (1)$\int_0^{1+i} z^2 dz = \left.\frac{z^3}{3}\right|_0^{1+i} = \frac{1}{3}(1+i)^3$.

(2) 因为函数$z\cos z^2$在复平面上解析，且$\frac{1}{2}\sin z^2$为被积函数的一个原函数，所以

$$\int_a^b z\cos z^2 dz = \frac{1}{2}(\sin b^2 - \sin a^2).$$

(3) 在由$|z|=1$，$\mathrm{Im}z \geqslant 0$及$\mathrm{Re}z \geqslant 0$所围成的区域内，被积函数$\frac{\ln(z+1)}{z+1}$解析，所以积分与路径无关，根据第一换元法，可得

$$\begin{aligned}\int_1^i \frac{\ln(z+1)}{z+1} dz &= \int_1^i \ln(z+1) d\ln(z+1) = \left.\frac{\ln^2(z+1)}{2}\right|_1^i \\ &= \frac{1}{2}[\ln^2(1+i) - \ln^2 2] \\ &= \frac{1}{2}[(\ln|1+i| + i\arg(1+i))^2 - \ln^2 2] \\ &= \frac{1}{2}\left[\left(\ln\sqrt{2} + i\frac{\pi}{4}\right)^2 - \ln^2 2\right] \\ &= -\left(\frac{\pi^2}{32} + \frac{3}{8}\ln^2 2\right) + \frac{\pi\ln 2}{8}i.\end{aligned}$$

例3.2.4 求积分$\int_1^{1+i} ze^z dz$的值.

解 因为函数$f(z) = ze^z$在全复平面内解析，所以由分部积分法，有

$$\begin{aligned}\int_1^{1+i} ze^z dz &= ze^z \Big|_1^{1+i} - \int_1^{1+i} e^z dz \\ &= (1+i)e^{1+i} - e - e^z \Big|_1^{1+i} \\ &= (1+i)e^{1+i} - e^{1+i} = ie^{1+i} \\ &= eie^i = ei(\cos 1 + i\sin 1) \\ &= e(-\sin 1 + i\cos 1).\end{aligned}$$

例3.2.5 求函数 $f(z)=\dfrac{1}{z}$ 的一个原函数,并指出原函数存在的区域.

解 因为函数 $f(z)$ 在单连通区域 D: $-\pi < \arg z < \pi$ 内解析,所以 $\ln z$ 是 $f(z)=\dfrac{1}{z}$ 的一个原函数,即

$$\int_1^z \frac{1}{z} dz = \ln z - \ln 1 = \ln z \quad (z \in D).$$

思考题 3.2

1. 柯西积分定理成立的条件是什么?

2. 使用类似于高等数学中牛顿-莱布尼茨公式计算积分,对被积函数以及区域有什么要求?

3. 设函数 $f(z)$ 在单连通区域 D 内解析且不为零,C 为区域 D 内任一条简单正向闭曲线,那么积分 $\oint_C \dfrac{f'(z)}{f(z)} dz$ 是否等于零?为什么?

4. 设函数 $f(z)$ 在单连通区域 D 内解析,C 为区域 D 内任一条简单正向闭曲线,那么

$$\oint_C \mathrm{Re}[f(z)] dz = 0, \oint_C \mathrm{Im}[f(z)] dz = 0,$$

是否成立?如果成立,请给出证明;如果不成立,请举例说明.

习题 3.2

1. 试用观察法确定下列积分的值,并说明理由,其中 C: $|z|=1$.

(1) $\oint_C \frac{1}{z^2+4z+4}\mathrm{d}z$; (2) $\oint_C \frac{1}{\cos z}\mathrm{d}z$;

(3) $\oint_C z\mathrm{e}^z\mathrm{d}z$; (4) $\oint_C \frac{1}{z-\frac{1}{2}}\mathrm{d}z$.

2. 计算下列积分.

(1) $\int_0^{\pi i}\sin z\mathrm{d}z$; (2) $\int_0^{\pi+2i}\cos\frac{z}{2}\mathrm{d}z$; (3) $\int_0^1 z\sin z\mathrm{d}z$.

3. 求积分 $\oint_C \frac{\mathrm{d}z}{3+z}$ 的值,其中 C 是单位圆周 $|z|=1$,并由此证明下面两个等式成立.

(1) $\int_0^{2\pi}\frac{1+3\cos\theta}{10+6\cos\theta}\mathrm{d}\theta=0$; (2) $\int_0^{2\pi}\frac{3\sin\theta}{10+6\cos\theta}\mathrm{d}\theta=0$.

4. 求积分 $\int_C \frac{\mathrm{e}^z}{z}\mathrm{d}z$ 的值,其中 C 由正向圆周 $|z|=2$ 与负向圆周 $|z|=2$ 组成.

5. 求积分 $\int \mathrm{e}^{z_0 x}\,\mathrm{d}x$,并由此推导下面的积分公式.

(1) $\int \mathrm{e}^{ax}\,\sin bx\,\mathrm{d}x=\frac{1}{a^2+b^2}\begin{vmatrix}\frac{\mathrm{d}\mathrm{e}^{ax}}{\mathrm{d}x} & \frac{\mathrm{d}\sin bx}{\mathrm{d}x}\\ \mathrm{e}^{ax} & \sin bx\end{vmatrix}+C$,$C$ 为任意实数;

(2) $\int \mathrm{e}^{ax}\,\cos bx\,\mathrm{d}x=\frac{1}{a^2+b^2}\begin{vmatrix}\frac{\mathrm{d}\mathrm{e}^{ax}}{\mathrm{d}x} & \frac{\mathrm{d}\cos bx}{\mathrm{d}x}\\ \mathrm{e}^{ax} & \cos bx\end{vmatrix}+C$,$C$ 为任意实数.

§3.3 复合闭路定理

柯西积分定理的前提条件是被积函数在单连通域内解析，那么在多连通域内柯西积分定理的结论是否依然成立呢？本节我们将柯西积分定理推广到多连通域的情形. 为了将柯西积分定理推广到复连通区域的情形，我们对区域边界曲线的正方向给出如下的定义.

定义3.3.1 对于平面区域 D 的边界曲线 C，当 C 上的点 P 沿着该曲线前进时，若区域 D 内邻近 P 的点始终位于该点的左侧，这时曲线方向称为**正方向**(**positively oriented**)，简称**正向**.

定理3.3.1 设 C_1 与 C_2 是两条简单闭曲线，C_2 在 C_1 内部. 函数 $f(z)$ 在 C_1 与 C_2 所围成的复连通区域 D 内解析，且在 $\overline{D} = D + C_1 + C_2^-$ 上连续，则

$$\int_{C_1} f(z)\mathrm{d}z = \int_{C_2} f(z)\mathrm{d}z. \tag{3.3.1}$$

* **证明** 如图 3-3-1 所示，在区域 D 内作简单光滑弧 $\widehat{AB}$ 和 $\widehat{CD}$ 连接 C_1 和 C_2，将区域 D 分成两个单连通区域 D_1 和 D_2，其中区域 D_1 的边界为 $ABGCDHA$，记作 L_1；区域 D_2 的边界为 $AEDCPBA$，记作 L_2. 根据定理的条件，函数 $f(z)$ 在区域 $\overline{D_1}$ 和 $\overline{D_2}$ 上连续，在区域 D_1 和 D_2 内解析. 因此，由定理 3.2.1 有

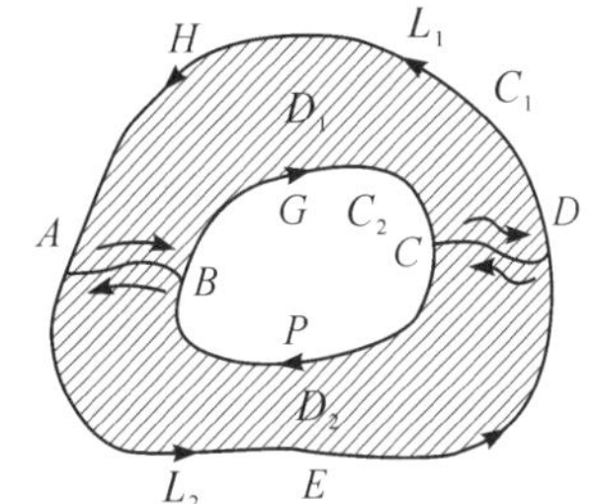

图 3-3-1 多连通化为单连通

$$\oint_{L_1} f(z)\mathrm{d}z = 0, \oint_{L_2} f(z)\mathrm{d}z = 0,$$

又由于

$$\int_{\widehat{AB}} f(z)\mathrm{d}z + \int_{\widehat{BA}} f(z)\mathrm{d}z = 0, \int_{\widehat{CD}} f(z)\mathrm{d}z + \int_{\widehat{DC}} f(z)\mathrm{d}z = 0,$$

所以，有

$$\oint_{C_1} f(z)\mathrm{d}z + \oint_{C_2^-} f(z)\mathrm{d}z = 0,$$

即

$$\int_{C_1} f(z)\mathrm{d}z = \int_{C_2} f(z)\mathrm{d}z.$$

上式表明：一个解析函数沿闭曲线的积分，不会因为闭曲线在区域内作连续的变形而改变它的值（变形过程中曲线不经过函数 $f(z)$ 的奇点），我们将这一结论称为**闭路变形原理(closed circuit deformation principle, principle of deformation of paths)**.

说明：如果将 C_1 与 C_2^- 看成是一条复合闭路 Γ，即 $\Gamma = C_1 + C_2^-$，且 Γ 的正方向是 Γ 的内部总在闭曲线 Γ 的左侧（具体来说，曲线 C_1 的正向是指逆时针方向，曲线 C_2 的正向是指顺时针方向），则

$$\oint_{\Gamma} f(z)\mathrm{d}z = 0.$$

重复这个方法，可以证明下面的结果.

定理3.3.2 （**复合闭路定理，compound loop theorem**） 设 C 为多连通区域 D 的一条简单闭曲线，$C_1, C_2, \cdots, C_n$ 是在 C 内部的简单闭曲线，它们互不包含也互不相交，并且以 $C_1, C_2, \cdots, C_n$ 为边界的区域全包含于 D，如图 3-3-2 所示. 如果函数 $f(z)$ 在区域 D 内解析，则有如下两条结论成立：

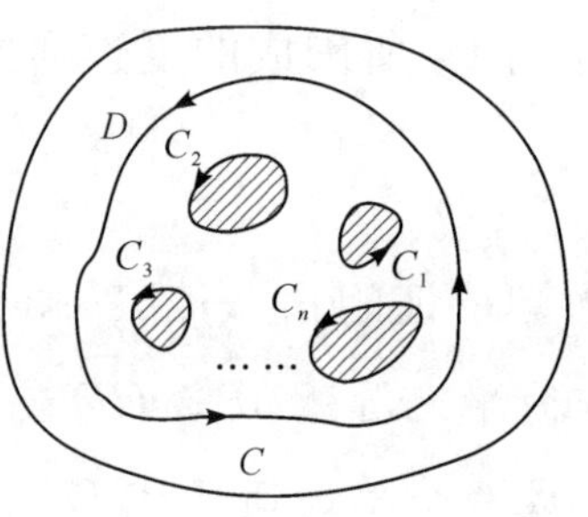

图 3-3-2 多连通区域

(1) $\oint_C f(z)\mathrm{d}z = \sum_{k=1}^{n} \oint_{C_k} f(z)\mathrm{d}z$，其中 C 和 $C_k (k = 1, 2, \cdots, n)$ 均取正方向；

(2) $\oint_{\Gamma} f(z)\mathrm{d}z = 0$，这里 Γ 为 C 及 $C_k (k = 1, 2, \cdots, n)$ 所围成的复合闭路（方向：C 按逆时针进行，C_k^- 按顺时针进行）.

证明 取 n 条互不相交且都在区域 D 内的辅助曲线 $L_1, L_2, \cdots, L_n$ 作割线，将 C 顺次与 $C_1, C_2, \cdots, C_n$ 连接，再利用定理 3.3.1 中用到的方法，即可得证.

例如，在例 3.1.5 中，当 C 为以 z_0 为圆心的正向圆周时，$\oint_C \frac{\mathrm{d}z}{z - z_0} = 2\pi\mathrm{i}$. 根据闭路变形原理知，对包含 z_0 的任何一条正向简单闭曲线 Γ，都有 $\oint_{\Gamma} \frac{\mathrm{d}z}{z - z_0} = 2\pi\mathrm{i}$.

说明:复合闭路定理(即复连通区域的柯西积分定理),将解析函数 $f(z)$ 沿复杂积分路线的积分转化为沿较简单路线上(如圆周)的积分,这一点在积分计算上非常有用.

例3.3.1 计算积分 $\oint_C \frac{\mathrm{d}z}{z-a}$ 的值,其中 a 是复常数,C 是不过 a 的任何简单闭曲线.

解 分两种情况讨论.

(1) 若 C 不包含 a 点,则被积函数 $\frac{1}{z-a}$ 在 C 所围区域上是解析函数,由柯西积分定理,得

$$\oint_C \frac{\mathrm{d}z}{z-a} = 0.$$

(2) 若 C 包含 a 点,则被积函数 $\frac{1}{z-a}$ 在 C 所围区域中含有一个奇点 a,因此不能应用柯西积分定理.此时我们可以在 C 所围的区域 D 内以点 a 为圆心,作一个半径为 ε(适当小的正数)的圆周 C_ε,则由 C 与 C_ε 所围成的区域是复连通域 G(见图 3-3-3),函数 $\frac{1}{z-a}$ 在 G 以及边界上解析,由闭路变形原理,得

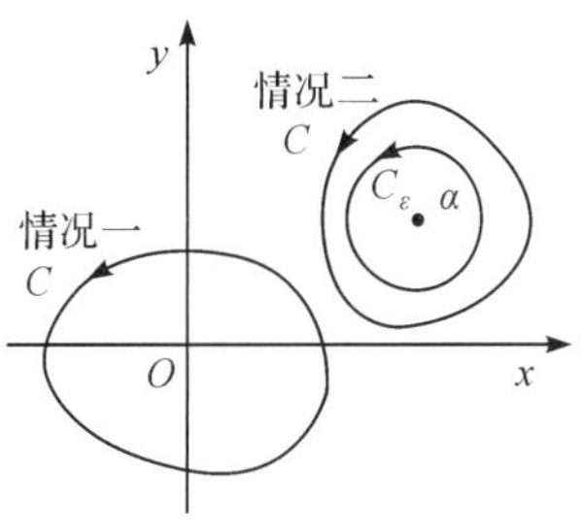

图 3-3-3 积分路径与奇点的关系

$$\oint_C \frac{\mathrm{d}z}{z-a} = \oint_{C_\varepsilon} \frac{\mathrm{d}z}{z-a}.$$

圆周 C_ε 的参数方程为 $z = a + \varepsilon e^{i\theta} \quad (0 \leqslant \theta \leqslant 2\pi)$,$\mathrm{d}z = i\varepsilon e^{i\theta}\mathrm{d}\theta$,代入积分式,得

$$\oint_{C_\varepsilon} \frac{\mathrm{d}z}{z-a} = \int_0^{2\pi} \frac{\varepsilon i e^{i\theta}}{\varepsilon e^{i\theta}} \mathrm{d}\theta = 2\pi i.$$

于是

$$\oint_C \frac{\mathrm{d}z}{z-a} = \begin{cases} 0, & C \text{ 不包围点 } a, \\ 2\pi i, & C \text{ 包围点 } a. \end{cases} \tag{3.3.2}$$

该积分结果很重要,今后会经常用到.

例3.3.2 计算积分$\oint_C \frac{dz}{z^2-z}$的值,其中C为包含圆周$|z|=1$在内的任意正向简单闭曲线.

解 因为函数$f(z)=\frac{1}{z^2-z}$在复平面内除$z=0,z=1$两个奇点外是处处解析的,所以在C内,以$z=0,z=1$为圆心分别作两个互不包含也互不相交的正向圆周C_1与C_2,如图3-3-4所示.根据复合闭路定理,得

$$\begin{aligned}\oint_C \frac{dz}{z^2-z} &= \oint_C \frac{dz}{z(z-1)} \\ &= \oint_{C_1} \frac{dz}{z(z-1)} + \oint_{C_2} \frac{dz}{z(z-1)} \\ &= \oint_{C_1} \frac{1}{z-1}dz - \oint_{C_1} \frac{1}{z}dz \\ &\quad + \oint_{C_2} \frac{1}{z-1}dz - \oint_{C_2} \frac{1}{z}dz \\ &= 0-2\pi i+2\pi i-0=0.\end{aligned}$$

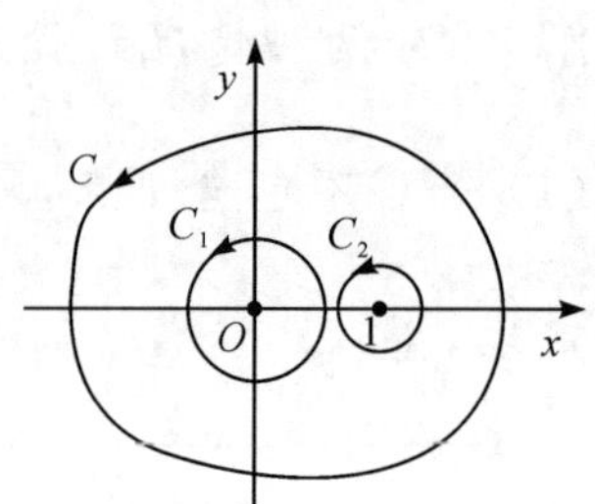

图3-3-4 两个正向圆周

从这个例子可以看出,借助复合闭路定理,我们可将较复杂函数的积分化为较简单函数的积分,这是计算复变函数积分时常用的一种方法.

思考题3.3

1. 什么是闭路变形原理?什么是复合闭路定理?它们有什么区别?

2. 闭路变形原理、复合闭路定理在计算积分上有什么作用?

习题3.3

1. 计算下列积分.

(1) $\oint_C \frac{4}{z+1}+\frac{3}{z+2i}dz$,其中$C$为$|z|=4$的正向;

(2) $\oint_C \frac{2i}{z^2+1}dz$,其中 C 为 $|z-1|=6$ 的正向;

(3) $\oint_C \frac{dz}{(z-i)(z+2)}$,其中 C 为 $|z|=3$ 的正向;

(4) $\oint_C \frac{dz}{z-i}$,其中 C 为以点 $\pm\frac{1}{2}$,$\pm\frac{6}{5}i$ 为顶点的正向菱形.

2. 计算积分 $\oint_C (z+\frac{1}{z})dz$,其中曲线 C 为:

(1) 单位圆周 C: $|z|=1$ 负向; (2) 单位圆周 C: $|z-2|=1$ 正向.

3. 下列两个积分的值是否相等?积分 (2) 的值能否利用闭路积分原理从积分 (1) 的值得到?为什么?

(1) $\oint_{|z|=2} \frac{\bar{z}}{z}dz$; (2) $\oint_{|z|=4} \frac{\bar{z}}{z}dz$.

4. 设曲线 C_1 与 C_2 为相交于 M,N 两点的简单闭曲线,它们所围的区域分别为 B_1 与 B_2,B_1 与 B_2 的公共部分为 B,如果 $f(z)$ 在 B_1-B 与 B_2-B 内解析,在 C_1 与 C_2 上也解析,证明:$\oint_{C_1} f(z)dz=\oint_{C_2} f(z)dz$.

§3.4　柯西积分公式

柯西积分定理具有广泛的应用,这一节我们将由它推导出一个利用解析函数构造的积分来表示积分区域内部点 z_0 处函数值的公式.

设区域 D 为一单连通区域,z_0 为区域 D 中的一点,如果函数 $f(z)$ 在区域 D 内解析,则 $\oint_C f(z)dz=0$,但是函数 $\frac{f(z)}{z-z_0}$ 在 z_0 处不解析,所以在区域 D 内沿围绕 z_0 的一条封闭曲线 C 的积分 $\oint_C \frac{f(z)}{z-z_0}dz$ 一般不为零,那么它的值是多少呢?

根据闭路变形原理可知,这个积分沿着任何一条围绕 z_0 的简单闭曲线的积分都是相同的,我们取以 z_0 为圆心、半径为 δ ($\delta>0$,但足够小) 的圆周 $|z-z_0|=\delta$ 作为积分曲线 C (取其正向),由函数 $f(z)$ 的连续性可知,函数 $f(z)$ 在圆

周 C 上的取值将随半径 δ 的缩小而逐渐接近于 $f(z)$ 在圆心 z_0 处的取值.

根据上述分析,我们猜想:基于 $f(z)$ 构造的积分 $\oint_C \frac{f(z)}{z-z_0}dz$,也将随半径 δ 的缩小而逐渐接近于积分 $\oint_C \frac{f(z_0)}{z-z_0}dz$. 又因为

$$\oint_C \frac{f(z_0)}{z-z_0}dz = f(z_0)\cdot\oint_C \frac{1}{z-z_0}dz = 2\pi i f(z_0),$$

所以,我们的猜想可表示为

$$\oint_C \frac{f(z)}{z-z_0}dz = 2\pi i f(z_0).$$

这个猜想是否正确呢?下面我们来证明这个猜想的正确性.

定理3.4.1 **(柯西积分公式,Cauchy integral formula)** 设函数 $f(z)$ 在简单闭曲线 C 所围成的区域 D 内解析,在 $\overline{D}=D\cup C$ 上连续,z_0 为 D 内的任意一点,则

$$f(z_0) = \frac{1}{2\pi i}\oint_C \frac{f(z)}{z-z_0}dz. \tag{3.4.1}$$

* **证明** 由于函数 $f(z)$ 在 z_0 解析,必然在 z_0 点连续,故对于任意给定的 $\varepsilon>0$,必存在一个 $\delta(\varepsilon)>0$,当 $|z-z_0|<\delta$ 时,有 $|f(z)-f(z_0)|<\varepsilon$ 成立. 作以 z_0 为圆心,ρ 为半径的圆周 L: $|z-z_0|=\rho$,调节 ρ 的取值使得该圆周全部在 C 的内部,且 $\rho<\delta$,如图 3-4-1 所示. 接下来,我们计算积分 $\oint_C \frac{f(z)}{z-z_0}dz$. 根据闭路变形原理,有

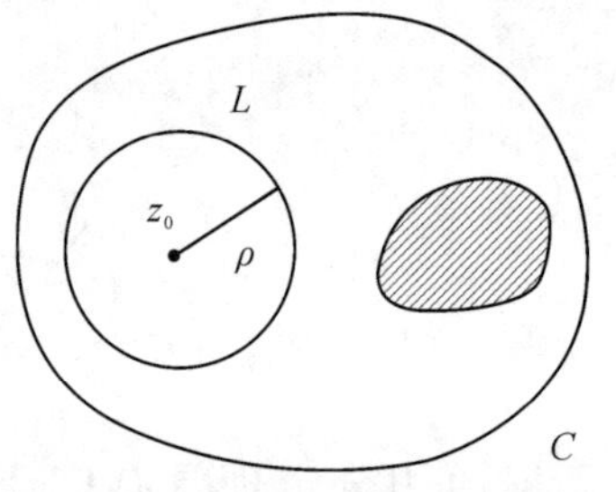

图 3-4-1　半径为 ρ 的圆周

$$\begin{aligned}\oint_C \frac{f(z)}{z-z_0}dz &= \oint_L \frac{f(z)}{z-z_0}dz \\ &= \oint_L \frac{f(z_0)}{z-z_0}dz + \oint_L \frac{f(z)-f(z_0)}{z-z_0}dz \\ &= 2\pi i f(z_0) + \oint_L \frac{f(z)-f(z_0)}{z-z_0}dz.\end{aligned}$$

对于积分$\oint_L \frac{f(z)-f(z_0)}{z-z_0}\mathrm{d}z$，有

$$\left|\oint_L \frac{f(z)-f(z_0)}{z-z_0}\mathrm{d}z\right| \leqslant \oint_L \frac{|f(z)-f(z_0)|}{|z-z_0|}\mathrm{d}s < \frac{\varepsilon}{\rho}\oint_C \mathrm{d}s = 2\pi\varepsilon.$$

因此

$$\left|\oint_L \frac{f(z)}{z-z_0}\mathrm{d}z - 2\pi\mathrm{i}f(z_0)\right| < 2\pi\varepsilon,$$

于是，有

$$\oint_C \frac{f(z)}{z-z_0}\mathrm{d}z = 2\pi\mathrm{i}f(z_0).$$

即

$$f(z_0) = \frac{1}{2\pi\mathrm{i}}\oint_C \frac{f(z)}{z-z_0}\mathrm{d}z.$$

这个公式称为**柯西积分公式**，它把一个解析函数在 C 内部任一点的值用其在边界上的积分值表示，这是解析函数的又一特征.

若把公式中的 z_0 作为变量看待，则柯西积分公式可写为

$$f(z) = \frac{1}{2\pi\mathrm{i}}\oint_C \frac{f(\zeta)}{\zeta-z}\mathrm{d}\zeta. \tag{3.4.2}$$

将圆的方程 $z-z_0=R\mathrm{e}^{\mathrm{i}\theta}$ 代到柯西积分公式中，即得高斯平均值公式，表示如下.

推论3.4.1　**(高斯平均值公式，Gauss's mean value formula)** 设函数 $f(z)$ 在圆域 $|z-z_0|<R$ 内解析，在边界 $|z-z_0|=R$ 上连续，则

$$f(z_0) = \frac{1}{2\pi}\int_0^{2\pi} f(z_0+R\mathrm{e}^{\mathrm{i}\theta})\mathrm{d}\theta. \tag{3.4.3}$$

上面公式表明：解析函数在圆心处的函数值等于它在圆周上的积分均值.

推论3.4.2　设函数 $f(z)$ 在由简单闭曲线 C_1，C_2 所围成的连通域 D 内解析，并在 C_1，C_2 上连续，C_2 在 C_1 的内部，z_0 为区域 D 内一点，则

$$f(z_0) = \frac{1}{2\pi\mathrm{i}}\oint_{C_1} \frac{f(z)}{z-z_0}\mathrm{d}z - \frac{1}{2\pi\mathrm{i}}\oint_{C_2} \frac{f(z)}{z-z_0}\mathrm{d}z.$$

例3.4.1 计算下列积分.

(1) $\oint_{|z+i|=1}\frac{\sin z}{z+i}dz$； (2) $\oint_{|z|=2}\frac{z}{(5-z^2)(z-i)}dz$.

解 (1) 因为函数 $f(z)=\sin z$ 在复平面解析，故由柯西积分公式，得

$$\oint_{|z+i|=1}\frac{\sin z}{z+i}dz=2\pi i\sin(-i)=\frac{2\pi i}{2}(e-e^{-1})=\pi i(e-e^{-1}).$$

(2) 因为函数 $f(z)=\frac{z}{5-z^2}$ 在区域 $|z|\leqslant 2$ 内解析，故由柯西积分公式，得

$$\oint_{|z|=2}\frac{z}{(5-z^2)(z-i)}dz=\oint_{|z|=2}\frac{\frac{z}{(5-z^2)}}{(z-i)}dz$$

$$=2\pi i\left(\frac{z}{5-z^2}\right)\bigg|_{z=i}=2\pi i\frac{i}{5-i^2}=-\frac{\pi}{3}.$$

例3.4.2 计算积分 $\oint_C\frac{dz}{z(z^2+1)}$，其中曲线 C 为正向圆周 $|z-i|=\frac{3}{2}$.

解 因为函数 $\frac{1}{z(z^2+1)}$ 在曲线 C 上有两个奇点 $z=0$ 及 $z=i$，所以分别以 $z=0$ 及 $z=i$ 为圆心，以适当小的正数 ε 为半径作圆周 C_1 及 C_2，由复合闭路定理，得

$$\oint_C\frac{dz}{z(z^2+1)}=\oint_{C_1}\frac{dz}{z(z^2+1)}+\oint_{C_2}\frac{dz}{z(z^2+1)}$$

$$=\oint_{C_1}\frac{\frac{1}{(z^2+1)}}{z}dz+\oint_{C_2}\frac{\frac{1}{z(z+i)}}{(z-i)}dz$$

$$=2\pi i f_1(0)+2\pi i f_2(i)$$

$$=2\pi i+2\pi i\left(-\frac{1}{2}\right)=\pi i.$$

其中，$f_1(z)=\frac{1}{z^2+1}$，$f_2(z)=\frac{1}{z(z+i)}$.

例3.4.3 设函数 $f(z)$ 与 $g(z)$ 在区域 D 内解析，C 为区域 D 内任意一条简单闭曲线，它所围成的区域完全属于 D，如果 $f(z)=g(z)$ 在 C 上所有的点都成立，试证明：在 C 围成的区域内的所有点上，$f(z)=g(z)$ 仍然成立.

证明 在 C 内部任取一点 z_0，只需证明 $f(z_0)=g(z_0)$ 即可.

设 $F(z)=f(z)-g(z)$，因为在 C 上有 $f(z)=g(z)$，所以 $F(z)=0$. 又因为 $F(z)$ 是区域 D 内的解析函数，所以根据柯西积分公式，得

$$F(z_0)=\frac{1}{2\pi i}\oint_C \frac{F(z)}{z-z_0}dz=\frac{1}{2\pi i}\oint_C \frac{f(z)-g(z)}{z-z_0}dz=0,$$

即 $F(z_0)=0$，从而 $f(z_0)=g(z_0)$.

由 z_0 的任意性可知，在曲线 C 所围成区域的内部所有的点上 $f(z)=g(z)$ 均成立.

思考题 3.4

1. 柯西积分公式成立的条件是什么?

2. 柯西积分公式对于复连通域是否成立?

3. 柯西积分公式说明了什么?

习题 3.4

1. 计算积分 $\oint_C \frac{z^2}{z-2i}dz$.

其积分路径分别为:

(1) 圆心在原点，半径等于 3 的正向圆周;

(2) 圆心在原点，半径等于 1 的正向圆周.

2. 计算积分 $\oint_C \frac{\cos z}{z+i}dz$，其中 C 为正向圆周 $|z+i|=1$.

3. 计算积分 $\oint_C \frac{e^{iz}}{z^2+1}dz$，其中 C 为正向圆周 $|z-2i|=\frac{3}{2}$.

4. 计算积分 $\oint_C \frac{z}{z^4-1}dz$，其中 C 的为正向圆周 $|z-2|=2$.

5. 设 $f(z)=\oint_C \frac{e^{\frac{\pi}{3}\zeta}}{\zeta-z}d\zeta$，当曲线 C 为正向圆周 $|\zeta|=2$ 时，完成下列各题.

(1) 求 $f(\mathrm{i})$ 和 $f(-\mathrm{i})$ 的值；

(2) 当 $|z|>2$ 时，试求 $f(z)$ 的值.

6. 请给出推论 3.4.2 的证明.

7. 设函数 $f(z)$ 在区域 D 内解析，在 $\overline{D}=D\cup C$ 上连续，区域 D 的边界 C 由分段光滑曲线组成，若 $f(z)$ 在 C 上恒为常数 M，试证明：函数 $f(z)$ 在区域 $\overline{D}$ 上恒为常数.

§3.5 解析函数的柯西导数公式

3.5.1 解析函数的柯西导数公式

前面我们已经用到了"一个解析函数不仅有一阶导数，而且还有各阶导数"这个结论，并且它的值可以通过函数在边界上的积分来表示，这一点跟高等数学完全不同. 在高等数学中，一个实函数在某一区间上可导，它的导数在这个区间上都不一定连续，更不要说有高阶导数存在了. 下面我们讨论解析函数的各阶导数的解析问题.

我们将柯西积分公式 $f(z)=\dfrac{1}{2\pi\mathrm{i}}\oint_C\dfrac{f(\zeta)}{\zeta-z}\mathrm{d}\zeta$，在积分号下关于 z 进行形式上的求导，得

$$f'(z)=\frac{1}{2\pi\mathrm{i}}\oint_C\frac{f(\zeta)}{(\zeta-z)^2}\mathrm{d}\zeta,$$

再继续求导，得

$$f''(z)=\frac{2!}{2\pi\mathrm{i}}\oint_C\frac{f(\zeta)}{(\zeta-z)^3}\mathrm{d}\zeta,$$

依次类推，可得 n 阶导数 $f^{(n)}(z)$ 的形式为

$$f^{(n)}(z)=\frac{n!}{2\pi\mathrm{i}}\oint_C\frac{f(\zeta)}{(\zeta-z)^{n+1}}\mathrm{d}\zeta.$$

上面的结论是在求导与积分两种运算允许交换次序的条件下推出的结果，这样做是否可行呢？下面我们将讨论这个问题.

定理3.5.1 设函数 $f(z)$ 在简单闭曲线 C 所围成的区域 D 内解析，而且在 $\overline{D}=D\cup C$ 上连续，则函数 $f(z)$ 的各阶导数均在 D 内解析，且对区域 D 内任一点 z，有

$$f^{(n)}(z)=\frac{n!}{2\pi i}\oint_C \frac{f(\zeta)}{(\zeta-z)^{n+1}}d\zeta \quad (n=1,2,\cdots). \tag{3.5.1}$$

* **证明** 设 z 为区域 D 内的任意一点，先证明 $n=1$ 的情况成立，即

$$f'(z)=\frac{1}{2\pi i}\oint_C \frac{f(\zeta)}{(\zeta-z)^2}d\zeta.$$

根据柯西积分公式 $f(z)=\frac{1}{2\pi i}\oint_C \frac{f(\zeta)}{\zeta-z}d\zeta$，得

$$f(z+\Delta z)=\frac{1}{2\pi i}\oint_C \frac{f(\zeta)}{\zeta-z-\Delta z}d\zeta,$$

从而，有

$$\begin{aligned}
\frac{f(z+\Delta z)-f(z)}{\Delta z} &= \frac{1}{2\pi i\Delta z}\oint_C f(\zeta)\left(\frac{1}{\zeta-z-\Delta z}-\frac{1}{\zeta-z}\right)d\zeta \\
&= \frac{1}{2\pi i}\oint_C \frac{f(\zeta)}{(\zeta-z)(\zeta-z-\Delta z)}d\zeta \\
&= \frac{1}{2\pi i}\oint_C \frac{f(\zeta)(\zeta-z)}{(\zeta-z)^2(\zeta-z-\Delta z)}d\zeta \\
&= \frac{1}{2\pi i}\oint_C \frac{f(\zeta)(\zeta-z-\Delta z+\Delta z)}{(\zeta-z)^2(\zeta-z-\Delta z)}d\zeta \\
&= \frac{1}{2\pi i}\oint_C \frac{f(\zeta)}{(\zeta-z)^2}d\zeta+\frac{1}{2\pi i}\oint_C \frac{f(\zeta)\Delta z}{(\zeta-z)^2(\zeta-z-\Delta z)}d\zeta.
\end{aligned}$$

记上面最后一个等式中的第二个积分为 I，则

$$|I|=\frac{1}{2\pi}\left|\oint_C \frac{f(\zeta)\Delta z}{(\zeta-z)^2(\zeta-z-\Delta z)}d\zeta\right|\leqslant \frac{1}{2\pi}\oint_C \frac{|f(\zeta)||\Delta z|}{|(\zeta-z)^2||(\zeta-z-\Delta z)|}d\zeta.$$

因为 $f(z)$ 在 C 上解析，所以在 C 上也连续，故在 C 上有界，因此一定存在正数 $M>0$，使得 $|f(z)|\leqslant M$.

设 d 为从 z 到曲线上各点的最短距离，并且取 $|\Delta z|$ 适当的小，使其满足 $|\Delta z|<\frac{1}{2}d$，那么有

$$|\zeta - z| \geqslant d, \frac{1}{|\zeta - z|} \leqslant \frac{1}{d},$$

于是

$$|\zeta - z - \Delta z| \geqslant |\zeta - z| - |\Delta z| > \frac{d}{2}, \frac{1}{|\zeta - z - \Delta z|} < \frac{2}{d},$$

所以，$|I| < |\Delta z| \frac{ML}{\pi d^3}$，其中 L 为曲线 C 的长度.

当 $\Delta z \to 0$ 时，$I \to 0$，从而有

$$f'(z) = \lim_{\Delta z \to 0} \frac{f(z + \Delta z) - f(z)}{\Delta z} = \frac{1}{2\pi i} \oint_C \frac{f(\zeta)}{(\zeta - z)^2} d\zeta.$$

到此，我们完成了解析函数导数仍是解析函数的证明.

要完成上述定理的证明，还需使用数学归纳法.

设 $n = k$ 时，公式(3.5.1) 成立，然后证明 $n = k + 1$ 时也成立. 为此，将 $f^{(k)}(z)$ 看作 $f(z)$，用类似于 $n = 1$ 情形的推证方法，结合假设条件 $f^{(k)}(z) = \frac{k!}{2\pi i} \oint_C \frac{f(\zeta)}{(\zeta - z)^{k+1}} d\zeta$，可证得 $n = k + 1$ 时，公式(3.5.1) 也成立. 故由数学归纳法可知公式(3.5.1) 成立. 上述证明的细节，此处略去，请有兴趣的读者自行证明.

说明：(1) 公式(3.5.1) 可直观地理解为在柯西积分公式

$$f(z) = \frac{1}{2\pi i} \oint_C \frac{f(\zeta)}{\zeta - z} d\zeta$$

等号的两端关于 z 求 n 阶导数，其中右端的的导数需要在积分号内求导，由此得

$$f^{(n)}(z) = \frac{n!}{2\pi i} \oint_C \frac{f(\zeta)}{(\zeta - z)^{n+1}} d\zeta.$$

(2) 公式(3.5.1) 是关于函数 $f(z)$ 的一个高阶导数的公式，我们将之称为**柯西导数公式(Cauchy derivative formula)**. 值得注意的是，该公式的价值不在于通过积分来求 $f(z)$ 的各阶导数，而是利用函数 $f(z)$ 的导数值来求积分，即

$$\oint_C \frac{f(z)}{(z - z_0)^{n+1}} dz = \frac{2\pi i}{n!} f^{(n)}(z_0).$$

特别地，当 $f(z) \equiv 1$ 时，$\oint_C \frac{f(z)}{(z - z_0)^{n+1}} dz = \begin{cases} 2\pi i, & n = 0, \\ 0, & n \neq 0. \end{cases}$

例3.5.1 求下列积分的值，其中 C 为正向圆周 $|z|=r>1$.

(1) $\oint_C \frac{\cos\pi z}{(z-1)^5}dz$； (2) $\oint_C \frac{e^z}{(z^2+1)^2}dz$.

解 (1) 设 $f(z)=\frac{\cos\pi z}{(z-1)^5}$，则函数 $f(z)$ 在 C 所围成的区域内，除点 $z=1$ 外处处解析，且函数 $\cos\pi z$ 在 C 内处处解析. 因此，对其应用柯西导数公式，得

$$\oint_C \frac{\cos\pi z}{(z-1)^5}dz=\frac{2\pi i}{(5-1)!}(\cos\pi z)^{(4)}\bigg|_{z=1}=\frac{2\pi i}{4!}\pi^4\cos\pi z\bigg|_{z=1}=-\frac{\pi^5}{12}i.$$

(2) 设 $g(z)=\frac{e^z}{(z^2+1)^2}$，则函数 $g(z)$ 在 C 所围成的区域内的点 $z=\pm i$ 处不解析，我们在 C 内作以 i 为圆心的正向圆周 C_1，以 $-i$ 为圆心的正向圆周 C_2，那么函数 $g(z)$ 在由 C_1，C_2 和 C 三条曲线所围成的区域内解析，根据复合闭路定理及柯西导数公式，有

$$\begin{aligned}
\oint_C \frac{e^z}{(z^2+1)^2}dz &= \oint_{C_1} \frac{e^z}{(z^2+1)^2}dz+\oint_{C_2} \frac{e^z}{(z^2+1)^2}dz \\
&= \oint_{C_1} \frac{\frac{e^z}{(z+i)^2}}{(z-i)^2}dz+\oint_{C_2} \frac{\frac{e^z}{(z-i)^2}}{(z+i)^2}dz \\
&= \frac{2\pi i}{(2-1)!}\left[\frac{e^z}{(z+i)^2}\right]'\bigg|_{z=i}+\frac{2\pi i}{(2-1)!}\cdot\left[\frac{e^z}{(z-i)^2}\right]'\bigg|_{z=-i} \\
&= \frac{(1-i)e^i}{2}\pi+\frac{-(1+i)e^{-i}}{2}\pi \\
&= \pi\left(i\,\frac{e^i-e^{-i}}{2i}-i\,\frac{e^i+e^{-i}}{2}\right) \\
&= \pi(i\sin 1-i\cos 1) \\
&= \sqrt{2}\pi i\left(\frac{\sqrt{2}}{2}\sin 1-\frac{\sqrt{2}}{2}\cos 1\right) \\
&= i\pi\sqrt{2}\sin\left(1-\frac{\pi}{4}\right).
\end{aligned}$$

例3.5.2 计算积分 $I=\oint_C \frac{dz}{z^3(z+1)(z-2)}$ 的值，其中 C 为 $|z|=r$，$r\neq 1,2$.

解 由于积分圆周的半径不同，所以要分情况讨论.

(1) 当 $0<r<1$ 时,设 $f(z)=\frac{\mathrm{d}z}{(z+1)(z-2)}$,则函数 $f(z)$ 在 C 内解析,根据柯西导数公式,有

$$I=\oint_C \frac{f(z)}{z^3}\mathrm{d}z=\frac{2\pi\mathrm{i}}{(3-1)!}f''(0)=\mathrm{i}\pi f''(0).$$

因为该函数的二阶导数 $f''(z)=\frac{6z^2-6z+6}{(z^2-z-2)^3}$,所以 $f''(0)=-\frac{3}{4}$,于是 $I=-\frac{3}{4}\pi\mathrm{i}$.

(2) 当 $1<r<2$ 时,在由 C 围成的区域内,以点 0 为圆心作圆周 C_1,以点 -1 为圆心作圆周 C_2,根据复合闭路定理及柯西导数公式,有

$$\begin{aligned}
I&=\oint_{C_1}\frac{\mathrm{d}z}{z^3(z+1)(z-2)}+\oint_{C_2}\frac{\mathrm{d}z}{z^3(z+1)(z-2)}\\
&=\oint_{C_1}\frac{\frac{1}{(z+1)(z-2)}}{z^3}\mathrm{d}z+\oint_{C_2}\frac{\frac{1}{z^3(z-2)}}{(z+1)}\mathrm{d}z\\
&=-\frac{3}{4}\pi\mathrm{i}+2\pi\mathrm{i}\cdot\left.\frac{1}{z^3(z-2)}\right|_{z=-1}\\
&=-\frac{3}{4}\pi\mathrm{i}+\frac{2}{3}\pi\mathrm{i}=-\frac{1}{12}\pi\mathrm{i}.
\end{aligned}$$

(3) 当 $r>2$ 时,在由 C 围成的区域内,以点 0 为圆心作圆周 C_1,以点 -1 为圆心作圆周 C_2,以点 2 为圆心作圆周 C_3,则

$$\begin{aligned}
I&=\oint_{C_1}\frac{\mathrm{d}z}{z^3(z+1)(z-2)}+\oint_{C_2}\frac{\mathrm{d}z}{z^3(z+1)(z-2)}+\oint_{C_3}\frac{\mathrm{d}z}{z^3(z+1)(z-2)}\\
&=\oint_{C_1}\frac{\frac{1}{(z+1)(z-2)}}{z^3}\mathrm{d}z+\oint_{C_2}\frac{\frac{1}{z^3(z-2)}}{(z+1)}\mathrm{d}z+\oint_{C_3}\frac{\frac{1}{z^3(z+1)}}{(z-2)}\mathrm{d}z\\
&=-\frac{1}{12}\pi\mathrm{i}+\oint_{C_3}\frac{\frac{1}{z^3(z+1)}}{(z-2)}\mathrm{d}z\\
&=-\frac{1}{12}\pi\mathrm{i}+2\pi\mathrm{i}\left.\frac{1}{z^3(z+1)}\right|_{z=2}\\
&=-\frac{1}{12}\pi\mathrm{i}+\frac{1}{12}\pi\mathrm{i}\\
&=0.
\end{aligned}$$

例3.5.3 计算积分$\oint_C \frac{e^z}{z(1-z)^3}dz$,其中$C$是不经过点0和点1的简单光滑闭曲线.

解 设由封闭曲线C围成的区域为D.根据题意,需要就以下四种情况分别讨论.

(1) 若区域D内既不包含点0也不包含点1,则函数$f(z)=\frac{e^z}{z(1-z)^3}$在区域$D$内解析,根据柯西积分定理,知

$$\oint_C \frac{e^z}{z(1-z)^3}dz=0.$$

(2) 若点0在区域D内而点1在区域D外,则函数$f(z)=\frac{e^z}{(1-z)^3}$在区域D内解析,根据柯西导数公式,有

$$I=\oint_C \frac{e^z}{z(1-z)^3}dz=\oint_C \frac{\frac{e^z}{(1-z)^3}}{z}dz=2\pi i\cdot\left.\frac{e^z}{(1-z)^3}\right|_{z=0}=2\pi i.$$

(3) 若点$z=1$在区域D内而点$z=0$在区域D外,则函数$f(z)=\frac{e^z}{z}$在区域D内解析,根据柯西导数公式,有

$$I=\oint_C \frac{\frac{e^z}{z}}{(1-z)^3}dz=-\oint_C \frac{\frac{e^z}{z}}{(z-1)^3}dz=-\frac{2\pi}{2!}\cdot\left.\left[\frac{e^z}{z}\right]''\right|_{z=1}=-e\pi i.$$

(4) 若点0和点1都在区域D内,则分别以点0和点1为圆心在区域D上作两个圆周C_1,C_2,根据复合闭路定理及柯西导数公式,有

$$\begin{aligned}I&=\oint_{C_1}\frac{e^z}{z(1-z)^3}dz+\oint_{C_2}\frac{e^z}{z(1-z)^3}dz\\&=\oint_{C_1}\frac{\frac{e^z}{(1-z)^3}}{z}dz+\oint_{C_2}\frac{\frac{e^z}{z}}{(1-z)^3}dz\\&=2\pi i-e\pi i\\&=(2-e)\pi i.\end{aligned}$$

例3.5.4 设函数$f(z)=\oint_{|\zeta|=3}\frac{3\zeta^2+7\zeta+1}{\zeta-z}d\zeta$,求导数$f'(1+i)$.

解 设函数 $g(z)=3z^2+7z+1$，则函数 $g(z)$ 在全平面内解析，由柯西积分公式得

$$\oint_{|\zeta|=3}\frac{3\zeta^2+7\zeta+1}{\zeta-z}\mathrm{d}\zeta=2\pi \mathrm{i}g(z).$$

又因为 $f(z)=\oint_{|\zeta|=3}\frac{3\zeta^2+7\zeta+1}{\zeta-z}\mathrm{d}\zeta$，所以 $f(z)=2\pi \mathrm{i}g(z)$，求出函数 $f(z)$ 的导数为

$$f'(z)=2\pi \mathrm{i}g'(z)=2\pi \mathrm{i}(6z+7),$$

于是，得

$$f'(1+\mathrm{i})=2\pi \mathrm{i}g'(1+\mathrm{i})=2\pi \mathrm{i}\cdot[6(1+\mathrm{i})+7]=2\pi(-6+13\mathrm{i}).$$

定理 3.5.2 （**莫雷拉定理，Morera theorem**）如果函数 $f(z)$ 在单连通域 D 内连续，且对于区域 D 内的任意简单闭曲线 C，都有

$$\oint_C f(z)\mathrm{d}z=0,$$

则函数 $f(z)$ 在区域 D 内解析.

证明 因为对于区域 D 内的任意简单闭曲线 C，都有 $\oint_C f(z)\mathrm{d}z=0$，所以对于任意 $z_0, z\in D$，积分 $\int_{z_0}^{z} f(\xi)\mathrm{d}\xi$ 与路径无关.

设 $F(z)=\int_{z_0}^{z} f(\xi)\mathrm{d}\xi$，则必有 $F'(z)=f(z)$，根据定理 3.5.1（即解析函数 $F(z)$ 的导数也是解析函数）可知，函数 $f(z)$ 在区域 D 内解析.

* 3.5.2 解析函数柯西导数公式的应用

柯西积分公式及柯西导数公式有着广泛的应用，接下来以定理的形式给出几个应用.

定理3.5.3 （**柯西不等式，Cauchy inequality**）设函数 $f(z)$ 在简单闭曲线 C 所围成的区域 D 内解析，在 $\overline{D}=D\cup C$ 上连续，则对于任意 $z\in D$ 均有

$$|f^{(n)}(z)|\leqslant\frac{n!ML}{2\pi d^{n+1}}\quad(n=0,1,2,\cdots),$$

其中 $M=\max\limits_{z\in C}|f(z)|$，$d$ 为点 z 到边界 C 的最短距离，L 为 C 的长度.

证明 根据柯西导数公式,有

$$
\begin{aligned}
|f^{(n)}(z)| &= \left|\frac{n!}{2\pi\mathrm{i}}\oint_C \frac{f(\zeta)}{(\zeta-z)^{n+1}}\mathrm{d}\zeta\right| \\
&\leqslant \frac{n!}{2\pi}\oint_C \frac{|f(\zeta)|}{|\zeta-z|^{n+1}}\mathrm{d}s \leqslant \frac{n!}{2\pi}\cdot\frac{M}{d^{n+1}}\oint_C \mathrm{d}s = \frac{n!}{2\pi}\cdot\frac{ML}{d^{n+1}}.
\end{aligned}
$$

定理 3.5.4 (**最大模原理,maximum modulus principle**) 设 C 为简单闭曲线,函数 $f(z)$ 在以 C 为边界的闭区域 D 内解析,在 $\overline{D}=D\cup C$ 上连续,则 $|f(z)|$ 在区域 D 的边界 C 上达到最大值.

证明 由于函数 $f(z)$ 解析,则将柯西不等式取 $n=0$ 得到

$$
|f(z)| \leqslant \frac{ML}{2\pi d}.
$$

对于自然数 m,函数 $|f(z)|^m$ 是解析函数,将函数 $|f(z)|^m$ 应用到上式,得

$$
|f(z)|^m \leqslant \frac{M^m L}{2\pi d},
$$

故

$$
|f(z)| \leqslant M\left(\frac{L}{2\pi d}\right)^{\frac{1}{m}},
$$

当 $m\to\infty$ 时,有 $\left(\frac{L}{2\pi d}\right)^{\frac{1}{m}}\to 1$,于是

$$
|f(z)| \leqslant M.
$$

说明:(1) 由最大模原理可得,在闭区域 D 内解析的函数,若其模在区域 D 的内点达到最大值,则此函数必为常函数.

(2) 最大模原理不仅是复变函数理论上的一个很重要的原理,在实际应用中也是一个有广泛应用价值的原理.例如,它在流体力学上反映了平面稳定流动在无源无旋的区域内的流体的最大值不能在区域内达到,而只能在边界上达到,除非它是等速流体.

例3.5.5 设函数 $f(z)$ 为整函数,求证:对任意 $r>0$,$M(r)=\max\limits_{|z|=r}|f(z)|$ 是 r 的单调递增函数.

证明 因为对于任意的 $r>0$，$f(z)$ 在 $|z|\leqslant r$ 上解析，所以由最大模原理知 $f(z)$ 在 $|z|\leqslant r$ 上的最大值必在 $|z|=r$ 上取得，即

$$M(r)=\max_{|z|=r}|f(z)|=\max_{|z|\leqslant r}|f(z)|,$$

刘维尔

因此，当 $r_1<r_2$ 时，有

$$M(r_1)=\max_{|z|\leqslant r_1}|f(z)|\leqslant\max_{|z|\leqslant r_2}|f(z)|=M(r_2).$$

即 $M(r)$ 是 r 的单调递增函数.

定理 3.5.4 （刘维尔定理，**Liouville theorem**）设函数 $f(z)$ 在全平面上解析且有界，则函数 $f(z)$ 为常数.

证明 设 z_0 为平面上任意一点，对任意正数 R，函数 $f(z)$ 在 $|z-z_0|<R$ 内解析，又函数 $f(z)$ 在全平面有界，设 $|f(z)|\leqslant M$，由柯西不等式，得

$$|f'(z_0)|\leqslant\frac{M}{2\pi R^2}\cdot 2\pi R=\frac{M}{R},$$

令 $R\to\infty$，即得 $|f'(z_0)|=0$，由 z_0 的任意性知，在全平面上有 $f'(z)=0$，故函数 $f(z)$ 为常数.

下面的定理即著名的代数基本定理，可由刘维尔定理直接得到.

*** 定理3.5.5** （代数基本定理，**fundamental theorem of algebra**）任意 $n(n\geqslant 1)$ 阶多项式

$$P(z)=a_0+a_1z+a_2z^2+\cdots+a_nz^n\quad(a_n\neq 0),$$

至少有一个零点，即至少存在一点 z_0 使得 $P(z_0)=0$，由此推出，n 次复系数多项式方程在复数域内有且只有 n 个根，重根按重数计算.

*** 证明** (1) 当 $a_0=0$ 时，由 $P(0)=a_0=0$ 可知，$z_0=0$ 即为项式 $P(z)$ 的零点.

(2) 当 $a_0\neq 0$ 时，用反证法证明.

假设 $P(z)$ 对任何 z 都不为零，则 $f(z)=\dfrac{1}{P(z)}$ 在整个复平面上解析且有界. $f(z)$ 的解析性易见，下面证明其有界性. 我们先记

$$w=\frac{a_0}{z^n}+\frac{a_1}{z^{n-1}}+\frac{a_2}{z^{n-2}}+\cdots+\frac{a_{n-1}}{z},$$

那么 $P(z)=(a_n+w)z^n$. 取充分大的 $R(R\geqslant 1)$，使得当 $|z|\geqslant R$ 时，上式中的

各项均小于$\frac{|a_n|}{2n}$,由广义三角不等式得，$|w|<\frac{|a_n|}{2}$. 所以,当 $|z|\geqslant R$ 时，

$|a_n+w|\geqslant ||a_n|-|w||>\frac{|a_n|}{2}$.

故当 $|z|\geqslant R$ 时，有

$$|P(z)|=|a_n+w||z^n|>\frac{|a_n|}{2}|z|^n\geqslant\frac{|a_n|}{2}R^n.$$

所以,当 $|z|\geqslant R$ 时，有

$$|f(z)|=\frac{1}{|P(z)|}<\frac{2}{|a_n|R^n}.$$

因此,f 在圆盘 $|z|\leqslant R$ 外有界. f 在闭圆盘上连续，所以 f 在其上有界. 因此 f 在整个平面上有界. 根据刘维尔定理可知 $f(z)$ 是常数，所以 $P(z)$ 也为常数,这与 $P(z)$ 是多项式矛盾.

由本节习题 10 得,$P(z)=(z-z_1)Q_1(z)$,其中 $Q_1(z)$ 是 $n-1$ 阶多项式. 对 $Q_1(z)$ 做同样的讨论知,存在数 z_2,使得 $P(z)=(z-z_1)(z-z_2)Q_2(z)$,其中 $Q_2(z)$ 是 $n-2$ 阶多项式. 如此进行下去,可得

$$P(z)=c(z-z_1)(z-z_2)\cdots(z-z_n).$$

其中 c 与 $z_k(k=1,2,\cdots,n)$ 都是复常数. 由于上式中的零点 z_k 有可能重复出现,所以 $P(z)$ 至多有 n 个不同的零点.

注:关于代数学基本定理的证明,目前有很多种证法,它在代数乃至整个数学中起着基础作用.

思考题 3.5

1. 总结复变函数积分的几种方法.

2. 比较柯西积分定理、闭路变形原理、复合闭路定理、柯西积分公式、柯西导数公式,并从中发现它们之间有什么联系?又有什么差异?

3. 在使用柯西导数公式时,是用积分计算导数方便还是用导数计算积分方便?

习题 3.5

1. 计算积分$\oint_C \frac{e^z}{z(z^2-1)}dz$,其中 C 为正向圆周 $|z|=3$.

2. 计算积分$\oint_C \frac{e^z}{z^{100}}dz$,其中 C 为正向圆周 $|z|=1$.

3. 计算积分$\oint_C \frac{1}{z^3(z-2)^2}dz$,其中 C 为:

(1) 正向圆周$|z-3|=2$; (2) 正向圆周$|z-1|=3$.

4. 计算积分$\oint_C \frac{e^z}{(z^2+2)^4}dz$,其中 C 为包含 -2 在内的一条正向简单闭曲线.

5. 设曲线 C 为不经过 z_0 的简单闭曲线,试求 $g(z_0)=\oint_C \frac{z^4+z^2}{(z-z_0)^3}dz$ 的值.

6. 设 α 是不为零的任意复常数,C 为不经过点 $z_1=\alpha$ 与点 $z_2=-\alpha$ 的正向简单闭曲线,试就点 z_1、z_2 与曲线 C 的各种不同位置关系,分别计算积分$\oint_C \frac{z}{z^2-\alpha^2}dz$ 的值.

7. 设 C_1 与 C_2 为两条互不包含,互不相交的正向简单闭曲线,证明:

$$\frac{1}{2\pi i}\left(\oint_{C_1}\frac{z^2}{z-z_0}dz+\oint_{C_2}\frac{\sin z}{z-z_0}dz\right)=\begin{cases} z_0^2, & \text{当 } z_0 \text{ 在 } C_1 \text{ 内时}, \\ \sin z_0, & \text{当 } z_0 \text{ 在 } C_2 \text{ 内时}. \end{cases}$$

8. 设函数 $f(z)$ 在以简单闭曲线 C 为边界的有界闭区域$\overline{D}=D\cup C$上解析,且对于区域 D 内任意一点 z_0,都有$\oint_C \frac{f(z)}{(z-z_0)^2}dz=0$,试证明函数 $f(z)$ 在区域 D 内为常数.

9. 设函数 $f(z)$ 在区域 D 内解析,C 为 D 内任意一条正向简单闭曲线,其内部全属于区域 D,证明:对于任意 $z_0\in D$,都有$\oint_C \frac{f'(z)}{z-z_0}dz=\oint_C \frac{f(z)}{(z-z_0)^2}dz$.

10. 设 z_0 是 $n(n\geqslant 1)$ 阶多项式 $P(z)=a_0+a_1z+a_2z^2+\cdots+a_nz^n(a_n\neq 0)$ 的一个零点,即 $P(z_0)=0$. 请证明:

(1)$z^k-z_0^k=(z-z_0)(z^k+z^{k-2}z_0+\cdots+zz_0^{k-2}+z_0^{k-1})(k=2,3,\cdots,n)$.

(2) 存在 $n-1$ 阶多项式 $Q(z)$,使得 $P(z)=(z-z_0)Q(z)$.

本章小结

本章引入了复变函数积分的概念、运算性质，讨论了连续函数复积分与高等数学中的曲线积分的类似计算方法，并给出了柯西积分定理，从而揭示了区域与沿其内任意闭曲线积分的联系，进而得到柯西积分公式，使得闭区域内一点的函数值与其边界上的积分联系起来. 最后，由柯西积分公式推出柯西导数公式. 值得注意的是，柯西积分公式和高阶导数公式是复变函数理论特有的.

一、复变函数积分的概念

复变函数的积分定义与实一元函数定积分定义的形式一样，但是复变函数积分的要求更高.

复变函数 $f(z)$ 沿区域 D 内曲线 C 的积分存在的条件是：

(1)C 是分段光滑的曲线；(2) 函数在 C 上连续.

当函数 $f(z)=u(x,y)+\mathrm{i}v(x,y)$ 沿曲线 C 可积时，有

$$\int_C f(z)\mathrm{d}z=\int_C u(x,y)\mathrm{d}x-v(x,y)\mathrm{d}y+\mathrm{i}\int_C v(x,y)\mathrm{d}x+u(x,y)\mathrm{d}y$$

$$\int_C f(z)\mathrm{d}z=\int_\alpha^\beta f[z(t)]z'(t)\mathrm{d}t.$$

由此可见，我们可以将复变函数积分的计算转化为二元实函数曲线积分的计算.

二、柯西积分定理及其推广

柯西积分定理要求函数在单连通区域 D 内解析，则沿区域 D 内的闭曲线 C 积分为零. 在应用柯西定理时应注意条件，如果函数在区域 D 内有奇点，则定理的结论不一定成立. 如果不满足定理所需的条件，即函数有奇点或者是复连通区域，则需要应用闭路变形原理、复合闭路定理，以及公式 $\oint_C \frac{\mathrm{d}z}{z-z_0}=2\pi\mathrm{i}$ 进行计算.

如果函数在单连通区域 D 内解析，还可以应用类似于一元实函数积分的牛顿-莱布尼茨公式计算复积分

$$\int_{z_0}^{z_1} f(z)\mathrm{d}z = G(z_1) - G(z_0),$$

其中 $G(z)$ 是函数 $f(z)$ 的一个原函数.

三、柯西积分公式及其柯西导数公式

柯西积分公式表示了区域内一点的函数值与其边界上积分的联系，应用柯西积分公式应注意函数 $f(z)$ 在区域 D 上解析. 由柯西积分公式可推出平均值公式、最大模原理等，每一个结论都有其独立的应用和理论价值. 柯西积分公式的推广公式是柯西导数公式

$$f^{(n)}(z_0) = \frac{2\pi\mathrm{i}}{n!}\oint_C \frac{f(z)}{(z-z_0)^{n+1}}\mathrm{d}z \quad (n=0,1,2,\cdots).$$

这个公式的主要作用：

(1) 柯西积分公式把一个函数在 C 内部任一点的值用它在边界上的积分值表示；

(2) 一个解析函数不仅有一阶导数，还有各高阶导数，它的值也可以用函数在边界上积分值表示；

(3) 柯西导数公式的作用不在于通过积分来求导，而在于通过求导来计算积分，即有

$$\oint_C \frac{f(z)}{(z-z_0)^{n+1}}\mathrm{d}z = \frac{2\pi\mathrm{i}}{n!}f^{(n)}(z_0).$$

四、解析函数柯西导数公式的应用

柯西积分公式及柯西导数公式有着广泛的应用. 我们给出了柯西不等式、最大模原理、刘维尔定理和代数基本定理等作为柯西积分公式及柯西导数公式的应用案例. 这些例子理论性较强，读者适当地了解即可.

高斯

部分习题详解

知识拓展

自测题 3

一、选择题

1. 设 C 为从原点沿 $y^2 = x$ 到 $1+\mathrm{i}$ 的弧段，则 $\int_C (x+\mathrm{i}y^2)\mathrm{d}z =$ （　　）

A. $\frac{1}{6}-\frac{5}{6}\mathrm{i}$　　B. $-\frac{1}{6}+\frac{5}{6}\mathrm{i}$　　C. $-\frac{1}{6}-\frac{5}{6}\mathrm{i}$　　D. $\frac{1}{6}+\frac{5}{6}\mathrm{i}$

2. 设 C 为正向圆周 $|z| = 2$，则 $\oint_C \frac{\cos z}{(1-z)^2}\mathrm{d}z =$ （　　）

A. $-\sin 1$　　B. $\sin 1$　　C. $-2\pi\mathrm{i}\sin 1$　　D. $2\pi\mathrm{i}\sin 1$

3. 设 C 为正向圆周 $|z| = \frac{1}{2}$，则 $\oint_C \frac{z^3\cos\frac{1}{z-2}}{(1-z)^2}\mathrm{d}z =$ （　　）

A. $2\pi\mathrm{i}(3\cos 1-\sin 1)$　　B. 0

C. $6\pi\mathrm{i}\cos 1$　　D. $-2\pi\mathrm{i}\sin 1$

4. 设 $f(z) = \oint_{|\xi|=4} \frac{\mathrm{e}^{\xi}}{\xi - z}\mathrm{d}\xi$，其中 $|z| \neq 4$，则 $f'(\pi\mathrm{i}) =$ （　　）

A. $-2\pi\mathrm{i}$　　B. -1　　C. $2\pi\mathrm{i}$　　D. 1

5. 设 C 是从 0 到 $1+\frac{\pi}{2}\mathrm{i}$ 的直线段，则积分 $\int_C z\mathrm{e}^z\mathrm{d}z =$ （　　）

A. $1-\frac{\pi}{2}\mathrm{e}$　　B. $-1-\frac{\pi}{2}\mathrm{e}$　　C. $1+\frac{\pi}{2}\mathrm{e}\mathrm{i}$　　D. $1-\frac{\pi}{2}\mathrm{e}\mathrm{i}$

6. 设 C 为正向圆周 $|z-\mathrm{i}| = 1$，$a \neq \mathrm{i}$，则 $\oint_C \frac{z\cos z}{(a-\mathrm{i})^2}\mathrm{d}z =$ （　　）

A. $2\pi\mathrm{e}\mathrm{i}$　　B. $\frac{2\pi}{\mathrm{e}}\mathrm{i}$　　C. 0　　D. $\mathrm{i}\cos\mathrm{i}$

二、填空题

1. 设 C 为沿原点 $z=0$ 到点 $z=1+\mathrm{i}$ 的直线段，则 $\int_C 2\bar{z}\mathrm{d}z =$ ________.

2. 设 C 为正向圆周 $|z-4|=1$，则 $\int_C \frac{z^2-3z+2}{(z-4)^2}\mathrm{d}z=$ ________.

3. 设 $f(z)=\oint_{|\xi|=2}\frac{\sin\left(\frac{\pi}{2}\xi\right)}{\xi-z}\mathrm{d}\xi$，其中 $|z|\neq 2$，则 $f'(3)=$ ________.

4. 设 C 为负向圆周 $|z|=4$，则 $\oint_C \frac{\mathrm{e}^z}{(z-\pi\mathrm{i})^5}\mathrm{d}z=$ ________.

5. 解析函数在圆心处的值等于它在圆周上的________.

6. 设 $f(z)$ 在单连通域 D 内连续，且对于 D 内任何一条简单闭曲线 C 都有 $\oint_C f(z)\mathrm{d}z=0$，那么 $f(z)$ 在 D 内________.

三、计算题

1. 计算积分 $I=\oint_C \frac{z\,\mathrm{d}z}{(2z+1)(z-2)}$，其中 C 为：

(1) $|z|=1$；(2) $|z-2|=1$；(3) $|z-1|=\frac{1}{2}$；(4) $|z|=3$.

2. 计算积分 $\int_C \frac{z}{(z-1)(z+1)^2}\mathrm{d}z$，其中 C 为不经过点 1 与 -1 的正向简单闭曲线.

3. 计算积分 $\oint_{C=C_1+C_2}\frac{\sin z}{z^2}\mathrm{d}z$，其中 C_1：$|z|=1$ 为负向，C_2：$|z|=3$ 为正向.

4. 计算积分 $\oint_C \frac{\sin(\frac{\pi}{4}z)}{z^2-1}\mathrm{d}z$，其中 C 为正向圆周 $x^2+y^2-2x=0$.

5. 计算积分 $\oint_C \frac{6z}{(z^2-1)(z+2)}\mathrm{d}z$，其中 C 为正向圆周 $|z|=R$，$R>0$，$R\neq 1$ 且 $R\neq 2$.

6. 计算积分 $\oint_C \frac{\mathrm{d}z}{z^4+2z^2+2}$，其中 C 为正向圆周 $|z|=2$.

四、证明题

设 $f(z)$ 在单连通域 D 内解析，且满足 $|1-f(z)|<1, x\in D$，试证：

(1) 在区域 D 内处处有 $f(z)\neq 0$；

(2) 对于区域 D 内任意一条闭曲线 C，都有 $\oint_C \frac{f''(z)}{f(z)}\mathrm{d}z=0$.

五、计算证明题

计算积分 $\oint_{|z|=1}\frac{\mathrm{e}^z}{z}\mathrm{d}z$，并证明 $\int_0^{\pi}\mathrm{e}^{\cos\theta}\cos(\sin\theta)\mathrm{d}\theta=\pi$.

第 4 章　解析函数的级数表示

在高等数学中，我们曾经学习了实变函数的级数理论，本章将引进复变函数的级数理论. 复变函数的级数是研究解析函数的重要工具之一，将解析函数表示成级数，在理论上可以帮助我们掌握解析函数的性质，这对解决许多实际问题有着重要的意义.

本章的主要内容是复数项级数、复变函数项级数的一些基本概念和性质，重点介绍复变函数项级数中的最简单的级数 —— 幂级数和由正幂次项、负幂次项所组成的级数 —— 洛朗级数，并围绕如何将解析函数展开成幂级数或洛朗级数这一中心内容进行展开. 这两类级数在解决各种实际问题时有着广泛的应用，它们既是研究函数零点、奇点特别是极点的有力工具，又是幂级数法求解微分方程的理论基础.

复数项级数和复变函数项级数的某些概念和定理可以看作实数范围内相应内容在复数范围内的推广. 因此，在学习本章内容的时候，采用与高等数学中无穷级数相关内容相对比的方法来学习复变函数中的级数，你将获得较好的学习体会.

§4.1　复数项级数

4.1.1　复数列极限

定义4.1.1　设 $\{z_n\}=\{x_n+\mathrm{i}y_n\}(n=1,2,\cdots)$ 为**复数列(complex sequence)**，又 $z_0=x_0+\mathrm{i}y_0$ 为确定的复数，若对任意给定的 $\varepsilon>0$，总存在正整数 $N(\varepsilon)>0$，当 $n>N$ 时，有 $|z_n-z_0|<\varepsilon$ 成立，则称 z_0 为复数列 $\{z_n\}$ 在 $n\to\infty$ 时的**极限(limit)**，记作

$$\lim_{n\to\infty}z_n=z_0,$$

或称复数列$\{z_n\}$**收敛于 z_0(converge to z_0)**.

如果复数列$\{z_n\}$不收敛,则称复数列$\{z_n\}$为**发散数列(divergent sequence)**.

由定义 4.1.1 可知,复数列极限的定义与实数列极限的定义形式上完全一致,那么是否可以通过实数列的极限讨论它呢?接下来,我们给出这个问题的答案.

定理4.1.1 设 $z_n = x_n + \mathrm{i}y_n$,$z_0 = x_0 + \mathrm{i}y_0$,则$\lim\limits_{n\to\infty} z_n = z_0$ 的充分必要条件是

$$\lim_{n\to\infty} x_n = x_0, \lim_{n\to\infty} y_n = y_0.$$

证明 (1) 必要性.

已知$\lim\limits_{n\to\infty} z_n = z_0$,根据极限的定义,对任意给定的 $\varepsilon > 0$,总存在正整数 N,当 $n > N$ 时,有

$$|z - z_0| = |(x_n + \mathrm{i}y_n) - (x_0 + \mathrm{i}y_0)| < \varepsilon$$

成立,从而有

$$|x_n - x_0| \leqslant |z_n - z_0| = |(x_n - x_0) + \mathrm{i}(y_n - y_0)| < \varepsilon,$$

所以$\lim\limits_{n\to\infty} x_n = x_0$,同理可以证明$\lim\limits_{n\to\infty} y_n = y_0$.

(2) 充分性.

已知$\lim\limits_{n\to\infty} x_n = x_0$,$\lim\limits_{n\to\infty} y_n = y_0$,根据实数列极限的定义,对任意给定的 $\varepsilon > 0$,总存在正整数 N,当 $n > N$ 时,有

$$|x_n - x_0| < \frac{\varepsilon}{2}, |y_n - y_0| < \frac{\varepsilon}{2},$$

从而有

$$|z_n - z_0| = |(x_n - x_0) + \mathrm{i}(y_n - y_0)| \leqslant |x_n - x_0| + |y_n - y_0| < \frac{\varepsilon}{2} + \frac{\varepsilon}{2} = \varepsilon,$$

所以

$$\lim_{n\to\infty} z_n = z_0.$$

从这个定理中我们看到了复数列的收敛性完全归结为实数列的情形,于是有关实数列极限的结论均可以拿到复数列中使用.

例4.1.1 下列复数列是否收敛?如果收敛,求出其极限.

(1)$z_n = \left(1 + \dfrac{1}{n}\right)e^{\frac{\pi}{n}\mathrm{i}}$; (2)$z_n = n\cos(n\mathrm{i})$; (3)$z_n = \left(\dfrac{1+3\mathrm{i}}{6}\right)^n$.

解 (1) 由于 $z_n = \left(1 + \dfrac{1}{n}\right)e^{\frac{\pi}{n}\mathrm{i}} = \left(1 + \dfrac{1}{n}\right)\left(\cos\dfrac{\pi}{n} + \mathrm{i}\sin\dfrac{\pi}{n}\right)$,所以

$$z_n=\left(1+\frac{1}{n}\right)\cos\frac{\pi}{n}+\mathrm{i}\left(1+\frac{1}{n}\right)\sin\frac{\pi}{n}=x_n+\mathrm{i}y_n,$$

其中 $x_n=\left(1+\frac{1}{n}\right)\cos\frac{\pi}{n},y_n=\left(1+\frac{1}{n}\right)\sin\frac{\pi}{n}$. 又因为

$$\lim_{n\to\infty}x_n=1,\lim_{n\to\infty}y_n=0,$$

所以,数列 $z_n=\left(1+\frac{1}{n}\right)\mathrm{e}^{\frac{\pi}{n}\mathrm{i}}$ 收敛,且极限为 $\lim\limits_{n\to\infty}z_n=1$.

(2) 由于

$$z_n=n\cos(n\mathrm{i})=\frac{1}{2}n(\mathrm{e}^{-n}+\mathrm{e}^{n})=\frac{1}{2}n\mathrm{e}^{n}(\mathrm{e}^{-2n}+1),$$

从而,

$$\lim_{n\to\infty}z_n=\lim_{n\to\infty}\frac{1}{2}n\mathrm{e}^{n}(\mathrm{e}^{-2n}+1)=\infty,$$

所以,复数列 $\{z_n\}$ 发散.

(3) 首先,我们将这个复数列表示为三角形式. 设 $\frac{1+3\mathrm{i}}{6}=r\mathrm{e}^{\mathrm{i}\theta}$,则

$$z_n=\left(\frac{1+3\mathrm{i}}{6}\right)^n=r^n(\cos n\theta+\mathrm{i}\sin n\theta).$$

因为 $r=\left|\frac{1+3\mathrm{i}}{6}\right|=\frac{\sqrt{10}}{6}<1$,所以 $\lim\limits_{n\to\infty}r^n=0$,从而

$$\lim_{n\to\infty}r^n\cos n\theta=0,\lim_{n\to\infty}r^n\sin n\theta=0,$$

于是,有

$$\lim_{n\to\infty}z_n=0.$$

4.1.2 复数项级数

定义4.1.2 (1) 设复数列 $\{z_n\}=\{x_n+\mathrm{i}y_n\}\quad(n\in\mathbf{N}^*)$,称 $\sum\limits_{n=1}^{\infty}z_n$ 为**复数项无穷级数(infinite series of complex terms)**,简称**级数(series)**.

(2) 称 $S_n=z_1+z_2+\cdots+z_n$ 为复数项级数的**部分和(partial sum)**.

(3) 若部分和数列 $\{S_n\}$ 收敛,则称级数 $\sum\limits_{n=1}^{\infty}z_n$ **收敛(convergent)**,且 $\lim\limits_{n\to\infty}S_n=S$ 称为**级数的和(sum of series)**;如果数列 $\{S_n\}$ 不收敛,则称级数 $\sum\limits_{n=1}^{\infty}z_n$ **发散(divergent)**.

例4.1.2 当 $|z|<1$ 时，级数 $1+z+z^2+\cdots+z^n+\cdots$ 是否收敛？

解 因为部分和 $S_n(z)=1+z+z^2+\cdots+z^n=\dfrac{1-z^{n+1}}{1-z}=\dfrac{1}{1-z}-\dfrac{z^{n+1}}{1-z}$，由于 $|z|<1$，所以 $\lim\limits_{n\to\infty}|z|^{n+1}=0$，因此

$$\lim_{n\to\infty}\left|\frac{z^{n+1}}{1-z}\right|=\lim_{n\to\infty}\frac{|z|^{n+1}}{|1-z|}=0,$$

于是，$\lim\limits_{n\to\infty}\dfrac{z^{n+1}}{1-z}=0$，故

$$\lim_{n\to\infty}S_n=\lim_{n\to\infty}\left(\frac{1}{1-z}-\frac{z^{n+1}}{1-z}\right)=\frac{1}{1-z}.$$

所以，当 $|z|<1$ 时，级数 $1+z+z^2+\cdots+z^n+\cdots$ 收敛，且其和为 $\dfrac{1}{1-z}$.

接下来，我们探索判定级数 $\sum\limits_{n=1}^{\infty}z_n$ 敛散性的其他方法（非定义法）.

如果令 $x_k=\mathrm{Re}z_k,y_k=\mathrm{Im}z_k$，则有

$$S_n=\sum_{k=1}^{n}z_k=\sum_{k=1}^{n}x_k+\mathrm{i}\sum_{k=1}^{n}y_k.$$

因此，可得如下的定理.

定理4.1.2 复数项级数 $\sum\limits_{n=1}^{\infty}z_n$ 收敛的充分必要条件是实数项级数 $\sum\limits_{n=1}^{\infty}x_n$ 和 $\sum\limits_{n=1}^{\infty}y_n$ 都收敛.

证明 因为复数项级数的部分和

$S_n=z_1+z_2+\cdots+z_n=(x_1+x_2+\cdots+x_n)+\mathrm{i}(y_1+y_2+\cdots+y_n)=\sigma_n+\mathrm{i}\tau_n$，

其中 σ_n 和 τ_n 分别为级数 $\sum\limits_{n=1}^{\infty}x_n$ 和 $\sum\limits_{n=1}^{\infty}y_n$ 的部分和，根据定理 4.1.1 知数列 $\{S_n\}$ 有极限的充分必要条件是数列 $\{\sigma_n\}$，$\{\tau_n\}$ 存在极限，即级数 $\sum\limits_{n=1}^{\infty}x_n$ 和 $\sum\limits_{n=1}^{\infty}y_n$ 都收敛.

说明：定理 4.1.2 将复数项级数的敛散性的判定问题转化为实数项级数的敛散性判定问题，所以由实数项级数 $\sum\limits_{n=1}^{\infty}x_n$ 和 $\sum\limits_{n=1}^{\infty}y_n$ 收敛的必要条件，即 $\lim\limits_{n\to\infty}x_n=0$，$\lim\limits_{n\to\infty}y_n=0$ 可得复数项级数收敛的必要条件. 于是，下面的定理成立.

定理4.1.3 复数项级数$\sum_{n=1}^{\infty} z_n$收敛的必要条件是$\lim_{n\to\infty} z_n = 0$.

由于级数$\sum_{n=1}^{\infty} |z_n|$的各项为非负实数，所以它的收敛性可用高等数学中的正项级数的审敛法来判定. 那么，实数项级数$\sum_{n=1}^{\infty} |z_n|$的敛散性与复数项级数$\sum_{n=1}^{\infty} z_n$的敛散性有什么关系呢？

定理4.1.4 **(绝对收敛准则，criterion of absolute convergence)** 若实数项级数$\sum_{n=1}^{\infty} |z_n|$收敛，则复数项级数$\sum_{n=1}^{\infty} z_n$也收敛，并且$\left|\sum_{n=1}^{\infty} z_n\right| \leqslant \sum_{n=1}^{\infty} |z_n|$.

证明 (1) 因为$|x_n| \leqslant \sqrt{x_n^2 + y_n^2} = |z_n|$，$|y_n| \leqslant \sqrt{x_n^2 + y_n^2} = |z_n|$，由于实数项级数$\sum_{n=1}^{\infty} |z_n|$收敛，根据正项级数的比较审敛法可知，级数$\sum_{n=1}^{\infty} |x_n|$和$\sum_{n=1}^{\infty} |y_n|$均收敛，从而级数$\sum_{n=1}^{\infty} x_n$与$\sum_{n=1}^{\infty} y_n$收敛，由定理 4.1.2 可知复数项级数$\sum_{n=1}^{\infty} z_n$收敛.

(2) 考察级数$\sum_{n=1}^{\infty} z_n$和$\sum_{n=1}^{\infty} |z_n|$的部分和，根据三角不等式可得如下关系式

$$\left|\sum_{k=1}^{n} z_k\right| \leqslant \sum_{k=1}^{n} |z_k|,$$

对上式两边，令$n \to \infty$取极限，得

$$\lim_{n\to\infty}\left|\sum_{k=1}^{n} z_k\right| \leqslant \lim_{n\to\infty}\sum_{k=1}^{n} |z_k|,$$

即

$$\left|\sum_{k=1}^{\infty} z_k\right| \leqslant \sum_{k=1}^{\infty} |z_k|.$$

定义4.1.3 对于给定的复数项级数$\sum_{n=1}^{\infty} z_n$，如果它所对应的实数项级数$\sum_{n=1}^{\infty} |z_n|$收敛，则称复数项级数$\sum_{n=1}^{\infty} z_n$**绝对收敛(absolutely convergent)**.

我们注意到，由于$\sqrt{x_n^2 + y_n^2} \leqslant |x_n| + |y_n|$，所以当实数项级数$\sum_{n=1}^{\infty} x_n$和

$\sum_{n=1}^{\infty} y_n$ 都绝对收敛时,复数项级数 $\sum_{n=1}^{\infty} z_n$ 绝对收敛,再结合定理 4.1.4 的证明过程,可以得到下面的推论.

推论4.1.1 复数项级数 $\sum_{n=1}^{\infty} z_n$ 绝对收敛的充分必要条件是实数项级数 $\sum_{n=1}^{\infty} x_n$ 与 $\sum_{n=1}^{\infty} y_n$ 均绝对收敛.

注: 由高等数学中的知识可知,实数项级数 $\sum_{n=1}^{\infty} x_n$ 和 $\sum_{n=1}^{\infty} y_n$ 收敛并不意味着它们绝对收敛,所以根据推论 4.1.1 可知,如果复数项级数 $\sum_{n=1}^{\infty} z_n$ 收敛,那么该级数不一定绝对收敛.

定义4.1.4 若复数项级数 $\sum_{n=1}^{\infty} z_n$ 收敛,而实数项级数 $\sum_{n=1}^{\infty} |z_n|$ 不收敛,则我们把级数 $\sum_{n=1}^{\infty} z_n$ 称为**条件收敛(conditionally convergent)**. 也就是说,我们把非绝对收敛的收敛级数称为条件收敛.

例4.1.3 下列级数是否收敛?是否绝对收敛?

(1) $\sum_{n=1}^{\infty} \frac{1}{n}\left(1+\frac{\mathrm{i}}{n}\right)$; (2) $\sum_{n=1}^{\infty} \frac{(8\mathrm{i})^n}{n!}$; (3) $\sum_{n=1}^{\infty}\left[\frac{(-1)^n}{n}+\frac{1}{2^n}\mathrm{i}\right]$.

解 (1) 因为级数 $\sum_{n=1}^{\infty} \frac{1}{n}\left(1+\frac{\mathrm{i}}{n}\right)$ 的实部 $\sum_{n=1}^{\infty} x_n = \sum_{n=1}^{\infty} \frac{1}{n}$ 发散,虚部 $\sum_{n=1}^{\infty} y_n = \sum_{n=1}^{\infty} \frac{1}{n^2}$ 收敛,故级数 $\sum_{n=1}^{\infty} \frac{1}{n}\left(1+\frac{\mathrm{i}}{n}\right)$ 发散.

(2) 因为该级数的一般项的模为 $|z_n| = \left|\frac{(8\mathrm{i})^n}{n!}\right| = \frac{8^n}{n!}$,由正项级数比值审敛法,有

$$\lim_{n\to\infty} \frac{8^{n+1} n!}{(n+1)!8^n} = \lim_{n\to\infty} \frac{8}{n+1} = 0 < 1,$$

所以级数 $\sum_{n=1}^{\infty} \frac{8^n}{n!}$ 收敛,于是级数 $\sum_{n=1}^{\infty} \frac{(8\mathrm{i})^n}{n!}$ 也收敛,且为绝对收敛.

(3) 因为级数 $\sum_{n=1}^{\infty} \frac{(-1)^n}{n}$ 收敛,级数 $\sum_{n=1}^{\infty} \frac{1}{2^n}$ 收敛,所以级数 $\sum_{n=1}^{\infty}\left[\frac{(-1)^n}{n}+\frac{1}{2^n}\mathrm{i}\right]$ 收敛,但是级数 $\sum_{n=1}^{\infty} \frac{(-1)^n}{n}$ 为条件收敛,于是原级数非绝对收敛.

思考题 4.1

1. 复数项数列的极限与实数项数列的极限之间有什么关系?

2. 复数项级数与实数项级数之间有什么关系?

习题 4.1

1. 下列数列 $\{z_n\}$ 是否收敛?如果收敛,求出极限.

(1) $z_n=\frac{1+n\mathrm{i}}{1-n\mathrm{i}}$;　(2) $z_n=(-1)^n+\frac{\mathrm{i}}{n+1}$;

(3) $z_n=\frac{1}{n}\mathrm{e}^{-\frac{1}{2}n\pi\mathrm{i}}$;　(4) $z_n=\left(1+\frac{\mathrm{i}}{3}\right)^{-n}$.

2. 判定下列级数的敛散性,如果收敛,是绝对收敛还是条件收敛?

(1) $\sum_{n=1}^{\infty} \frac{\mathrm{i}^n}{n}$;　(2) $\sum_{n=1}^{\infty} \frac{(3+5\mathrm{i})^n}{n!}$;　(3) $\sum_{n=1}^{\infty} \frac{\cos(\mathrm{i}n)}{2^n}$;　(4) $\sum_{n=2}^{\infty} \frac{\mathrm{i}^n}{\ln n}$.

3. 已知复数项列 $z_n=z^n, n=1,2,3,\cdots$,请根据 z 的取值情况,讨论 z_n 极限的存在性.

§4.2　复变函数项级数

4.2.1　复变函数项级数

定义4.2.1　设 $f_1(z), f_2(z), \cdots, f_n(z), \cdots$ 为定义在区域 D 内的复变函数列,称表达式

$$\sum_{n=1}^{\infty} f_n(z) = f_1(z) + f_2(z) + \cdots + f_n(z) + \cdots$$

为区域 D 内的**复变函数项级数(series of complex variable functions)**.

该级数前 n 项的和

$$S_n(z) = f_1(z) + f_2(z) + \cdots + f_n(z)$$

称为复变函数项级数的**部分和(partial sum)**.

> **注:** 为了表达上的简便,我们将复变函数项级数简称为**函数项级数(series of functions)**或**级数(series)**.

定义4.2.2 由级数 $\sum\limits_{n=1}^{\infty} f_n(z)$ 的部分和构成的复数列 $\{S_n(z)\}(n = 1,2,3,\cdots)$,称为**部分和数列(partial sum sequence)**.

定义4.2.3 若部分和数列 $\{S_n(z)\}(n = 1,2,3,\cdots)$ 在区域 D 内的点 $z = z_0$ 处的极限

$$\lim_{n\to\infty} S_n(z_0) = S(z_0)$$

存在,则称级数 $\sum\limits_{n=1}^{\infty} f_n(z)$ 在点 $z = z_0$ 处**收敛(convergent)**,其极限值 $S(z_0)$ 称为该**级数的和(sum of series)**,记作

$$\sum_{n=1}^{\infty} f_n(z_0) = S(z_0).$$

定义4.2.4 如果级数 $\sum\limits_{n=1}^{\infty} f_n(z)$ 在区域 D 内的每一点 z 处都收敛于 $S(z)$,则称该级数在区域 D 上收敛于 $S(z)$,$S(z)$ 称为级数 $\sum\limits_{n=1}^{\infty} f_n(z)$ 的**和函数(sum function)**,记作

$$\sum_{n=1}^{\infty} f_n(z) = S(z),\text{或 } S(z) = \sum_{n=1}^{\infty} f_n(z).$$

例如,在例4.1.2中,当 $|z| < 1$ 时,级数 $\sum\limits_{n=1}^{\infty} z_n$ 收敛,其和函数为 $\dfrac{1}{1-z}$,即在区域 $|z| < 1$ 内,级数 $\sum\limits_{n=1}^{\infty} z_n$ 收敛于和函数 $\dfrac{1}{1-z}$.

下面研究复变函数项级数中最简单也是最常用的两类函数项级数:幂级数和洛朗级数(含有正幂项、负幂项的级数).这两类级数与解析函数有着密切的关系.

阿贝尔

4.2.2 幂级数的概念

定义4.2.5 我们把形如

$$\sum_{n=0}^{\infty} C_n (z-z_0)^n = C_0 + C_1(z-z_0) + C_2(z-z_0)^2 + \cdots + C_n(z-z_0)^n + \cdots$$

的级数称为$(z-z_0)$的**幂级数(power series)**,其中C_n,$n=1,2,3,\cdots$与z_0均为复常数.特别地,当$z_0=0$时,上述级数可简化为$\sum\limits_{n=0}^{\infty} C_n z^n$,我们称之为$z$的幂级数.今后,我们主要讨论$z$的幂级数,因为$(z-z_0)$的幂级数$\sum\limits_{n=0}^{\infty} C_n (z-z_0)^n$可以通过变量代换,如令$z-z_0=t$,可转化为变量$t$的幂级数$\sum\limits_{n=0}^{\infty} C_n t^n$.

对照复数项级数与实数项级数的定义及相关定理,容易发现它们之间有不少相似之处.实际上,对于幂级数而言,复数项的幂级数与实数项的幂级数也有一些相似的结论.

定理4.2.1 **(阿贝尔定理,Abel's theorem)**

(1) 如果幂级数$\sum\limits_{n=0}^{\infty} C_n z^n$在点$z=z_0(z_0\neq 0)$处收敛,则对满足$|z|<|z_0|$的一切$z$,幂级数$\sum\limits_{n=0}^{\infty} C_n z^n$绝对收敛.

(2) 如果幂级数$\sum\limits_{n=0}^{\infty} C_n z^n$在点$z=z_0(z_0\neq 0)$处发散,则对满足$|z|>|z_0|$的一切$z$,幂级数$\sum\limits_{n=0}^{\infty} C_n z^n$发散.

证明 (1) 由于幂级数$\sum\limits_{n=0}^{\infty} C_n z_0^n$收敛,由收敛的必要条件有$\lim\limits_{n\to\infty} C_n z_0^n = 0$,因而存在$M>0$,使得对所有$n$,有$|C_n z_0^n| < M$.

如果$|z|<|z_0|$,则$\left|\dfrac{z}{z_0}\right| = q < 1$,而且$|C_n z^n| = |C_n z_0^n| \cdot \left|\dfrac{z}{z_0}\right| < Mq^n$,

又级数 $\sum_{n=0}^{\infty} Mq^n$ 是公比小于 1 的等比级数，所以是收敛级数.

从而级数 $\sum_{n=0}^{\infty} |C_n z^n|$ 收敛，于是级数 $\sum_{n=0}^{\infty} C_n z^n$ 收敛，并且绝对收敛.

(2) 用反证法证明.

假设在 $|z|<|z_0|$ 的外部有一点 z_1，幂级数 $\sum_{n=0}^{\infty} C_n z^n$ 收敛，根据(1) 可知，它在 $|z|<|z_1|$ 内绝对收敛，而 $|z_0|<|z_1|$，所以幂级数 $\sum_{n=0}^{\infty} C_n z^n$ 在 z_0 处也收敛，这与已知条件矛盾，因此定理结论成立.

注：阿贝尔定理告诉我们，若已知幂级数在点 $z=z_0(z_0\neq 0)$ 处收敛，则可断定该幂级数在以 0 为中心，$|z_0|$ 为半径的圆周内部的任何点 z 处必收敛，且是绝对收敛；若已知幂级数在 $z=z_1$ 处发散，则可断定该幂级数在以 0 为中心，$|z_1|$ 为半径的圆周外的任何点 z 处必发散.

4.2.3　幂级数的收敛圆与收敛半径

利用阿贝尔定理，可以确定幂级数的收敛范围.

(1) 若对所有的正实数，幂级数 $\sum_{n=0}^{\infty} C_n z^n$ 都收敛，则幂级数 $\sum_{n=0}^{\infty} C_n z^n$ 在复平面内处处绝对收敛.

(2) 若对所有的正实数，除点 $z=0$ 外幂级数 $\sum_{n=0}^{\infty} C_n z^n$ 都是发散的，则幂级数 $\sum_{n=0}^{\infty} C_n z^n$ 在复平面内除原点外处处发散.

(3) 若 $z=\alpha$，α 为正实数时，幂级数 $\sum_{n=0}^{\infty} C_n z^n$ 收敛，则在以原点为中心，α 为半径的圆周内，幂级数 $\sum_{n=0}^{\infty} C_n z^n$ 绝对收敛；若 $z=\beta$，β 为正实数时，幂级数 $\sum_{n=0}^{\infty} C_n z^n$ 发散，则在以原点为中心，β 为半径的圆周 C_β 外，幂级数 $\sum_{n=0}^{\infty} C_n z^n$ 发散，显然 $\alpha<\beta$.

现在让 α 逐渐由小变大，圆周必定逐渐接近于一个以原点为中心，R 为半径

的圆周 C_R，在 C_R 内，幂级数 $\sum_{n=0}^{\infty} C_n z^n$ 绝对收敛，在 C_R 外，幂级数 $\sum_{n=0}^{\infty} C_n z^n$ 发散. 这样的圆和半径分别称为幂级数的收敛圆和收敛半径.

定义4.2.6 若存在实数 $R>0$，当 $|z|<R$ 时，幂级数 $\sum_{n=0}^{\infty} C_n z^n$ 绝对收敛，当 $|z|>R$ 时，幂级数 $\sum_{n=0}^{\infty} C_n z^n$ 发散，则称以 R 为半径的圆周为幂级数 $\sum_{n=0}^{\infty} C_n z^n$ 的**收敛圆(circle of convergence)**，R 称为**收敛半径(radius of convergence)**.

注: 在圆周 $|z|=R$ 上，幂级数 $\sum_{n=0}^{\infty} C_n z^n$ 可能收敛也可能发散，无法给出普遍性的结论，要对具体幂级数进行具体分析.

例4.2.1 求幂级数 $\sum_{n=0}^{\infty} z^n$ 的收敛范围与和函数.

解 幂级数的部分和为

$$S_n = 1 + z + z^2 + \cdots + z^{n-1} = \frac{1-z^n}{1-z} \quad (z \neq 1).$$

(1) 当 $|z|<1$ 时，由于 $\lim\limits_{n\to\infty} z^n = 0$，从而 $\lim\limits_{n\to\infty} S_n = \frac{1}{1-z}$，即当 $|z|<1$ 时，幂级数 $\sum_{n=0}^{\infty} z^n$ 收敛，其和函数为 $S = \frac{1}{1-z}$.

(2) 当 $|z|\geqslant 1$ 时，由于 $\lim\limits_{n\to\infty} z^n \neq 0$，故幂级数发散.

由以上讨论可知，幂级数 $\sum_{n=0}^{\infty} z^n$ 的收敛范围为 $|z|<1$，即单位圆域内幂级数绝对收敛，收敛半径为 1，和函数为 $\frac{1}{1-z}$.

4.2.4 幂级数收敛半径的求法

与实幂级数的情形类似，关于幂级数 $\sum_{n=0}^{\infty} C_n z^n$ 的收敛半径的求法，有如下定理.

定理4.2.2 设幂级数 $\sum_{n=0}^{\infty} C_n z^n$，若

$$\lim_{n\to\infty}\frac{|C_{n+1}|}{|C_n|}=\lambda\neq 0 \text{ 或} \lim_{n\to\infty}\sqrt[n]{|C_n|}=\lambda\neq 0,$$

则幂级数 $\sum_{n=0}^{\infty}C_nz^n$ 的收敛半径 $R=\frac{1}{\lambda}$.

说明:(1) 当 $\lambda=0$ 时,则对任何复数 z,幂级数 $\sum_{n=0}^{\infty}|C_n||z|^n$ 收敛,从而幂级数在复平面内处处收敛,即收敛半径 $R=+\infty$;

(2) 当 $\lambda=+\infty$ 时,则对复平面内除 $z=0$ 外的一切 z,幂级数 $\sum_{n=0}^{\infty}|C_n||z|^n$ 都发散,因此 $\sum_{n=0}^{\infty}C_nz^n$ 也发散,即 $R=0$.

(3) 以上求收敛半径 R 的方法都是针对不缺项的幂级数而言的,对于缺项的幂级数,可以直接用正项级数的比值法求解,或者转化为不缺项的幂级数后再使用定理 4.2.2.

例4.2.2 求下列幂级数的收敛半径:

(1) $\sum_{n=1}^{\infty}\frac{z^n}{n^3}$ (并讨论在收敛圆周上的情形); (2) $\sum_{n=0}^{\infty}z^n\cos(n\mathrm{i})$;

(3) $\sum_{n=1}^{\infty}\frac{(z-1)^n}{n}$ (讨论 $z=0,2$ 的情形); (4) $\sum_{n=1}^{\infty}(-\mathrm{i})^{n-1}\frac{(2n-1)}{2^n}z^{2n-1}$.

解 (1) 因为 $\lim_{n\to\infty}\left|\frac{C_{n+1}}{C_n}\right|=\lim_{n\to\infty}\left(\frac{n}{n+1}\right)^3=1$,所以收敛半径 $R=1$,故幂级数 $\sum_{n=1}^{\infty}\frac{z^n}{n^3}$ 在圆周 $|z|=1$ 内收敛,在 $|z|=1$ 外发散;在圆周 $|z|=1$ 上,幂级数 $\sum_{n=1}^{\infty}\left|\frac{z^n}{n^3}\right|=\sum_{n=1}^{\infty}\frac{1}{n^3}$ 收敛.

(2) 因为 $C_n=\cos(n\mathrm{i})=\frac{1}{2}(\mathrm{e}^n+\mathrm{e}^{-n})$,所以

$$\lim_{n\to\infty}\frac{|C_{n+1}|}{|C_n|}=\lim_{n\to\infty}\frac{\mathrm{e}^{n+1}+\mathrm{e}^{-(n+1)}}{\mathrm{e}^n+\mathrm{e}^{-n}}=\lim_{n\to\infty}\frac{\mathrm{e}+\mathrm{e}^{-2n-1}}{1+\mathrm{e}^{-2n}}=\mathrm{e},$$

故幂级数的收敛半径为 $\frac{1}{\mathrm{e}}$.

(3) 因为 $\lim\limits_{n\to\infty}\left|\dfrac{C_{n+1}}{C_n}\right|=\lim\limits_{n\to\infty}\dfrac{n}{n+1}=1$，所以幂级数的收敛半径 $R=1$. 又因为点 $z=0,z=2$ 均在收敛圆周 $|z-1|=1$ 上，所以

当 $z=0$ 时，级数 $\sum\limits_{n=1}^{\infty}\dfrac{(-1)^n}{n}$ 收敛；当 $z=2$ 时，级数 $\sum\limits_{n=1}^{\infty}\dfrac{1}{n}$ 发散.

因此在收敛圆周上，既有幂级数的收敛点，又有幂级数的发散点.

(4) 因为 $C_{2n}=0,C_{2n-1}=(-\mathrm{i})^{n-1}\dfrac{(2n-1)}{2^n}$，所以不能直接用公式求幂级数的收敛半径. 与实数项级数讨论类似，用比较审敛法，令

$$f_n(z)=(-\mathrm{i})^{n-1}\frac{(2n-1)}{2^n}z^{2n-1},$$

则

$$\lim_{n\to\infty}\left|\frac{f_{n+1}(z)}{f_n(z)}\right|=\lim_{n\to\infty}\frac{(2n+1)2^n}{(2n-1)2^{n+1}}\frac{|z|^{2n+1}}{|z|^{2n-1}}=\frac{1}{2}|z|^2.$$

因此，当 $\dfrac{1}{2}|z|^2<1$，即 $|z|<\sqrt{2}$ 时，幂级数绝对收敛；

当 $\dfrac{1}{2}|z|^2>1$，即 $|z|>\sqrt{2}$ 时，幂级数发散.

于是，幂级数 $\sum\limits_{n=1}^{\infty}(-\mathrm{i})^{n-1}\dfrac{(2n-1)}{2^n}z^{2n-1}$ 的收敛半径 $R=\sqrt{2}$.

说明：(1) 收敛圆周上的点未必都是收敛点，该圆周上的点的收敛性需要针对具体级数具体分析，如上面例题的第(3) 小题.

(2) 在求形如 $\sum\limits_{n=0}^{\infty}C_{2n}z^{2n}$ 或 $\sum\limits_{n=0}^{\infty}C_{2n+1}z^{2n+1}$ 的缺项幂级数的收敛半径时，若极限 $\lim\limits_{n\to\infty}\left|\dfrac{C_{2n}}{C_{2n+1}}\right|=L$，则原级数的收敛半径 $R=\sqrt{L}$，如上面例题的第(4) 小题.

4.2.5 幂级数的运算和性质

(1) 幂级数的四则运算

设幂级数 $f(z)=\sum\limits_{n=0}^{\infty}a_nz^n,g(z)=\sum\limits_{n=0}^{\infty}b_nz^n$ 的收敛半径分别为 R_1,R_2，并设 $R=\min(R_1,R_2)$，则当 $|z|<R$ 时，有

$$f(z)\pm g(z)=\sum_{n=0}^{\infty}a_nz^n\pm\sum_{n=0}^{\infty}b_nz^n=\sum_{n=0}^{\infty}(a_n\pm b_n)z^n,$$

$$\begin{aligned}f(z)g(z)&=(\sum_{n=0}^{\infty}a_nz^n)(\sum_{n=0}^{\infty}b_nz^n)\\&=a_0b_0+(a_0b_1+a_1b_0)z+(a_0b_2+a_1b_1+a_2b_0)z^2+\cdots\\&\quad+(a_0b_n+a_1b_{n-1}+\cdots+a_nb_0)z^n+\cdots.\end{aligned}$$

(2) 幂级数的复合运算

若当 $|z|<r$ 时，$f(z)=\sum_{n=0}^{\infty}a_nz^n$，又设函数 $g(z)$ 在 $|z|<R$ 内解析，且满足 $|g(z)|<r$，则当 $|z|<R$ 时，有 $f[g(z)]=\sum_{n=0}^{\infty}a_n[g(z)]^n$.

这个运算具有广泛的应用，常用来将函数间接地展为幂级数.

例4.2.3 把函数 $f(z)=\dfrac{1}{z-b}$ 表示成形如 $\sum_{n=0}^{\infty}C_n(z-a)^n$ 的幂级数，其中 a 与 b 是不相等的复常数.

解 因为

$$\frac{1}{z-b}=\frac{1}{(z-a)-(b-a)}=-\frac{1}{b-a}\cdot\frac{1}{1-\dfrac{z-a}{b-a}},$$

由例 4.2.1 知，当 $\left|\dfrac{z-a}{b-a}\right|<1$ 时，即当 $|z-a|<|b-a|$ 时，有

$$\frac{1}{1-\dfrac{z-a}{b-a}}=\sum_{n=0}^{\infty}\left(\frac{z-a}{b-a}\right)^n,$$

从而，得

$$\frac{1}{z-b}=-\sum_{n=0}^{\infty}\frac{(z-a)^n}{(b-a)^{n+1}}.$$

设 $|b-a|=R$，当 $|z-a|<R$ 时，上述级数收敛；当 $z=b$ 时，显然上述级数发散，即 $|z-a|>|b-a|=R$ 时幂级数发散，于是收敛半径 $R=|b-a|$.

我们也可以利用公式求收敛半径，因为

$$\lim_{n\to\infty}\left|\frac{C_{n+1}}{C_n}\right|=\lim_{n\to\infty}\frac{1}{|b-a|}=\frac{1}{|b-a|},$$

所以收敛半径为 $R=|b-a|$.

(3) 幂级数的和函数的性质

定理4.2.3 设幂级数 $\sum_{n=0}^{\infty} C_n z^n$ 的收敛半径为 R，其和函数为 $f(z)$，即 $f(z)=\sum_{n=0}^{\infty} C_n z^n$，则 $f(z)$ 具有如下性质.

(1) 和函数 $f(z)$ 在收敛圆 $|z|<R$ 内是解析函数，且可以逐项求导，即

$$f'(z)=\sum_{n=0}^{\infty}(C_n z^n)'=\sum_{n=1}^{\infty} nC_n z^{n-1}.$$

(2) 和函数 $f(z)$ 在收敛圆 $|z|<R$ 内是可积函数，且可以逐项积分，即

$$\int_C f(z)\mathrm{d}z=\sum_{n=0}^{\infty} C_n\int_C z^n\mathrm{d}z=\sum_{n=0}^{\infty}\frac{C_n}{n+1}z^{n+1},$$

其中 C 为收敛圆内的任一条曲线.

例4.2.4 试求给定幂级数在收敛圆内的和函数.

(1) $\sum_{n=1}^{\infty}(-1)^{n-1}nz^{n-1}$；　(2) $\sum_{n=1}^{\infty}(-1)^{n-1}\frac{1}{n}z^n$.

解 (1) 易得收敛半径 $R=1$，令 $S(z)=\sum_{n=1}^{\infty}(-1)^{n-1}nz^{n-1}$，则

当 $|z|<1$ 时，$\int_0^z S(z)\mathrm{d}z=\sum_{n=1}^{\infty}\int_0^z(-1)^{n-1}nz^{n-1}\mathrm{d}z=\sum_{n=1}^{\infty}(-1)^{n-1}z^n=\frac{z}{1+z}$，

所以，和函数为

$$S(z)=\left(\frac{z}{1+z}\right)'=\frac{1}{(1+z)^2}.$$

或者

$$S(z)=\sum_{n=1}^{\infty}(-1)^{n-1}(z^n)'=\left[\sum_{n=1}^{\infty}(-1)^{n-1}z^n\right]'=\left(\frac{z}{1+z}\right)'=\frac{1}{(1+z)^2}.$$

(2) 易见收敛半径 $R=1$，令 $S(z)=\sum_{n=1}^{\infty}(-1)^{n-1}\frac{1}{n}z^n$，则

当 $|z|<1$ 时，$S'(z)=\sum_{n=1}^{\infty}(-1)^{n-1}\left(\frac{1}{n}z^n\right)'=\sum_{n=1}^{\infty}(-1)^{n-1}z^{n-1}=\frac{1}{1+z}$，

所以，和函数为

$$S(z)=\int_0^z\frac{1}{1+z}\mathrm{d}z=\ln(1+z)\text{（主值）}.$$

思考题 4.2

1. 复数项幂级数是否具有收敛半径的概念?它与实幂级数收敛域有什么不同?

2. 幂级数的和函数在收敛圆周上是否处处收敛?这个和函数在收敛点上是否解析?

3. 幂级数的和函数有哪些分析性质?

习题 4.2

1. 求下列幂级数的收敛半径.

(1) $\sum\limits_{n=1}^{\infty}\dfrac{z^n}{n}$; (2) $\sum\limits_{n=1}^{\infty}\dfrac{n}{2^n}z^n$; (3) $\sum\limits_{n=1}^{\infty}\dfrac{(n!)^2}{n^n}z^n$; (4) $\sum\limits_{n=1}^{\infty}(1+\mathrm{i})^n z^n$.

2. 如果 $\lim\limits_{n\to\infty}\dfrac{C_{n+1}}{C_n}$ 存在($\neq\infty$),试证下列三个幂级数具有相同的收敛半径.

(1) $\sum\limits_{n=0}^{\infty}C_n z^n$(原级数);

(2) $\sum\limits_{n=0}^{\infty}\dfrac{C_n}{n+1}z^{n+1}$(对原级数逐项积分后所得的级数);

(3) $\sum\limits_{n=1}^{\infty}nC_n z^{n-1}$(对原级数逐项求导后得到的级数).

3. 如果级数 $\sum\limits_{n=0}^{\infty}C_n z^n$ 的收敛半径为 R,请证明:级数 $\sum\limits_{n=0}^{\infty}(\mathrm{Re}C_n)z^n$ 的收敛半径不小于 R.[提示:$|(\mathrm{Re}C_n)z^n|<|C_n||z|^n$]

4. 设级数 $\sum\limits_{n=0}^{\infty}c_n$ 收敛,而级数 $\sum\limits_{n=0}^{\infty}|c_n|$ 发散,请证明:$\sum\limits_{n=0}^{\infty}c_n z^n$ 的收敛半径为 1.

5. 如果级数 $\sum\limits_{n=0}^{\infty}c_n z^n$ 在它的收敛圆的圆周上一点 z_0 处绝对收敛,请证明:该级数在它的收敛圆所围成的闭区域上绝对收敛.

§4.3 解析函数的泰勒级数

前面讨论了已知幂级数,如何求收敛半径、收敛圆以及和函数,并且知道和函数在它的收敛圆内是一个解析函数,接下来研究与此相反的问题,即任何一个解析函数是否能用幂级数来表示. 下面的定理将给出问题答案.

4.3.1 泰勒级数

定理4.3.1 **(泰勒展开定理,Taylor expansion theorem)** 设函数 $f(z)$ 在区域 D 内解析,z_0 为区域 D 内一点,R 为 z_0 到区域 D 的边界上各点的最短距离,则当 $|z-z_0|<R$ 时,函数 $f(z)$ 可展为幂级数

$$f(z)=\sum_{n=0}^{\infty}C_n(z-z_0)^n,$$

其中 $C_n=\frac{1}{n!}f^{(n)}(z_0)(n=0,1,2,\cdots)$.

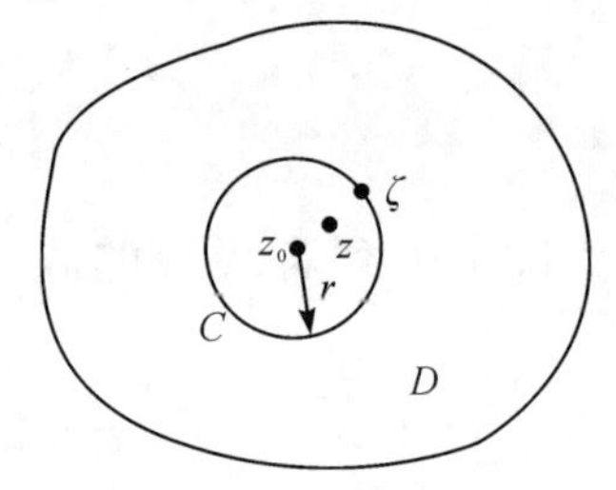

图 4-3-1 区域 D 上的圆周

证明 设函数 $f(z)$ 在区域 D 内解析,则对于区域 D 内任一个以 $z_0\in D$ 为圆心,r 为半径的圆周 C:$|z-z_0|=r$ (C 取正方向) 内的点 z(见图 4-3-1),根据柯西积分公式,得

$$f(z)=\frac{1}{2\pi i}\oint_C\frac{f(\zeta)}{(\zeta-z)}d\zeta \tag{4.3.1}$$

由于 z 在 C 内,ζ 在 C 上,所以 $\left|\frac{z-z_0}{\zeta-z_0}\right|<1$,因此

$$\frac{1}{\zeta-z}=\frac{1}{(\zeta-z_0)-(z-z_0)}=\frac{1}{\zeta-z_0}\left(\frac{1}{1-\frac{z-z_0}{\zeta-z_0}}\right)$$

$$=\frac{1}{\zeta-z_0}\sum_{n=0}^{\infty}\left(\frac{z-z_0}{\zeta-z_0}\right)^n=\sum_{n=0}^{\infty}\frac{(z-z_0)^n}{(\zeta-z_0)^{n+1}},$$

将其代入(4.3.1) 式,得

$$
\begin{aligned}
f(z) &= \frac{1}{2\pi i}\oint_C f(\zeta)\sum_{n=0}^{\infty}\frac{(z-z_0)^n}{(\zeta-z_0)^{n+1}}d\zeta \\
&= \sum_{n=0}^{N-1}\left[\frac{1}{2\pi i}\oint_C \frac{f(\zeta)d\zeta}{(\zeta-z_0)^{n+1}}\right](z-z_0)^n \\
&\quad + \frac{1}{2\pi i}\oint_C\left[\sum_{n=N}^{\infty}\frac{f(\zeta)}{(\zeta-z_0)^{n+1}}(z-z_0)^n\right]d\zeta,
\end{aligned}
$$

根据柯西导数公式,有

$$
f(z) = \sum_{n=0}^{N-1}\frac{f^{(n)}(z_0)}{n!}(z-z_0)^n + R_N(z), \tag{4.3.2}
$$

其中 $R_N(z) = \frac{1}{2\pi i}\oint_C\left[\sum_{n=N}^{\infty}\frac{f(\zeta)}{(\zeta-z_0)^{n+1}}(z-z_0)^n\right]d\zeta$.

若能证明 $\lim\limits_{N\to\infty}R_N(z)=0$ 在 C 内成立,由(4.3.2)式可得

$$
f(z) = \sum_{n=0}^{\infty}\frac{f^{(n)}(z_0)}{n!}(z-z_0)^n \quad (\text{在 } C \text{ 内成立}),
$$

即在 C 所围成的区域内,函数 $f(z)$ 可用幂级数表示.

下面证明 $\lim\limits_{N\to\infty}R_N(z)=0$.

令 $\left|\frac{z-z_0}{\zeta-z_0}\right| = \frac{|z-z_0|}{r} = q<1$,由于函数 $f(z)$ 在 D 内解析,从而在 C 上连续,于是 $f(z)$ 在 C 上有界,即存在一个 $M>0$,在 C 上 $|f(\zeta)|\leqslant M$,由 $R_N(z)$ 表达式,得

$$
\begin{aligned}
|R_N(z)| &\leqslant \frac{1}{2\pi}\oint_C\left|\sum_{n=N}^{\infty}\frac{f(\zeta)}{(\zeta-z_0)^{n+1}}(z-z_0)^n\right|ds \\
&\leqslant \frac{1}{2\pi}\oint_C\left[\sum_{n=N}^{\infty}\frac{|f(\zeta)|}{|\zeta-z_0|}\cdot\left|\frac{z-z_0}{\zeta-z_0}\right|^n\right]ds \leqslant \frac{1}{2\pi}\oint_C\sum_{n=N}^{\infty}\frac{M}{r}q^n ds \\
&= \frac{1}{2\pi}\sum_{n=N}^{\infty}\frac{M}{r}q^n\cdot 2\pi r = \frac{Mq^N}{1-q}.
\end{aligned}
$$

因为,当 $q<1$ 时, $\lim\limits_{N\to\infty}\frac{Mq^N}{1-q} = \frac{M}{1-q}\lim\limits_{N\to\infty}q^N = 0$,所以在 C 内 $\lim\limits_{N\to\infty}R_N(z) = 0$. 从而在 C 内有

$$
f(z) = \sum_{n=0}^{\infty}\frac{f^{(n)}(z_0)}{n!}(z-z_0)^n.
$$

说明：(1) 表示式 $f(z)=\sum_{n=0}^{\infty}C_n(z-z_0)^n$ 称为函数 $f(z)$ 在 z_0 的**泰勒展开式(Taylor expansion)**，右端的级数称为函数 $f(z)$ 在 z_0 的**泰勒级数(Taylor series)**.

(2) 在函数 $f(z)$ 的泰勒展开式中，若取 $z_0=0$，所得的展开式称作**麦克劳林展开式(Maclaurin expansion)**.

(3) 若函数 $f(z)$ 有有限个奇点，那么 $f(z)$ 在 z_0 的泰勒展开式成立的 R 就等于从 z_0 到 $f(z)$ 的最近一个奇点 α 之间的距离，即 $R=|\alpha-z_0|$.

(4) 利用泰勒级数可把函数展开成幂级数，但这种展开式是否唯一呢？

设函数 $f(z)$ 在 z_0 用另外的方法展开成幂级数为

$$f(z)=a_0+a_1(z-z_0)+a_2(z-z_0)^2+\cdots+a_n(z-z_0)^n+\cdots,$$

那么可以推出

$$f(z_0)=a_0,f'(z_0)=a_1,\cdots,a_n=\frac{1}{n!}f^{(n)}(z_0),\cdots.$$

由此可见，任何解析函数展开成幂级数的结果就是泰勒级数，且展开式是唯一的.

(5) 由上面定理及幂级数性质可以得到一个重要性质，即函数在一点解析的充分必要条件是它在这一点的邻域内可以展开为幂级数.

下面我们介绍两种将函数展开为幂级数的方法.

4.3.2 利用直接法将函数展开成幂级数

直接通过计算系数 $C_n=\frac{1}{n!}f^{(n)}(z_0)(n=0,1,2,3,\cdots)$，把函数展开成幂级数.

例4.3.1 求下列函数的麦克劳林级数.

(1) $f(z)=\mathrm{e}^z$； (2) $f(z)=\sin z$.

解 (1) 因为 $f(z)=\mathrm{e}^z$ 的 n 阶导数为

$$f^{(n)}(z)=\mathrm{e}^z,\ f^{(n)}(0)=1\quad(n=0,1,2,3,\cdots),$$

所以，其麦克劳林级数的系数为 $C_n=\frac{f^{(n)}(0)}{n!}=\frac{1}{n!}$. 从而，函数 $f(z)=\mathrm{e}^z$ 的泰勒

展开式为

$$e^z=\sum_{n=0}^{\infty}\frac{z^n}{n!}.$$

这个级数的收敛圆可以用以下两种方法来确定.

① 从幂级数的系数求,即

$$\frac{1}{R}=\lim_{n\to\infty}\frac{n!}{(n+1)!}=0,$$

所以,收敛半径 $R=+\infty$,相应的收敛圆为全平面.

② 因为 e^z 在整个复平面内处处解析,故在 $|z|<\infty$ 内可展开为泰勒级数,因此级数的收敛圆就是 $|z|<+\infty$.

(2) 函数 $f(z)=\sin z$ 展开成的麦克劳林级数为

$$f(z)=\sin z=z-\frac{1}{3!}z^3+\frac{1}{5!}z^5+\cdots+(-1)^n\frac{z^{2n+1}}{(2n+1)!}+\cdots,$$

因为函数 $\sin z$ 在整个复平面内处处解析,所以收敛圆为 $|z|<+\infty$.

4.3.3　利用间接法将函数展开成幂级数

借助于已知函数的展开式,利用幂级数的运算性质和分析性质,以唯一性为理论依据得到函数的泰勒展开式.

几个常用函数的展开式:

(1) $\dfrac{1}{1-z}=\sum_{n=0}^{\infty}z^n\quad(|z|<1)$;

(2) $e^z=\sum_{n=0}^{\infty}\dfrac{z^n}{n!}\quad(|z|<+\infty)$;

(3) $\sin z=\sum_{n=0}^{\infty}(-1)^n\dfrac{z^{2n+1}}{(2n+1)!}\quad(|z|<+\infty)$;

(4) $\cos z=\sum_{n=0}^{\infty}(-1)^n\dfrac{z^{2n}}{(2n)!}\quad(|z|<+\infty)$;

(5) $\sinh z=\sum_{n=0}^{\infty}\dfrac{z^{2n+1}}{(2n+1)!}\quad(|z|<+\infty)$;

(6) $\cosh z=\sum_{n=0}^{\infty}\dfrac{z^{2n}}{(2n)!}\quad(|z|<+\infty)$.

注:对 $\sin z=\sum_{n=0}^{\infty}(-1)^n\frac{z^{2n+1}}{(2n+1)!}$ 两边求导,可得

$$\cos z=\sum_{n=0}^{\infty}(-1)^n\frac{z^{2n}}{(2n)!}\quad(|z|<+\infty).$$

例4.3.2 把函数 $f(z)=\frac{1}{(1-z)^2}$ 展开成 z 的幂级数.

解 由于函数 $f(z)=\frac{1}{(1-z)^2}$ 在圆域 $|z|<1$ 内处处解析,所以在 $|z|<1$ 内可展开成 z 的幂级数,又因为

$$\frac{1}{1-z}=1+z+z^2+\cdots+z^n+\cdots=\sum_{n=0}^{\infty}z^n\quad(|z|<1),$$

上式两边逐项求导,即得所求展开式

$$f(z)=\frac{1}{(1-z)^2}=1+2z+3z^2+\cdots+nz^{n-1}+\cdots=\sum_{n=1}^{\infty}nz^{n-1},$$

即

$$f(z)=\frac{1}{(1-z)^2}=\sum_{n=1}^{\infty}nz^{n-1}\quad(|z|<1).$$

例4.3.3 求对数函数的主值 $f(z)=\ln(1+z)$ 在 $z=0$ 处的泰勒展开式.

解 因为函数 $f(z)=\ln(1+z)$ 在 $|z|<1$ 内处处解析,所以在 $|z|<1$ 内可展开成 z 的幂级数.

又因为

$$[\ln(1+z)]'=\frac{1}{1+z}=\sum_{n=0}^{\infty}(-1)^nz^n=1-z+z^2-z^3+\cdots,$$

所以,在 $|z|<1$ 内任取一条从 0 到 z 的积分路线 C,上式两端沿路线 C 逐项积分,有

$$\int_0^z\frac{dz}{1+z}=\int_0^z dz-\int_0^z zdz+\int_0^z z^2dz-\cdots+(-1)^n\int_0^z z^ndz+\cdots,$$

即

$$f(z)=\ln(1+z)=z-\frac{1}{2}z^2+\frac{1}{3}z^3-\cdots+\frac{(-1)^n}{n+1}z^{n+1}+\cdots$$

$$=\sum_{n=0}^{\infty}\frac{(-1)^n}{n+1}z^{n+1}\quad(|z|<1).$$

*例4.3.4 将函数 $f(z)=\mathrm{e}^z\cos z$ 及 $g(z)=\mathrm{e}^z\sin z$ 展开成 z 的幂级数.

解 因为

$$\mathrm{e}^z(\cos z+\mathrm{i}\sin z)=\mathrm{e}^z\cdot\mathrm{e}^{\mathrm{i}z}=\mathrm{e}^{(1+\mathrm{i})z}=\mathrm{e}^{(\sqrt{2}\mathrm{e}^{\frac{\pi}{4}\mathrm{i}})z},$$

$$=1+\sqrt{2}\mathrm{e}^{\frac{\pi}{4}\mathrm{i}}z+\sum_{n=2}^{\infty}\frac{(\sqrt{2})^n\mathrm{e}^{\frac{n\pi}{4}\mathrm{i}}z^n}{n!}.$$

$$\mathrm{e}^z(\cos z-\mathrm{i}\sin z)=\mathrm{e}^z\cdot\mathrm{e}^{-\mathrm{i}z}=\mathrm{e}^{(1-\mathrm{i})z}=\mathrm{e}^{(\sqrt{2}\mathrm{e}^{-\frac{\pi}{4}\mathrm{i}})z}$$

$$=1+\sqrt{2}\mathrm{e}^{-\frac{\pi}{4}\mathrm{i}}z+\sum_{n=2}^{\infty}\frac{(\sqrt{2})^n\mathrm{e}^{-\frac{n\pi}{4}\mathrm{i}}z^n}{n!},$$

所以,上面两式相加除 2,得

$$f(z)=\mathrm{e}^z\cos z=1+\sqrt{2}\cos\frac{\pi}{4}z+\sum_{n=2}^{\infty}\frac{(\sqrt{2})^n\cos\frac{n\pi}{4}}{n!}z^n\quad(|z|<+\infty).$$

同理,上面两式相减除 2i,得

$$g(z)=\mathrm{e}^z\sin z=1+\sqrt{2}\sin\frac{\pi}{4}z+\sum_{n=2}^{\infty}\frac{(\sqrt{2})^n\sin\frac{n\pi}{4}}{n!}z^n\quad(|z|<+\infty).$$

4.3.4 将函数展成 $z-z_0$ 的幂级数

借助于已知函数的展开式,只要将展开式中的 z 替换为 $z-z_0$,即可得到 $z-z_0$ 的幂级数.值得注意的是,要对收敛域进行相应的变换.

例4.3.5 将函数 $f(z)=\dfrac{1}{z-2}$ 在 $z=-1$ 处展开成泰勒级数.

解 由题意可知,将函数 $f(z)$ 展开为 $\sum\limits_{n=0}^{\infty}C_n(z+1)^n$ 形式.

因为 $f(z)=\dfrac{1}{z-2}$ 只有一个奇点 $z=2$,其收敛半径 $R=|2-(-1)|=3$,所以函数在圆域 $|z+1|<3$ 内可以展开为 $z+1$ 的幂级数.

$$\frac{1}{z-2}=\frac{1}{z+1-3}=-\frac{1}{3}\frac{1}{1-\frac{z+1}{3}}$$

$$=-\frac{1}{3}\left[1+\frac{z+1}{3}+\left(\frac{z+1}{3}\right)^2+\left(\frac{z+1}{3}\right)^3+\cdots+\left(\frac{z+1}{3}\right)^n+\cdots\right]$$

$$=-\sum_{n=0}^{\infty}\frac{1}{3^{n+1}}(z+1)^n\quad(|z+1|<3).$$

例4.3.6 将函数 $f(z)=\dfrac{1}{(1-z)^2}$ 展开为 $z-\mathrm{i}$ 的幂级数.

解 因为函数 $f(z)$ 只有一个奇点 $z=1$,所以收敛半径 $R=|1-\mathrm{i}|=\sqrt{2}$,于是函数在 $|z-\mathrm{i}|<\sqrt{2}$ 内可以展开为 $z-\mathrm{i}$ 的幂级数.

$$f(z)=\frac{1}{(1-z)^2}=\left(\frac{1}{1-z}\right)'=\left[\frac{1}{1-\mathrm{i}-(z-\mathrm{i})}\right]'=\left(\frac{1}{1-\mathrm{i}}\frac{1}{1-\frac{z-\mathrm{i}}{1-\mathrm{i}}}\right)'$$

$$=\left\{\frac{1}{1-\mathrm{i}}\left[1+\frac{z-\mathrm{i}}{1-\mathrm{i}}+\left(\frac{z-\mathrm{i}}{1-\mathrm{i}}\right)^2+\cdots+\left(\frac{z-\mathrm{i}}{1-\mathrm{i}}\right)^n+\cdots\right]\right\}'$$

$$=\frac{1}{1-\mathrm{i}}\left\{1'+\left(\frac{z-\mathrm{i}}{1-\mathrm{i}}\right)'+\left[\left(\frac{z-\mathrm{i}}{1-\mathrm{i}}\right)^2\right]'+\cdots+\left[\left(\frac{z-\mathrm{i}}{1-\mathrm{i}}\right)^n\right]'+\cdots\right\}$$

$$=\frac{1}{1-\mathrm{i}}\left[\frac{1}{1-\mathrm{i}}+\frac{2}{1-\mathrm{i}}\left(\frac{z-\mathrm{i}}{1-\mathrm{i}}\right)+\cdots+\frac{n}{1-\mathrm{i}}\left(\frac{z-\mathrm{i}}{1-\mathrm{i}}\right)^{n-1}+\cdots\right]$$

$$=\frac{1}{(1-\mathrm{i})^2}\left[1+2\left(\frac{z-\mathrm{i}}{1-\mathrm{i}}\right)+\cdots+n\left(\frac{z-\mathrm{i}}{1-\mathrm{i}}\right)^{n-1}+\cdots\right]$$

$$=\sum_{n=0}^{\infty}\frac{(n+1)}{(1-\mathrm{i})^{n+2}}(z-\mathrm{i})^n\quad(|z-\mathrm{i}|<\sqrt{2}).$$

注: 收敛半径的计算公式为 $R=|$ 奇点 $-$ 圆心 $|$.

例4.3.7 将函数 $f(z)=\dfrac{z}{z^2-z-2}$ 在 $z=1$ 处展开为泰勒级数.

解 将函数分解为 $f(z)=\dfrac{z}{z^2-z-2}=\dfrac{\frac{1}{3}}{z+1}+\dfrac{\frac{2}{3}}{z-2}$,

因为

(1) $$\frac{1}{3}\cdot\frac{1}{z+1}=\frac{1}{3}\cdot\frac{1}{z-1+2}=\frac{1}{6}\cdot\frac{1}{1+\frac{z-1}{2}}$$

$$=\frac{1}{6}\left[1-\frac{z-1}{2}+\left(\frac{z-1}{2}\right)^2-\left(\frac{z-1}{2}\right)^3+\cdots+\left(\frac{z-1}{2}\right)^n+\cdots\right]$$

$$=\frac{1}{6}\sum_{n=0}^{\infty}\frac{(-1)^n}{2^n}(z-1)^n\quad(|z-1|<2).$$

(2) $\frac{2}{3}\cdot\frac{1}{z-2}=\frac{2}{3}\cdot\frac{1}{(z-1)-1}=-\frac{2}{3}\frac{1}{1-(z-1)}$

$$=-\frac{2}{3}[1+(z-1)+(z-1)^2+(z-1)^3+\cdots+(z-1)^n+\cdots]$$

$$=-\frac{2}{3}\sum_{n=0}^{\infty}(z-1)^n \quad (|z-1|<1).$$

所以,在圆域 $|z-1|<1$ 内,上述两个级数均收敛,可以逐项相加,得

$$f(z)=\frac{z}{z^2-z-2}=\frac{1}{6}\sum_{n=0}^{\infty}\frac{(-1)^n}{2^n}(z-1)^n-\frac{2}{3}\sum_{n=0}^{\infty}(z-1)^n$$

$$=\frac{1}{3}\sum_{n=0}^{\infty}\left[\frac{(-1)^n}{2^{n+1}}-2\right](z-1)^n \quad (|z-1|<1).$$

上式即为所求函数的展开式.

由以上讨论可得出以下两条结论:

(1) 幂级数 $\sum_{n=0}^{\infty}C_n(z-z_0)^n$ 在收敛圆 $|z-z_0|<R$ 内的和函数是解析函数;

(2) 在圆域 $|z-z_0|<R$ 内的解析函数 $f(z)$ 必能在 z_0 展为幂级数 $\sum_{n=0}^{\infty}C_n(z-z_0)^n$.

思考题 4.3

1. 基本初等复变函数的泰勒展开式与基本初等实变函数的泰勒展开式有什么关系?

2. 任何复变函数都可以展为幂级数吗?

3. 怎样将复变函数展为泰勒级数?

4. 复变函数的奇点与幂级数展开式的收敛半径有什么关系?

习题 4.3

1. 将下列函数在指定点 z_0 处展开为泰勒级数，并指出其收敛域.

(1) $\sin z^2 \quad (z_0 = 0)$； (2) $e^{2z} \quad (z_0 = 0)$；

(3) $e^z \quad (z_0 = 1)$； (4) $\dfrac{1}{z} \quad (z_0 = 1)$.

2. 将下列函数在指定点 z_0 处展开为泰勒级数，并指出收敛半径.

(1) $\dfrac{z-1}{z+1} \quad (z_0 = 1)$； (2) $\dfrac{1}{4-3z} \quad (z_0 = 1+i)$；

(3) $\dfrac{z}{(z+1)(z+2)} \quad (z_0 = 2)$； (4) $\dfrac{1}{z^2} \quad (z_0 = -1)$.

3. 将下列函数展开为麦克劳林级数.

(1) $\dfrac{1}{(1-z)^2}$； (2) $\arctan z$.

§4.4 解析函数的洛朗级数

泰勒级数是解析函数 $f(z)$ 在区域 D 内任一解析点的展开式，但在实际应用中，常需将函数在奇点 z_0 附近展开，即在挖去不解析点 z_0 后所得到的环形区域内将函数展开成幂级数. 此时，要引入一个新的级数，即洛朗级数. 它和泰勒级数一样，都是研究函数的有力工具.

洛朗

4.4.1 洛朗级数

定义4.4.1 形如 $\sum\limits_{n=-\infty}^{+\infty} C_n (z-z_0)^n$ 的级数称为**洛朗级数(Laurent series)**，其中系数 $C_n (n = 0, \pm 1, \pm 2, \cdots)$ 为复数，称为**洛朗系数(Laurent coefficient)**.

考察洛朗级数

$$\sum_{n=-\infty}^{\infty} C_n(z-z_0)^n = \cdots + C_{-n}(z-z_0)^{-n} + \cdots + C_{-1}(z-z_0)^{-1} + C_0 + C_1(z-z_0) + \cdots + C_n(z-z_0)^n + \cdots = \sum_{n=0}^{+\infty} C_n(z-z_0)^n + \sum_{n=-1}^{-\infty} C_n(z-z_0)^n \tag{4.4.1}$$

定义4.4.2 (4.4.1) 式中的项 $\sum_{n=0}^{\infty} C_n(z-z_0)^n$ 称为该洛朗级数的**正幂项部分(positive power term)**,项 $\sum_{n=-1}^{-\infty} C_n(z-z_0)^n$ 称为该洛朗级数的**负幂项部分(negative power term)**.

定义4.4.3 对于洛朗级数 $\sum_{n=-\infty}^{\infty} C_n(z-z_0)^n$,当其正幂项部分 $\sum_{n=0}^{\infty} C_n(z-z_0)^n$ 和负幂项部分 $\sum_{n=1}^{\infty} C_{-n}(z-z_0)^{-n}$ 都收敛时,称该洛朗级数**收敛(convergent)**.

对于正幂项部分

$$\sum_{n=0}^{\infty} C_n(z-z_0)^n, \tag{4.4.2}$$

它与高等数学中的幂级数类似,设其收敛半径为 R_2,则当 $|z-z_0|<R_2$ 时,幂级数(4.4.2) 收敛,当 $|z-z_0|>R_2$ 时,幂级数(4.4.2) 发散.

对于负幂项部分

$$\sum_{n=-1}^{-\infty} C_n(z-z_0)^n, \tag{4.4.3}$$

若令 $(z-z_0)^{-1}=\zeta$,则级数(4.4.3) 化为 $\sum_{n=1}^{\infty} C_{-n}\zeta^n$,它是关于 ζ 的幂级数,设收敛半径为 R,则当 $|\zeta|<R$ 时,幂级数(4.4.3) 收敛,当 $|\zeta|>R$ 时,幂级数(4.4.3) 发散.

又因为 $\zeta=\dfrac{1}{z-z_0}$,所以当 $\dfrac{1}{|z-z_0|}<R$,即 $|z-z_0|>\dfrac{1}{R}=R_1$ 时,幂级数(4.4.3) 收敛;当 $\dfrac{1}{|z-z_0|}>R$,即 $|z-z_0|<\dfrac{1}{R}=R_1$ 时,幂级数(4.4.3) 发散.

通过上述分析,我们得到关于洛朗级数敛散性的三条结论.

(1) 当 $R_1 > R_2$ 时，幂级数(4.4.2) 与(4.4.3) 没有公共的收敛范围，所以幂级数(4.4.1) 发散.

(2) 当 $R_1 < R_2$ 时，幂级数(4.4.2) 与(4.4.3) 的收敛范围是圆环域 $R_1 < |z - z_0| < R_2$.

所以幂级数(4.4.1) 在圆环域 $R_1 < |z - z_0| < R_2$ 内收敛，在圆环域外发散.

(3) 在圆环域边界 $R_1 = |z - z_0|$ 及 $|z - z_0| = R_2$ 处，幂级数(4.4.1) 可能存在一些收敛的点，同时存在一些发散的点.

注: (1) 圆环域的内收敛半径 R_1 可能为零，外半径可能为无穷大，即 $0 < |z - z_0| < +\infty$.

(2) 幂级数在收敛圆内所具有的许多性质，洛朗级数(4.4.1) 在收敛圆环域内也具有.

接下来，我们考察解析函数是否能够展开为幂级数，即在圆环域内，解析的函数是否一定能展开成幂级数？回答这个问题前，我们先看一个例子.

例4.4.1 函数 $f(z) = \dfrac{1}{z(1-z)}$ 在 $z = 0$ 及 $z = 1$ 都不解析，它是否可以在某些区域上展开为洛朗级数？

解 函数 $f(z) = \dfrac{1}{z(1-z)} = \dfrac{1}{z} + \dfrac{1}{1-z}$ 虽然在 $z = 0$ 及 $z = 1$ 都不解析，但是它在圆环域 $0 < |z| < 1$ 及圆环域 $0 < |z - 1| < 1$ 内却是处处解析的.

(1) 当 $0 < |z| < 1$ 时，有

$$f(z) = \frac{1}{z} + 1 + z + z^2 + \cdots + z^n + \cdots.$$

于是，函数 $f(z)$ 在环域 $0 < |z| < 1$ 内可以展开为洛朗级数.

(2) 当 $0 < |z - 1| < 1$ 时，有

$$\begin{aligned} f(z) &= \frac{1}{1-z} + \frac{1}{z} = \frac{1}{1-z} + \frac{1}{1+(z-1)} \\ &= \frac{1}{1-z} + 1 - (z-1) + (z-1)^2 + \cdots + (-1)^n (z-1)^n + \cdots \\ &= \frac{1}{1-z} + 1 + (1-z) + (1-z)^2 + \cdots + (1-z)^{n-1} + \cdots. \end{aligned}$$

所以，函数 $f(z)$ 在圆环域 $0<|z-1|<1$ 内可以展开为洛朗级数.

从例4.4.1可以看出函数 $f(z)$ 可以展开为洛朗级数，据此可猜测，在圆环域 $R_1<|z-z_0|<R_2$ 内处处解析的函数 $f(z)$ 可以展为形如(4.4.1)式的洛朗级数，事实也是这样，于是给出下列函数展开为洛朗级数的定理.

4.4.2 直接展开法

定理4.4.1 **(洛朗定理，Laurent's theorem)** 设函数 $f(z)$ 在圆环域 $R_1<|z-z_0|<R_2$ 内处处解析，则函数 $f(z)$ 在环形域 $R_1<|z-z_0|<R_2$ 内展开为

$$f(z)=\sum_{n=-\infty}^{\infty}C_n(z-z_0)^n,$$

其中 $C_n=\dfrac{1}{2\pi i}\oint_C\dfrac{f(\zeta)}{(\zeta-z_0)^{n+1}}d\zeta\quad(n=0,\pm1,\pm2,\cdots)$，这里 C 为圆环域内绕 z_0 的任何一条正向简单闭曲线.

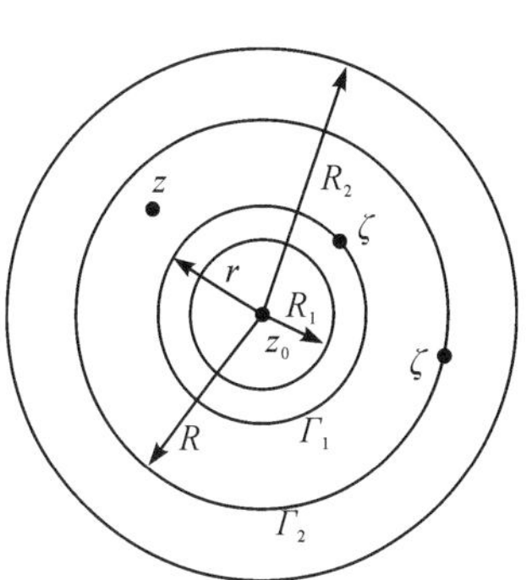

图 4-4-1　以 z_0 为圆心的圆环域

* **证明**　设 z 为圆环域内任一点，在圆环域内作以 z_0 为中心的正向圆周 Γ_1 与 Γ_2，Γ_2 的半径 R 大于 Γ_1 的半径 r，且使 z 在 Γ_1 与 Γ_2 之间，如图 4-4-1 所示. 于是，根据多连通区域的柯西积分公式，有

$$f(z)=\frac{1}{2\pi i}\oint_{\Gamma_2}\frac{f(\zeta)}{\zeta-z}d\zeta-\frac{1}{2\pi i}\oint_{\Gamma_1}\frac{f(\zeta)}{\zeta-z}d\zeta \tag{4.4.4}$$

对于(4.4.4)式右端中的两项分别作如下讨论.

(1) 对于(4.4.4)式右端的第一个积分式 $\dfrac{1}{2\pi i}\oint_{\Gamma_2}\dfrac{f(\zeta)}{\zeta-z}d\zeta$，积分变量 ζ 取在 Γ_2 上，点 z 在 Γ_2 内部，所以 $\left|\dfrac{z-z_0}{\zeta-z_0}\right|<1$，又由于 $|f(\zeta)|$ 在 Γ_2 上连续，因此存在一个常数 M，使 $|f(\zeta)|\leqslant M$，与泰勒公式的展开证明一样，可得 $\dfrac{1}{2\pi i}\oint_{\Gamma_2}\dfrac{f(\zeta)}{\zeta-z}d\zeta=\sum_{n=0}^{\infty}C_n(z-z_0)^n$，其中 $C_n=\dfrac{1}{2\pi i}\oint_{\Gamma_2}\dfrac{f(\zeta)}{(\zeta-z_0)^{n+1}}d\zeta\quad(n=0,\pm1,\pm2,\cdots)$.

(2) 对于(4.4.4)式右端的第二个积分式 $-\dfrac{1}{2\pi i}\oint_{\Gamma_1}\dfrac{f(\zeta)}{\zeta-z}d\zeta$，由于 ζ 取在 Γ_1 上，点 z 在 Γ_1 外部，所以 $\left|\dfrac{\zeta-z_0}{z-z_0}\right|<1$，因此有

$$\frac{1}{\zeta - z} = \frac{1}{\zeta - z_0 - (z - z_0)} = -\frac{1}{z - z_0} \cdot \frac{1}{1 - \dfrac{\zeta - z_0}{z - z_0}}$$

$$= -\sum_{n=1}^{\infty} \frac{(\zeta - z_0)^{n-1}}{(z - z_0)^n} = -\sum_{n=1}^{\infty} \frac{1}{(\zeta - z_0)^{-n+1}} (z - z_0)^{-n}.$$

所以

$$-\frac{1}{2\pi i}\oint_{\Gamma_1} \frac{f(\zeta)}{\zeta - z} d\zeta = \sum_{n=1}^{N-1} \left[\frac{1}{2\pi i}\oint_{\Gamma_1} \frac{f(\zeta)}{(\zeta - z_0)^{-n+1}} d\zeta\right](z - z_0)^{-n} + R_N(z),$$

其中 $R_N(z) = \dfrac{1}{2\pi i}\oint_{\Gamma_1}\left[\sum_{n=N}^{\infty} \dfrac{(\zeta - z_0)^{n-1} f(\zeta)}{(z - z_0)^n}\right] d\zeta.$

现在证明在 Γ_1 外部有 $\lim\limits_{N \to \infty} R_N(z) = 0.$

令 $q = \left|\dfrac{\zeta - z_0}{z - z_0}\right| = \dfrac{r}{|z - z_0|}$ 与积分变量无关，且 $0 < q < 1$，又因为点 z 在 Γ_1 外部，由于 $|f(\zeta)|$ 在 Γ_1 上连续，因此存在 $M_1 > 0$，使 $|f(\zeta)| \leqslant M_1$，于是有

$$|R_n(z)| = \frac{1}{2\pi i}\oint_{\Gamma_1}\left[\sum_{n=N}^{\infty} \frac{|f(\zeta)|}{|\zeta - z_0|}\left|\frac{\zeta - z_0}{z - z_0}\right|^n\right] d\zeta$$

$$\leqslant \frac{1}{2\pi}\sum_{n=N}^{\infty} \frac{M_1}{r} q^n \cdot 2\pi r = \frac{M_1 q^N}{1 - q},$$

因为 $\lim\limits_{N \to \infty} q^N = 0$，所以 $\lim\limits_{N \to \infty} R_N(z) = 0$. 从而有

$$-\frac{1}{2\pi i}\oint_{\Gamma_1} \frac{f(\zeta)}{\zeta - z} d\zeta = \sum_{n=1}^{\infty}\left[\frac{1}{2\pi i}\oint_{\Gamma_1} \frac{f(\zeta)}{(\zeta - z_0)^{-n+1}} d\zeta\right](z - z_0)^{-n} = \sum_{n=1}^{\infty} C_{-n}(z - z_0)^{-n}.$$

综上所述，可得

$$f(z) = \sum_{n=0}^{\infty} C_n (z - z_0)^n + \sum_{n=1}^{\infty} C_{-n}(z - z_0)^{-n} = \sum_{n=-\infty}^{\infty} C_n (z - z_0)^n,$$

其中 $C_n = \dfrac{1}{2\pi i}\oint_{\Gamma_2} \dfrac{f(\zeta)}{(\zeta - z_0)^{n+1}} d\zeta, C_{-n} = \dfrac{1}{2\pi i}\oint_{\Gamma_1} \dfrac{f(\zeta)}{(\zeta - z_0)^{-n+1}} d\zeta \quad (n = 0,1,2,\cdots).$

如果圆环域内取绕 z_0 的任何一条正向简单闭曲线 C，那么根据闭路变形原理，可用一个式子表示为

$$C_n = \frac{1}{2\pi i}\oint_C \frac{f(\zeta)}{(\zeta - z_0)^{n+1}} d\zeta \quad (n = 0, \pm 1, \pm 2, \cdots),$$

于是，定理得证.

注:(1) 在上面的证明过程中,不能对$\frac{1}{2\pi i}\oint_{\Gamma_2}\frac{f(\zeta)}{\zeta - z}d\zeta$直接应用柯西导数公式,因为函数 $f(z)$ 在 Γ_2 内不是处处解析的.

(2) 我们称 $f(z)=\sum_{n=-\infty}^{+\infty}C_n(z-z_0)^n$ 为函数 $f(z)$ 在圆环域 $R_1<|z-z_0|<R_2$ 内的**洛朗展开式(laurent expansion)**,称 $\sum_{n=-\infty}^{+\infty}C_n(z-z_0)^n$ 为函数 $f(z)$ 在圆环域 $R_1<|z-z_0|<R_2$ 内的洛朗级数.

(3) 若函数 $f(z)$ 在圆环域 $R_1<|z-z_0|<R_2$ 内解析,则它在圆环域内的展开为含有正、负幂项的幂级数是唯一的,这个幂级数就是函数 $f(z)$ 的洛朗级数(此结论的证明类似于解析函数的泰勒展开式的证法).幂级数在收敛圆域内所具有的性质,洛朗级数在收敛圆环域内同样具有,即洛朗级数在它的收敛圆环域内可以逐项求导和逐项积分.

(4) 在许多应用中,往往需把在某点 z_0 不解析,但在 z_0 的去心邻域内解析的函数 $f(z)$ 展开成幂级数,那么这时就需要利用洛朗级数展开,即

$$f(z)=\sum_{n=0}^{\infty}C_n(z-z_0)^n+\sum_{n=1}^{\infty}C_{-n}(z-z_0)^{-n},$$

其中 $\sum_{n=0}^{\infty}C_n(z-z_0)^n$ 称为洛朗级数的**解析部分(analysis part)**或**正则部分(regular part)**,$\sum_{n=1}^{\infty}C_{-n}(z-z_0)^{-n}$ 称为洛朗级数的**主要部分(primary part)**,简称**主部(primary part)**.

(5) 在函数 $f(z)$ 的洛朗展开式中,当 $n\geqslant 0$ 时,系数 C_n 不能用$\frac{1}{n!}f^{(n)}(z_0)$来求,而是用 $C_n=\frac{1}{2\pi i}\oint_C\frac{f(\zeta)}{(\zeta-z_0)^{n+1}}d\zeta\quad(n=0,\pm1,\pm2,\cdots)$ 计算,这是因为函数 $f(z)$ 在点 z_0 处不解析.

(6) 将函数 $f(z)$ 展开为以 z_0 为中心的圆环域的洛朗级数后,尽管此时在级数中可能含有 $z-z_0$ 的负幂项,而且 z_0 又是这些负幂项的奇点,但是 z_0 不一定是函数 $f(z)$ 的奇点.

(7) 上述定理中,如果 $f(z)$ 在 z_0 处解析,则当 $n\leqslant -1$ 时,$\frac{f(\zeta)}{(\zeta-z_0)^{n+1}}$在 $|z-z_0|<R_2$ 内解析,由柯西积分公式可知 $C_n=0(n\leqslant -1)$,此时洛朗级数就变成了泰勒级数.由此可见,泰勒级数是洛朗级数的特殊情况.

4.4.3 间接展开法

根据由正、负整次幂项组成的幂级数的唯一性,可通过代数运算、变量代换、函数求导、函数积分等方法,借助于解析函数的泰勒展开公式将函数展开,这种方法称为间接展开法.

例如,$\frac{e^z}{z^2}=\frac{1}{z^2}\left(1+z+\frac{1}{2!}z^2+\frac{1}{3!}z^3+\frac{1}{4!}z^4+\cdots+\frac{1}{n!}z^n+\cdots\right)$

$$=\frac{1}{z^2}+\frac{1}{z}+\frac{1}{2!}+\frac{1}{3!}z+\frac{1}{4!}z^2+\cdots+\frac{1}{n!}z^{n-2}+\cdots(0<|z|<+\infty).$$

例4.4.2 把函数 $f(z)=z^3e^{\frac{1}{z}}$ 在区域 $0<|z|<+\infty$ 内展开成洛朗级数.

解 因为函数 $f(z)=z^3e^{\frac{1}{z}}$ 在区域内 $0<|z|<+\infty$ 内处处解析,而且

$$e^z=1+z+\frac{1}{2!}z^2+\cdots+\frac{1}{n!}z^n+\cdots,$$

所以

$$z^3e^{\frac{1}{z}}=z^3\left[1+\frac{1}{z}+\frac{1}{2!}\left(\frac{1}{z}\right)^2+\cdots+\frac{1}{n!}\left(\frac{1}{z}\right)^n+\cdots\right]$$

$$=z^3+z^2+\frac{1}{2!}z+\frac{1}{3!}+\frac{1}{4!z}+\cdots(0<|z|<+\infty).$$

例4.4.3 将下列函数在区域 $0<|z|<+\infty$ 内展开成洛朗级数.

(1) $\frac{\sin z}{z}$; (2) $\sin\frac{1}{z}$; (3) $\frac{e^z-1}{z^2}$.

解 (1) 因为函数 $f(z)=\frac{\sin z}{z}$ 在区域内 $0<|z|<+\infty$ 内处处解析,而且

$$\sin z=z-\frac{1}{3!}z^3+\frac{1}{5!}z^5+\cdots+(-1)^n\frac{z^{2n+1}}{(2n+1)!}+\cdots,$$

所以

$$\frac{\sin z}{z}=1-\frac{1}{3!}z^2+\frac{1}{5!}z^4+\cdots+(-1)^n\frac{z^{2n}}{(2n+1)!}+\cdots(0<|z|<+\infty).$$

(2) 同理,可得

$$\sin\frac{1}{z}=\frac{1}{z}-\frac{1}{3!z^3}+\frac{1}{5!z^5}+\cdots+(-1)^n\frac{1}{(2n+1)!z^{2n+1}}+\cdots(0<|z|<+\infty).$$

(3) 因为函数 $f(z)=\frac{e^z-1}{z^2}$ 在区域内 $0<|z|<+\infty$ 内处处解析,而且

$$e^z = 1 + z + \frac{1}{2!}z^2 + \frac{1}{3!}z^3 + \frac{1}{4!}z^4 + \cdots + \frac{1}{n!}z^n + \cdots,$$

所以

$$f(z) = \frac{e^z - 1}{z^2} = \frac{1}{z^2}\left(z + \frac{1}{2!}z^2 + \cdots + \frac{1}{n!}z^n + \cdots\right)$$

$$= \frac{1}{z} + \frac{1}{2!} + \frac{1}{3!}z + \frac{1}{4!}z^2 + \cdots + \frac{1}{n!}z^{n-2} + \cdots (0 < |z| < +\infty).$$

从这几个函数展开式中我们发现,有的展开式中全部是正幂次项,如第(1)题;有的展开式中全部是负幂次项,如第(2)题;有的展开式中既有正幂次项又有负幂次项,如第(3)题.这是为什么呢?这个问题我们将在下一章讨论.

例4.4.4 将函数 $f(z) = \dfrac{1}{(z-1)(z-2)}$ 在下列区域内展开为洛朗级数.

(1) $|z| < 1$; (2) $1 < |z| < 2$; (3) $2 < |z| < +\infty$.

解 因为函数的奇点 $z = 1, z = 2$ 均在圆环的边界上,所以函数 $f(z)$ 在每个圆环域内处处解析.又因为

$$f(z) = \frac{1}{1-z} - \frac{1}{2-z},$$

所以,借助级数 $\dfrac{1}{1-z} = 1 + z + z^2 + \cdots + z^n + \cdots = \sum\limits_{n=0}^{\infty} z^n \quad (|z| < 1)$ 可以将函数 $f(z)$ 展开.

(1) 在区域 $|z| < 1$ 内,由于 $|z| < 1$,从而 $\left|\dfrac{z}{2}\right| < 1$,所以

$$\frac{1}{1-z} = 1 + z + z^2 + \cdots + z^n + \cdots,$$

$$\frac{1}{2-z} = \frac{1}{2}\frac{1}{1-\frac{z}{2}} = \frac{1}{2}\left[1 + \frac{z}{2} + \left(\frac{z}{2}\right)^2 + \left(\frac{z}{2}\right)^3 + \cdots + \left(\frac{z}{2}\right)^n + \cdots\right],$$

于是

$$f(z) = (1 + z + z^2 + \cdots + z^n + \cdots) - \frac{1}{2}\left[1 + \frac{z}{2} + \left(\frac{z}{2}\right)^2 + \left(\frac{z}{2}\right)^3 + \cdots + \left(\frac{z}{2}\right)^n + \cdots\right]$$

$$= \sum_{n=0}^{\infty}\left(1 - \frac{1}{2^{n+1}}\right)z^n = \frac{1}{2} + \frac{3}{4}z + \frac{7}{8}z^2 + \cdots.$$

注: 此展开式中不含 z 的负幂项,原因为函数 $f(z)$ 在 $z = 0$ 处处解析.

(2) 在区域 $1<|z|<2$ 内，由于 $|z|>1$，所以 $\left|\frac{1}{z}\right|<1$，因此可得

$$\frac{1}{1-z}=-\frac{1}{z}\frac{1}{1-\frac{1}{z}}=-\frac{1}{z}\left(1+\frac{1}{z}+\frac{1}{z^2}+\cdots+\frac{1}{z^n}+\cdots\right),$$

又由于 $|z|<2$，从而 $\left|\frac{z}{2}\right|<1$，则有

$$\frac{1}{2-z}=\frac{1}{2}\frac{1}{1-\frac{z}{2}}=\frac{1}{2}\left[1+\frac{z}{2}+\left(\frac{z}{2}\right)^2+\left(\frac{z}{2}\right)^3+\cdots+\left(\frac{z}{2}\right)^n+\cdots\right],$$

于是，有

$$\begin{aligned}f(z)&=-\frac{1}{z}\left(1+\frac{1}{z}+\frac{1}{z^2}+\cdots+\frac{1}{z^n}+\cdots\right)-\frac{1}{2}\left[1+\frac{z}{2}+\left(\frac{z}{2}\right)^2+\left(\frac{z}{2}\right)^3+\cdots+\left(\frac{z}{2}\right)^n+\cdots\right]\\&=-\sum_{n=1}^{\infty}\left(z^{-n}+\frac{z^{n-1}}{2^n}\right)=\cdots-\frac{1}{z^n}-\frac{1}{z^{n-1}}-\cdots-\frac{1}{z}-\frac{1}{2}-\frac{z}{2^2}-\frac{z^2}{2^3}-\cdots.\end{aligned}$$

(3) 在区域 $2<|z|<+\infty$ 内，由于 $|z|>2$，所以 $\left|\frac{2}{z}\right|<1$，$\left|\frac{1}{z}\right|<1$，因此

$$\frac{1}{2-z}=-\frac{1}{z}\frac{1}{1-\frac{2}{z}}=-\frac{1}{z}\left(1+\frac{2}{z}+\frac{4}{z^2}+\cdots\right),$$

于是，有

$$\begin{aligned}f(z)&=-\frac{1}{z}\left(1+\frac{1}{z}+\frac{1}{z^2}+\cdots\right)+\frac{1}{z}\left(1+\frac{2}{z}+\frac{4}{z^2}+\cdots\right)\\&=\sum_{n=1}^{\infty}\frac{2^{n-1}-1}{z^n}=\frac{1}{z^2}+\frac{3}{z^3}+\frac{7}{z^4}+\cdots.\end{aligned}$$

例4.4.5 将函数 $f(z)=\frac{\mathrm{e}^z}{1-z}$ 在环形域 $0<|z-1|<\infty$ 内展开为洛朗级数.

解 因为 $\frac{\mathrm{e}^z}{1-z}=\frac{1}{1-z}\mathrm{e}^{z-1+1}=-\mathrm{e}\frac{1}{z-1}\mathrm{e}^{z-1}$，所以

$$\begin{aligned}\frac{\mathrm{e}^z}{1-z}&=-\frac{\mathrm{e}}{z-1}\left[1+(z-1)+\frac{(z-1)^2}{2!}+\cdots+\frac{(z-1)^n}{n!}+\cdots\right]\\&=-\mathrm{e}\left[\frac{1}{z-1}+1-\frac{(z-1)}{2!}+\cdots+\frac{(z-1)^{n-1}}{n!}+\cdots\right].\end{aligned}$$

注：从以上例子可以看出，一个函数 $f(z)$ 在以 z_0 为中心的圆环域内的洛朗级数中：

(1) 若只含有 $z-z_0$ 的正幂项，则函数 $f(z)$ 在内圆周上解析；

(2) 若含有 $z-z_0$ 的负幂项，函数 $f(z)$ 在内、外圆周上必有奇点，或者外圆周半径为无穷大，即函数 $f(z)$ 所有奇点全在圆周上(含无穷大)，所以我们是根据奇点的位置来划分圆环域.

例如，函数 $f(z)=\dfrac{1}{z(z+\mathrm{i})}$ 在复平面内有两个奇点 $z=0$ 与 $z=-\mathrm{i}$，分别在以 i 为中心的圆周 $|z-\mathrm{i}|=1$ 与 $|z-\mathrm{i}|=2$ 上，因此函数 $f(z)$ 在以 i 为中心的圆环域内的展开式有下列三种情况：

(1) 在 $|z-\mathrm{i}|<1$ 中的泰勒展开式；

(2) 在 $1<|z-\mathrm{i}|<2$ 中的洛朗展开式；

(3) 在 $2<|z-\mathrm{i}|<+\infty$ 中的洛朗展开式.

例4.4.6　试求函数 $f(z)=\dfrac{1}{1+z^2}$ 在 $z=\mathrm{i}$ 处的洛朗级数.

解　因为函数 $f(z)=\dfrac{1}{1+z^2}$ 在复平面上有两个奇点 $z=\pm\mathrm{i}$，所以复平面被分成两个不相交的圆环域，因此函数 $f(z)$ 的解析区域为

(1) $0<|z-\mathrm{i}|<2$；(2) $2<|z-\mathrm{i}|<+\infty$.

又因为 $f(z)=\dfrac{1}{1+z^2}=\dfrac{1}{(z+\mathrm{i})(z-\mathrm{i})}=\dfrac{1}{z-\mathrm{i}}\dfrac{1}{z+\mathrm{i}}$，

所以，(1) 在区域 $0<|z-\mathrm{i}|<2$ 内，有

$$\frac{1}{1+z^2}=\frac{1}{z-\mathrm{i}}\frac{1}{z+\mathrm{i}}=\frac{1}{z-\mathrm{i}}\frac{1}{2\mathrm{i}}\frac{1}{1-\left(-\dfrac{z-\mathrm{i}}{2\mathrm{i}}\right)}$$

$$=\frac{1}{z-\mathrm{i}}\frac{1}{2\mathrm{i}}\sum_{n=0}^{\infty}\left(-\frac{z-\mathrm{i}}{2\mathrm{i}}\right)^n=\sum_{n=0}^{\infty}\frac{\mathrm{i}^{n-1}}{2^{n+1}}(z-\mathrm{i})^{n-1}.$$

(2) 在区域 $2<|z-\mathrm{i}|<+\infty$ 内，有

$$\frac{1}{1+z^2}=\frac{1}{z-\mathrm{i}}\frac{1}{z+\mathrm{i}}=\frac{1}{z-\mathrm{i}}\frac{1}{z-\mathrm{i}}\frac{1}{1-\left(-\dfrac{2\mathrm{i}}{z-\mathrm{i}}\right)}$$

$$=\frac{1}{(z-\mathrm{i})^2}\sum_{n=0}^{\infty}\left(-\frac{2\mathrm{i}}{z-\mathrm{i}}\right)^n=\sum_{n=0}^{\infty}\frac{(-2\mathrm{i})^n}{(z-\mathrm{i})^{n+2}}.$$

注：给定函数 $f(z)$ 与复平面内一点 z_0 后，由于这个函数可以在以 z_0 为中心的不同圆环域（由奇点隔开）内解析，因此在各不同的圆环域中有不同的洛朗展开式，这种情况不能与洛朗展开式的唯一性混淆，洛朗展开式唯一性是指函数在某一给定的圆环域内的洛朗展开式唯一.

4.4.4 洛朗展开式的简单应用

在洛朗展开定理中，若将计算系数的公式

$$C_n = \frac{1}{2\pi i}\oint_C \frac{f(z)}{(z-z_0)^{n+1}}dz,$$

中的 n 取值为 -1，则有

$$C_{-1} = \frac{1}{2\pi i}\oint_C f(z)dz,$$

其中 C 为 $R_1 < |z-z_0| < R_2$ 内绕 z_0 的任何一条简单闭曲线.

这样可以把计算积分 $\oint_C f(z)dz$ 的问题转化为求被积函数 $f(z)$ 洛朗展开式中 $(z-z_0)^{-1}$ 项前面的系数 C_{-1} 与 $2\pi i$ 的乘积，即

$$\oint_C f(z)dz = 2\pi i C_{-1}.$$

例4.4.7 利用函数的洛朗展开式求积分 $\oint_{|z|=2}\frac{ze^{\frac{1}{z}}}{1-z}dz$ 的值.

解 因为函数 $f(z)$ 在圆环域 $1<|z|<+\infty$ 内处处解析，圆周 $|z|=2$ 在区域 $1<|z|<+\infty$ 内，所以

$$f(z) = \frac{ze^{\frac{1}{z}}}{1-z} = \frac{e^{\frac{1}{z}}}{-\left(1-\frac{1}{z}\right)} = -\left(1+\frac{1}{z}+\frac{1}{z^2}+\cdots\right)\cdot\left(1+\frac{1}{z}+\frac{1}{2!z^2}+\cdots\right)$$

$$= -\left(1+\frac{2}{z}+\frac{5}{2z^2}+\cdots\right).$$

于是，洛朗系数 $C_{-1} = -2$. 从而积分

$$\oint_{|z|=2}\frac{ze^{\frac{1}{z}}}{1-z}dz = 2\pi i C_{-1} = -4\pi i.$$

思考题 4.4

1. 洛朗级数与泰勒级数的联系与区别是什么？

2. 洛朗级数在收敛圆环域内表示一个解析函数，那么一个在圆环域内解析函数能否展开为洛朗级数？

3. 怎样将解析函数展开为洛朗级数？

4. 我们从例题中看到同一个函数有几种展开式，这是否与洛朗展开式的唯一性矛盾？

习题 4.4

1. 将下列函数在指定的圆环域内展开成洛朗级数.

(1) $f(z)=\dfrac{1}{(z-1)(z-2)}$，$0<|z-1|<1$，$1<|z-2|<+\infty$；

(2) $g(z)=\dfrac{1}{z(1-z)^2}$，$0<|z|<1$，$0<|z-2|<1$.

2. 将下列函数在指定点的环域内展成洛朗级数，并指出其收敛域.

(1) $f(z)=\dfrac{1}{z^2(z-\mathrm{i})}$，在以 i 为中心的圆环域内；

(2) $g(z)=\dfrac{\mathrm{e}^z}{z-2}$，在点 $z_0=2$ 处.

3. 将函数 $f(z)=\dfrac{1}{z(z-1)}$ 在下列区域内展成收敛的级数.

(1) $0<|z|<1$；　(2) $|z|>1$；　(3) $0<|z-1|<1$；　(4) $|z-1|>1$.

4. 设 C 为正向圆周 $|z|=3$，求积分 $\oint_C f(z)\mathrm{d}z$ 的值，其中函数 $f(z)$ 为：

(1) $\dfrac{1}{z(z+2)}$；　(2) $\dfrac{z+2}{z(z+1)}$；

(3) $\dfrac{1}{z(z+1)^2}$；　(4) $\dfrac{1}{z(z+1)(z+4)}$；

(5) $\oint_{|z|=3}\dfrac{1}{z(z+1)(z+4)}\mathrm{d}z$.

* **5.** 试求积分$\oint_C \left(\sum_{n=-2}^{\infty} z^n\right) dz$的值，其中$C$为单位圆$|z|=1$内的任何一条不经过原点的简单闭曲线.

本章小结

本章讨论了复数项数列、复数项级数、幂级数与洛朗级数. 把复数项级数（数列）的敛散性问题转换为实部与虚部两个实级数（数列）的敛散性问题，即用已知的结论来讨论，因此实数项级数的很多性质与方法可以推广到这里. 本章重点讨论了泰勒级数与洛朗级数，洛朗级数是泰勒级数的推广.

一、复数列极限

设数列$\{z_n\}$，则$\lim\limits_{n\to\infty} z_n = z_0$的充要条件是$\lim\limits_{n\to\infty} x_n = x_0$，$\lim\limits_{n\to\infty} y_n = y_0$.

二、复数项级数

1. 复数项级数$\sum\limits_{n=1}^{\infty} z_n$收敛的充分必要条件是实数项级数$\sum\limits_{n=1}^{\infty} x_n$和$\sum\limits_{n=1}^{\infty} y_n$都收敛.

2. 复数项级数收敛的必要条件是$\lim\limits_{n\to\infty} z_n = 0$.

3. 如果级数$\sum\limits_{n=1}^{\infty} |z_n|$收敛，则级数$\sum\limits_{n=1}^{\infty} z_n$也收敛，称$\sum\limits_{n=1}^{\infty} z_n$为绝对收敛的；非绝对收敛的收敛级数称为条件收敛.

注：(1) 复数项级数$\sum\limits_{n=1}^{\infty} z_n$绝对收敛的充分必要条件是实数项级数$\sum\limits_{n=1}^{\infty} x_n$与$\sum\limits_{n=1}^{\infty} y_n$均绝对收敛.

(2) $\sum\limits_{n=1}^{\infty} |z_n|$的敛散性可用正项级数审敛法来判定.

三、泰勒级数

幂级数是最重要的复变量的函数项级数，与实幂级数一样，有收敛半径、收敛圆的概念与判别方法. 在收敛圆内，幂级数的和函数可以逐项求导与积分，并且导函数在收敛圆内仍然是解析函数.

注：函数在某点的邻域内解析的充分必要条件是函数在该点处可以展为幂级数.

函数展为幂级数的方法如下.

1. 利用直接展开法将函数展开成幂级数

通过计算泰勒级数的系数 $C_n=\frac{1}{n!}f^{(n)}(z_0)(n=0,1,2,\cdots)$ 得到幂级数

$$f(z)=\sum_{n=0}^{\infty}C_n(z-z_0)^n.$$

2. 利用间接法将函数展开成幂级数

利用几个基本函数的展开式，通过四则运算、逐项求导、逐项积分的预算而得到.

主要的运算步骤：

(1) 利用已知展开式展开；

(2) 化为部分分式，再借助展开式 $\frac{1}{1-z}=\sum_{n=0}^{\infty}z^n\quad(|z|<1)$；

(3) 利用微分方程法；

(4) 逐项求导，逐项积分.

四、洛朗级数

洛朗级数是幂级数的进一步发展. 它由一个含正幂次项的幂级数与一个含负幂次项的级数组合而成. 可由幂级数的性质推出洛朗级数的性质. 洛朗级数在收敛圆环内收敛于一个解析函数. 反之，解析函数一定可以展成洛朗级数.

将函数在圆环域内展成洛朗级数，一般是用类似于泰勒级数的方法，因此泰勒级数间接展开的方法均可以用.

五、洛朗级数与泰勒级数的联系与区别

1. 洛朗级数中的系数为

$$C_n = \frac{1}{2\pi i}\oint_C \frac{f(\zeta)}{(\zeta - z_0)^{n+1}}d\zeta \quad (n = 0, \pm 1, \pm 2, \cdots),$$

不能使用公式 $C_n = \frac{1}{n!}f^{(n)}(z_0)$ 来求 C_n，因为函数 $f(z)$ 并不是在整个圆盘 $|z - z_0| < R_2$ 内的解析函数，而只是圆环域 $R_1 < |z - z_0| < R_2$ 内的解析函数，$z = z_0$ 不一定是函数 $f(z)$ 的解析点.

2. 泰勒级数是非负幂项级数，其系数可由 $C_n = \frac{1}{n!}f^{(n)}(z_0)$ 计算，所以它是洛朗级数的特例.

3. 泰勒级数是展开中心为圆心的收敛圆盘内表示的解析函数，展开中心是函数的解析点. 而洛朗级数是展开中心为圆心的收敛圆环内的解析函数，展开中心不一定是函数的解析点.

六、将函数展开为幂级数时必须注意下面几点

1. 将函数展开成什么级数？是幂级数还是洛朗级数？

2. 将函数在什么区域展开？区域不同，展开式也不一样，特别是将函数展为洛朗级数时，在不同的环域内有不同的展开式.

3. 将函数展开成洛朗级数时怎样划分环形区域？

部分习题详解

知识拓展

自测题 4

一、选择题

1. 设 $z_n = \mathrm{i}^n + \frac{1}{n}$，则 $\lim\limits_{n\to\infty} z_n$ （　　）

A. 等于 0　　B. 等于 1　　C. 等于 i　　D. 不存在

2. 下列级数中，绝对收敛的级数为 （　　）

A. $\sum\limits_{n=1}^{\infty} \frac{(-1)^n \mathrm{i}^n}{2^n}$　　B. $\sum\limits_{n=1}^{\infty} \left[\frac{(-1)^n}{n} + \frac{\mathrm{i}}{2^n}\right]$

C. $\sum\limits_{n=2}^{\infty} \frac{\mathrm{i}^n}{\ln n}$　　D. $\sum\limits_{n=1}^{\infty} \frac{1}{n}(1 + \frac{\mathrm{i}}{n})$

3. 若幂级数 $\sum\limits_{n=0}^{\infty} C_n z^n$ 在 $z = 1 + 2\mathrm{i}$ 处收敛，那么该级数在 $z = 2$ 处的敛散性为 （　　）

A. 条件收敛　　B. 绝对收敛　　C. 发散　　D. 不能确定

4. 设幂级数 $\sum\limits_{n=0}^{\infty} C_n z^n$，$\sum\limits_{n=0}^{\infty} n C_n z^{n-1}$ 和 $\sum\limits_{n=0}^{\infty} \frac{C_n}{n+1} z^{n+1}$ 的收敛半径分别为 R_1, R_2, R_3，则 R_1, R_2, R_3 之间的关系为 （　　）

A. $R_1 < R_2 < R_3$　　B. $R_1 > R_2 > R_3$

C. $R_1 = R_2 < R_3$　　D. $R_1 = R_2 = R_3$

5. 幂级数 $\sum\limits_{n=0}^{\infty} \frac{(-1)^n}{n+1} z^{n+1}$ 在 $|z| < 1$ 内的和函数为 （　　）

A. $\ln \frac{1}{1+z}$　　B. $\ln(1-z)$　　C. $\ln(1+z)$　　D. $\ln \frac{1}{1-z}$

6. 函数 $\frac{1}{z}$ 在 $z = -1$ 处的泰勒展开式为 （　　）

A. $-\sum\limits_{n=0}^{\infty} (z+1)^n (|z+1| < 1)$　　B. $\sum\limits_{n=0}^{\infty} (-1)^n (z+1)^n (|z+1| < 1)$

C. $\sum\limits_{n=0}^{\infty} (z+1)^n (|z+1| < 1)$　　D. $\sum\limits_{n=1}^{\infty} (-1)^n (z+1)^{n-1} (|z+1| < 1)$

二、填空题

1. 若幂级数 $\sum_{n=0}^{\infty} C_n(z+\mathrm{i})^n$ 在 $z=\mathrm{i}$ 处发散，那么该级数在 $z=2$ 处是________.

2. 幂级数 $\sum_{n=0}^{\infty}(2\mathrm{i})^n z^{2n+1}$ 的收敛半径为________.

3. 设 $f(z)$ 在区域 D 内解析，z_0 为区域 D 内一点，d 为 z_0 到区域 D 的边界上各点的最短距离，那么当 $|z-z_0|<d$ 时，$f(z)=\sum_{n=0}^{\infty} C_n(z-z_0)^n$ 成立，其中 $C_n=$________.

4. 设幂级数 $\sum_{n=0}^{\infty} C_n z^n$ 的收敛半径为 R，那么 $\sum_{n=0}^{\infty}(2^n-1)C_n z^n$ 的收敛半径为________.

5. 函数 $\mathrm{e}^z+\mathrm{e}^{\frac{1}{z}}$ 在 $0<|z|<+\infty$ 内洛朗展开式为________________.

6. 函数 $\frac{1}{z(z-\mathrm{i})}$ 在 $1<|z-\mathrm{i}|<+\infty$ 内的洛朗展开式为____________.

三、求下列级数的收敛半径.

1. $\sum_{n=1}^{\infty}\frac{(-1)^n}{n!}z^n$； **2.** $\sum_{n=1}^{\infty}\left(1+\frac{1}{n}\right)^{n^2}z^n$.

四、将下列函数展为 z 的幂级数，并指出收敛域.

1. $\frac{1}{(z-a)(z-b)}$ $(a\neq 0, b\neq 0)$；

2. $\frac{1}{(1+z^2)^2}$；

3. $\sin^2 z$.

五、求幂级数 $\sum_{n=1}^{\infty} n^2 z^n$ 的和函数，并计算 $\sum_{n=1}^{\infty}\frac{n^2}{2^n}$ 的值.

六、利用指数函数展开式证明对任意的 z，有 $|\mathrm{e}^z-1|\leqslant \mathrm{e}^{|z|}-1\leqslant |z|\mathrm{e}^{|z|}$.

七、将下列函数在指定点处展开洛朗级数.

1. $f(z)=\frac{1}{z^2-3z+2}$ 在 $z_0=1$ 处展开；

2. $g(z)=\frac{1}{(z^2+1)^2}$ 在 $z=\mathrm{i}$ 的去心邻域内展开.

第 5 章　留数及其应用

本章介绍留数，其中的一个重要内容是留数定理，前面介绍的柯西定理、柯西积分公式都是留数定理的特殊情况. 留数定理在理论探讨与实际应用中都具有重要意义，它是复变函数积分与复级数理论相结合的产物. 因此，本章我们先对解析函数的孤立奇点进行分类，然后在此基础上引入留数的概念，并给出留数的计算方法，最后给出留数定理的一些应用.

§5.1　解析函数的孤立奇点

在一些实际问题中，我们常会遇到在点 z_0 处函数 $f(z)$ 不解析，但在该点的去心邻域 $0<|z-z_0|<\delta$ 内 $f(z)$ 是解析的，这类点在计算留数等问题中非常有用，这就促使我们来研究解析函数的这类奇点.

5.1.1　孤立奇点

定义5.1.1　若函数 $f(z)$ 在 z_0 处不解析，但在 z_0 的某一去心邻域 $0<|z-z_0|<\delta$ 内处处解析，则点 z_0 称为函数 $f(z)$ 的**孤立奇点(isolated singularity, isolated singular point)**.

例如，点 $z=0$ 是函数 $f(z)=\dfrac{1}{z}$ 的孤立奇点，也是函数 $f(z)=e^{\frac{1}{z}}$ 的孤立奇点. 再如，函数 $f(z)=\dfrac{1}{z(z^2+1)}$ 有三个孤立奇点，分别是 $z=0, z=i, z=-i$.

注：函数的孤立奇点一定是奇点，但奇点并不都是孤立奇点.

例5.1.1 判断 $z=0$ 是否为函数 $f(z)=\sin\frac{1}{z}$ 的奇点?若是奇点,它是否为孤立奇点?

解 当 $z=0$ 时,函数 $f(z)=\sin\frac{1}{z}$ 不解析,$z=0$ 是奇点.除此之外,$z_n=\frac{1}{n\pi}$ $(n=\pm1,\pm2,\cdots)$ 也是 $f(z)=\sin\frac{1}{z}$ 的奇点,当 n 的绝对值逐渐增大时,$\frac{1}{n\pi}$ 可任意接近 $z=0$,即在 $z=0$ 的不论怎样小的去心邻域内,总有函数 $f(z)$ 的奇点存在,所以 $z=0$ 不是函数 $f(z)=\sin\frac{1}{z}$ 的孤立奇点.

5.1.2 孤立奇点的分类

在第 4 章第 4 节中,我们将函数 $f(z)$ 在孤立奇点 z_0 的邻域 $0<|z-z_0|<\delta$ 内展为洛朗级数:

$$f(z)=\sum_{n=0}^{\infty}C_n(z-z_0)^n+\sum_{n=1}^{\infty}C_{-n}(z-z_0)^{-n},$$

其中,$\sum\limits_{n=0}^{\infty}C_n(z-z_0)^n$ 为洛朗级数解析部分(在大圆内解析),$\sum\limits_{n=1}^{\infty}C_{-n}(z-z_0)^{-n}$ 为洛朗级数的主要部分(在小圆外解析).

下面根据函数 $f(z)$ 的洛朗级数的展开项中主要部分的三种不同情形,将 $f(z)$ 的孤立奇点分为三类.

1. 可去奇点

定义5.1.2 设 z_0 是函数 $f(z)$ 的孤立奇点,若 $f(z)$ 在 z_0 的某一去心邻域 $0<|z-z_0|<\delta$ 的洛朗展开式中不含 $z-z_0$ 的负幂项,即

$$f(z)=\sum_{n=0}^{\infty}C_n(z-z_0)^n\text{(即主要部分消失)},$$

则称 z_0 为函数 $f(z)$ 的**可去奇点(removable singularity)**.

例如,显然 $z=0$ 是函数 $\frac{\sin z}{z}$ 唯一的奇点,即孤立奇点,又因为它的洛朗级数为

$$\frac{\sin z}{z}=1-\frac{1}{3!}z^2+\frac{1}{5!}z^4-\cdots+(-1)^n\frac{z^{2n}}{(2n+1)!}+\cdots(0<|z|<+\infty),$$

所以,点 $z=0$ 是函数 $f(z)=\dfrac{\sin z}{z}$ 的可去奇点.

我们注意到 $\lim\limits_{z\to 0}f(z)=\lim\limits_{z\to 0}\dfrac{\sin z}{z}=1=C_0$,因此,若约定函数 $f(z)=\dfrac{\sin z}{z}$ 在 $z=0$ 的值为1,那么函数 $f(z)=\dfrac{\sin z}{z}$ 在 $z=0$ 处就为解析函数.

一般而言,若 z_0 为函数 $f(z)$ 的可去奇点,则函数 $f(z)$ 在 z_0 的去心邻域内的洛朗级数就是一个普通的幂级数

$$C_0+C_1(z-z_0)+C_2(z-z_0)^2+\cdots+C_n(z-z_0)^n+\cdots.$$

因此,这个幂级数的和函数 $F(z)$ 在 z_0 处解析,且 $F(z)=\begin{cases}f(z), & z\neq z_0,\\ C_0, & z=z_0.\end{cases}$

由于

$$\lim_{z\to z_0}f(z)=\lim_{z\to z_0}F(z)=F(z_0)=C_0,$$

所以,不论函数 $f(z)$ 在 $z=z_0$ 处是否有定义,只要令 $f(z_0)=C_0$,那么在圆域 $|z-z_0|<\delta$ 内,有

$$f(z)=C_0+C_1(z-z_0)+\cdots+C_n(z-z_0)^n+\cdots,$$

从而,当 $z=z_0$ 时函数 $f(z)$ 是解析的,从这个角度上来说,奇点 $z=z_0$ 是可去的.

根据上面的分析并结合可去奇点的定义,我们得到 z_0 为函数 $f(z)$ 可去奇点的等价条件.

定理5.1.1 设 z_0 为函数 $f(z)$ 的孤立奇点,则下列条件等价:

(1) z_0 为函数 $f(z)$ 的可去奇点;

(2) 函数在 z_0 点的洛朗展开式中不含 $z-z_0$ 的负幂项,即

$$f(z)=C_0+C_1(z-z_0)+\cdots+C_n(z-z_0)^n+\cdots;$$

(3) $\lim\limits_{z\to z_0}f(z)=C_0\neq\infty$ 存在.

例5.1.2 判断 $z=0$ 是否为函数 $f(z)=\dfrac{1-\cos z}{z^2}$ 和 $g(z)=\dfrac{e^z-1}{z}$ 的可去奇点.

解 显然 $z=0$ 是函数 $f(z)$ 和 $g(z)$ 的孤立奇点,下面用极限法判断 $z=0$ 是否为可去奇点.

(1) 因为 $\lim\limits_{z\to 0}f(z)=\lim\limits_{z\to 0}\dfrac{1-\cos z}{z^2}=\dfrac{1}{2}$,所以根据定理5.1.1可知,$z=0$ 是函

数 $f(z)=\dfrac{1-\cos z}{z^2}$ 的可去奇点.

(2) 因为$\lim\limits_{z\to 0} g(z)=\lim\limits_{z\to 0}\dfrac{e^z-1}{z}=1$,所以根据定理5.1.1可知,$z=0$是函数

$g(z)=\dfrac{e^z-1}{z}$ 的可去奇点.

2. 极点

定义5.1.3 设 z_0 是函数 $f(z)$ 的孤立奇点,若 $f(z)$ 在 z_0 的某一去心邻域 $0<|z-z_0|<\delta$ 的洛朗展开式中只有有限多个 $z-z_0$ 的负幂项,且其中关于 $(z-z_0)^{-1}$ 的最高幂为 $(z-z_0)^{-m}$,即

$$f(z)=C_{-m}(z-z_0)^{-m}+\cdots+C_{-1}(z-z_0)^{-1}+C_0+C_1(z-z_0)+\cdots$$

$C_{-m}\neq 0$,$m>0$(即主要部分仅含有 m 项),则称 z_0 为函数 $f(z)$ 的 **m 阶极点(*m*-order pole)**.

例如,$z=0$ 是函数$\dfrac{e^z-1}{z^2}$的孤立奇点,由于$\dfrac{e^z-1}{z^2}$的洛朗级数为

$$f_1(z)=\frac{e^z-1}{z^2}=\frac{1}{z}+\frac{1}{2!}+\frac{1}{3!}z+\frac{1}{4!}z^2+\cdots+\frac{1}{n!}z^{n-2}+\cdots(0<|z|<+\infty),$$

所以,点 $z=0$ 是函数$\dfrac{e^z-1}{z^2}$的一阶极点.

再如,函数 $f_2(z)=\dfrac{e^z-1}{z^3}=\dfrac{1}{z^2}+\dfrac{1}{2!z}+\dfrac{1}{3!}+\dfrac{1}{4!}z+\cdots+\dfrac{1}{n!}z^{n-3}+\cdots$,

则孤立奇点 $z_0=0$ 称为函数 $f(z)$ 的二阶极点.

接下来,我们利用上面的两个例子探求函数极点的特征.

由于

$$\begin{aligned}f_1(z)&=\frac{e^z-1}{z^2}=\frac{1}{z}+\frac{1}{2!}+\frac{1}{3!}z+\frac{1}{4!}z^2+\cdots+\frac{1}{n!}z^{n-2}+\cdots\\&=\frac{1}{z}\left(1+\frac{1}{2!}z+\frac{1}{3!}z^2+\frac{1}{4!}+\cdots+\frac{1}{n!}z^{n-1}+\cdots\right),\end{aligned}$$

$$\begin{aligned}f_2(z)&=\frac{e^z-1}{z^3}=\frac{1}{z^2}+\frac{1}{2!z}+\frac{1}{3!}+\frac{1}{4!}z+\cdots+\frac{1}{n!}z^{n-3}+\cdots\\&=\frac{1}{z^2}\left(1+\frac{1}{2!}z+\frac{1}{3!}z^2+\frac{1}{4!}+\cdots+\frac{1}{n!}z^{n-1}+\cdots\right),\end{aligned}$$

若令 $$g(z)=1+\frac{1}{2!}z+\frac{1}{3!}z^2+\frac{1}{4!}z^3+\cdots+\frac{1}{n!}z^{n-1}+\cdots,$$

则 $f_1(z)=\frac{1}{z}g(z)$，$f_2(z)=\frac{1}{z^2}g(z)$，$g(z)$ 是解析函数且 $g(0)\neq 0$.

一般地，对于一个具有 m 阶极点的函数 $f(z)$，由于

$$\begin{aligned}f(z)&=C_{-m}(z-z_0)^{-m}+\cdots+C_{-1}(z-z_0)^{-1}+C_0+C_1(z-z_0)+\cdots\\&=\frac{1}{(z-z_0)^m}\Big[C_{-m}+C_{-m+1}(z-z_0)+\cdots+C_{-1}(z-z_0)^{m-1}+\sum_{n=0}^{\infty}C_n(z-z_0)^{n+m}\Big]\\&=\frac{1}{(z-z_0)^m}g(z),\end{aligned}$$

其中，$g(z)=C_{-m}+C_{-m+1}(z-z_0)+\cdots+C_{-1}(z-z_0)^{m-1}+\sum\limits_{n=0}^{\infty}C_n(z-z_0)^{n+m}$.

显然，函数 $g(z)$ 具有如下性质特征：

(1) 在圆环域 $|z-z_0|<\delta$ 内是解析函数； (2) $g(z_0)\neq 0$.

反过来，对于任意给定的函数 $f(z)$，若它能表示为 $f(z)=\frac{1}{(z-z_0)^m}g(z)$ 的形式，且 $g(z_0)\neq 0$，那么 z_0 是该函数的 m 阶极点.

如果 z_0 为函数 $f(z)$ 的极点，即 $f(z)$ 可写为 $\frac{1}{(z-z_0)^m}g(z)$ 的形式，则有 $\lim\limits_{z\to z_0}|f(z)|=+\infty$，或记作 $\lim\limits_{z\to z_0}f(z)=\infty$（注意这一特征只能判别是否为极点，但不能确定极点的阶数）.

根据上面的分析并结合 m 阶极点的定义，我们得到 z_0 为函数 $f(z)$ m 阶极点的等价条件.

定理5.1.2 设 z_0 为函数 $f(z)$ 的孤立奇点，则下列条件等价：

(1) 点 z_0 是函数 $f(z)$ 的 m 阶极点；

(2) 函数 $f(z)$ 在点 z_0 的洛朗展开式为

$$f(z)=\frac{C_{-m}}{(z-z_0)^m}+\cdots+\frac{C_{-1}}{(z-z_0)}+\sum_{n=0}^{+\infty}C_n(z-z_0)^n\quad (C_{-m}\neq 0,m>0);$$

(3) 函数 $f(z)$ 在点 z_0 的某去心邻域内可以表示为

$$f(z)=\frac{1}{(z-z_0)^m}g(z) \text{ 或者 } \lim_{z\to z_0}(z-z_0)^m f(z)=g(z_0)\neq 0,$$

其中 $g(z)$ 在 z_0 的邻域内解析，且 $g(z_0)\neq 0$.

例5.1.3 求有理分式函数 $f(z)=\dfrac{z-2}{(z^2+1)(z-1)^3}$ 的极点.

解 当 $z=1,z=\pm\mathrm{i}$ 时，函数 $f(z)$ 无定义，因为 $\lim\limits_{z\to 1}f(z)=\infty,\lim\limits_{z\to\pm\mathrm{i}}f(z)=\infty$，所以，$z=1,z=\pm\mathrm{i}$ 均为函数 $f(z)$ 的极点.

对于 $z=1$，因为 $\lim\limits_{z\to 1}(z-1)^3f(z)=\lim\limits_{z\to 1}\dfrac{z-2}{(z^2+1)}=-\dfrac{1}{2}$，所以点 $z=1$ 是函数 $f(z)$ 的三阶极点.

对于 $z=\mathrm{i}$，因为 $\lim\limits_{z\to\mathrm{i}}(z-\mathrm{i})f(z)=\lim\limits_{z\to\mathrm{i}}\dfrac{z-2}{(z+\mathrm{i})(z-1)^3}=\dfrac{\mathrm{i}-2}{2\mathrm{i}(\mathrm{i}-1)^3}$，所以 $z=\mathrm{i}$ 是函数 $f(z)$ 的一阶极点. 同理，$z=-\mathrm{i}$ 也是函数 $f(z)$ 的一阶极点.

例5.1.4 求下列函数的极点，并指出极点的阶数.

(1) $f(z)=\dfrac{\sin z}{z^3}$；　(2) $f(z)=\dfrac{\sin z-z}{z^5}$.

解 (1) 因为函数 $f(z)=\dfrac{\sin z}{z^3}$ 在 $z=0$ 邻域内的洛朗展开式为

$$f(z)=\frac{\sin z}{z^3}=\frac{1}{z^3}\left(z-\frac{z^3}{3!}+\frac{z^5}{5!}-\cdots\right)=\frac{1}{z^2}-\frac{1}{3!}+\frac{1}{5!}z^2-\cdots,$$

所以 $z=0$ 是函数 $f(z)$ 的二阶极点.

(2) 因为函数 $f(z)=\dfrac{\sin z-z}{z^5}$ 在 $z=0$ 邻域内的洛朗展开式为

$$f(z)=\frac{\sin z-z}{z^5}=\frac{1}{z^5}\left(-\frac{z^3}{3!}+\frac{z^5}{5!}-\frac{z^7}{7!}+\cdots\right)=-\frac{1}{3!z^2}+\frac{1}{5!}-\frac{1}{7!}z^2+\cdots,$$

所以 $z=0$ 是函数 $f(z)$ 的二阶极点.

3. 本性奇点

定义5.1.4 设 z_0 是函数 $f(z)$ 的孤立奇点，若 $f(z)$ 在 z_0 的某一去心邻域 $0<|z-z_0|<\delta$ 的洛朗展开式中含有无限多个 $z-z_0$ 的负幂项(即主要部分仅含有无穷多项)，则称 z_0 为函数 $f(z)$ 的**本性奇点(essential singularity)**.

例如，$z=0$ 是函数 $\sin\dfrac{1}{z}$ 的孤立奇点，由于 $\sin\dfrac{1}{z}$ 的洛朗级数为

$$\sin\frac{1}{z}=\frac{1}{z}-\frac{1}{3!z^3}+\frac{1}{5!z^5}+\cdots+(-1)^n\frac{1}{(2n+1)!z^{2n+1}}+\cdots(0<|z|<+\infty),$$

该展开式中含有无穷多个 z 的负幂项，所以点 $z=0$ 是函数 $\sin\frac{1}{z}$ 的本性奇点.

> **注:** 若 z_0 为函数 $f(z)$ 的本性奇点，则 $\lim\limits_{z\to z_0}f(z)$ 不存在，且不是无穷大. 于是，可以通过定义5.1.4和极限 $\lim\limits_{z\to z_0}f(z)$ 来判断 z_0 是否为函数 $f(z)$ 的本性奇点.

根据上面的分析并结合本性奇点的定义，我们得到 z_0 为函数 $f(z)$ 的 m 阶极点的等价条件.

定理5.1.3 设 z_0 为函数 $f(z)$ 的孤立奇点，则下列条件等价：

洛必达

(1) z_0 为函数 $f(z)$ 的本性奇点；

(2) 函数 $f(z)$ 在点 z_0 的洛朗展开式中含有无穷多个 $z-z_0$ 的负幂项；

(3) 极限 $\lim\limits_{z\to z_0}f(z)$ 不存在，且不是无穷大.

> **注:** 利用极限判断奇点的类型时，可以尝试使用高等数学中的洛必达法则(L'Hospital's rule)求解该极限. 也就是说，若函数 $f(z)$ 和 $g(z)$ 都是 z_0 的某一去心邻域 $0<|z-z_0|<\delta$ 内不恒等于零的解析函数，当 $z\to z_0$ 时，它们的极限均为零且 $\lim\limits_{z\to z_0}\frac{f'(z)}{g'(z)}$ 存在，则 $\lim\limits_{z\to z_0}\frac{f(z)}{g(z)}=\lim\limits_{z\to z_0}\frac{f'(z)}{g'(z)}$.

例5.1.5 判断 $z=0$ 是否为函数 $f(z)=e^{\frac{1}{z}}$ 的孤立奇点?如果是，那么它是何种类型的孤立奇点?

解 易见 $z=0$ 为函数 $f(z)=e^{\frac{1}{z}}$ 在复平面上唯一的不解析点，故该点为 $f(z)$ 唯一的奇点，且为孤立奇点. 函数 $f(z)$ 的洛朗级数为

$$e^{\frac{1}{z}}=1+z^{-1}+\frac{1}{2!}z^{-2}+\cdots+\frac{1}{n!}z^{-n}+\cdots(0<|z|<+\infty),$$

此级数含有无穷多个 z 的负幂项，所以 $z=0$ 是函数 $f(z)=e^{\frac{1}{z}}$ 的本性奇点.

注:例 5.1.5 还可借助极限来判断奇点类型. 因为 $\lim\limits_{z\to 0^+} f(z) = \lim\limits_{z\to 0^+} e^{\frac{1}{z}} = \infty$, $\lim\limits_{z\to 0^-} f(z) = \lim\limits_{z\to 0^-} e^{\frac{1}{z}} = 0$. 说明当 $z\to 0$ 时,函数 $f(z)$ 的极限不存在,但也不是无穷大,所以根据定理 5.1.3 可知,$z=0$ 是函数 $f(z)=e^{\frac{1}{z}}$ 的本性奇点.

5.1.3 函数的零点

定义5.1.5 设若函数 $f(z)=(z-z_0)^m\varphi(z)$,其中 $\varphi(z)$ 在点 $z=z_0$ 处解析,且 $\varphi(z_0)\neq 0$,m 为某一正整数,则称 z_0 为函数 $f(z)$ 的 **m 阶零点(m-order zero point)**.

注:利用该定义判断函数的零点时,首先应将函数 $f(z)$ 整理为 $f(z)=(z-z_0)^m\varphi(z)$ 的形式. 例如,若函数 $f(z)=z(z-1)^3$,则 $z=0$,$z=1$ 分别为 $f(z)$ 的一阶零点与三阶零点.

定理5.1.4 如果函数 $f(z)$ 在点 $z=z_0$ 处解析,则 z_0 为函数 $f(z)$ 的 m 阶零点的充分必要条件是 $f^{(n)}(z_0)=0 \quad [n=0,1,2,\cdots,(m-1)]$,且 $f^{(m)}(z_0)\neq 0$.

证明 必要性.

设 z_0 是函数 $f(z)$ 的 m 阶零点,根据定义 5.1.5 有

$$f(z)=(z-z_0)^m\varphi(z),$$

其中 $\varphi(z)$ 在点 $z=z_0$ 处解析,且 $\varphi(z_0)\neq 0$,从而它在 z_0 邻域内的泰勒展开式为

$$\varphi(z)=C_0+C_1(z-z_0)+C_2(z-z_0)^2+\cdots,$$

所以

$$f(z)=C_0(z-z_0)^m+C_1(z-z_0)^{m+1}+C_2(z-z_0)^{m+2}+\cdots,$$

从而,有

$$f^{(n)}(z_0)=0 \quad [n=0,1,2,\cdots,(m-1)],\text{且 } f^{(m)}(z_0)=m!C_0\neq 0.$$

充分性.

已知函数 $f(z)$ 泰勒展开式为

$$f(z)=C_0(z-z_0)^m+C_1(z-z_0)^{m+1}+\cdots=(z-z_0)^m[C_0+C_1(z-z_0)+\cdots],$$

且

$$f^{(n)}(z_0)=0 \quad [n=0,1,2,\cdots(m-1)], f^{(m)}(z_0)\neq 0,$$

令 $\varphi(z)=C_0+C_1(z-z_0)+C_2(z-z_0)^2+\cdots$,则有

$$f(z)=(z-z_0)^m\varphi(z), \varphi(z_0)\neq 0,$$

从而,z_0 为函数 $f(z)$ 的 m 阶零点.

注:若函数不易使用定义5.1.5判断其零点的阶数,则可使用定理5.1.4判断.

例5.1.6 判断 $z=1$ 为下列函数的几阶零点?

(1) $f(z)=z^3-1$; (2) $f(z)=\sin^2(z-1)$.

解 (1) 由于 $f(1)=0$,且 $f'(1)=3z^3\,|_{z=1}=3\neq 0$,故 $z=1$ 是函数 $f(z)$ 的一阶零点;

(2) 由于 $f(1)=0$,且 $f'(1)=\sin(2z-2)\,|_{z=1}=0$,但 $f''(1)=2\cos(2z-2)\,|_{z=1}=2\neq 0$,所以 $z=1$ 是函数 $f(z)$ 的二阶零点.

5.1.4 函数的零点与极点的关系

定理5.1.5 如果 $z=z_0$ 是函数 $f(z)\neq 0$ 的 m 阶极点,则 z_0 就是 $\frac{1}{f(z)}$ 的 m 阶零点,反过来也成立.

证明 如果 z_0 是函数 $f(z)$ 的 m 阶极点,则有

$$f(z)=\frac{1}{(z-z_0)^m}g(z),$$

其中 $g(z)$ 在 z_0 解析,且 $g(z_0)\neq 0$.

所以,当 $z\neq z_0$ 时,有

$$\frac{1}{f(z)}=(z-z_0)^m\frac{1}{g(z)}=(z-z_0)^m h(z),$$

其中 $h(z)$ 在 z_0 解析,且 $h(z_0)\neq 0$.

当 $z=z_0$ 时,由于 $\lim\limits_{z\to z_0}\frac{1}{f(z)}=0$,因此只要令 $\frac{1}{f(z_0)}=0$,

则由 $\frac{1}{f(z)}=(z-z_0)^m h(z)$ 可知 z_0 是 $\frac{1}{f(z)}$ 的 m 阶零点.

反之,如果 z_0 是 $\frac{1}{f(z)}$ 的 m 阶零点,那么

$$\frac{1}{f(z)}=(z-z_0)^m\varphi(z),$$

其中 $\varphi(z)$ 在 z_0 解析,且 $\varphi(z_0)\neq 0$. 因此,当 $z\neq z_0$ 时,有 $f(z)=\frac{1}{(z-z_0)^m}\varphi(z)$,而 $\varphi(z)=\frac{1}{\varphi(z)}$ 在 z_0 解析,且 $\varphi(z_0)\neq 0$. 所以,点 z_0 为函数 $f(z)$ 的 m 阶极点.

例5.1.7 函数 $f(z)=\frac{1}{\sin z}$ 有哪些类型的奇点?如果有极点,请给出其阶数.

解 函数 $f(z)=\frac{1}{\sin z}$ 的奇点是使 $\sin z=0$ 的点,这些奇点为

$$z=k\pi \quad (k=0,\pm 1,\pm 2,\cdots),$$

显然,$z=k\pi \quad (k=0,\pm 1,\pm 2,\cdots)$ 是孤立奇点.

由于 $(\sin z)'\big|_{z=k\pi}=\cos z\big|_{z=k\pi}=(-1)^k\neq 0$,所以 $z=k\pi$ 是 $\sin z$ 的一阶零点,也就是 $\frac{1}{\sin z}$ 的一阶极点.

例5.1.8 判别 $z=0$ 是函数 $f(z)=\frac{e^z-1}{z^2}$ 的几阶极点.

解 因为当 $z=0$ 时,$e^z-1=0$,所以将函数展为洛朗级数

$$\frac{e^z-1}{z^2}=\frac{1}{z^2}\left(\sum_{n=0}^{\infty}\frac{z^n}{n!}-1\right)=\frac{1}{z}+\frac{1}{2!}+\frac{z}{3!}+\cdots=\frac{1}{z}\left(1+\frac{1}{2!}z+\frac{z^2}{3!}+\cdots\right)=\frac{1}{z}\varphi(z),$$

其中 $\varphi(z)=1+\frac{1}{2!}z+\frac{z^2}{3!}+\cdots$ 在 $z=0$ 处解析,且 $\varphi(0)\neq 0$,所以 $z=0$ 为函数 $f(z)=\frac{e^z-1}{z^2}$ 的一阶极点.

注: 从例 5.1.8 看出,在求函数的孤立奇点时,不能只看函数表面形式就下结论. 例如,初看 $z=0$ 是例 5.1.8 的二阶极点,但当 $z=0$ 时,分子 $e^z-1=0$,所以,$z=0$ 其实是函数 $f(z)=\frac{e^z-1}{z^2}$ 的一阶极点. 再如,函数 $\frac{\sin z}{z^3}$ 在 $z=0$ 处是二阶极点,而不是三阶极点.

根据上面例题的解答过程，我们将判别孤立奇点类型的步骤及方法汇总如下.

1. 找出孤立奇点

找函数无定义的点，即函数不解析的点（不一定是孤立奇点），再根据孤立奇点定义判别其是否为孤立奇点.

2. 判别奇点的类型

方法1　在这些孤立奇点 z_0 处求函数极限.

(1) 若极限存在，则 z_0 是函数的可去奇点；

(2) 若极限为无穷大，则 z_0 是函数的极点（只能判别是极点，不能判别其阶数），如果 $\lim\limits_{z\to z_0}(z-z_0)^m f(z)$ 存在，且不为零，则 z_0 是函数 $f(z)$ 的 m 阶极点. 而 $g(z)=\dfrac{1}{f(z)}$ 以 z_0 为 m 阶零点；

(3) 若极限不存在，但不是无穷大，则 z_0 是函数的本性奇点.

方法2　将函数在孤立奇点 z_0 的去心邻域内展为洛朗级数，再根据定义判别.

思考题 5.1

1. 函数在可去奇点附近有什么特征？

2. 函数在极点附近有什么特征？

3. 函数在本性奇点附近有什么特征？

4. 如何找函数的孤立奇点？如何判别孤立奇点的类型？

习题 5.1

1. 找出下列函数的奇点，并指出哪些是孤立奇点.

(1) $\dfrac{1}{z^2+1}$；　(2) $\dfrac{1}{\cos\dfrac{1}{z}}$；　(3) $\dfrac{1}{e^z+1}$；　(4) $\cot z$.

2. 判定下列函数的孤立奇点的类型.

(1) $f(z)=\dfrac{\sin z}{z^2}, z=0$；　(2) $f(z)=\dfrac{e^z}{z+1}, z=-1$；

(3) $f(z)=\dfrac{1+z^2}{z}, z=0$；　(4) $f(z)=\dfrac{\ln(1+z)}{z}, z=0$；

(5) $f(z)=e^{\frac{1}{z-1}}, z=1$；　(6) $f(z)=z(e^{\frac{1}{z}}-1), z=0$.

3. 求下列函数的孤立奇点,并确定它们的类型(对于极点指出其阶数).

(1) $\dfrac{1}{(z^2+i)^2}$；　(2) $\dfrac{z+2}{z(z-1)^3(z+1)^2}$；　(3) $\dfrac{1-\cos z}{z^2}$；

(4) $\cos\dfrac{1}{z+i}$；　(5) $\tan^2 z$；　(6) $\dfrac{\tan(z-1)}{z-1}$.

4. 求证:如果 z_0 是解析函数 $f(z)$ 的 m 阶零点,其中 $m>1$,则 z_0 是导函数 $f'(z)$ 的 $m-1$ 阶零点.

5. 若函数 $f(z)$,$g(z)$ 分别以 $z=z_0$ 为 n 阶极点和 m 阶极点,则下列函数在 $z=z_0$ 处有什么性质?

(1) $f(z)\cdot g(z)$；　(2) $\dfrac{f(z)}{g(z)}$.

§5.2　留数及其应用

留数是复变函数论中重要的概念之一,它与解析函数在孤立奇点处的洛朗展开式、柯西复合闭路定理等有着密切的联系.

5.2.1　留数的概念

如果函数 $f(z)$ 在点 $z=z_0$ 的邻域内解析,那么由柯西积分定理可知 $\oint_C f(z)\mathrm{d}z=0$,其中 C 为点 $z=z_0$ 邻域内的任意一条简单闭曲线.

如果 z_0 为函数 $f(z)$ 的一个孤立奇点,那么在 z_0 的某一去心邻域 $0<|z-z_0|<R$ 内,将函数 $f(z)$ 在此邻域内展开成洛朗级数

$$f(z)=\sum_{n=1}^{\infty}C_{-n}(z-z_0)^{-n}+C_0+\sum_{n=1}^{\infty}C_n(z-z_0)^n$$

在 z_0 的上述去心邻域 $0<|z-z_0|<R$ 内,任取一条正向简单闭曲线 C,对上式的两边在 C 上取积分 $\oint_C f(z)\mathrm{d}z$,并由公式

$$\oint_C \frac{f(z)}{(z-z_0)^{n+1}}\mathrm{d}z=\begin{cases}2\pi \mathrm{i}, & n=0,\\ 0, & n\neq 0.\end{cases}$$

可知,右端各项的积分除 $C_{-1}(z-z_0)^{-1}$ 这一项等于 $2\pi \mathrm{i}C_{-1}$ 外,其余各项的积分都等于零,即

$$\oint_C f(z)\mathrm{d}z=2\pi \mathrm{i}C_{-1}.$$

由此可见,$(z-z_0)^{-1}$ 的系数 $C_{-1}=\frac{1}{2\pi \mathrm{i}}\oint_C f(z)\mathrm{d}z$,即在函数 $f(z)$ 的洛朗级数中,$(z-z_0)^{-1}$ 的系数正好表示函数 $\frac{1}{2\pi \mathrm{i}}f(z)$ 在曲线 C 上的积分. 如果我们有简单的方法求出 C_{-1},就可以容易地求出函数 $f(z)$ 在 C 上的积分 $\oint_C f(z)\mathrm{d}z\left(\oint_C f(z)\mathrm{d}z=2\pi \mathrm{i}C_{-1}\right)$. 因此,$C_{-1}$ 这个数具有特别的意义,我们把它称为函数 $f(z)$ 在点 $z=z_0$ 处的留数. 接下来,我们给出留数的定义.

定义5.2.1 设点 $z=z_0$ 为函数 $f(z)$ 的孤立奇点,C_{-1} 为 $f(z)$ 在圆环域 $0<|z-z_0|<R$ 内洛朗展开式中的项 $(z-z_0)^{-1}$ 的系数,则 C_{-1} 称为函数 $f(z)$ 在点 $z=z_0$ 处的**留数(residue)**. 记作

$$\mathrm{Res}[f(z),z_0]=C_{-1} \text{ 或 } \mathrm{Res}[f(z),z_0]=\frac{1}{2\pi \mathrm{i}}\oint_C f(z)\mathrm{d}z.$$

说明:(1) 留数 $\mathrm{Res}[f(z),z_0]$ 也可以记为 $\underset{z\to z_0}{\mathrm{Res}}f(z)$ 或 $\mathrm{Res}f(z_0)$;

(2) 由闭路变形原理可知,C_{-1} 的值与 C 的半径大小无关,只要 C 包含点 z_0 即可;

(3) 函数 $f(z)$ 在 z_0 处的留数就是 $f(z)$ 在以 z_0 为圆心的圆环域的洛朗级数中负幂项 $(z-z_0)^{-1}$ 的系数 C_{-1}.

例5.2.1 求函数 $f(z)=z\mathrm{e}^{\frac{1}{z}}$ 在孤立奇点 $z=0$ 处的留数.

解 因为在环形域 $0<|z|<+\infty$ 内,函数 $f(z)$ 的洛朗展开式为

$$f(z)=ze^{\frac{1}{z}}=z+1+\frac{1}{2!z}+\frac{1}{3!z^2}+\cdots,$$

所以,$\text{Res}[ze^{\frac{1}{z}},0]=\frac{1}{2!}=\frac{1}{2}$.

例5.2.2 求函数 $f(z)=z^2\cos\frac{1}{z}$ 在孤立奇点 $z=0$ 处的留数.

解 因为在环形域 $0<|z|<+\infty$ 内,函数 $f(z)$ 的洛朗展开式为

$$f(z)=z^2\cos\frac{1}{z}=z^2-\frac{1}{2!}+\frac{1}{4!z^2}-\cdots+(-1)^n\frac{1}{(2n)!z^{2n-2}}+\cdots,$$

易见,上面的洛朗展开式中缺少 z^{-1} 项,可以理解为该项的系数为零,所以

$$\text{Res}[z^2\cos\frac{1}{z},0]=0.$$

5.2.2 留数的计算

由上面的例子可以发现,当我们求函数的孤立奇点 z_0 处的留数时,需要先求出它以 z_0 为圆心的某个圆环域内的洛朗级数,然后再观察洛朗级数中 $(z-z_0)^{-1}$ 项的系数,这个系数即为 C_{-1}. 但如果我们事先知道孤立奇点的类型,那么往往对求该函数的留数会便利一些.

1. 可去奇点处的留数

定理5.2.1 若 $z=z_0$ 为函数 $f(z)$ 的可去奇点,则 $\text{Res}[f(z),z_0]=0$.

此处略过该定理的证明,我们将其作为思考题,请有兴趣的读者自行证明.

例5.2.3 求函数 $f(z)=\frac{\sin z}{z}$ 在孤立奇点 $z=0$ 处的留数.

解 因为 $z=0$ 是函数 $f(z)=\frac{\sin z}{z}$ 的可去奇点,所以

$$\text{Res}\left[\frac{\sin z}{z},0\right]=0.$$

2. 极点处的留数计算法则

法则5.2.1 如果 $z=z_0$ 为函数 $f(z)$ 的一阶极点,则

$$\text{Res}[f(z),z_0]=\lim_{z\to z_0}(z-z_0)f(z).$$

证明 由于 $z=z_0$ 为函数 $f(z)$ 的一阶极点,所以

$$f(z)=C_{-1}(z-z_0)^{-1}+\sum_{n=0}^{\infty}C_n(z-z_0)^n \quad (0<|z-z_0|<\delta),$$

在上式两端乘以$(z-z_0)$，有

$$(z-z_0)f(z)=C_{-1}+\sum_{n=0}^{+\infty}C_n(z-z_0)^{n+1},$$

再两端取极限，得

$$\lim_{z\to z_0}(z-z_0)f(z)=C_{-1}.$$

例5.2.4 求函数 $f(z)=\dfrac{-3z+4}{z(z-1)(z-2)}$ 分别在孤立奇点 $z=0,z=1$ 和 $z=2$ 处的留数.

解 因为 $z=0,z=1$ 和 $z=2$ 均为分母 $z(z-1)(z-2)$ 的一阶零点，且分子在这些点均不为零，所以它们是函数的一阶极点，根据法则 5.2.1，有

$$\operatorname{Res}[f(z),0]=\lim_{z\to 0}z\frac{-3z+4}{z(z-1)(z-2)}=\lim_{z\to 0}\frac{-3z+4}{(z-1)(z-2)}=2,$$

$$\operatorname{Res}[f(z),1]=\lim_{z\to 1}(z-1)\frac{-3z+4}{z(z-1)(z-2)}=\lim_{z\to 1}\frac{-3z+4}{z(z-2)}=-1,$$

$$\operatorname{Res}[f(z),2]=\lim_{z\to 2}(z-2)\frac{-3z+4}{z(z-1)(z-2)}=\lim_{z\to 2}\frac{-3z+4}{z(z-1)}=-1.$$

法则5.2.2 设函数 $f(z)=\dfrac{P(z)}{Q(z)}$，其中 $P(z)$ 及 $Q(z)$ 在 z_0 解析，且 $P(z_0)\neq 0,Q(z_0)=0,Q'(z_0)\neq 0$，则 z_0 为函数 $f(z)$ 的一阶极点，且留数

$$\operatorname{Res}[f(z),z_0]=\frac{P(z_0)}{Q'(z_0)}.$$

证明 因为 $Q(z_0)=0$ 及 $Q'(z_0)\neq 0$，所以 z_0 为函数 $Q(z)$ 的一阶零点，从而 z_0 为$\dfrac{1}{Q(z)}$的一阶极点，所以

$$\frac{1}{Q(z)}=\frac{1}{z-z_0}\varphi(z),$$

其中 $\varphi(z)$ 在 z_0 解析，且 $\varphi(z_0)\neq 0$，于是函数

$$f(z)=\frac{1}{z-z_0}\varphi(z)P(z)=\frac{1}{z-z_0}g(z),$$

其中 $g(z)=\varphi(z)P(z)$ 在 z_0 解析，且 $g(z_0)=\varphi(z_0)P(z_0)\neq 0$，故 z_0 为函数 $f(z)$ 一阶极点，根据法则 5.2.1，有

$$\mathrm{Res}[f(z),z_0]=\lim_{z\to z_0}(z-z_0)f(z)=\lim_{z\to z_0}\frac{P(z)}{\dfrac{Q(z)-Q(z_0)}{z-z_0}}=\frac{P(z_0)}{Q'(z_0)}.$$

例5.2.5 求函数 $f(z)=\cot z$ 在 $z=0$ 处的留数.

解 由于 $\cot z=\dfrac{\cos z}{\sin z}$,所以 $z=0$ 为函数 $f(z)$ 的一阶极点,从而

$$\mathrm{Res}[f(z),0]=\left.\frac{\cos z}{(\sin z)'}\right|_{z=0}=1.$$

法则5.2.3 如果 $z=z_0$ 为函数 $f(z)$ 的 m 阶极点,则

$$\mathrm{Res}[f(z),z_0]=\frac{1}{(m-1)!}\lim_{z\to z_0}\frac{\mathrm{d}^{m-1}}{\mathrm{d}z^{m-1}}[(z-z_0)^m f(z)].$$

证明 因为 $z=z_0$ 为函数 $f(z)$ 的 m 阶极点,则在 $z=z_0$ 处的洛朗展开式为

$$f(z)=C_{-m}(z-z_0)^{-m}+\cdots+C_{-2}(z-z_0)^{-2}+C_{-1}(z-z_0)^{-1}+\sum_{n=0}^{\infty}C_n(z-z_0)^n,$$

在上式等号的两边同乘 $(z-z_0)^m$,得

$$(z-z_0)^m f(z)=C_{-m}+C_{-m+1}(z-z_0)+\cdots+C_{-1}(z-z_0)^{m-1}+\sum_{n=0}^{\infty}C_n(z-z_0)^{m+n},$$

对上式等号的两边同求 $m-1$ 阶导数,得

$$\frac{\mathrm{d}^{m-1}}{\mathrm{d}z^{m-1}}[(z-z_0)^m f(z)]=(m-1)!C_{-1}+\{\text{含有}(z-z_0)\text{正幂的项}\},$$

对上式等号的两端同取极限,并令 $z\to z_0$,得

$$\lim_{z\to z_0}\frac{\mathrm{d}^{m-1}}{\mathrm{d}z^{m-1}}[(z-z_0)^m f(z)]=(m-1)!C_{-1},$$

即

$$C_{-1}=\frac{1}{(m-1)!}\lim_{z\to z_0}\frac{\mathrm{d}^{m-1}}{\mathrm{d}z^{m-1}}[(z-z_0)^m f(z)].$$

注: 当 $m=1$ 时,法则 5.2.3 就是法则 5.2.1.

例5.2.6 求函数 $f(z)=\dfrac{\mathrm{e}^{-z}}{z^2}$ 在 $z=0$ 处的留数.

解 因为 $z=0$ 是函数 $f(z)=\dfrac{\mathrm{e}^{-z}}{z^2}$ 的二阶极点,所以

$$\mathrm{Res}[f(z),0]=\frac{1}{(2-1)!}\lim_{z\to 0}\frac{\mathrm{d}}{\mathrm{d}z}\left[(z-0)^2\frac{\mathrm{e}^{-z}}{z^2}\right]=\lim_{z\to 0}(-\mathrm{e}^{-z})=-1.$$

注:(1) 在使用上述法则计算留数时,大多数情况下确实提供了方便,但也未必尽然.例如,欲求函数 $f(z)=\dfrac{z-\sin z}{z^6}=\dfrac{P(z)}{Q(z)}$ 在 $z=0$ 处的留数,若是利用上面的法则,我们要先要判定极点 $z=0$ 的阶数.由于

$$P(0)=(z-\sin z)\big|_{z=0}=0, P'(0)=(1-\cos z)\big|_{z=0}=0,$$

$$P''(0)=\sin z\big|_{z=0}=0, P'''(0)=\cos z\big|_{z=0}\neq 0,$$

所以 $z=0$ 为 $P(z)=z-\sin z$ 的三阶零点,从而是函数 $f(z)$ 的三阶极点,应用规则 5.2.3 得

$$\begin{aligned}\operatorname{Res}\left[\frac{z-\sin z}{z^6},0\right]&=\frac{1}{(3-1)!}\lim_{z\to 0}\frac{\mathrm{d}^2}{\mathrm{d}z^2}\left(z^3\cdot\frac{z-\sin z}{z^6}\right)\\&=\frac{1}{2!}\lim_{z\to 0}\frac{\mathrm{d}^2}{\mathrm{d}z^2}\left(\frac{z-\sin z}{z^3}\right).\end{aligned}$$

再继续计算这个二阶导数比较麻烦.然而,若用洛朗展开式求 C_{-1} 就比较简便,即

$$\frac{z-\sin z}{z^6}=\frac{1}{z^6}\left[z-\left(z-\frac{1}{3!}z^3+\frac{1}{5!}z^5-\cdots\right)\right]=-\frac{1}{3!z^3}-\frac{1}{5!z}-\cdots,$$

所以

$$\operatorname{Res}\left[\frac{z-\sin z}{z^6},0\right]=C_{-1}=-\frac{1}{5!}=-\frac{1}{120}.$$

可见,解题的关键在于要针对具体问题,灵活选择解题方法.

(2) 如果函数 $f(z)$ 在极点 z_0 的阶数不是 m,它的实际阶数要比 m 低,这时表达式

$$f(z)=C_{-m}(z-z_0)^{-m}+C_{-m+1}(z-z_0)^{-m+1}+\cdots+C_{-1}(z-z_0)^{-1}+C_0+\cdots$$

的系数 $C_{-m},C_{-m+1},\cdots$ 中可能有一个或几个等于零,则仍有

$$\operatorname{Res}[f(z),z_0]=\frac{1}{(m-1)!}\lim_{z\to z_0}\frac{\mathrm{d}^{m-1}}{\mathrm{d}z^{m-1}}[(z-z_0)^m f(z)].$$

例如,虽然点 $z=0$ 为函数 $f(z)=\dfrac{z-\sin z}{z^6}$ 的三阶极点,但若按照六阶极点来计算它在 $z=0$ 处的留数,则

$$\begin{aligned}\operatorname{Res}\left[\frac{z-\sin z}{z^6},0\right]&=\frac{1}{(6-1)!}\lim_{z\to0}\frac{\mathrm{d}^5}{\mathrm{d}z^5}\left(z^6\cdot\frac{z-\sin z}{z^6}\right)\\&=\frac{1}{5!}\lim_{z\to0}\frac{\mathrm{d}^5}{\mathrm{d}z^5}(z-\sin z)\\&=\frac{1}{5!}\lim_{z\to0}(-\cos z)\\&=-\frac{1}{5!}=-\frac{1}{120}.\end{aligned}$$

这个结果与上面通过使用洛朗展开式求系数 C_{-1} 的结果是相同的，故按照更高阶的极点来计算其留数也是可以的，但增加了计算量.

3. 本性奇点处的留数

如果 $z=z_0$ 为函数 $f(z)$ 的本性奇点，那么 $f(z)$ 在点 z_0 处的留数一般需要先求出其洛朗展开式 $f(z)=\sum\limits_{n=0}^{\infty}C_n(z-z_0)^n+\sum\limits_{n=1}^{\infty}C_{-n}(z-z_0)^{-n}$，再根据公式 $\operatorname{Res}[f(z),z_0]=C_{-1}$ 求出其留数. 当然，这一方法也可以应用在极点的情形.

例5.2.7 计算下列留数：

(1) $\operatorname{Res}\left[\cos\frac{1}{z},0\right]$；(2) $\operatorname{Res}\left[\frac{e^{\frac{1}{z}}}{1-z},0\right]$.

解 (1) 由于 $z=0$ 是 $f(z)=\cos\frac{1}{z}$ 的本性奇点，其洛朗展开式为

$$\cos\frac{1}{z}=\sum_{n=0}^{\infty}\frac{(-1)^n}{(2n)!}z^{-2n},$$

由于上式中不含 z^{-1} 项，所以 $C_{-1}=0$，从而 $\operatorname{Res}\left[\cos\frac{1}{z},0\right]=0$.

(2) 由于 $z=0$ 是 $f(z)=\frac{e^{\frac{1}{z}}}{1-z}$ 的本性奇点，其洛朗展开式为

$$\frac{e^{\frac{1}{z}}}{1-z}=\left[\sum_{n=0}^{\infty}\frac{1}{n!}z^{-n}\right]\cdot\left[\sum_{n=0}^{\infty}z^n\right]$$

由于上式中 z^{-1} 项的系数 $C_{-1}=\sum\limits_{n=1}^{\infty}\frac{1}{n!}=e-1$，从而 $\operatorname{Res}\left[\frac{e^{\frac{1}{z}}}{1-z},0\right]=e-1$.

5.2.3 留数定理

在闭曲线内,如果函数的孤立奇点不是一个而是多个,并且函数除了这几个孤立奇点外处处解析,那么是否可以将函数在闭曲线上的积分通过计算这些孤立奇点上的留数来完成呢?下面的留数定理给出了肯定的回答.

定理5.2.2 (**留数定理,residue theorem**) 设函数 $f(z)$ 在区域 D 内除有限个孤立奇点 $z_1,z_2,\cdots,z_n$ 外处处解析,C 是区域 D 内包围诸奇点的一条正向简单闭曲线,如图 5-2-1 所示,则

$$\oint_C f(z)\mathrm{d}z = 2\pi\mathrm{i}\sum_{k=1}^{n}\mathrm{Res}[f(z),z_k].$$

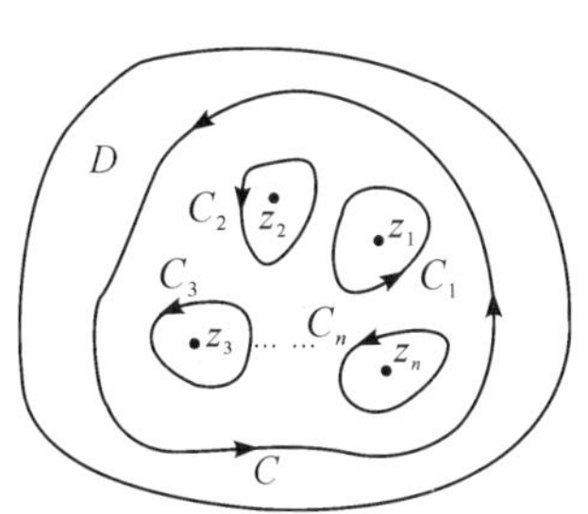

图 5-2-1　闭曲线包围的孤立奇点

证明　把在 C 内的孤立奇点 $z_k(k=1,2,\cdots,n)$ 用互相不包含的正向简单闭曲线 C_k 围绕起来,则根据复合闭路定理,可得

$$\oint_C f(z)\mathrm{d}z = \oint_{C_1} f(z)\mathrm{d}z + \cdots + \oint_{C_n} f(z)\mathrm{d}z,$$

上式等号的两边同除以 $2\pi\mathrm{i}$,得

$$\frac{1}{2\pi\mathrm{i}}\oint_C f(z)\mathrm{d}z = \mathrm{Res}[f(z),z_1] + \mathrm{Res}[f(z),z_2] + \cdots + \mathrm{Res}[f(z),z_n],$$

即

$$\oint_C f(z)\mathrm{d}z = 2\pi\mathrm{i}\sum_{k=1}^{n}\mathrm{Res}[f(z),z_k].$$

注: 留数定理的作用是将沿封闭曲线 C 的积分问题转化为被积函数在 C 中的各孤立奇点处的留数,即把整体问题转化为局部问题讨论.

在使用留数定理计算奇点的留数时,一般分为三个步骤:

(1) 求出函数 $f(z)$ 在区域 D 内的孤立奇点 $z_k(k=1,2,\cdots,n)$;

(2) 分别计算函数 $f(z)$ 在区域 D 内各孤立奇点 $z_k(k=1,2,\cdots,n)$ 的留数;

(3) 利用留数定理计算函数 $f(z)$ 的积分 $\oint_C f(z)\mathrm{d}z = 2\pi\mathrm{i}\sum_{k=1}^{n}\mathrm{Res}[f(z),z_k]$.

例5.2.8 计算积分$\oint_C \frac{z\mathrm{e}^z}{z^2-1}\mathrm{d}z$,其中 C 为正向圆周 $|z|=2$.

解 因为函数 $f(z)=\frac{z\mathrm{e}^z}{z^2-1}$ 有两个一阶极点 $z=\pm 1$,且全部在圆 $|z|=2$ 内,所以

$$\oint_C \frac{z\mathrm{e}^z}{z^2-1}\mathrm{d}z = 2\pi\mathrm{i}\mathrm{Res}[f(z),1]+2\pi\mathrm{i}\mathrm{Res}[f(z),-1],$$

由法则 5.2.1,得

$$\mathrm{Res}[f(z),1]=\lim_{z\to 1}(z-1)\frac{z\mathrm{e}^z}{(z^2-1)}=\lim_{z\to 1}\frac{z\mathrm{e}^z}{z+1}=\frac{\mathrm{e}}{2},$$

$$\mathrm{Res}[f(z),-1]=\lim_{z\to -1}(z+1)\frac{z\mathrm{e}^z}{(z^2-1)}=\lim_{z\to -1}\frac{z\mathrm{e}^z}{z-1}=\frac{\mathrm{e}^{-1}}{2}.$$

于是,有

$$\oint_C \frac{z\mathrm{e}^z}{z^2-1}\mathrm{d}z = 2\pi\mathrm{i}\left(\frac{\mathrm{e}}{2}+\frac{\mathrm{e}^{-1}}{2}\right)=2\pi\mathrm{i}\,\mathrm{ch}1.$$

例5.2.9 计算积分$\oint_C \frac{z}{z^4-1}\mathrm{d}z$,其中 C 为正向圆周 $|z|=2$.

解 函数 $f(z)=\frac{z}{z^4-1}$ 在圆周 $|z|=2$ 内有四个一阶极点 $\pm 1,\pm\mathrm{i}$,所以

$$\oint_C \frac{z}{z^4-1}\mathrm{d}z = 2\pi\mathrm{i}\mathrm{Res}[f(z),1]+2\pi\mathrm{i}\mathrm{Res}[f(z),-1]$$
$$+2\pi\mathrm{i}\mathrm{Res}[f(z),-\mathrm{i}]+2\pi\mathrm{i}\mathrm{Res}[f(z),\mathrm{i}],$$

由法则 5.2.2,得

$$\frac{P(z)}{Q'(z)}=\frac{z}{4z^3}=\frac{1}{4z^2}.$$

于是,有

$$\oint_C \frac{z}{z^4-1}\mathrm{d}z = 2\pi\mathrm{i}\left(\frac{1}{4}+\frac{1}{4}-\frac{1}{4}-\frac{1}{4}\right)=0.$$

说明:此题若使用法则 5.2.1 计算将会较为烦琐.

例5.2.10 计算积分$\oint_C \frac{\mathrm{e}^z}{z(z-1)^2}\mathrm{d}z$,其中 C 为正向圆周 $|z|=2$.

解 因为 $z=0$ 为函数 $f(z)$ 的一阶极点,$z=1$ 为二阶极点,它们都在圆周

$|z|=2$ 内,而且

$$\text{Res}[f(z),0]=\lim_{z\to 0} z\frac{e^z}{z(z-1)^2}=\lim_{z\to 0}\frac{e^z}{(z-1)^2}=1,$$

$$\text{Res}[f(z),1]=\frac{1}{(2-1)!}\lim_{z\to 1}\frac{d}{dz}\left[(z-1)^2\frac{e^z}{z(z-1)^2}\right]=\lim_{z\to 1}\frac{d}{dz}\frac{e^z}{z}=\lim_{z\to 1}\frac{e^z(z-1)}{z^2}=0,$$

所以

$$\oint_C \frac{e^z}{z(z-1)^2}dz=2\pi i\{\text{Res}[f(z),0]+\text{Res}[f(z),1]\}=2\pi i(1+0)=2\pi i.$$

例5.2.11 计算积分$\oint_C \frac{\sin z}{\cos z}dz$,其中 C 为正向圆周 $|z|=5$.

解 在 $|z|\leqslant 5$ 内函数$\frac{\sin z}{\cos z}$有四个孤立奇点$\pm\frac{\pi}{2},\pm\frac{3\pi}{2}$,这些孤立奇点均为该函数的一阶极点,所以由法则 5.2.2,得

$$\text{Res}\left[\frac{\sin z}{\cos z},\pm\frac{\pi}{2}\right]=\frac{\sin z}{(\cos z)'}\bigg|_{z=\pm\frac{\pi}{2}}=\frac{\sin z}{-\sin z}\bigg|_{z=\pm\frac{\pi}{2}}=-1,$$

$$\text{Res}\left[\frac{\sin z}{\cos z},\pm\frac{3\pi}{2}\right]=\frac{\sin z}{(\cos z)'}\bigg|_{z=\pm\frac{3\pi}{2}}=\frac{\sin z}{-\sin z}\bigg|_{z=\pm\frac{3\pi}{2}}=-1,$$

于是,根据留数定理可得

$$\oint_C \frac{\sin z}{\cos z}dz=2\pi i\cdot\text{Res}\left[f(z),\frac{\pi}{2}\right]\cdot(-4)=-8\pi i.$$

思考题 5.2

1. 孤立奇点的分类对于计算留数有什么作用?

2. 如何计算函数在极点的留数?如何计算函数在本性奇点的留数?

3. 怎样利用留数来计算闭曲线的复变函数的积分?

习题 5.2

1. 确定下列各函数的孤立奇点,并求出各孤立奇点的留数.

(1) $f(z)=\frac{z}{(z-1)(z-2)^2}$;　　(2) $f(z)=\frac{e^z}{z^2+a^2}$;

(3) $f(z)=\dfrac{1}{z^3-z^5}$； (4) $f(z)=\dfrac{1-e^{2z}}{z^4}$；

(5) $f(z)=\dfrac{z}{\cos z}$； (6) $f(z)=e^{\frac{1}{1-z}}$；

(7) $f(z)=z^2\sin\dfrac{1}{z}$； (8) $f(z)=\dfrac{1}{z\sin z}$.

2. 计算积分 $\oint_C \dfrac{dz}{z^4+1}$，其中 C 是正向圆周 $x^2+y^2=2x$.

3. 计算积分 $\oint_C \dfrac{dz}{(z-1)^2(z^2+1)}$，其中 C 是正向圆周 $x^2+y^2=2x+2y$.

4. 利用留数计算下列积分.

(1) $\oint_C \dfrac{5z-2}{z(z-1)^2}dz, C: |z|=\dfrac{3}{2}$； (2) $\oint_C \dfrac{\sin z}{z}dz, C: |z|=1$；

(3) $\oint_C \dfrac{e^{2z}}{(z-1)^2}dz, C: |z|=2$； (4) $\oint_C \tan\pi z dz, C: |z|=3$.

* **5.** 利用留数计算积分 $\oint_C \dfrac{dz}{(z-a)^n(z-b)^n}$ （n 为正整数，$|a|\neq 1, |b|\neq 1, |a|<|b|$），其中 C 是正向圆周 $|z|=1$，且具有如下情况：

(1) $1<|a|<|b|$； (2) $|a|<1<|b|$； (3) $|a|<|b|<1$.

§5.3 留数在定积分计算中的应用

留数定理为某些类型的定积分计算提供了有效的方法，这一方法对计算一些不易求的定积分和广义积分更为有效. 这种应用留数定理计算实变函数的定积分的方法称为**围道积分法(contour integration)**. 围道积分法就是把求实变函数的积分转化为求复变函数沿着围线的积分，再利用留数定理，使沿着围线的积分计算归结为留数计算.

本质上，围道积分法的就是用复积分计算实积分. 因为要计算留数，所以需要满足两个条件：首先，被积函数必须要与某个解析函数有关；其次，所求的定积分要能转化为某个沿闭路的复变量积分. 一般来讲，在应用围道积分法时，第一个条件是比较容易满足的，因为被积函数常常是初等函数，而初等函数是比较容易推广到复数域中去的;但第二个条件可能会遇到一些困难,因为定积分的积分域是区间,而用留数定理计算该积分的话将牵涉到把原积分问题转化为沿闭曲线的复积分.接下来,我们通过几个特殊类型的定积分例子,来阐述怎样利用留数来计算这些定积分.

5.3.1 形如$\int_0^{2\pi} R(\cos\theta,\sin\theta)\mathrm{d}\theta$ 的积分

定理5.3.1 设函数 $R(\cos\theta,\sin\theta)$ 为 $\cos\theta$ 与 $\sin\theta$ 的有理函数,且在$[0,2\pi]$上连续,则

$$\int_0^{2\pi} R(\cos\theta,\sin\theta)\mathrm{d}\theta=\oint_{|z|=1} R\left(\frac{z^2+1}{2z},\frac{z^2-1}{2\mathrm{i}z}\right)\frac{\mathrm{d}z}{\mathrm{i}z}.$$

若记 $f(z)=R\left(\frac{z^2+1}{2z},\frac{z^2-1}{2\mathrm{i}z}\right)\frac{1}{\mathrm{i}z}$,则所求积分的值为

$$\int_0^{2\pi} R(\cos\theta,\sin\theta)\mathrm{d}\theta=\oint_{|z|=1} f(z)\mathrm{d}z=2\pi\mathrm{i}\sum_{k=1}^{n}\mathrm{Res}[f(z),z_k],$$

其中 $z_k(k=1,2,\cdots,n)$ 为函数 $f(z)$ 在单位圆 $|z|=1$ 内的全部孤立奇点.

证明 要将这种积分化为复积分,首先要选择适当的复函数和复变量.当 $\theta\in[0,2\pi]$ 时,对应的变量 $z=\mathrm{e}^{\mathrm{i}\theta}$ 在复平面的单位圆 $|z|=1$ 上正好沿着的正向绕行一周.因此我们可以对原积分作变量替换,令 $z=\mathrm{e}^{\mathrm{i}\theta}$,则 $\mathrm{d}z=\mathrm{i}\mathrm{e}^{\mathrm{i}\theta}\mathrm{d}\theta$,所以有

$$\mathrm{d}\theta=\frac{\mathrm{d}z}{\mathrm{i}z},\cos\theta=\frac{\mathrm{e}^{\mathrm{i}\theta}+\mathrm{e}^{-\mathrm{i}\theta}}{2}=\frac{z^2+1}{2z},\sin\theta=\frac{\mathrm{e}^{\mathrm{i}\theta}-\mathrm{e}^{-\mathrm{i}\theta}}{2\mathrm{i}}=\frac{z^2-1}{2\mathrm{i}z},$$

于是函数 $f(z)=R\left(\frac{z^2+1}{2z},\frac{z^2-1}{2\mathrm{i}z}\right)\frac{1}{\mathrm{i}z}$ 为 z 的有理函数,且在单位圆 $|z|=1$ 上分母不为零,即在单位圆 $|z|=1$ 上无奇点,满足留数定理的条件,故有

$$\int_0^{2\pi} R(\cos\theta,\sin\theta)\mathrm{d}\theta=\oint_{|z|=1} R\left(\frac{z^2+1}{2z},\frac{z^2-1}{2\mathrm{i}z}\right)\frac{\mathrm{d}z}{\mathrm{i}z}=\oint_{|z|=1} f(z)\mathrm{d}z,$$

其中 $f(z)=R\left(\frac{z^2+1}{2z},\frac{z^2-1}{2\mathrm{i}z}\right)\frac{1}{\mathrm{i}z}$.

从而,所求积分的值为

$$\int_0^{2\pi} R(\cos\theta,\sin\theta)\mathrm{d}\theta=\oint_{|z|=1} f(z)\mathrm{d}z=2\pi\mathrm{i}\sum_{k=1}^{n}\mathrm{Res}[f(z),z_k],$$

其中 $z_k(k=1,2,\cdots,n)$ 为函数 $f(z)$ 在单位圆 $|z|=1$ 内的全部孤立奇点.

接下来，我们根据定理 5.3.1 给出利用留数计算定积分的步骤和例子.

利用留数求解定积分的步骤：

(1) 化复积分：令 $z=\mathrm{e}^{\mathrm{i}\theta}$，将被积表达式转化为

$$R(\cos\theta,\sin\theta)\mathrm{d}\theta=R\left(\frac{z^2+1}{2z},\frac{z^2-1}{2\mathrm{i}z}\right)\frac{\mathrm{d}z}{\mathrm{i}z};$$

(2) 求奇点：求函数 $R\left(\frac{z^2+1}{2z},\frac{z^2-1}{2\mathrm{i}z}\right)\cdot\frac{1}{\mathrm{i}z}$ 在单位圆 $|z|=1$ 内的孤立奇点；

(3) 求留数：求函数 $R\left(\frac{z^2+1}{2z},\frac{z^2-1}{2\mathrm{i}z}\right)\cdot\frac{1}{\mathrm{i}z}$ 在单位圆 $|z|=1$ 内各孤立奇点处的留数；

(4) 计算实积分：根据留数定理计算并得到所求实积分的值.

例5.3.1 求实积分 $I=\int_0^{2\pi}\frac{\sin\theta}{5+4\cos\theta}\mathrm{d}\theta$ 的值.

解 (1) 化复积分. 因为在 $0\leqslant\theta\leqslant 2\pi$ 内，被积函数的分母 $5+4\cos\theta\neq 0$，所以积分 $I=\int_0^{2\pi}\frac{\sin\theta}{5+4\cos\theta}\mathrm{d}\theta$ 有意义. 又因为

$$\cos\theta=\frac{1}{2}(\mathrm{e}^{\mathrm{i}\theta}+\mathrm{e}^{-\mathrm{i}\theta})=\frac{1}{2}(z+z^{-1}),\sin\theta=\frac{1}{2\mathrm{i}}(\mathrm{e}^{\mathrm{i}\theta}+\mathrm{e}^{-\mathrm{i}\theta})=\frac{1}{2\mathrm{i}}(z-z^{-1}),$$

所以，原实积分转化为复积分

$$\begin{aligned}I&=\oint_{|z|=1}\frac{\frac{1}{2\mathrm{i}}\left(z-\frac{1}{z}\right)}{5+4\left[\frac{1}{2}\left(z+\frac{1}{z}\right)\right]}\cdot\frac{\mathrm{d}z}{\mathrm{i}z}\\&=-\frac{1}{2}\oint_{|z|=1}\frac{(z^2-1)}{z(2z^2+5z+2)}\mathrm{d}z\\&=-\frac{1}{2}\oint_{|z|=1}\frac{(z^2-1)}{2z\left(z+\frac{1}{2}\right)(z+2)}\mathrm{d}z.\end{aligned}$$

(2) 求奇点. 上述积分的被积函数 $f(z)=\frac{(z^2-1)}{2z\left(z+\frac{1}{2}\right)(z+2)}$ 有三个极点，$z=0,z=-\frac{1}{2}$ 和 $z=-2$，但只有 $z=0$ 和 $z=-\frac{1}{2}$ 在单位圆周 $|z|=1$ 内，且为一阶极点，在圆周 $|z|=1$ 上函数 $f(z)$ 没有奇点，故只需计算函数 $f(z)$ 在奇

点 $z=0, z=-\frac{1}{2}$ 的留数即可.

(3) 求留数. $\operatorname{Res}[f(z),0]=\lim\limits_{z\to 0}[zf(z)]=\lim\limits_{z\to 0}\dfrac{(z^2-1)}{2\left(z+\frac{1}{2}\right)(z+2)}=-\dfrac{1}{2}$,

$$\begin{aligned}\operatorname{Res}\left[f(z),-\frac{1}{2}\right]&=\lim_{z\to-\frac{1}{2}}\left[\left(z+\frac{1}{2}\right)\frac{(z^2-1)}{2z\left(z+\frac{1}{2}\right)(z+2)}\right]\\&=\lim_{z\to-\frac{1}{2}}\frac{(z^2-1)}{2z(z+2)}\\&=\frac{1}{2}.\end{aligned}$$

(4) 于是,根据留数定理可知原积分

$$I=\left(-\frac{1}{2}\right)\cdot 2\pi i\left(\frac{1}{2}-\frac{1}{2}\right)=0.$$

5.3.2　形如 $\int_{-\infty}^{+\infty}R(x)\mathrm{d}x$ 的积分

定理5.3.2　若有理函数 $R(z)=\dfrac{P(z)}{Q(z)}=\dfrac{z^n+a_1z^{n-1}+\cdots+a_n}{z^m+b_1z^{m-1}+\cdots+b_m}$　(m, $n\geqslant 0$) 满足以下三个条件:

(1) $Q(z)$ 比 $P(z)$ 至少高两次(即 $m-n\geqslant 2$);

(2) $Q(z)$ 在实轴上无零点;

(3) $R(z)$ 在上半平面 $\operatorname{Im}z>0$ 内的极点为 $z_k(k=1,2,\cdots,n)$,则

$$\int_{-\infty}^{+\infty}R(x)\mathrm{d}x=2\pi i\sum_{k=1}^{n}\operatorname{Res}[R(z),z_k].$$

证明　(1) 首先构造围道曲线. 考虑被积函数 $R(z)$ 在有限区间 $I_r=[-r,r]$ 上的定积分,再引入辅助曲线,即上半圆周 $C_r: z=re^{i\theta}(0\leqslant\theta\leqslant\pi)$,由曲线 C_r 及区间线段 I_r 构成围线 C,选取大小适当的 r,使得 $R(x)=\dfrac{P(z)}{Q(z)}$ 所有在上半平面内的极点 z_k 都包含在该围线内.

(2) 计算围线 C_r 上的积分 $\int_{C_r}R(x)\mathrm{d}z$. 令 $z=re^{i\theta}(0\leqslant\theta\leqslant\pi)$,则有

$$\int_{C_r} R(x)\mathrm{d}z = \int_{C_r} \frac{P(z)}{Q(z)}\mathrm{d}z = \int_0^{\pi} \frac{P(re^{i\theta})}{Q(re^{i\theta})} ire^{i\theta}\mathrm{d}\theta,$$

因为 $Q(z)$ 的次数比 $P(z)$ 的次数至少高两次，于是当 $|z| = r \to +\infty$ 时，

$$\frac{zP(z)}{Q(z)} = \frac{re^{i\theta}P(re^{i\theta})}{Q(re^{i\theta})} \to 0,$$

所以

$$\lim_{r\to+\infty}\int_{C_r} R(z)\mathrm{d}z = 0.$$

(3) 根据留数定理，可得

$$\oint_C R(z)\mathrm{d}z = \int_{-r}^{r} R(x)\mathrm{d}x + \int_{C_r} R(z)\mathrm{d}z = 2\pi i\sum_{k=1}^{n}\mathrm{Res}[R(z),z_k].$$

令 $r \to +\infty$，对上式取极限并代入 $\lim\limits_{r\to+\infty}\int_{C_r} R(z)\mathrm{d}z = 0$，得

$$\int_{-\infty}^{+\infty} R(x)\mathrm{d}x = 2\pi i\sum_{k=1}^{n}\mathrm{Res}[R(z),z_k].$$

注：若 $R(x)$ 为偶函数，则 $\int_0^{+\infty} R(x)\mathrm{d}x = \frac{1}{2}\int_{-\infty}^{+\infty} R(x)\mathrm{d}x$

$$= \pi i\sum_{k=1}^{n}\mathrm{Res}[R(z),z_k].$$

例5.3.2 计算积分 $I = \int_{-\infty}^{+\infty} \frac{x^2\mathrm{d}x}{(x^2+a^2)(x^2+b^2)} \quad (a>0,b>0)$.

解 记 $R(z) = \frac{z^2}{(z^2+a^2)(z^2+b^2)}$，因为其分母次数 $m=4$，分子次数 $n=2$，$m-n=2$，$R(z)$ 在实轴上没有孤立奇点，所以积分 I 存在. 因为 $R(z)$ 的一阶极点为 $\pm ai$，$\pm bi$，其中 ai 与 bi 在上半平面内，所以

$$\mathrm{Res}[R(z),ai] = \lim_{z\to ai}(z-ai)\frac{z^2}{(z^2+a^2)(z^2+b^2)} = \frac{a}{2i(a^2-b^2)}.$$

同理，可得

$$\mathrm{Res}[R(z),bi] = \frac{b}{2i(b^2-a^2)}.$$

故，原积分

$$I = \int_{-\infty}^{+\infty}\frac{x^2\mathrm{d}x}{(x^2+a^2)(x^2+b^2)} = 2\pi i\left[\frac{a}{2i(a^2-b^2)} + \frac{b}{2i(b^2-a^2)}\right] = \frac{\pi}{a+b}.$$

5.3.3 形如$\int_{-\infty}^{+\infty} R(x)e^{iax}dx(a>0)$的积分

若当

首先，我们给出若当引理.

引理5.3.1 **(若当引理,Jordan lemma)** 设函数 $g(z)$ 在闭扇环区域 $\theta_1 \leqslant \arg z \leqslant \theta_2\ (0 \leqslant \theta_1 \leqslant \theta_2 \leqslant \pi)$，$R_0 \leqslant |z| \leqslant +\infty\ (R_0 \geqslant 0)$ 内连续，且 C_R 是该闭区域内的以原点为圆心，以 $R(R>R_0)$ 为半径的一段圆弧，则当 z 在这闭区域内时，$\lim\limits_{z\to\infty} g(z)=0$，且对任意 $a>0$，有

$$\lim_{R\to+\infty}\int_{C_R} g(z)e^{iaz}dz=0.$$

证明 由 $\lim\limits_{z\to\infty} g(z)=0$ 可知，对于任给的 $\varepsilon>0$，存在 $R_\varepsilon>0$，使当 $R>R_\varepsilon$ 时，对一切在 C_R 上的 z，有 $|g(z)|<\varepsilon$，于是

$$\begin{aligned}\left|\int_{C_R} g(z)e^{iaz}dz\right| &= \left|\int_{\theta_1}^{\theta_2} g(Re^{i\theta})e^{iaRe^{i\theta}}Re^{i\theta}id\theta\right| \\ &\leqslant R\varepsilon\int_0^{\pi} e^{-aR\sin\theta}d\theta \\ &= R\varepsilon\left(\int_0^{\frac{\pi}{2}} e^{-aR\sin\theta}d\theta+\int_{\frac{\pi}{2}}^{\pi} e^{-aR\sin\theta}d\theta\right) \\ &= 2R\varepsilon\int_0^{\frac{\pi}{2}} e^{-aR\sin\theta}d\theta.\end{aligned}$$

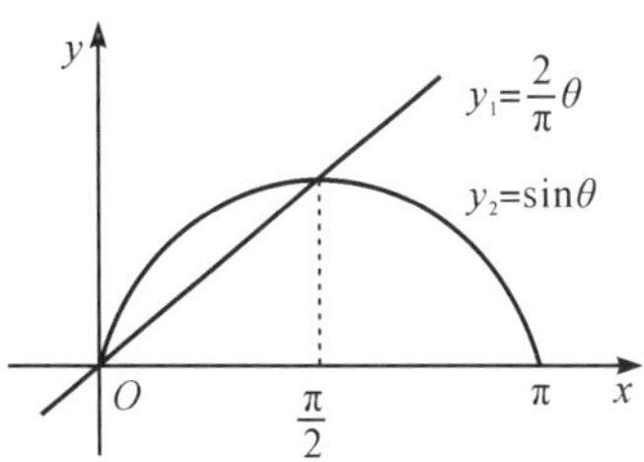

图 5-3-1 $\sin\theta$ 与 $\frac{2}{\pi}\theta$ 的关系

当 $0\leqslant\theta\leqslant\frac{\pi}{2}$ 时，由高等数学中的知识易知 $\sin\theta\geqslant\frac{2}{\pi}\theta$（见图 5－3－1），故

$$2R\varepsilon\int_0^{\frac{\pi}{2}} e^{-Ra\sin\theta}d\theta \leqslant 2R\varepsilon\int_0^{\frac{\pi}{2}} e^{-\frac{2aR}{\pi}\theta}d\theta=\frac{\pi\varepsilon}{a}(1-e^{-aR})<\frac{\pi\varepsilon}{a},$$

从而 $\left|\int_{C_R} g(z)e^{iaz}dz\right|<\frac{\pi\varepsilon}{a}$，所以 $\lim\limits_{R\to+\infty}\int_{C_R} g(z)e^{iaz}dz=0$.

有了上述引理，接下来我们给出积分$\int_{-\infty}^{+\infty} R(x)e^{iax}dx$（$a>0$，$R(x)$ 为真分式）的计算公式.

定理5.3.3 设 $R(x)=\frac{P(x)}{Q(x)}$ 是有理函数，若 $R(x)$ 是真分式并且在实轴上没有孤立奇点，则积分$\int_{-\infty}^{+\infty} R(x)e^{iax}dx\ (a>0)$ 存在，且

$$\int_{-\infty}^{+\infty} R(x)\mathrm{e}^{\mathrm{i}ax}\,\mathrm{d}x = 2\pi\mathrm{i}\sum_{k=1}^{n}\mathrm{Res}\left[R(z)\mathrm{e}^{\mathrm{i}az}, z_k\right], \tag{5.3.1}$$

其中 $z_k(k=1,2,\cdots,n)$ 为函数 $R(z)\mathrm{e}^{\mathrm{i}az}$ 在上半平面的所有孤立奇点.

证明 采用类似于定理5.3.2的方法,构造同样的半圆形封闭围线,使上半平面内的孤立奇点均含在该上半圆内.由留数定理得

$$\int_{-r}^{r} R(x)\mathrm{e}^{\mathrm{i}ax}\,\mathrm{d}x + \int_{C_r} R(z)\mathrm{e}^{\mathrm{i}az}\,\mathrm{d}z = 2\pi\mathrm{i}\sum_{k=1}^{n}\mathrm{Res}\left[R(z)\mathrm{e}^{\mathrm{i}az}, z_k\right].$$

当 $r\to+\infty$ 时,由若当引理知 $\int_{C_r} R(z)\mathrm{e}^{\mathrm{i}az}\,\mathrm{d}z \to 0$,所以

$$\int_{-\infty}^{+\infty} R(x)\mathrm{e}^{\mathrm{i}ax}\,\mathrm{d}x = 2\pi\mathrm{i}\sum_{k=1}^{n}\mathrm{Res}\left[R(z)\mathrm{e}^{\mathrm{i}az}, z_k\right].$$

注: 根据欧拉公式 $\mathrm{e}^{\mathrm{i}ax} = \cos ax + \mathrm{i}\sin ax$,有

$$\int_{-\infty}^{+\infty} R(x)\mathrm{c}^{\mathrm{i}ax}\,\mathrm{d}x = \int_{-\infty}^{+\infty} R(x)\cos ax\,\mathrm{d}x + \mathrm{i}\int_{-\infty}^{+\infty} R(x)\sin ax\,\mathrm{d}x \tag{5.3.2}$$

比较(5.3.1)式与(5.3.2)式右边的实部和虚部,得

$$\int_{-\infty}^{+\infty} R(x)\cos ax\,\mathrm{d}x = \left\{2\pi\mathrm{i}\sum_{k=1}^{n}\mathrm{Res}\left[R(z)\mathrm{e}^{\mathrm{i}az}, z_k\right]\right\}, \tag{5.3.3}$$

$$\int_{-\infty}^{+\infty} R(x)\sin ax\,\mathrm{d}x = \left\{2\pi\mathrm{i}\sum_{k=1}^{n}\mathrm{Res}\left[R(z)\mathrm{e}^{\mathrm{i}az}, z_k\right]\right\}. \tag{5.3.4}$$

例5.3.3 计算积分 $\int_{-\infty}^{+\infty}\frac{\cos x}{x^2+a^2}\mathrm{d}x\quad(a>0)$ 的值.

解 令 $R(x)=\frac{1}{x^2+a^2}$,则 $R(x)$ 是真分式,且函数 $R(z)=\frac{1}{z^2+a^2}$ 在实轴上没有孤立奇点,所以积分是存在的,所求积分为 $\int_{-\infty}^{+\infty}\frac{\mathrm{e}^{\mathrm{i}x}}{x^2+a^2}\mathrm{d}x$ 的实部.

因为,函数 $\mathrm{e}^{\mathrm{i}z}R(z)=\frac{\mathrm{e}^{\mathrm{i}z}}{z^2+a^2}$ 在上半平面内只有一个一阶极点 $z=a\mathrm{i}$,且该孤立奇点的留数 $\mathrm{Res}\left[\frac{\mathrm{e}^{\mathrm{i}z}}{z^2+a^2}, a\mathrm{i}\right]=\frac{\mathrm{e}^{-a}}{2a\mathrm{i}}$,所以根据公式(5.3.3),得

$$\int_{-\infty}^{+\infty}\frac{\cos x}{x^2+a^2}\mathrm{d}x = \mathrm{Re}\left\{2\pi\mathrm{i}\mathrm{Res}\left[\frac{\mathrm{e}^{\mathrm{i}z}}{z^2+a^2}, a\mathrm{i}\right]\right\} = \frac{\pi\mathrm{e}^{-a}}{a}.$$

注: 由例5.3.3的计算过程,可知 $\int_{-\infty}^{+\infty}\frac{\sin x}{x^2+a^2}\mathrm{d}x = 0$.

例5.3.4 计算积分 $I=\int_{-\infty}^{+\infty}\frac{x\sin x}{x^2+a^2}\mathrm{d}x \quad (a>0)$.

解 令 $R(x)=\frac{x}{x^2+a^2}$，则 $R(x)$ 是真分式，且函数 $R(z)=\frac{z}{z^2+a^2}$ 在实轴上没有孤立奇点，所以积分存在. 又因为函数 $R(z)$ 在上半平面内只有一个一阶极点 $z=a\mathrm{i}$，故

$$\int_{-\infty}^{+\infty}\frac{x}{x^2+a^2}\mathrm{e}^{\mathrm{i}x}\mathrm{d}x=2\pi\mathrm{i}\mathrm{Res}\left[\frac{z}{z^2+a^2}\mathrm{e}^{\mathrm{i}z},a\mathrm{i}\right]=2\pi\mathrm{i}\,\frac{\mathrm{e}^{-a}}{2}=\pi\mathrm{i}\mathrm{e}^{-a},$$

于是

$$\int_{-\infty}^{+\infty}\frac{x\sin x}{x^2+a^2}\mathrm{d}x=\mathrm{Im}(\pi\mathrm{i}\mathrm{e}^{-a})=\pi\mathrm{e}^{-a}.$$

实际上，除了上述结果，我们还可以得到如下的两条结论：

$$\int_{0}^{+\infty}\frac{x\sin x}{x^2+a^2}\mathrm{d}x=\frac{1}{2}\pi\mathrm{e}^{-a},\int_{-\infty}^{+\infty}\frac{x\cos x}{x^2+a^2}\mathrm{d}x=0.$$

*5.3.4 函数在实轴上有奇点的积分

5.3.2 小节和 5.3.3 小节中的两种类型的积分，都要求被积函数 $R(z)$ 在实轴上无孤立奇点，若不满足这个条件，则相应的公式不能直接使用. 但我们可以选取合适的路径来积分，使积分路线绕开孤立奇点. 此时，就有如下的计算公式：

$$\int_{-\infty}^{+\infty}f(x)\mathrm{d}x=2\pi\mathrm{i}\sum_{k=1}^{n}\mathrm{Res}[f(z),z_k]+\frac{1}{2}\sum_{k=1}^{n}\mathrm{Res}[f(z),x_k],\tag{5.3.5}$$

其中 $z_k(k=1,2,\cdots,n)$ 是上半平面的孤立奇点，$x_k(k=1,2,\cdots,n)$ 是实轴上的孤立奇点.

例5.3.5 计算积分 $\int_{0}^{+\infty}\frac{\sin x}{x}\mathrm{d}x$.

解 设 $f(x)=\frac{\sin x}{x}$，易见 $f(x)$ 是偶函数，所以

$$\int_{0}^{+\infty}\frac{\sin x}{x}\mathrm{d}x=\frac{1}{2}\int_{-\infty}^{+\infty}\frac{\sin x}{x}\mathrm{d}x=\frac{1}{2}\mathrm{Im}\left(\int_{-\infty}^{+\infty}\frac{\mathrm{e}^{\mathrm{i}x}}{x}\mathrm{d}x\right).$$

因为函数 $\frac{\mathrm{e}^{\mathrm{i}z}}{z}$ 有唯一的极点 $z=0$（一阶极点），且该极点在实轴上，所以由 (5.3.5) 式，可得

$$\int_{-\infty}^{+\infty}\frac{\mathrm{e}^{\mathrm{i}x}}{x}\mathrm{d}x=2\pi\mathrm{i}\left\{0+\frac{1}{2}\mathrm{Res}\left[\frac{\mathrm{e}^{\mathrm{i}z}}{z},0\right]\right\}=\pi\mathrm{i}\lim_{z\to 0}z\frac{\mathrm{e}^{\mathrm{i}z}}{z}=\pi\mathrm{i}.$$

比较上式两端的虚部，可得$\int_{-\infty}^{+\infty}\frac{\sin x}{x}\mathrm{d}x=\pi$，故$\int_{0}^{+\infty}\frac{\sin x}{x}\mathrm{d}x=\frac{\pi}{2}$.

思考题 5.3

1. 应用留数定理计算 5.3.1 小节和 5.3.2 小节中的三种广义实函数积分的条件是什么？

2. 应用留数定理计算广义实函数的积分是否是下列几种类型？如何计算？

(1)$\int_{0}^{2\pi}R(\cos\theta,\sin\theta)\mathrm{d}\theta$，其中 $R(x,y)$ 为 x,y 的有理函数，且假设积分存在；

(2)$\int_{-\infty}^{+\infty}R(x)\mathrm{d}x$，其中 $R(x)$ 是 x 的有理函数，且假设积分存在；

(3)$\int_{-\infty}^{+\infty}R(x)\cos ax\,\mathrm{d}x$，$\int_{-\infty}^{+\infty}R(x)\sin ax\,\mathrm{d}x$，其中 $R(x)$ 是 x 的有理函数，$a>0$ 且假设积分存在.

习题 5.3

1. 计算下列各定积分.

(1)$\int_{0}^{2\pi}\frac{\mathrm{d}x}{(2+\sqrt{3}\cos x)^2}$；　(2)$\int_{0}^{\frac{\pi}{2}}\frac{2\mathrm{d}x}{2-\cos 2x}$.

2. 计算下列各定积分.

(1)$\int_{-\infty}^{+\infty}\frac{\mathrm{d}x}{(1+x^2)^2}$；　(2)$\int_{0}^{+\infty}\frac{\cos mx}{1+x^2}\mathrm{d}x$　$(m>0)$；

(3)$\int_{-\infty}^{+\infty}\frac{\sin x}{x^2+4x+5}\mathrm{d}x$　$(m>0)$；　(4)$\int_{-\infty}^{+\infty}\frac{x\sin ax}{x^2+b^2}\mathrm{d}x$　$(a>0,b>0)$.

3. 计算$\int_{0}^{\pi}\mathrm{e}^{\cos\theta}\cos(\sin\theta)\mathrm{d}\theta$.

4. 设 $a>b>0$，求证：$\int_{0}^{2\pi}\frac{\sin^2 x}{a+b\cos x}\mathrm{d}x=\frac{2\pi}{b^2}(a-\sqrt{a^2-b^2})$.

§5.4 解析函数在无穷远点的性质与留数

前面讨论函数 $f(z)$ 的解析性及孤立奇点时，均假设 z 为复平面上有限点，那么函数在无穷远点的性态又是怎样的呢?接下来，我们讨论函数 $f(z)$ 在扩充复平面上的性态.

5.4.1 无穷远处的孤立奇点

我们知道，当 $u=0$ 为 $g(u)$ 的孤立奇点时，$g(u)$ 在环形区域 $0<|u|<r$ 内可以展开成洛朗级数

$$g(u)=\sum_{n=-\infty}^{+\infty}c_n u^n=\sum_{n=1}^{\infty}c_{-n}u^{-n}+c_0+\sum_{n=1}^{\infty}c_n u^n.$$

令 $z=\dfrac{1}{u}$，于是 $u=0$ 映射到扩充 z 平面的无穷远点 $z=\infty$，定义 $f(z)=g\left(\dfrac{1}{z}\right)$，从而 $f(z)$ 的洛朗展开式为

$$f(z)=\sum_{n=1}^{\infty}c_{-n}z^n+c_0+\sum_{n=1}^{\infty}c_n z^{-n}\quad\left(\frac{1}{r}<|z|<+\infty\right).$$

$f(z)$ 的洛朗展开式相当于把 $g(u)$ 的展开式中的正幂项与负幂项对调. 因此，我们可以仿照孤立奇点为有限点时的定义，给出无穷远点为孤立奇点的定义.

定义5.4.1 若函数 $f(z)$ 在无穷远点 $z=\infty$ 的去心邻域 $R<|z|<+\infty$，$R>0$ 内解析，则点 ∞ 称为 $f(z)$ 的**孤立奇点(isolated singularity)**.

反之，若无穷远点 ∞ 为 $f(z)$ 的孤立奇点，令 $t=\dfrac{1}{z}$，则该变换把扩充 z 平面上无穷远点 ∞ 的去心邻域 $R<|z|<+\infty$ 映射成 t 平面上以原点为中心的去心邻域 $0<|t|<\dfrac{1}{R}$，且函数 $\varphi(t)=f\left(\dfrac{1}{t}\right)$ 在该区域内解析. 从而，我们可以借助点 $t=0$ 处函数 $\varphi(t)$ 的奇点类型定义函数 $f(z)$ 在无穷远点 ∞ 处的奇点类型.

定义5.4.2 如果$t=0$是函数$\varphi(t)$的可去奇点、m阶极点或本性奇点，那么将点$z=\infty$分别称为函数$f(z)$的**可去奇点(removable singularity)**、m **阶极点**或**本性奇点(essential singularity)**.

5.4.2 孤立奇点的分类

若无穷远点∞为$f(z)$的孤立奇点，则函数$f(z)$在$R<|z|<\infty$内解析，所以在此环域内可以展开成洛朗级数，即

$$f(z)=\sum_{n=1}^{\infty}C_{-n}z^{-n}+C_0+\sum_{n=1}^{\infty}C_n z^n, \tag{5.4.1}$$

其中$C_n=\dfrac{1}{2\pi \mathrm{i}}\oint_C \dfrac{f(\zeta)}{\zeta^{n+1}}\mathrm{d}\zeta \quad (n=0,\pm 1,\pm 2,\cdots)$，$C$为圆环域$R<|z|<\infty$内绕原点的任何一条正向简单闭曲线.

因此，由(5.4.1)式可知函数$\varphi(t)=f\left(\dfrac{1}{t}\right)$在圆环域$0<|t|<\dfrac{1}{R}$内的洛朗级数为

$$\varphi(t)=\sum_{n=1}^{\infty}C_{-n}t^{n}+C_0+\sum_{n=1}^{\infty}C_n t^{-n}. \tag{5.4.2}$$

对于(5.4.2)式，我们知道：

(1) 若它不含t的负幂项，则$t=0$是函数$\varphi(t)$的可去奇点；

(2) 若它含有有限多的t的负幂项，且t^{-m}为最高负幂项，则$t=0$是函数$\varphi(t)$的m阶极点；

(3) 若它含有无穷多的t的负幂项，则$t=0$是函数$\varphi(t)$的本性奇点.

因此，根据定义5.4.2可知，对于级数(5.4.1)式：

(1) 若它不含z的正幂项，则$z=\infty$是函数$f(z)$的可去奇点；

(2) 若它含有有限多的z的正幂项，且z^m为最高正幂项，则$z=\infty$是函数$f(z)$的m阶极点；

(3) 若它含有无穷多的z的正幂项，则$z=\infty$是函数$f(z)$的本性奇点.

这样，对无穷远点来说，它的特性与其洛朗级数之间的关系就与有限远点一样可以进行判别和分类了，两者之间的不同之处仅是正幂项与负幂项的互相对调罢了.

5.4.3　判别孤立奇点类型的方法

1. 函数 $f(z)$ 的孤立奇点 ∞ 为可去奇点的充要条件是下列两个条件中的任何一条成立：

(1) 函数 $f(z)$ 在 ∞ 点的去心邻域 $R<|z|<+\infty$ 内的洛朗展开式为

$$f(z)=C_0+\frac{C_{-1}}{z}+\frac{C_{-2}}{z^2}+\cdots+\frac{C_{-n}}{z^n}+\cdots;$$

(2) 极限 $\lim\limits_{z\to\infty}f(z)=C_0\quad(C_0\neq\infty)$ 存在.

2. 函数 $f(z)$ 的孤立奇点 ∞ 为 m 阶极点的充要条件是下列三个条件中的任何一条成立：

(1) 函数 $f(z)$ 在 ∞ 点的去心邻域 $R<|z|<+\infty$ 内的洛朗展开式为

$$f(z)=C_mz^m+\cdots+C_2z^2+C_1z+C_0+\sum_{n=1}^{+\infty}\frac{C_{-n}}{z^n}\quad(C_m\neq 0);$$

(2) 极限 $\lim\limits_{z\to\infty}f(z)=\infty$；

(3) $g(z)=\dfrac{1}{f(z)}$ 以 $z=\infty$ 为 m 阶零点.

3. 函数 $f(z)$ 的孤立奇点 ∞ 为本性奇点的充要条件是下列两个条件中的任何一条成立：

(1) 函数 $f(z)$ 在 ∞ 点的洛朗展开式中含有无穷多的 z 的正幂项；

(2) 极限 $\lim\limits_{z\to\infty}f(z)$ 不存在，但不是 ∞.

说明：当 $z=\infty$ 是函数 $f(z)$ 的可去奇点时，我们可以认为函数 $f(z)$ 在 ∞ 是解析的，只要取 $f(\infty)=\lim\limits_{z\to\infty}f(z)$ 即可.

例5.4.1　判断下列函数是否以 $z=\infty$ 为孤立奇点？若是，属于哪一类奇点？

(1) $f(z)=\dfrac{z}{1+z^2}$；　(2) $f(z)=z+\dfrac{1}{z}$；　(3) $f(z)=\sin z$.

解　(1) 函数 $f(z)=\dfrac{z}{z+1}$ 在圆环域 $1<|z|<+\infty$ 内可展成

$$f(z)=\frac{1}{1+\frac{1}{z}}=1-\frac{1}{z}+\frac{1}{z^2}-\frac{1}{z^3}+\cdots+(-1)^n\frac{1}{z^n}+\cdots,$$

因为在 $f(z)$ 的洛朗展式中不含 z 的正幂项，所以 ∞ 是函数 $f(z)$ 的可去奇点，如果取 $f(\infty)=1$，那么函数 $f(z)$ 在 ∞ 是解析的.

(2) 函数 $f(z)=z+\frac{1}{z}$ 含有 z 的正幂项，且 z 为最高正幂项，所以 ∞ 为它的一阶极点.

(3) 函数 $f(z)=\sin z$ 的展开式为

$$\sin z=z-\frac{1}{3!}z^3+\frac{1}{5!}z^5-\cdots+(-1)^n\frac{1}{(2n+1)!}z^{2n+1}+\cdots,$$

它含有无穷多的 z 的正幂项，所以 $z=\infty$ 是它的本性奇点.

例5.4.2 讨论函数 $f(z)=\frac{z}{1+z^2}$ 是否以 $z=\infty$ 为孤立奇点?若是，属于哪一类奇点?

解 因为函数 $f(z)=\frac{z}{1+z^2}$ 在全平面除去 $z=\mathrm{i}$ 及 $z=-\mathrm{i}$ 的区域内处处解析，所以函数在无穷远点的邻域 $1<|z|<+\infty$ 内是解析的，因此 $z=\infty$ 为它的孤立奇点. 又因为 $\lim\limits_{z\to\infty}\frac{z}{1+z^2}=0$，所以 $z=\infty$ 为函数的可去奇点.

例5.4.3 函数 $f(z)=1+2z+3z^2+4z^3$ 是否以 $z=\infty$ 为孤立奇点?若是，属于哪一类奇点?

解 函数 $f(z)=1+2z+3z^2+4z^3$ 在全平面内处处解析，这个函数在无穷远点的邻域 $|z|<+\infty$ 内的洛朗展开式就是 $f(z)$ 本身，所以 $z=\infty$ 为函数的孤立奇点且为三阶极点.

例5.4.4 函数 $f(z)=\mathrm{e}^z$ 是否以 $z=\infty$ 为孤立奇点?若是，属于哪一类奇点?

解 函数 $f(z)=\mathrm{e}^z$ 在全平面内处处解析，所以 $z=\infty$ 为它的孤立奇点. 又因为当 $z\to\infty$ 时，$f(z)=\mathrm{e}^z$ 极限不存在，也不是无穷大，所以 $z=\infty$ 为 $f(z)$ 的本性奇点.

注：我们也可以从函数 $f(z)=\mathrm{e}^z$ 的泰勒展开式来判别无穷远点的奇点类型. 由于 $f(z)=\mathrm{e}^z=1+z+\frac{z^2}{2!}+\cdots+\frac{z^n}{n!}+\cdots\quad(|z|<+\infty)$，这个展开式正好是函数 $f(z)=\mathrm{e}^z$ 在无穷远点邻域的洛朗展开式，因为它只含有无穷多个正幂项，故 $z=\infty$ 为函数的本性奇点.

例5.4.5 函数 $f(z)=\frac{1}{\sin z}$ 是否以 $z=\infty$ 为孤立奇点？

解 因为函数 $f(z)$ 在全复平面上除 $\sin z$ 的零点以外处处解析，并且 $\sin z$ 的零点为

$$z_k=k\pi\quad(k=0,\pm1,\pm2,\cdots),$$

这些点均是函数 $f(z)=\frac{1}{\sin z}$ 的极点. 由于在扩充复平面上，序列 $\{z_k\}$ 以 $z=\infty$ 为**聚点(accumulation point)**①，因此 $z=\infty$ 不是函数 $f(z)=\frac{1}{\sin z}$ 孤立奇点.

5.4.4 函数在无穷远点的留数

1. 无穷远点的留数定义

定义5.4.3 设函数 $f(z)$ 在圆环域 $R<|z|<+\infty$ 内解析，C 为这圆环域内绕原点的任何一条正向简单闭曲线，则称积分

$$\frac{1}{2\pi\mathrm{i}}\oint_{C^-}f(z)\mathrm{d}z$$

为函数 $f(z)$ 在**无穷远点的留数(residue at infinity)**，记作

$$\mathrm{Res}[f(z),\infty]=\frac{1}{2\pi\mathrm{i}}\oint_{C^-}f(z)\mathrm{d}z.$$

①聚点的定义：设 E 是数轴上无限点集，ξ 是数轴上一个定点(可以属于 E，也可以不属于 E)，若对于任意的 $\varepsilon>0$，点 ξ 的邻域 $U(\xi,\varepsilon)$ 内总有 E 的无限多点，则称 ξ 是 E 的聚点(**accumulation point**).

说明：(1) 积分 $\oint_{C^-} f(z)\mathrm{d}z$ 的值与 C 无关，且积分路线的方向是负的，即取顺时针方向；

(2) 由于 $f(z)=\sum_{n=1}^{\infty}C_{-n}z^{-n}+C_0+\sum_{n=1}^{\infty}C_n z^n$，所以当 $n=-1$ 时，有 $C_{-1}=\frac{1}{2\pi\mathrm{i}}\oint_C f(z)\mathrm{d}z$. 根据无穷远点留数的定义，可得 $\mathrm{Res}[f(z),\infty]=-C_{-1}$.

这表明函数 $f(z)$ 在无穷远点的留数等于它在 ∞ 点的去心邻域 $R<|z|<+\infty$ 内的洛朗展开式中 z^{-1} 的系数的相反数.

2. 无穷远点的留数定理

定理5.4.1 如果函数 $f(z)$ 在扩充复平面内只有有限个孤立奇点(包括 ∞ 点)，则函数 $f(z)$ 在所有奇点(包括 ∞ 点)的留数的总和一定为零，即

$$\sum_{k=1}^{n}\mathrm{Res}[f(z),z_k]+\mathrm{Res}[f(z),\infty]=0.$$

证明 设函数 $f(z)$ 的有限个孤立奇点为 $z_k(k=1,2,\cdots,n)$，除 ∞ 外，又设 C 为一条绕原点的并将 $z_k(k=1,2,\cdots,n)$ 包含在它内部的正向简单闭曲线，那么根据留数定理(定理 5.2.2)和在无穷远点的留数定义(定义 5.4.3)有

$$\sum_{k=1}^{n}\mathrm{Res}[f(z),z_k]+\mathrm{Res}[f(z),\infty]=\frac{1}{2\pi\mathrm{i}}\oint_C f(z)\mathrm{d}z+\frac{1}{2\pi\mathrm{i}}\oint_{C^-} f(z)\mathrm{d}z=0.$$

3. 无穷远点的留数的计算法则

法则5.4.1 $\mathrm{Res}[f(z),\infty]=-\mathrm{Res}\left[f\left(\frac{1}{z}\right)\cdot\frac{1}{z^2},0\right]$.

证明 在无穷远点的留数的定义中，取曲线 C 为半径足够大的正向圆周 $|z|=\rho$，并令 $z=\rho\mathrm{e}^{\mathrm{i}\theta}=\frac{1}{\eta}$，且 $\eta=r\mathrm{e}^{\mathrm{i}\varphi}$，则 $\rho=\frac{1}{r}$，$\theta=-\varphi$，于是

$$\begin{aligned}\mathrm{Res}[f(z),\infty]&=\frac{1}{2\pi\mathrm{i}}\oint_{C^-} f(z)\mathrm{d}z\\&=\frac{1}{2\pi\mathrm{i}}\int_0^{-2\pi} f(\rho\mathrm{e}^{\mathrm{i}\theta})\rho\mathrm{i}\mathrm{e}^{\mathrm{i}\theta}\mathrm{d}\theta\\&=-\frac{1}{2\pi\mathrm{i}}\int_0^{2\pi} f\left(\frac{1}{r\mathrm{e}^{\mathrm{i}\varphi}}\right)\frac{\mathrm{i}}{r\mathrm{e}^{\mathrm{i}\varphi}}\mathrm{d}\varphi\end{aligned}$$

$$=-\frac{1}{2\pi i}\int_0^{2\pi} f\left(\frac{1}{re^{i\varphi}}\right)\frac{1}{(re^{i\varphi})^2}d(re^{i\varphi})$$

$$=-\frac{1}{2\pi i}\oint_{|\eta|=\frac{1}{\rho}} f\left(\frac{1}{\eta}\right)\frac{1}{\eta^2}d\eta\ \left(|\eta|=\frac{1}{\rho}\text{ 为正向}\right).$$

由于函数 $f(z)$ 在 $\rho<|z|<+\infty$ 内解析，从而 $f\left(\frac{1}{\eta}\right)$ 在 $0<|\eta|<\frac{1}{\rho}$ 内解析，因此 $f\left(\frac{1}{\eta}\right)\frac{1}{\eta^2}$ 在 $|\eta|<\frac{1}{\rho}$ 内除 $\eta=0$ 外没有其他奇点，所以根据留数定理得

$$\frac{1}{2\pi i}\oint_{|\eta|=\frac{1}{\rho}} f\left(\frac{1}{\eta}\right)\frac{1}{\eta^2}d\eta=\mathrm{Res}\left[f\left(\frac{1}{\eta}\right)\cdot\frac{1}{\eta^2},0\right],$$

于是，有

$$\mathrm{Res}[f(z),\infty]=-\mathrm{Res}\left[f\left(\frac{1}{z}\right)\cdot\frac{1}{z^2},0\right].$$

说明：(1) 定理 5.4.1 及法则 5.4.1 为我们提供了计算沿封闭曲线积分的另一种方法，特别当有限孤立奇点的个数比较多和极点的阶数比较高时，用定理 5.4.1 及法则 5.4.1 比前面所介绍的公式更简便.

(2) 若 ∞ 为函数 $f(z)$ 的可去奇点，则 $\mathrm{Res}[f(z),\infty]$ 不一定为零，如 $f(z)=\frac{1}{z}$，则 ∞ 是它的一个可去奇点，但 $\mathrm{Res}[f(z),\infty]=-1$，这是与有限远孤立奇点中可去奇点的不同处.

例5.4.6 计算下列函数在无穷远点的留数 $\mathrm{Res}[f(z),\infty]$.

(1) $f(z)=\frac{1}{z(z+1)(z-4)}$； (2) $f(z)=\frac{e^z}{z^2-1}$.

解 (1) 因为 $\lim\limits_{z\to\infty}\frac{1}{z(z+1)(z-4)}=0$，故 ∞ 为其可去奇点，所以根据法则 5.4.1，得

$$\mathrm{Res}[f(z),\infty]=-\mathrm{Res}\left[f\left(\frac{1}{z}\right)\frac{1}{z^2},0\right]=-\mathrm{Res}\left[\frac{z}{(z+1)(1-4z)},0\right]=0.$$

(2) 因为函数 $f(z)=\frac{e^z}{z^2-1}$ 有两个有限孤立奇点 $z=\pm1$，且均为一阶极点，所以在这两点处的留数为

$$\mathrm{Res}[f(z),1]=\lim_{z\to 1}(z-1)\frac{\mathrm{e}^z}{z^2-1}=\frac{\mathrm{e}}{2},$$

$$\mathrm{Res}[f(z),-1]=\lim_{z\to -1}(z+1)\frac{\mathrm{e}^z}{z^2-1}=-\frac{\mathrm{e}^{-1}}{2},$$

根据定理 5.4.1,得

$$\mathrm{Res}[f(z),\infty]=-\mathrm{Res}[f(z),1]-\mathrm{Res}[f(z),-1]=-\left(\frac{\mathrm{e}}{2}-\frac{\mathrm{e}^{-1}}{2}\right)=-\mathrm{sh}1.$$

例5.4.7 计算积分$\oint_C \frac{z}{z^4-1}\mathrm{d}z$,其中 C 为正向圆周 $|z|=2$.

解 因为函数 $f(z)=\frac{z}{z^4-1}$ 在 $|z|=2$ 外部除 $z=\infty$ 点外无其他孤立奇点,所以根据定理 5.4.1 和法则 5.4.1,有

$$\begin{aligned}\oint_C \frac{z}{z^4-1}\mathrm{d}z&=-2\pi\mathrm{i}\mathrm{Res}[f(z),\infty]\\&=2\pi\mathrm{i}\mathrm{Res}\left[f\left(\frac{1}{z}\right)\cdot\frac{1}{z^2},0\right]\\&=2\pi\mathrm{i}\mathrm{Res}\left[\frac{z}{1-z^4},0\right]=0.\end{aligned}$$

例5.4.8 计算积分$\oint_C \frac{\mathrm{d}z}{(z+\mathrm{i})^{10}(z-1)(z-3)}$,其中 C 为正向圆周 $|z|=2$.

解 因为函数 $f(z)=\frac{1}{(z+\mathrm{i})^{10}(z-1)(z-3)}$ 的孤立奇点为

$$z=-\mathrm{i},z=1,z=3,z=\infty,$$

所以根据各点处的留数之和为零,得

$$\mathrm{Res}[f(z),-\mathrm{i}]+\mathrm{Res}[f(z),1]+\mathrm{Res}[f(z),3]+\mathrm{Res}[f(z),\infty]=0.$$

又因为 $z=-\mathrm{i},z=1$ 在 $|z|=2$ 的内部,且 $z=-\mathrm{i}$ 为十阶极点,而 $z=3$, $z=\infty$ 在 $|z|=2$ 的外部,所以

$$\begin{aligned}\oint_C \frac{\mathrm{d}z}{(z+\mathrm{i})^{10}(z-1)(z-3)}&=2\pi\mathrm{i}\{\mathrm{Res}[f(z),-\mathrm{i}]+\mathrm{Res}[f(z),-1]\}\\&=-2\pi\mathrm{i}\{\mathrm{Res}[f(z),3]+\mathrm{Res}[f(z),\infty]\}\\&=-2\pi\mathrm{i}\left\{\lim_{z\to 3}(z-3)\frac{1}{(z+\mathrm{i})^{10}(z-1)(z-3)}-\mathrm{Res}\left[f\left(\frac{1}{z}\right)\frac{1}{z^2},0\right]\right\}\end{aligned}$$

$$=-2\pi i\left\{\frac{1}{(3+i)^{10}\cdot 2}+\mathrm{Res}\left[\frac{z^{10}}{(1+iz)^{10}(1-z)(1-3z)},0\right]\right\}$$

$$=-2\pi i\left[\frac{1}{(3+i)^{10}\cdot 2}+0\right]$$

$$=-\frac{\pi i}{(3+i)^{10}}.$$

思考题 5.4

1. 有限孤立奇点的分类与无穷孤立奇点的分类有什么不同?

2. 无穷远点处的留数有几种计算方法?

习题 5.4

1. 判别下列函数的孤立奇点 $z=\infty$ 的类型.

(1) $f(z)=\dfrac{\sin z}{z^2}$;　　(2) $f(z)=\dfrac{e^z}{z+1}$;

(3) $f(z)=\dfrac{1+z^2}{z}$;　　(4) $f(z)=z(e^{\frac{1}{z}}-1)$;

(5) $f(z)=2+z+z^3$;　　(6) $f(z)=z^2-4+e^{\frac{1}{z}}$;

(7) $f(z)=e^z$;　　(8) $f(z)=e^{\frac{1}{1-z}}$;

(9) $f(z)=e^z+z^2+z-2$.

2. 求出下列函数在孤立奇点 $z=\infty$ 的留数.

(1) $f(z)=\dfrac{z}{(z-1)(z-2)^2}$;　　(2) $f(z)=\dfrac{e^z}{z^2+a^2}$;

(3) $f(z)=\dfrac{1}{z^3-z^5}$;　　(4) $f(z)=\dfrac{1-e^{2z}}{z^4}$;

(5) $f(z)=e^{\frac{1}{1-z}}$;　　(6) $f(z)=\dfrac{1}{z(z+1)^4(z-4)}$.

3. 判定 $z=\infty$ 是下列函数的什么奇点?并求出函数在 $z=\infty$ 的留数.

(1) $f(z)=e^{\frac{1}{z^2}}$;　　(2) $f(z)=\cos z-\sin z$;　　(3) $f(z)=\dfrac{2z}{3+z^2}$.

4. 计算下列各积分.

(1) $\oint_C \frac{z^3}{1+z} e^{\frac{1}{z}} dz$,其中 C 为正向圆周 $|z|=2$;

(2) $\oint_C \frac{z^{15}}{(z^2+1)^2(z^4+2)^3} dz$,其中 C 为正向圆周 $|z|=3$;

(3) $\oint_C \frac{dz}{(z-1)^2(z^2+1)}$,其中 C 为正向圆周 $x^2+y^2=2x+2y$.

本章小结

本章给出了复变函数孤立奇点的定义,且对它们进行了分类,并在此基础上介绍了留数的概念以及计算留数的方法,还应用留数理论计算了复函数、实函数的积分.

一、孤立奇点的分类

孤立奇点分为可去奇点、极点、本性奇点三类,它是根据洛朗级数是否含有负幂次项,以及含有多少进行的分类.如何将孤立奇点分类对计算留数起到重要的作用.孤立奇点的分类除了将函数展为洛朗级数外,也可以利用求函数的极限分类,另外如果孤立奇点是极点,还可以通过零点的概念加以判定阶数.

二、留数定义

留数定义是函数在孤立奇点的洛朗展式中负一次幂项的系数.第 3 章介绍的柯西定理与柯西积分公式是留数定理的特例.留数定理把解析函数沿着闭曲线的积分计算的整体问题转化为求函数在该闭曲线内部各孤立奇点处的留数的局部问题,如果是极点,还要将积分问题转化为微分问题,即如果 z_0 是函数 $f(z)$ 的 m 阶极点,则有

$$\frac{1}{2\pi i}\oint_C f(z)dz = \text{Res}[f(z),z_0] = \frac{1}{(m-1)!}\lim_{z\to z_0}\frac{d^{m-1}}{dz^{m-1}}[(z-z_0)^m f(z)],$$

其中 C 是包含 z_0 的正向简单闭曲线.

三、留数定理的应用

留数理论除了可以计算某些沿闭曲线的复积分外，还可以计算某些定积分和广义积分，尤其是在高等数学中计算比较复杂或不能计算出的积分，应用留数理论就能够解决.

用留数理论计算定积分，这里我们主要介绍了三个类型.

1. $\int_0^{2\pi} R(\cos\theta, \sin\theta)\mathrm{d}\theta$；

2. $\int_{-\infty}^{+\infty} \frac{P(x)}{Q(x)}\mathrm{d}x$；

3. $\int_{-\infty}^{+\infty} \frac{P(x)}{Q(x)}\cos ax\,\mathrm{d}x \quad (a>0)$，$\int_{-\infty}^{+\infty} \frac{P(x)}{Q(x)}\sin ax\,\mathrm{d}x \quad (a>0)$.

四、在无穷远点 $z=\infty$ 处函数 $f(z)$ 的性态

函数 $f(z)$ 在无穷远点 $z=\infty$ 的性态可以借助于函数 $f\left(\frac{1}{t}\right)$ 在 $t=0$ 处的性态来研究.

部分习题详解

知识拓展

自测题 5

一、选择题

1. 设 $z=0$ 为函数 $\dfrac{1-e^{z^2}}{z^4\sin z}$ 的 m 级极点，那么 $m=$ （　　）

A. 5　　B. 4　　C. 3　　D. 2

2. $z=1$ 是函数 $(z-1)\sin\dfrac{1}{z-1}$ 的 （　　）

A. 可去奇点　　B. 一级极点　　C. 一级零点　　D. 本性奇点

3. $z=\infty$ 是函数 $\dfrac{3+2z+z^3}{z^2}$ 的 （　　）

A. 可去奇点　　B. 一级极点　　C. 二级极点　　D. 本性奇点

4. 在下列函数中，留数 $\text{Res}[f(z),0]=0$ 的是 （　　）

A. $f(z)=\dfrac{e^z-1}{z^2}$　　B. $f(z)=\dfrac{\sin z}{z}-\dfrac{1}{z}$

C. $f(z)=\dfrac{\sin z+\cos z}{z}$　　D. $f(z)=\dfrac{1}{e^z-1}-\dfrac{1}{z}$

5. 留数 $\text{Res}\left[z^3\cos\dfrac{2i}{z},\infty\right]=$ （　　）

A. $-\dfrac{2}{3}$　　B. $\dfrac{2}{3}$　　C. $\dfrac{2}{3}i$　　D. $-\dfrac{2}{3}i$

6. 积分 $\oint_{|z|=1} z^2\sin\dfrac{1}{z}dz=$ （　　）

A. 0　　B. $-\dfrac{1}{6}$　　C. $-\dfrac{\pi i}{3}$　　D. $-\pi i$

二、填空题

1. 设 $z=0$ 为函数 $z^3-\sin z^3$ 的 m 级零点，那么 $m=$ ________.

2. 设 $f(z)=\dfrac{1-\cos z}{z^5}$，则 $\text{Res}[f(z),0]=$ ________.

3. 设 $f(z)=\dfrac{2z}{1+z^2}$，则 $\text{Res}[f(z),\infty]=$ ________.

4. 积分$\oint_{|z|=1} z^3 e^{\frac{1}{z}} dz =$ ________.

5. 积分$\int_{|z|=1} \frac{1}{\sin z} dz =$ ________.

6. 积分$\int_{-\infty}^{+\infty} \frac{x e^{ix}}{1+x^2} dx =$ ________.

三、试确定下列各函数的有限孤立奇点,并指出其类型,如果是极点,请指出其阶数.

1. $f(z) = \frac{z-1}{z(z^2+1)^2}$;

2. $f(z) = \frac{1}{(z^2+i)^2}$;

3. $f(z) = \frac{\sin(z-5)}{(z-5)^2}$;

4. $f(z) = \sin \frac{1}{z-1}$;

5. $f(z) = \frac{1-\cos z}{z^2}$;

6. $f(z) = \frac{1}{z^3(e^{z^3}-1)}$.

四、函数 $f(z) = \frac{(e^z-1)^3(z-3)^4}{(\sin \pi z)^4}$ 在扩充复平面内有什么类型的奇点?如果有极点,请指出其阶数.

五、试确定下列各函数的极点,指出它们的阶,并求各极点处的留数.

1. $f(z) = \frac{3z+2}{z^2(z+2)}$;

2. $f(z) = \left(\frac{z+1}{z-1}\right)^2$;

3. $f(z) = \frac{1}{z^2 \sin z}$;

4. $f(z) = \cot z$.

六、利用留数计算下列各积分.

1. $\oint_C \frac{5z-2}{z(z-1)} dz$,其中 C 为正向圆周 $|z| = 2$;

2. $\oint_C \frac{\operatorname{ch} z}{z^3} dz$,其中 C 为以 $\pm 2 \pm 2i$ 为顶点的正方形正向;

3. $\oint_C \frac{2+3\sin \pi z}{z(z-1)^2} dz$,其中 C 为以 $\pm 3 \pm 3i$ 为顶点的正方形正向;

4. $\oint_C \frac{\cos z}{z^3(z-1)} dz$,其中 C 为复平面上任何一条不经过 $z=0$,$z=1$ 的分段光滑正向简单闭曲线.

七、计算下列定积分.

1. $\int_0^{2\pi}\frac{1}{5+3\cos x}\mathrm{d}x$；

2. $\int_{-\infty}^{+\infty}\frac{x\cos x}{x^2-2x+10}\mathrm{d}x$；

3. $\int_{-\infty}^{+\infty}\frac{x^2-x+2}{x^4+10x^2+9}\mathrm{d}x$；

4. $\int_{-\infty}^{+\infty}\frac{\cos(x-1)}{x^2+1}\mathrm{d}x$.

*八、证明题

1. 设 a 为 $f(z)$ 的孤立奇点，m 为正整数，试证：a 为 $f(z)$ 的 m 阶极点的充要条件是 $\lim\limits_{z\to a}(z-a)^m f(z)=b$，其中 $b\neq 0$ 为有限数.

2. 设 a 为 $f(z)$ 的孤立奇点，请证明：

(1) 若 $f(z)$ 是奇函数，则 $\mathrm{Res}[f(z),a]=\mathrm{Res}[f(z),-a]$；

(2) 若 $f(z)$ 是偶函数，则 $\mathrm{Res}[f(z),a]=-\mathrm{Res}[f(z),-a]$.

第 6 章　共形映射

在第 1 章中，我们已经知道了函数 $w=f(z)$ 在几何上是 z 平面上的点集到 w 平面上点集的映射(变换). 值得我们思考的一个问题是，z 平面上的点集的边界在 $w=f(z)$ 的变换下，能否变换为简单的边界?比如，通过 $w=f(z)$ 将其变换为圆域边界或半平面的边界等. 如果可行，会使工程技术上许多问题得到简化. 本章在介绍解析函数构成映射特征的基础上，引出共形映射的概念，重点讨论由分式线性函数构成的映射的性质. 最后，介绍几个初等函数所构成的共形映射.

§6.1　共形映射的概念

6.1.1　z 平面上的有向曲线 C 及其切向量

我们知道，z 平面上的一条有向光滑曲线 C 可以表示为

$$z=z(t)\quad(\alpha\leqslant t\leqslant\beta),$$

t 增大时，点 z 移动的方向为其正方向.

类似于一元函数导数的定义，我们考察过曲线 C 上的点 $P_0(z(t_0))$ 和点 $P(z(t_0+\Delta t))$ 的向量，若 $\lim\limits_{\Delta t\to 0}\dfrac{z(t_0+\Delta t)-z(t_0)}{\Delta t}$ 存在，则将其定义为向量 $\boldsymbol{z}'(t_0)$，即

$$\boldsymbol{z}'(t_0)=\lim_{\Delta t\to 0}\frac{z(t_0+\Delta t)-z(t_0)}{\Delta t}.$$

当 $\boldsymbol{z}'(t_0)\neq 0,\alpha\leqslant t_0\leqslant\beta$ 时，向量 $\boldsymbol{z}'(t_0)$ 与曲线 C 相切于点 $z_0=z(t_0)$，且方向与曲线 C 的正向一致. 如果我们规定这个向量的方向作为曲线 C 上点 z_0 处的

切线的正向，那么有：

(1) $\text{Arg}z'(t_0)$ 就是在曲线 C 上点 z_0 处的切线的正向与 x 轴正向之间的夹角；

(2) 相交于一点的两条曲线 C_1 与 C_2 正向之间的夹角定义为交点处的各自切线正向之间的夹角.

6.1.2　解析函数导数的几何意义

设函数 $w=f(z)$ 在区域 D 内解析，z_0 为 D 内任一点，且 $f'(z_0)\neq 0$，w 平面上对应于 z_0 的点是 $w_0=f(z_0)$.

设 C 为 z 平面上经过点 z_0 的任意一条有向光滑曲线，其参数方程为 $z=z(t)(\alpha\leqslant t\leqslant\beta)$，且 $z_0=z(t_0)(z'(t_0)\neq 0,\alpha<t_0<\beta)$，则函数 $w=f(z)$ 将 z 平面上的曲线 C 映射为 w 平面上的曲线，记为 C'. C' 为一条通过点 $w_0=f(z_0)$ 的有向光滑曲线，其参数方程为 $w(t)=f(z(t))(\alpha\leqslant t\leqslant\beta)$.

由于 $z'(t_0)\neq 0$，$f'(z_0)\neq 0$，所以根据复合函数求导公式，得

$$w'(t_0)=f'(z_0)\cdot z'(t_0)\neq 0.$$

1. 导数幅角 $\text{Arg } f'(z_0)$ 的几何意义

为了清楚地观察原像与像的角度间的关系，我们将其表示为复数的指数式.

设 $f'(z_0)=|f'(z_0)|\mathrm{e}^{\mathrm{i}\theta}$，$z'(t_0)=|z'(t_0)|\mathrm{e}^{\mathrm{i}\alpha}$，则

$$w'(t_0)=f'(z_0)\cdot z'(t_0)=|f'(z_0)||z'(t_0)|\mathrm{e}^{\mathrm{i}(\theta+\alpha)}.$$

这表明，曲线 C' 在点 w_0 处也有确定的切线，且切线正向与 u 轴正向之间的夹角为

$$\text{Arg } w'(t_0)=\text{Arg } f'(z_0)+\text{Arg } z'(t_0)=\theta+\alpha. \tag{6.1.1}$$

由此可见，象曲线 C' 在点 $w_0=f(z_0)$ 处的切线方向，可由原象曲线 C 在点 z_0 处的切线方向旋转一个角度 $\text{Arg } f'(z_0)$ 得到. 称 $\text{Arg } f'(z_0)$ 为此映射在点 z_0 处的**旋转角(rotation angle)**，如图 6-1-1 所示.

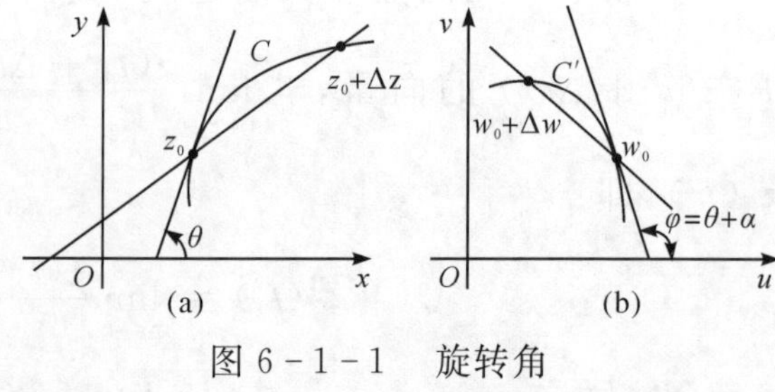

图 6-1-1　旋转角

从上面的讨论可以看到，旋转角的大小与方向跟曲线的形状与方向无关，所

以解析函数构成的映射具有**旋转角的不变性(invariance of rotation angle)**.

我们很自然地提出一个问题:对于任意两条相交曲线,在解析函数构成的映射(变换)下能不能保证它们交点处的夹角都是不变的呢?答案是肯定的.

设 C_1,C_2 是 z 平面上两条相交的曲线,它们在交点 z_0 处的切线与实轴(x 轴)的夹角为 α_1,α_2,曲线 C'_1,C'_2 是曲线 C_1,C_2 在映射 $w=f(z)$ 下的像.它们在交点 $w_0=f(z_0)$ 处切线与实轴或 u 轴的夹角为 β_1 和 β_2,如图 6-1-2 所示.于是,由前面的讨论可知,如果 $f'(z_0)\neq 0$,则有

$$\beta_1=\alpha_1+\operatorname{Arg} f'(z_0),\beta_2=\alpha_2+\operatorname{Arg} f'(z_0).$$

因此,有

$$\beta_2-\beta_1=\alpha_2-\alpha_1. \tag{6.1.2}$$

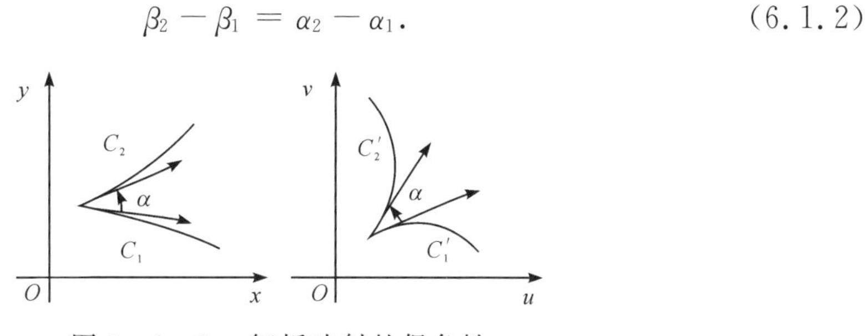

图 6-1-2 解析映射的保角性

(6.1.2) 式表明,对于解析函数 $w=f(z)$ 的映射,当 $f'(z_0)\neq 0$ 时,曲线间的夹角的大小及方向保持不变,这一性质称为**解析映射的保角性(conformal property of analytic mapping)**.

2. 导数模 $|f'(z_0)|$ 的几何意义

解析映射的另一个特征是其导数模 $|f'(z_0)|$ 的几何解释.

由导数的定义 $f'(z_0)=\lim\limits_{z\to z_0}\dfrac{f(z)-f(z_0)}{z-z_0}$,得

$$|f'(z_0)|=\lim_{z\to z_0}\left|\frac{f(z)-f(z_0)}{z-z_0}\right|=\lim_{z\to z_0}\frac{|f(z)-f(z_0)|}{|z-z_0|}.$$

当 $|z-z_0|$ 很小时,$|f'(z_0)|$ 可以近似地表示 $|f(z)-f(z_0)|$ 与 $|z-z_0|$ 的比值,其中 $|z-z_0|$ 和 $|f(z)-f(z_0)|$ 分别表示 z 平面上向量 $z-z_0$ 及 w 平面上向量 $f(z)-f(z_0)$ 的长度,这里的向量 $z-z_0$ 及向量 $f(z)-f(z_0)$ 的起点分别取在点 z_0 和点 $f(z_0)$.于是,当 $|z-z_0|$ 很小时,$|f'(z_0)|$ 近似地表示 $|f(z)-f(z_0)|$ 对 $|z-z_0|$ 的伸缩倍数,而且这一倍数与向量 $z-z_0$ 的方向无关,

我们将 $|f'(z_0)|$ 称为映射 $w=f(z)$ 在点 $z=z_0$ 处的**伸缩率(magnification ratio)**. 由于伸缩率 $|f'(z_0)|$ 与曲线 C 和象曲线 C' 的选择无关,我们将这一性质称为解析函数 $w=f(z)$ 的映射具有**伸缩率的不变性(invariance of dilatation rate)**.

注: 条件 $f'(z_0)\neq 0$ 是必要的,否则保角性可能不成立.

例6.1.1 求函数 $w=z^3$ 在 $z_1=\mathrm{i}$ 与 $z_2=0$ 处的导数值,并说明其几何意义.

解 函数 $w=f(z)=z^3$ 在整个复平面上是解析的,其导函数为 $f'(z)=3z^2$.

(1) 对于点 $z_1=\mathrm{i}$,因为 $|f'(\mathrm{i})|=3$,所以映射 $w=z^3$ 在 $z_1=\mathrm{i}$ 处伸缩率为 3,又因为 $f'(\mathrm{i})=-3=3\mathrm{e}^{\mathrm{i}\pi}$,所以旋转角为 π.

(2) 对于点 $z_0=0$,因为 $f'(0)=0$,因此映射 $w=z^3$ 在 $z_2=0$ 处不具有保角性.

综上所述,我们不加证明地给出下面的定理.

定理6.1.1 设函数 $w=f(z)$ 在区域 D 内解析,z_0 为 D 内的一点,且 $f'(z_0)\neq 0$,则映射 $w=f(z)$ 在点 z_0 处具有以下两个性质.

(1) 保角性:即通过 z_0 的两条曲线间的夹角与经过映射后所得两曲线间的夹角在大小和方向上保持不变;

(2) 伸缩率的不变性:即通过 z_0 的任何一条曲线的伸缩率均为 $|f'(z_0)|$,而与其形状和方向无关.

6.1.3 共形映射的概念

定义6.1.1 设函数 $w=f(z)$ 在点 z_0 的邻域内是一一映射,若 $f(z)$ 在点 z_0 处具有保角性和伸缩率的不变性,则称映射 $w=f(z)$ 在 z_0 是**共形映射(conformal mapping)** 或**第一类保角映射(conformal mapping of the first kind)**;若 $f(z)$ 在其定义域 D 内的每一点都具有保角性和伸缩率不变性,则称 $f(z)$ 是区域 D 内的共形映射或第一类保角映射;如果 $f(z)$ 在区域 D 内任意一点保持曲线的交角的大小不变但方向相反和伸缩率不变,则称 $w=f(z)$ 是区域 D 内的**第二类保角映射(conformal mapping of the second kind)**.

例6.1.2 考察函数 $w=\overline{z}$ 构成的映射.

解 对于复平面上的任意一点 z_0,有

$\lim\limits_{z\to z_0}\dfrac{|w-w_0|}{|z-z_0|}=\lim\limits_{z\to z_0}\dfrac{|\overline{z}-\overline{z_0}|}{|z-z_0|}=1$(即极限存在).

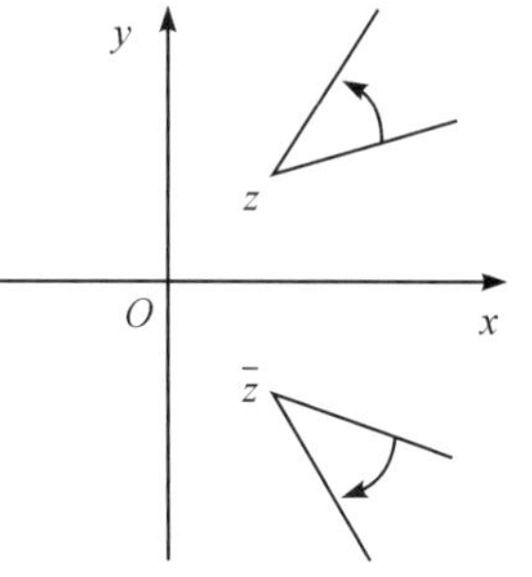

图 6-1-3 第二类保角映射

因此映射 $w=\overline{z}$ 具有伸缩率不变性;

又由于 $0<\mathrm{Im}z<h$ 是关于实轴对称的映射.因此,它使得曲线的交角的大小不变,但方向相反,如图 6-1-3 所示,这个映射为第二类保角映射.

根据定理 6.1.1 及定义 6.1.1,我们可得定理 6.1.2.

定理6.1.2 如果函数 $w=f(z)$ 在 z_0 解析,且 $f'(z_0)\neq 0$,则映射 $w=f(z)$ 在 z_0 是共形映射,且 $\mathrm{Arg}\ f'(z_0)$ 表示这个映射在 z_0 的旋转角,$|f'(z_0)|$ 表示伸缩率.如果解析函数 $w=f(z)$ 在区域 D 内处处有 $f'(z)\neq 0$,则映射 $w=f(z)$ 是区域 D 内的共形映射.

例 6.1.3 考察函数 $w=\mathrm{e}^z$ 构成的映射.

解 由于 $w=\mathrm{e}^z$ 在复平面上解析,且$(\mathrm{e}^z)'\neq 0$,因此它在任何区域内均构成保角映射,但它不一定构成共形映射.如在区域 $0<\mathrm{Im}z<4\pi$ 内,取 $z_1=\dfrac{\pi}{2}\mathrm{i}$,$z_2=\left(2\pi+\dfrac{\pi}{2}\right)\mathrm{i}$,则映射到同一个函数值 $\mathrm{e}^{z_1}=\mathrm{e}^{z_2}=\mathrm{i}$,即它不是一一映射,因此不构成共形映射.而在区域 $0<\mathrm{Im}z<2\pi$ 内,映射 $w=\mathrm{e}^z$ 是共形映射.

注:共形映射的特点是双向均为单值函数,且在区域内每一点具有保角性和伸缩率不变性.

思考题 6.1

1. 一个函数所构成的映射在什么条件下具有伸缩率与旋转角的不变性?

2. 设函数 $w=f(z)$ 在 z_0 解析,且 $f'(z_0)\neq 0$.为什么说曲线 C 经过映射 $w=f(z)$ 后在 z_0 的旋转角与伸缩率与曲线 C 的形状和方向无关?

3. 说明函数 $w = \mathrm{i}z$ 和 $w = -\mathrm{i}z$ 分别代表怎样的映射？

习题 6.1

1. 试求映射 $w = z^2$ 在 z_0 处的伸缩率与旋转角.

(1) $z_0 = \mathrm{i}$；　　　　(2) $z_0 = 1 + \mathrm{i}$.

2. 求下列映射在给定点 z_0 处的伸缩率和旋转角.

(1) $w = \sin z\ (z_0 = \pi)$；　　　　(2) $w = \mathrm{e}^z\ (z_0 = 1 + \mathrm{i})$.

3. 试求经过映射 $w = (z + 1)^2$，伸缩率为常数的曲线与旋转角为常数的曲线.

4. 在映射 $w = \mathrm{i}z$ 下，下列图形映射成什么图形？

(1) 以 $z = \mathrm{i}, z = -1, z = 1$ 为顶点的三角形；

(2) 圆域 $|z - 1| \leqslant 1$.

5. 在映射 $w = z^2$ 下，求双曲线 $C_1: x^2 - y^2 = 3$ 和 $C_2: xy = 2$ 的象曲线，并利用该映射的保角性说明 C_1 和 C_2 在点 $z_0 = 2 + \mathrm{i}$ 正交.

§6.2　分式线性映射

分式线性映射是共形映射中比较简单的映射，但其在理论和实际应用又是非常重要的一类映射.

6.2.1　分式线性映射的定义

定义6.2.1　如下形式的映射

$$w = \frac{az + b}{cz + d} \quad (a,b,c,d \text{ 为复数，且 } ad - bc \neq 0) \tag{6.2.1}$$

称为**分式线性映射(fractional linear mapping)** 或**分式线性函数(fractional linear function)**. 特别地，当 $c = 0$ 时，$w = \dfrac{az + b}{d} = \dfrac{a}{d}\left(z + \dfrac{b}{a}\right)$，称其为**整式线性映射(integral linear mapping)** 或**整式线性函数(integral linear function)**.

用$(cz+d)$乘以(6.2.1)式两端，得到对称形式

$$cwz+\mathrm{d}w-az-b=0 \quad (ad-bc\neq 0).$$

对于每个给定的 z $\left(z\neq-\dfrac{d}{c}\right)$，都有唯一的 w 与之对应，即

$$w=\frac{az+b}{cz+d} \quad (ad-bc\neq 0).$$

对于每个给定的 $w\left(w\neq-\dfrac{a}{c}\right)$，都有唯一的 z 与之对应，即

$$z=\frac{-\mathrm{d}w+b}{cw-a} \quad (ad-bc\neq 0), \tag{6.2.2}$$

它也是一个分式线性函数，因此由(6.2.1)式所确定的函数，又称为**双线性函数(bilinear function)**，由它给出的映射，称为**双线性映射(bilinear mapping)**.

6.2.2 分式线性函数的分解

为了看清楚分式线性函数的映射特征，我们只需对下面四种简单函数进行讨论，这是因为任何分式线性函数总可以分解为这四种映射形式的若干组合(这个结论的证明此处略去，请有兴趣的读者给予证明).

(1) **平移映射(translation mapping)**：$w=z+b$，b 为复数；

(2) **旋转映射(rotation mapping)**：$w=\mathrm{e}^{\mathrm{i}\theta_0}z$，$\theta_0$ 为实数；

(3) **相似映射(similarity mapping)**：$w=rz$，$r>0$；

(4) **反演映射(inversion mapping)**：$w=\dfrac{1}{z}$.

例 6.2.1 将分式线性映射 $w=\dfrac{2z}{z+\mathrm{i}}$ 分解为上述四种形式的映射.

解 因为

$$w=\frac{2z}{z+\mathrm{i}}=2+\frac{-2\mathrm{i}}{z+\mathrm{i}}=2+2\mathrm{e}^{-\frac{\pi}{2}\mathrm{i}}\left(\frac{1}{z+\mathrm{i}}\right),$$

所以，线性映射 $w=\dfrac{2z}{z+\mathrm{i}}$ 由内向外可以分解为

$$w_1=z+\mathrm{i},w_2=\frac{1}{w_1},w_3=2w_2,w_4=\mathrm{e}^{-\frac{\pi}{2}\mathrm{i}}w_3,w=2+w_4.$$

因此，只要知道了这四种函数映射的几何性质，就可以知道一般分式线性函数所确定的映射的特征.

另外，由(6.2.1)式还可以看出，前三种函数构成（整式）线性映射. 因此，分式线性映射也可以分解为（整式）线性映射与 $w=\dfrac{1}{z}$ 所构成的映射的复合. 基于这个原因，在后面的讨论中，我们会根据需要，只对（整式）线性映射与 $w=\dfrac{1}{z}$ 进行讨论，而不是对这四种形式分别进行讨论.

1. 平移、旋转与相似映射

为了讨论方便，我们将 z 与 w 放在同一复平面上.

(1) 平移映射：$w=z+b$ （b 为复数）

令 $z=x+\mathrm{i}y, b=b_1+\mathrm{i}b_2, w=u+\mathrm{i}v$，则有 $u=x+b_1, v-y+b_2$. 映射 $w=z+b$ 将曲线 C 沿 b 的方向平移到曲线 C'，如图 6-2-1 所示.

(2) 旋转映射：$w=\mathrm{e}^{\mathrm{i}\theta_0}z$ （θ_0 为实数）.

令 $z=r\mathrm{e}^{\mathrm{i}\theta_0}$，则 $w=r\mathrm{e}^{\mathrm{i}(\theta+\theta_0)}$，映射 $w=\mathrm{e}^{\mathrm{i}\theta_0}z$ 将曲线 C 绕原点旋转到曲线 C'，如图 6-2-2 所示.

当 $\theta_0>0$ 时，逆时针旋转；当 $\theta_0<0$ 时，顺时针旋转.

(3) 相似映射：$w=rz$ （$r>0$）.

令 $z=\rho\mathrm{e}^{\mathrm{i}\theta}$，则有 $w=r\rho\mathrm{e}^{\mathrm{i}\theta}$，它将曲线 C 放大（或缩小）到曲线 C'. 相似映射的特点是对复平面上任意一点 z，保持幅角不变，而将模放大（$r>1$）或者缩小（$r<1$），如图 6-2-3.

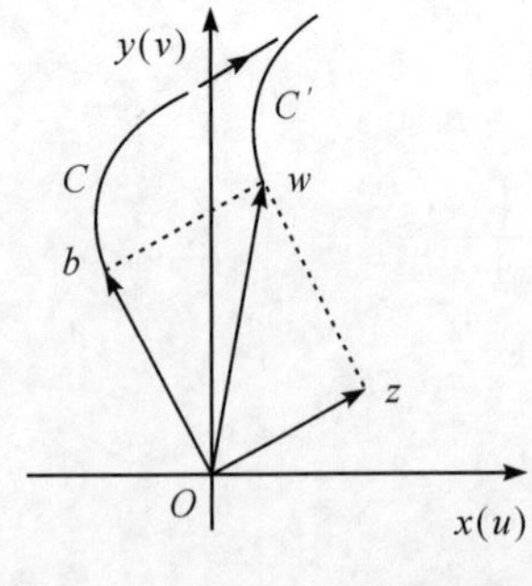

图 6-2-1 平移映射

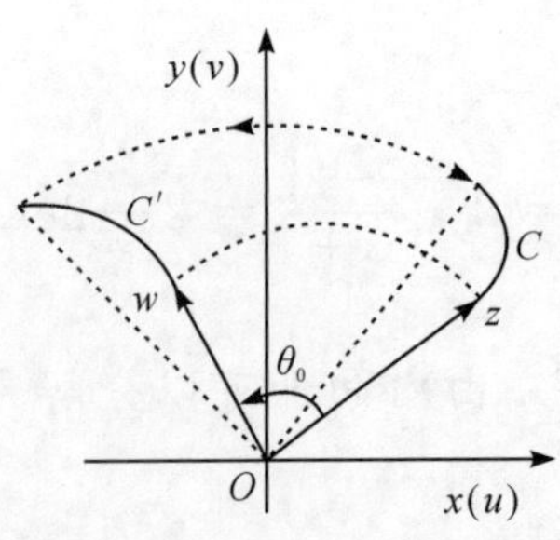

图 6-2-2 旋转映射

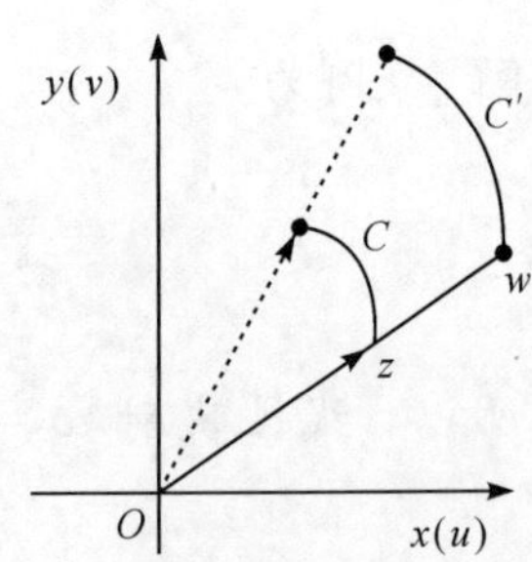

图 6-2-3 相似映射

2. 反演映射：$w=\frac{1}{z}$

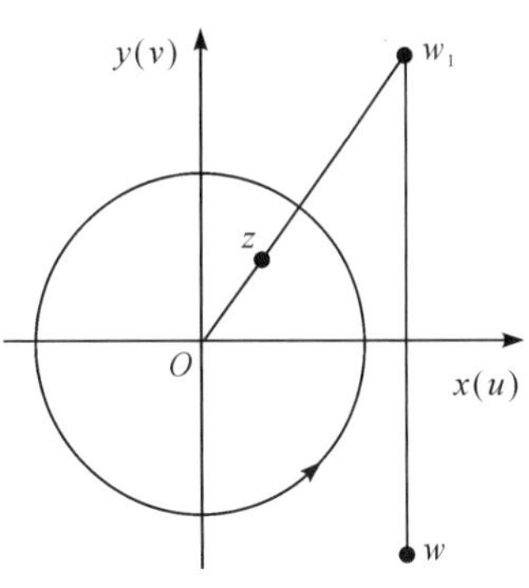

图 6－2－4　反演映射

映射 $w=\frac{1}{z}$ 称为**反演映射(inversion mapping)**或**倒数映射(reciprocal mapping)**. 令 $z=re^{i\theta}$,则 $w=\frac{1}{z}=\frac{1}{r}e^{i(-\theta)}$,其模为 $|w|=\frac{1}{|z|}$,幅角为 $\arg w=-\arg z$. 由 $|w|=\frac{1}{|z|}$ 可知,当 $|z|<1$ 时, $|w|>1$;当 $|z|>1$ 时, $|w|<1$. 因此反演映射 $w=\frac{1}{z}$ 的特点是将单位圆内部(或外部)的任一点映射到单位圆外部(或内部),且幅角反号. 由图 6－2－4 可以清楚地看到,映射 $w=\frac{1}{z}$ 实际上可以分两步进行. 先将 z 映射为 w_1,满足 $|w_1|=\frac{1}{|z|}$,再将 w_1 映射为 w,满足 $|w|=|w_1|$,且 $\arg w=-\arg w_1$. 从几何角度看,w 与 w_1 是关于实轴对称,那么 z 与 w_1 的几何关系是什么呢?为了回答这个问题,我们首先给出圆周对称的概念.

定义6.2.2　对于给定的圆周 C: $|z-z_0|=R$,如果在由圆心 z_0 出发的射线上,存在点 $z=z_1$ 和点 $z=z_2$,且满足

$$|z_1-z_0|\cdot|z_2-z_0|=R^2,$$

则称点 z_1 与点 z_2 与是关于**圆周对称的(circumferentially symmetric)**. 如图 6－2－5 所示,z_1 与 z_2 是关于圆周 C 的一对对称点. 规定圆心 z_0 与无穷远点 ∞ 是关于该圆周对称的,即 z_0 与 ∞ 是关于圆周 C 的一对对称点.

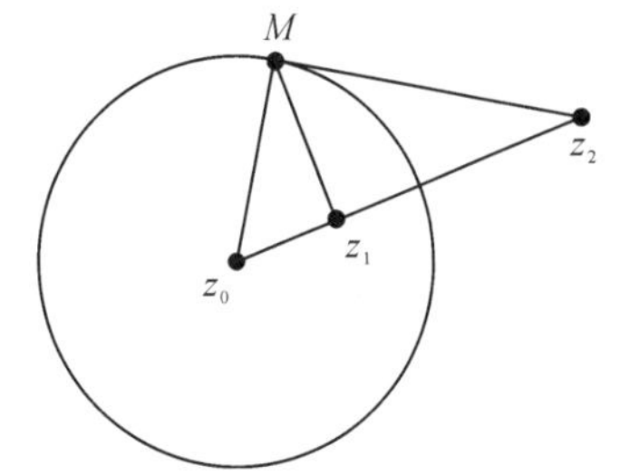

图 6－2－5　圆周对称

根据定义 6.2.2 可知,z 与 w_1 关于单位圆周对称. 因此,映射 $w=\frac{1}{z}$ 可由单位圆对称映射与实轴对称映射复合而成. 事实上,如果我们将 $w=\frac{1}{z}$ 写成 $\xi=\frac{1}{\bar{z}}$ 与 $w=\bar{\xi}$ 的复合,则前者正好是单位圆的对称映射,而后者正好是实轴的对称映射.

为了今后讨论上的方便,现对反演映射作如下的规定和说明.

(1) 规定反演映射 $w=\frac{1}{z}$,将 $z=0$ 映射成 $w=\infty$,将 $z=\infty$ 映射成 $w=0$.

(2) 令 $\xi=\frac{1}{z}$,$\varphi(\xi)=\varphi\left(\frac{1}{z}\right)\overset{记}{=}f(z)$,规定函数 $f(z)$ 在点 $z=\infty$ 及其邻域的性态可由函数 $\varphi(\xi)$ 在点 $\xi=0$ 及其邻域的性态确定.

按照此规定,当我们讨论函数 $f(z)$ 在点 $z=\infty$ 附近的性态时,可以先通过反演映射将 $f(z)$ 化为 $\varphi(\xi)$,再讨论 $\varphi(\xi)$ 在原点附近的性态.

例如,若函数 $\varphi(\xi)$ 在点 $\xi=0$ 处解析,且 $\lim\limits_{\xi\to 0}\varphi(\xi)=\varphi(0)=A$. 则可以认为 $f(z)$ 在 $z=\infty$ 点解析,且 $\lim\limits_{z\to\infty}f(z)=f(\infty)=A$.

6.2.3 分式线性映射的保形性

首先,我们考虑分式线性映射 $w=\frac{az+b}{cz+d}$ 的导数

$$\frac{\mathrm{d}w}{\mathrm{d}z}=\frac{a(cz+d)-c(az+b)}{(cz+d)^2}=\frac{ad-bc}{(cz+d)^2}.$$

当 $ad-bc=0$ 时,$\frac{\mathrm{d}w}{\mathrm{d}z}\equiv 0$,则 w 为常函数.

当 $ad-bc\neq 0$ 时,w 的导数$\frac{\mathrm{d}w}{\mathrm{d}z}$除 $z\neq-\frac{d}{c}$ 外处处不为零,所以它为复平面上的共形映射$\left(除点\ z=-\frac{d}{c}\ 外\right)$.

其次,我们再考虑扩充的 z 平面与扩充的 w 平面,即包含无穷远点 $z=\infty$ 和 $w=\infty$ 的复平面.

当 $c=0$ 时,映射 $w=\frac{az+b}{cz+d}$ 可化简为 $w=\frac{a}{d}z+\frac{b}{d}$. 对每个有限值 z,都对应一个确定的有限值 w. 当 $z\to\infty$ 时,$w\to\infty$,所以 $z=\infty$ 被映射成 $w=\infty$.

当 $c\neq 0$ 时,由公式(6.2.1) 可知,当 $z\to-\frac{d}{c}$ 时,则 $w\to\infty$,即 $z=-\frac{d}{c}$ 被映射为 $w=\infty$;当 $z\to\infty$ 时,则 $w\to\frac{a}{c}$,即 $z=\infty$ 被映射为 $w=\frac{a}{c}$.

综合以上讨论,分式线性映射 $w=\frac{az+b}{cz+d}$ 是使扩充 z 平面变为扩充 w 平面

的一一对应的保角映射,故有下面的定理成立.

定理6.2.2 分式线性函数在扩充复平面上是共形映射.

6.2.4 分式线性映射的保圆性

在复平面上,我们将直线看作是半径为无穷大的圆周,在此意义下,分式线性映射能把圆映射成圆.

从前面的分析中,我们已经知道一个分式线性函数所确定的映射可以分解为平移、旋转、相似及反演映射.前三种映射显然把圆映射成圆.因此只需证明反演映射 $w=\dfrac{1}{z}$ 也把圆映射成圆即可.

设 $z=x+\mathrm{i}y, w=u+\mathrm{i}v$,则由

$$w=\frac{1}{z}=\frac{1}{x+\mathrm{i}y}=\frac{x}{x^2+y^2}-\mathrm{i}\frac{y}{x^2+y^2},$$

可得

$$u=\frac{x}{x^2+y^2}, v=\frac{-y}{x^2+y^2} \text{ 或 } x=\frac{u}{u^2+v^2}, y=-\frac{v}{u^2+v^2}.$$

对于 z 平面上一个任意给定的圆,其方程为

$$A(x^2+y^2)+Bx+Cy+D=0 \quad (\text{当 } A=0 \text{ 时,为直线}), \tag{6.2.3}$$

该映射将圆的方程变为

$$D(u^2+v^2)+Bu-Cv+A=0 \quad (\text{当 } D=0 \text{ 时,为直线}). \tag{6.2.4}$$

因此,易得到如下的结论:

(1) 当 $A\neq 0, D\neq 0$ 时,圆周映射成圆周;

(2) 当 $A=0, D\neq 0$ 时,直线映射成圆周;

(3) 当 $A=0, D=0$ 时,直线映射成直线;

(4) 当 $A\neq 0, D=0$ 时,圆周映射成直线.

我们已经规定直线可以看成半径为无穷大的圆周,于是可简述为映射 $w=\dfrac{1}{z}$ 将圆周映射成圆周,即映射 $w=\dfrac{1}{z}$ 也具有保圆性.因此,我们可得如下定理.

定理6.2.3 在扩充复平面上,分式线性映射把圆映射为圆.

例 6.2.2 求实轴在映射 $w=\dfrac{2\mathrm{i}}{z+\mathrm{i}}$ 下的象曲线.

解 （方法 1）根据定理 6.2.3 直接求解圆曲线.

在实轴上分别取 $z_1=\infty$，$z_2=0$，$z_3=1$ 三点，则对应的三个像点分别为 $w_1=0$，$w_2=2$，$w_3=1+\mathrm{i}$. 因为分式线性映射能把圆变成圆，由此得到象曲线为 $|w-1|=1$. 进一步还可得到，上半平面被映射到圆的内部，而下半平面被映射到圆的外部.

（方法 2）采用分解方式并结合几何特性求解圆曲线.

因为 $w=\dfrac{2\mathrm{i}}{z+\mathrm{i}}=2\mathrm{e}^{\frac{\pi}{2}\mathrm{i}}\left(\dfrac{1}{z+\mathrm{i}}\right)$，将所给映射从内向外分解为下列映射：

$w_1=z+\mathrm{i}$（平移），$w_2=\dfrac{1}{w_1}$（反演），$w_3=2w_2$（相似），$w=\mathrm{e}^{\frac{\pi}{2}\mathrm{i}}w_3$（旋转）.

图 6-2-6 给出了上述的变化过程. 其中 $w_2=\dfrac{1}{w_1}$ 可以分为 $\xi=\dfrac{1}{\overline{w_1}}$ 与 $w_2=\overline{\xi}$ 两步进行，且它们也具有保圆性. 所以，象曲线为 $|w-1|=1$.

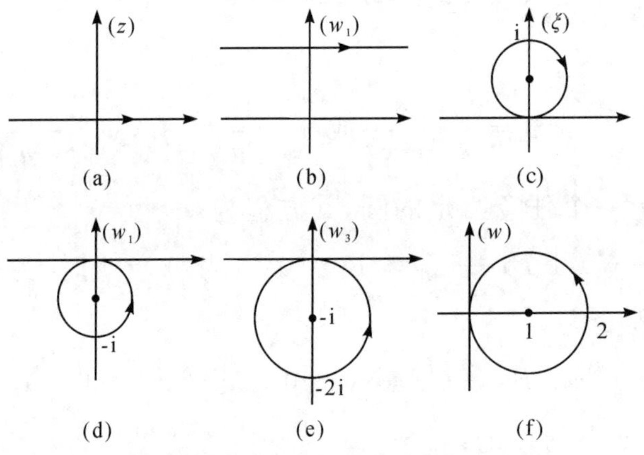

图 6-2-6　实轴的象曲线

6.2.5　分式线性映射的保对称点性

分式线性映射，除了保形性与保圆性外，还有保持对称点不变的性质，简称**保对称性（symmetry preserving）**. 接下来，我们给出对称点的概念.

定义 6.2.3　设 L 是 z 平面上一条直线，若 L 垂直平分点 $z=z_1$ 和 $z=z_2$ 的连线，则称 z_1 与 z_2 是**关于直线 L 的一对对称点（a pair of symmetric points based on line L）**.

由定义 6.2.3 可知，z 和 $\overline{z}$ 关于实轴对称，它们是关于实轴的一对对称点.

定理6.2.4 (保对称点定理,symmetric point preserving theorem) 设 z_1,z_2 是关于圆 C 的对称点,则在分式线性映射下,它们的像点 w_1 与 w_2 是关于 C 的象曲线 C' 的对称点.

此定理的证明从略.

6.2.6 分式线性映射的应用

分式线性映射在处理边界为圆弧或直线的区域问题中,具有非常重要的作用,下面举几个例题.

例6.2.3 求将上半平面 $\mathrm{Im}z > 0$ 映射成单位圆 $|w| < 1$ 的分式线性映射.

解 设所求的分式线性映射为 $w = \dfrac{az+b}{cz+d}$, $ad - bc \neq 0$. 这个分式线性映射将 z 平面的上半平面 $\mathrm{Im}z > 0$ 映射成 w 平面上的单位圆 $|w| < 1$,必须将 $\mathrm{Im}z > 0$ 的边界,即实轴 $\mathrm{Im}z = 0$(看作半径为无穷大的圆周)映射为 $|w| < 1$ 的边界,即单位圆周 $|w| = 1$.

设点 $z = z_0$,$\mathrm{Im}z_0 > 0$ 映射为点 $w = 0$,则根据分式线性映射的保对称性,点 $z = z_0$ 关于实轴的对称点 $z = \overline{z_0}$ 应该映射为点 $w = 0$ 关于单位圆的对称点 $w = \infty$.

当 $z = z_0$ 时,将 $w = 0$ 代入分式线性映射 $w = \dfrac{az+b}{cz+d}$ 中,得 $az_0 + b = 0$,即 $b = -az_0$.

当 $z = \overline{z_0}$ 时,$w = \infty$,由分式线性映射 $w = \dfrac{az+b}{cz+d}$,可得 $c\overline{z_0} + d = 0$,即 $d = -c\overline{z_0}$.

所以,该分式线性映射化简为 $w = \dfrac{a}{c} \cdot \dfrac{z - z_0}{z - \overline{z_0}}$.

又因为 $z = 0$ 必定要与单位圆周 $|w| = 1$ 上的某一点 w 相对应,所以

$$1 = |w| = \left|\frac{a}{c} \cdot \left(\frac{-z_0}{-\overline{z_0}}\right)\right| = \left|\frac{a}{c}\right| \cdot \frac{|z_0|}{|\overline{z_0}|} = \left|\frac{a}{c}\right|.$$

因此,可设 $\dfrac{a}{c} = \mathrm{e}^{\mathrm{i}\theta}$,其中 θ 为任意实数,于是所求的分式线性映射为

$$w = e^{i\theta}\frac{z-z_0}{z-\overline{z_0}}, \mathrm{Im}z_0 > 0.$$

例 6.2.4 求将上半平面 $\mathrm{Im}z > 0$ 映射成单位圆 $|w| < 1$，且满足条件 $f(2i) = 0, \arg f'(2i) = 0$ 的分式线性映射 $w = f(z)$.

解 将上半平面 $\mathrm{Im}z > 0$ 映射成单位圆 $|w| < 1$ 的分式线性映射为

$$w = e^{i\theta}\frac{z-z_0}{z-\overline{z_0}}, \mathrm{Im}z_0 > 0.$$

由条件 $f(2i) = 0$ 知，所求的分式线性映射要将上半平面中的点 $z = 2i$ 映射成单位圆的圆心 $w = 0$，所以分式线性映射为

$$w = e^{i\theta}\frac{z-2i}{z+2i},$$

又因为

$$f'(z) = e^{i\theta}\frac{4i}{(z+2i)^2},$$

所以，有

$$f'(2i) = e^{i\theta}\left(-\frac{i}{4}\right),$$

根据条件 $\arg f'(2i) = 0$，得

$$\arg f'(2i) = \arg e^{i\theta} + \arg\left(-\frac{i}{4}\right) = \theta + \left(-\frac{\pi}{2}\right) = 0,$$

所以

$$\theta = \frac{\pi}{2}.$$

于是，所求的分式线性映射为

$$w = i\left(\frac{z-2i}{z+2i}\right).$$

例 6.2.5 求将单位圆 $|z| < 1$ 映射成单位圆 $|w| < 1$ 的分式线性映射.

解 设这个分式线性映射将 z 平面上的单位圆 $|z| < 1$ 内一点 $z = z_0$，$z_0 \neq 0$，$|z_0| < 1$ 映射成 w 平面上的单位圆 $|w| < 1$ 的圆心 $w = 0$，则 $z = z_0$ 关于圆周 $|z| = 1$ 的对称点 $z = \frac{1}{\overline{z_0}}$ 将映射为 $w = 0$ 关于圆周 $|w| = 1$ 的对称点 $w = \infty$，因此所求的映射可以表示为

$$w=\frac{a}{c}\cdot\frac{z-z_0}{z-\dfrac{1}{\overline{z_0}}}=\frac{a\overline{z_0}}{c}\cdot\frac{z-z_0}{\overline{z_0}z-1}=k\cdot\frac{z-z_0}{\overline{z_0}z-1},$$

其中 $k=\dfrac{a\overline{z_0}}{c}$.

又因为点 $z=1$ 必定要与单位圆周 $|w|=1$ 上的某一点 w 相对应,所以

$$1=|w|=\left|k\cdot\frac{1-z_0}{\overline{z_0}-1}\right|=|k|.$$

因此可设 $k=e^{i\theta}$,θ 为任何实数,于是所求的分式线性映射为

$$w=e^{i\theta}\frac{z-z_0}{\overline{z_0}z-1},\ |z_0|<1.$$

上面两例是两个重要的分式线性映射,它们将指定的区域映射成指定的区域,但是这个映射不是唯一的,因为 z_0 与 θ 是待定的常数.

现在的问题是:什么情况下有唯一的分式线性映射将指定的区域映射成指定的区域?接下来,我们将讨论这个问题.

6.2.7 唯一决定分式线性映射的条件

分式线性映射 $w=\dfrac{az+b}{cz+d}$ 中有四个系数 a,b,c,d,但是可以将分式中的常数化为三个.例如,当 $a\neq 0$ 时,

$$w=\frac{az+b}{cz+d}=\frac{z+\dfrac{b}{a}}{\dfrac{c}{a}z+\dfrac{d}{a}}.$$

令 $A=\dfrac{b}{a}$,$B=\dfrac{c}{a}$,$C=\dfrac{d}{a}$,则分式线性映射化为

$$w=\frac{z+A}{Bz+C}.$$

即分式线性映射只有三个独立常数,因此只需要有三个条件,就可以唯一决定一个分式线性映射,下面讨论具体做法.

在 z 平面上任取三个不同的点 z_1,z_2,z_3,同样在 w 平面上也任给三个不同的点 w_1,w_2,w_3,将它们分别代入到分式线性映射 $w=\dfrac{az+b}{cz+d}$ 中,得到

$$w_k = \frac{az_k + b}{cz_k + d} \quad (k = 1,2,3).$$

上式分别与 $w = \dfrac{az + b}{cz + d}$ 相减,得

$$w - w_k = \frac{(z - z_k)(ad - bc)}{(cz + d)(cz_k + d)} \quad (k = 1,2),$$

$$w_3 - w_k = \frac{(z_3 - z_k)(ad - bc)}{(cz_3 + d)(cz_k + d)} \quad (k = 1,2),$$

由此,可得

$$\frac{w - w_1}{w - w_2} : \frac{w_3 - w_1}{w_3 - w_2} = \frac{z - z_1}{z - z_2} : \frac{z_3 - z_1}{z_3 - z_2}. \tag{6.2.5}$$

整理(6.2.5)式,即可得到形如 $w = \dfrac{az + b}{cz + d}$ 的分式线性函数,它满足条件且不含未知系数.于是,我们得到定理6.2.5.

定理6.2.5 在 z 平面上任给三个不同的点 z_1, z_2, z_3,同样在 w 平面上也任给三个不同的点 w_1, w_2, w_3,则存在唯一的分式线性映射,即(6.2.5)式,把 z_1, z_2, z_3 分别依次地映射为 w_1, w_2, w_3.

我们将(6.2.5)式称为**对应点公式(corresponding point formula)**.在实际应用时,常常会利用一些特殊点(如 $z = 0, z = \infty$ 等)使公式得到简化.

推论6.2.1 如果 z_k 或 w_k 中有一个为 ∞,则只须将对应点公式中含有 ∞ 的项换为1.

例如,若 $w_3 = \infty$,且其他各点均为有限点,则由(6.2.5)式可转化为

$$\frac{w - w_1}{w - w_2} : 1 = \frac{z - z_1}{z - z_2} : \frac{z_3 - z_1}{z_3 - z_2},$$

即

$$\frac{w - w_1}{w - w_2} \cdot \frac{z_3 - z_1}{z_3 - z_2} = \frac{z - z_1}{z - z_2}. \tag{6.2.6}$$

例6.2.6 求把点 $z_1 = 2, z_2 = 2\mathrm{i}, z_3 = 1$ 分别映为点 $w_1 = 3, w_2 = 1, w_3 = \infty$ 的分式线性映射.

解 将点 $z_1 = 2, z_2 = 2\mathrm{i}, z_3 = 1$ 及点 $w_1 = 3, w_2 = 1, w_3 = \infty$ 代入(6.2.6)式,得

$$\frac{w-3}{w-1}\cdot\frac{-1}{1-2\mathrm{i}}=\frac{z-2}{z-2\mathrm{i}},$$

解得

$$w=\frac{(3+\mathrm{i})z-2\mathrm{i}}{2z-2}.$$

推论6.2.2 设 $w=f(z)$ 是一个分式线性映射，且有 $f(z_1)=w_1$ 以及 $f(z_2)=w_2$，则分式线性映射可以表示为

$$\frac{w-w_1}{w-w_2}=k\,\frac{z-z_1}{z-z_2}\quad (k\text{ 为复常数}).$$

特别地，当 $w_1=0,w_2=\infty$ 时，有

$$w=k\,\frac{z-z_1}{z-z_2}\quad (k\text{ 为复常数}). \tag{6.2.7}$$

(6.2.7) 式在构造区域间的共形映射时非常有用，其特点是把过 z_1 与 z_2 两点的弧映射成过原点的直线，而这正是我们再构造共形映射时常用的手法，其中 k 可由其他条件确定.

例 6.2.7 求将上半平面 $\mathrm{Im}z>0$ 映射成单位圆 $|w|<1$ 的分式线性映射.

解 例 6.2.3 中已经介绍了一种求分式线性映射的方法，下面我们利用对应点公式来求分式线性映射.

这两个区域的边界分别为实轴与单位圆周，正好是从"圆 C"变到"圆 C'"，根据唯一决定分式线性映射的条件，可在实轴上取三点 $0,1,\infty$，使其分别映射为圆周 C' 上的三点 $-1,-\mathrm{i},1$ 由对应点公式，有

$$\frac{w+1}{w+\mathrm{i}}:\frac{1+1}{1+\mathrm{i}}=\frac{z-0}{z-1}:\frac{\infty-0}{\infty-1},$$

根据规定，有

$$\frac{w+1}{w+\mathrm{i}}:\frac{1+1}{1+\mathrm{i}}=\frac{z-0}{z-1}:\frac{1}{1},$$

整理后得到所求的分式线性映射为

$$w=\frac{z-\mathrm{i}}{z+\mathrm{i}}.$$

如果仅要求把上半平面映射为单位圆，而不作其他限制的话，上面的式子已

经足够了.但我们必须注意的是,这一问题本身可以有无穷多个解,如例 6.2.3 中得到的是通解,其特解与三点的选取有关.这种情况是否与分式线性映射的唯一性矛盾呢?这个问题作为课后思考题,请有兴趣的读者思考.接下来我们继续探讨对应点公式.

根据对应点公式,我们在两个已知圆C与C'上分别取定三个不同点后,必能找到一个分式线性映射将C映射成C',但是这个映射会将C的内部映射成什么呢?接下来我们用不同的方法来解决这个问题.

(方法 1) 在C上取定三个点z_1, z_2, z_3,它们在C'上的像分别为w_1, w_2, w_3,如果C依$z_1 \to z_2 \to z_3$的绕向与C'依$w_1 \to w_2 \to w_3$的绕向相同时,则C的内部就映射成C'的内部;相反时,则C的内部就映射成C'的外部,如图 6-2-7 所示.

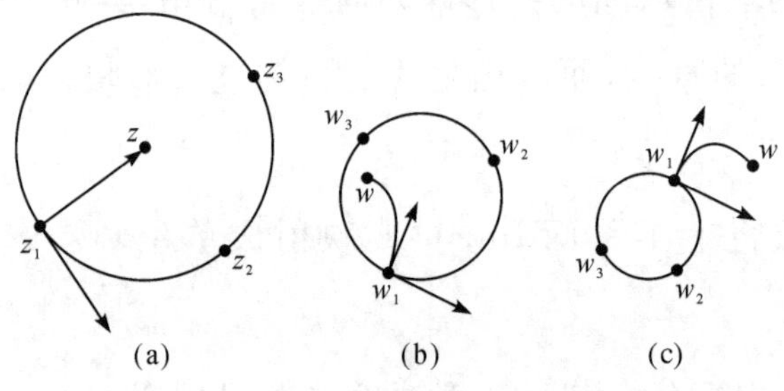

图 6-2-7　对称点公式的应用

(方法 2) 在分式线性映射下,如果在C内任取一点z_0,而点z_0的像w_0在C'的内部,则C的内部就映射成C'的内部;如果点z_0的像w_0在C'的外部,则C的内部就映射成C'的外部.

特别地,在C为圆周,且C'为直线的情况下,分式线性映射将C的内部映射成C'的某一侧的半平面,究竟是哪一侧,由绕向确定.其他情况,结论类似.

例6.2.8　求将z平面的实轴上的三点$-1, 0, 1$分别被映射成w平面上的圆周C':$|w|=1$上的三点$1, \mathrm{i}, -1$的分式线性映射,并指出它是将上半平面$\mathrm{Im}z>0$映射成单位圆$|w|<1$的映射.

解　根据公式(6.2.5),有

$$\frac{w-1}{w-\mathrm{i}} : \frac{-1-1}{-1-\mathrm{i}} = \frac{z+1}{z-0} : \frac{1+1}{1-0},$$

化简便得到所求的分式线性映射为

$$w=\frac{z-\mathrm{i}}{\mathrm{i}z-1}.$$

由于实轴依 $z_1=-1\to z_2=0\to z_3=1$ 的绕向与 C' 依 $w_1=1\to w_2=\mathrm{i}\to w_3=-1$ 的绕向相对应，因此 z 平面的上半平面被映射到 w 平面上的单位圆 C' 的内部.

例6.2.9 求将上半圆域 $|z|<1,\mathrm{Im}z>0$ 映射为第一象限的分式线性映射.

解 （方法1）先构造一个分式线性映射，将 z 平面上的点 -1 与 1 分别映射到 w 平面上点 0 与 ∞，构造这样的分式线性映射，可取

$$w=k\frac{z+1}{z-1},$$

再将 $z=\mathrm{i}$ 映射成 $w_1=\mathrm{i}$，则

$$\mathrm{i}=k\frac{\mathrm{i}+1}{\mathrm{i}-1},$$

于是，得 $k=\dfrac{\mathrm{i}(\mathrm{i}-1)}{\mathrm{i}+1}=-1$.

所以分式线性映射 $w=-\dfrac{z+1}{z-1}$ 分别将 z 平面上排定次序的三点 $-1\to1\to\mathrm{i}$ 分别映射到 w 平面上的三点 $0\to\infty\to\mathrm{i}$，于是 z 平面上的上半圆 $|z|<1$，$\mathrm{Im}z>0$ 被映射到 w 平面上第一象限的分式线性映射为

$$w=\frac{1+z}{1-z}.$$

（方法2）先构造一个分式线性函数，使 -1 变为 0，1 变为 ∞，从而将边界 C_1 与 C_2 映射为从原点出发的两条射线，其函数可记为

$$w_1=\frac{z+1}{z-1}.$$

根据点的转向可以容易知道它将区域 D 映射为第三象限，再通过旋转映射即得所求的分式线性映射为

$$w=w_1\mathrm{e}^{\mathrm{i}\pi}=\frac{1+z}{1-z}.$$

上述的映射变化过程,如图 6-2-8 所示.

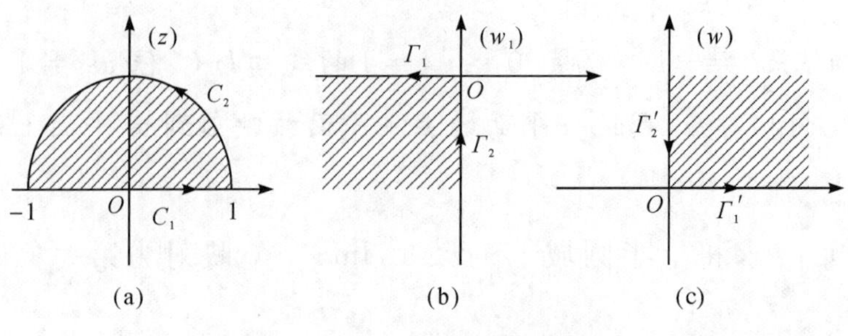

图 6-2-8　分式线性映射

思考题 6.2

1. 请证明分式线性映射 $w=\dfrac{az+b}{cz+d}$ 可以表示为平移、旋转、相似与反演映射的组合.

2. 分式线性映射具有哪些性质?

3. 什么情况下存在唯一的分式线性变换将指定的区域映射为指定的区域?

4. 分式线性映射 $w=\dfrac{az+b}{cz+d}$ 将上半平面 $\mathrm{Im}z>0$ 映射成上半平面 $\mathrm{Im}w>0$,那么系数 a,b,c,d 满足什么条件?

5. 怎样判断一个圆周在经过分式线性映射后变成一个圆周或一条直线?

6. 例 6.2.3 中得到的解不是唯一的,这是否与分式线性映射的唯一性相矛盾?

习题 6.2

1. 在下列各题中,给出三组对应点 $z_1\leftrightarrow w_1, z_2\leftrightarrow w_2, z_3\leftrightarrow w_3$ 的具体数值,并给出相应的分式线性映射,指出该映射将通过 z_1,z_2,z_3 的圆周的内部或直线的左边(按 z_1,z_2,z_3 方向观察)映射成什么区域?

(1) $1\leftrightarrow 1, \mathrm{i}\leftrightarrow 0, -\mathrm{i}\leftrightarrow -1$;　　(2) $1\leftrightarrow\infty, \mathrm{i}\leftrightarrow -1, -1\leftrightarrow 0$;

(3) $\infty\leftrightarrow 0, \mathrm{i}\leftrightarrow \mathrm{i}, 0\leftrightarrow\infty$;　　(4) $\infty\leftrightarrow 0, 0\leftrightarrow 1, 1\leftrightarrow\infty$.

2. 求将上半平面 $\mathrm{Im}z > 0$ 映射成单位圆 $|w| < 1$，且满足条件 $f(\mathrm{i}) = 0$，$\arg f'(\mathrm{i}) = 0$ 的分式线性映射.

3. 求将单位圆 $|z| < 1$ 映射成单位圆 $|w| < 1$，且满足条件 $f\left(\dfrac{1}{2}\right) = 0$，$f(-1) = 1$ 的分式线性映射.

4. 求一个将右半平面 $\mathrm{Re}z > 0$ 映射成单位圆 $|w| < 1$ 的分式线性映射.

5. 求一个将点 $z_1 = 2, z_2 = \mathrm{i}, z_3 = -2$ 分别映射为 $w_1 = -1, w_2 = \mathrm{i}, w_3 = 1$ 的分式线性映射.

6. 求一个将点 $z = 1, \mathrm{i}, -\mathrm{i}$ 分别映射成点 $w = 1, 0, -1$ 的分式线性映射，这个映射将单位圆域 $|z| < 1$ 映射成什么区域？

7. 请证明定理 6.2.4(保对称点定理).

§6.3　几个初等函数构成的共形映射

6.3.1　幂函数与根式函数

1. 幂函数 $w = z^n$（n 为正整数，且 $n \geqslant 2$）

幂函数 $w = z^n$ 在复平面内处处解析，当且仅当 $z \neq 0$ 时，其导数不为零，因此在复平面上除去原点外，幂函数 $w = z^n$ 所构成的映射是处处保角映射，但它不一定构成共形映射. 例如，对于幂函数 $w = z^4$，取 $z_1 = \mathrm{e}^{\frac{\pi}{2}\mathrm{i}}, z_2 = \mathrm{e}^{\pi\mathrm{i}}$，则 $z_1^4 = z_2^4$，不是一一对应的. 那么幂函数在什么情况下构成共形映射呢？这就是我们下面要讨论的问题.

设 $z = r\mathrm{e}^{\mathrm{i}\theta}, w = \rho\mathrm{e}^{\mathrm{i}\varphi}$，则 $w = r^n\mathrm{e}^{\mathrm{i}n\theta} = \rho\mathrm{e}^{\mathrm{i}\varphi}$，即可得到

$$\rho = r^n, \varphi = n\theta.$$

由此可见，在 $w = z^n$ 映射下，z 平面上的圆周 $|z| = r$ 映射成 w 平面上的圆周 $|w| = r^n$，特别是：

(1) 单位圆 $|z| = r$ 映射成单位圆 $|w| = 1$；

(2) 射线 $\theta = \theta_0$ 映射成射线 $\varphi = n\theta_0$；

(3) 正实轴 $\theta=0$ 映射成正实轴 $\varphi=0$;

(4) 角形域 $0<\theta<\theta_0<\dfrac{2\pi}{n}$ 映射成角形域 $0<\varphi<n\theta_0$.

由此可得到,映射 $w=z^n$ 将 z 平面上的角形域 $0<\theta<\dfrac{2\pi}{n}$ 映射成 w 平面上除去正实轴以外的全平面 $0<\varphi<2\pi$,它的两边 $\theta=0$ 及 $\theta=\dfrac{2\pi}{n}$ 都映射成 w 平面上的正半实轴. 为了使映射不仅在角形域 $0<\theta<\dfrac{2\pi}{n}$ 内是一一对应的,而且在其边界上也是一一对应的,我们在 w 平面上沿着正实轴剪开一条缝,并且规定:$\theta=0$ 映射成 w 平面正实轴的上沿 $\varphi=0$,而 $\theta=\dfrac{2\pi}{n}$ 映射成 w 平面正实轴的下沿 $\varphi=2\pi$,在这样两个区域中映射 $w=z^n$ 或 $z=\sqrt[n]{w}$ 是一一对应的,如图 6-3-1 所示.

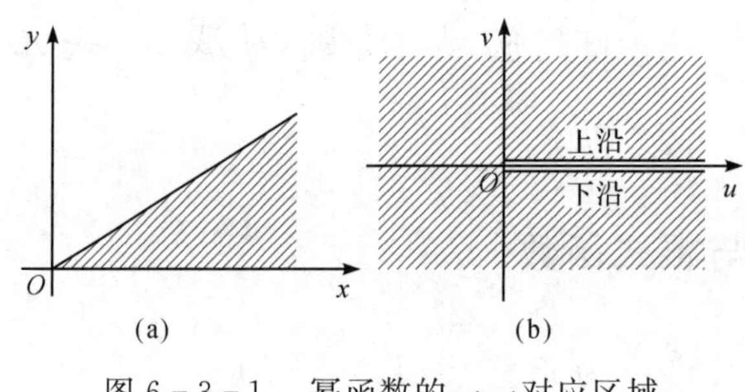

图 6-3-1 幂函数的一一对应区域

2. 根式函数 $w=\sqrt[n]{z}$

作为 $w=z^n$ 的逆映射 $z=\sqrt[n]{w}$,将 w 平面角形域 $0<\arg w<n\theta\left(0<\theta<\dfrac{2\pi}{n}\right)$ 映射成 z 平面上的角形域 $0<\arg z<\theta$.

综上所述,在作角形域与角形域之间的映射时,可以按照以下两种情况选择幂函数:

(1) 如果将角形域的角度“拉伸”为 n 倍,则用幂函数 $w=z^n$;

(2) 如果将角形域的角度“压缩”为$\dfrac{1}{n}$,则用根式函数 $w=\sqrt[n]{z}$.

需要注意的是,如果是扇形域(即模有限),则模要相应地扩大或缩小,这一点往往容易忽略.

例6.3.1　求将角形域 $0<\arg z<\frac{1}{4}\pi$ 映射为单位圆域 $|w|<1$ 的一个共形映射.

解　如图 6-3-2 所示,先由幂函数 $w_1=z^4$ 将角形域 $D:0<\arg z<\frac{1}{4}\pi$ 映射为上半平面 $\mathrm{Im}w_1>0$,再由分式线性映射 $w_2=\mathrm{e}^{\mathrm{i}\theta}\frac{w_1-z_0}{w_1+\bar{z}_0}$ 将其映射为单位圆域 $|w|<1$.

为了确定分式线性映射 $w_2=\mathrm{e}^{\mathrm{i}\theta}\frac{w_1-z_0}{w_1+\bar{z}_0}$ 中的数 θ,z_0,取 $\theta=0,z_0=\mathrm{i}$,则分式线性映射为

$$w_2=\frac{w_1-\mathrm{i}}{w_1+\mathrm{i}},$$

将它们复合起来,便得到所求共形映射为

$$w=\frac{z^4-\mathrm{i}}{z^4+\mathrm{i}}.$$

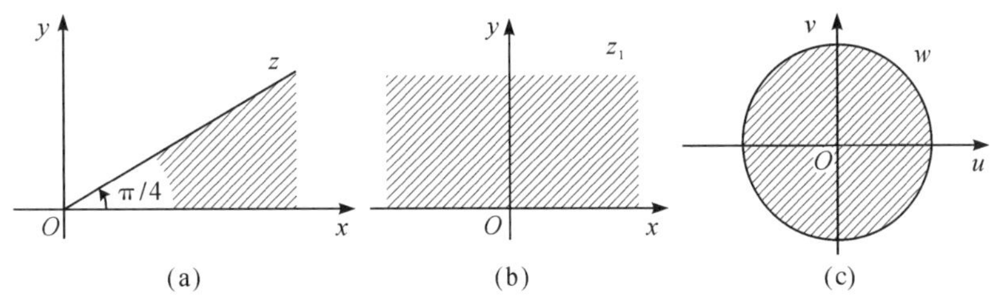

图 6-3-2　角形域到单位圆域的共形映射

例6.3.2　设区域 $D:|z|<1,\mathrm{Im}z>0,\mathrm{Re}z>0$,求一个共形映射,将区域 D 映射为上半平面.

解　如图 6-3-3 所示,先由幂函数 $w_1=z^2$ 将区域 D 映射为上半单位圆域 $|w_1|<1,\mathrm{Im}w_1>0$,再由分式线性映射 $w_2=\frac{1+w_1}{1-w_1}$ 将其映射为第一象限 $\mathrm{Im}w_2>0,\mathrm{Re}w_2>0$,最后由映射 $w=w_2^2$ 将其映射为上半平面 $\mathrm{Im}w>0$.

因此,所求共形映射为

$$w=\left(\frac{1+z^2}{1-z^2}\right)^2.$$

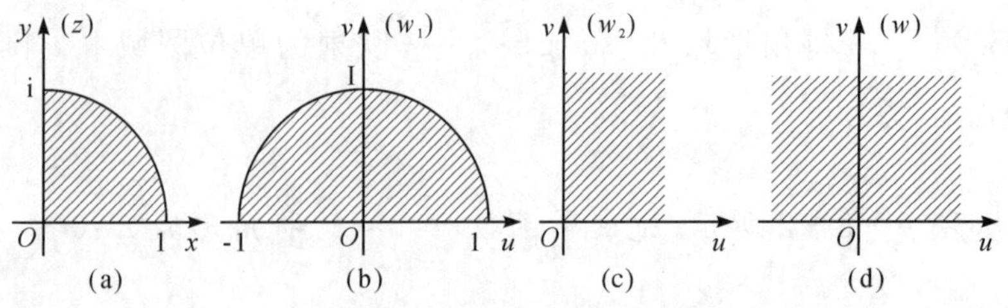

图 6-3-3　区域 $|z|<1$ 到上半平面的映射过程

6.3.2　指数函数

函数 $w=e^z$ 在复平面上处处解析，且导数不为零，因此它在复平面上构成的映射是保角映射. 但是要注意，指数函数是周期函数，不是双向单值，因而不一定构成共形映射. 那么指数函数在什么情况下构成共形映射呢?这就是我们下面要讨论的问题.

设 $z=x+iy, w=\rho e^{i\varphi}$，则 $w=e^{x+iy}=e^x e^{iy}=\rho e^{i\varphi}$，即有 $\rho=e^x, \varphi=y$，

由此可见，在映射 $w=e^z$ 下，z 平面上的曲线与 w 平面上的像有如下四种情况：

(1) z 平面上的直线 $x=$ 常数，映射成 w 平面上的圆周 $\rho=$ 常数；

(2) z 平面上的直线 $y=$ 常数，映射成 w 平面上的射线 $\varphi=$ 常数；

(3) z 平面上的实轴 $y=0$，映射成 w 平面上的正半实轴 $\varphi=0$；

(4) z 平面上的直线 $y=\alpha$，映射成 w 平面上的射线 $\varphi=\alpha$.

于是，z 平面上的带形域 $0<\mathrm{Im}z<\alpha<2\pi$ 映射成 w 平面上的角形域 $0<\arg z<\alpha$；特别是，z 平面上的带形域 $0<\mathrm{Im}z<2\pi$ 映射成沿正实轴剪开的 w 平面，如图 6-3-4 所示.

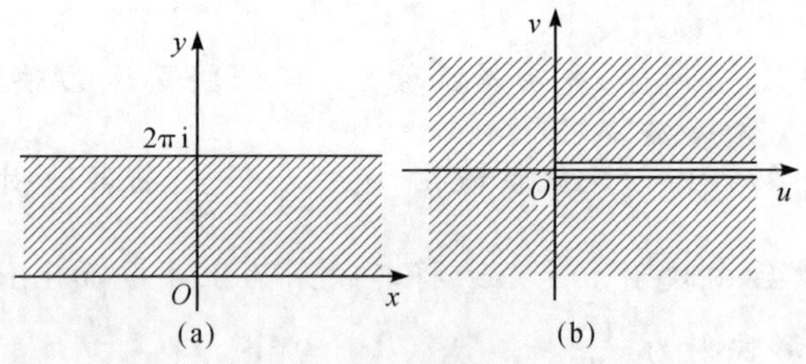

图 6-3-4　带形域到角形域的映射

由以上讨论可得，函数 $w=e^z$ 是将带形域 $0<\mathrm{Im}z<\alpha\leqslant 2\pi$ 共形映射为角形域 $0<\arg w<\alpha$ 的映射. 因此可以简单地说，指数函数的特点是将带形域变成

角形域. 相应地,对数函数 $w=\ln z$ 作为指数函数的逆映射,则是将角形域 $0<\arg z<\alpha\leqslant 2\pi$ 变为带形域 $0<\operatorname{Im}w<\alpha$.

综合上述,当要作角形域与带形域之间的映射时,可以按照以下两种情况选择函数:

(1) 如果将带形域映射为角形域,则使用指数函数 $w=e^z$;

(2) 如果将角形域映射为带形域,则使用对数函数 $w=\ln z$.

例6.3.3　求将带形域 $0<\operatorname{Im}z<\pi$ 映射成单位圆 $|w|<1$ 的一个映射.

解　映射 $w_1=e^z$ 将已知的带形域 $0<\operatorname{Im}z<\pi$ 映射成 w_1 平面上的上半平面域 $\operatorname{Im}w_1>0$,又映射 $w=\dfrac{w_1-i}{w_1+i}$,将 w_1 平面上的上半平面域 $\operatorname{Im}w_1>0$ 映射成 w 平面上的单位圆域 $|w|<1$,于是所求的映射为 $w=\dfrac{e^z-i}{e^z+i}$.

例6.3.4　求将带形域 $a<\operatorname{Re}z<b$ 映射成上半平面 $\operatorname{Im}w>0$ 的一个共形映射.

解　先将带形域 $a<\operatorname{Re}z<b$ 经过分式线性映射 $w_1=\dfrac{\pi i}{b-a}(z-a)$,将其映射为带形域 $0<\operatorname{Im}w_1<\pi$,再利用指数映射 $w=e^{w_1}$,将带形域 $0<\operatorname{Im}w_1<\pi$ 映射成上半平面 $\operatorname{Im}w>0$. 于是,所求的映射为

$$w=e^{\frac{\pi i}{b-a}(z-a)}.$$

上述映射步骤及映射关系,如图 6-3-5 所示.

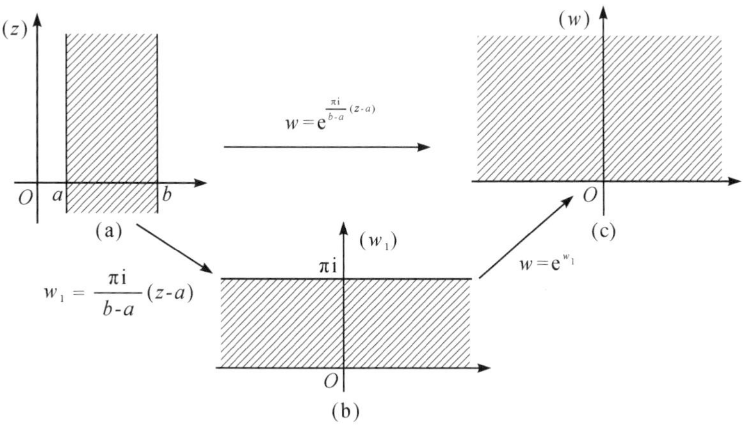

图 6-3-5　带形域到上半平面的映射

思考题 6.3

1. 如果将角形域的角度“拉伸”n 倍，或者“压缩”为$\frac{1}{n}$，需要用什么函数构成的映射？

2. 如果将带形域映射为角形域，或者将角形域映射为带形域，需要用什么函数构成的映射？

3. 如果将圆域映射成圆域(包含半平面)，需要用什么函数构成的映射？

4. 如果将圆域映射成角形域，或者角形域映射成圆域，需要用什么函数构成的映射？

习题 6.3

1. 求将角形域 $0 < \arg z < \frac{1}{2}\pi$ 映射为上半平面的一个共形映射.

2. 求将角形域 $0 < \arg z < \frac{4}{5}\pi$ 映射为单位圆域 $|w| < 1$ 的一个共形映射.

3. 求将带形域$\frac{\pi}{2} < \mathrm{Re}z < \pi$ 映射成上半平面 $\mathrm{Im}w > 0$ 的一个共形映射.

4. 求映射 $w = \mathrm{e}^z$ 将 z 平面上的带形域 $0 < \mathrm{Im}z < \pi$，$\mathrm{Re}z < 0$ 映射成 w 平面上的区域.

5. 求将带形域 $0 < \mathrm{Im}z < \pi$，$\mathrm{Re}z > 0$ 映射成上半平面 $\mathrm{Im}w > 0$ 的一个共形映射.

6. 求将下列区域映射为上半平面的共形映射.

(1) $|z| < 2$，$\mathrm{Im}z > 1$； (2) $0 < \arg z < \frac{\pi}{4}$，$|z| < 2$；

(3) $a < \mathrm{Re}z < b$； (4) $0 < \arg z < \frac{3}{2}\pi$，$|z| > 2$.

本章小结

本章通过对导函数的模及幅角的几何分析给出了伸缩率以及旋转角的概念,从而引出了共形映射的概念,并且借助于这个概念研究了解析函数构成的映射的特征,讨论了比较简单而且重要的共形映射——分式线性映射.最后简单介绍了两对初等函数:幂函数与根式函数、指数函数与对数函数构成的映射.

一、共形映射的概念

解析函数 $w=f(z)$ 在点 z_0 处导数 $f'(z_0)\neq 0$,则函数 $w=f(z)$ 构成的映射在点 z_0 处的旋转角 $\operatorname{Arg} f'(z_0)$、伸缩率 $|f'(z_0)|$ 具有不变性.因此函数 $w=f(z)$ 构成的映射在点 z_0 处是共形映射.共形映射所研究的基本问题是构造解析函数使一个区域共形地映射到另一个区域,为了解决这样的问题,我们重点讨论了分式线性函数构成的映射.

二、分式线性映射

分式线性映射可以分解为旋转、伸缩、平移和反演映射.反演映射又可以分解为关于单位圆和关于实轴对称的映射.分式线性映射具有保形性、保圆性以及保对称性,并且复平面上三对对应点可以确定一个分式线性映射.

分式线性映射对于处理边界为圆弧或直线的区域的保形映射,具有很大的作用,这是因为它可以将直线与圆之间相互转换.

三、两对初等函数的共形映射

幂函数与根式函数构成的共形映射是在角形域与角形域之间进行转换;指数函数与对数函数构成的映射是在角形域与带形域之间进行转换.因此,它们在使用上具有非常固定的模式.

综合使用幂函数与根式函数、指数函数与对数函数、分式线性函数的复合,就可以将一些指定的单连通区域共形映射成另一个单连通区域.

自测题 6

一、选择题

1. 映射 $w=\dfrac{3z-\mathrm{i}}{z+\mathrm{i}}$ 在 $z_0=2\mathrm{i}$ 处的旋转角为 ( )

A. 0　　B. $\dfrac{\pi}{2}$　　C. π　　D. $-\dfrac{\pi}{2}$

2. 映射 $w=\mathrm{e}^{\mathrm{i}z^2}$ 在点 $z_0=\mathrm{i}$ 处的伸缩率为 ( )

A. 1　　B. 2　　C. e^{-1}　　D. e

3. 下列命题中,正确的是 ( )

A. $w=z^n$ 在复平面上处处保角(n 为自然数)

B. 映射 $w=z^3+4z$ 在 $z=0$ 处的伸缩率为零

C. 若 $w=f_1(z)$ 与 $w=f_2(z)$ 是同时把单位圆 $|z|<1$ 映射到上半平面 $\mathrm{Im}w>0$ 的分式线性映射,那么 $f_1(z)=f_2(z)$

D. 函数 $w=\bar{z}$ 构成的映射属于第二类保角映射

4. 函数 $w=\dfrac{z^3-\mathrm{i}}{z^3+\mathrm{i}}$ 将角形域 $0<\arg z<\dfrac{\pi}{3}$ 映射为( ).

A. $|w|<1$　　B. $|w|>1$

C. $\mathrm{Im}w>0$　　D. $\mathrm{Im}w<0$

5. 设 a,b,c,d 为实数且 $ad-bc<0$,那么分式线性映射 $w=\dfrac{az+b}{cz+d}$ 把上半平面映射为 w 平面的 ( )

A. 单位圆内部　　B. 单位圆外部

C. 上半平面　　D. 下半平面

6. 把带形域 $0<\mathrm{Im}z<\dfrac{\pi}{2}$ 映射成上半平面 $\mathrm{Im}w>0$ 的一个映射为( )

A. $w=2\mathrm{e}^z$　　B. $w=\mathrm{e}^z$　　C. $w=\mathrm{i}\mathrm{e}^z$　　D. $w=\mathrm{e}^{\mathrm{i}z}$

二、填空题

1. 若函数 $f(z)$ 在点 z_0 解析且 $f'(z_0)\neq 0$，那么映射 $w=f(z)$ 在 z_0 处具有________.

2. 将单位圆 $|z|<1$ 映射为圆域 $|w|<R$ 的分式线性变换的一般形式为________.

3. 把角形域 $0<\arg z<\dfrac{\pi}{4}$ 映射成圆域 $|w|<4$ 的一个映射可写为________.

4. 映射 $w=\mathrm{e}^z$ 将带形域 $0<\mathrm{Im}z<\dfrac{3}{4}\pi$ 映射为________.

5. 映射 $w=z^3$ 将扇形域 $0<\arg z<\dfrac{1}{3}\pi$ 且 $|z|<2$ 映射为________.

6. 映射 $w=\ln z$ 将上半 z 平面映射为________.

三、求下列分式线性映射

1. 将点 $z=1,\mathrm{i},-1$ 分别映射为点 $w=\infty,-1,0$ 的分式线性映射.

2. 将点 $z=2,\mathrm{i},-2$ 分别映射为点 $w=-1,\mathrm{i},1$ 的分式线性映射.

3. 把上半平面 $\mathrm{Im}z>0$ 映射成圆域 $|w|<2$，且满足 $f(\mathrm{i})=0$，$f'(\mathrm{i})=1$ 的分式线性映射.

4. 把单位圆 $|z|<1$ 映射成单位圆 $|w|<1$ 且满足 $f\left(\dfrac{1}{2}\right)=0$，$f(-1)=1$ 的分式线性映射.

四、求下列映射

1. 把带形域 $0<\mathrm{Im}z<\dfrac{\pi}{2}$ 映射成上半平面 $\mathrm{Im}w>0$ 的一个映射.

2. 把单位圆 $|z|<1$ 映射为圆域 $|w-1|<1$ 且满足 $f(0)=1$，$f'(0)>0$ 的映射.

3. 把上半平面 $\mathrm{Im}z>0$ 映射成单位圆 $|w|<1$ 且满足 $f(1+\mathrm{i})=0$，$f(1+2\mathrm{i})=\dfrac{1}{3}$ 的映射.

五、下列的映射将给出的区域映射成什么区域?

1. 分式线性映射 $w=\dfrac{2z-1}{2-z}$ 把圆周 $|z|=1$ 映射成什么区域?

2. 分式线性映射 $w=\dfrac{z+1}{1-z}$ 将区域 $|z|<1$ 且 $\mathrm{Im}z>0$ 映射成什么区域?

3. 映射 $w=\dfrac{\mathrm{e}^z-1-\mathrm{i}}{\mathrm{e}^z-1+\mathrm{i}}$ 将带形区域 $0<\mathrm{Im}z<\pi$ 映射成什么区域?

六、求分式线性映射 $w=f(z)$,使单位圆周 $|z|=1$ 映射为单位圆周 $|w|=1$,且使 $z=1,1+\mathrm{i}$ 分别映射为 $w=1,\infty$.

达朗贝尔

魏尔斯特拉斯

部分习题详解

知识拓展

第 7 章　傅里叶变换

在实践中，如在处理与分析工程实际中的一些问题时，由于工程实际中的问题往往是复杂的，因此常常采用变换的方法将原问题转换为较易解决的新问题，即从另一个角度对转换后的新问题进行处理与分析，变换是一种常用的手法. 采用变换的目的无非有两个：一是，变换可能会使问题的性质变得更加清楚，更便于分析问题；二是，变换可能会使问题的求解更加方便，更便于解决问题. 但变换不同于化简，它必须是可逆的，即必须有与之匹配的逆变换. 因为变换后的新问题的解并不是原问题的解，我们需要借助于逆变换再求得原问题的解.

利用变换的方法解决问题的总体思想可用下面框图表示：

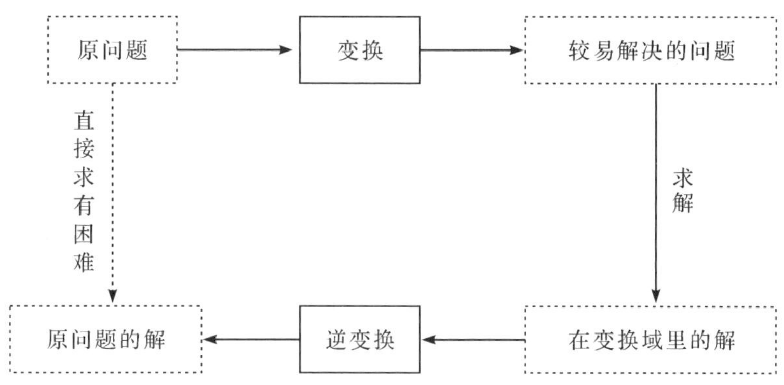

在数学领域，更是如此. 例如，直角坐标与极坐标之间的变换，它使我们能更灵活、更方便地处理一些问题；取对数也是一种变换，它能将乘法运算化为加法运算，从而能用来求解一些复杂的代数方程. 在数学研究及工程应用中，积分变换发挥着十分重要的作用. 所谓的积分变换就是把某函数类 A 中的函数 $f(x)$，经过某种可逆的积分，如

$$F(s)=\int k(x,s)f(x)\mathrm{d}x,$$

变成另一函数类 B 中的函数 $F(s)$. 其中 $F(s)$ 称为 $f(x)$ 的象函数，$f(x)$ 称为原函数，

而 $k(x,s)$ 是 s 和 x 的已知函数，称为**积分变换核(kernel of integral transformation)**.

傅里叶变换(Fourier transform) 就是其中一种最为重要的积分变换，它是一种对连续时间函数的积分变换，即通过某种积分运算，把一个函数化为另一个函数，同时该变换还具有对称形式的逆变换. 它既能简化计算，如求解微分方程、化卷积为乘积等，又具有非常特殊的物理意义，它的理论和方法不仅在数学的许多分支中，而且在信号处理、无线电技术、电工学等领域中均有着广泛的应用，已成为主要的运算工具. 而在此基础上发展起来的离散傅里叶变换，在当今数字时代更是显得尤为重要.

§7.1　三角级数与傅里叶级数

7.1.1　三角级数

在中学时期，我们学习了周期函数，周期函数反映了客观世界中的周期运动. 正弦函数是一种常见而简单的周期函数. 例如描述简谐振动的函数

$$y = A\sin(\omega t + \varphi)$$

就是一个以 $\dfrac{2\pi}{\omega}$ 为周期的正弦函数. 其中 y 为动点的位置，t 为时间，A 为振幅，ω 为角频率，φ 为初相.

在实际问题中，除了正弦函数外，还会遇到非正弦函数的周期函数，它们反映了较复杂的周期运动，如电子技术中常用的周期为 T 的矩形波，就是一个非正弦周期函数的例子，如图 7-1-1 所示.

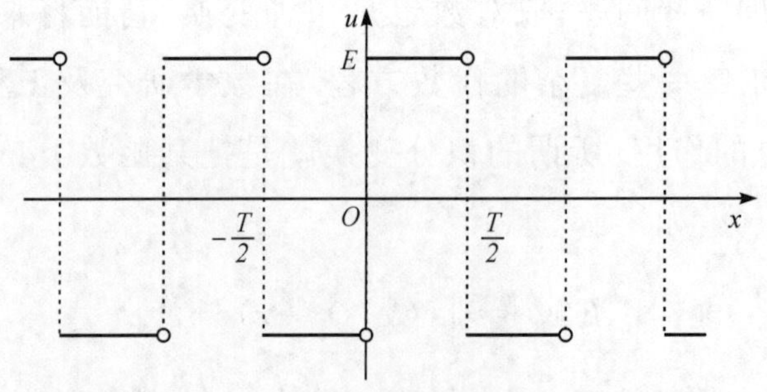

图 7-1-1　周期为 T 的矩形波

如何有效地研究非正弦周期函数呢?回想到之前学习过的用函数的幂级数展开式来表示函数并加以讨论的方法,我们将尝试把非正弦周期函数展开为由三角函数构成的级数的办法.具体地说,就是将周期为 T 的周期函数用一系列以 T 为周期的正弦函数 $A_n\sin(n\omega t+\varphi_n)$,$\omega=\dfrac{2\pi}{T}$ 构成的级数来表示,记为

$$f(t)=A_0+\sum_{n=1}^{\infty}A_n\sin(n\omega t+\varphi_n),\tag{7.1.1}$$

其中 $A_0,A_n,\varphi_n(n=1,2,3,\cdots)$ 都是常数.

在数学上,我们将周期函数按上述方式进行展开,这在物理上却有明确的意义,它表示把一个比较复杂的周期运动看成是许多不同频率的简谐振动的叠加作用.在电工学上,这种展开称为**谐波分析(harmonic analysis)**.其中常数项 A_0 称为 $f(t)$ 的**直流分量(DC component)**;$A_1\sin(\omega t+\varphi_1)$ 称为**基波(fundamental wave)**,又叫作**一次谐波(first harmonic)**,ω 称为**基频(fundamental frequency)**;而 $A_2\sin(2\omega t+\varphi_2)$,$A_3\sin(3\omega t+\varphi_3)$,$\cdots$ 依次称为二次谐波,三次谐波等.

说明:谐波中的“谐”有“多部分相合”的意思,指多部分协调结合,“波”指波形.谐波就是有很多种波形叠加合成的波形.基波是复合振动或波形(如声波)的第一谐波成分,它具有最低频率,且通常具有最大振幅,亦称“基谐波”.基频指复杂信号中频率最低的频率,即基波的频率.例如,在声波中,基频通常被认为是声音的基础音调;在周期性振荡谐量分析中,基频是振动系统的最低固有频率.在对某个信号的进行分析时,时域中往往使用基波、谐波等概念来描述;频域中一般使用基频、谐频等概念来刻画.

为了今后讨论的方便,我们将正弦函数 $A_n\sin(n\omega t+\varphi_n)$ 按三角公式展开,得

$$A_n\sin(n\omega t+\varphi_n)=A_n\sin\varphi_n\cos n\omega t+A_n\cos\varphi_n\sin n\omega t,$$

并且令$\dfrac{a_0}{2}=A_0$,$a_n=A_n\sin\varphi_n$,$b_n=A_n\cos\varphi_n$,则(7.1.1)式右端的级数就可以改写为

$$\frac{a_0}{2}+\sum_{n=1}^{\infty}(a_n\cos n\omega t+b_n\sin n\omega t).\tag{7.1.2}$$

形如(7.1.2)式的级数叫作**三角级数(trigonometric series)**,其中 a_0,a_n,b_n(n

$=1,2,3,\cdots$) 都是常数. 当 $T=2\pi$ 时, $\omega=\frac{2\pi}{T}=1$, 则(7.1.2) 式变为

$$\frac{a_0}{2}+\sum_{n=1}^{\infty}(a_n\cos nt+b_n\sin nt). \tag{7.1.3}$$

这是一个以 2π 为周期的三角级数.

说明: 对于三角级数(7.1.2) 式, 若 $T\neq 2\pi$, 我们可以令 $\omega t=x$, 那么仍然可以把该三角级数转换成以 2π 为周期的三角级数

$$\frac{a_0}{2}+\sum_{n=1}^{\infty}(a_n\cos nx+b_n\sin nx). \tag{7.1.3'}$$

(7.1.3') 式与(7.1.3) 式在本质上是一样的. 因此, 我们接下来主要讨论以 2π 为周期的三角级数(7.1.3) 式, 再把所得到的结果转化、推广到以 T 为周期的三角级数(7.1.2) 式上. 如同讨论幂级数时一样, 我们必须首先讨论三角级数(7.1.3) 式的收敛问题, 以及给定周期为 2π 的周期函数如何把它展开为三角级数(7.1.3) 式. 为此, 我们首先介绍三角函数系的正交性.

7.1.2 三角函数系及其正交性

定义7.1.1 我们把如下的函数列, 称为**三角函数系(trigonometric function system)**.

$$1,\cos t,\sin t,\cos 2t,\sin 2t,\cdots,\cos nt,\sin nt,\cdots \tag{7.1.4}$$

定理7.1.1 三角函数系(7.1.4) 中任何不同的两个函数的乘积在区间 $[-\pi,\pi]$ 上的积分等于零, 即

$$\int_{-\pi}^{\pi}\cos nt\,\mathrm{d}t=0\quad(n=1,2,3,\cdots),$$

$$\int_{-\pi}^{\pi}\sin nt\,\mathrm{d}t=0\quad(n=1,2,3,\cdots),$$

$$\int_{-\pi}^{\pi}\sin kt\cos nt\,\mathrm{d}t=0\quad(k,n=1,2,3,\cdots),$$

$$\int_{-\pi}^{\pi}\cos kt\cos nt\,\mathrm{d}t=0\quad(k,n=1,2,3,\cdots,k\neq n),$$

$$\int_{-\pi}^{\pi}\sin kt\sin nt\,\mathrm{d}t=0\quad(k,n=1,2,3,\cdots,k\neq n).$$

证明 以上等式均可以通过计算定积分来验证，现将第四式验证如下.

利用三角函数中的积化和差公式

$$\cos kt\cos nt = \frac{1}{2}[\cos(k+n)t + \cos(k-n)t],$$

当 $k \neq n$ 时，有

$$\begin{aligned}\int_{-\pi}^{\pi}\cos kt\cos nt\,\mathrm{d}t &= \frac{1}{2}\int_{-\pi}^{\pi}[\cos(k+n)t + \cos(k-n)t]\mathrm{d}t \\ &= \frac{1}{2}\left[\frac{\sin(k+n)t}{k+n} + \frac{\sin(k-n)t}{k-n}\right]_{-\pi}^{\pi} \\ &= 0 \quad (k,n = 1,2,3,\cdots,k \neq n).\end{aligned}$$

其余等式类似可证，请有兴趣的读者自行验证.

在三角函数系(7.1.4)中，两个相同函数的乘积在区间$[-\pi,\pi]$上的积分不等于零，即

$$\int_{-\pi}^{\pi}1^2\mathrm{d}x = 2\pi,$$

$$\int_{-\pi}^{\pi}\sin^2 nt\,\mathrm{d}t = \pi, \int_{-\pi}^{\pi}\cos^2 nt\,\mathrm{d}t = \pi \quad (n = 1,2,3\cdots).$$

傅里叶

7.1.3 周期为 2π 的函数的傅里叶级数

设 $f(t)$ 是周期为 2π 的周期函数，且能展开为三角级数

$$f(t) = \frac{a_0}{2} + \sum_{n=1}^{\infty}(a_k\cos nt + b_k\sin nt). \tag{7.1.5}$$

我们自然会问：系数 $a_0, a_1, b_1, \cdots$ 与函数 $f(t)$ 之间存在着怎样的关系？换句话说，如何利用 $f(t)$ 把 $a_0, a_1, b_1, \cdots$ 表达出来？为此，我们进一步假设(7.1.5)式右端的级数可以逐项积分.

先求 a_0. 对(7.1.5)式从 $-\pi$ 到 π 逐项积分，假设(7.1.5)式右端级数可逐项积分，因此有

$$\int_{-\pi}^{\pi}f(t)\mathrm{d}x = \int_{-\pi}^{\pi}\frac{a_0}{2}\mathrm{d}t + \sum_{k=1}^{\infty}\left[a_k\int_{-\pi}^{\pi}\cos kt\,\mathrm{d}t + b_k\int_{-\pi}^{\pi}\sin kt\,\mathrm{d}t\right],$$

根据三角函数系(7.1.4)的正交性，等式右端除第一项外，其余各项均为零，所以

$$\int_{-\pi}^{\pi}f(t)\mathrm{d}t = \frac{a_0}{2}\cdot 2\pi = \pi a_0,$$

于是得

$$a_0=\frac{1}{\pi}\int_{-\pi}^{\pi}f(t)\,\mathrm{d}t.$$

其次求 a_n. 用 $\cos nx$ 乘以(7.1.5) 式的两端，再从 $-\pi$ 到 π 积分，我们得到

$$\begin{aligned}&\int_{-\pi}^{\pi}f(x)\cos nx\,\mathrm{d}x\\&=\frac{a_0}{2}\int_{-\pi}^{\pi}\cos nx\,\mathrm{d}x+\sum_{k=1}^{\infty}\left[a_k\int_{-\pi}^{\pi}\cos kx\cos nx\,\mathrm{d}x+b_k\int_{-\pi}^{\pi}\sin kx\cos nx\,\mathrm{d}x\right].\end{aligned}$$

根据三角函数系(7.1.4) 的正交性，等式右端除 $k=n$ 的一项外，其余各项均为零，所以

$$\int_{-\pi}^{\pi}f(x)\cos nt\,\mathrm{d}t=a_n\int_{-\pi}^{\pi}\cos^2 nt\,\mathrm{d}t=a_n\pi,$$

于是，得

$$a_n=\frac{1}{\pi}\int_{-\pi}^{\pi}f(x)\cos nt\,\mathrm{d}t\quad(n=1,2,3,\cdots).$$

类似地，用 $\sin nt$ 乘以(7.1.5) 式的两端，再从 $-\pi$ 到 π 积分，可得

$$b_n=\frac{1}{\pi}\int_{-\pi}^{\pi}f(t)\sin nt\,\mathrm{d}t\quad(n=1,2,3,\cdots).$$

由于当 $n=0$ 时，a_n 的表达式正好给出 a_0，因此，已得结果可以合并写成

$$\begin{cases}a_n=\dfrac{1}{\pi}\displaystyle\int_{-\pi}^{\pi}f(t)\cos nt\,\mathrm{d}t, & n=0,1,2,\cdots,\\ b_n=\dfrac{1}{\pi}\displaystyle\int_{-\pi}^{\pi}f(t)\sin nt\,\mathrm{d}t, & n=1,2,3,\cdots.\end{cases}\tag{7.1.6}$$

如果(7.1.6) 式中的积分都存在，则由它们所确定的系数 $a_0,a_1,b_1,\cdots$ 叫作函数 $f(t)$ 的**傅里叶系数(Fourier coefficients)**，将这些系数代入(7.1.6) 式右端，所得的三角级数

$$\frac{a_0}{2}+\sum_{n=1}^{\infty}(a_n\cos nx+b_n\sin nx),$$

称为函数 $f(t)$ 的**傅里叶级数(Fourier series)**.

对于一个定义在$(-\infty,+\infty)$ 上并且周期为 2π 的函数 $f(t)$，如果它在一个周期上可积，则 $f(t)$ 一定可以写成傅里叶级数的形式. 然而，此时得到的傅里叶

级数是否一定收敛?如果收敛,它是否一定收敛于函数 $f(t)$? 一般说来,这两个问题的答案都不是肯定的. 那么 $f(t)$ 在怎样的条件下,它的傅里叶级数不仅收敛,而且仍然收敛于 $f(t)$ 呢?也就是说,函数 $f(t)$ 满足什么条件才可以展开为傅里叶级数?这是我们面临的一个基本问题.

下面我们不加证明地叙述一个收敛定理,它给出了关于上述问题的重要结论.

定理7.1.2　**(收敛定理,convergence theorem)** 设 $f(t)$ 是周期为 2π 的周期函数,如果它满足以下两个条件(称为**狄利克雷条件,Dirichlet conditions**):

(1) 在一个周期内连续或只有有限个第一类间断点;

(2) 在一个周期内至多只有有限多个极值点.

狄利克雷

则 $f(t)$ 的傅里叶级数收敛,并且有下面的两条结论成立:

(1) 当 $f(t)$ 在 t 处连续时,它的傅里叶级数收敛于 $f(t)$;

(2) 当 $f(t)$ 在 t 处间断时,它的傅里叶级数收敛于$\frac{1}{2}[f(t^-)+f(t^+)]$.

说明: 收敛定理告诉我们,只要函数在$[-\pi,\pi]$上至多有有限个第一类间断点,并且不做无限次振动,函数的傅里叶级数在连续点处就收敛于该点的函数值,在间断点处收敛于该点左极限与右极限的算术平均值.

可见,函数展开为傅里叶级数的条件比展开为幂级数的条件低得多. 若记

$$D=\{t \mid f(t)=\frac{1}{2}[f(t^-)+f(t^+)]\},$$

则在区域 D 上,$f(t)$ 可以写成傅里叶级数展开式的形式

$$f(t)=\frac{a_0}{2}+\sum_{n=1}^{\infty}(a_n\cos nt+b_n\sin nt)\quad (t\in D). \tag{7.1.7}$$

例7.1.1　设 $f(t)$ 是周期为 2π 的周期函数,它在$[-\pi,\pi)$上的表达式为

$$f(t)=\begin{cases}-1, & -\pi\leqslant t<0,\\ 1, & 0\leqslant t<\pi.\end{cases}$$

试将 $f(t)$ 展开为傅里叶级数.

解　所给函数满足收敛定理的条件,它在点 $t=k\pi\quad(k=0,\pm1,\pm2,\cdots)$

处不连续，在其他点处连续，从而由收敛定理知道 $f(t)$ 的傅里叶级数收敛，并且当 $t=k\pi$ 时，级数收敛于

$$f(k\pi)=\frac{-1+1}{2}=\frac{1+(-1)}{2}=0 \quad (k=0,\pm 1,\pm 2,\cdots),$$

当 $t\neq k\pi$ 时，级数收敛于 $f(x)$，其和函数的图像如图 7-1-2 所示.

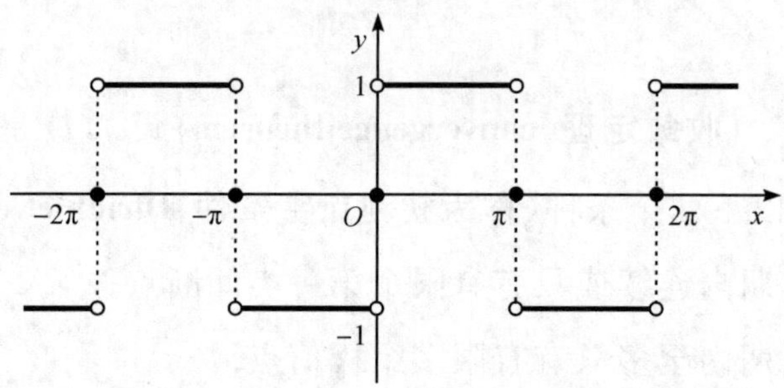

图 7-1-2　函数 $f(x)$ 傅里叶级数的和函数

接下来，计算傅里叶系数.

$$\begin{aligned}
a_n &= \frac{1}{\pi}\int_{-\pi}^{\pi} f(t)\cos nt\,\mathrm{d}t \\
&= \frac{1}{\pi}\int_{-\pi}^{0}(-1)\cos nt\,\mathrm{d}t+\frac{1}{\pi}\int_{0}^{\pi}1\cdot\cos nt\,\mathrm{d}t \\
&= 0 \quad (n=0,1,2,\cdots).
\end{aligned}$$

$$\begin{aligned}
b_n &= \frac{1}{\pi}\int_{-\pi}^{\pi} f(t)\sin nt\,\mathrm{d}t \\
&= \frac{1}{\pi}\int_{-\pi}^{0}(-1)\sin nt\,\mathrm{d}t+\frac{1}{\pi}\int_{0}^{\pi}1\cdot\sin nt\,\mathrm{d}t \\
&= \frac{1}{\pi}\left[\frac{\cos nt}{n}\right]_{-\pi}^{0}+\frac{1}{\pi}\left[-\frac{\cos nt}{n}\right]_{0}^{\pi} \\
&= \frac{1}{n\pi}(1-\cos n\pi-\cos n\pi+1) \\
&= \frac{2}{n\pi}[1-(-1)^n] \\
&= \begin{cases}\dfrac{4}{n\pi}, n=1,3,5,\cdots, \\ 0, n=2,4,6,\cdots.\end{cases}
\end{aligned}$$

将上面得到的系数代入(7.1.7)式，即可得到 $f(t)$ 的傅里叶级数展开式

$$f(t)=\frac{4}{\pi}\left[\sin t+\frac{1}{3}\sin 3t+\cdots+\frac{1}{2k-1}\sin(2k-1)t+\cdots\right]$$

$$=\frac{4}{\pi}\sum_{k=1}^{\infty}\frac{1}{2k-1}\sin(2k-1)t\quad(-\infty<t<+\infty,t\neq 0,\pm\pi,\pm 2\pi,\cdots).$$

如果把例7.1.1中的函数理解为矩形波的波形函数(周期$T=2\pi$,振幅$E=1$,自变量t表示时间),那么上面所得到的展开式表明矩形波是由一系列不同频率的正弦波叠加而成的,这些正弦波的频率依次为基波频率的奇数倍.

例7.1.2 设$f(t)$是周期为2π的周期函数,它在$[-\pi,\pi)$上的表达式为

$$f(t)=\begin{cases}t, & -\pi\leqslant t<0,\\ 0, & 0\leqslant t<\pi.\end{cases}$$

试将$f(t)$展开为傅里叶级数.

解 易见所给函数满足收敛定理的条件,它在点$t=(2k+1)\pi$ $(k=0,\pm 1,\pm 2,\cdots)$处不连续.因此,$f(t)$的傅里叶级数在$t=(2k+1)\pi$处收敛于

$$f[(2k+1)\pi]=\frac{f(\pi^-)+f(-\pi^+)}{2}=\frac{0-\pi}{2}=-\frac{\pi}{2},$$

在连续点$t\,[t\neq(2k+1)\pi]$处收敛于$f(t)$.和函数的图像如图7-1-3所示.

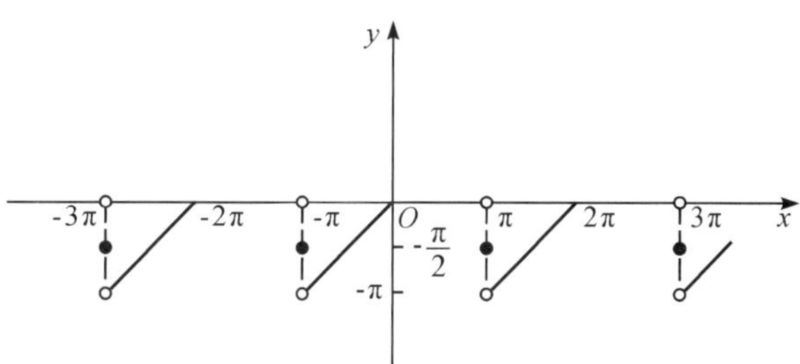

图7-1-3 函数$f(t)$傅里叶级数的和函数

计算傅里叶系数如下.

$$a_n=\frac{1}{\pi}\int_{-\pi}^{\pi}f(t)\cos nt\,\mathrm{d}t=\frac{1}{\pi}\int_{-\pi}^{0}t\cos nt\,\mathrm{d}t$$

$$=\frac{1}{\pi}\left[\frac{t\sin nt}{n}+\frac{\cos nt}{n^2}\right]_{-\pi}^{0}=\frac{1}{n^2\pi}(1-\cos n\pi)$$

$$=\begin{cases}\dfrac{2}{n^2\pi}, & n=1,3,5,\cdots,\\ 0, & n=2,4,6,\cdots.\end{cases}$$

$$a_0=\frac{1}{\pi}\int_{-\pi}^{\pi}f(t)\mathrm{d}t=\frac{1}{\pi}\int_{-\pi}^{0}t\mathrm{d}t=\frac{1}{\pi}\left[\frac{t^2}{2}\right]_{-\pi}^{0}=-\frac{\pi}{2}.$$

$$b_n=\frac{1}{\pi}\int_{-\pi}^{\pi}f(t)\sin nt\,\mathrm{d}t=\frac{1}{\pi}\int_{-\pi}^{0}t\sin nt\,\mathrm{d}t$$

$$=\frac{1}{\pi}\left[-\frac{t\cos nt}{n}+\frac{\sin nt}{n^2}\right]_{-\pi}^{0}$$

$$=-\frac{\cos n\pi}{n}=\frac{(-1)^{n+1}}{n}.$$

将求得的系数代入(7.1.7)式,得到 $f(t)$ 的傅里叶级数展开式为

$$f(t)=-\frac{\pi}{4}+\left(\frac{2}{\pi}\cos t+\sin t\right)-\frac{1}{2}\sin 2t+\left(\frac{2}{3^2\pi}\cos 3t+\frac{1}{3}\sin 3t\right)-\frac{1}{4}\sin 4t$$

$$+\left(\frac{2}{5^2\pi}\cos 5t+\frac{1}{5}\sin 5t\right)-\cdots$$

$$=-\frac{\pi}{4}+\frac{2}{\pi}\sum_{k=1}^{\infty}\frac{1}{(2k-1)^2}\cos(2k-1)t+\sum_{n=1}^{\infty}\frac{(-1)^{n-1}}{n}\sin nt$$

$$(-\infty<t<+\infty;t\neq\pm\pi,\pm 3\pi,\cdots).$$

值得注意的是,如果函数 $f(t)$ 只在 $[-\pi,\pi]$ 上有定义,并且满足收敛定理的条件,那么 $f(t)$ 也可以展开为傅里叶级数.事实上,我们可对函数 $f(t)$ 在 $[-\pi,\pi)$ 或 $(-\pi,\pi]$ 外补充定义,使它拓广成周期为 2π 的周期函数 $F(t)$. 按照这种方式对函数的定义域拓广的过程称为函数的**周期延拓(periodic extension)**. 再将 $F(t)$ 展开为傅里叶级数.最后将函数 $F(t)$ 限制在 $t\in(-\pi,\pi)$ 内,此时 $F(t)\equiv f(t)$, 这样便得到 $f(t)$ 的傅里叶级数展开式.根据收敛定理,这个级数在区间端点 $t=\pm\pi$ 处收敛于 $\dfrac{f(\pi^-)+f(-\pi^+)}{2}$.

7.1.4 周期为 T 的函数的傅里叶级数

定理7.1.3 设周期为 T 的实值函数 $f_T(t)$ 在 $\left[-\frac{T}{2},\frac{T}{2}\right]$ 上满足狄利克雷条件,则它的傅里叶级数展开式为

$$f_T(t)=\frac{a_0}{2}+\sum_{n=1}^{\infty}(a_n\cos n\omega_0 t+b_n\sin n\omega_0 t)\quad(t\in D),\tag{7.1.8}$$

其中 $D=\left\{t\,\middle|\,f(t)=\frac{1}{2}[f(t^-)+f(t^+)]\right\}$, $\omega_0=\dfrac{2\pi}{T}$,

$$a_n=\frac{2}{T}\int_{-\frac{T}{2}}^{\frac{T}{2}}f_T(t)\cos n\omega_0 t\mathrm{d}t,b_n=\frac{2}{T}\int_{-\frac{T}{2}}^{\frac{T}{2}}f_T(t)\sin n\omega_0 t\mathrm{d}t\ (n=1,2,3,\cdots).\quad(7.1.9)$$

特别地，

(1) 当 $f_T(t)$ 为奇函数时，$f(t)=\frac{4}{T}\sum_{n=1}^{\infty}b_n\sin n\omega_0 t\quad(t\in D)$，

其中，$b_n=\frac{4}{T}\int_{-\frac{T}{2}}^{\frac{T}{2}}f_T(t)\sin n\omega_0 t\mathrm{d}t(n=1,2,3,\cdots)$.

(2) 当 $f_T(t)$ 为偶函数时，$f(t)=\frac{a_0}{2}+\sum_{n=1}^{\infty}a_n\cos n\omega_0 t\quad(t\in D)$，

其中，$a_n=\frac{4}{T}\int_{-\frac{T}{2}}^{\frac{T}{2}}f_T(t)\cos n\omega_0 t\mathrm{d}t\quad(n=1,2,3,\cdots)$.

证明 作变量代换 $z=\frac{2\pi t}{T}$，于是区间 $-\frac{T}{2}\leqslant t\leqslant\frac{T}{2}$ 就变换成 $-\pi\leqslant z\leqslant\pi$. 设函数 $F(z)=f\left(\frac{T}{2\pi}z\right)$，从而 $F(z)$ 是周期为 2π 的周期函数，并且它满足收敛定理的条件，将 $F(z)$ 展开为傅里叶级数

$$F(z)=\frac{a_0}{2}+\sum_{n=1}^{\infty}(a_n\cos nz+b_n\sin nz),$$

其中

$$a_n=\frac{1}{\pi}\int_{-\pi}^{\pi}F(z)\cos nz\mathrm{d}z,b_n=\frac{1}{\pi}\int_{-\pi}^{\pi}F(z)\sin nz\mathrm{d}z.$$

在以上式子中令 $z=\frac{2\pi t}{T}$，并注意到 $F(z)=f(t)$，于是有

$$f(t)=\frac{a_0}{2}+\sum_{n=1}^{\infty}(a_n\cos n\omega_0 t+b_n\sin n\omega_0 t).$$

而且

$$a_n=\frac{2}{T}\int_{-\frac{T}{2}}^{\frac{T}{2}}f_T(t)\cos n\omega_0 t\mathrm{d}t,b_n=\frac{2}{T}\int_{-\frac{T}{2}}^{\frac{T}{2}}f_T(t)\sin n\omega_0 t\mathrm{d}t\quad(n=1,2,3,\cdots).$$

类似地，可以证明定理的其余部分.

例7.1.3 设 $f(t)$ 是周期为 4 的周期函数，它在 $[-2,2)$ 上的表达式为

$$f(t)=\begin{cases}0, & -2\leqslant t<0,\\ h, & 0\leqslant t<2\end{cases}\quad(\text{常数 } h\neq 0).$$

试将 $f(t)$ 展开为傅里叶级数.

解　因为 $T=4$,所以 $\omega_0=\frac{2\pi}{T}=\frac{\pi}{2}$,从而由(7.1.9)式得

$$a_0=\frac{1}{2}\int_{-2}^{0}0\mathrm{d}t+\frac{1}{2}\int_{0}^{2}h\mathrm{d}t=h,a_n=\frac{1}{2}\int_{0}^{2}h\cos\frac{n\pi t}{2}\mathrm{d}t=\left[\frac{h}{n\pi}\sin\frac{n\pi t}{2}\right]_0^2=0\quad(n\neq 0);$$

$$b_n=\frac{1}{2}\int_{0}^{2}h\sin\frac{n\pi t}{2}\mathrm{d}t=\left[-\frac{h}{n\pi}\cos\frac{n\pi t}{2}\right]_0^2=\frac{h}{n\pi}(1-\cos n\pi)=\begin{cases}\frac{2h}{n\pi},n=1,3,5,\cdots,\\0,n=2,4,6,\cdots.\end{cases}$$

将求得的系数 a_n,b_n 代入(7.1.8)式,得

$$f(t)=\frac{h}{2}+\frac{2h}{\pi}\left(\sin\frac{\pi t}{2}+\frac{1}{3}\sin\frac{3\pi t}{2}+\frac{1}{5}\sin\frac{5\pi t}{2}+\cdots\right)$$

$$(-\infty<t<+\infty;\ t\neq 0,\pm 2,\pm 4,\cdots).$$

$f(t)$ 的傅里叶级数的和函数的图形如图 7-1-4 所示.

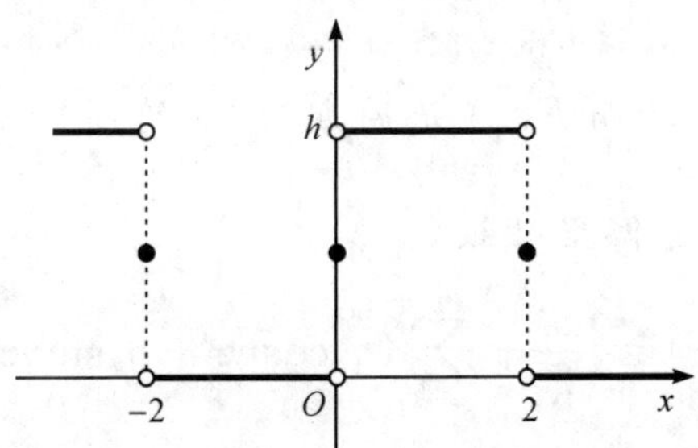

图 7-1-4　函数 $f(t)$ 的傅里叶级数的和函数

7.1.5　傅里叶级数的复指数形式

利用欧拉公式 $\mathrm{e}^{\mathrm{j}\theta}=\cos\theta+\mathrm{j}\sin\theta,\mathrm{e}^{-\mathrm{j}\theta}=\cos\theta-\mathrm{j}\sin\theta$(积分变换中的虚数单位"i"往往采用"j"来表示,这里采用"j"是按照工程中通常的习惯而已,这与复变函数各章节中采用"i"作为虚数单位没有本质上的区别),得

$$\cos n\omega_0 t=\frac{1}{2}(\mathrm{e}^{\mathrm{j}n\omega_0 t}+\mathrm{e}^{-\mathrm{j}n\omega_0 t}),$$

$$\sin n\omega_0 t=\frac{1}{2\mathrm{j}}(\mathrm{e}^{\mathrm{j}n\omega_0 t}-\mathrm{e}^{-\mathrm{j}n\omega_0 t})=-\frac{\mathrm{j}}{2}(\mathrm{e}^{\mathrm{j}n\omega_0 t}-\mathrm{e}^{-\mathrm{j}n\omega_0 t}),$$

则(7.1.8)式化为

$$f_T(t)=\frac{a_0}{2}+\sum_{n=1}^{\infty}\left(\frac{a_n-\mathrm{j}b_n}{2}\mathrm{e}^{\mathrm{j}n\omega_0 t}+\frac{a_n+\mathrm{j}b_n}{2}\mathrm{e}^{-\mathrm{j}n\omega_0 t}\right),$$

令 $c_0=\frac{a_0}{2},c_n=\frac{a_n-\mathrm{j}b_n}{2}$ 及 $c_{-n}=\frac{a_n+\mathrm{j}b_n}{2}$,于是得

$$c_0=\frac{1}{T}\int_{-\frac{T}{2}}^{\frac{T}{2}}f_T(t)\mathrm{d}t,$$

$$c_n=\frac{1}{T}\left[\int_{-\frac{T}{2}}^{\frac{T}{2}}f_T(t)\cos n\omega_0 t\mathrm{d}t-\mathrm{j}\int_{-\frac{T}{2}}^{\frac{T}{2}}f_T(t)\sin n\omega_0 t\mathrm{d}t\right]$$

$$=\frac{1}{T}\int_{-\frac{T}{2}}^{\frac{T}{2}}f_T(t)\mathrm{e}^{-\mathrm{j}n\omega_0 t}\mathrm{d}t\quad(n=1,2,3,\cdots),$$

$$c_{-n}=\frac{1}{T}\int_{-\frac{T}{2}}^{\frac{T}{2}}f_T(t)\mathrm{e}^{\mathrm{j}n\omega_0 t}\mathrm{d}t\quad(n=1,2,3,\cdots).$$

将上面的 c_0,c_n,c_{-n} 合为一个式子，得

$$c_n=\frac{1}{T}\int_{-\frac{T}{2}}^{\frac{T}{2}}f_T(t)\mathrm{e}^{-\mathrm{j}\omega_n t}\mathrm{d}t,\tag{7.1.10}$$

这就是**傅里叶系数的复数形式(Fourier coefficients in complex form)**，其中 $\omega_n=n\omega_0$，$n=0,\pm1,\pm2,\pm3,\cdots$，从而(7.1.8)式可以写成复指数形式

$$^{①}f_T(t)=\sum_{n=-\infty}^{+\infty}c_n\mathrm{e}^{\mathrm{j}\omega_n t}.\tag{7.1.11}$$

将(7.1.10)式中的系数 c_n 代入(7.1.11)式，得到**复指数形式的傅里叶级数(Fourier series in complex exponential form)**

$$f_T(t)=\frac{1}{T}\sum_{n=-\infty}^{+\infty}\left[\int_{-\frac{T}{2}}^{\frac{T}{2}}f_T(\tau)\mathrm{e}^{-\mathrm{j}\omega_n\tau}\mathrm{d}\tau\right]\mathrm{e}^{\mathrm{j}\omega_n t}.\tag{7.1.12}$$

例7.1.5　把宽为 τ、高为 h，周期为 T 的矩形波(见图 7-1-5)展开成复数形式的傅里叶级数.

解　一个周期 $\left[-\frac{T}{2},\frac{T}{2}\right)$ 内矩形波的函数表达式为

$$u(t)=\begin{cases}0, & -\frac{T}{2}\leqslant t<-\frac{\tau}{2},\\ h, & -\frac{\tau}{2}\leqslant t<\frac{\tau}{2},\\ 0, & \frac{\tau}{2}\leqslant t<\frac{T}{2}.\end{cases}$$

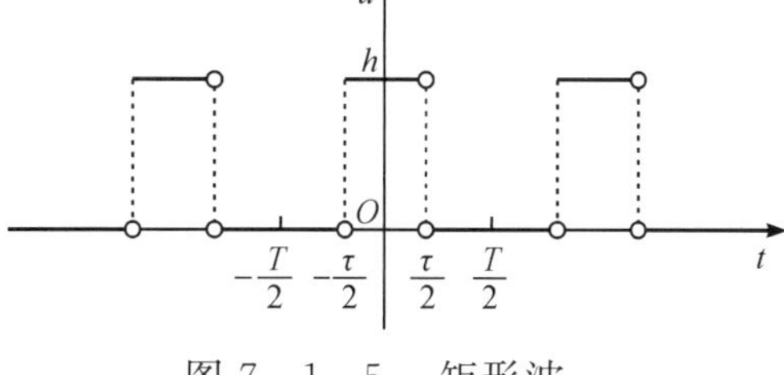

图 7-1-5　矩形波

根据(7.1.10)式，有

① $f_T(t)$ 可看作周期的连续时间信号，其傅里叶级数的复指数形式可更确切地称为连续傅里叶级数变换(continuous Fourier series transform, CFST).

$$c_n = \frac{1}{T}\int_{-\frac{T}{2}}^{\frac{T}{2}} u(t)\mathrm{e}^{-\mathrm{j}\frac{2n\pi t}{T}}\mathrm{d}t = \frac{1}{T}\int_{-\frac{\tau}{2}}^{\frac{\tau}{2}} h\mathrm{e}^{-\mathrm{j}\frac{2n\pi t}{T}}\mathrm{d}t = \frac{h}{T}\left[\frac{-T}{2n\pi\mathrm{i}}\mathrm{e}^{-\frac{2n\pi t}{T}}\right]_{-\frac{\tau}{2}}^{\frac{\tau}{2}}$$

$$= \frac{h}{n\pi}\sin\frac{n\pi\tau}{T} \quad (n = \pm 1, \pm 2, \cdots),$$

$$c_0 = \frac{1}{T}\int_{-\frac{T}{2}}^{\frac{T}{2}} u(t)\mathrm{d}t = \frac{1}{T}\int_{-\frac{\tau}{2}}^{\frac{\tau}{2}} h\mathrm{d}t = \frac{h\tau}{T},$$

将求得的 c_n 代入级数(7.1.11)，得

$$u(t) = \frac{h\tau}{T} + \frac{h}{\pi}\sum_{\substack{n=-\infty \\ n\neq 0}}^{\infty} \frac{1}{n}\sin\frac{n\pi\tau}{T}\mathrm{e}^{\mathrm{j}\frac{2n\pi t}{T}}$$

$$(-\infty < t < +\infty; t \neq nT \pm \frac{\tau}{2}, n = 0, \pm 1, \pm 2, \cdots).$$

7.1.6 傅里叶级数的物理含义

在函数 $f_T(t)$ 的傅里叶级数

$$f_T(t) = \frac{a_0}{2} + \sum_{n=1}^{\infty}(a_n\cos n\omega_0 t + b_n\sin n\omega_0 t)$$

中，令 $A_0 = \frac{a_0}{2}, A_n = \sqrt{a_n^2 + b_n^2}, \cos\theta_n = \frac{a_n}{A_n}, \sin\theta_n = -\frac{b_n}{A_n}, n = 1,2,3\cdots$，则

$$f_T(t) = A_0 + \sum_{n=1}^{\infty} A_n(\cos\theta_n\cos n\omega_0 t - \sin\theta_n\sin n\omega_0 t)$$

$$= A_0 + \sum_{n=1}^{\infty} A_n\cos(n\omega_0 t + \theta_n). \quad (7.1.13)$$

如果 $f_T(t)$ 代表信号，则(7.1.13) 式说明，一个周期为 T 的信号 $f_T(t)$ 可以分解为常数 A_0 与(角) 频率为 $n\omega_0(n = 1,2,3,\cdots)$ 的一系列简谐波 $A_n\cos(n\omega_0 t + \theta_n)(n = 1,2,3,\cdots)$ 之和，其中 A_n 反映了频率为 $n\omega_0$ 的谐波在 $f_T(t)$ 中所占的份额，称为**振幅(amplitute)**；θ_n 反映了频率为 $n\omega_0$ 的谐波沿时间轴移动的大小，称为**相位(phase)**. 这两个指标完全刻画了信号 $f_T(t)$ 的性态.

根据傅里叶级数的复指数形式(7.1.11)

$$f_T(t) = \sum_{n=-\infty}^{+\infty} c_n\mathrm{e}^{\mathrm{j}\omega_n t} \quad (n = 0, \pm 1, \pm 2, \pm 3, \cdots)$$

中的系数 c_n，与 a_n 及 b_n 的关系可得

$$c_0 = A_0, \theta_n = \arg c_n = -\arg c_{-n}, |c_n| = |c_{-n}| = \frac{1}{2}\sqrt{a_n + b_n} = \frac{A_n}{2}, n = 1,2,3,\cdots.$$

因此 c_n 作为一个复数，其模与幅角正好反映了信号 $f_T(t)$ 中频率为 $n\omega_0$ 的简谐波的振幅与相位，其中振幅 A_n 被平均分配到正负频率上，而负频率的出现则完全是为了数学表示的方便，它与正频率一起构成同一个简谐波. 由此可见，仅用系数 c_n 就可以完全刻画信号 $f_T(t)$ 的频率特性. 于是，称 c_n 为周期函数 $f_T(t)$ 的**离散频谱(discrete spectrum)**，$|c_n|$ 为**离散振幅谱(discrete amplitude spectrum)**，它是**双边谱**①**(bilateral spectrum)**，$\arg c_n$ 为**离散相位谱(discrete phase spectrum)**. 为了进一步明确 c_n 与频率 $n\omega_0$ 的对应关系，常表示为函数 $F(n\omega_0)=c_n$.

从图像上来看，函数 $f_T(t)$ 的图像反应的是信号随时间改变的规律，称为**时域图像(time-domain image)**；振幅频谱图的横轴是频率，纵轴是信号的幅度，它是从频率角度对信号 $f_T(t)$ 的刻画，称为**频域图像(frequency-domain image)**. 信号不只和时间有关，还和频率有关，在不同频率下，信号的响应是不一样的，频谱图能非常直观地呈现各个谐波成分的幅值和相位，可以发现幅值和相位随着频率变化是如何响应的. 信号 $f_T(t)$ 的简谐波的叠加、时域图像以及频域图像三者间的关系，如图 7－1－6 所示.

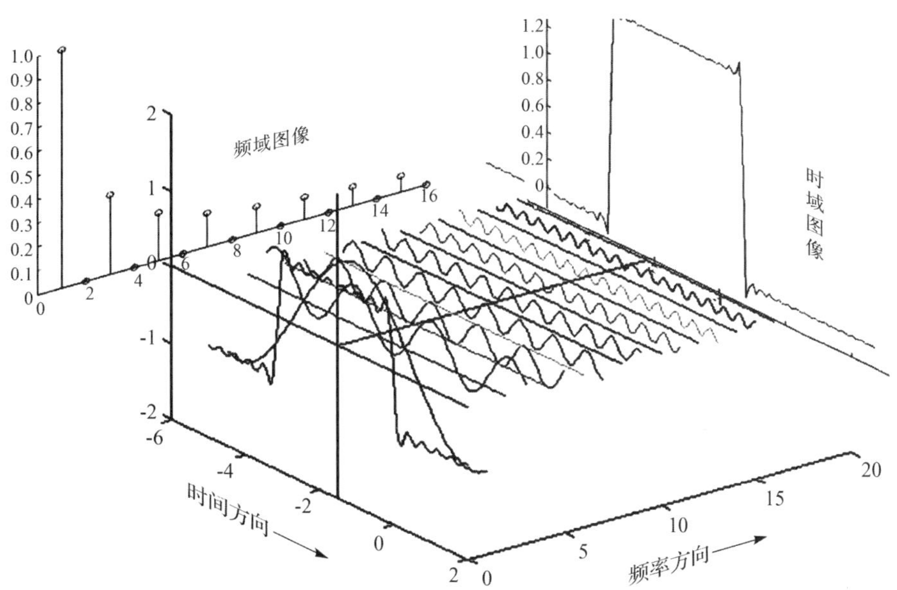

图 7－1－6　信号的叠加、时域及频域视角下的图像

①傅里叶三角展开式的频谱是单边谱(unilateral spectrum).

通过时域到频域的变换，我们得到了频谱图（侧视图），但是这个频谱图并没有包含时域中全部的信息.因为频谱只显示了每个频率为 $n\omega_0$ 对应简谐波的振幅的大小，并没有显示其相位的值，而相位的不同决定了简谐波位置的不同，所以当我们在频域中对信号进行分析时，仅有频谱（振幅谱）是不够的，我们还需要一个相位谱，振幅、频率与相位缺一不可.

注：由于（角）频率 $n\omega_0(n=1,2,3,\cdots)$ 是离散的，因此信号 $f_T(t)$ 并不含有各种频率成分.

例7.1.5 求以 T 为周期的函数 $f_T(t)=\begin{cases}0, & -\dfrac{T}{2}<t<0,\\ 2, & 0<t<\dfrac{T}{2},\end{cases}$ 复指数形式的傅里叶级数和离散频谱.

解 令 $\omega_0=\dfrac{2\pi}{T}$，当 $n=0$ 时，$c_0=F(0)=\dfrac{1}{T}\displaystyle\int_{-\frac{T}{2}}^{\frac{T}{2}}f_T(t)\mathrm{d}t=\dfrac{1}{T}\int_0^{\frac{T}{2}}2\mathrm{d}t=1$，

当 $n\neq 0$ 时，$c_n=F(n\omega_0)=\dfrac{1}{T}\displaystyle\int_{-\frac{T}{2}}^{\frac{T}{2}}f_T(t)\mathrm{e}^{-\mathrm{j}n\omega_0 t}\mathrm{d}t=\dfrac{\omega_0}{\pi}\int_0^{\frac{T}{2}}\mathrm{e}^{-\mathrm{j}n\omega_0 t}\mathrm{d}t=\dfrac{\mathrm{j}}{n\pi}(\mathrm{e}^{-\mathrm{j}n\pi}-1)$，

根据欧拉公式得，当 n 为偶数时，$c_n=0$；当 n 为奇数时，$c_n=-\dfrac{2\mathrm{j}}{n\pi}$.因此

$$c_n=\begin{cases}1, & n=0,\\ 0, & n=2m,m=\pm 1,\pm 2,\cdots,\\ \dfrac{-2\mathrm{j}}{(2m-1)\pi}, & n=2m-1,m=\pm 1,\pm 2,\cdots.\end{cases}$$

于是，函数 $f_T(t)$ 傅里叶级数的复指数形式为

$$f_T(t)=1+\sum_{m=-\infty}^{+\infty}\frac{-2\mathrm{j}}{(2m-1)\pi}\mathrm{e}^{\mathrm{j}(2m-1)\omega_0 t}.$$

振幅频谱为

$$|F(n\omega_0)|=|c_n|=\begin{cases}1, & n=0,\\ 0, & n=\pm 2,\pm 4,\cdots,\\ \dfrac{2}{|n|\pi}, & n=\pm 1,\pm 3,\cdots.\end{cases}$$

因为 $F(n\omega_0)$ 只有虚部，所以相位谱为

$$\arg F(n\omega_0)=\begin{cases}0, & n=0,\pm 2,\pm 4,\cdots,\\ -\dfrac{\pi}{2}, & n=1,3,5,7,\cdots,\\ \dfrac{\pi}{2}, & n=-1,-3,\cdots.\end{cases}$$

这是根据 $\arg c_n=\arctan\dfrac{\text{虚部}}{\text{实部}}$ 求出的，它们的形状如图 7-1-7 所示.

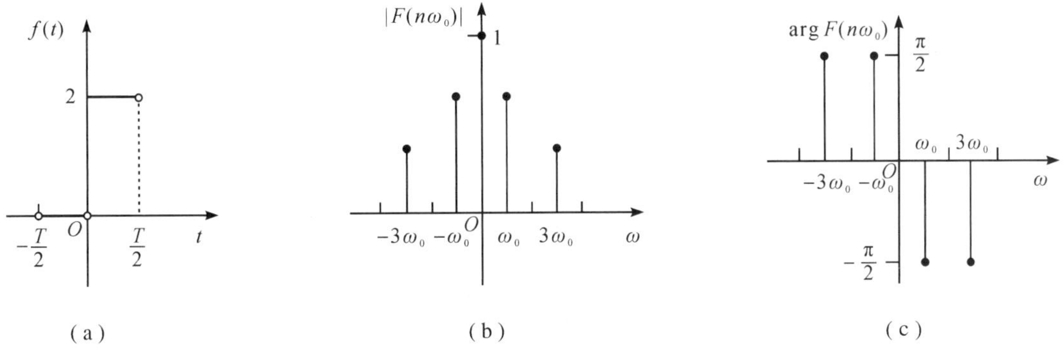

图 7-1-7　函数 $f(t)$ 及其振幅频谱和相位频谱

思考题 7.1

1. 三角函数系的正交性如何证明?

2. 狄利克雷条件是什么?

3. 傅里叶级数的物理意义是什么?

4. 复指数形式的傅里叶级数表达式(7.1.12) 还能够进一步化简吗?

5. 由(7.1.13) 式可知，信号 $f_T(t)$ 可以看作是常数 A_0 与余弦简谐波 $A_n\cos(n\omega_0 t+\theta_n)(n=1,2,3\cdots)$ 的叠加，那么该信号 $f_T(t)$ 可以看作是某常数 B_0 与正弦简谐波 $B_n\sin(n\omega_0 t+\varphi_n)(n=1,2,3\cdots)$ 的叠加吗?若可以，请计算 B_n 和 $\varphi_n(n=0,1,2,\cdots)$，并给出相应的叠加式.

习题 7.1

1. 下列函数均为周期函数，仅给出了 $x \in [-\pi, \pi)$ 的函数解析式，请分别将它们展开为傅里叶级数.

(1) $f(x) = 3x^2 + 1$；　(2) $f(x) = \cos \dfrac{x}{2}$；　(3) $f(x) = \mathrm{e}^{2x}$；

$$(4)\ f(x) = \begin{cases} -\dfrac{\pi}{2}, & -\pi \leqslant x < -\dfrac{\pi}{2}, \\ x, & -\dfrac{\pi}{2} \leqslant x < \dfrac{\pi}{2}, \\ \dfrac{\pi}{2}, & \dfrac{\pi}{2} \leqslant x < \pi. \end{cases}$$

2. 将下列各周期函数展开成傅里叶级数(仅给出一个周期内的函数解析式).

(1) $f(x) = 1 - x^2 \left(-\dfrac{1}{2} \leqslant x < \dfrac{1}{2}\right)$；(2) $f(x) = \begin{cases} 2x+1, & -3 \leqslant x < 0, \\ 1, & 0 \leqslant x < 3. \end{cases}$

3. 试求函数 $f(t) = |\sin t|$ 的离散频谱和傅里叶级数的复指数形式.

4. 将函数 $u(t) = E \left|\sin \dfrac{t}{2}\right| (-\pi \leqslant t \leqslant \pi)$ 展开为傅里叶级数，其中 E 是正的常数.

5. 设周期函数 $f(x)$ 的周期为 2π，请证明：

(1) 如果 $f(x-\pi) = -f(x)$，则 $f(x)$ 的傅里叶系数

$$a_0 = 0, a_{2k} = 0, b_{2k} = 0 \quad (k = 1, 2, \cdots);$$

(2) 如果 $f(x-\pi) = f(x)$，则 $f(x)$ 的傅里叶系数

$$a_{2k+1} = 0, b_{2k+1} = 0 \quad (k = 0, 1, 2, \cdots).$$

6. 若 $f(x)$ 是周期为 2 的周期函数，它在 $[-1, 1)$ 上的表达式为 $f(x) = \mathrm{e}^{-x}$，试将 $f(x)$ 展开成复数形式的傅里叶级数.

* **7.** 设 $u(t)$ 是周期为 T 的周期函数. 已知它的傅里叶级数的复数形式为

$$u(t) = \frac{h\tau}{T} + \frac{h}{\pi} \sum_{n=-\infty, n\neq 0}^{\infty} \frac{1}{n} \sin \frac{n\pi\tau}{T} \mathrm{e}^{\mathrm{j}\frac{2n\pi t}{T}} \quad (-\infty < t < +\infty),$$

试写出 $u(t)$ 的傅里叶级数的三角形式.

§7.2 傅里叶积分与傅里叶变换

7.2.1 傅里叶积分公式

通过前面的讨论,我们知道了一个周期函数可以展开为傅里叶级数,那么非周期函数是否也可以展开为傅里叶级数呢?下面讨论非周期函数的傅里叶级数展开问题.

任何一个非周期函数 $f(t)$ 都可以看成是由某个周期函数 $f_T(t)$ 当 $T\to+\infty$ 时转化而来,即 $\lim\limits_{T\to+\infty} f_T(t)=f(t)$.

于是在(7.1.12)式中,令 $T\to+\infty$,可得函数 $f(t)$ 的展开式

$$f(t)=\lim_{T\to+\infty} f_T(t)=\lim_{T\to+\infty}\frac{1}{T}\sum_{n=-\infty}^{+\infty}\left[\int_{-\frac{T}{2}}^{\frac{T}{2}} f_T(\tau)\mathrm{e}^{-\mathrm{j}\omega_n\tau}\mathrm{d}\tau\right]\mathrm{e}^{\mathrm{j}\omega_n t}. \tag{7.2.1}$$

接下来我们对(7.2.1)式进行化简.因为 $\omega_n=n\omega_0(n=0,\pm1,\pm2,\cdots)$,所以 ω_n 所对应的点均匀地分布在整个实轴上,将相邻两个点的距离记为 $\Delta\omega_n$,即 $\Delta\omega_n=\omega_n-\omega_{n-1}=\omega=\dfrac{2\pi}{T}$,所以当 $T\to+\infty$ 时,有 $\Delta\omega_n\to0$,从而(7.2.1)式可转化为

$$f(t)=\lim_{\Delta\omega_n\to0}\frac{1}{2\pi}\sum_{n=-\infty}^{n=+\infty}\left[\int_{-\frac{T}{2}}^{\frac{T}{2}} f_T(\tau)\mathrm{e}^{-\mathrm{j}\omega_n\tau}\mathrm{d}\tau\right]\mathrm{e}^{\mathrm{j}\omega_n t}\Delta\omega_n. \tag{7.2.1'}$$

当 t 固定时,记

$$G_T(\omega_n)=\frac{1}{2\pi}\left[\int_{-\frac{T}{2}}^{\frac{T}{2}} f_T(\tau)\mathrm{e}^{-\mathrm{j}\omega_n\tau}\mathrm{d}\tau\right]\mathrm{e}^{\mathrm{j}\omega_n t},G_\infty(\omega_n)=\frac{1}{2\pi}\left[\int_{-\infty}^{+\infty} f_T(\tau)\mathrm{e}^{-\mathrm{j}\omega_n\tau}\mathrm{d}\tau\right]\mathrm{e}^{\mathrm{j}\omega_n t}.$$

于是有

$$f(t)=\lim_{\Delta w_n\to0}\sum_{n=-\infty}^{+\infty}G_T(\omega_n)\Delta\omega_n.$$

根据高等数学中定积分的定义,可知当 $\Delta w_n\to0$,即 $T\to+\infty$ 时,

$$\lim_{\Delta w_n\to0}\sum_{n=}^{+\infty}G_T(\omega_n)\Delta\omega_n=\int_{-\infty}^{+\infty}G_\infty(\omega_n)\mathrm{d}\omega_n,$$

亦即

$$f(t)=\frac{1}{2\pi}\int_{-\infty}^{+\infty}\left[\int_{-\infty}^{+\infty}f(\tau)\mathrm{e}^{-\mathrm{j}\omega\tau}\mathrm{d}\tau\right]\mathrm{e}^{\mathrm{j}\omega t}\mathrm{d}\omega. \tag{7.2.2}$$

我们把(7.2.2)式称为函数 $f(t)$ 的**傅里叶积分公式(Fourier Integral Formula)**.

上面的积分公式仅是一种形式上的推导,并不严谨.那么一个非周期函数 $f(t)$ 在什么条件下,可以用傅里叶积分公式表示呢?下面定理将给出严谨而具体的回答.

定理7.2.1 **(傅里叶积分定理,Fourier integral theorem)** 若函数 $f(t)$ 在区间$(-\infty,+\infty)$内满足下列条件:

(1) 在任一有限区间上满足狄利克雷条件;

(2) 在无限区间$(-\infty,+\infty)$上绝对可积(即积分$\int_{-\infty}^{+\infty}|f(t)|\mathrm{d}t$收敛),则

当 t 为函数 $f(t)$ 的连续点时,有

$$f(t)=\frac{1}{2\pi}\int_{-\infty}^{+\infty}\left[\int_{-\infty}^{+\infty}f(\tau)\mathrm{e}^{-\mathrm{j}\omega\tau}\mathrm{d}\tau\right]\mathrm{e}^{\mathrm{j}\omega t}\mathrm{d}\omega,$$

当 t 为函数 $f(t)$ 的间断点时,有

$$\frac{f(t+0)+f(t-0)}{2}=\frac{1}{2\pi}\int_{-\infty}^{+\infty}\left[\int_{-\infty}^{+\infty}f(\tau)\mathrm{e}^{-\mathrm{j}\omega\tau}\mathrm{d}\tau\right]\mathrm{e}^{\mathrm{j}\omega t}\mathrm{d}\omega.$$

注:这个定理的条件是充分的,定理的证明要用到较多的基础理论,此处略去.

7.2.2 傅里叶变换

由定理7.2.1可知,若函数 $f(t)$ 满足傅里叶积分定理中的条件,则在其连续点处,有

$$f(t)=\frac{1}{2\pi}\int_{-\infty}^{+\infty}\left[\int_{-\infty}^{+\infty}f(t)\mathrm{e}^{-\mathrm{j}\omega t}\mathrm{d}t\right]\mathrm{e}^{\mathrm{j}\omega t}\mathrm{d}\omega.$$

若令 $F(\omega)=\int_{-\infty}^{+\infty}f(t)\mathrm{e}^{-\mathrm{j}\omega t}\mathrm{d}t$,则有

$$f(t)=\frac{1}{2\pi}\int_{-\infty}^{+\infty}F(\omega)\mathrm{e}^{\mathrm{j}\omega t}\mathrm{d}\omega.$$

从上面两式可见,函数 $f(t)$ 和 $F(\omega)$ 通过指定的积分运算可以相互转化.

定义7.1.1 设 $f(t)$ 为定义在$(-\infty,+\infty)$上的函数,并且满足傅里叶积分条件,则:

(1) 由积分

$$F(\omega)=\int_{-\infty}^{+\infty}f(t)\mathrm{e}^{-\mathrm{j}\omega t}\mathrm{d}t \tag{7.2.3}$$

所确定的从 $f(t)$ 到 $F(\omega)$ 的对应关系称为函数 $F(\omega)$ 的**傅里叶变换(Fourier transform)**,简称为**傅氏变换(FT)**,用字母 $\mathscr{F}$ 表示,即

$$F(\omega)=\mathscr{F}[f(t)]=\int_{-\infty}^{+\infty}f(t)\mathrm{e}^{-\mathrm{j}\omega t}\mathrm{d}t.$$

(2) 由积分

$$f(t)=\frac{1}{2\pi}\int_{-\infty}^{+\infty}F(\omega)\mathrm{e}^{\mathrm{j}\omega t}\mathrm{d}\omega$$

所确定的从 $F(\omega)$ 到 $f(t)$ 的对应关系称为函数 $F(\omega)$ 的**傅里叶逆变换(inverse Fourier transform)**,简称为**傅氏逆变换(IFT)**,用字母 $\mathscr{F}^{-1}$ 表示,即

$$f(t)=\mathscr{F}^{-1}[F(\omega)]=\frac{1}{2\pi}\int_{-\infty}^{+\infty}F(\omega)\mathrm{e}^{\mathrm{j}\omega t}\mathrm{d}\omega. \tag{7.2.4}$$

(3) 把 $F(\omega)$ 称为 $f(t)$ 的**象函数(image function)**,$f(t)$ 称为 $F(\omega)$ 的**象原函数(inverse image function)**. 象函数 $F(\omega)$ 和象原函数 $f(t)$ 构成一个傅里叶变换对,可记为 $f(t)\Leftrightarrow F(\omega)$.

注: 定义中的 $f(t)$ 可看作非周期的连续时间信号,其傅里叶变换 $F(\omega)$ 是一种古典傅里叶变换,可更确切地称为**连续傅里叶变换(continuous Fourier transform,CFT)**.

傅里叶变换建立了时间函数 $f(t)$ 与频谱函数 $F(\omega)$ 之间的对应关系. 其中,一个函数确定之后,另一函数随之被唯一地确定. 从现代数学的眼光来看,傅里叶变换是一种特殊的积分变换. 它能将满足一定条件的某个函数表示成正弦基函数的线性组合或者积分. 在不同的研究领域,傅里叶变换具有各种不同的变体形式.

例7.2.1 已知函数 $f(t)$ 的频谱为 $F(\omega)=\begin{cases}0, & |\omega|\geqslant a,\\ 1, & |\omega|<a\end{cases}$ $(a>0)$,如图 7-2-1 所示,求象原函数 $f(t)$.

解 由(7.2.4)式可得

$$f(t)=\mathscr{F}^{-1}[F(\omega)]=\frac{1}{2\pi}\int_{-\infty}^{+\infty}F(\omega)\mathrm{e}^{\mathrm{j}\omega t}\mathrm{d}\omega=\frac{1}{2\pi}\int_{-a}^{+a}\mathrm{e}^{\mathrm{j}\omega t}\mathrm{d}\omega$$

$$=\frac{1}{\pi}\int_{0}^{+a}\cos\omega t\,\mathrm{d}\omega=\frac{\sin at}{\pi t}=\frac{a}{\pi}\left(\frac{\sin at}{at}\right).$$

记 $Sa(t)=\dfrac{\sin t}{t}$,则 $f(t)=\dfrac{\alpha}{\pi}Sa(\alpha t)$.

当 $t=0$ 时,定义 $f(0)=\dfrac{\alpha}{\pi}$. 信号 $\dfrac{\alpha}{\pi}Sa(\alpha t)$[或者 $Sa(t)$] 称为**抽样信号**(**sampling signal**),由于它具有非常特殊的频谱形式,因而在连续时间信号的离散化、离散时间信号的恢复以及信号滤波中发挥了重要的作用.

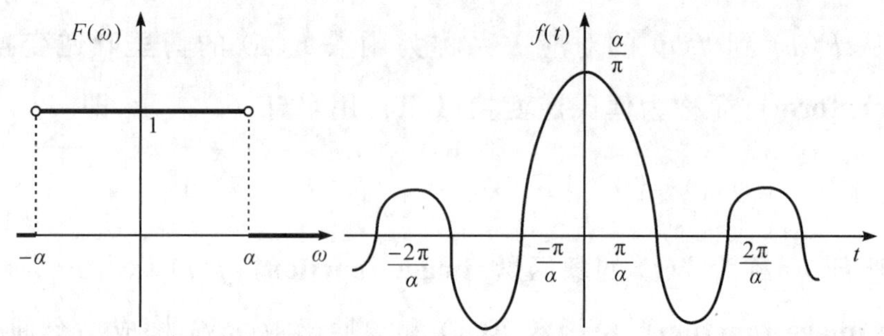

图 7-2-1　函数 $f(t)$ 及其频谱

7.2.3　傅里叶变换的物理意义

同傅里叶级数一样,傅里叶变换也有明确的物理含义. 从 $f(t)=\dfrac{1}{2\pi}\int_{-\infty}^{+\infty}F(\omega)\mathrm{e}^{\mathrm{j}\omega t}\mathrm{d}\omega$ 可以看出非周期函数与周期函数一样,由许多不同频率的正、余弦分量合成,但由于 ω 是一个连续的量,因此非周期函数包含了从零到无穷大的所有频率分量. 而 $F(\omega)$ 是 $f(t)$ 中各频率分量的分布密度,因此称 $F(\omega)$ 为**连续频谱**(**continuous-frequency spectrum**),称 $|F(\omega)|$ 为**振幅频谱**(**amplitude-frequency spectrum**),称 $\arg F(\omega)$ 为**相位频谱**(**phase-frequency spectrum**). 振幅频谱简称为**频谱**(**frequency spectrum**),它能清楚地表明时间函数的各频谱分量的相对大小. 在信号分析的理论研究与实际设计工作中,傅里叶变换(7.2.3)式将原来难以处理的时域信号转换成了易于分析的频域信号(信号的频谱),可以利用一些工具对这些频域信号进行处理、加工. 然后,再利用傅里叶反变换(7.2.4)式将这些频域信号转换成时域信号. 因此,频谱图在工程技术中有着广泛的应用.

接下来,我们给出绘制非周期函数 $f(t)$ 频谱图的步骤:

(1) 求出非周期函数 $f(t)$ 的傅里叶变换 $F(\omega)$;

(2) 分析振幅频谱 $|F(\omega)|$ 函数的特性;

(3) 选定频率 ω 的一些值,算出相应的振幅频谱 $|F(\omega)|$ 的值;

(4) 结合(2) 和(3),将上述各组数据所对应的点填入直角坐标系中,用连续曲线连接这些离散的点,就得到了函数 $f(t)$ 的频谱图.

例7.2.2　求单个矩形脉冲函数 $f(t)=\begin{cases}E, & |t|\leqslant \dfrac{T}{2},\\ 0, & |t|>\dfrac{T}{2}\end{cases}$ 的傅里叶变换,并画出频谱图.

解　由(7.2.3) 式可得

$$\begin{aligned}F(\omega)&=\mathscr{F}[f(t)]=\int_{-\infty}^{+\infty}f(t)\mathrm{e}^{-\mathrm{j}\omega t}\mathrm{d}t\\&=E\int_{-\frac{T}{2}}^{\frac{T}{2}}\mathrm{e}^{-\mathrm{j}\omega t}\mathrm{d}t=2E\int_{0}^{\frac{T}{2}}\cos\omega t\,\mathrm{d}t\\&=\frac{2E}{\omega}\sin\omega t\Big|_{0}^{\frac{T}{2}}=\frac{2E}{\omega}\sin\frac{\omega T}{2},\end{aligned}$$

则振幅频谱为 $|F(\omega)|=\dfrac{2E}{\omega}\left|\sin\dfrac{\omega T}{2}\right|$,相位频谱为 $\arg F(\omega)=0$. 频谱图如图 7-2-2 所示.

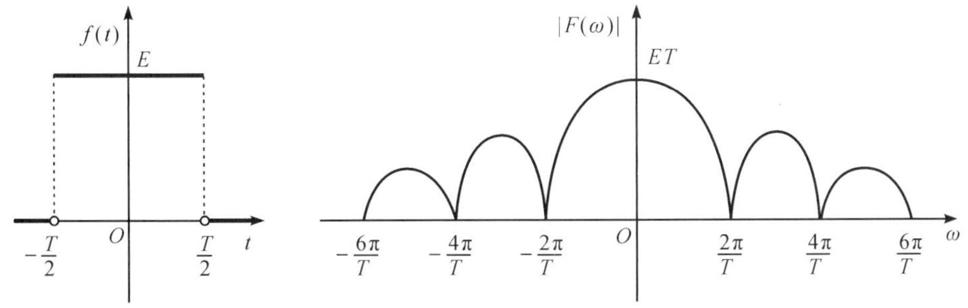

图 7-2-2　函数 $f(t)$ 及其频谱

例7.2.3　求单边指数衰减函数(**unilateral exponential decay function**) $f(t)=\begin{cases}0, & t<0,\\ \mathrm{e}^{-\beta t}, & t\geqslant 0\end{cases}$ $(\beta>0)$ 的傅里叶变换及其逆变换表示式.

解 由(7.2.3)式可得

$$F(\omega)=\mathscr{F}[f(t)]=\int_{-\infty}^{+\infty}f(t)\mathrm{e}^{-\mathrm{j}\omega t}\mathrm{d}t=\int_{0}^{+\infty}\mathrm{e}^{-\beta t}\mathrm{e}^{-\mathrm{j}\omega t}\mathrm{d}t=\int_{0}^{+\infty}\mathrm{e}^{-(\beta+\mathrm{j}\omega)t}\mathrm{d}t$$

$$=\left[\frac{-1}{\beta+\mathrm{j}\omega}\mathrm{e}^{-(\beta+\mathrm{j}\omega)t}\right]_{0}^{+\infty}=\frac{1}{\beta+\mathrm{j}\omega}=\frac{\beta-\mathrm{j}\omega}{\beta^2+\omega^2}.$$

傅里叶逆变换表示式为

$$f(t)=\mathscr{F}^{-1}[F(\omega)]=\frac{1}{2\pi}\int_{-\infty}^{+\infty}F(\omega)\mathrm{e}^{\mathrm{j}\omega t}\mathrm{d}\omega=\frac{1}{2\pi}\int_{-\infty}^{+\infty}\frac{\beta-\mathrm{j}\omega}{\beta^2+\omega^2}\mathrm{e}^{\mathrm{j}\omega t}\mathrm{d}\omega$$

$$=\frac{1}{2\pi}\int_{-\infty}^{+\infty}\frac{\beta-\mathrm{j}\omega}{\beta^2+\omega^2}(\cos\omega t+\mathrm{j}\sin\omega t)\mathrm{d}\omega$$

$$=\frac{1}{2\pi}\left[\int_{-\infty}^{+\infty}\left(\frac{\beta\cos\omega t}{\beta^2+\omega^2}+\frac{\omega\sin\omega t}{\beta^2+\omega^2}\right)\mathrm{d}\omega+\mathrm{j}\int_{-\infty}^{+\infty}\left(\frac{\beta\sin\omega t}{\beta^2+\omega^2}-\frac{\omega\cos\omega t}{\beta^2+\omega^2}\right)\mathrm{d}\omega\right],$$

利用被积函数是关于 ω 的奇函数与偶函数的性质，在主值定义下，后一项积分

$$\mathrm{j}\int_{-\infty}^{+\infty}\left(\frac{\beta\sin\omega t}{\beta^2+\omega^2}-\frac{\omega\cos\omega t}{\beta^2+\omega^2}\right)\mathrm{d}\omega=0,$$

所以

$$f(t)=\frac{1}{\pi}\int_{0}^{+\infty}\left(\frac{\beta\cos\omega t}{\beta^2+\omega^2}+\frac{\omega\sin\omega t}{\beta^2+\omega^2}\right)\mathrm{d}\omega=\frac{1}{\pi}\int_{0}^{+\infty}\frac{\beta\cos\omega t+\omega\sin\omega t}{\beta^2+\omega^2}\mathrm{d}\omega.$$

根据傅里叶定理，可以得到含参变量 t 的广义积分

$$\int_{0}^{+\infty}\frac{\beta\cos\omega t+\omega\sin\omega t}{\beta^2+\omega^2}\mathrm{d}\omega=\begin{cases}\pi f(t), & t\neq 0,\\ \pi\dfrac{f(0+0)+f(0-0)}{2}, & t=0,\end{cases}$$

$$=\begin{cases}0, & t<0,\\ \dfrac{\pi}{2}, & t=0,\\ \pi\mathrm{e}^{-\beta t}, & t>0.\end{cases}$$

指数衰减函数的振幅频谱为

$$|F(\omega)|=\frac{1}{\sqrt{\beta^2+\omega^2}}.$$

相位频谱为

$$\arg F(\omega)=-\arctan\left(\frac{\omega}{\beta}\right).$$

指数衰减函数 $f(t)$ 的振幅频谱、相位频谱如图 7-2-3 所示.

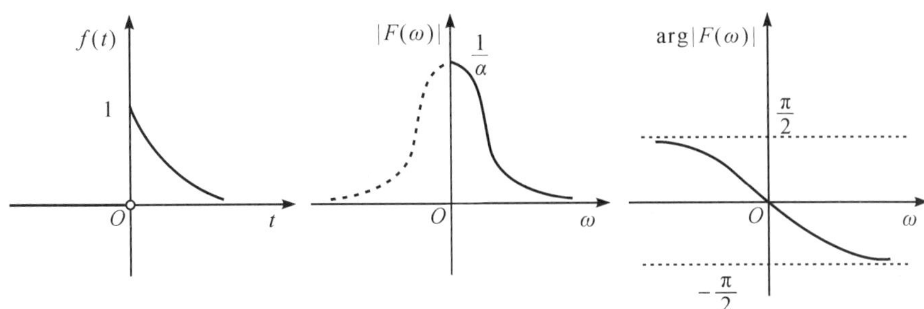

图 7-2-3 单边指数衰减函数及其振幅频谱和相位频谱

*7.2.4 傅里叶积分公式的变形

1. 傅里叶三角积分公式

由傅里叶积分公式的复数形式,可得

$$\begin{aligned}f(t) &= \frac{1}{2\pi}\int_{-\infty}^{+\infty}\left[\int_{-\infty}^{+\infty} f(\tau)\mathrm{e}^{-\mathrm{j}\omega\tau}\,\mathrm{d}t\right]\mathrm{e}^{\mathrm{j}\omega t}\,\mathrm{d}\omega \\ &= \frac{1}{2\pi}\int_{-\infty}^{+\infty}\left[\int_{-\infty}^{+\infty} f(\tau)\mathrm{e}^{\mathrm{j}\omega(t-\tau)}\,\mathrm{d}t\right]\mathrm{d}\omega \\ &= \frac{1}{2\pi}\int_{-\infty}^{+\infty}\left[\int_{-\infty}^{+\infty} f(\tau)\cos\omega(t-\tau)\,\mathrm{d}\tau + \mathrm{j}\int_{-\infty}^{+\infty} f(\tau)\sin\omega(t-\tau)\,\mathrm{d}\tau\right]\mathrm{d}\omega.\end{aligned}$$

由于积分$\int_{-\infty}^{+\infty} f(\tau)\sin\omega(t-\tau)\,\mathrm{d}\tau$ 的被积函数是 ω 的奇函数,所以有

$$\int_{-\infty}^{+\infty}\left[\int_{-\infty}^{+\infty} f(\tau)\sin\omega(t-\tau)\,\mathrm{d}\tau\right]\mathrm{d}\omega = 0.$$

从而

$$f(t) = \frac{1}{2\pi}\int_{-\infty}^{+\infty}\left[\int_{-\infty}^{+\infty} f(\tau)\cos\omega(t-\tau)\,\mathrm{d}\tau\right]\mathrm{d}\omega.$$

又由于积分$\int_{-\infty}^{+\infty} f(\tau)\cos\omega(t-\tau)\,\mathrm{d}\tau$ 的被积函数是 ω 的偶函数，所以有

$$f(t) = \frac{1}{\pi}\int_{0}^{+\infty}\left[\int_{-\infty}^{+\infty} f(\tau)\cos\omega(t-\tau)\,\mathrm{d}\tau\right]\mathrm{d}\omega,$$

上式称为 $f(t)$ 的**傅里叶三角积分公式(Fourier trigonometric integral formula)**.

2. 傅里叶正弦积分公式

在实际应用中,常常要考虑奇函数和偶函数的傅里叶积分公式. 当 $f(t)$ 为奇函数时，利用三角函数的和差公式,有

$$
\begin{aligned}
f(t) &= \frac{1}{\pi}\int_0^{+\infty}\left[\int_{-\infty}^{+\infty} f(\tau)\cos\omega(t-\tau)\,\mathrm{d}\tau\right]\mathrm{d}\omega \\
&= \frac{1}{\pi}\int_0^{+\infty}\left[\int_{-\infty}^{+\infty} f(\tau)\cos\omega\tau\cos\omega t\,\mathrm{d}\tau\right]\mathrm{d}\omega + \frac{1}{\pi}\int_0^{+\infty}\left[\int_{-\infty}^{+\infty} f(\tau)\sin\omega\tau\sin\omega t\,\mathrm{d}\tau\right]\mathrm{d}\omega.
\end{aligned}
$$

由于 $f(t)$ 为奇函数，则 $f(z)\cos\omega\tau$ 和 $f(z)\sin\omega\tau$ 分别是关于 z 的奇函数和偶函数. 因此，可得

$$
f(t) = \frac{2}{\pi}\int_0^{+\infty}\left[\int_0^{+\infty} f(\tau)\sin\omega\tau\,\mathrm{d}\tau\right]\sin\omega t\,\mathrm{d}\omega.
$$

上式称为 $f(t)$ 的**傅里叶正弦积分公式(Fourier sine integral formula)**.

3. 傅里叶余弦积分公式

同理，当 $f(t)$ 为偶函数时，利用三角函数的和差公式，有

$$
\begin{aligned}
f(t) &= \frac{1}{\pi}\int_0^{+\infty}\left[\int_{-\infty}^{+\infty} f(\tau)\cos\omega(t-\tau)\,\mathrm{d}\tau\right]\mathrm{d}\omega \\
&= \frac{1}{\pi}\int_0^{+\infty}\left[\int_{-\infty}^{+\infty} f(\tau)\cos\omega\tau\cos\omega t\,\mathrm{d}\tau\right]\mathrm{d}\omega + \frac{1}{\pi}\int_0^{+\infty}\left[\int_{-\infty}^{+\infty} f(\tau)\sin\omega\tau\sin\omega t\,\mathrm{d}\tau\right]\mathrm{d}\omega \\
&= \frac{2}{\pi}\int_0^{+\infty}\left[\int_0^{+\infty} f(\tau)\cos\omega\tau\,\mathrm{d}\tau\right]\cos\omega t\,\mathrm{d}\omega.
\end{aligned}
$$

上式称为 $f(t)$ 的**傅里叶余弦积分公式(Fourier cosine integral formula)**.

特别地，若 $f(t)$ 仅在 $(0,+\infty)$ 上有定义，且满足傅里叶积分存在定理的条件，我们可以采用类似于傅里叶级数延拓的方法，相应地，可得到 $f(t)$ 的傅里叶正弦积分展开式或傅里叶余弦积分展开式.

例7.2.4 求矩形脉冲函数 $f(t)=\begin{cases}1, & |t|\leqslant\delta, \\ 0, & |t|>\delta\end{cases}$ $(\delta>0)$ 的傅里叶变换及傅里叶积分表达式，并画出频谱图.

解 (1) 先求 $f(t)$ 的傅里叶变换.

由(7.2.3)式可得

$$
\begin{aligned}
F(\omega) = \mathscr{F}[f(t)] &= \int_{-\infty}^{+\infty} f(t)\mathrm{e}^{-\mathrm{j}\omega t}\,\mathrm{d}t = \int_{-\delta}^{+\delta}\mathrm{e}^{-\mathrm{j}\omega t}\,\mathrm{d}t \\
&= 2\int_0^{\delta}\cos\omega t\,\mathrm{d}t = 2\,\frac{\sin\delta\omega}{\omega}.
\end{aligned}
$$

(2) 再求 $f(t)$ 的傅里叶积分表达式.

(方法 1) 根据傅里叶逆变换公式，可得 $f(t)$ 的傅里叶积分表达式为

$$f(t)=\mathscr{F}^{-1}[F(\omega)]=\frac{1}{2\pi}\int_{-\infty}^{+\infty}F(\omega)\mathrm{e}^{\mathrm{j}\omega t}\,\mathrm{d}\omega=\frac{1}{2\pi}\int_{-\infty}^{+\infty}\frac{2\sin\delta\omega}{\omega}\mathrm{e}^{\mathrm{j}\omega t}\,\mathrm{d}\omega$$

$$=\frac{1}{2\pi}\int_{-\infty}^{+\infty}\frac{2\sin\delta\omega}{\omega}\cos\omega t\,\mathrm{d}\omega+\frac{\mathrm{j}}{2\pi}\int_{-\infty}^{+\infty}\frac{2\sin\delta\omega}{\omega}\sin\omega t\,\mathrm{d}\omega$$

$$=\frac{2}{\pi}\int_{0}^{+\infty}\frac{\sin\delta\omega}{\omega}\cos\omega t\,\mathrm{d}\omega$$

$$=\begin{cases}1, & |t|<\delta,\\ 0, & |t|>\delta.\end{cases}$$

当 $t=\pm\delta$ 时，$f(t)=\dfrac{f(\pm\delta+0)+f(\pm\delta-0)}{2}=\dfrac{1}{2}$. 所以

$$f(t)=\begin{cases}1, & |t|<\delta,\\ \dfrac{1}{2}, & |t|=\delta,\\ 0, & |t|>\delta.\end{cases}$$

(方法 2) 根据傅里叶余弦积分公式，函数 $f(t)$ 在其连续点处，可表示为

$$f(t)=\frac{2}{\pi}\int_{0}^{+\infty}\left[\int_{0}^{+\infty}f(\tau)\cos\omega\tau\,\mathrm{d}\tau\right]\cos\omega t\,\mathrm{d}\omega$$

$$=\frac{2}{\pi}\int_{0}^{+\infty}\left[\int_{0}^{\delta}\cos\omega\tau\,\mathrm{d}\tau\right]\cos\omega t\,\mathrm{d}\omega$$

$$=\frac{2}{\pi}\int_{0}^{+\infty}\frac{\sin\omega\delta\cos\omega t}{\omega}\mathrm{d}\omega\quad(t\neq\pm\delta).$$

当 $t=\pm\delta$ 时，$f(t)=\dfrac{f(\pm\delta+0)+f(\pm\delta-0)}{2}=\dfrac{1}{2}$. 所以

$$f(t)=\begin{cases}1, & |t|<\delta,\\ \dfrac{1}{2}, & |t|=\delta,\\ 0, & |t|>\delta.\end{cases}$$

(3) 求振幅频谱和相位频谱.

因为频谱函数只有实部，所以振幅频谱为 $|F(\omega)|=2\delta\left|\dfrac{\sin\delta\omega}{\delta\omega}\right|$，相位频谱为

$$\arg F(\omega)=\begin{cases}0, & \dfrac{2n\pi}{\delta}\leqslant|\omega|\leqslant\dfrac{(2n+1)\pi}{\delta},\\ \pi, & \dfrac{(2n+1)\pi}{\delta}<|\omega|<\dfrac{(2n+2)\pi}{\delta}\end{cases}\quad(n=0,1,2,\cdots).$$

频谱图如图 7-2-4 所示.

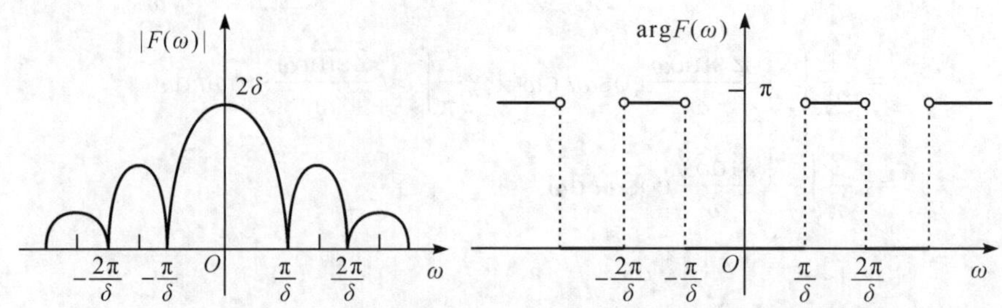

图 7-2-4　函数 $f(t)$ 的振幅频谱和相位频谱

注:由例 7.2.4 的解答,可以得到积分

$$\int_0^{+\infty} \frac{\sin\delta\omega}{\omega}\cos\omega t\,\mathrm{d}\omega = \begin{cases} \dfrac{\pi}{2}, & |t| < \delta, \\ \dfrac{\pi}{4}, & |t| = \delta, \\ 0, & |t| > \delta. \end{cases}$$

当 $t=0$ 且 $\delta=1$ 时,由上式可以得到著名的**狄利克雷积分公式(Dirichlet integral formula)**

$$\int_0^{+\infty} \frac{\sin\omega}{\omega}\mathrm{d}\omega = \frac{\pi}{2}.$$

思考题 7.2

1. 由(7.2.1) 式得出傅里叶积分公式(7.2.2) 的推导过程是否严谨,为什么?

2. 如何求周期函数的频谱?

3. 如何求非周期函数的频谱?

4. 周期函数与非周期函数的频谱图有什么不同?

习题 7.2

1. 若 $f(t)$ 满足傅里叶积分定理条件,且

$$f(t) = \int_0^{+\infty} a(\omega)\cos\omega t\,\mathrm{d}\omega + \int_0^{+\infty} b(\omega)\sin\omega t\,\mathrm{d}\omega,$$

求 $a(\omega)$ 和 $b(\omega)$ 的表达式.

2. 求下列函数的傅里叶变换.

(1) $f(t)=\dfrac{\sin t}{t}$；

(2) $f(t)=\begin{cases}-1, & -1<t<0,\\ 1, & 0<t<1,\\ 0, & \text{其他}；\end{cases}$

(3) $f(t)=\begin{cases}e^{t}, & t\leqslant 0,\\ 0, & t>0；\end{cases}$

(4) $f(t)=\begin{cases}1-t^2, & |t|\leqslant 1,\\ 0, & |t|>1；\end{cases}$

(5) $f(t)=\begin{cases}e^{-t}\sin 2t, & t\geqslant 0,\\ 0, & t<0.\end{cases}$

3. 求函数 $f(t)=\begin{cases}1, & |t|\leqslant 1,\\ 0, & |t|>1,\end{cases}$ 的傅里叶变换,并证明积分等式

$$\int_0^{+\infty}\frac{\sin\omega\cos\omega t}{\omega}d\omega=\begin{cases}\dfrac{\pi}{2}, & |t|<1,\\ \dfrac{\pi}{4}, & |t|=1,\\ 0, & |t|>1.\end{cases}$$

4. 求函数 $f(t)=\begin{cases}\sin t, & |t|\leqslant\pi,\\ 0, & |t|>\pi\end{cases}$ 的傅里叶变换,并证明积分等式:

$$\int_0^{+\infty}\frac{\sin\omega\pi\sin\omega t}{1-\omega^2}d\omega=\begin{cases}\dfrac{\pi}{2}\sin t, & |t|\leqslant\pi,\\ 0, & |t|>\pi.\end{cases}$$

5. 求函数 $f(t)=e^{-\beta t}(\beta>0,t\geqslant 0)$ 的傅里叶正弦积分和傅里叶余弦积分,并证明:当 $t>0$ 时,

(1) $\displaystyle\int_0^{+\infty}\frac{\omega\sin\omega t}{1+\omega^2}d\omega=\frac{\pi}{2}e^{-t}$；

(2) $\displaystyle\int_0^{+\infty}\frac{\cos\omega t}{1+\omega^2}d\omega=\frac{\pi}{2}e^{-t}$.

§7.3 δ 函数

δ 函数是一个极为重要的函数,它的定义中所包含的思想在数学领域中已流行了一个多世纪.通过引入 δ 函数,使得在普通意义下的一些不存在的积分有了确定的数值,而且利用 δ 函数及傅里叶变换可以很方便地得到工程数学上许多

重要函数的傅里叶变换，并使许多变换的推导大大简化. 在物理和工程技术中，常将 δ 函数称为单位脉冲函数，这是因为许多物理现象具有脉冲性质. 例如，在电学中，要研究线性电路受到具有脉冲性质的电势作用后产生的电流；在力学中，要研究机械系统受冲击力作用后的运动情况等. 而研究此类问题都要用到单位脉冲函数. 因此本节介绍 δ 函数的目的主要是为了提供一个有用的数学工具，而不去追求它在数学上的严谨叙述和证明.

引例　设某电路中的电流为零，在 $t=t_0$ 时刻，瞬间进入该电路中一单位电量脉冲，那么该电路上的电流 $I(t)(t\geqslant t_0)$ 是怎样的？

用 $Q(t)$ 表示上述电路中到时刻 t 为止通过导体截面的电荷函数（即累积电量），则

$$Q(t)=\begin{cases}0, & t\leqslant t_0,\\ 1, & t>t_0.\end{cases}$$

由于电流强度是电荷函数对时间的变化率，即

$$I(t)=Q'(t)=\lim_{\Delta t\to 0}\frac{Q(t+\Delta t)-Q(t)}{\Delta t},$$

所以，当 $t\neq t_0$ 时，$I(t)=0$；当 $t=t_0$ 时，由于 $Q(t)$ 是不连续的，从而在普通导数的意义下，$Q(t)$ 在这一点不可导. 但是，如果我们仅仅从形式上对其进行计算，则有

$$I(t_0)=\lim_{\Delta t\to 0}\frac{Q(t_0+\Delta t)-q(t_0)}{\Delta t}=\lim_{\Delta t\to 0}\frac{1}{\Delta t}=\infty.$$

上式表明，在通常意义下的函数类中，我们找不到一个能够表示上述电路的电流强度的函数. 为了方便地表示这个电路上的电流强度，我们必须引入一个新的函数，这个函数称为**狄拉克函数(Dirac's function)**，简称 **δ 函数(delta function)**.

7.3.1　δ 函数的定义

定义7.3.1　若函数 $f(t)$ 满足下列两个条件：

(1) 当 $t\neq 0$ 时，$f(t)=0$；

(2) $\int_{-\infty}^{+\infty}f(t)\,\mathrm{d}t=1$.

则称 $f(t)$ 为**狄拉克函数(Dirac's function)**，也称为 **δ 函数(delta function)** 或**单位脉冲函数(unit impulse function)**，记为 $\delta(t)$.

注:(1)δ函数是一个广义函数,它没有通常意义下的"函数值",也不能用通常意义下的"值的对应关系"来定义,但它可以直观理解为普通函数序列的极限,即

$$\lim_{\varepsilon \to 0}\delta_{\varepsilon}(t)=\delta(t)=\begin{cases}0, & t\neq 0,\\ \infty, & t=0,\end{cases}$$

其中 $\delta_{\varepsilon}(t)=\begin{cases}\dfrac{1}{\varepsilon}, & 0\leqslant t\leqslant \varepsilon\\ 0, & \text{其他}\end{cases}$,如图7-3-1所示.

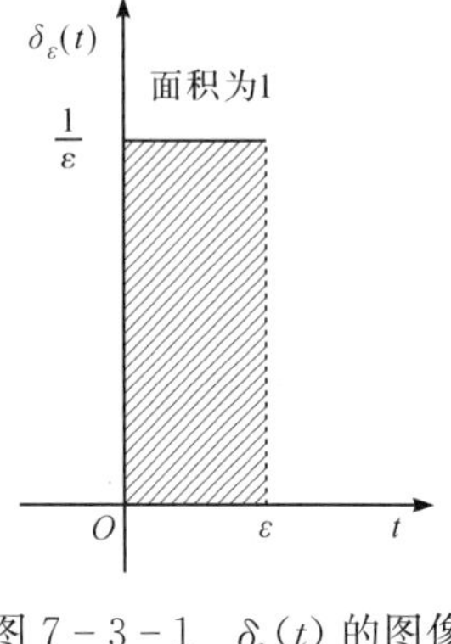

图7-3-1 $\delta_{\varepsilon}(t)$的图像

对任意 $\varepsilon>0$,显然有

$$\int_{-\infty}^{+\infty}\delta(t)\mathrm{d}t=\lim_{\varepsilon\to 0}\int_{-\infty}^{+\infty}\delta_{\varepsilon}(t)\mathrm{d}t=\lim_{\varepsilon\to 0}\int_{0}^{\varepsilon}\frac{1}{\varepsilon}\mathrm{d}t=1,\text{即}\int_{-\infty}^{+\infty}\delta(t)\mathrm{d}t=1.$$

(2)有了δ函数的概念,我们就能像处理连续分布的量那样,处理集中于一点或一瞬时的量.

(3)图7-3-1是δ函数的一种直观形象的展示,但它并不是真正意义上的δ函数的图像.人们常用一个从原点出发长度为1的有向线段来表示δ函数,其中有向线段的长度代表δ函数的积分值,称为**冲激强度(impulse intensity)**.如图7-3-2所示,图(a)、图(b)与图(c)分别是函数$\delta(t)$、$A\delta(t)$与$\delta(t-t_0)$的图形,其中A为$A\delta(t)$的冲激强度.

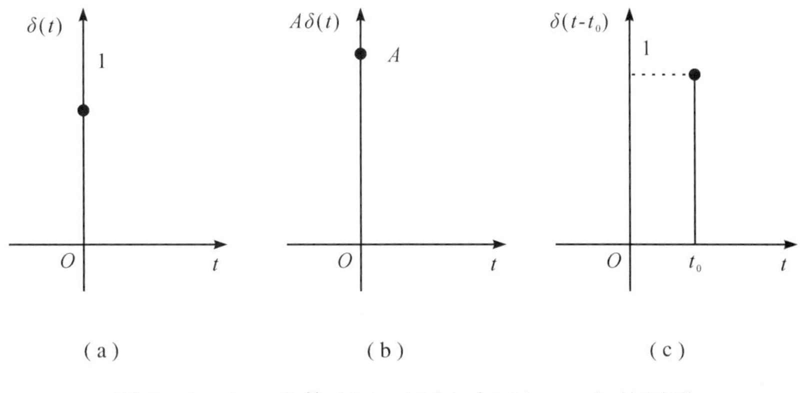

图7-3-2 函数$\delta(t)$、$A\delta(t)$与$\delta(t-t_0)$的图形

例7.3.1 请画出函数 $F(\omega)=\pi[\delta(\omega-\omega_0)-\delta(\omega+\omega_0)]$ 的图形,其中 $\omega_0>0$.

解 因为函数 $F(\omega)=\pi\delta(\omega-\omega_0)-\pi\delta(\omega+\omega_0)$,所以函数 $F(\omega)$ 在 ω_0 与 $-\omega_0$ 冲激强度分别为 π 和 $-\pi$,如图 7-3-3 所示.

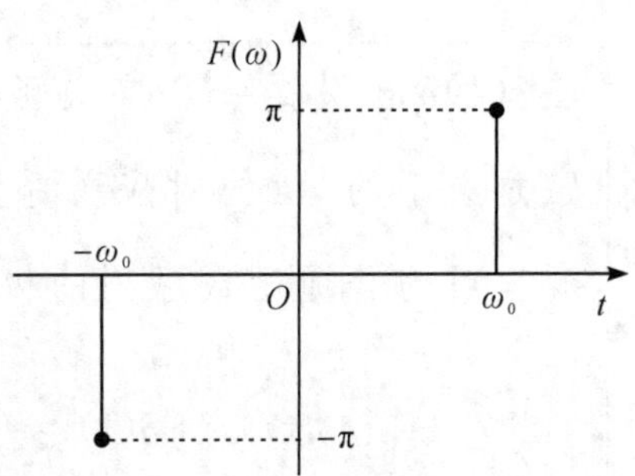

图 7-3-3 $F(\omega)$ 的图形

7.3.2 δ 函数的性质

性质1 (筛选性质,screening property) 设函数 $f(t)$ 是定义在实数域 $\mathbf{R}$ 上的有界函数,且在 $t=t_0$ 处连续,则

$$\int_{-\infty}^{+\infty}\delta(t-t_0)f(t)\,\mathrm{d}t=f(t_0).$$

特别地,当 $t_0=0$ 时,$\int_{-\infty}^{+\infty}\delta(t)f(t)\,\mathrm{d}t=f(0)$.

例7.3.2 求函数 $f(t)=\delta(t+\alpha)+\delta(t-\alpha)+(t+\dfrac{a}{2})+\delta(t-\dfrac{a}{2})$.

解 根据 δ 函数的筛选性质,有

$$\begin{aligned}F(\omega)&=\mathscr{F}[f(t)]=\int_{-\infty}^{+\infty}f(t)\mathrm{e}^{-\mathrm{j}\omega t}\,\mathrm{d}t\\&=\int_{-\infty}^{+\infty}\delta(t+a)\mathrm{e}^{-\mathrm{j}\omega t}\,\mathrm{d}t+\int_{-\infty}^{+\infty}\delta(t-a)\mathrm{e}^{-\mathrm{j}\omega t}\,\mathrm{d}t+\int_{-\infty}^{+\infty}\delta\left(t+\frac{a}{2}\right)\mathrm{e}^{-\mathrm{j}\omega t}\,\mathrm{d}t\\&\quad+\int_{-\infty}^{+\infty}\delta(t-\frac{a}{2})\mathrm{e}^{-\mathrm{j}\omega t}\,\mathrm{d}t\\&=\mathrm{e}^{-\mathrm{j}\omega t}\big|_{t=-a}+\mathrm{e}^{-\mathrm{j}\omega t}\big|_{t=a}+\mathrm{e}^{-\mathrm{j}\omega t}\big|_{t=\frac{a}{2}}+\mathrm{e}^{-\mathrm{j}\omega t}\big|_{t=-\frac{a}{2}}\\&=\mathrm{e}^{\mathrm{j}\omega a}+\mathrm{e}^{-\mathrm{j}\omega a}+\mathrm{e}^{\mathrm{j}\omega\frac{a}{2}}+\mathrm{e}^{-\mathrm{j}\omega\frac{a}{2}}\\&=2\left(\cos\omega a+\cos\frac{\omega a}{2}\right).\end{aligned}$$

性质2 (奇偶性,odevity/parity) 单位脉冲函数是偶函数,即 $\delta(t)=\delta(-t)$.

证明 因为 $F(\omega)=\mathscr{F}[f(t)]=\int_{-\infty}^{+\infty}\delta(t)\mathrm{e}^{-\mathrm{j}\omega t}\,\mathrm{d}t=\mathrm{e}^{-\mathrm{j}\omega t}\big|_{t=0}=1$,所以

$$\begin{aligned}\delta(t)&=\frac{1}{2\pi}\int_{-\infty}^{+\infty}1\cdot\mathrm{e}^{\mathrm{j}\omega t}\,\mathrm{d}\omega\\&=\frac{1}{2\pi}\int_{-\infty}^{+\infty}\cos\omega t\,\mathrm{d}\omega\end{aligned}$$

$$= \frac{1}{2\pi}\int_{-\infty}^{+\infty} 1 \cdot e^{j\omega(-t)} d\omega$$
$$= \delta(-t).$$

注:上面这些积分不是通常意义下的积分,它们是根据函数的定义及性质从形式上推导出来的.

性质3 **(积分与微分性,properties of integral and differential)** 设 $u(t)$ 为单位阶跃函数,即 $u(t)=\begin{cases}1, & t>0,\\ 0, & t<0,\end{cases}$ 则有

$$\int_{-\infty}^{t} \delta(t)dt = u(t),\ \frac{du(t)}{dt} = \delta(t).$$

性质4 **(广义筛选性质,generalized screening property)** 设函数 $f(t)$ 有连续 n 阶导数,则有

$$\int_{-\infty}^{+\infty} \delta^{(n)}(t-t_0)f(t)dt = (-1)^n f^{(n)}(t_0) \quad (n=0,1,2,\cdots).$$

特别地,当 $t_0=0$ 时,有

$$\int_{-\infty}^{+\infty} \delta^{(n)}(t)f(t)dt = (-1)^n f^{(n)}(0) \quad (n=0,1,2,\cdots).$$

证明 用数学归纳法证明.

当 $n=0$ 时,上式显然成立.

当 $n=1$ 时,由于当 $t\neq t_0$ 时,$\delta(t)=0$,利用筛选性质,有

$$\int_{-\infty}^{+\infty} \delta'(t-t_0)f(t)dt = \delta(t-t_0)f(t)\Big|_{-\infty}^{+\infty} - \int_{-\infty}^{+\infty} \delta(t-t_0)f'(t)dt = -f'(t_0).$$

假设当 $n=k(k\geqslant 2)$ 时结论成立,即

$$\int_{-\infty}^{+\infty} \delta^{(k)}(t-t_0)f(t)dt = (-1)^k f^{(k)}(t_0),$$

则当 $n=k+1$ 时,有

$$\int_{-\infty}^{+\infty} \delta^{(k+1)}(t-t_0)f(t)dt = \delta^{(k)}(t-t_0)f(t)\Big|_{-\infty}^{+\infty} - \int_{-\infty}^{+\infty} \delta^{(k)}(t-t_0)f'(t)dt$$
$$= -(-1)^k f^{(k+1)}(t_0)$$
$$= (-1)^{k+1} f^{(k+1)}(t_0).$$

综上可知,结论成立.

7.3.3 δ 函数的傅里叶变换

由 δ 函数的筛选性质,得

$$^{①}\ F(\omega)=\mathscr{F}[\delta(t)]=\int_{-\infty}^{+\infty}\delta(t)\mathrm{e}^{-\mathrm{j}\omega t}\mathrm{d}t=\mathrm{e}^{-\mathrm{j}\omega t}\big|_{t=0}=1.$$

即单位脉冲函数包含各种频率分量,且它们具有相等的幅度,称它为**均匀频率(uniform frequency)** 或**白色频率(white frequency)**.

由傅里叶积分公式,得

$$\mathscr{F}^{-1}[1]=\frac{1}{2\pi}\int_{-\infty}^{+\infty}\mathrm{e}^{\mathrm{j}\omega t}\mathrm{d}\omega=\delta(t).$$

据此可得,δ 函数与常数 1 构成一个傅里叶变换对,记为 $\delta(t)\Leftrightarrow 1$. 同时得到 δ 函数的一个重要公式

$$\int_{-\infty}^{+\infty}\mathrm{e}^{\mathrm{j}\omega t}\mathrm{d}\omega=2\pi\delta(t).$$

同样利用 δ 函数的筛选性质,可得

$$\mathscr{F}[\delta(t-t_0)]=\int_{-\infty}^{+\infty}\delta(t-t_0)\mathrm{e}^{-\mathrm{j}\omega t}\mathrm{d}t=\mathrm{e}^{-\mathrm{j}\omega t}\big|_{t=t_0}=\mathrm{e}^{-\mathrm{j}\omega t_0}.$$

因此,函数 $\delta(t-t_0)$ 与函数 $\mathrm{e}^{-\mathrm{j}\omega t_0}$ 构成一个傅里叶变换对,记为 $\delta(t-t_0)\Leftrightarrow\mathrm{e}^{-\mathrm{j}\omega t_0}$.

按逆变换公式,有 $\mathscr{F}^{-1}[\mathrm{e}^{-\mathrm{j}\omega t_0}]=\dfrac{1}{2\pi}\displaystyle\int_{-\infty}^{+\infty}\mathrm{e}^{\mathrm{j}\omega(t-t_0)}\mathrm{d}\omega=\delta(t-t_0)$.

这是关于 δ 函数的另一个重要公式,即

$$\int_{-\infty}^{+\infty}\mathrm{e}^{\mathrm{j}\omega(t-t_0)}\mathrm{d}\omega=2\pi\delta(t-t_0).$$

例7.3.3 分别求函数 $f_1(t)=1$ 与 $f_2(t)=\mathrm{e}^{\mathrm{j}\omega_0 t}$ 的傅里叶变换.

解 由傅里叶变换的定义及$\displaystyle\int_{-\infty}^{+\infty}\mathrm{e}^{\mathrm{j}\omega t}\mathrm{d}t=2\pi\delta(t)$,有

$$F_1(\omega)=\mathscr{F}[f_1(t)]=\int_{-\infty}^{+\infty}\mathrm{e}^{-\mathrm{j}\omega t}\mathrm{d}t=2\pi\delta(-\omega)=2\pi\delta(\omega),$$

$$\begin{aligned}F_2(\omega)=\mathscr{F}[f_2(t)]&=\int_{-\infty}^{+\infty}\mathrm{e}^{\mathrm{j}\omega_0 t}\mathrm{e}^{-\mathrm{j}\omega t}\mathrm{d}t=\int_{-\infty}^{+\infty}\mathrm{e}^{\mathrm{j}(\omega_0-\omega)t}\mathrm{d}t\\&=2\pi\delta(\omega_0-\omega)=2\pi\delta(\omega-\omega_0).\end{aligned}$$

---

①这里 $\delta(t)$ 的傅里叶变换仍采用傅里叶变换的古典定义,但此时的反常积分是根据 δ 函数的定义和运算性质直接给出的,而不是通常意义下的积分值,故称 $\delta(t)$ 的傅里叶变换是一种广义的傅里叶变换.

***例7.3.4** 证明单位阶跃函数 $u(t)=\begin{cases}0, & t<0,\\ 1, & t>0\end{cases}$ 的傅里叶变换为 $\dfrac{1}{\mathrm{j}\omega}+\pi\delta(\omega)$.

证明 要证 $F(\omega)=F[u(t)]=\dfrac{1}{\mathrm{j}\omega}+\pi\delta(\omega)$,只需要证明

$$\mathscr{F}^{-1}\left[\frac{1}{\mathrm{j}\omega}+\pi\delta(\omega)\right]=u(t).$$

由傅里叶逆变换,得

$$\begin{aligned}f(t)&=\mathscr{F}^{-1}\left[\frac{1}{\mathrm{j}\omega}+\pi\delta(\omega)\right]=\frac{1}{2\pi}\int_{-\infty}^{+\infty}\left[\frac{1}{\mathrm{j}\omega}+\pi\delta(\omega)\right]\mathrm{e}^{\mathrm{j}\omega t}\,\mathrm{d}\omega\\&=\frac{1}{2\pi}\int_{-\infty}^{+\infty}\pi\delta(\omega)\,\mathrm{e}^{\mathrm{j}\omega t}\,\mathrm{d}\omega+\frac{1}{2\pi}\int_{-\infty}^{+\infty}\frac{\mathrm{e}^{\mathrm{j}\omega t}}{\mathrm{j}\omega}\mathrm{d}\omega\\&=\frac{1}{2}\int_{-\infty}^{+\infty}\delta(\omega)\,\mathrm{e}^{\mathrm{j}\omega t}\,\mathrm{d}\omega+\frac{1}{2\pi}\int_{-\infty}^{+\infty}\frac{\cos\omega t+j\sin\omega t}{\mathrm{j}\omega}\mathrm{d}\omega\\&=\frac{1}{2}+\frac{1}{\pi}\int_{0}^{+\infty}\frac{\sin\omega t}{\omega}\mathrm{d}\omega.\end{aligned}$$

由 $\displaystyle\int_0^{+\infty}\frac{\sin\omega t}{\omega}\mathrm{d}\omega=\frac{\pi}{2}$,得

$$\int_0^{+\infty}\frac{\sin\omega t}{\omega}\mathrm{d}\omega=\int_0^{+\infty}\frac{\sin\omega t}{\omega t}\mathrm{d}\omega t=\begin{cases}-\dfrac{\pi}{2}, & t<0,\\ 0, & t=0,\\ \dfrac{\pi}{2}, & t>0.\end{cases}$$

于是,有

$$f(t)=\frac{1}{2}+\frac{1}{\pi}\int_0^{+\infty}\frac{\sin\omega t}{\omega}\mathrm{d}\omega=\begin{cases}\dfrac{1}{2}+\dfrac{1}{\pi}\left(-\dfrac{\pi}{2}\right)=0, & t<0,\\ \dfrac{1}{2}+\dfrac{1}{\pi}\left(\dfrac{\pi}{2}\right)=1, & t>0.\end{cases}$$

这表明 $$f(t)=\mathscr{F}^{-1}\left[\frac{1}{\mathrm{j}\omega}+\pi\delta(\omega)\right]=u(t).$$

由此可知,单位阶跃函数 $u(t)$ 与函数 $\dfrac{1}{\mathrm{j}\omega}+\pi\delta(\omega)$ 构成了一个傅里叶变换对,即

$$u(t)\Leftrightarrow\frac{1}{\mathrm{j}\omega}+\pi\delta(\omega),$$

所以，单位阶跃函数 $u(t)$ 的积分表达式可以写为

$$u(t)=\frac{1}{2}+\frac{1}{\pi}\int_{0}^{+\infty}\frac{\sin\omega t}{\omega}\mathrm{d}\omega\quad(t\neq 0).$$

据此，可以得到公式

$$\frac{1}{\pi}\int_{0}^{+\infty}\frac{\sin\omega t}{\omega}\mathrm{d}\omega=u(t)-\frac{1}{2}.$$

例7.3.5 求余弦函数 $f(t)=\cos\omega_0 t$ 的傅里叶变换①.

解

$$\begin{aligned}F(\omega)&=\mathscr{F}[f(t)]=\int_{-\infty}^{+\infty}\cos\omega_0 t\,\mathrm{e}^{-\mathrm{j}\omega t}\mathrm{d}t\\&=\int_{-\infty}^{+\infty}\frac{\mathrm{e}^{\mathrm{j}\omega_0 t}+\mathrm{e}^{-\mathrm{j}\omega_0 t}}{2}\mathrm{e}^{-\mathrm{j}\omega t}\mathrm{d}t\\&=\frac{1}{2}\int_{-\infty}^{+\infty}[\mathrm{e}^{-\mathrm{j}(\omega-\omega_0)t}+\mathrm{e}^{-\mathrm{j}(\omega+\omega_0)t}]\mathrm{d}t\\&=\pi[\delta(\omega-\omega_0)+\delta(\omega+\omega_0)].\end{aligned}$$

同理可得，正弦函数的傅里叶变换为

$$\mathscr{F}[\sin\omega_0 t]=\mathrm{j}\pi[\delta(\omega+\omega_0)-\delta(\omega-\omega_0)].$$

在工程技术中，有许多重要的函数，如单位阶跃函数、常数函数、正余弦函数等都不满足傅里叶积分定理中绝对可积条件，但引入 δ 函数后，可使普通意义下一些不存在的积分有确定的值，从而得到这些函数的傅里叶变换.

思考题 7.3

1. δ 函数的傅里叶变换是一种广义的傅里叶变换，请根据古典傅里叶变换的局限性分析引入广义傅里叶变换的意义.

2. 单位脉冲函数 δ 有哪些性质？

3. 单位脉冲函数 δ 的作用是什么？

习题 7.3

1. 求下列函数的傅里叶变换.

---

①可以验证正弦函数 $\sin\omega_0 t$（或余弦函数 $\cos\omega_0 t$）不满足傅里叶积分的绝对可积条件，因此这里的傅里叶变换事实上是求正弦函数（或余弦函数）的广义傅里叶变换.

(1) $\operatorname{sgn} t = \frac{t}{|t|} = \begin{cases} -1, & t < 0, \\ 1, & t > 0; \end{cases}$ (2) $f(t) = \cos t \sin t$;

(3) $f(t) = \sin\left(5t + \frac{\pi}{3}\right)$; (4) $f(t) = \begin{cases} A, & 0 \leqslant t \leqslant \tau, \\ 0, & \text{其他}. \end{cases}$

2. 已知函数 $f(t)$ 的傅里叶变换为 $F(\omega) = \frac{\sin\omega}{\omega}$，求 $f(t)$.

3. 已知函数 $f(t)$ 的傅里叶变换为 $F(\omega) = \pi[\delta(\omega + \omega_0) + \delta(\omega - \omega_0)]$，求 $f(t)$.

§7.4 傅里叶变换的性质

在信号分析的理论研究与实际设计工作中，经常需要了解当信号在时域进行某种运算后频域会发生何种变化，或者从频域的运算推测时域的变动. 前面的知识告诉我们，可以利用傅里叶变换(7.2.3)式与傅里叶逆变换(7.2.4)式进行积分运算，但这些积分有时计算起来并不容易，所以本节介绍傅里叶变换的几个重要性质，读者可以借助这些性质简化计算. 这种方法的计算过程比较简便，而且物理概念清楚. 另外，熟悉傅里叶变换的一些基本性质也是信号分析研究工作中最重要的内容之一. 为了叙述方便起见，假设所述函数满足傅里叶积分定理的条件.

7.4.1 傅里叶变换的性质

1. 线性性质(可叠加性)

设 α, β 为常数，$\mathscr{F}[f(t)] = F(\omega)$，$\mathscr{F}[g(t)] = G(\omega)$，则

$$\mathscr{F}[\alpha f(t) \pm \beta g(t)] = \alpha \mathscr{F}[f(t)] \pm \beta \mathscr{F}[g(t)]. \tag{7.4.1}$$

傅里叶逆变换也具有类似线性性质，即

$$\mathscr{F}^{-1}[\alpha F(\omega) \pm \beta G(\omega)] = \alpha \mathscr{F}^{-1}[F(\omega)] \pm \beta \mathscr{F}^{-1}[G(\omega)]. \tag{7.4.2}$$

这个性质表明了函数线性组合的傅里叶变换等于各函数傅里叶变换的线性组合，它的证明只需要根据定义就可推出.

注：线性性质均可以推广到有限多函数的情况，即 $\mathscr{F}\left[\sum_{i=1}^{n}\alpha_i f_i(t)\right]=\sum_{i=1}^{n}\alpha_i F_i(\omega)$，$\mathscr{F}^{-1}\left[\sum_{i=1}^{n}\alpha_i F_i(\omega)\right]=\sum_{i=1}^{n}\alpha_i f_i(t)$，其中 $\mathscr{F}[f_i(t)]=F_i(\omega)(i=1,2,\cdots,n)$，$\alpha_i$ 为常数，n 为正整数.

例7.4.1 求函数 $f(t)=\sin 3t-3\cos t$ 的傅里叶变换.

解 利用正弦和余弦函数的傅里叶变换，即

$\mathscr{F}[\sin\omega_0 t]=\mathrm{j}\pi[\delta(\omega+\omega_0)-\delta(\omega-\omega_0)]$，$\mathscr{F}[\cos\omega_0 t]=\pi[\delta(\omega+\omega_0)+\delta(\omega-\omega_0)]$，可得

$$\mathscr{F}[\sin 3t]=\mathrm{j}\pi[\delta(\omega+3)-\delta(\omega-3)],\mathscr{F}[\cos t]=\pi[\delta(\omega+1)+\delta(\omega-1)].$$

再利用傅里叶变换的线性性质，有

$$\begin{aligned}\mathscr{F}[f(t)]&=\mathscr{F}[\sin 3t-3\cos t]\\&=\mathscr{F}[\sin 3t]-3\mathscr{F}[\cos t]\\&=\mathrm{j}\pi[\delta(\omega+3)-\delta(\omega-3)]-3\pi[\delta(\omega+1)+\delta(\omega-1)].\end{aligned}$$

2. 对称性

若 $F(\omega)=\mathscr{F}[f(t)]$，则

$$\mathscr{F}[F(t)]=2\pi f(-\omega). \tag{7.4.3}$$

证明 因为

$$f(t)=\frac{1}{2\pi}\int_{-\infty}^{+\infty}F(\omega)\mathrm{e}^{\mathrm{j}\omega t}\mathrm{d}\omega,$$

所以，有

$$f(-t)=\frac{1}{2\pi}\int_{-\infty}^{+\infty}F(\omega)\mathrm{e}^{-\mathrm{j}\omega t}\mathrm{d}\omega.$$

将变量 t 与 ω 互换，可以得到

$$2\pi f(-\omega)=\int_{-\infty}^{+\infty}F(t)\mathrm{e}^{-\mathrm{j}\omega t}\mathrm{d}t,$$

所以，有

$$\mathscr{F}[F(t)]=2\pi f(-\omega).$$

若 $f(t)$ 是偶函数，则(7.4.3)式变为

$$\mathscr{F}[F(t)]=2\pi f(\omega) \tag{7.4.4}$$

从(7.4.3)式可以发现，在一般情况下，若 $f(t)$ 的频谱为 $F(\omega)$，为求得 $F(t)$

之频谱,可利用 $f(-\omega)$. 当 $f(t)$ 为偶函数时,由(7.4.4)式可知,这种对称关系得到简化,即 $f(t)$ 的频谱为 $F(\omega)$,那么形状为 $F(t)$ 的波形,其频谱必为 $f(\omega)$. 显然,矩形脉冲的频谱为 Sa 函数,而 Sa 形脉冲的频谱必然为矩形函数.

同样,直流信号的频谱为冲激函数,而冲激函数的频谱必然为常数等,如图 7-4-1 和图 7-4-2 所示.

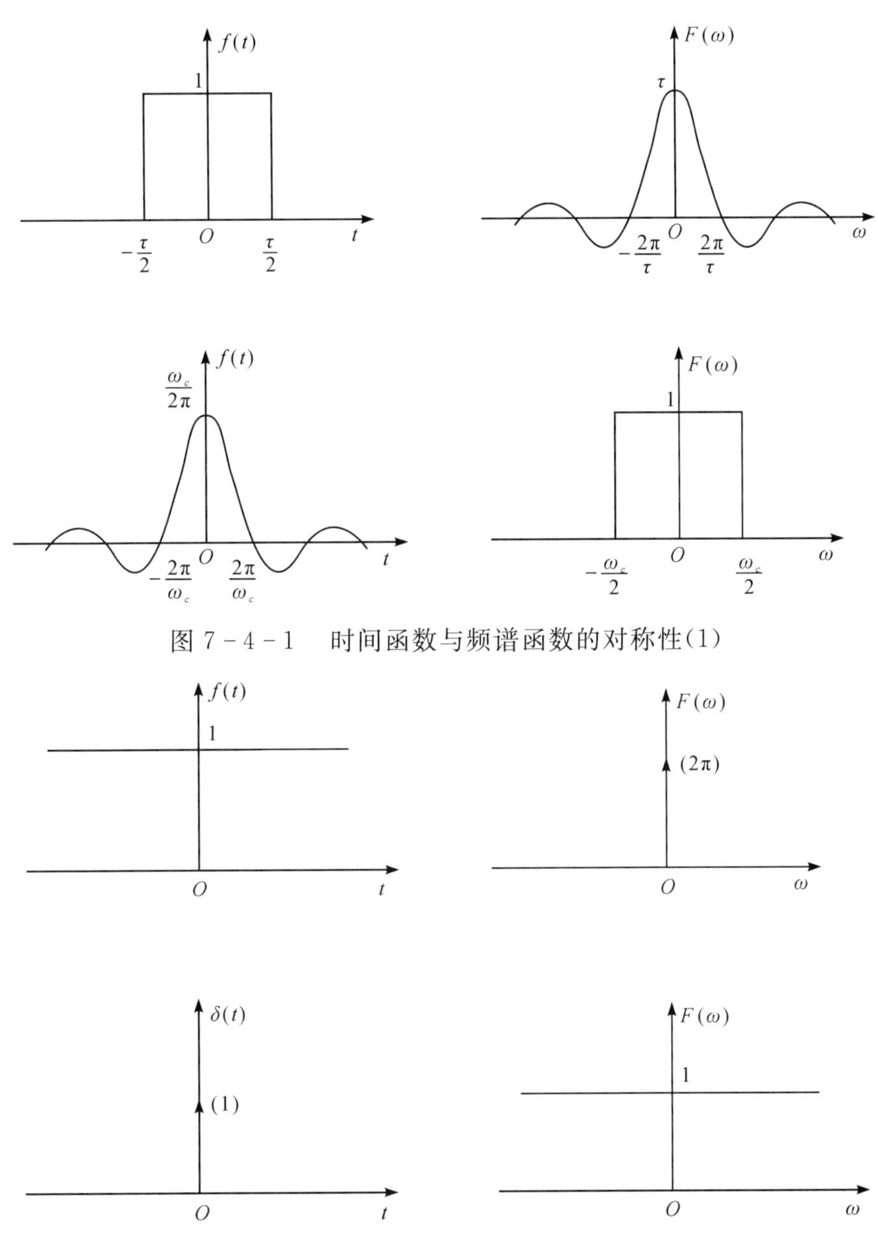

图 7-4-1　时间函数与频谱函数的对称性(1)

图 7-4-2　时间函数与频谱函数的对称性(2)

例7.4.2 设函数 $f(t)=\begin{cases}1, & |t|<1,\\ 0, & |t|>1,\end{cases}$ 利用傅里叶变换证明 $\int_0^{+\infty}\frac{\sin t}{t}\mathrm{d}t=\frac{\pi}{2}$.

证明 因为

$$F(\omega)=\int_{-\infty}^{+\infty}f(t)\mathrm{e}^{-\mathrm{j}\omega t}\mathrm{d}t=\int_{-1}^{1}\mathrm{e}^{-\mathrm{j}\omega t}\mathrm{d}t=\begin{cases}\frac{2\sin\omega}{\omega}, & \omega\neq 0,\\ 2, & \omega=0.\end{cases}$$

由对称性,得

$$\mathscr{F}[F(t)]=\mathscr{F}\left[\frac{2\sin t}{t}\right]=2\pi f(-\omega)=\begin{cases}2\pi, & |\omega|<1,\\ 0, & |\omega|>1.\end{cases}$$

即

$$\int_{-\infty}^{+\infty}\frac{\sin t}{t}\mathrm{e}^{-\mathrm{j}\omega t}\mathrm{d}t=2\int_0^{+\infty}\frac{\sin t}{t}\cos\omega t\,\mathrm{d}t=\mathscr{F}\left[\frac{\sin t}{t}\right]=\begin{cases}\pi, & |\omega|<1,\\ 0, & |\omega|>1.\end{cases}$$

令 $\omega=0$,则有

$$\int_0^{+\infty}\frac{\sin t}{t}\mathrm{d}t=\frac{\pi}{2}.$$

3. 时移性质

设 $\mathscr{F}[f(t)]=F(\omega)$,则

$$\mathscr{F}[f(t\pm t_0)]=\mathrm{e}^{\pm\mathrm{j}\omega t_0}F(\omega), \tag{7.4.5}$$

其中 t_0 为实常数.

时移性质表明,时间函数 $f(t)$ 沿着 t 轴向左或向右平移 t_0 的傅里叶变换等于函数 $f(t)$ 的傅里叶变换乘以因子 $\mathrm{e}^{\mathrm{j}\omega t_0}$ 或 $\mathrm{e}^{-\mathrm{j}\omega t_0}$. 其实际意义是,一个函数(或信号)沿时间轴移动后,它的各频率成分的大小不发生改变,但是相位改变了 ωt_0.

证明 因为

$$\mathscr{F}[f(t\pm t_0)]=\int_{-\infty}^{+\infty}f(t\pm t_0)\mathrm{e}^{-\mathrm{j}\omega t}\mathrm{d}t,$$

所以,令 $t\pm t_0=u,\mathrm{d}t=\mathrm{d}u$,得

$$\begin{aligned}\mathscr{F}[f(t\pm t_0)]&=\int_{-\infty}^{+\infty}f(u)\mathrm{e}^{-\mathrm{j}\omega(u\mp t_0)}\mathrm{d}u\\ &=\mathrm{e}^{\pm\mathrm{j}\omega t_0}\int_{-\infty}^{+\infty}f(u)\mathrm{e}^{-\mathrm{j}\omega u}\mathrm{d}u=\mathrm{e}^{\pm\mathrm{j}\omega t_0}F(\omega).\end{aligned}$$

例7.4.3 求矩形单脉冲函数 $f(t)=\begin{cases}E, & 0<t<T,\\ 0, & \text{其他},\end{cases}$ 的频谱函数.

解 根据例 7.2.2 可知,矩形单脉冲函数

$$f_1(t)=\begin{cases}E, & -\dfrac{T}{2}<t<\dfrac{T}{2},\\ 0, & \text{其他}.\end{cases}$$

的频谱函数为 $F_1(\omega)=\dfrac{2E}{\omega}\sin\dfrac{\omega T}{2}$.

因为函数 $f(t)$ 由函数 $f_1(t)$ 在时间轴上向右平移 $\dfrac{T}{2}$ 得到,所以利用时移性质,可得

$$F(\omega)=\mathscr{F}[f(t)]=\mathscr{F}\left[f_1\left(t-\frac{T}{2}\right)\right]=\mathrm{e}^{-\mathrm{j}\omega\frac{T}{2}}F_1(\omega)=\frac{2E}{\omega}\mathrm{e}^{-\mathrm{j}\omega\frac{T}{2}}\sin\frac{\omega T}{2},$$

且频谱函数为 $|F(\omega)|=|F_1(\omega)|=\dfrac{2E}{\omega}\left|\sin\dfrac{\omega T}{2}\right|$.

例7.4.4 设 $\mathscr{F}[f(t)]=F(\omega)$,求 $\mathscr{F}[f(t)\cos\omega_0 t]$,$\mathscr{F}[f(t)\sin\omega_0 t]$.

解 由欧拉公式,可得

$$\cos\omega t=\frac{1}{2}(\mathrm{e}^{\mathrm{j}\omega t}+\mathrm{e}^{-\mathrm{j}\omega t}),\ \sin\omega t=\frac{1}{2\mathrm{j}}(\mathrm{e}^{\mathrm{j}\omega t}-\mathrm{e}^{-\mathrm{j}\omega t}),$$

所以,由线性性质与时移性质,可得

$$\begin{aligned}\mathscr{F}[f(t)\cos\omega_0 t]&=\mathscr{F}\left[\frac{1}{2}(\mathrm{e}^{\mathrm{j}\omega_0 t}+\mathrm{e}^{-\mathrm{j}\omega_0 t})f(t)\right]\\&=\frac{1}{2}[F(\omega+\omega_0)+F(\omega-\omega_0)],\end{aligned}\tag{7.4.6}$$

$$\begin{aligned}\mathscr{F}[f(t)\sin\omega_0 t]&=\mathscr{F}\left[\frac{1}{2\mathrm{j}}(\mathrm{e}^{\mathrm{j}\omega_0 t}-\mathrm{e}^{-\mathrm{j}\omega_0 t})f(t)\right]\\&=-\frac{1}{2}\mathrm{j}[F(\omega+\omega_0)-F(\omega-\omega_0)].\end{aligned}\tag{7.4.7}$$

这个例子说明,若将时间信号 $f(t)$ 乘以 $\cos(\omega_0 t)$ 或 $\sin(\omega_0 t)$,则等效于将 $f(t)$ 的频谱 $F(\omega)$ 一分为二,沿频率轴向左和向右各平移 ω_0,这正是频谱搬移的实现原理.

4. 频移性质

若 $\mathscr{F}[f(t)]=F(\omega)$,则

$$\mathscr{F}[e^{\pm j\omega_0 t}f(t)] = F(\omega \mp \omega_0), \tag{7.4.8}$$

其中 ω_0 为实常数.

证明 因为

$$\mathscr{F}[f(t)e^{\pm j\omega_0 t}] = \int_{-\infty}^{+\infty} f(t)e^{\pm j\omega_0 t} \cdot e^{-j\omega t}\,dt = \int_{-\infty}^{+\infty} f(t)e^{-j(\omega\mp\omega_0)t}\,dt$$

所以

$$\mathscr{F}[e^{\pm j\omega_0 t}f(t)] = F(\omega \mp \omega_0).$$

这个性质表明,时间信号 $f(t)$ 乘以 $e^{j\omega_0 t}$,等效于 $f(t)$ 的频谱 $F(\omega)$ 沿频率轴右移 ω_0,或者说在频域中将频谱沿频率轴右移 ω_0 等效于在时域中将信号乘以因子 $e^{j\omega_0 t}$. 这个性质常被用来进行频谱搬移,频谱搬移技术在通信系统中已得到广泛应用,如调幅、同步解调、变频等过程都是在频谱搬移的基础上完成的.

例7.4.5 求下列函数的傅里叶变换:

(1)$\delta(t-t_0)$;　　(2)$e^{j\omega_0 t}$.

解 (1) 因为 $\mathscr{F}[\delta(t)]=1$,所以由时移性质,得

$$\mathscr{F}[\delta(t-t_0)] = e^{-j\omega t_0}\mathscr{F}[\delta(t)] = e^{-j\omega t_0}.$$

(2) 因为 $\mathscr{F}[1]=2\pi\delta(\omega)$,所以由频移性质,得

$$\mathscr{F}[e^{j\omega_0 t}] = 2\pi\delta(\omega-\omega_0).$$

注: 关系式 $\mathscr{F}[e^{\pm j\omega_0 t}f(t)] = F(\omega\mp\omega_0)$ 成立,则 $\mathscr{F}^{-1}[F(\omega\mp\omega_0)] = e^{\pm j\omega_0 t}f(t)$ 亦成立. 关系式 $\mathscr{F}^{-1}[F(\omega\mp\omega_0)] = e^{\pm j\omega_0 t}f(t)$ 说明函数 $F(\omega)$ 沿着 ω 轴向右或向左移 ω_0 的傅里叶逆变换等效于它的傅里叶逆变换乘以因子 $e^{j\omega t_0}$ 或 $e^{-j\omega t_0}$. 这与傅里叶变换的时移性质有着异曲同工之妙,唯一的区别在于,傅里叶变换针对的是象原函数 $f(t)$ 的自变量 t 的平移,而傅里叶逆变换针对的是象函数 $F(\omega)$ 的自变量 ω 的平移,因此有时将这两个类似的性质统称为位移性质.

5. 相似性质(尺度变换性)

设 $F(\omega)=\mathscr{F}[f(t)]$,则

$$\mathscr{F}[f(at)] = \frac{1}{|a|}F\left(\frac{\omega}{a}\right), \tag{7.4.9}$$

其中,a 为非零常数.

证明 因为 $\mathscr{F}[f(at)]=\int_{-\infty}^{+\infty}f(at)\mathrm{e}^{-\mathrm{j}\omega t}\mathrm{d}t$,所以令 $x=at$,可得

(1) 当 $a>0$ 时,$\mathscr{F}[f(at)]=\int_{-\infty}^{+\infty}f(at)\mathrm{e}^{-\mathrm{j}\omega t}\mathrm{d}t=\frac{1}{a}\int_{-\infty}^{+\infty}f(x)\mathrm{e}^{-\mathrm{j}\frac{\omega}{a}x}\mathrm{d}x=\frac{1}{a}F\left(\frac{\omega}{a}\right)$;

(2) 当 $a<0$ 时,$\mathscr{F}[f(at)]=\int_{-\infty}^{+\infty}f(at)\mathrm{e}^{-\mathrm{j}\omega t}\mathrm{d}t=\frac{1}{a}\int_{+\infty}^{-\infty}f(x)\mathrm{e}^{-\mathrm{j}\frac{\omega}{a}x}\mathrm{d}x=-\frac{1}{a}F\left(\frac{\omega}{a}\right)$.

综合上述两种情况,有

$$\mathscr{F}[f(at)]=\frac{1}{|a|}F\left(\frac{\omega}{a}\right).$$

相似性的物理含义是,若函数(或信号)在时域中被压缩($a>1$),则等效于在频域中频谱被扩展;反之,若函数(或信号)在时域中被扩展($a<1$),则等效于在频域中频谱被压缩.对于 $a=-1$ 的情况,它说明信号在时域中沿纵轴反褶等效于在频域中频谱也沿纵轴反褶.上述结论是不难理解的,因为信号的波形压缩 $\frac{1}{a}$,信号随时间变化加快 a 倍,所以它所包含的频率分量增加 a 倍,也就是说频谱展宽 a 倍.根据能量守恒定律,各频率分量的大小必然减小到 $\frac{1}{a}$.

例7.4.6 若抽样信号 $f(t)=\frac{\sin 2t}{\pi t}$ 的频谱函数为 $F(\omega)=\begin{cases}1, & |\omega|\leqslant 2,\\ 0, & |\omega|>2,\end{cases}$ 求信号 $g(t)=f(\frac{t}{2})$ 的频谱 $G(\omega)$.

解 由相似性质,得

$$G(\omega)=\mathscr{F}[g(t)]=\mathscr{F}\left[f\left(\frac{t}{2}\right)\right]=2F(2\omega)=\begin{cases}2, & |\omega|\leqslant 1,\\ 0, & |\omega|>1.\end{cases}$$

*6. 奇偶虚实性

由于 $f(t)$ 傅里叶变换的象函数 $F(\omega)=\mathscr{F}[f(t)]=\int_{-\infty}^{+\infty}f(t)\mathrm{e}^{-\mathrm{j}\omega t}\mathrm{d}t$ 在一般的情况下是复函数,因而可以把它表示成模与相位或者实部与虚部两部分,即

$$F(\omega)=|F(\omega)|\mathrm{e}^{\mathrm{j}\varphi(\omega)}=R(\omega)+\mathrm{j}X(\omega),$$

显然

$$|F(\omega)|=\sqrt{R^2(\omega)+X^2(\omega)},\varphi(\omega)=\arctan\frac{X(\omega)}{R(\omega)},\qquad(7.4.10)$$

其中 $\varphi(\omega)$ 是 $F(\omega)$ 的相位函数,表示 $F(\omega)$ 中各频率分量之间的相位关系.

下面讨论两种特定情况.

(1) $f(t)$ 是实函数.

因为

$$F(\omega)=\int_{-\infty}^{+\infty}f(t)\mathrm{e}^{-\mathrm{j}\omega t}\mathrm{d}t=\int_{-\infty}^{+\infty}f(t)\cos(\omega t)\mathrm{d}t-\mathrm{j}\int_{-\infty}^{+\infty}f(t)\sin(\omega t)\mathrm{d}t,$$

所以,在这种情况下,有

$$\begin{cases}R(\omega)=\int_{-\infty}^{+\infty}f(t)\cos(\omega t)\mathrm{d}t,\\X(\omega)=-\int_{-\infty}^{+\infty}f(t)\sin(\omega t)\mathrm{d}t.\end{cases}\tag{7.4.11}$$

显然 $R(\omega)$ 为偶函数,$X(\omega)$ 为奇函数,即它们满足下列关系

$$R(\omega)=R(-\omega),X(\omega)=-X(-\omega),F(-\omega)=\overline{F(\omega)},$$

其中$\overline{F(\omega)}$ 为 $F(\omega)$ 的共轭函数.

① 由于$R(\omega)$是偶函数,$X(\omega)$是奇函数,利用(7.4.10)式可证得 $|F(\omega)|$ 是偶函数,$\varphi(\omega)$ 是奇函数.有兴趣的话,大家可以检查已求得的各种实函数的频谱都应满足这一结论,即实函数傅里叶变换的幅度谱和相位谱分别为偶函数、奇函数.这一特性在信号分析中得到广泛应用.

② 当 $f(t)$ 在积分区间内为实偶函数,即 $f(t)=f(-t)$ 时,将导致(7.4.11)式中的 $X(\omega)=0$.因此,上述结论可进一步简化为

$$F(\omega)=R(\omega)=2\int_{0}^{+\infty}f(t)\cos(\omega t)\mathrm{d}t.$$

可见,若 $f(t)$ 是实偶函数,则 $F(\omega)$ 必为 ω 的实偶函数.

③ 若 $f(t)$ 为实奇函数,即 $f(-t)=-f(t)$,这将导致(7.4.11)式中的 $R(\omega)=0$.此时,

$$F(\omega)=\mathrm{j}X(\omega)=-2\mathrm{j}\int_{0}^{+\infty}f(t)\sin(\omega t)\mathrm{d}t.$$

可见,若 $f(t)$ 是实奇函数,则 $F(\omega)$ 必为 ω 的虚奇函数.

(2) $f(t)$ 是虚函数.

令 $f(t)=\mathrm{j}g(t)$,$g(t)$ 为实函数,则

$$F(\omega)=\int_{-\infty}^{+\infty}\mathrm{j}g(t)\cos(\omega t)\mathrm{d}t-\mathrm{j}\int_{-\infty}^{+\infty}\mathrm{j}g(t)\sin(\omega t)\mathrm{d}t$$
$$=\int_{-\infty}^{+\infty}g(t)\sin(\omega t)\mathrm{d}t+\mathrm{j}\int_{-\infty}^{+\infty}g(t)\cos(\omega t)\mathrm{d}t,$$

从而,有

$$R(\omega)=\int_{-\infty}^{+\infty}g(t)\sin(\omega t)\mathrm{d}t,X(\omega)=\int_{-\infty}^{+\infty}g(t)\cos(\omega t)\mathrm{d}t,\quad(7.4.12)$$

在这种情况下,$R(\omega)$ 为奇函数,$X(\omega)$ 为偶函数,即满足

$$R(\omega)=-R(-\omega),X(\omega)=X(-\omega).$$

① 同样,由于 $R(\omega)$ 是奇函数,$X(\omega)$ 是偶函数,利用(7.4.10) 式可证得 $|F(\omega)|$ 是偶函数,$\varphi(\omega)$ 是奇函数.

② 当 $f(t)$ 在积分区间内为虚偶函数,即 $f(t)=f(-t)$,从而有 $g(t)=g(-t)$,这将导致(7.4.12) 式中的 $R(\omega)=0$. 因此,上述结论可进一步简化为

$$F(\omega)=\mathrm{j}X(\omega)=2\mathrm{j}\int_{0}^{+\infty}g(t)\cos(\omega t)\mathrm{d}t.$$

可见,若 $f(t)$ 是虚偶函数,则 $F(\omega)$ 必为 ω 的虚偶函数.

③ 若 $f(t)$ 为虚奇函数,即 $f(-t)=-f(t)$,则有 $g(t)=-g(-t)$,这将导致(7.4.12) 式中的 $X(\omega)=0$. 此时,有

$$F(\omega)=R(\omega)=2\int_{0}^{+\infty}g(t)\sin(\omega t)\mathrm{d}t.$$

可见,若 $f(t)$ 是虚奇函数,则 $F(\omega)$ 必为 ω 的实奇函数.

将上述结论汇总成表 7－4－1.

表 7－4－1　傅里叶变换的奇偶虚实性

时域信号 $f(t)$		频域象函数 $F(\omega)$	幅度谱 $\vert F(\omega)\vert$	相位谱 $\varphi(\omega)$
实函数	偶函数	实偶函数	偶函数	奇函数
	奇函数	虚奇函数		
虚函数	偶函数	虚偶函数		
	奇函数	实奇函数		

此外,无论 $f(t)$ 为实函数或复函数,都具有以下性质

$$\mathscr{F}[f(-t)]=F(-\omega),\mathscr{F}[\overline{f(t)}]=\overline{F(-\omega)},\mathscr{F}[\overline{f(-t)}]=\overline{F(\omega)},$$

证明过程留给读者作为练习.

例7.4.7 已知 $f(t)=\begin{cases} e^{-at}, & t>0, \\ -e^{at}, & t<0, \end{cases}$ 式中 a 为正实数,求该奇函数的频谱.

解 因为

$$F(\omega)=\int_{-\infty}^{+\infty} f(t)e^{-j\omega t}dt=-\int_{-\infty}^{0} e^{at}\cdot e^{-j\omega t}dt+\int_{0}^{+\infty} e^{-at}\cdot e^{-j\omega t}dt,$$

积分并化简,可得

$$F(\omega)=\frac{-2j\omega}{a^2+\omega^2},\ |F(\omega)|=\frac{2|\omega|}{a^2+\omega^2},\varphi(\omega)=\begin{cases} -\frac{\pi}{2}, & \omega>0, \\ \frac{\pi}{2}, & \omega<0. \end{cases}$$

波形和幅度谱如图 7-4-3 所示.显然,实奇函数的频谱必然是虚奇函数.

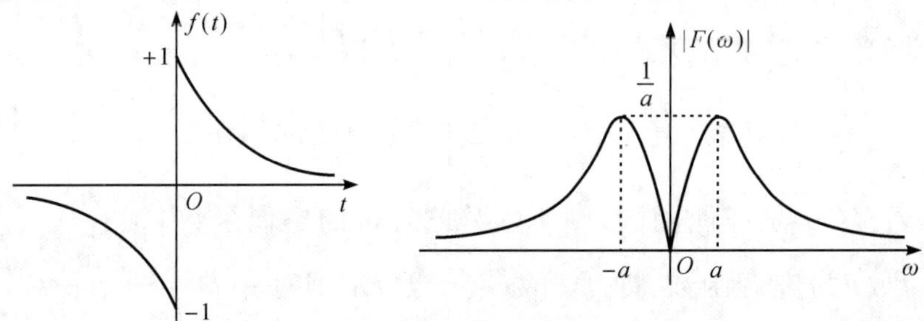

图 7-4-3 奇对称指数函数的波形和频谱

7.微分性质

(1) 象原函数的微分性质

如果函数 $f(t)$ 在 $(-\infty,+\infty)$ 内连续或存在有限个可去间断点,且 $\lim\limits_{|t|\to+\infty} f(t)=0$,则

$$\mathscr{F}[f'(t)]=j\omega\mathscr{F}[f(t)].$$

这个性质表明,函数 $f(t)$ 导数的傅里叶变换等效于这个函数的傅里叶变换乘以因子 $j\omega$.

证明 因为当 $|t|\to+\infty$ 时, $|f(t)e^{-j\omega t}|=|f(t)|\to 0$,所以 $f(t)e^{-j\omega t}\to 0$,因此

$$\begin{aligned}\mathscr{F}[f'(t)]&=\int_{-\infty}^{+\infty} f'(t)e^{-j\omega t}dt \\ &=[f(t)e^{-j\omega t}]\Big|_{-\infty}^{+\infty}+j\omega\int_{-\infty}^{+\infty} f(t)e^{-j\omega t}dt=j\omega\mathscr{F}[f(t)].\end{aligned}$$

推论7.4.1 若 $f^{(k)}(t)(k=1,2,3,\cdots,n)$ 在 $(-\infty,+\infty)$ 内连续或有有限个可去间断点，且 $\lim\limits_{|t|\to+\infty} f^{(k)}(t)=0\quad [k=1,2,3,\cdots,(n-1)]$，则

$$\mathscr{F}[f^{(k)}(t)]=(\mathrm{j}\omega)^k\mathscr{F}[f(t)].$$

(2) 象函数的微分性质

类似于象函数的导数公式，同理可得象原函数的导数公式.

若 $\mathscr{F}[f(t)]=F(\omega)$，则

$$\frac{\mathrm{d}F(\omega)}{\mathrm{d}\omega}=\mathscr{F}[-\mathrm{j}tf(t)]=-\mathrm{j}\mathscr{F}[tf(t)].$$

一般地，有

$$\frac{\mathrm{d}^nF(\omega)}{\mathrm{d}\omega^n}=(-\mathrm{j})^n\mathscr{F}[t^nf(t)].$$

注: 象函数的微分性质也称为象函数的导数公式. 在实践中，经常使用它计算 $\mathscr{F}[t^nf(t)]$，即 $\mathscr{F}[t^nf(t)]=\dfrac{1}{(-\mathrm{j})^n}\dfrac{\mathrm{d}^nF(\omega)}{\mathrm{d}\omega^n}$.

例7.4.8 求函数 $tu(t)$ 的傅里叶变换.

解 因为

$$\mathscr{F}[u(t)]=\frac{1}{\mathrm{j}\omega}+\pi\delta(\omega),$$

所以，根据象函数的导数公式 $\dfrac{\mathrm{d}}{\mathrm{d}\omega}F(\omega)=\mathscr{F}[-\mathrm{j}tf(t)]$，得

$$\mathscr{F}[-\mathrm{j}tu(t)]=\frac{\mathrm{d}}{\mathrm{d}\omega}\mathscr{F}[u(t)]=\frac{\mathrm{d}}{\mathrm{d}\omega}\left[\frac{1}{\mathrm{j}\omega}+\pi\delta(\omega)\right],$$

所以

$$-\mathrm{j}\mathscr{F}[tu(t)]=\frac{-1}{\mathrm{j}\omega^2}+\pi\delta'(\omega),$$

于是，有

$$\mathscr{F}[tu(t)]=-\frac{1}{\omega^2}+\mathrm{j}\pi\delta'(\omega).$$

8. 积分性质

若 $\lim\limits_{t\to+\infty}\int_{-\infty}^{t}f(t)\mathrm{d}t=0$，则 $\mathscr{F}[g(t)]=\mathscr{F}\left[\int_{-\infty}^{t}f(t)\mathrm{d}t\right]=\dfrac{1}{\mathrm{j}\omega}\mathscr{F}[f(t)]$.

这个性质表明,函数积分的傅里叶变换等效于这个函数的傅里叶变换除以因子 $j\omega$.

* **证明** 因为$\dfrac{d}{dt}\int_{-\infty}^{t} f(t)dt = f(t)$,所以

$$\mathscr{F}[f(t)] = \mathscr{F}\left[\frac{d}{dt}\int_{-\infty}^{t} f(t)dt\right],$$

根据微分性质,有

$$\mathscr{F}\left[\frac{d}{dt}\int_{-\infty}^{t} f(t)dt\right] = j\omega\mathscr{F}\left[\int_{-\infty}^{t} f(t)dt\right],$$

所以,有

$$\mathscr{F}\left[\int_{-\infty}^{t} f(t)dt\right] = \frac{1}{j\omega}\mathscr{F}[f(t)].$$

例7.4.9 求微分积分方程

$$ax'(t) + bx(t) + c\int_{-\infty}^{t} x(t)dt = h(t)$$

的解,其中 $t \in \mathbf{R}, a, b, c$ 均为已知常数,$h(t)$ 为已知函数.

解 设 $\mathscr{F}[x(t)] = G(\omega)$,$\mathscr{F}[h(t)] = H(\omega)$,方程两边同时进行傅里叶变换,得

$$a\mathscr{F}[x'(t)] + b\mathscr{F}[x(t)] + c\mathscr{F}\left[\int_{-\infty}^{t} x(t)dt\right] = \mathscr{F}[h(t)],$$

计算,得

$$aj\omega G(\omega) + bG(\omega) + \frac{c}{j\omega}G(\omega) = H(\omega),$$

解得

$$G(\omega) = \frac{\omega H(\omega)}{b\omega + j(a\omega^2 - c)},$$

求 $G(\omega)$ 的傅里叶逆变换,可得

$$x(t) = \frac{1}{2\pi}\int_{-\infty}^{+\infty} G(\omega)e^{j\omega t}d\omega.$$

注: 运用傅里叶变换的线性性质、微分性质及其积分性质,可以把线性常系数微分积分方程变为象函数的代数方程,通过解代数方程得到象函数(一般情况下,此步容易求解),再求象函数傅里叶逆变换,可以得到象原函数,即所求微分积分方程的解.

7.4.2 卷积与卷积定理

1. 卷积的概念

定义7.4.1 设函数 $f_1(t)$, $f_2(t)$ 在 $(-\infty, +\infty)$ 内有定义,若广义积分

$$\int_{-\infty}^{+\infty} f_1(\tau) f_2(t-\tau) \mathrm{d}\tau$$

对任意实数 t 均收敛,则该积分定义了一个自变量为 t 的函数,我们把它称为函数 $f_1(t)$ 和 $f_2(t)$ 的**卷积(convolution)**,记为 $f_1(t) * f_2(t)$,即

$$f_1(t) * f_2(t) = \int_{-\infty}^{+\infty} f_1(\tau) f_2(t-\tau) \mathrm{d}\tau.$$

2. 卷积的运算律

(1) 交换律: $f_1(t) * f_2(t) = f_2(t) * f_1(t)$;

(2) 结合律: $f_1(t) * [f_2(t) * f_3(t)] = [f_1(t) * f_2(t)] * f_3(t)$;

(3) 分配律: $f_1(t) * [f_2(t) + f_3(t)] = f_1(t) * f_2(t) + f_1(t) * f_3(t)$;

(4) 绝对值不等式: $|f_1(t) * f_2(t)| \leqslant |f_1(t)| * |f_2(t)|$.

上面的四条性质可以根据卷积的定义及傅里叶变换公式进行证明,但利用接下来将要介绍的卷积的性质定理进行证明更为便捷.

例7.4.10 若函数 $f_1(t) = \begin{cases} 0, & t < 0, \\ 1, & t \geqslant 0, \end{cases}$ $f_2(t) = \begin{cases} 0, & t < 0, \\ \mathrm{e}^{-t}, & t \geqslant 0, \end{cases}$ 求 $f_1(t) * f_2(t)$.

解 由卷积的定义,有

$$f_1(t) * f_2(t) = \int_{-\infty}^{+\infty} f_1(\tau) f_2(t-\tau) \mathrm{d}\tau,$$

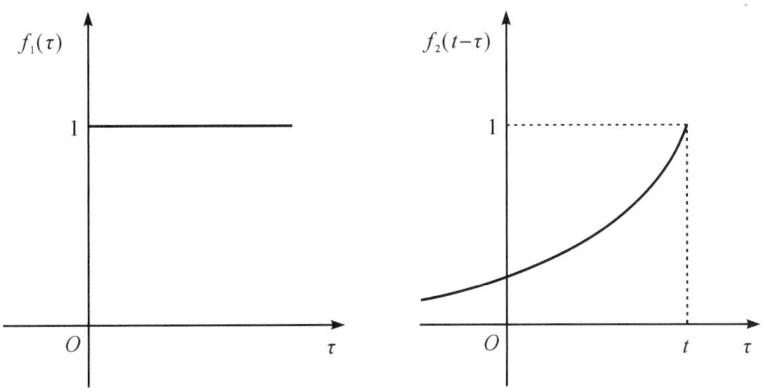

图 7-4-4 函数 $f_1(\tau)$ 和 $f_2(t-\tau)$ 的图像

借助于图 7-4-4,我们可以得到

$$f_1(\tau)=\begin{cases}0, & \tau<0\\ 1, & \tau\geqslant 0\end{cases},f_2(t-\tau)=\begin{cases}0, & \tau>t,\\ 1, & \tau\leqslant t.\end{cases}$$

因此,只有当 $0\leqslant\tau\leqslant t$ 时,$f_1(\tau)f_2(t-\tau)\neq 0$,所以

$$\begin{aligned}f_1(t)*f_2(t)&=\int_{-\infty}^{+\infty}f_1(\tau)f_2(t-\tau)\mathrm{d}\tau\\&=\int_0^t\mathrm{e}^{-(t-\tau)}\mathrm{d}\tau=\mathrm{e}^{-t}\int_0^t\mathrm{e}^{\tau}\mathrm{d}\tau\\&=\mathrm{e}^{-t}(\mathrm{e}^t-1)=1-\mathrm{e}^{-t}.\end{aligned}$$

故

$$f_1(t)*f_2(t)=\begin{cases}1-\mathrm{e}^{-t}, & t\geqslant 0,\\ 0, & t<0.\end{cases}$$

3. 卷积的性质定理

定理7.4.1 (卷积定理,**convolution theorem**) 设 $\mathscr{F}[f_1(t)]=F_1(\omega)$,$\mathscr{F}[f_2(t)]=F_2(\omega)$,则

(1)$\mathscr{F}[f_1(t)*f_2(t)]=F_1(\omega)\cdot F_2(\omega)$;

(2)$\mathscr{F}^{-1}[F_1(\omega)*F_2(\omega)]=2\pi f_1(t)\cdot f_2(t)$.

* **证明** 此处只证明(1),(2) 可类似证明.

由卷积定义,得

$$\begin{aligned}\mathscr{F}[f_1(t)*f_2(t)]&=\int_{-\infty}^{+\infty}[f_1(t)*f_2(t)]\mathrm{e}^{-\mathrm{j}\omega t}\mathrm{d}t\\&=\int_{-\infty}^{+\infty}\left[\int_{-\infty}^{+\infty}f_1(\tau)f_2(t-\tau)\mathrm{d}\tau\right]\mathrm{e}^{-\mathrm{j}\omega t}\mathrm{d}t\\&=\int_{-\infty}^{+\infty}f_1(\tau)\left(\int_{-\infty}^{+\infty}f_2(t-\tau)\mathrm{e}^{-\mathrm{j}\omega t}\mathrm{d}t\right)\mathrm{d}\tau\\&=\int_{-\infty}^{+\infty}f_1(\tau)\mathscr{F}[f_2(t-\tau)]\mathrm{d}\tau\\&=\int_{-\infty}^{+\infty}f_1(\tau)\mathrm{e}^{-\mathrm{j}\omega\tau}\mathscr{F}[f_2(t)]\mathrm{d}\tau\\&=F_2(\omega)\int_{-\infty}^{+\infty}f_1(\tau)\mathrm{e}^{-\mathrm{j}\omega\tau}\mathrm{d}\tau\\&=F_2(\omega)\cdot F_1(\omega).\end{aligned}$$

注：(1)$\mathscr{F}^{-1}[F_1(\omega)*F_2(\omega)]=2\pi f_1(t)\cdot f_2(t)$ 与 $\mathscr{F}[f_1(t)\cdot f_2(t)]=\frac{1}{2\pi}F_1(\omega)*F_2(\omega)$ 等价.

(2)利用卷积定理可以简化卷积的计算及某些函数的傅里叶变换.

例7.4.11 设 $f(t)=e^{-\beta t}u(t)\cos\omega_0 t\quad(\beta>0)$,求 $\mathscr{F}[f(t)]$.

解 根据傅里叶变换的定义,有

$$\begin{aligned}\mathscr{F}[e^{-\beta t}u(t)]&=\int_{-\infty}^{+\infty}e^{-\beta t}u(t)e^{-j\omega t}dt\\&=\int_0^{+\infty}e^{-\beta t}e^{-j\omega t}dt=\int_0^{+\infty}e^{-(\beta+j\omega)t}dt\\&=\left[\frac{-1}{\beta+j\omega}e^{-(\beta+j\omega)t}\right]_0^{+\infty}=\frac{1}{\beta+j\omega},\end{aligned}$$

即

$$\mathscr{F}[e^{-\beta t}u(t)]=\frac{1}{\beta+j\omega}.$$

又因为 $\mathscr{F}[\cos\omega_0 t]=\pi[\delta(\omega+\omega_0)+\delta(\omega-\omega_0)]$,所以

$$\begin{aligned}\mathscr{F}[f(t)]&=\mathscr{F}[e^{-\beta t}u(t)\cdot\cos\omega_0 t]=\frac{1}{2\pi}\mathscr{F}[e^{-\beta t}u(t)]*\mathscr{F}[\cos\omega_0 t]\\&=\frac{1}{2\pi}\int_{-\infty}^{+\infty}\frac{\pi}{\beta+j\tau}[\delta(\omega+\omega_0-\tau)+\delta(\omega-\omega_0-\tau)]d\tau\\&=\frac{1}{2}\left[\frac{1}{\beta+j(\omega+\omega_0)}+\frac{1}{\beta+j(\omega-\omega_0)}\right]\\&=\frac{\beta+j\omega}{(\beta+j\omega)^2+\omega_0^2}.\end{aligned}$$

推论7.4.2 若 $F_k(\omega)=\mathscr{F}[f_k(t)](k=1,2,\cdots,n)$,则

(1)$\mathscr{F}[f_1(t)*f_2(t)*\cdots*f_n(t)]=F_1(\omega)\cdot F_2(\omega)\cdot\cdots\cdot F_n(\omega)$;

(2)$\mathscr{F}^{-1}[F_1(\omega)*F_2(\omega)*\cdots*F_n(\omega)]=(2\pi)^{n-1}f_1(t)\cdot f_2(t)\cdot\cdots\cdot f_n(t)$.

*7.4.3 乘积定理

定理7.4.2 (**乘积定理,product theorem**)若 $f_1(t)$ 与 $f_2(t)$ 为实函数,$F_1(\omega)=\mathscr{F}[f_1(t)]$,$F_2(\omega)=\mathscr{F}[f_2(t)]$,$\overline{F_1(\omega)}$,$\overline{F_2(\omega)}$ 为 $F_1(\omega)$,$F_2(\omega)$ 的共轭函数,则

$$\int_{-\infty}^{+\infty} f_1(t) f_2(t) \mathrm{d}t = \frac{1}{2\pi}\int_{-\infty}^{+\infty} F_1(\omega)\,\overline{F_2(\omega)}\mathrm{d}\omega = \frac{1}{2\pi}\int_{-\infty}^{+\infty} \overline{F_1(\omega)}F_2(\omega)\mathrm{d}\omega.$$

在许多物理问题中，这个公式的两边都表示能量或者功率，故该定理称为**功率定理(power theorem)**. 特别地，当 $f_1(t) = f_2(t) = f(t)$, $\mathscr{F}[f(t)] = F(\omega)$ 时，有如下定理.

定理7.4.3 （**瑞利定理，Rayleigh theorem**）若 $F(\omega) = \mathscr{F}[f(t)]$，则有

$$\int_{-\infty}^{+\infty} |f(t)|^2 \mathrm{d}t = \frac{1}{2\pi}\int_{-\infty}^{+\infty} |F(\omega)|^2 \mathrm{d}\omega,$$

称为**帕塞瓦尔等式(Parseval equality)**.

瑞利

定义7.4.2 若积分 $\int_{-\infty}^{+\infty} |f(t)|^2 \mathrm{d}t > 0$ 且收敛，则称 $f(t)$ 为**能量有限信号(finite energy signal)**，简称为**能量信号(energy signal)**，$\int_{-\infty}^{+\infty} |f(t)|^2 \mathrm{d}t$ 称为 $f(t)$ 的**总能量(total energy)**，记作 E；$|F(\omega)|^2$ 称为 $f(t)$ 的**能量谱密度函数(energy spectral density function)**，记为 $S(\omega)$.

若极限 $\lim\limits_{T\to+\infty} \frac{1}{T}\int_{-\frac{T}{2}}^{\frac{T}{2}} |f(t)|^2 \mathrm{d}t > 0$ 且收敛，则称其为 $f(t)$ 的**平均功率(average power)**，记作 P，同时将 $f(t)$ 称为**功率信号(power signal)**.

注: (1) $S(\omega)$ 是偶函数，它表示了单位频带上的信号能量，即信号的能量沿频率轴的分布情况. 将它对所有频率积分再除以 2π，便得到 $f(t)$ 的总能量 $\int_{-\infty}^{+\infty} |f(t)|^2 \mathrm{d}t$. 故帕塞瓦尔等式又称为**能量积分(energy integral)**.

(2) 能量信号在无穷远处一定是收敛的，功率信号的能量一般不小于能量信号的能量.

例7.4.12 利用乘积定理计算积分 $\int_{-\infty}^{+\infty} \frac{\mathrm{d}x}{(x^2+2)(x^2+4)}$.

解 因为

$$\mathscr{F}^{-1}[\mathrm{e}^{-\sqrt{2}|t|}] = \frac{2\sqrt{2}}{2+\omega^2}, \mathscr{F}^{-1}[\mathrm{e}^{-2|t|}] = \frac{4}{4+\omega^2},$$

帕塞瓦尔

由乘积定理得

$$\int_{-\infty}^{+\infty}\frac{2\sqrt{2}}{2+\omega^2}\cdot\frac{4}{4+\omega^2}\mathrm{d}\omega=2\pi\int_{-\infty}^{+\infty}\mathrm{e}^{-\sqrt{2}|t|}\cdot\mathrm{e}^{-2|t|}\mathrm{d}t,$$

所以

$$\begin{aligned}\int_{-\infty}^{+\infty}\frac{1}{2+\omega^2}\cdot\frac{1}{4+\omega^2}\mathrm{d}\omega&=\frac{\sqrt{2}\pi}{8}\int_{-\infty}^{+\infty}\mathrm{e}^{-(2+\sqrt{2})|t|}\mathrm{d}t\\&=\frac{\sqrt{2}\pi}{4}\int_{0}^{+\infty}\mathrm{e}^{-(2+\sqrt{2})t}\mathrm{d}t\\&=\frac{\sqrt{2}-1}{4}\pi.\end{aligned}$$

故

$$\int_{-\infty}^{+\infty}\frac{\mathrm{d}x}{(x^2+1)(x^2+4)}=\frac{\sqrt{2}-1}{4}\pi.$$

例7.4.13 利用帕塞瓦尔等式计算积分$\int_{-\infty}^{+\infty}\frac{\sin^2 x}{x^2}\mathrm{d}x$.

解 因为

$$F(\omega)=\mathscr{F}\left[\frac{\sin x}{x}\right]=\begin{cases}\pi, & |\omega|\leqslant 1,\\0, & 其他.\end{cases}$$

所以,根据帕塞瓦尔等式$\int_{-\infty}^{+\infty}|f(t)|^2\mathrm{d}t=\frac{1}{2\pi}\int_{-\infty}^{+\infty}|F(\omega)|^2\mathrm{d}\omega$,可得

$$\int_{-\infty}^{+\infty}\frac{\sin^2 x}{x^2}\mathrm{d}x=\frac{1}{2\pi}\int_{-1}^{1}\pi^2\mathrm{d}\omega=\pi.$$

*7.4.4 自相关定理

定义7.4.3 称积分$\int_{-\infty}^{+\infty}f(t)f(t+\tau)\mathrm{d}t$为函数$f(t)$的**自相关函数(autocorrelation function)**,记作$R(\tau)$,即

$$R(\tau)=\int_{-\infty}^{+\infty}f(t)f(t+\tau)\mathrm{d}t.$$

注:(1)$R(\tau)=\int_{-\infty}^{+\infty}f(t)f(t-\tau)\mathrm{d}t$;(2)$R(\tau)$为偶函数;(3)$R(\tau)=f(\tau)*f(-\tau)$.

定理7.4.4 **(自相关定理,autocorrelation theorem)** 若 $\mathscr{F}[f(t)]=\mathscr{F}(\omega)$,则

$$R(\tau)=\mathscr{F}^{-1}[S(\omega)].$$

证明 一方面,由时移性质可知

$$\mathscr{F}[f(t+\tau)]=\mathrm{e}^{\mathrm{j}\omega\tau}\mathscr{F}(\omega),$$

再利用乘积定理,可得

$$\begin{aligned}R(\tau)&=\int_{-\infty}^{+\infty}f(t)f(t+\tau)\mathrm{d}t\\&=\frac{1}{2\pi}\int_{-\infty}^{+\infty}\overline{F(\omega)}\mathrm{e}^{\mathrm{j}\omega\tau}F(\omega)\mathrm{d}\omega\\&=\frac{1}{2\pi}\int_{-\infty}^{+\infty}|F(\omega)|^{2}\mathrm{e}^{\mathrm{j}\omega\tau}\mathrm{d}\omega\\&=\mathscr{F}^{-1}[|F(\omega)|^{2}]\\&=\mathscr{F}^{-1}[S(\omega)].\end{aligned}$$

另一方面,有

$$\begin{aligned}\mathscr{F}[R(\tau)]&=\mathscr{F}[f(\tau)*f(-\tau)]\\&=\mathscr{F}[f(\tau)]F[f(-\tau)]\\&=F(\omega)F(-\omega)\\&=F(\omega)\overline{F(\omega)}\\&=|F(\omega)|^{2}\\&=S(\omega).\end{aligned}$$

由此可见,自相关函数 $R(\tau)$ 和能量谱密度 $S(\omega)$ 构成了一个傅里叶变换对,即

$$\begin{cases}R(\tau)=\dfrac{1}{2\pi}\displaystyle\int_{-\infty}^{+\infty}S(\omega)\mathrm{e}^{\mathrm{j}\omega\tau}\mathrm{d}\omega,\\ S(\omega)=\displaystyle\int_{-\infty}^{+\infty}R(\tau)\mathrm{e}^{-\mathrm{j}\omega\tau}\mathrm{d}\tau.\end{cases}$$

利用相关函数 $R(\tau)$ 及 $S(\omega)$ 的偶函数性质,可将上式写成三角函数的形式,即

$$\begin{cases}R(\tau)=\dfrac{1}{2\pi}\displaystyle\int_{-\infty}^{+\infty}S(\omega)\cos\omega\tau\,\mathrm{d}\omega,\\ S(\omega)=\displaystyle\int_{-\infty}^{+\infty}R(\tau)\cos\omega\tau\,\mathrm{d}\tau.\end{cases}$$

当 $\tau=0$ 时，有

$$R(0)=\int_{-\infty}^{+\infty}|f(t)|^2\mathrm{d}t=\frac{1}{2\pi}\int_{-\infty}^{+\infty}S(\omega)\mathrm{d}\omega,$$

即帕塞瓦尔等式.

例7.4.14　已知某信号的相关函数为 $R(\tau)=\cos\omega_0\tau\ (\omega_0>0)$，求它的能量谱密度函数.

解　能量谱密度

$$S(\omega)=\mathscr{F}[R(\tau)]=\mathscr{F}[\cos\omega_0\tau]=\pi[\delta(\omega+\omega_0)+\delta(\omega-\omega_0)].$$

例7.4.15　求单边指数衰减函数 $f(t)=\begin{cases}0, & t<0,\\ \mathrm{e}^{-\beta t}, & t\geqslant 0\end{cases}\ (\beta>0)$ 的能量谱密度函数和自相关函数.

解　由例 7.2.3 可知 $F(\omega)=\mathscr{F}[f(t)]=\dfrac{\beta-\mathrm{j}\omega}{\beta^2+\omega^2}$，所以能量谱密度函数

$$S(\omega)=|F(\omega)|^2=\frac{1}{\beta^2+\omega^2},$$

自相关函数

$$R(\tau)=\frac{1}{2\pi}\int_{-\infty}^{+\infty}S(\omega)\mathrm{e}^{\mathrm{j}\omega\tau}\mathrm{d}\omega=\begin{cases}\dfrac{\mathrm{e}^{-\beta t}}{2\beta}, & t\geqslant 0,\\ \dfrac{\mathrm{e}^{\beta t}}{2\beta}, & t<0.\end{cases}$$

可见，当 $-\infty<\tau<+\infty$ 时，自相关函数可合写为

$$R(\tau)=\frac{1}{2\beta}\mathrm{e}^{-\beta|\tau|}.$$

思考题 7.4

1. 总结线性性质、位移性质、相似性质、微分性质及积分性质公式所具有的规律，并解释位移性质、相似性质有何物理意义？

2. 思考卷积定理在傅里叶变换中的应用.

习题 7.4

1. 若 $F(\omega)=\mathscr{F}[f(t)]$,利用傅里叶变换的性质求下列函数 $g(t)$ 的傅里叶变换.

(1) $g(t)=tf(2t)$;　　(2) $g(t)=(t-2)f(t)$;

(3) $g(t)=t^3f(2t)$;　　(4) $g(t)=tf'(t)$.

2. 求下列函数的傅里叶变换.

(1) $f(t)=\sin 2t\cdot u(t)$;　　(2) $f(t)=\mathrm{e}^{-\beta t}u(t)\sin\omega_0 t(\beta>0)$;

(3) $f(t)=\mathrm{e}^{\mathrm{j}\omega_0 t}tu(t)$;　　(4) $f(t)=\mathrm{e}^{\mathrm{j}\omega_0 t}u(t)$;

(5) $f(t)=\mathrm{e}^{\mathrm{j}\omega_0 t}u(t-t_0)$.

3. 已知矩形调幅信号 $f(t)=G(t)\cos(\omega_0 t)$,其中 ω_0 为实常数,$G(t)$ 为矩形脉冲,脉幅为 E,脉宽为 τ,试求其频谱函数.

4. 设函数 $f_1(t)=\begin{cases}1, & 0\leqslant t\leqslant 1,\\ 0, & \text{其他}\end{cases}$,$f_2(t)=\begin{cases}\frac{1}{2}, & 0\leqslant t\leqslant 1,\\ 0, & \text{其他},\end{cases}$ 求卷积 $f_1(t)*f_2(t)$.

5. 若 $f_1(t)=\mathrm{e}^{-at}u(t)$,$f_2(t)=\sin t\cdot u(t)$,求卷积 $f_1(t)*f_2(t)$.

6. 请证明下列等式成立.

(1) $\mathscr{F}[f(at-t_0)]=\dfrac{1}{|a|}F\left(\dfrac{\omega}{a}\right)\mathrm{e}^{-\mathrm{j}\frac{\omega t_0}{a}}$;

(2) $\mathscr{F}[f(t_0-at)]=\dfrac{1}{|a|}F\left(-\dfrac{\omega}{a}\right)\mathrm{e}^{-\mathrm{j}\frac{\omega t_0}{a}}$.

7. 若 $F(\omega)=\mathscr{F}[f(t)]$,请证明象函数的位移性质和微分性质.

$$\mathscr{F}[F(\omega\mp\omega_0)]=\mathrm{e}^{\pm\mathrm{j}\omega_0 t}f(t),\frac{\mathrm{d}F(\omega)}{\mathrm{d}\omega}=\mathscr{F}[-\mathrm{j}tf(t)]=-\mathrm{j}\mathscr{F}[tf(t)].$$

8. 若 $F_k(\omega)=\mathscr{F}[f_k(t)](k=1,2)$. 证明:

$$\mathscr{F}^{-1}[F_1(\omega)*F_2(\omega)]=2\pi f_1(t)\cdot f_2(t).$$

9. 证明:无论 $f(t)$ 为实函数或复函数,以下等式均成立.

$$\mathscr{F}[f(-t)]=F(-\omega),\mathscr{F}[\overline{f(t)}]=\overline{F(-\omega)},\mathscr{F}[\overline{f(-t)}]=\overline{F(\omega)}.$$

10. 请证明下列结论均成立.

(1)$R(\tau)=\int_{-\infty}^{+\infty}f(t)f(t-\tau)\mathrm{d}t$；　　(2)$R(\tau)$ 为偶函数；

(3)$R(\tau)=f(\tau)*f(-\tau)$.

本章小结

本章学习了傅里叶级数的三角形式与指数形式、傅里叶变换及其逆变换、一些经典信号和简单函数的频谱、单位脉冲函数及其基本性质、傅里叶变换的性质、卷积与卷积定理.

傅里叶变换实际上是由周期函数的傅里叶级数向非周期函数的演变，它通过特定形式的积分建立了函数之间的对应关系，即

傅里叶变换

$$F(\omega)=\mathscr{F}[f(t)]=\int_{-\infty}^{+\infty}f(t)\mathrm{e}^{-\mathrm{j}\omega t}\mathrm{d}t,$$

傅里叶逆变换

$$f(t)=\mathscr{F}^{-1}[f(t)]=\frac{1}{2\pi}\int_{-\infty}^{+\infty}\left[\int_{-\infty}^{+\infty}f(t)\mathrm{e}^{-\mathrm{j}\omega t}\mathrm{d}t\right]\mathrm{e}^{\mathrm{j}\omega t}\mathrm{d}\omega.$$

它既是一种非常有用的数学工具，又有明确的物理含义 —— 从频谱的角度描述函数（或信号）的特征.

按原始信号的不同，可以将傅里叶变换（级数）分为四个类型（见表 7-4-2）.

表 7-4-2　傅里叶变换（级数）的分类

原始信号特点	傅里叶变换（级数）	频率
非周期性连续信号	傅里叶变换（FT）	连续，非周期性
周期性连续信号	傅里叶级数（FS）	离散，非周期性
非周期性离散信号	离散时域傅里叶变换（DTFT） （傅里叶级数的逆变换）	连续，周期性
周期性离散信号	离散傅里叶变换（DFT）	离散，周期性

傅里叶变换要求函数满足绝对可积，这个条件比较强，但是引入了单位脉冲函数 δ 后，我们给出了广义的傅里叶变换，这样便放宽了对函数的要求，有相当一类函数都可以做傅里叶变换了.

本章给出了关于单位脉冲函数的几个性质以及常用函数的傅里叶变换对，结合傅里叶变换的性质，我们一方面可以求出函数的频谱，另一方面可以求解微分积分方程.

于是，学习本章后，我们需要重点掌握两点：

1. 求函数的傅里叶变换处函数的频谱图.

作非周期函数 $f(t)$ 的频谱图，步骤如下：

(1) 求出非周期函数 $f(t)$ 的傅里叶变换 $F(\omega)$；

(2) 分析振幅频谱 $|F(\omega)|$ 函数的特性；

(3) 选定频率 ω 的一些值，算出相应的振幅频谱 $|F(\omega)|$ 的值；

(4) 结合(2) 和(3)，将上述各组数据所对应的点填入直角坐标系中，用连续曲线连接这些离散的点，得到该函数 $f(t)$ 的频谱图.

2. 傅里叶变换的简单应用.

部分习题详解

知识拓展

自测题 7

一、选择题

1. 关于单位脉冲函数 $\delta(t)$，下列错误的是 ( )

A. $\delta(t)=0$ B. $\int_{-\infty}^{+\infty}\delta(t)\mathrm{d}t=1$

C. $\delta(t)=\delta(-t)$ D. $\dfrac{\mathrm{d}u(t)}{\mathrm{d}t}=\delta(t)$

2. 根据 $\mathscr{F}^{-1}[1]=\delta(t)$，下列错误的是 ( )

A. $\int_{-\infty}^{+\infty}\mathrm{e}^{-\mathrm{j}\omega t}\mathrm{d}\omega=2\pi\delta(t)$ B. $\int_{-\infty}^{+\infty}\mathrm{e}^{\mathrm{j}\omega t}\mathrm{d}t=2\pi\delta(t)$

C. $\int_{-\infty}^{+\infty}\mathrm{e}^{\mathrm{j}(\omega-\omega_0)t}\mathrm{d}t=2\pi\delta(\omega-\omega_0)$ D. $\mathscr{F}[1]=2\pi\delta(\omega)$.

3. $\mathscr{F}[\cos\omega_0 t]=$ ( )

A. $\pi\delta(\omega-\omega_0)$ B. $\pi\delta(\omega+\omega_0)$

C. $\pi[\delta(\omega-\omega_0)-\delta(\omega+\omega_0)]$ D. $\pi[\delta(\omega-\omega_0)+\delta(\omega+\omega_0)]$

4. 在下面的傅里叶变换对中，错误的选项是 ( )

A. $\delta(t)\leftrightarrow 1$ B. $\delta(t-t_0)\leftrightarrow \mathrm{e}^{-\mathrm{j}\omega t_0}$

C. $1\leftrightarrow 2\pi\delta(\omega)$ D. $\mathrm{e}^{\mathrm{j}\omega_0 t}\leftrightarrow 2\pi\delta(\omega+\omega_0)$

5. 下面选项中的公式中，错误的是 ( )

A. $\int_{-\infty}^{+\infty}\mathrm{e}^{-\mathrm{j}\omega t}\mathrm{d}t=2\pi\delta(t)$ B. $\int_{-\infty}^{+\infty}\mathrm{e}^{\mathrm{j}\omega(t-t_0)}\mathrm{d}\omega=2\pi\delta(t-t_0)$

C. $\int_{-\infty}^{+\infty}\delta(t-t_0)f(t)\mathrm{d}t=f(t_0)$ D. $\dfrac{1}{\pi}\int_0^{+\infty}\dfrac{\sin\omega t}{\omega}\mathrm{d}\omega=u(t)-\dfrac{1}{2}$

6. 设 $\mathscr{F}[f(t)]=F(\omega)$，则 $\mathscr{F}[f(1-t)]=$ ( )

A. $F(\omega)\mathrm{e}^{-\mathrm{j}\omega}$ B. $F(-\omega)\mathrm{e}^{-\mathrm{j}\omega}$ C. $F(\omega)\mathrm{e}^{\mathrm{j}\omega}$ D. $F(-\omega)\mathrm{e}^{\mathrm{j}\omega}$

二、填空题

1. 函数 $f(t)=\delta(t-1)(t-2)^2\cos t$ 的傅里叶变换为________.

2. 设 $f(t)=\begin{cases}1, & |t|\leqslant 1,\\ 0, & |t|>1,\end{cases}$ 则傅里叶变换 $\mathscr{F}[f(t)]=$ ________.

3. 由$\int_0^{+\infty}\frac{\sin x}{x}\mathrm{d}x=\frac{\pi}{2}$，则$\frac{1}{2}+\frac{1}{\pi}\int_0^{+\infty}\frac{\sin\omega t}{\omega}\mathrm{d}\omega=$ ________.

4. 设$\mathscr{F}[f(t)]=F(\omega)$，则

(1)$\mathscr{F}[f(t-t_0)]=$ ________，$t_0\in\mathbf{R}$.

(2)$\mathscr{F}[f(at)]=$ ________，$a\in\mathbf{R},a\neq 0$.

5. 若$\mathscr{F}[f(t)]=\mathrm{e}-\omega$，则$\mathscr{F}[f(2t-3)]=$ ________.

6. 设$\mathscr{F}[f_1(t)]=F_1(\omega)$，$\mathscr{F}[f_2(t)]=F_2(\omega)$，则$\mathscr{F}[f_1(t)*f_2(t)]=$ ________，其中$f_1(t)*f_2(t)$定义为________.

三、按要求完成下列各题

1. 绘制下图所示的锯齿形波的频谱图.

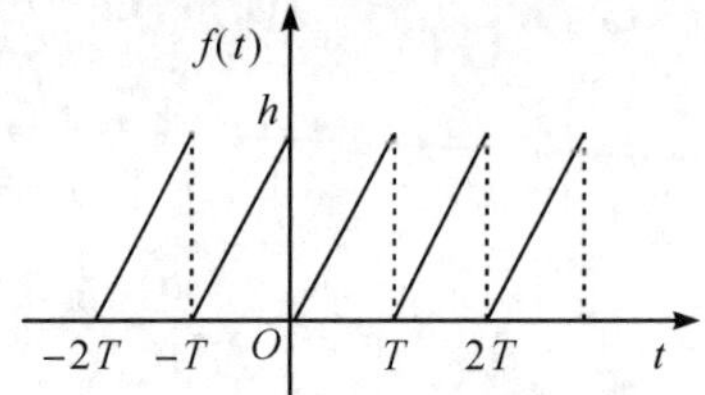

图 自测题 7-1　锯齿形波

2. 求三角形脉冲函数$f(t)=\begin{cases}1+t, & -1<t<0,\\ 1-t, & 0<t<1,\\ 0, & |t|>1\end{cases}$的傅里叶变换.

3. 已知某函数的傅里叶变换$F(\omega)=\frac{\sin\omega}{\omega}$，求该函数$f(t)$.

4. 求函数$f(t)=\sin^3 t$的傅里叶变换.

5. 求函数$f(t)=\mathrm{e}^{2\mathrm{j}t}\sin^2 t$的傅里叶变换.

6. 求函数$f(t)=u(t)\cos^2 t$的傅里叶变换.

7. 求函数$f(t)=\delta(t-1)(t-2)^2\cos t$的傅里叶变换.

8. 求函数$f(t)=\begin{cases}\mathrm{e}^{-\alpha t}, & t\geqslant 0,\\ 0, & t<0,\end{cases}$ $g(t)=\begin{cases}\mathrm{e}^{-\beta t}, & t\geqslant 0,\\ 0, & t<0\end{cases}$的卷积，其中$\alpha$，$\beta>0$且$\alpha\neq\beta$.

9. 利用卷积定理求函数$f(t)=\cos\omega_0 t\cdot u(t)$的傅里叶变换.

10. 求微分积分方程$x'(t)-\int_{-\infty}^{t}x(t)\mathrm{d}t=\mathrm{e}^{-t}$的解，其中$t>0$.

第 8 章　拉普拉斯变换

19 世纪末，英国工程师海维赛德（Heaviside，1850—1925 年）发明了运算法（也称算子法）解决了当时电工计算中的一些问题，海维赛德的方法很快地被许多人采用，但是这个方法缺乏严密的数学论证. 后来，人们终于在法国数学家拉普拉斯（Laplace，1749—1827 年）的著作中为海维赛德的运算法找到了可靠的数学依据，重新给予严密的数学定义，并为之取名拉普拉斯变换（简称拉氏变换）方法. 从此，拉氏变换方法在电学、力学、控制论等科学领域与工程技术中有着广泛的应用，尤其是在研究电路系统的瞬态过程和自动调节等理论中，它是一个常用的数学工具. 在相当长的时期内，人们几乎无法把电路理论与拉普拉斯变换分开来讨论. 此外，由于对函数进行拉普拉斯变换所要求的条件比傅里叶变换弱许多，因此在处理实际问题时，它比傅里叶变换的应用范围要广泛得多.

实际上，拉普拉斯变换理论又称运算微积分或算子微积分，拉普拉斯变换是拉普拉斯于 1782 年提出的一种变换，这个变换也可看作是一种傅里叶变换，而且是提出得更早的一种傅里叶变换. 本章将从四个方面介绍拉普拉斯变换：拉普拉斯变换的定义及其存在定理、拉普拉斯变换的一些基本性质、拉普拉斯变换的逆变换和拉普拉斯变换的应用.

§8.1　拉普拉斯变换的概念

8.1.1　问题的提出

第 7 章介绍的傅里叶变换在许多领域发挥了重要的作用，特别是在信号处理领域，直到今天，它仍然是最基本的分析和处理工具，甚至可以说信号分析本质上就是傅里叶分析(谱分析).任一函数 $f(t)$ 存在傅里叶变换必须满足三个条件.

(1) 在$(-\infty,+\infty)$ 内有定义,但在物理学、电子技术等实际应用中,许多以时间 t 作为自变量的函数往往在 $t<0$ 时是没有意义的或者根本就不需要去考虑,即只在$[0,+\infty)$ 上考虑问题.

(2) 在任一有限子区间上,$f(t)$ 要满足狄利克雷条件.

(3) $f(t)$ 绝对可积,即$\int_{-\infty}^{+\infty}|f(t)|\mathrm{d}t$ 收敛.绝对可积的条件是比较强的,即使是很简单的函数(如单位阶跃函数、正弦函数、余弦函数及线性函数等),也不满足这个条件.

由此可见,傅里叶变换的应用范围受到了相当大的限制.于是提出了问题:对于给定的函数 $\varphi(t)$,若其不满足上述三个条件,则能否对其进行适当的改造,使得变换既能进行,又不影响结果的正确性呢?这使我们想起单位阶跃函数 $u(t)$ 和指数衰减函数 $\mathrm{e}^{-\beta t}(\beta>0)$ 所具有的特点,用 $u(t)$ 乘以函数 $\varphi(t)$ 可使积分区间由$(-\infty,+\infty)$ 换为$[0,+\infty)$,用 $\mathrm{e}^{-\beta t}$ 乘以函数 $\varphi(t)$ 可使其绝对可积.因此,为了满足傅里叶变换的三个条件,我们自然想到 $u(t)\mathrm{e}^{-\beta t}(\beta>0)$ 乘以函数 $\varphi(t)$,即

$$\varphi(t)u(t)\mathrm{e}^{-\beta t}\quad(\beta>0).$$

研究发现,只要 β 选取适当,一般来说,这个函数的傅里叶变换总是存在的.对于函数 $\varphi(t)$ 先乘以 $u(t)\mathrm{e}^{-\beta t}(\beta>0)$,再做傅里叶变换的运算,我们称之为**拉普拉斯变换(Laplace transform)**,下面将对这种变换思路进行讨论.

对函数 $\varphi(t)u(t)\mathrm{e}^{-\beta t}(\beta>0)$ 作傅里叶变换,可得

拉普拉斯

$$\begin{aligned}\mathscr{F}[\varphi(t)u(t)\mathrm{e}^{-\beta t}]&=\int_{-\infty}^{+\infty}\varphi(t)u(t)\mathrm{e}^{-\beta t}\mathrm{e}^{-\mathrm{j}\omega t}\mathrm{d}t\\&=\int_{0}^{+\infty}\varphi(t)u(t)\mathrm{e}^{-(\beta+\mathrm{j}\omega)t}\mathrm{d}t\\&=\int_{0}^{+\infty}f(t)\mathrm{e}^{-st}\mathrm{d}t.\end{aligned}$$

其中 $s=\beta+\mathrm{j}\omega$,$f(t)=\varphi(t)u(t)$.由积分$\int_{0}^{+\infty}f(t)\mathrm{e}^{-st}\mathrm{d}t$ 确定的函数,记作 $F(s)$,即

$$F(s)=\int_{0}^{+\infty}f(t)\mathrm{e}^{-st}\mathrm{d}t,$$

是函数 $f(t)$ 通过一种新的变换得来的，这种变换就是我们本节要讨论的拉普拉斯变换.

8.1.2 拉普拉斯变换的定义

定义8.1.1 设函数 $f(t)$ 是定义在$[0,+\infty)$上的实值函数，若对于复参量 $s=\beta+\mathrm{j}\omega$，积分

$$F(s)=\int_0^{+\infty} f(t)\mathrm{e}^{-st}\,\mathrm{d}t$$

在复平面上的点 s 的某一域内收敛，则称函数 $F(s)$ 为函数 $f(t)$ 的**拉普拉斯变换(Laplace transform)**，简称为**拉氏变换**，记为

$$F(s)=\mathscr{L}[f(t)]=\int_0^{+\infty} f(t)\mathrm{e}^{-st}\,\mathrm{d}t. \tag{8.1.1}$$

由拉普拉斯变换的概念可知，函数 $f(t)$ 的拉氏变换，实际上就是函数 $f(t)u(t)\mathrm{e}^{-\beta t}$ 的傅里叶变换. 于是，当 $f(t)u(t)\mathrm{e}^{-\beta t}$ 满足傅里叶积分定理条件时，根据傅里叶积分公式，当 $f(t)$ 在 t 点连续时，有

$$\begin{aligned} f(t)u(t)\mathrm{e}^{-\beta t} &= \frac{1}{2\pi}\int_{-\infty}^{+\infty}\left[\int_{-\infty}^{+\infty} f(\tau)u(\tau)\mathrm{e}^{-\beta\tau}\mathrm{e}^{-\mathrm{j}\omega\tau}\,\mathrm{d}\tau\right]\mathrm{e}^{\mathrm{j}\omega t}\,\mathrm{d}\omega \\ &= \frac{1}{2\pi}\int_{-\infty}^{+\infty}\mathrm{e}^{\mathrm{j}\omega t}\,\mathrm{d}\omega\left[\int_{-\infty}^{+\infty} f(\tau)u(\tau)\mathrm{e}^{-(\beta+\mathrm{j}\omega)\tau}\,\mathrm{d}\tau\right] \\ &= \frac{1}{2\pi}\int_{-\infty}^{+\infty} F(\beta+\mathrm{j}\omega)\mathrm{e}^{\mathrm{j}\omega t}\,\mathrm{d}\omega \quad (t>0), \end{aligned}$$

等式两边同时乘以 $\mathrm{e}^{\beta t}$，可得

$$f(t)=\frac{1}{2\pi}\int_{-\infty}^{+\infty} F(\beta+\mathrm{j}\omega)\mathrm{e}^{(\beta+\mathrm{j}\omega)t}\,\mathrm{d}\omega \quad (t>0),$$

若令 $\beta+\mathrm{j}\omega=s$，则

$$f(t)=\frac{1}{2\pi\mathrm{j}}\int_{\beta-\mathrm{j}\infty}^{\beta+\mathrm{j}\infty} F(s)\mathrm{e}^{st}\,\mathrm{d}s \quad (t>0).$$

定义8.1.2 称函数 $f(t)=\frac{1}{2\pi\mathrm{j}}\int_{\beta-\mathrm{j}\infty}^{\beta+\mathrm{j}\infty} F(s)\mathrm{e}^{st}\,\mathrm{d}s \quad (t>0)$ 为 $F(s)$ 的**拉普拉斯逆变换(inverse Laplace transform)**或**拉普拉斯反演积分公式(inverse Laplace integral formula)**，记作 $\mathscr{L}^{-1}[F(s)]$，即

$$f(t)=\mathscr{L}^{-1}[F(s)]=\frac{1}{2\pi \mathrm{j}}\int_{\beta-\mathrm{j}\infty}^{\beta+\mathrm{j}\infty}F(s)\mathrm{e}^{st}\mathrm{d}s, \tag{8.1.2}$$

(8.1.2) 式右端的广义积分称为**拉普拉斯反演积分(inverse Laplace integral)**. $f(t)$ 与 $F(s)$ 分别称为**象原函数(inverse image function)**与**象函数(image function)**,(8.1.1) 式和(8.1.2) 式为一对互逆的积分变换公式,称为 $f(t)$ 与 $F(s)$ 的拉普拉斯变换对,记为 $f(t)\leftrightarrow F(s)$.

注:拉普拉斯反演积分公式的严格证明将在 8.3 节中给出.

例8.1.1 求下列函数的拉普拉斯变换.

(1) 单位阶跃函数 $u(t)=\begin{cases}0, & t<0,\\ 1, & t>0.\end{cases}$

(2) 符号函数 $\mathrm{sgn}t=\begin{cases}1, & t>0,\\ 0, & t=0,\\ -1, & t<0.\end{cases}$

(3) 常函数 $f(t)=1$.

解 根据拉式变换的定义,得

(1) $\mathscr{L}[u(t)]=\int_0^{+\infty}u(t)\mathrm{e}^{-st}\mathrm{d}t=\int_0^{+\infty}\mathrm{e}^{-st}\mathrm{d}t$,这个积分在 $\mathrm{Re}s>0$ 时收敛,且

$$\int_0^{+\infty}\mathrm{e}^{-st}\mathrm{d}t=-\frac{1}{s}\mathrm{e}^{-st}\Big|_0^{+\infty}=\frac{1}{s},$$

所以

$$\mathscr{L}[u(t)]=\frac{1}{s},\mathrm{Re}s>0.$$

(2) $\mathscr{L}[\mathrm{sgn}t]=\int_0^{+\infty}(\mathrm{sgn}t)\mathrm{e}^{-st}\mathrm{d}t=\int_0^{+\infty}\mathrm{e}^{-st}\mathrm{d}t=\frac{1}{s},\mathrm{Re}s>0$,即

$$\mathscr{L}[\mathrm{sgn}t]=\frac{1}{s},\mathrm{Re}s>0.$$

(3) $\mathscr{L}[1]=\int_0^{+\infty}\mathrm{e}^{-st}\mathrm{d}t=\frac{1}{s},\mathrm{Re}s>0$,即

$$\mathscr{L}[1]=\frac{1}{s},\mathrm{Re}s>0.$$

说明：例 8.1.2 中的三个函数经过拉普拉斯变换后，具有相同的象函数，那么问题就是对同样的象函数 $F(s)=\frac{1}{s}$，$\mathrm{Re}s>0$ 而言，其象原函数应该是哪一个？从原则上讲，当 $t>0$ 时，取值恒为 1 的任何一个函数均可由 $F(s)=\frac{1}{s}$，$\mathrm{Re}s>0$ 作为其象原函数. 这是因为在拉氏变换所应用的场合，并不需要关心函数 $f(t)$ 在 $t<0$ 时的取值情况. 但是为了讨论和描述的方便，一般规定拉氏变换中提到的函数 $f(t)$ 均理解为当 $t<0$ 时取零值.

例如，当我们写下函数 $f(t)=1$ 时，应理解为 $f(t)=u(t)$. 这样，象函数 $F(s)=\frac{1}{s}$，$\mathrm{Re}s>0$ 的象原函数可以写为 $f(t)=1$，即 $\mathscr{L}^{-1}\left[\frac{1}{s}\right]=1$.

例8.1.2　求指数函数 $f(t)=\mathrm{e}^{kt}$ 的拉普拉斯变换，其中 k 为实数.

解　根据拉式变换的定义，可得

$$\mathscr{L}[f(t)]=\int_0^{+\infty}\mathrm{e}^{kt}\cdot\mathrm{e}^{-st}\,\mathrm{d}t=\int_0^{+\infty}\mathrm{e}^{-(s-k)t}\,\mathrm{d}t,$$

这个积分在 $\mathrm{Re}(s-k)>0$ 时收敛，且

$$\int_0^{+\infty}\mathrm{e}^{-(s-k)t}\,\mathrm{d}t=-\frac{1}{s-k}\mathrm{e}^{-(s-k)}\Big|_0^{+\infty}=\frac{1}{s-k},\mathrm{Re}(s-k)>0,$$

所以

$$\mathscr{L}[\mathrm{e}^{kt}]=\frac{1}{s-k},\mathrm{Re}s>k.$$

由上式可以得到

$$\mathscr{L}[\mathrm{e}^{-kt}]=\frac{1}{s+k},\mathrm{Re}s>-k,$$

$$\mathscr{L}[\mathrm{e}^{\mathrm{j}\omega t}]=\frac{1}{s-\mathrm{j}\omega},\mathrm{Re}s>0.$$

从这些例子中已经可以明显看出，拉氏变换的确扩大了傅氏变换的使用范围.

8.1.3　拉普拉斯变换的存在定理

1. 拉普拉斯变换存在定理

从前面的例题可看出，拉氏变换的条件比傅氏变换存在的条件弱了很多，但

对一个函数作拉氏变换还是要具备一些条件的.那么一个函数满足什么条件时，其拉氏变换才会一定存在呢?下面定理了给出了这个问题的答案.

定理8.1.1 **(拉普拉斯变换存在定理,the existence theorem of Laplace transform)** 若函数 $f(t)$ 满足下列条件：

(1) 在 $t \geqslant 0$ 的任一有限区间上分段连续；

(2) 当 $t \to +\infty$ 时,函数 $f(t)$ 的绝对值的增大速度不超过某个指数函数,即存在常数 $M > 0$ 及 $c \geqslant 0$,使得

$$|f(t)| \leqslant M e^{ct} \quad (0 \leqslant t < +\infty)$$

成立(满足此条件的函数,称其增长速度是不超过指数级的,c 为它的增长指数).则函数 $f(t)$ 的拉氏变换

$$F(s) = \int_0^{+\infty} f(t) e^{-st} dt$$

在半平面 $\mathrm{Re}s > c$ 内存在,且为解析函数.

说明:(1) 这个定理的条件是充分的,物理学和工程技术中常见的函数大都能满足这个条件；

(2) 一个函数的增长是指数级的,与函数绝对可积的条件相比要弱的多.比如,$u(t)$,$\cos kt$,t^m 等函数都不满足傅氏变换存在定理中绝对可积的条件,但是它们均满足拉氏变换存在定理中的条件(2),如

$$|u(t)| \leqslant 1 \cdot e^{0t},\ M = 1, c = 0;$$

$$|\cos kt| \leqslant 1 \cdot e^{0t}, M = 1, c = 0;$$

由于 $\lim\limits_{t \to +\infty} \dfrac{t^m}{e^t} = 0 (m \geqslant 0)$,所以当 t 充分大时,有 $t^m \leqslant e^t$,因此

$$|t^m| \leqslant 1 \cdot e^t, M = 1, c = 1.$$

例8.1.3 求正弦函数 $f(t) = \sin kt$(其中 k 为实数)的拉普拉斯变换.

解 因为 $|\sin kt| < e^{0t}$,$M = 1$,$c = 0$,所以正弦函数满足定理8.1.1的条件,因此,有

$$\mathscr{L}[\sin kt] = \int_0^{+\infty} \sin kt\, e^{-st} dt$$

$$= \frac{e^{-st}}{s^2 + k^2} \cdot (-\sin kt - k\cos kt) \Big|_0^{+\infty} = \frac{k}{s^2 + k^2}, \mathrm{Re}s > 0.$$

于是,有

$$\mathscr{L}[\sin kt]=\frac{k}{s^2+k^2},\mathrm{Re}s>0.$$

同理可得

$$\mathscr{L}[\cos kt]=\frac{s}{s^2+k^2},\mathrm{Re}s>0.$$

2. 伽玛函数简介

形如$\int_0^{+\infty}\mathrm{e}^{-t}t^{m-1}\mathrm{d}t\quad(m>0)$的函数称为**伽玛函数(Gamma function)**,记为$\Gamma(m)$,即

$$\Gamma(m)=\int_0^{+\infty}\mathrm{e}^{-t}t^{m-1}\mathrm{d}t.$$

例8.1.4 证明伽玛函数具有性质 $\Gamma(x+1)=x\Gamma(x)$,并求 $\Gamma(1)$ 和 $\Gamma\left(\frac{1}{2}\right)$的值.

解 (1) 根据伽玛函数定义,得

$$\begin{aligned}\Gamma(x+1)&=\int_0^{+\infty}t^x\mathrm{e}^{-t}\mathrm{d}t\\&=-t^x\mathrm{e}^{-t}\Big|_0^{+\infty}+\int_0^{+\infty}\mathrm{e}^{-t}\mathrm{d}t^x\\&=\int_0^{+\infty}\mathrm{e}^{-t}xt^{x-1}\mathrm{d}t\\&=x\int_0^{+\infty}\mathrm{e}^{-t}t^{x-1}\mathrm{d}t\\&=x\Gamma(x).\end{aligned}$$

(2)$\Gamma(1)=\int_0^{+\infty}\mathrm{e}^{-t}\mathrm{d}t=-\mathrm{e}^{-t}\Big|_0^{+\infty}=1$;

因为 $\Gamma\left(\frac{1}{2}\right)=\int_0^{+\infty}\mathrm{e}^{-t}t^{-\frac{1}{2}}\mathrm{d}t$,所以令 $t=u^2$,则 $\mathrm{d}t=2u\mathrm{d}u$,于是有

$$\Gamma\left(\frac{1}{2}\right)=\int_0^{+\infty}\mathrm{e}^{-t}t^{-\frac{1}{2}}\mathrm{d}t=2\int_0^{+\infty}\mathrm{e}^{-u^2}\mathrm{d}u=2\frac{\sqrt{\pi}}{2}=\sqrt{\pi}.$$

注:当 $x=m$ 为正整数时,根据递推公式 $\Gamma(m+1)=m\Gamma(m)$,可以得 $\Gamma(m+1)=m!$.

例8.1.5 求幂函数 $f(t)=t^m(m>-1)$ 的拉普拉斯变换.

解 由(8.1.1)式及分部积分法,得函数 t 的拉氏变换为

$$\begin{aligned}\mathscr{L}[t]&=\int_0^{+\infty}\mathrm{e}^{-st}t\,\mathrm{d}t\\&=-\frac{1}{s}[t\mathrm{e}^{-st}]_0^{+\infty}+\frac{1}{s}\int_0^{+\infty}\mathrm{e}^{-st}\mathrm{d}t\\&=-\frac{1}{s^2}[\mathrm{e}^{-st}]_0^{+\infty}=\frac{1}{s^2},\mathrm{Re}s>0.\end{aligned}$$

利用上述结果继续使用分部积分法,可得函数 t^2 的拉氏变换为

$$\begin{aligned}\mathscr{L}[t^2]&=\int_0^{+\infty}\mathrm{e}^{-st}t^2\mathrm{d}t\\&=-\frac{t^2}{s}\mathrm{e}^{-st}\Big|_0^{+\infty}+\frac{2}{s}\int_0^{+\infty}t\mathrm{e}^{-st}\mathrm{d}t\\&=\frac{2}{s}\cdot\frac{1}{s^2}=\frac{2}{s^3},\mathrm{Re}s>0.\end{aligned}$$

利用同样的方法可得,函数 t^3 的拉氏变换为

$$\begin{aligned}\mathscr{L}[t^3]&=\int_0^{+\infty}\mathrm{e}^{-st}t^3\mathrm{d}t\\&=-\frac{t^3}{s}\mathrm{e}^{-st}\Big|_0^{+\infty}+\frac{3}{s}\int_0^{+\infty}t^2\mathrm{e}^{-st}\mathrm{d}t\\&=\frac{3}{s}\cdot\frac{2}{s^3}=\frac{3!}{s^4},\mathrm{Re}s>0.\end{aligned}$$

依次类推,可得函数 $f(t)=t^m(m>-1)$ 的拉普拉斯变换.

当 m 是正整数时

$$\mathscr{L}[t^m]=\frac{m!}{s^{m+1}},\mathrm{Re}s>0.$$

当 m 非正整数时

$$\mathscr{L}[t^m]=\int_0^{+\infty}\mathrm{e}^{-st}t^m\mathrm{d}t,$$

令 $st=u,\mathrm{d}t=\dfrac{\mathrm{d}u}{s}$,则有

$$\int_0^{+\infty} \mathrm{e}^{-st} t^m \mathrm{d}t = \int_0^{+\infty} \mathrm{e}^{-u} \left(\frac{u}{s}\right)^m \frac{\mathrm{d}u}{s}$$

$$= \frac{1}{s^{m+1}} \int_0^{+\infty} \mathrm{e}^{-u} u^m \mathrm{d}u$$

$$= \frac{\Gamma(m+1)}{s^{m+1}}, \mathrm{Re}s > 0.$$

特别地，当 $m = \frac{1}{2}$ 时，有 $\mathscr{L}\left[\frac{1}{\sqrt{t}}\right] = \frac{\Gamma\left(\frac{1}{2}\right)}{\sqrt{s}} = \sqrt{\frac{\pi}{s}}$.

例8.1.6 设函数 $f_\varepsilon(t) = \begin{cases} \frac{1}{\varepsilon}, & 0 \leqslant t \leqslant \varepsilon, \\ 0, & t > \varepsilon, \end{cases}$ 求解以下问题：

(1) $\mathscr{L}[f_\varepsilon(t)]$；(2) $\lim\limits_{\varepsilon \to 0} \mathscr{L}[f_\varepsilon(t)]$；(3) $\mathscr{L}[\delta(t)]$.

解 (1) 由拉普拉斯变换的定义，得

$$\mathscr{L}[f_\varepsilon(t)] = \int_0^{\varepsilon} \frac{1}{\varepsilon} \mathrm{e}^{-st} \mathrm{d}t + \int_{\varepsilon}^{+\infty} 0 \cdot \mathrm{e}^{-st} \mathrm{d}t = \frac{1 - \mathrm{e}^{-\varepsilon s}}{\varepsilon s}.$$

(2) 由(1) 的结果，得

$$\lim_{\varepsilon \to 0} \mathscr{L}[f_\varepsilon(t)] = \lim_{\varepsilon \to 0} \frac{1 - \mathrm{e}^{-\varepsilon s}}{\varepsilon s} = 1.$$

(3)(方法 1) 由单位脉冲函数 $\delta(t)$ 的定义，有

$$\delta(t) = \lim_{\varepsilon \to 0} f_\varepsilon(t),$$

所以，根据(2) 可得

$$\mathscr{L}[\delta(t)] = \mathscr{L}[\lim_{\varepsilon \to 0} f_\varepsilon(t)] = \lim_{\varepsilon \to 0} \mathscr{L}[f_\varepsilon(t)] = 1.$$

(方法 2) 利用 $\delta(t)$ 的选择性质 $\int_{-\infty}^{+\infty} \delta(t) f(t) \mathrm{d}t = f(0)$ 及拉普拉斯变换的定义，有

$$\mathscr{L}[\delta(t)] = \int_0^{+\infty} \delta(t) \mathrm{e}^{-st} \mathrm{d}t = \mathrm{e}^{-st} \big|_{t=0} = 1.$$

注：在例 8.1.6 的拉普拉斯变换中，当 $t < 0$ 时，取 $\delta(t) = 0$.

例8.1.7 求函数 $f(t)=\delta(t)\cos t-u(t)\sin t$ 的拉普拉斯变换.

解 根据拉普拉斯变换的定义,得

$$\begin{aligned}\mathscr{L}[f(t)]&=\int_0^{+\infty}[\delta(t)\cos t-u(t)\sin t]\mathrm{e}^{-st}\,\mathrm{d}t\\&=\int_0^{+\infty}\delta(t)\cos t\mathrm{e}^{-st}\,\mathrm{d}t-\int_0^{+\infty}u(t)\sin t\mathrm{e}^{-st}\,\mathrm{d}t\\&=\int_{-\infty}^{+\infty}\delta(t)\cos t\mathrm{e}^{-st}\,\mathrm{d}t-\int_0^{+\infty}\sin t\mathrm{e}^{-st}\,\mathrm{d}t\\&=\cos t\mathrm{e}^{-st}\big|_{t=0}-\mathscr{L}[\sin t]\\&=1-\frac{1}{s^2+1}=\frac{s^2}{s^2+1}.\end{aligned}$$

思考题 8.1

1. 比较傅里叶积分定理和拉普拉斯变换存在定理的条件,哪一个定理的条件要求更强?

2. 画出伽玛函数的图形.

3. 函数 $f(t)=\sin kt$ 和 $f(t)=\cos kt$ 的拉普拉斯变换的差别在何处?

4. 单位脉冲函数的拉普拉斯变换是怎样的?你对它有怎样的理解?

习题 8.1

1. 填写几个常用函数的拉普拉斯变换.

(1) $\mathscr{L}[\delta(t)]=$ __________;　(2) $\mathscr{L}[\mathrm{e}^{at}]=$ __________;

(3) $\mathscr{L}[u(t)]=$ __________;　(4) $\mathscr{L}[\sin kt]=$ __________;

(5) $\mathscr{L}[1]=$ __________;　(6) $\mathscr{L}[\cos kt]=$ __________;

(7) $\mathscr{L}[t^m]=$ __________.　(8) $\mathscr{L}[\sin^2 t]=$ __________.

2. 已知 $f(t)=\begin{cases}2, & 0\leqslant t<2,\\3, & t\geqslant 2\end{cases}$,求 $\mathscr{L}[f(t)]$.

3. 已知 $f(t)=\mathrm{e}^{2t}+5\delta(t)$,求 $\mathscr{L}[f(t)]$.

4. 已知 $f(t)=\cos t\cdot\delta(t)-\sin t\cdot u(t)$,求 $\mathscr{L}[f(t)]$.

§8.2 拉普拉斯变换的性质

由 8.1 节可知,我们可以根据拉氏变换的定义,并借助合适的积分方法求得一些较简单的常用函数的拉氏变换,但对于较复杂的函数,利用定义来求其象函数就显得不方便,有时甚至可能会求不出.本节将介绍拉普拉斯变换的几个基本性质,它们在拉普拉斯变换的实际应用中都是很有用的.为了叙述方便起见,假定在这些性质中,涉及的函数都满足拉普拉斯变换存在定理中的条件,并且把这些函数的增长指数都统一地取为 c.

8.2.1 线性性质

设 α,β 为常数,且 $\mathscr{L}[f(t)]=F(s)$,$\mathscr{L}[g(t)]=G(s)$,则

$$\mathscr{L}[\alpha f(t)+\beta g(t)]=\alpha\mathscr{L}[f(t)]+\beta\mathscr{L}[g(t)], \tag{8.2.1}$$

$$\mathscr{L}^{-1}[\alpha F(s)+\beta G(s)]=\alpha\mathscr{L}^{-1}[F(s)]+\beta\mathscr{L}^{-1}[G(s)]. \tag{8.2.1'}$$

这个性质表明,象原函数(象函数)的线性组合的拉氏变换(反拉氏变换)等于各象原函数(象函数)拉氏变换(反拉氏变换)的线性组合.它的证明只需根据拉氏变换(反拉氏变换)的定义和积分性质就可以推出.

注:线性性质又可称为可叠加性,它可以推广到有限多个象原函数(象函数)的情况,即

$$\mathscr{L}\Big[\sum_{k=1}^{n}a_kf_k(t)\Big]=\sum_{k=1}^{n}a_k\mathscr{L}[f_k(t)], \tag{8.2.2}$$

$$\mathscr{L}^{-1}\Big[\sum_{k=1}^{n}a_kF_k(s)\Big]=\sum_{k=1}^{n}a_k\mathscr{L}^{-1}[F_k(s)]. \tag{8.2.2'}$$

例8.2.1 求函数 $\cos\omega t$ 的拉氏变换.

解 根据欧拉公式 $\cos\omega t=\frac{1}{2}(\mathrm{e}^{\mathrm{j}\omega t}+\mathrm{e}^{-\mathrm{j}\omega t})$ 及 $\mathscr{L}[\mathrm{e}^{\mathrm{j}\omega t}]=\frac{1}{s-\mathrm{j}\omega}$,$\mathrm{Re}s>0$,得

$$\begin{aligned}\mathscr{L}[\cos\omega t] &= \frac{1}{2}(\mathscr{L}[\mathrm{e}^{\mathrm{j}\omega t}+\mathrm{e}^{-\mathrm{j}\omega t}]) \\ &= \frac{1}{2}(\mathscr{L}[\mathrm{e}^{\mathrm{j}\omega t}]+\mathscr{L}[\mathrm{e}^{-\mathrm{j}\omega t}]) \\ &= \frac{1}{2}\left(\frac{1}{s-\mathrm{j}\omega}+\frac{1}{s+\mathrm{j}\omega}\right)=\frac{s}{s^2+\omega^2},\mathrm{Re}s>0.\end{aligned}$$

类似地，可得 $\mathscr{L}[\sin\omega t]=\dfrac{\omega}{s^2+\omega^2},\mathrm{Re}s>0.$

例8.2.2 已知象函数 $F(s)=\dfrac{5s-1}{(s+1)(s-2)}$，求该拉氏变换的象原函数 $\mathscr{L}^{-1}[F(s)]$.

解 因为 $F(s)=\dfrac{5s-1}{(s+1)(s-2)}=2\dfrac{1}{s+1}+3\dfrac{1}{s-2},\mathscr{L}[\mathrm{e}^{at}]=\dfrac{1}{s-a},\mathrm{Re}s>0,$

所以

$$\mathscr{L}^{-1}[F(s)]=2\mathscr{L}^{-1}\left[\frac{1}{s+1}\right]+3\mathscr{L}^{-1}\left[\frac{1}{s-2}\right]=2\mathrm{e}^{-t}+3\mathrm{e}^{2t},\mathrm{Re}s>0.$$

8.2.2 相似性质

设 $\mathscr{L}[f(t)]=F(s)$，则对任一常数 $a>0$，都有

$$\mathscr{L}[f(at)]=\frac{1}{a}F\left(\frac{s}{a}\right). \tag{8.2.3}$$

证明 $\mathscr{L}[f(at)]=\int_0^{+\infty}f(at)\mathrm{e}^{-st}\mathrm{d}t$，令 $x=at$，则 $\mathrm{d}x=a\mathrm{d}t$，于是

$$\int_0^{+\infty}f(at)\mathrm{e}^{-st}\mathrm{d}t=\frac{1}{a}\int_0^{+\infty}f(x)\mathrm{e}^{-\frac{s}{a}x}\mathrm{d}x=\frac{1}{a}F\left(\frac{s}{a}\right).$$

注：因为函数 $f(at)$ 的图形可由 $f(t)$ 的图形沿 t 轴作相似变换而得，所以这个性质被称为相似性. 在工程技术中，经常需要改变时间的比例尺或在一个给定的时间函数标准化后，再求它的拉氏变换，此时就要用到这个性质，因此这个性质在工程技术中也被称为**尺度变换性**.

例8.2.3 已知 $\mathscr{L}[t\sin t]=\dfrac{2s}{(s^2+1)^2}$,求 $\mathscr{L}[t\sin\omega t]$.

解 因为 $\mathscr{L}[t\sin t]=\dfrac{2s}{(s^2+1)^2}$,所以根据拉氏变换的相似性,可得

$$\mathscr{L}[\omega t\sin\omega t]=\frac{1}{\omega}\frac{2\dfrac{s}{\omega}}{\left[\left(\dfrac{s}{\omega}\right)^2+1\right]^2}=\frac{2\omega^2 s}{(\omega^2+s^2)^2},$$

所以,有

$$\mathscr{L}[t\sin\omega t]=\frac{2\omega s}{(\omega^2+s^2)^2}.$$

8.2.3 位移性质

若 $\mathscr{L}[f(t)]=F(s)$,则有

$$\mathscr{L}[e^{at}f(t)]=F(s-a),\mathrm{Re}(s-a)>c, \tag{8.2.4}$$

或

$$\mathscr{L}^{-1}[F(s-a)]=e^{at}f(t),\mathrm{Re}(s-a)>c, \tag{8.2.4'}$$

其中 a 为复常数.

这个性质表明了象原函数乘以指数函数 e^{at} 的拉氏变换等于其象函数作位移 a.

证明 根据拉氏变换的定义,得

$$\begin{aligned}\mathscr{L}[e^{at}f(t)]&=\int_0^{+\infty}e^{at}f(t)e^{-st}\,dt\\&=\int_0^{+\infty}f(t)e^{-(s-a)t}\,dt=F(s-a),\mathrm{Re}(s-a)>c.\end{aligned}$$

例8.2.4 分别求函数 $t^m e^{at}$(m 为正整数)与 $e^{-at}\cos kt$ 的拉氏变换.

解 因为 $\mathscr{L}[t^m]=\dfrac{m!}{s^{m+1}}$,所以由位移性质得

$$\mathscr{L}[e^{at}t^m]=\frac{m!}{(s-a)^{m+1}}.$$

又因为 $\mathscr{L}[\cos kt]=\dfrac{s}{s^2+k^2}$,所以由位移性质得

$$\mathscr{L}[e^{-at}\cos kt]=\frac{(s+a)}{(s+a)^2+k^2}.$$

8.2.4 延迟性质

若 $\mathscr{L}[f(t)]=F(s)$，且当 $t<0$ 时，$f(t)=0$，则对任一非负实数 τ，有

$$\mathscr{L}[f(t-\tau)]=\mathrm{e}^{-s\tau}F(s),\operatorname{Re}s>c,\text{或 }\mathscr{L}^{-1}[\mathrm{e}^{-s\tau}F(s)]=f(t-\tau),\operatorname{Re}s>c. \tag{8.2.5}$$

这个性质表明，时间函数延迟 τ 个单位的拉氏变换等于它的象函数乘以指数因子 $\mathrm{e}^{-s\tau}$，故延迟性质又称为**时域延迟性**或者 **s 域延迟性**.

* **证明** 由拉氏变换的定义，有

$$\begin{aligned}\mathscr{L}[f(t-\tau)]&=\int_0^{+\infty}f(t-\tau)\mathrm{e}^{-st}\mathrm{d}t\\&=\int_0^{\tau}f(t-\tau)\mathrm{e}^{-st}\mathrm{d}t+\int_{\tau}^{+\infty}f(t-\tau)\mathrm{e}^{-st}\mathrm{d}t,\end{aligned}$$

由假设条件知，当 $t<\tau$ 时，$f(t-\tau)=0$，所以上式右端第一个积分为零.

对于第二个积分，令 $t-\tau=u$，则

$$\begin{aligned}\mathscr{L}[f(t-\tau)]&=\int_0^{+\infty}f(u)\mathrm{e}^{-s(u+\tau)}\mathrm{d}u\\&=\mathrm{e}^{-s\tau}\int_0^{+\infty}f(u)\mathrm{e}^{-su}\mathrm{d}u=\mathrm{e}^{-s\tau}F(s),\operatorname{Re}s>c.\end{aligned}$$

例8.2.5 求函数 $u(t-\tau)=\begin{cases}0, & t<\tau,\\1, & t>\tau\end{cases}$ 与 $f(t)=u(3t-5)$ 的拉普拉斯变换.

解 因为 $\mathscr{L}[u(t)]=\dfrac{1}{s}$，由延迟性得

$$\mathscr{L}[u(t-\tau)]=\mathrm{e}^{-s\tau}\frac{1}{s}=\frac{1}{s}\mathrm{e}^{-s\tau}.$$

又因为 $u(3t-5)=u\left[3\left(t-\dfrac{5}{3}\right)\right]=u\left(t-\dfrac{5}{3}\right)$，所以由延迟性，得

$$\mathscr{L}[u(3t-5)]=\mathscr{L}\left[u\left(t-\frac{5}{3}\right)\right]=\frac{1}{s}\mathrm{e}^{-\frac{5}{3}s}.$$

例8.2.6 求分段函数 $f(t)=\begin{cases}k, & k<t<k+1,\\0, & t<0\end{cases}$ $(k=0,1,2,\cdots)$ 的拉普拉斯变换.

解 函数 $f(t)$ 是阶梯函数，利用单位阶跃函数，可以将其表示为

$$f(t)=u(t-1)+u(t-2)+u(t-3)+\cdots+u(t-k)+\cdots,$$

再由延迟性质和 $\mathscr{L}[u(t)]=\frac{1}{s}$，可得

$$\mathscr{L}[f(t)]=\frac{1}{s}e^{-s}+\frac{1}{s}e^{-2s}+\frac{1}{s}e^{-3s}+\cdots+\frac{1}{s}e^{-ks}+\cdots,\mathrm{Re}s>0,$$

右端是公比为 e^{-s} 的等比级数，由于当 $\mathrm{Re}s>0$ 时，$|e^{-s}|=e^{-\beta}<1,\beta=\mathrm{Re}s>0$，因此

$$\mathscr{L}[f(t)]=\frac{1}{s}e^{-s}\sum_{k=0}^{\infty}(e^{-s})^k=\frac{1}{s(e^s-1)},\mathrm{Re}s>0.$$

8.2.5 微分性质

1. 导数的象函数

设 $\mathscr{L}[f(t)]=F(s)$，则有

$$\mathscr{L}[f'(t)]=sF(s)-f(0),\mathrm{Re}s>c. \tag{8.2.6}$$

* **证明** 根据(8.1.1)式及分部积分法，有

$$\begin{aligned}\mathscr{L}[f'(t)]&=\int_0^{+\infty}f'(t)e^{-st}\mathrm{d}t\\&=f(t)e^{-st}\Big|_0^{+\infty}+s\int_0^{+\infty}f(t)e^{-st}\mathrm{d}t\\&=-f(0)+s\int_0^{+\infty}f(t)e^{-st}\mathrm{d}t\end{aligned}$$

由于 $|f(t)|<Me^{ct}$，$|f(t)e^{-st}|<Me^{-(s-c)t}$，故 $\lim\limits_{t\to+\infty}f(t)e^{-st}=0$，因此

$$\mathscr{L}[f'(t)]=sF(s)-f(0).$$

推论8.2.1 设 $\mathscr{L}[f(t)]=F(s)$，则有

$$\mathscr{L}[f^{(n)}(t)]=s^nF(s)-s^{n-1}f(0)-s^{n-2}f'(0)-\cdots-f^{(n-1)}(0),\mathrm{Re}s>c. \tag{8.2.7}$$

特别地，当初值 $f(0)=f'(0)=\cdots=f^{(n-1)}(0)=0$ 时，有

$$\mathscr{L}[f'(t)]=sF(s),\mathscr{L}[f''(t)]=s^2F(s),\cdots,\mathscr{L}[f^{(n)}(t)]=s^nF(s). \tag{8.2.7'}$$

注：利用数学归纳法，可以证明(8.2.7)式.

此性质告诉我们，利用(8.2.7)式可以将函数 $f(t)$ 的微分方程转化为象函数 $F(s)$ 的代数方程，因此它对分析线性系统有着重要的作用.

例8.2.7 求解微分方程 $y''(t)+\omega^2 y(t)=0, y(0)=0, y'(0)=\omega$.

解 设 $Y(s)=\mathscr{L}[y(t)]$，对方程两边取拉氏变换，并利用线性性质及微分性质，有

$$s^2Y(s)-sy(0)-y'(0)+\omega^2Y(s)=0,$$

代入初值即得

$$Y(s)=\frac{\omega}{s^2+\omega^2}.$$

由前面结果或查表，可以得到方程的解为

$$y(t)=\mathscr{L}^{-1}[Y(\omega)]=\mathscr{L}^{-1}\left[\frac{\omega}{s^2+\omega^2}\right]=\sin\omega t.$$

2. 象函数的导数

设 $\mathscr{L}[f(t)]=F(s)$ ，则有

$$F'(s)=\mathscr{L}[-tf(t)], \mathrm{Re}s>c. \tag{8.2.8}$$

* **证明** 由于 $F(s)=\mathscr{L}[f(t)]=\int_0^{+\infty}f(t)\mathrm{e}^{-st}\mathrm{d}t$，所以两边求导，得

$$F'(s)=\frac{\mathrm{d}}{\mathrm{d}s}\int_0^{+\infty}f(t)\mathrm{e}^{-st}\mathrm{d}t=\int_0^{+\infty}\frac{\mathrm{d}}{\mathrm{d}s}f(t)\mathrm{e}^{-st}\mathrm{d}t$$
$$=\int_0^{+\infty}-tf(t)\mathrm{e}^{-st}\mathrm{d}t=\mathscr{L}[-tf(t)].$$

一般地，有

$$F^{(n)}(s)=\mathscr{L}[(-t)^nf(t)], \mathrm{Re}s>c. \tag{8.2.9}$$

例8.2.8 求函数 $f(t)=t\sin kt$ 的拉普拉斯变换.

解 因为 $\mathscr{L}[\sin kt]=\frac{k}{s^2+k^2}$，所以由拉氏变换象函数的微分性质得

$$\mathscr{L}[t\sin kt]=-\frac{\mathrm{d}}{\mathrm{d}s}\left(\frac{k}{s^2+k^2}\right)=\frac{2ks}{(s^2+k^2)^2}.$$

同理

$$\mathscr{L}[t\cos kt]=-\frac{\mathrm{d}}{\mathrm{d}s}\left[\frac{s}{s^2+k^2}\right]=\frac{s^2-k^2}{(s^2+k^2)^2}.$$

例8.2.9 求函数 $f(t)=t^2\cos^2 t$ 的拉普拉斯变换.

解 由于 $\cos^2 t=\frac{1}{2}(1+\cos 2t)$ 及 $\mathscr{L}[\cos kt]=\frac{s}{s^2+k^2}$,所以由象函数拉氏变换的微分性质,得

$$\begin{aligned}\mathscr{L}[t^2\cos^2 t]&=\frac{1}{2}\mathscr{L}[t^2(1+\cos 2t)]\\&=\frac{1}{2}\frac{\mathrm{d}^2}{\mathrm{d}s^2}[\mathscr{L}(1+\cos 2t)]\\&=\frac{1}{2}\frac{\mathrm{d}^2}{\mathrm{d}s^2}\left[\frac{1}{s}+\frac{s}{s^2+4}\right]\\&=\frac{2(s^6+24s^2+32)}{s^3(s^2+4)^3}.\end{aligned}$$

8.2.6 积分性质

1. 象原函数的积分性质

设 $\mathscr{L}[f(t)]=F(s)$,则

$$\mathscr{L}\left[\int_0^t f(t)\mathrm{d}t\right]=\frac{1}{s}F(s),\mathrm{Re}s>c. \tag{8.2.10}$$

* **证明** 设 $g(t)=\int_0^t f(t)\mathrm{d}t$,则 $g'(t)=f(t)$ 且 $g(0)=0$.

由微分性质,得

$$\mathscr{L}[g'(t)]=s\mathscr{L}[g(t)]-g(0)=s\mathscr{L}[g(t)],$$

即

$$\mathscr{L}\left[\int_0^t f(t)\mathrm{d}t\right]=\frac{1}{s}\mathscr{L}[g'(t)]=\frac{1}{s}\mathscr{L}[f(t)]=\frac{1}{s}F(s),\mathrm{Re}s>c.$$

一般地,有

$$\mathscr{L}\Big[\underbrace{\int_0^t\mathrm{d}t\int_0^t\mathrm{d}t\cdots\int_0^t f(t)\mathrm{d}t}_{n\text{重积分}}\Big]=\frac{1}{s^n}F(s),\mathrm{Re}s>c. \tag{8.2.11}$$

这个性质表明,一个函数积分后再取拉氏变换等效于用这个函数的拉氏变换除以复参数 s.

2. 象函数的积分性质

设 $\mathscr{L}[f(t)]=F(s)$,则有

$$\mathscr{L}\left[\frac{f(t)}{t}\right]=\int_{s}^{+\infty}F(s)\mathrm{d}s,\mathrm{Re}s>c, \tag{8.2.12}$$

或

$$f(t)=t\mathscr{L}^{-1}\left[\int_{s}^{+\infty}F(s)\mathrm{d}s\right],\mathrm{Re}s>c. \tag{8.2.12'}$$

* **证明** 根据拉普拉斯变换的定义，得

$$\mathscr{L}\left[\frac{f(t)}{t}\right]=\int_{s}^{+\infty}\frac{f(t)}{t}\mathrm{e}^{-st}\mathrm{d}t,$$

所以

$$\begin{aligned}\int_{s}^{+\infty}F(s)\mathrm{d}s&=\int_{s}^{+\infty}\mathrm{d}s\int_{0}^{+\infty}f(t)\mathrm{e}^{-st}\mathrm{d}t=\int_{0}^{+\infty}f(t)\left[\int_{s}^{+\infty}\mathrm{e}^{-st}\mathrm{d}s\right]\mathrm{d}t\\&=-\int_{0}^{+\infty}f(t)\frac{\mathrm{e}^{-st}}{t}\Big|_{s}^{+\infty}\mathrm{d}t=\int_{0}^{+\infty}\frac{f(t)}{t}\mathrm{e}^{-st}\mathrm{d}t\\&=\mathscr{L}\left[\frac{f(t)}{t}\right].\end{aligned}$$

一般地，有

$$\mathscr{L}\left[\frac{f(t)}{t^n}\right]=\underbrace{\int_{s}^{+\infty}\mathrm{d}s\int_{s}^{+\infty}\mathrm{d}s\int_{s}^{+\infty}\mathrm{d}s\cdots\int_{s}^{+\infty}F(s)\mathrm{d}s}_{n\text{重积分}},\mathrm{Re}s>c. \tag{8.2.13}$$

例8.2.10 求函数 $f(t)=\dfrac{\sin t}{t}$ 的拉氏变换.

解 因为 $\mathscr{L}[\sin t]=\dfrac{1}{1+s^2}$，且 $\lim\limits_{t\to0^+}\dfrac{\sin t}{t}=1$，所以由象函数的积分性质，有

$$\mathscr{L}\left[\frac{\sin t}{t}\right]=\int_{s}^{+\infty}\frac{1}{s^2+1}\mathrm{d}s=\frac{\pi}{2}-\arctan s=\mathrm{arccot}\,s,$$

同时，可以得到广义积分

$$\int_{0}^{+\infty}\frac{\sin t}{t}\mathrm{e}^{-st}\mathrm{d}t=\mathrm{arccot}\,s.$$

在上式中，若令 $s=0$，则有广义积分

$$\int_{0}^{+\infty}\frac{\sin t}{t}\mathrm{d}t=\frac{\pi}{2}.$$

通过例 8.2.10 我们得到一个启发，即在拉氏变换的微分性质与积分性质中取 s 为某些特定值，然后就可以用它来求某些函数的广义积分.

若令下述公式中 $s=0$，则可得到相应的广义积分公式.

由 $\int_0^{+\infty} f(t)\mathrm{e}^{-st}\mathrm{d}t = F(s)$，得 $\int_0^{+\infty} f(t)\mathrm{d}t = F(0)$；

由 $F'(s) = -\mathscr{L}[tf(t)]$，得 $\int_0^{+\infty} tf(t)\mathrm{d}t = -F'(0)$；

由 $\mathscr{L}\left[\frac{f(t)}{t}\right] = \int_s^{+\infty} F(s)\mathrm{d}s$，得 $\int_0^{+\infty} \frac{f(t)}{t}\mathrm{d}t = \int_0^{+\infty} F(s)\mathrm{d}s$.

注：在使用上面公式时，应先考虑广义积分的存在性.

例8.2.11 计算下列广义积分.

(1) $\int_0^{+\infty} \mathrm{e}^{-3t}\cos 2t\mathrm{d}t$； (2) $\int_0^{+\infty} \frac{1-\cos t}{t}\mathrm{e}^{-t}\mathrm{d}t$.

解 (1) 由于 $\mathscr{L}[\cos 2t] = \frac{s}{s^2+4}$，所以

$$\int_0^{+\infty} \mathrm{e}^{-3t}\cos 2t\mathrm{d}t = \mathscr{L}[\cos 2t]_{s=3} = \left.\frac{s}{s^2+4}\right|_{s=3} = \frac{3}{13}.$$

(2) 根据象函数的积分性质，有

$$\begin{aligned}\mathscr{L}\left[\frac{1-\cos t}{t}\right] &= \int_s^{+\infty} \mathscr{L}[1-\cos t]\mathrm{d}s \\ &= \int_s^{+\infty} \left(\frac{1}{s} - \frac{s}{s^2+1}\right)\mathrm{d}s \\ &= \frac{1}{2}\ln \left.\frac{s^2}{s^2+1}\right|_s^{+\infty} = \frac{1}{2}\ln \frac{s^2+1}{s^2},\end{aligned}$$

即

$$\mathscr{L}\left[\frac{1-\cos t}{t}\right] = \int_0^{+\infty} \frac{1-\cos t}{t}\mathrm{e}^{-st}\mathrm{d}t = \frac{1}{2}\ln \frac{s^2+1}{s^2},$$

令 $s=1$，得

$$\int_0^{+\infty} \frac{1-\cos t}{t}\mathrm{e}^{-t}\mathrm{d}t = \frac{1}{2}\ln 2.$$

8.2.7 周期函数的拉普拉斯变换

定理8.2.1 设 $f(t)(t>0)$ 是 $[0,+\infty)$ 内以 T 为周期的周期函数，且 $f(t)$ 在一个周期内分段光滑，则

$$\mathscr{L}[f(t)]=\frac{1}{1-\mathrm{e}^{-sT}}\int_0^T f(t)\mathrm{e}^{-st}\,\mathrm{d}t. \tag{8.2.14}$$

* **证明** 由拉氏变换的定义,有

$$\mathscr{L}[f(t)]=\int_0^{+\infty} f(t)\mathrm{e}^{-st}\,\mathrm{d}t=\int_0^T f(t)\mathrm{e}^{-st}\,\mathrm{d}t+\int_T^{+\infty} f(t)\mathrm{e}^{-st}\,\mathrm{d}t,$$

对上式右端的第二个积分作代换 $u=t-T$,且利用函数 $f(t)$ 的周期性,有

$$\begin{aligned}\mathscr{L}[f(t)]&=\int_0^T f(t)\mathrm{e}^{-st}\,\mathrm{d}t+\int_0^{+\infty} f(u)\mathrm{e}^{-su}\,\mathrm{e}^{-sT}\,\mathrm{d}u\\&=\int_0^T f(t)\mathrm{e}^{-st}\,\mathrm{d}t+\mathrm{e}^{-sT}=\mathscr{L}[f(t)],\end{aligned}$$

于是

$$\mathscr{L}[f(t)]=\frac{1}{1-\mathrm{e}^{-sT}}\int_0^T f(t)\mathrm{e}^{-st}\,\mathrm{d}t.$$

例8.2.12 求全波整流后的正弦波 $f(t)=|\sin\omega t|$ 的拉普拉斯变换.

解 因为函数的周期为 $T=\dfrac{\pi}{\omega}$,由周期函数拉氏变换公式(8.2.14)以及分部积分法,有

$$\begin{aligned}\mathscr{L}[f(t)]&=\frac{1}{1-\mathrm{e}^{-sT}}\int_0^T \sin(\omega t)\mathrm{e}^{-st}\,\mathrm{d}t\\&=\frac{1}{1-\mathrm{e}^{-sT}}\left.\frac{\mathrm{e}^{-st}(-s\sin\omega t-\omega\cos\omega t)}{s^2+\omega^2}\right|_0^T\\&=\frac{\omega}{s^2+\omega^2}\,\frac{1+\mathrm{e}^{-sT}}{1-\mathrm{e}^{-sT}}\\&=\frac{\omega}{s^2+\omega^2}\,\frac{\mathrm{e}^{sT}+1}{\mathrm{e}^{sT}-1}.\end{aligned}$$

8.2.8 拉普拉斯变换的卷积与卷积定理

前面已经介绍了傅氏变换的卷积,下面由傅氏变换的卷积推出拉氏变换的卷积. 拉氏变换的卷积不仅被用来求函数的逆变换及一些积分的值,而且在线性系统的分析中也起着重要作用.

1. 卷积的概念

前面讨论两个函数的傅氏卷积为

$$f_1(t) * f_2(t) = \int_{-\infty}^{+\infty} f_1(\tau) f_2(t-\tau) \mathrm{d}\tau.$$

若函数 $f_1(t)$ 与 $f_2(t)$ 满足当 $t<0$ 时，$f_1(t)=f_2(t)=0$，则

$$\begin{aligned} f_1(t) * f_2(t) &= \int_{-\infty}^{0} f_1(\tau) f_2(t-\tau) \mathrm{d}\tau + \int_{0}^{t} f_1(\tau) f_2(t-\tau) \mathrm{d}\tau + \int_{t}^{+\infty} f_1(\tau) f_2(t-\tau) \mathrm{d}\tau \\ &= \int_{0}^{t} f_1(\tau) f_2(t-\tau) \mathrm{d}\tau. \end{aligned}$$

上式称为函数 $f_1(t)$ 与 $f_2(t)$ 的**拉普拉斯卷积(Laplace convolution)**，记为

$$f_1(t) * f_2(t) = \int_{0}^{t} f_1(\tau) f_2(t-\tau) \mathrm{d}\tau. \tag{8.2.15}$$

注: 卷积定理可以推广到有限多个函数的情况，即若 $f_k(t)(k=1,2,\cdots,n)$ 满足拉氏变换存在定理的条件，且 $F_k(s)=\mathscr{L}[f_k(t)](k=1,2,\cdots,n)$，则

$$\mathscr{L}[f_1(t) * f_2(t) * \cdots * f_n(t)] = F_1(s) \cdot F_2(s) \cdot \cdots \cdot F_n(s). \tag{8.2.16}$$

例8.2.13　求函数 $f_1(t)=t$ 与 $f_2(t)=\sin t$ 的拉普拉斯卷积.

解　根据卷积定义及分部积分法，有

$$\begin{aligned} t * \sin t &= \int_{0}^{t} \tau \sin(t-\tau) \mathrm{d}\tau \\ &= [\tau\cos(t-\tau)]_0^t - \int_{0}^{t} \cos(t-\tau) \mathrm{d}\tau = t - \sin t. \end{aligned}$$

2. 卷积的性质

(1) $f_1(t) * f_2(t) = f_2(t) * f_1(t)$;

(2) $f_1(t) * [f_2(t) * f_3(t)] = [f_1(t) * f_2(t)] * f_3(t)$;

(3) $f_1(t) * [f_2(t) + f_3(t)] = f_1(t) * f_2(t) + f_1(t) * f_3(t)$.

3. 卷积定理

设函数 $f_1(t)$ 与 $f_2(t)$ 满足拉氏变换定理中的条件，且 $\mathscr{L}[f_1(t)]=F_1(s)$，$\mathscr{L}[f_2(t)]=F_2(s)$，则 $f_1(t) * f_2(t)$ 的拉氏变换存在，且有

$$\mathscr{L}[f_1(t) * f_2(t)] = F_1(s) \cdot F_2(s) \text{ 或 } \mathscr{L}^{-1}[F_1(s) \cdot F_2(s)] = f_1(t) * f_2(t).$$

* **证明**　因为 $f_1(t) * f_2(t)$ 满足拉氏变换定理中的条件，则有

$$\begin{aligned} \mathscr{L}[f_1(t) * f_2(t)] &= \int_{0}^{+\infty} [f_1(t) * f_2(t)] \mathrm{e}^{-st} \mathrm{d}t \\ &= \int_{0}^{+\infty} \left[\int_{0}^{t} f_1(\tau) f_2(t-\tau) \mathrm{d}\tau\right] \mathrm{e}^{-st} \mathrm{d}t, \end{aligned}$$

该积分看作 $t-\tau$ 平面上的二重积分，如图 8-2-1 所示，交换积分次序，即得

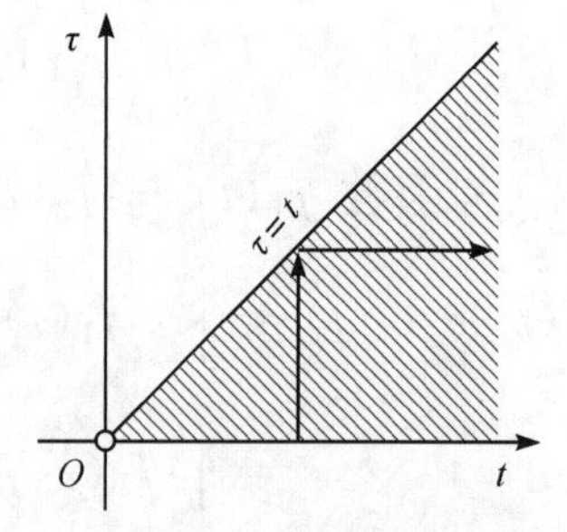

图 8-2-1　交换积分顺序

$$\mathscr{L}[f_1(t)*f_2(t)]=\int_0^{+\infty}f_1(\tau)\left[\int_\tau^{+\infty}f_2(t-\tau)\mathrm{e}^{-st}\,\mathrm{d}t\right]\mathrm{d}\tau$$

对内层积分作变量代换 $u=t-\tau,\mathrm{d}t=\mathrm{d}u$，有

$$\begin{aligned}\mathscr{L}[f_1(t)*f_2(t)]&=\int_0^{+\infty}f_1(\tau)\left[\int_0^{+\infty}f_2(u)\mathrm{e}^{-s(u+\tau)}\,\mathrm{d}u\right]\mathrm{d}\tau\\&=\int_0^{+\infty}f_1(\tau)\mathrm{e}^{-s\tau}\left[\int_0^{+\infty}f_2(u)\mathrm{e}^{-su}\,\mathrm{d}u\right]\mathrm{d}\tau\\&=\int_0^{+\infty}f_1(\tau)\mathrm{e}^{-st}F_2(s)\,\mathrm{d}\tau\\&=F_2(s)\int_0^{+\infty}f_1(\tau)\mathrm{e}^{-st}\,\mathrm{d}\tau\\&=F_1(s)\cdot F_2(s).\end{aligned}$$

这个性质表明，函数卷积(积分运算)的拉氏变换等于其象函数的乘积(代数运算)，因此卷积定理在拉氏变换的应用中起着十分重要的作用. 下面给出两个用卷积定理来求拉氏(逆)变换的例子.

例8.2.14　求卷积 $\mathrm{e}^{3t}*t^3$ 的拉氏变换.

解　因为 $\mathscr{L}[\mathrm{e}^{3t}]=\dfrac{1}{s-3}$，$\mathscr{L}[t^3]=\dfrac{3!}{s^4}$，根据卷积定理，有

$$\mathscr{L}[\mathrm{e}^{3t}*t^3]=\frac{1}{s-3}\cdot\frac{3!}{s^4}.$$

例8.2.15　若 $F(s)=\dfrac{1}{s^2(s^2+1)}$，求 $f(t)=\mathscr{L}^{-1}[F(s)]$.

解　因为 $F(s)=\dfrac{1}{s^2(s^2+1)}=\dfrac{1}{s^2}\dfrac{1}{(s^2+1)}$，所以取 $F_1(s)=\dfrac{1}{s^2}$，$F_2(s)=\dfrac{1}{(s^2+1)}$，则它们的象原函数分别为 $f_1(t)=t$，$f_2(t)=\sin t$. 于是，根据卷积定理可得

$$f(t)=\mathscr{L}^{-1}\left[\frac{1}{s^2(s^2+1)}\right]=f_1(t)*f_2(t)=t*\sin t.$$

由例 8.2.13 知，$t*\sin t=t-\sin t$，因此

$$f(t)=t-\sin t.$$

例8.2.16 求函数 $F(s)=\dfrac{s^2}{(1+s^2)^2}$ 的拉氏逆变换的象原函数 $f(t)$.

解 因为 $F(s)=\dfrac{s^2}{(1+s^2)^2}=\dfrac{s}{1+s^2}\cdot\dfrac{s}{1+s^2}$,所以设 $F_1(s)=F_2(s)=\dfrac{s^2}{1+s^2}$,即 $f_1(t)=f_2(t)=\cos t$,再利用卷积定理,得

$$
\begin{aligned}
f(t)&=\mathscr{L}^{-1}\left[\frac{s}{s^2+1}\cdot\frac{s}{s^2+1}\right]\\
&=\cos t*\cos t\\
&=\int_0^t\cos\tau\cos(t-\tau)\mathrm{d}\tau\\
&=\frac{1}{2}\int_0^t\cos t+\cos(2\tau-t)\mathrm{d}\tau\\
&=\frac{1}{2}(t\cos t+\sin t).
\end{aligned}
$$

*8.2.9 初值定理与终值定理

在实际应用中,有时只关心函数 $f(t)$ 在 $t=0$ 附近或 t 相当大时的取值情况,因为它们可描述的是某个系统的动态响应的初始情况或稳定状态情况,所以这时并不需要用逆变换求出 $f(t)$ 的表达式,而是直接由 $F(s)$ 来确定这些值.为此,我们给出 $f(t)$ 的初值与终值的概念及相关定理.

定义8.2.1 若极限 $f(0^+)=\lim\limits_{t\to0^+}f(t)$ 存在,则将 $f(0^-)$,$f(0^+)$ 和 $f(0)$ 均称为函数 $f(t)$ 的**初值(initial value)**.

定义8.2.2 若极限 $f(+\infty)=\lim\limits_{t\to+\infty}f(t)$ 存在,则将 $f(+\infty)$ 称为函数 $f(t)$ 的**终值(final value)**.

定理8.2.2 **(初值定理,initial value theorem)** 若 $f'(t)$ 的拉氏变换存在,则 $f(0)=\lim\limits_{s\to\infty}sF(s)$.

证明 考虑关系式

$$
sF(s)=s\int_0^{+\infty}\mathrm{e}^{-st}f(t)\mathrm{d}t=\int_0^{+\infty}\mathrm{e}^{-st}f'(t)\mathrm{d}t+f(0),\mathrm{Re}s>c.
$$

令 $s\to\infty$,得

$$\begin{aligned}\lim_{s\to\infty}sF(s)&=\lim_{s\to\infty}\left[\int_0^{+\infty}e^{-st}f'(t)dt+f(0)\right]\\&=\int_0^{+\infty}\lim_{s\to\infty}e^{-st}f'(t)dt+f(0)\\&=f(0),\end{aligned}$$

即

$$f(0)=\lim_{s\to\infty}sF(s).$$

定理8.2.3 **(终值定理,final value theorem)** 若 $f(t)$ 的拉氏变换存在,且 $sF(s)$ 的一切奇点都在左半平面($\mathrm{Re}s<0$),则 $f(+\infty)=\lim_{s\to 0}sF(s)$.

证明 考虑关系式

$$sF(s)=s\int_0^{+\infty}e^{-st}f(t)dt=\int_0^{+\infty}e^{-st}f'(t)dt+f(0),\mathrm{Re}s>c.$$

令 $s\to 0$,得

$$\begin{aligned}\lim_{s\to 0}sF(s)&=\lim_{s\to 0}\left[\int_0^{+\infty}e^{-st}f'(t)dt+f(0)\right]\\&=\int_0^{+\infty}\lim_{s\to 0}e^{-st}f'(t)dt+f(0)\\&=\int_0^{+\infty}f'(t)dt+f(0)\\&=f(+\infty)-f(0)+f(0)\\&=f(+\infty).\end{aligned}$$

说明:定理 8.2.2 和定理 8.2.3 的证明均用到了交换积分与极限运算的顺序,在解决实际问题中,定理 8.2.2 中的交换积分与极限运算的顺序交换要求通常是能够满足的,但定理 8.2.3 中的交换积分与极限运算的顺序交换则需要在特定条件下成立.

例8.2.17 求函数 $F(s)=\mathscr{L}[f(t)]=\dfrac{1}{s+a}$,求 $f(0)$ 和 $f(+\infty)$ 的值.

解 根据初值定理,得

$$f(0)=\lim_{s\to\infty}sF(s)=\lim_{s\to\infty}\frac{1}{s+a}=1,$$

根据终值定理,得

$$f(+\infty)=\lim_{s\to 0}sF(s)=\lim_{s\to 0}\frac{s}{s+a}=\begin{cases}0, & a\neq 0,\\ 1, & a=0.\end{cases}$$

思考题 8.2

1. 拉普拉斯变换的延迟性质与位移性质有什么区别?

2. 一个函数导数的象函数与一个函数象函数的导数公式有什么不同?

3. 怎样通过象函数的积分来计算某些实函数的广义积分?

4. 怎样将线性微分方程化为象函数的代数方程?

5. 拉普拉斯变换的卷积定理有什么作用?

习题 8.2

1. 填写下列常用函数的拉普拉斯逆变换.

(1) $\mathscr{L}^{-1}[1]=$ ____________；　(2) $\mathscr{L}^{-1}\left[\frac{1}{\sqrt{s}}\right]=$ ____________；

(3) $\mathscr{L}^{-1}\left[\frac{1}{s}\right]=$ ____________；　(4) $\mathscr{L}^{-1}\left[\frac{b}{s^2+b^2}\right]=$ ____________；

(5) $\mathscr{L}^{-1}\left[\frac{m!}{s^{m+1}}\right]=$ ____________；　(6) $\mathscr{L}^{-1}\left[\frac{s}{s^2+b^2}\right]=$ ____________；

(7) $\mathscr{L}^{-1}\left[\frac{1}{s-a}\right]=$ ____________；　(8) $\mathscr{L}^{-1}\left[\frac{m!}{(s-a)^{m+1}}\right]=$ ____________.

2. 设 $F(s)=\mathscr{L}[f(t)]$,$G(s)=\mathscr{L}[g(t)]$,根据拉普拉斯变换性质填写下列各题.

(1) $\mathscr{L}[af(t)+bg(t)]=$ ________；　(2) $\mathscr{L}[f(at)]=$ ______,a 为正实数；

(3) $\mathscr{L}[f(t-\tau)u(t-\tau)]=$ ________；　(4) $\mathscr{L}[\mathrm{e}^{at}f(t)]=$ ________；

(5) $\mathscr{L}[f^{(n)}(t)]=$ ________；　(6) $\mathscr{L}^{-1}[F^{(n)}(s)]=$ ________；

(7) $\mathscr{L}\left[\int_0^t f(t)\mathrm{d}t\right]=$ ________；　(8) $\mathscr{L}^{-1}\left[\int_s^{\infty}F(s)\mathrm{d}s\right]=$ ________；

(9) $f_1(t)*f_2(t)=$ ________；　(10) $\mathscr{L}[f_1(t)*f_2(t)]=$ ________；

(11) $\mathscr{L}^{-1}[F(s-a)]=$ ________ ；　　(12) $\mathscr{L}^{-1}\left[\dfrac{F(s)}{s}\right]=$ ________ ；

(13) $\mathscr{L}^{-1}[\mathrm{e}^{-s\tau}F(s)]=$ ________ ；　　(14) $\mathscr{L}^{-1}[F_1(s)*F_2(s)]=$ ________ .

3. 利用拉普拉斯变换的性质，求下列函数的拉普拉斯变换.

(1) $f(t)=t^2+6t-3$；　　(2) $f(t)=1-t\mathrm{e}^{-t}$；

(3) $f(t)=5\sin 2t-3\cos 2t$；　　(4) $f(t)=u(2t-1)$；

(5) $f(t)=t\cos at$；　　(6) $f(t)=\mathrm{e}^{3t}\sin 4t$；

(7) $f(t)=\dfrac{\mathrm{e}^{3t}}{\sqrt{t}}$；　　(8) $f(t)=\displaystyle\int_0^t t\sin 2t\mathrm{d}t$.

4. 利用拉普拉斯变换的积分性质计算下列各题.

(1) 已知 $f(t)=\dfrac{\sin kt}{t}$，求 $F(s)$；　　(2) 已知 $f(t)=\dfrac{\mathrm{e}^{-3t}\sin 2t}{t}$，求 $F(s)$；

(3) 已知 $F(s)=\dfrac{s}{(s^2-1)^2}$，求 $f(t)$.

5. 设 $\mathscr{L}[f(t)]=F(s)$，证明：$\displaystyle\int_0^{+\infty}\frac{f(t)}{t}\mathrm{d}t=\int_0^{+\infty}F(s)\mathrm{d}s$.

并利用此公式，计算积分 $\displaystyle\int_0^{+\infty}\frac{\mathrm{e}^{-t}-\mathrm{e}^{-2t}}{t}\mathrm{d}t$.

6. 设 $\mathscr{L}[f(t)]=F(s)$，证明：$\displaystyle\int_0^{+\infty}tf(t)\mathrm{d}t=-F'(0)$.

并利用此公式，计算积分 $\displaystyle\int_0^{+\infty}t\mathrm{e}^{-2t}\mathrm{d}t$.

7. 设 $f(t)$ 是以 2π 为周期的函数，且在区间 $[0,2\pi]$ 上的表达式为

$$f(t)=\begin{cases}\sin t, & 0\leqslant t\leqslant\pi,\\ 0, & \pi<t\leqslant 2\pi.\end{cases}$$

求拉普拉斯变换 $\mathscr{L}[f(t)]$.

8. 求周期性三角波 $f(t)=\begin{cases}t, & 0\leqslant t<a,\\ 2a-t, & a\leqslant t<2a,\end{cases}$ 且 $f(t+2a)=f(t)$ 的拉普拉斯变换.

9. 设 $\mathscr{L}[f(t)]=F(s)$，利用卷积定理证明下列关系式.

(1) $\mathscr{L}\left[\displaystyle\int_0^t f(t)\mathrm{d}t\right]=\mathscr{L}[f(t)*u(t)]=\dfrac{1}{s}F(s)$；

(2) $\mathscr{L}^{-1}\left[\dfrac{s}{(s^2+a^2)^2}\right]=\dfrac{t}{2a}\sin at\quad(a\neq 0)$.

§8.3 拉普拉斯变换的应用

拉普拉斯变换应用于通信系统有着久远的历史和宽阔的范围，现代通信系统的发展处处伴随着拉普拉斯变换方法的精心运用. 在电路分析与自动控制理论中，当需要对一个线性系统进行分析与研究时，在很多场合下，该系统的数学模型是一个线性微分方程或线性微分方程组，特别是一些线性电路，更是如此. 线性电路在自动控制中占有很重要的地位，这一类线性电路是满足叠加原理的系统. 因此，本节着重对建立的微分方程(组)，通过用拉普拉斯变换的一套方法来求微分方程(组)的解.

由于在使用拉普拉斯变换求解线性微分方程(组)的过程中，需要用到拉普拉斯逆变换，因此，我们首先给出拉普拉斯逆变换存在定理，然后再介绍几种常用的拉普拉斯逆变换的求解方法，最后给出使用拉普拉斯变换求解微分方程(组)的步骤和一些例子.

8.3.1 拉普拉斯逆变换存在定理

定理8.3.1 若函数 $f(t)$ 满足拉氏变换存在定理的条件，且 $\mathscr{L}[f(t)]=F(s)$，则拉普拉斯反演积分公式成立，即

$$f(t)=\frac{1}{2\pi\mathrm{j}}\int_{\beta-\mathrm{j}\infty}^{\beta+\mathrm{j}\infty}F(s)\mathrm{e}^{st}\,\mathrm{d}s \quad (s=\beta+\mathrm{j}\omega, t>0),$$

其中 t 为 $f(t)$ 的连续点. 此处的拉普拉斯反演积分应理解为

$$\int_{\beta-\mathrm{j}\infty}^{\beta+\mathrm{j}\infty}F(s)\mathrm{e}^{st}\,\mathrm{d}s=\lim_{\omega\to\infty}\int_{\beta-\mathrm{j}\omega}^{\beta+\mathrm{j}\omega}F(s)\mathrm{e}^{st}\,\mathrm{d}s.$$

如果 t 为 $f(t)$ 的间断点，则有

$$\frac{f(t+0)+f(t-0)}{2}=\frac{1}{2\pi\mathrm{j}}\int_{\beta-\mathrm{j}\infty}^{\beta+\mathrm{j}\infty}F(s)\mathrm{e}^{st}\,\mathrm{d}s.$$

这里的积分路线是平行于虚轴的任一直线，$\mathrm{Re}s=\beta(c)$(即 β 依赖于 c)，c 为 $f(t)$ 的增长指数.

证明 由拉氏变换存在定理知，当 $\beta>c$ 时，$f(t)\mathrm{e}^{-\beta t}$ 在 $0\leqslant t<+\infty$ 上绝对

可积；又当 $t<0$ 时，$f(t)\equiv 0$. 因此，函数 $f(t)e^{-\beta t}$ 在 $-\infty<t<+\infty$ 上也绝对可积，它满足傅里叶积分存在定理的全部条件，所以在 $f(t)$ 的连续点处有

$$\begin{aligned} f(t)u(t)e^{-\beta t} &= \frac{1}{2\pi}\int_{-\infty}^{+\infty}\left[\int_{-\infty}^{+\infty} f(\tau)u(\tau)e^{-\beta\tau}e^{-j\omega\tau}d\tau\right]e^{j\omega t}d\omega \\ &= \frac{1}{2\pi}\int_{-\infty}^{+\infty} e^{j\omega t}d\omega\left[\int_{-\infty}^{+\infty} f(\tau)u(\tau)e^{-(\beta+j\omega)\tau}d\tau\right] \\ &= \frac{1}{2\pi}\int_{-\infty}^{+\infty} F(\beta+j\omega)e^{j\omega t}d\omega \quad (t>0). \end{aligned}$$

将上式两边同时乘以 $e^{\beta t}$，并考虑到它与积分变量 ω 无关，所以

$$f(t)=\frac{1}{2\pi}\int_{-\infty}^{+\infty} F(\beta+j\omega)e^{(\beta+j\omega)t}d\omega \quad (t>0),$$

令 $\beta+j\omega=s$，则 $ds=jd\omega$，对 ω 的积分限 $\pm\infty$ 变为对 s 的积分限 $\beta\pm j\infty$，于是

$$f(t)=\frac{1}{2\pi j}\int_{\beta-j\infty}^{\beta+j\infty} F(s)e^{st}ds, s=\beta+j\omega \quad (t>0),$$

其中积分路线 $(\beta-j\infty,\beta+j\infty)$ 是半平面 $\mathrm{Re}s>c$ 内任意一条平行于虚轴的直线.

拉氏逆变换在形式上显得与拉氏变换不那么对称，而且是一个复变函数的积分，尽管前面利用拉氏变换的一些性质推出了某些象原函数和象函数之间的对应关系，但对一些比较复杂的象函数，要实际求出其象原函数，就不得不借助于复反演积分公式. 计算复变函数积分通常比较困难，但由于 $F(s)$ 是 s 的解析函数，因此可以利用解析函数求积分的一些方法来求出象原函数 $f(t)$. 比如，当 $F(s)$ 满足一定条件时，就可以利用留数方法计算这个反演积分.

8.3.2 拉普拉斯反演积分与留数

定理8.3.2 设 $s_1,s_2,\cdots,s_n$ 是函数 $F(s)$ 在半平面 $\mathrm{Re}s\leqslant c$ 内的有限个孤立奇点，又函数 $F(s)$ 在半平面 $\mathrm{Re}s\leqslant c$ 内除了这些孤立奇点外解析，且当 $s\to\infty$ 时，$F(s)\to 0$，则

$$\frac{1}{2\pi j}\int_{\beta-j\infty}^{\beta+j\infty} F(s)e^{st}ds=\sum_{k=1}^{n}\mathrm{Res}[F(s)e^{st},s_k],$$

即

$$f(t)=\sum_{k=1}^{n}\mathrm{Res}[F(s)e^{st},s_k] \quad (t>0), \tag{8.3.1}$$

其中 $\mathrm{Res}[F(s)e^{st},s_k]$ 为复变函数 $F(s)e^{st}$ 在奇点 $s=s_k$ 处的留数.

证明 作如图 8-3-1 所示的闭曲线 $C=L+C_R$，其中 C_R 为 $\mathrm{Re}s<\beta$ 的区域内半径为 R 的圆弧，当 R 充分大时，可以使 $F(s)$ 的所有奇点包含在闭曲线 C 围成的区域内. 同时，e^{st} 在复平面上解析，所以 $F(s)e^{st}$ 的奇点就是 $F(s)$ 的奇点，由留数定理可得

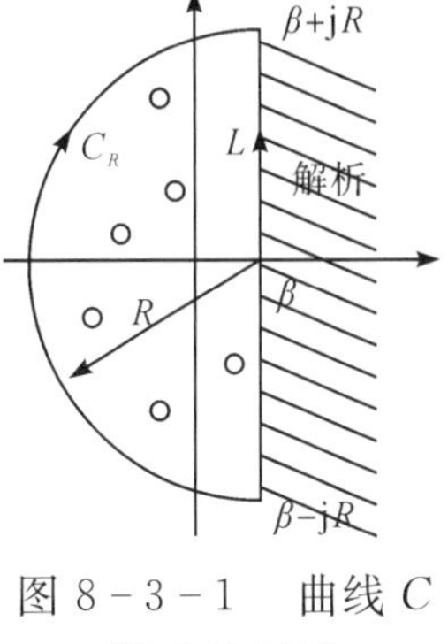

图 8-3-1 曲线 C 围成的区域

$$\oint_C F(s)e^{st}\,ds=2\pi j\sum_{k=1}^{n}\operatorname*{Res}_{s=s_k}[F(s)e^{st}],$$

即

$$\frac{1}{2\pi j}\left[\int_{\beta-jR}^{\beta+jR}F(s)e^{st}\,ds+\int_{C_R}F(s)e^{st}\,ds\right]=\sum_{k=1}^{n}\operatorname*{Res}_{s=s_k}[F(s)e^{st}].$$

当 $R\to+\infty$ 时，考察上式的左边的极限，根据复变函数中的约当引理可知，当 $t>0$ 时，有

$$\lim_{R\to+\infty}\int_{C_R}F(s)e^{st}\,ds=0,$$

从而，有

$$f(t)=\frac{1}{2\pi j}\int_{\beta-j\infty}^{\beta+j\infty}F(s)e^{st}\,ds=\sum_{k=1}^{n}\operatorname*{Res}_{s=s_k}[F(s)e^{st}]\quad(t>0).$$

注: 即使 $F(s)$ 在 $\mathrm{Re}s=c$ 左侧的半平面内有无穷多个奇点，上式在一定条件下也是成立的，即 n 可以是有限数，也可以是无穷大.

8.3.3 反演积分的计算方法

1. 利用留数计算有理式的反演积分

若函数 $F(s)$ 是有理函数，即 $F(s)=\dfrac{A(s)}{B(s)}$，其中 $A(s)$，$B(s)$ 是不可约多项式，且分子 $A(s)$ 的次数小于分母 $B(s)$ 的次数，则有如下的两个公式成立.

(1) 若 $B(s)$ 有 n 个一阶零点 $s_1,s_2,\cdots,s_n$，则这些点都是函数$\dfrac{A(s)}{B(s)}$的一阶极点，根据留数计算方法，有

$$\mathrm{Res}\left[\frac{A(s)}{B(s)}e^{st},s_k\right]=\frac{A(s_k)}{B'(s_k)}e^{s_kt}\quad(k=1,2,\cdots,n),$$

或者

$$\operatorname{Res}\left[\frac{A(s)}{B(s)}e^{st}, s_k\right] = \lim_{s\to s_k}(s-s_k)\frac{A(s)}{B(s)}e^{st} \quad (k=1,2,\cdots,n),$$

从而

$$f(t) = \sum_{k=1}^{n}\frac{A(s_k)}{B'(s_k)}e^{s_k t} = \sum_{k=1}^{n}\lim_{s\to s_k}(s-s_k)\frac{A(s)}{B(s)}e^{st} \quad (t>0). \quad (8.3.2)$$

(2) 若 s_1 是 $B(s)$ 的一个 m 阶零点，$s_{m+1}, s_{m+2}, \cdots, s_n$ 是 $B(s)$ 的一阶零点，即 s_1 是 $\frac{A(s)}{B(s)}$ 的 m 阶极点，$s_k \quad (k=m+1, m+2, \cdots, n)$ 是 $\frac{A(s)}{B(s)}$ 的一阶极点，根据留数的计算方法，有

$$\operatorname{Res}\left[\frac{A(s)}{B(s)}e^{st}, s_1\right] = \frac{1}{(m-1)!}\lim_{s\to s_1}\frac{d^{m-1}}{ds^{m-1}}\left[(s-s_1)^m\frac{A(s)}{B(s)}e^{st}\right] \quad (t>0),$$

则

$$f(t) = \frac{1}{(m-1)!}\lim_{s\to s_1}\frac{d^{m-1}}{ds^{m-1}}\left[(s-s_1)^m\frac{A(s)}{B(s)}e^{st}\right] + \sum_{i=m+1}^{n}\frac{A(s_i)}{B'(s_i)}e^{s_i t}, t>0. \quad (8.3.3)$$

(8.3.2) 式和(8.3.3) 式称为**海维塞德展开式(Heaviside expansion)**，在利用拉普拉斯变换求解微分方程的解时会经常使用这两个公式.

注：当 $B(s)$ 有多个多重零点时，相应的公式可以类似推导.

例8.3.1 求下列函数的拉普拉斯逆变换

$$(1) F_1(s) = \frac{1}{s^2+a^2}; \quad (2) F_2(s) = \frac{1}{s(s-1)^2}; \quad (3) F_3(s) = \frac{\cosh\frac{\sqrt{s}}{a}x}{s\cosh\frac{\sqrt{s}}{a}L}.$$

解 (1) $B(s) = s^2+a^2 = (s+\mathrm{j}a)(s-\mathrm{j}a)$ 有两个一阶零点，即

$$s_1 = -\mathrm{j}a, s_2 = \mathrm{j}a,$$

则 $s_1 = -\mathrm{j}a, s_2 = \mathrm{j}a$ 为函数 $F_1(s)$ 的两个一阶极点，故当 $t>0$ 时，有

$$\begin{aligned} f_1(t) &= \frac{1}{2s}e^{st}\Big|_{s=\mathrm{j}a} + \frac{1}{2s}e^{st}\Big|_{s=-\mathrm{j}a} \\ &= \frac{1}{2\mathrm{j}a}e^{\mathrm{j}at} - \frac{1}{2\mathrm{j}a}e^{-\mathrm{j}at} \\ &= \frac{1}{a}\cdot\frac{e^{\mathrm{j}at}-e^{-\mathrm{j}at}}{2\mathrm{j}} \\ &= \frac{1}{a}\sin at. \end{aligned}$$

(2)$B(s)=s(s-1)^2$，$s=0$ 为一阶零点，$s=1$ 为二阶零点，则 $s=0$ 为 $F_2(s)$ 的一阶极点，$s=1$ 为 $F_2(s)$ 的二阶极点，从而当 $t>0$ 时，有

$$\begin{aligned}f_2(t)&=\lim_{s\to 0}\left[s\frac{1}{s(s-1)^2}\mathrm{e}^{st}\right]+\lim_{s\to 1}\frac{\mathrm{d}}{\mathrm{d}s}\left[(s-1)^2\frac{\mathrm{e}^{st}}{s(s-1)^2}\right]\\&=\left.\frac{\mathrm{e}^{st}}{(s-1)^2}\right|_{s=0}+\lim_{s\to 1}\frac{st\,\mathrm{e}^{st}-\mathrm{e}^{st}}{s^2}\\&=1+t\mathrm{e}^t-\mathrm{e}^t.\end{aligned}$$

(3)$F_3(s)$ 是单值函数，它的奇点均为单极点

$$s_0=0,s_k=-\frac{a^2\pi^2(2k-1)^2}{4L^2}\quad(k=1,2,3,\cdots),$$

又因为

$$\mathrm{Res}\left[F_3(s)\mathrm{e}^{st}\right]_{s=0}=1,$$

$$\mathrm{Res}\left[F_3(s_k)\mathrm{e}^{s_kt}\right]=\left.\frac{\cosh\left(\frac{\sqrt{s}}{a}x\right)\mathrm{e}^{st}}{\left[s\cosh\frac{\sqrt{s}}{a}L\right]'}\right|_{s=s_k}=\frac{\cos\frac{(2k-1)\pi x}{2L}\mathrm{e}^{\frac{-a^2\pi^2(2k-1)^2}{4L^2}}}{(-1)^k\frac{(2k-1)\pi}{4}}\quad(k=1,2,3,\cdots),$$

所以

$$\begin{aligned}f_3(t)&=\mathrm{Res}\left[F_3(s)\mathrm{e}^{st}\right]_{s=0}+\sum_{k=1}^{\infty}\mathrm{Res}\left[F_3(s_k)\mathrm{e}^{s_kt}\right]\\&=1+\frac{4}{\pi}\sum_{k=1}^{\infty}\frac{(-1)^k}{2k-1}\cos\frac{(2k-1)\pi x}{2L}\mathrm{e}^{-\frac{a^2\pi^2(2k-1)^2}{4L^2}t}.\end{aligned}$$

2. 将函数化为部分分式的方法计算反演积分

将有理函数 $F(s)=\dfrac{A(s)}{B(s)}$ 化为最简分式之和，结合拉普拉斯变换对，即可求得函数 $f(t)$.

例8.3.2　求下列函数的拉普拉斯逆变换.

(1)$F_1(s)=\dfrac{1}{s^2(s+1)}$；　(2)$F_2(s)=\dfrac{1}{s^3(s^2+a^2)}$.

解　(1) 将函数 $F_1(s)$ 分解为

$$F_1(s)=\frac{1}{s^2(s+1)}=\frac{-1}{s}+\frac{1}{s^2}+\frac{1}{s+1},$$

利用拉普拉斯变换对，得

$$f_1(t)=\mathscr{L}^{-1}\left[\frac{1}{s^2(s+1)}\right]=\mathscr{L}^{-1}\left[\frac{-1}{s}\right]+\mathscr{L}^{-1}\left[\frac{1}{s^2}\right]+\mathscr{L}^{-1}\left[\frac{1}{s+1}\right]$$
$$=-1+t+\mathrm{e}^{-t}.$$

(2) 将函数 $F_2(s)$ 分解为

$$F_2(s)=\frac{1}{a^4}\frac{s}{s^2+a^2}-\frac{1}{a^4}\frac{1}{s}+\frac{1}{a^2}\frac{1}{s^3},$$

利用拉普拉斯变换对,得

$$f_2(t)=\mathscr{L}^{-1}[F_2(s)]=\frac{1}{a^4}\mathscr{L}^{-1}\left[\frac{s}{s^2+a^2}\right]-\frac{1}{a^4}\mathscr{L}^{-1}\left[\frac{1}{s}\right]+\frac{1}{a^2}\mathscr{L}^{-1}\left[\frac{1}{s^3}\right]$$
$$=\frac{1}{a^4}\cos at-\frac{1}{a^4}\times 1+\frac{1}{a^2}\frac{t^2}{2!}$$
$$=\frac{1}{a^4}(\cos at-1)+\frac{t^2}{2a^2}.$$

3.利用卷积定理计算反演积分

例8.3.3 已知 $F(s)=\dfrac{1}{(s-2)(s-1)^2}$,求 $f(t)=\mathscr{L}^{-1}[F(s)]$.

解 设 $F_1(s)=\dfrac{1}{(s-1)^2}$,$F_2(s)=\dfrac{1}{s-2}$,则 $F(s)=F_1(s)F_2(s)$,所以根据拉普拉斯变换的性质,得

$$f_1(t)=\mathscr{L}^{-1}[F_1(s)]=t\mathrm{e}^t,f_2(t)=\mathscr{L}^{-1}[F_2(s)]=\mathrm{e}^{2t}.$$

因此,根据卷积定理,得

$$f(t)=f_1(t)*f_2(t)=\int_0^t \tau\mathrm{e}^{\tau}\mathrm{e}^{2(t-\tau)}\mathrm{d}\tau=\mathrm{e}^{2t}\int_0^t \tau\mathrm{e}^{-\tau}\mathrm{d}\tau$$
$$=\mathrm{e}^{2t}(1-\mathrm{e}^{-t}-t\mathrm{e}^{-t})$$
$$=\mathrm{e}^{2t}-\mathrm{e}^{t}-t\mathrm{e}^{t}.$$

4.查拉普拉斯变换表计算反演积分

在今后的实际工作中,我们并不需要用广义积分来求函数的拉普拉斯变换,而是有现成的拉普拉斯变换表可查,本书已将工程实际中常遇到的一些函数及其拉普拉斯变换列于附录 B 中,以备查用.

例8.3.4 求函数 $\sin 2t\sin 3t$ 的拉氏变换.

解 根据附录 B 中的第 20 式,令 $a=2,b=3$,可得

$$\mathscr{L}[\sin 2t\sin 3t]=\frac{12s}{(s^2+5^2)(s^2+1^2)}=\frac{12s}{(s^2+25)(s^2+1)}.$$

例8.3.5 求函数$\frac{e^{-bt}}{\sqrt{2}}(\cos bt-\sin bt)$的拉普拉斯变换.

解 虽然这个函数的拉氏变换公式并不在附录B中,但是我们注意到

$$\frac{e^{-bt}}{\sqrt{2}}(\cos bt-\sin bt)=\frac{e^{-bt}}{\sqrt{2}}\left[\cos bt-\cos\left(\frac{\pi}{2}-bt\right)\right]=\frac{e^{-bt}}{\sqrt{2}}\left[-2\frac{\sqrt{2}}{2}\sin\left(\frac{\pi}{4}-bt\right)\right].$$

所以根据附录B中的第17式,令$a=-b,b=\frac{\pi}{4}$时,可得

$$\mathscr{L}\left[\frac{e^{-bt}}{\sqrt{2}}(\cos bt-\sin bt)\right]=\frac{(s+b)\sin\frac{\pi}{4}+(-b)\cos\frac{\pi}{4}}{(s+b)^2+(-b)^2}=\frac{\sqrt{2}s}{2(s^2+2bs+2b^2)}.$$

注:(1) 部分分式法是求有理函数拉普拉斯逆变换的常用方法,在使用这种方法时,往往还需要结合拉普拉斯变换的性质.

(2) 在求函数的拉普拉斯逆变换时,究竟采用哪一种方法,一般要根据该函数的具体形式来决定,但是上面提到的这些方法可以结合起来使用,并且需要记住常用的拉普拉斯变换对.

8.3.4 拉普拉斯变换的应用

拉普拉斯变换在信号或计算机图像处理、线性系统和控制自动化上都发挥着广泛而重要的作用.例如,拉普拉斯变换可将信号从时域上转换到复频域(s域)上来表示,以方便人们对信号的处理;拉普拉斯算子可对图像的边缘检测、对图像进行拉普拉斯锐化、对图像进行滤波等.

下面给出一些拉普拉斯变换在数学(或工程学)方面的应用,即使用拉普拉斯变换求解常变量齐次微分方程或者方程组.

1. 用拉普拉斯变换求解线性微分方程(组)的步骤

(1) 对线性微分方程(组)进行拉普拉斯变换,从而把该线性微分方程化为关于象函数$F(s)$的代数方程(组);

(2) 求解由步骤(1)得到的代数方程(组),得到该代数方程(组)的解,即象函数$F(s)$的表示式;

(3) 对象函数 $F(s)$ 的表示式进行拉普拉斯逆变换，得到象原函数 $f(t)$，即原线性微分方程(组) 的解.

上述求解过程如图 8-3-2 所示：

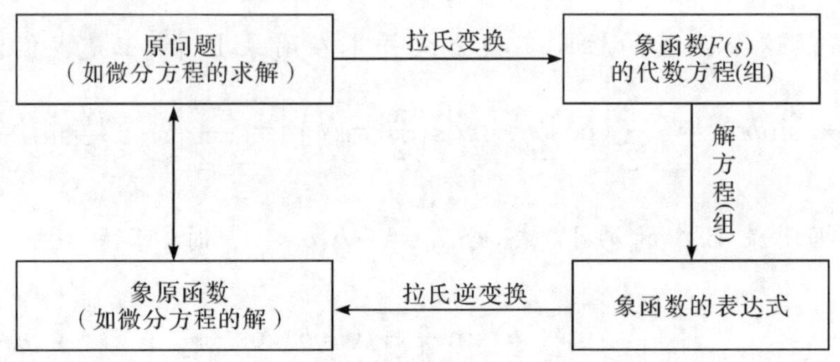

图 8-3-2　拉普拉斯变换求解线性微分方程(组)

2. 用拉普拉斯变换求解线性微分方程(组) 的实例

例8.3.6　求方程 $y''+2y'-3y=\mathrm{e}^{-t}$ 满足初始条件 $y|_{t=0}=0, y'|_{t=0}=1$ 的解.

解　设 $\mathscr{L}[y(t)]=Y(s)$，对所给的方程两边取拉氏变换，得

$$\mathscr{L}[y'']+2\mathscr{L}[y']-3\mathscr{L}[y]=\mathscr{L}[\mathrm{e}^{-t}],$$

由拉氏变换的性质及初始条件，得

$$s^2Y(s)-1+2sY(s)-3Y(s)=\frac{1}{s+1},$$

上式是含未知函数 $Y(s)$ 的代数方程，整理该代数方程后解出 $Y(s)$，得

$$Y(s)=\frac{s+2}{(s+1)(s-1)(s+3)}.$$

为了求出 $Y(s)$ 的逆变换，将其写成部分分式的形式

$$Y(s)=-\frac{1}{4}\frac{1}{s+1}+\frac{3}{8}\frac{1}{s-1}+\frac{1}{8}\frac{1}{s+3},$$

取拉普拉斯逆变换，得

$$y(t)=-\frac{1}{4}\mathrm{e}^{-t}+\frac{3}{8}\mathrm{e}^{t}+\frac{1}{8}\mathrm{e}^{-3t}=\frac{1}{8}(3\mathrm{e}^{t}-2\mathrm{e}^{-t}+\mathrm{e}^{-3t}).$$

例8.3.7　求解微分方程组：

$$\begin{cases}x''(t)+y''(t)+x(t)+y(t)=0, & x(0)=y(0)=0,\\ 2x''(t)-y''(t)-x(t)+y(t)=\sin t, & x'(0)=y'(0)=-1.\end{cases}$$

解 设 $\mathscr{L}[x(t)]=X(s)$，$\mathscr{L}[y(t)]=Y(s)$，对方程组中的两个方程同取拉氏变换，由拉氏变换的性质及初始条件，得

$$\begin{cases} s^2X(s)+1+s^2Y(s)+1+X(s)+Y(s)=0, \\ 2s^2X(s)+2-s^2Y(s)-1-X(s)+Y(s)=\dfrac{1}{s^2+1}. \end{cases}$$

整理上式，得

$$\begin{cases} (s^2+1)X(s)+(s^2+1)Y(s)=-2, \\ (2s^2-1)X(s)+(1-s^2)Y(s)=-\dfrac{s^2}{s^2+1}. \end{cases}$$

解上述线性方程组，得

$$X(s)=Y(s)=\frac{-1}{s^2+1},$$

最后，再对上式得两边同取拉氏逆变换，得原方程组的解为

$$x(t)=y(t)=-\sin t.$$

例8.3.8 在如图8-3-3所示的RC并联电路中，外加电流为单位脉冲函数$\delta(t)$的电流源，电容C上初始电压为零，求电路中的电压$u(t)$.

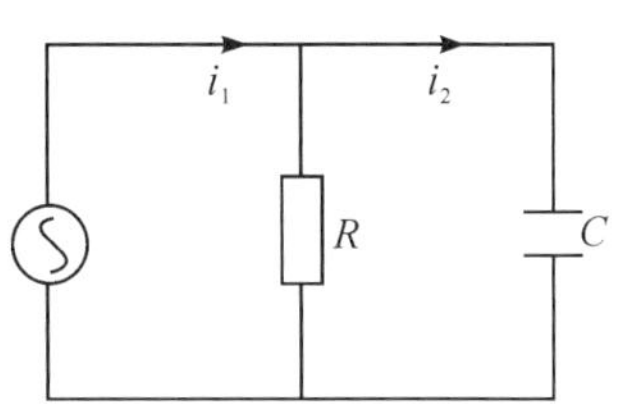

图8-3-3 RC并联电路

解 (1) 列出微分方程.

设经过电阻R和电容C的电流分别为$i_1(t)$和$i_2(t)$. 由电学原理，得

$$i_1(t)=\frac{u(t)}{R}, i_2(t)=C\frac{\mathrm{d}u}{\mathrm{d}t},$$

根据基尔霍夫定律，得

$$C\frac{\mathrm{d}u}{\mathrm{d}t}+\frac{u}{R}=\delta(t),$$

所以，该电路的电压所满足的微分方程为

$$\begin{cases} C\dfrac{\mathrm{d}u}{\mathrm{d}t}+\dfrac{u}{R}=\delta(t), \\ u(0)=0. \end{cases}$$

(2) 求解微分方程.

设 $\mathscr{L}[u(t)]=U(s)$，那么对微分方程两边同取拉氏变换，可得

$$CsU(s) + \frac{U(s)}{R} = 1,$$

所以

$$U(s) = \frac{1}{\frac{1}{R} + Cs} = \frac{1}{C} \cdot \frac{1}{s + \frac{1}{RC}}.$$

取拉氏逆变换,得

$$u(t) = \frac{1}{C} e^{-\frac{1}{RC}t}.$$

(3) 物理意义.

在电路瞬间受单位脉冲电流的作用下,电容的电压会由零跃变到$\frac{1}{C}$,此后电容 C 向电阻 R 按指数衰减规律放电.

思考题 8.3

1. 请总结求拉普拉斯逆变换的方法.

2. 什么样的函数适用部分分式的方法?

3. 在本节中,使用拉氏变换求解的微分方程(组)均是常系数线性的,那么变系数线性微分方程是否也可以用拉普拉斯变换的方法求解呢?

习题 8.3

1. 利用留数计算下列函数的拉普拉斯逆变换.

(1) $F(s) = \frac{1}{s^3(s-a)}$;　　(2) $F(s) = \frac{s}{(s-a)(s-b)}$.

2. 利用部分分式法求下列函数的拉普拉斯逆变换.

(1) $F(s) = \frac{1}{s(s^2-a^2)}$;　　(2) $F(s) = \frac{1}{(s-2)(s-1)^2}$.

3. 利用卷积求函数 $F(s) = \frac{a}{s(s^2+a^2)}$ 的拉普拉斯逆变换.

4. 结合拉普拉斯变换的性质与拉普拉斯变换表，求下列函数的拉普拉斯逆变换.

(1) $F(s)=\dfrac{s^2+4s+4}{(s^2+4s+13)^2}$；　　(2) $F(s)=\dfrac{1}{(s-2)(s-1)^2}$；

(3) $F(s)=\dfrac{s^2-a^2}{(s^2+a^2)^2}$.

5. 求解下列微分方程.

(1) $y'-y=\mathrm{e}^{2t}+t,y(0)=0$；

(2) $y''+3y'+y=3\cos t,y(0)=0,y'(0)=1$；

(3) $y'''++3y''+3y'+y=6\mathrm{e}^{-t},y(0)=y'(0)=y''(0)=0$.

6. 求解下列微分方程组.

(1) $\begin{cases} x''-x-2y'=\mathrm{e}^t, & x(0)=-\dfrac{3}{2},x'(0)=\dfrac{1}{2}, \\ -y''+x'-2y=t^2, & y(0)=1,y'(0)=-\dfrac{1}{2}. \end{cases}$

(2) $\begin{cases} (2x''-x'+9x)-(y''+y'+3y)=0, & x(0)=x'(0)=1, \\ (2x''+x'+7x)-(y''-y'+5y)=0, & y(0)=1,y'(0)=0. \end{cases}$

7. 求解下列微分积分方程.

(1) $y(t)+\int_0^t y(\tau)\mathrm{d}\tau=\mathrm{e}^{-t}$；

(2) $y'(t)+\int_0^t y(\tau)\mathrm{d}\tau=1,y(0)=0$；

(3) $f'(t)-\int_0^t \cos\tau\cdot f(t-\tau)\mathrm{d}\tau=a,f(0)=0,t>0$.

本章小结

本章对傅里叶变换的不足之处做了改进，从而引出了拉普拉斯变换，所以拉普拉斯变换扩大了傅里叶变换的适应范围. 本章的内容主要是拉普拉斯变换的定义及其存在定理，拉普拉斯变换的一些基本性质，拉普拉斯变换的求解方法，求解微分方程(组).

为了工程的需要，本章引入了指数衰减函数 $e^{-\beta t}$ 和单位阶跃函数 $u(t)$，从而放宽了对函数的限制. 这样我们推出了一些常用函数的拉普拉斯变换对，可以作为公式使用.

本章介绍的很多性质与傅里叶变换的性质类似，但是有些性质（如微分性质、卷积计算等）比傅里叶变换更实用、更方便. 另外，我们可以通过拉普拉斯微分性质与积分性质得到微积分学中难以计算出的广义积分的计算方法.

普拉斯变换也有其逆变换，我们称之为反演积分公式

$$f(t)=\mathscr{L}^{-1}[F(s)]=\frac{1}{2\pi \mathrm{j}}\int_{\beta-\mathrm{j}\infty}^{\beta+\mathrm{j}\infty}F(s)\mathrm{e}^{st}\,\mathrm{d}s\quad(t>0).$$

求拉普拉斯逆变换的方法有以下几种.

(1) 利用计算留数的方法；

(2) 利用部分分式结合拉普拉斯变换性质的方法；

(3) 利用卷积结合拉普拉斯变换性质的方法；

(4) 通过查拉普拉斯变换表的方法.

本章介绍的拉普拉斯变换的应用主要有，求解微分方程(组)、积分方程，就是将微分积分方程(组)，通过拉普拉斯变换化为象函数的代数方程(组)，然后再求象函数的逆变换，即得微分积分方程(组). 实际上，拉普拉斯变换有着明显的物理意义，它将频率 ω 变成了复频率 s，从而不仅能刻画函数的振荡频率，而且还能描述振荡频率的增长(或衰减) 速率.

庞加莱

阿达玛

部分习题详解

知识拓展

自测题 8

一、选择题

1. 设 $f(t)=\mathrm{e}^{-3t}t\sin 2t$，则拉普拉斯变换 $\mathscr{L}[f(t)]$ 为　（　　）

A. $\dfrac{4(s+3)}{(s+3)^2+4}$　　B. $\dfrac{(s+3)}{[(s+3)^2+4]^2}$

C. $\dfrac{4s}{(s^2+4)^2}$　　D. $\dfrac{4(s+3)}{[(s+3)^2+4]^2}$

2. 函数 $\delta(2-t)$ 的拉普拉斯变换 $\mathscr{L}[\delta(2-t)]$　（　　）

A. 等于 1　　B. 等于 e^{2s}　　C. 等于 e^{-2s}　　D. 不存在

3. 下面拉普拉斯逆变换错误的是　（　　）

A. $\mathscr{L}^{-1}[1]=\delta(t)$　　B. $\mathscr{L}^{-1}\left[\dfrac{1}{s}\right]=1$

C. $\mathscr{L}^{-1}\left[\dfrac{1}{\sqrt{s}}\right]=\dfrac{1}{\sqrt{t}}$　　D. $\mathscr{L}^{-1}\left[\dfrac{1}{s+a}\right]=\mathrm{e}^{-at}$

4. 设 $F(s)=\mathscr{L}[f(t)]$，$G(s)=\mathscr{L}[g(t)]$，则下面拉普拉斯变换性质中错误的是　（　　）

A. $\mathscr{L}[af(t)+bg(t)]=aF(s)+bG(s)$

B. $\mathscr{L}[f(at)]=\dfrac{1}{a}F\left(\dfrac{s}{a}\right),a>0$

C. $\mathscr{L}[f(t-\tau)u(t-\tau)]=\mathrm{e}^{-s\tau}F(s)$

D. $\mathscr{L}[\mathrm{e}^{at}f(t)]=F(s+a)$

5. 下列说法错误的是　（　　）

A. 函数 $f(t)$ 的拉普拉斯变换就是函数 $f(t)u(t)\mathrm{e}^{-\beta t}$ 的傅里叶变换

B. 傅里叶变换中可约定 $f(t)$ 等价于 $f(t)u(t)$

C. 求拉普拉斯逆变换的方法一般有留数法、部分分式分法、卷积定理、查积分表法、MATLAB 软件求解等

D. 拉普拉斯变换中的卷积和傅里叶变换中的卷积实际上是一致的

6. 函数$\frac{s^2}{s^2+1}$的拉普拉斯逆变换$\mathscr{L}^{-1}\left[\frac{s^2}{s^2+1}\right]$等于 ( )

A. $\delta(t)+\cos t$　　B. $\delta(t)-\cos t$　　C. $\delta(t)+\sin t$　　D. $\delta(t)-\sin t$

二、填空题

1. $\mathscr{L}[\sin\omega t]=$ ________,$\mathscr{L}[\cos\omega t]=$ ________.

2. $\mathscr{L}[t^2]=$ ________.

3. $\mathscr{L}\left[\frac{\sin t}{t}\right]=$ ________.

4. $\mathscr{L}[\cos^2 t]=$ ________.

5. 若$\mathscr{L}[e^{at}]=\frac{1}{s-a}$,则$\mathscr{L}^{-1}\left[\frac{5s-1}{(s+1)(s-2)}\right]=$ ________.

6. 函数$\frac{s+1}{(s+2)^4}$的拉普拉斯逆变换$\mathscr{L}^{-1}\left[\frac{s+1}{(s+2)^4}\right]=$ ________.

三、计算下列函数的拉普拉斯变换

1. $f(t)=t\sin kt$;　　2. $f(t)=t^2\cos^2 t$;

3. $f(t)=e^{at}t^m$(m为正整数);　　4. $f(t)=e^{-at}\cos kt$;

5. $f(t)=|\sin t|$;　　6. $f(t)=e^{-\beta t}\delta(t)-\beta e^{-\beta t}u(t)(\beta>0)$;

7. $f(t)=\cos t\cdot\delta(t)-\sin t\cdot u(t)$.

四、求下列函数的拉普拉斯逆变换

1. $F_1(s)=\frac{s^3+8s^2+26s+22}{s^3+7s^2+14s+8}$;　　2. $F_2(s)=\arctan\frac{1}{s}$.

五、解下列微分积分方程(组)

1. 求方程$y''+2y'-3y=e^{-t}$满足初始条件$y|_{t=0}=0,y'|_{t=0}=1$的解.

2. 求微分方程组$\begin{cases}y''-x''+x'-y=e^t-2,\\2y''-x''-2y'+x=-t\end{cases}$满足初始条件$\begin{cases}y(0)=y'(0)=0,\\x(0)=x'(0)=0\end{cases}$的解.

3. 利用拉普拉斯变换解微分积分方程 $f(t)=at+\int_0^t \sin(t-\tau)\cdot f(\tau)\mathrm{d}\tau$.

六、求变系数二阶线性微分方程 $ty''(t)-2y'(t)+ty(t)=0$,满足条件 $y(0)=0$ 的解.

七、*RL* 串联电路问题

在图示的 RL 串联电路中,$t=0$ 时将其接到直流电势 E 上,求电路中的电流.

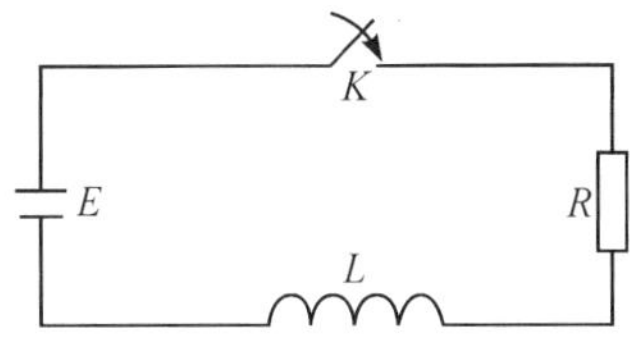

图 自测题 8-1 RL 串联电路

第 9 章 MATLAB 在复变函数与积分变换中的应用

复变函数与积分变换是微积分在复数域中的推广和发展，其内容、结构和方法与微积分有许多相似之处. 复变函数与积分变换课程在自然科学和工程技术中也有着广泛的应用，是研究如信号与系统、流体力学、电磁学、热学和弹性理论中平面问题的有力工具，但是由于其原理多、思维方法独特、融会多种基础数学知识、内容抽象且需要理解概念、定义较多等特点，学生在学习这门课程时存在着一定的困难. 学生仅听课堂上教师的理论讲解并不能很好地接受与理解这门课程，导致该课程成为学生较难学的课程之一.

MATLAB 是一个集多功能为一体的工程应用软件，它将计算、可视化和编程功能集于一身，其表达式与数学、工程计算中常用的形式十分相似，广泛应用于数值计算、系统建模、数据分析与可视化绘图，已经成为高等数学、线性代数、自动控制理论等课程的基本工具. MATLAB 的图像处理系统能够将二维和三维数组的数据用图形表示出来，并可以实现图像处理、动画显示和表达视图等功能. 随着信息技术的发展，MATLAB 越来越多地被应用到各个行业. 本章，我们将 MATLAB 引入复变函数与积分变换的体系，好处在于：首先，利用 MATLAB 求解复变函数与积分变换中的问题，可以大大简化求解过程，便于求解实际中较复杂的数学问题，不仅提高和完善了复变函数与积分变换方法的实用性，还可以培养学生运用 MATLAB 语言编程的能力；其次，利用 MATLAB 将复变函数运行结果以可视、动态化的形式呈现出来，不仅可以给学生视觉上的直观感受，便于理解问题的本质及意义，让学生更加直观地理解复变函数与实变函数的不同之处，还可以增加课堂教学的生动性. 但考虑到教学课时和学生需求等因素的限制，本章可以在学时充足的情况下作为课堂教学内容，也可以在课时不足的情况下由读者自行学习.

§9.1　复数的表示与基本运算

利用MATLAB可以很方便地表示复数,并对复数进行运算,如求复数的实部与虚部、复数的模、幅角主值或共轭复数等.

9.1.1　MATLAB命令或函数

1. i或j:代表复数虚部运算的字元.

2. complex(a, b):构造复数 $a+ib$,也可以直接在命令窗口书写 $a+ib$ 使用.

3. subs(z, {a, b}, {m, n}):把实数 m 和 n 赋值给复数 z 的实部 a 和虚部 b.

4. real(z):求复数 z 的实部.

5. imag(z):求复数 z 的虚部.

6. abs(z):求复数 z 的模.

7. angle(z):求复数 z 的幅角,单位为弧度.

8. sign(z):求复数 z 的符号,对于非零复数 z,sign(z)=z./abs(z).

9. conj(z):求复数 z 的共轭复数.

10. sqrt(z):求复数 z 的平方根.

11. exp(z):求复数 z 的以e为底的指数值.

12. log(z):求复数 z 的以e为底的对数值.

13. solve('原方程'):求解复数方程或实方程的复数根.

14. syms a b:将 a,b 定义符号变量.

15. sym('x'):将 x 定义为符号变量.

16. plot(X, Y):创建 Y 中数据对 X 中对应值的二维线图,X,Y 均为实数.

17. hold on:保留当前坐标区中的绘图,从而使新添加到坐标区中的绘图不会删除现有绘图.

18. fill(X, Y, 'r'):根据 X 和 Y 中的数据创建填充的多边形,'r'表示顶点颜色为红色.

19. axis equal:设置每个坐标轴使用相等的数据单位长度.

20. axis([xmin xmax ymin ymax]):将 x 轴设置为从 xmin 到 xmax,将 y 轴设置为从 ymin 到 ymax.

21. grid on:在图形窗口显示主网格线.

22. pause:暂停执行程序,按任意键后解除暂停.

9.1.2 复数的一般表示

例9.1.1 在 MATLAB 中表示复数 $z=3+4i$.

解 在 MATLAB 命令窗口中输入:

```
> > z = 3 + 4i
```

运行结果:ans = 3.0000 + 4.0000i .

例9.1.2 在 MATLAB 中用符号函数构造复数 $z=3+4i$.

解 在 MATLAB 命令窗口中输入:

```
> > syms a b
> > z = a + b * i; subs(z, {a, b}, {3, 4})
```

运行结果:ans = 3.0000 + 4.0000i .

例9.1.3 使用函数命令 complex( ) 生成复数 $z=3+2i$.

解 在 MATLAB 命令窗口中输入:

```
> > z = complex(3, 4)
```

运行结果:3.0000 + 4.0000i .

例9.1.4 构造复数 $z=1+i$,并将其表示为复指数形式.

解 在 MATLAB 命令窗口中输入:

```
> > syms a b
> > z = a * exp(b * i), z = subs(z, (a, b), {sqrt(2), pi/4})
```

运行结果:z = 1.0000 + 1.0000i .

9.1.3 复数的基本运算

例9.1.5 求复数 $z=3+4i$ 的实部、虚部、模、幅角主值和共轭复数.

解 在 MATLAB 命令窗口中输入:

> > z = 3 + 4 * i: r = real(z)

输出:r = 3

输入语句:> > im = imag(z)

输出:im = 4

输入语句:> > m = abs(z)

输出:m = 5

输入语句:> > ang = angle(z)

输出:ang = 0.9273

输入语句:> > zl = conj(z)

运行结果:zl = 3.0000 - 4.0000i .

例9.1.6 已知复数 $z_1=3+4\mathrm{i}$, $z_2=1+\mathrm{i}$,计算 z_1+z_2、z_1-z_2、z_1*z_2、z_1/z_2和 z_1/z_2 的共轭复数.

解 在 MATLAB 命令窗口中输入:

> > z1 = 3 + 4i: z2 = 1 + i: z = z1 + z2

输出:z = 4.0000 + 5.0000i

输入语句:> > z = z1 - z2

输出:z = 2.0000 + 3.0000i

输入语句:> > z = z1 * z2

输出:z = -1.0000 + 7.0000i

输入语句:> > z = z1/z2

运行结果:z = 3.5000 + 0.5000i

输入语句:> > z = conj(z1/z2)

运行结果:z = 3.5000 - 0.5000i .

例9.1.7 计算例 9.1.6 中 z_1 的平方根和 z_2 的平方.

解 在 MATLAB 命令窗口中输入:

> > sqrt(z1)

运行结果:ans = 2.0000 + 1.0000i

输入语句:> > z2^2

运行结果:ans = 0.0000 + 2.0000i .

例9.1.8 求复数 e^{z_1}, e^{iz_1} 的值.

解 在 MATLAB 命令窗口中输入:

```
>> exp(z1)
```

运行结果:ans = - 13.1288 - 15.2008i .

输入语句:`>> exp(i * z1)`

运行结果:ans = - 0.0181 + 0.0026i .

例9.1.9 求 Ln(−1)与 i^i 的主值.

解 在 MATLAB 命令窗口中输入:

```
>>  z = log(sym( - 1))
```

运行结果:ans = pi * 1i .

输入语句:`>> z = log( - 1)`

运行结果:ans = 0.0000 + 3.1416i .

输入语句:`>>  z = sym(i):`

```
>>  exp(z * log(z))
```

运行结果:ans = exp(- pi/2) .

输入语句:`>>  i^i`

运行结果:ans = 0.2079 .

注:在 MATLAB 中,sym( )函数将括号中的变量创建为符号变量进行符号计算,得到的结果是精确值;sym 或 syms 均为符号指令,它们将其后面的变量创建为符号变量,符号变量可以进行符号运算,得到精确值.若没有对变量进行符号声明,则 MATLAB 默认其是数值型变量,进行数值运算时得到的是近似值(默认精度为小数点后 16 位).

例9.1.10 利用复数乘法的几何意义绘制五角星.

解 输入语句:

```
>>  theta1 = 4/5 * pi; n1 = 1:6; z = exp(i * theta1 * n1);
>>  x = imag(z); y = real(z); plot(x, y) %绘制五角量的轮廓
>>  axis equal; grid on; hold on
```

```
>> axis([-1, 1, -0.9, 1.1]); pause
>> fill(x, y, 'r'); %五角星的角填充为红色
>> axis equal; axis([-1, 1, -0.9, 1.1]);
>> theta2 = 1/5 * pi; r = cos(2 * theta2)/cos(theta2);
>> n2 = 1:2:11; z = r * exp(i * theta2 * n2);
>> x2 = imag(z); y2 = real(z); pause
>> fill(x2, y2, 'r', 'EdgeColor', 'r'); %填充中心正五边形并将其边界的颜色设置为红色
```

执行上述语句后,得到红色五角星的绘制过程,如图 9-1-1 所示.

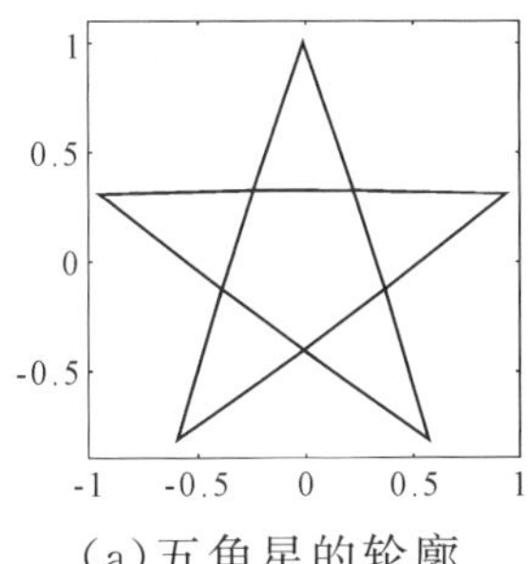

(a)五角星的轮廓

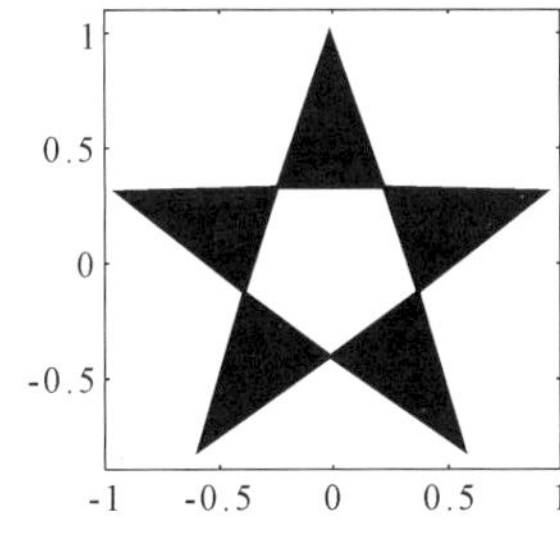

(b)部分填充后的五角星

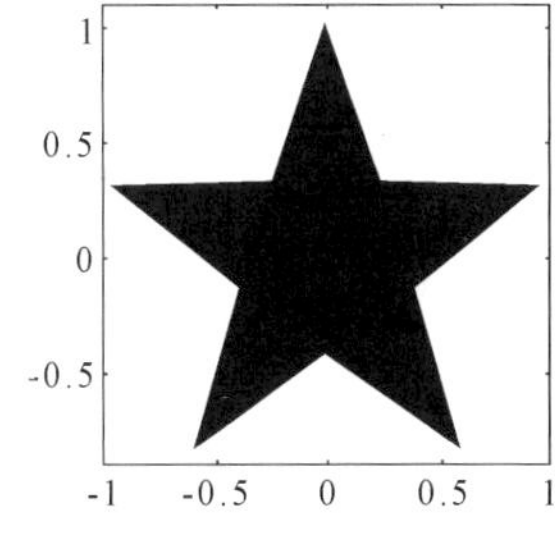

(c)完全填充后的五角星

图 9-1-1 用复数乘法运算绘制的五角星

9.1.4 复数方程求根

例9.1.11 求方程 $z^3+8=0$ 的所有根.

解 输入语句:

```
>> syms z
>> z = solve(z^3 + 8)
```

运行结果:z = -2

1 - 3^(1/2) * 1i

1 + 3^(1/2) * 1i .

即方程 $z^3+8=0$ 的三个根为 $-2, 1-\sqrt{3}i, 1+\sqrt{3}i$.

例9.1.12 求解方程 $x^3-x^2+4x-4=0$.

解 在 MATLAB 命令窗口中输入:

```
>> sym x
```

```
>> solve(x^3 - x^2 + 4 * x - 4)
运行结果:ans =   1
               - 2i
                 2i .
```

即方程 $x^3-x^2+4x-4=0$ 的三个根为 $1,-2i,2i$.

例9.1.13 求解方程 $z^3+27=0$.

解 在MATLAB命令窗口中输入:

```
>> sym z
>> solve(z^3 + 27 = = 0)
运行结果为:ans = - 3
               3/2 - (3^(1/2) * 3i)/2
               3/2 + (3^(1/2) * 3i)/2 .
```

即方程 $z^3+27=0$ 的三个根为 $-3,\frac{3}{2}(1-\sqrt{3}i),\frac{3}{2}(1+\sqrt{3}i)$.

习题9.1

1. 使用MATLAB求下列复数的实部、虚部、共轭复数、模与幅角主值.

(1)$\frac{1-i}{1+i}$; (2)$\frac{i}{1-i}+\frac{1-i}{i}$; (3)$(\sqrt{3}-i)^4$; (4)$\frac{3-2i}{2+3i}$; (5)$(1+\sqrt{3}i)^3$.

2. 使用MATLAB求下列各式的值.

(1)$\sqrt{3+4i}$; (2)$\sqrt[6]{-1}$; (3)$\sqrt[4]{1+i}$.

3. 使用MATLAB计算下列各式的主值.

(1)$\mathrm{Ln}(-10)$; (2)$\mathrm{Ln}\,i$; (3)$\mathrm{Ln}(-2+3i)$.

4. 已知正三角形的两个顶点为 $z_1=1$ 和 $z_2=2+i$,求它的另一个顶点并绘制这个三角形.

5. 求下列方程的解.

(1)$z^3-2=0$; (2)$z^3+8i=0$.

6. 使用MATLAB求解方程组:$\begin{cases} z_1-2z_2=1+i, \\ 3z_1+iz_2=2-i. \end{cases}$

§9.2 复变函数的极限、导数和零点

计算复变函数的导数是复变函数的重点内容之一. 利用 MATLAB 可以方便地求出复变函数的极限、计算复变函数的导数和复变函数的零点.

9.2.1 MATLAB 命令或函数

1. limit(f, z, a)或 limit(f, a):计算极限$\lim\limits_{z\to a}f(z)$的值.

2. solve(f):求函数 $f(z)$的零点.

3. diff(f, 'z')或 diff(f, sym('z')):对表达式 f 求符号关于自变量 z 的微分.

4. diff(f, n):求函数 $f(z)$的 n 阶导数.

5. [X,Y]=meshgrid(x, y)基于向量 x 和 y 中包含的坐标返回二维网格坐标. $\boldsymbol{X}$ 是一个矩阵,每一行是 x 的一个副本;$\boldsymbol{Y}$ 是一个矩阵,每一列是 y 的一个副本. 坐标 X 和 Y 表示网格有 length(y)个行和 length(x)个列.

6. [X,Y]=meshgrid(x)与[X,Y]=meshgrid(x, x)相同.

7. pcolor(X, Y, C)绘制坐标为 x 和 y 的点,并使用矩阵 C 中的值作为绘图的颜色,得到的图一般称为伪彩图.

8. xlabel('string'):该函数用于在绘图窗口中的横轴(x 轴)方向上显示"标签"string.

9. ylabel('string'):该函数用于在绘图窗口中的纵轴(y 轴)方向上显示"标签"string.

9.2.2 计算极限

例9.2.1 求极限$\lim\limits_{z\to 0}\dfrac{\sin z}{z}$.

解 在 MATLAB 命令窗口中输入:

```
>> syms z
>> f = sin(z)/z; limit(f, z, 0)
```

运行结果:ans = 1 .

即$\lim\limits_{z\to 0}\frac{\sin z}{z}=1$.

例9.2.2 求极限$\lim\limits_{s\to 4}\frac{s\cdot \mathrm{i}-4\mathrm{i}}{(s\cdot \mathrm{i})^2+16}$.

解 在 MATLAB 命令窗口中输入:

```
> > syms s
> > f = (s * i - 4 * i)/((s * i)^2 + 16); limit(f, s, 4)
```

运行结果:ans = - 1i/8 .

即$\lim\limits_{s\to 4}\frac{s\cdot \mathrm{i}-4\mathrm{i}}{(s\cdot \mathrm{i})^2+16}=-\frac{1}{8}\mathrm{i}$.

例9.2.3 求极限$\lim\limits_{s\to 1}\frac{\mathrm{i}z^3-4}{z-1}$.

解 在 MATLAB 命令窗口中输入:

```
> > syms z
> > f = (i * z^3 - 1)/(z - i); limit(f, z, i)
```

运行结果:ans = - 1 .

即$\lim\limits_{s\to 1}\frac{\mathrm{i}z^3-4}{z-1}=-1$.

9.2.3 导数的计算

例9.2.4 求函数 $f(z)=(2z^2+\mathrm{i})^4$ 在 $x=\mathrm{i}$ 处的导数和三阶导数.

解 在 MATLAB 命令窗口中输入:

```
> > syms z
> > f = (2 * z^2 + i)^4; df = diff(f, z)
```

运行结果:df = 16 * z * (2 * z^2 + 1i)^3.

输入语句:> > jg1 = subs(df, z, i)

运行结果:jg1 = - 176 - 32i .

即 $f'(\mathrm{i})=-176-32\mathrm{i}$.

输入语句:> > df3 = diff(f, 3)

运行结果:df3 = 576 * z * (2 * z^2 + 1i)^2 + 1536 * z^3 * (2 * z^2 + 1i) .

输入语句:> > jg3 = subs(df3, z, i)

运行结果:jg3 = 3840 + 4800i .

即 $f'''(\mathrm{i})=3840+4800\mathrm{i}$.

例9.2.5 求函数 $f(z)=\mathrm{e}^{\frac{z}{\sin z}}$ 在 $z=\mathrm{i}$ 处的导数.

解 在 MATLAB 命令窗口中输入:

```
>> syms z
>>  f = exp(z/sin(z)); df = diff(f)
```

运行结果:df = exp(z/sin(z)) * (1/sin(z) - (z * cos(z))/sin(z)^2) .

```
>>  dfi = subs(df, z, i)
```

运行结果:

dfi = exp(1i/sin(1i)) * ((cos(1i) * 1i)/sin(1i)^2 - 1/sin(1i)) .

```
>>  fprintf('书写习惯的显示方式为:\n') , pretty(dfi)
```

运行结果:

```
                            /    1i    \ / cos(1i)  1i        1    \
书写习惯的显示方式为 -exp  -------      ---------- - -------
                            \ sin(1i)  /          2      sin(1i)
                                          \  sin(1i)              /
```

即利用 MATLAB 求得的导数值为

$$\mathrm{e}^{\frac{\mathrm{i}}{\sin(\mathrm{i})}}\left[\frac{\mathrm{i}\cos(\mathrm{i})}{\sin^2(\mathrm{i})}-\frac{1}{\sin(\mathrm{i})}\right]=\mathrm{e}^{\frac{\mathrm{i}}{\sinh 1}}\left[\frac{\mathrm{i}\cosh 1}{\sinh^2 1}-\frac{1}{\sinh 1}\right].$$

9.2.4 复变函数的零点

求函数 $f(z)$ 的零点,即解方程

$$f(z)=0. \tag{9.2.1}$$

当(9.2.1)式为线性方程或者低阶多项式方程时,我们可以使用 MATLAB 中的指令 solve 进行求解.当(9.2.1)式为高阶多项式方程或者复杂的非线性方程时, solve 将无法求解,此时往往采用迭代算法进行求解.

1. 不动点迭代

首先,我们将方程 $f(z)=0$ 转化为方程

$$z=g(z), \tag{9.2.2}$$

(9.2.1)式的根即为函数 $z=g(z)$ 的不动点.

然后,我们求函数 $z=g(z)$ 的不动点,从而得到原方程 $f(z)=0$ 的根,即函数 $f(z)$ 的零点.为了求函数 $z=g(z)$ 的不动点,选取一个初始近似值 z_0,令

$$z_k = g(z_{k-1}) \quad (k=1,2,3,\cdots).$$

所得序列为$\{z_k\}$. 这一类迭代法称为**不动点迭代法(Fixed point method)**，或 **Picard 迭代法(Picard iteration method)**. $z=g(z)$又称为**迭代函数(iterative function)**. 显然，若$g(z)$连续，且$\lim\limits_{k\to\infty} z_k = z^*$，则$z^*$是$g(z)$的一个不动点. 因此，$z^*$必为式$f(z)=0$的一个解.

例9.2.6 用迭代算法求函数$f(z)=z^2+1-z\sin z$的一个零点.

解 可以化成不同的等价方程，即

$$z=g_1(z)=z-z^2-1+z\sin z, z=g_2(z)=\frac{1}{\sin z - z},$$

$$z=z-\frac{z^2+1-z\sin z}{2z-\sin z - z\cos z}.$$

下面分别以$g_2(z)$和$g_3(z)$为例进行迭代，有

$$\begin{cases} z=g_2(z_0)=\dfrac{1}{\sin z_0 - z_0}, \\ z=g_2(z_k)=\dfrac{1}{\sin z_k - z_k}, k=1,2,\cdots,M. \end{cases} \tag{9.2.3}$$

和

$$\begin{cases} z_1=g_3(z_0)=z_0-\dfrac{z_0^2+1-z_0\sin z_0}{2z_0-\sin z_0 - z_0\cos z_0}, \\ z_k=g_3(z_{k-1})=z_{k-1}-\dfrac{z_{k-1}^2+1-z_{k-1}\sin z_{k-1}}{2z_{k-1}-\sin z_{k-1} - z_{k-1}\cos z_{k-1}}, k=1,2,\cdots,N. \end{cases} \tag{9.2.4}$$

这里的M和N分别表示迭代次数，当达到这个次数时迭代终止. 不过这个迭代次数一般由计算精度控制，即当$|z_N - z_{N-1}| < \varepsilon$时，算法终止. 这里，$\varepsilon$为计算精度，不妨取$\varepsilon=10^{-10}$.

首先，我们使用(9.2.3)式进行迭代求解，不妨取初值$z_0=1+\mathrm{i}$，相应的 MATLAB 程序如下.

```
clc, clear, z1 = 1 + 1 * i; epsilon = 10^( - 10);
z = @(z) 1/(sin(z) - z); % 定义迭代函数并进行第一次迭代
z2 = z(z1);
while abs(z1 - z2)>epsilon
```

```
    z1 = z2; z2 = z(z1); % 继续迭代
end
z2 % 显示所求的不动点
```

运行的结果：z2＝NaN.

在 MATLAB 中 NaN 表示得到的结果不是一个数，这意味着这个迭代序列发散，无法得到相应的不动点，发散的一种可能的原因是初值 $z_0=1+\mathrm{i}$ 不合适，因为如果初始猜测值取得很差，结果可能很糟糕. 更糟的是，它可能是不可预测的. 发散的另一种可能原因是迭代式(9.2.3)本身不收敛，因此接下来更换为迭代式(9.2.4)进行求解，相应的 MATLAB 程序如下.

```
clc, clear, epsilon = 10^(-10); % 计算精度
z10 = 1 + i; z20 = 1 - i; z30 = -1 + i; z40 = -1 - i; % 迭代的备选初始值
z1 = z10; % 选择迭代的初始值
z = @(z) z - (z^2 + 1 - z * sin(z))/(2 * z - sin(z) - z * cos(z)); % 定义迭代函数
z2 = z(z1); % 进行第一次迭代
while abs(z1 - z2)>epsilon
    z1 = z2; z2 = z(z1); % 继续迭代
end
z2 % 显示所求的不动点
```

(1)当 $z_1=z_{10}$ 时，运行的结果：$z_2=1.0704+1.1376\mathrm{i}$.

(2)当 $z_1=z_{20}$ 时，运行的结果：$z_2=1.0704-1.1376\mathrm{i}$.

(3)当 $z_1=z_{30}$ 时，运行的结果：$z_2=-1.0704+1.1376\mathrm{i}$.

(4)当 $z_1=z_{40}$ 时，运行的结果：$z_2=-1.0704-1.1376\mathrm{i}$.

将 z_2 的四种取值分别代入 $f(z)=z^2+1-z\sin z$ 化简后均有 $f(z)\approx-4.44\mathrm{i}\cdot 10^{-16}$，所以它们都是函数 $f(z)$ 的零点.

注：在更换为迭代式(9.2.4)后，使用 MATLAB 顺利得到了函数 $f(z)$ 的零点，说明前面导致结果为 NaN 的原因是迭代式不收敛.

接下来我们给出一个因初值的选取不同导致迭代的结果不可预测的例子，这就是朱莉亚(Julia)①集. Julia 集是一种在复平面上由非发散点形成的分形点集合，它是一种分形，我们将在第 9.4 节介绍分形的基本知识.

例9.2.6 分别使用 solve 指令和迭代算法求函数 $f(z)=z^2-z+c$ 的零点，其中 c 的取值分别为

(1) $c=0.285-0.01i$; (2) $c=0.11+0.66i$;

(3) $c=0.188+0.78603i$; (4) $c=-0.8+0.156i$.

解 在 MATLAB 命令窗口中输入：

```
> > syms z
> >  c = 0.285 - 0.01i, solve(z^2 - z + c, z);
     c = 0.11 + 0.66i , solve(z^2 - z + c, z);
> >  c = 0.188 + 0.78603i, solve(z^2 - z + c, z);
     c = - 0.8 + 0.156i , solve(z^2 - z + c, z);
```

执行上述语句后，依次得到四个小题的解，它们分别为

(1) $z_1=0.4735-0.1889i, z_2=0.5265+0.1889i$;

(2) $z_1=-0.1382+0.5171i, z_2=1.1382-0.5171i$;

(3) $z_1=-0.1521+0.6027i, z_2=1.1521-0.6027i$;

(4) $z_1=-0.8000+0.1560i, z_2=-0.5275+0.0759i$.

注：我们也可以根据一元二次方程的求根公式 $z=\dfrac{1\pm\sqrt{1-4c}}{2}$ 得到上述问题的解.

接下来，我们使用迭代算法求解函数 $f(z)=z^2-z+c$ 的零点.

首先，构造迭代公式

$$z_{k+1}=z_k^2+c, z_0\in\{z\mid x+yi;(x,y)\in[-1.2,1.2]\times[-1.2,1.2]\}.$$

然后，我们不妨令 z_0 的初次取值为 $-1.2-1.2i$，并令 z_0 的实部和虚部分别以步长 $\Delta x=0.005$ 和 $\Delta y=0.005$ 在区域 $[-1.5,1.5]\times[-1.5,1.5]$ 上遍历 z_0

①Julia，法国数学家加斯顿·朱利亚(Gaston Julia).

的取值，将 z_0 的取值代入迭代公式中计算 $\{z_{k+1}\}$，$k=0,1,2,\cdots$，当触发终止条件时结束迭代.此处，不妨给定迭代的条件为 $|z|<10$ 且 $n<100$.

相应的 MATLAB 程序如下.

```
clc, clear, x = -1.5:0.005:1.5; [x, y] = meshgrid(x); z = x + i * y;
c = 0.285 + 0.01 * i;
  for j = 1:length(x)
      for k = 1:length(y)
          zn = z(j, k); n = 0;
          while(abs(zn)<10 & n<100)
              zn = zn^2 + c; n = n + 1;
          end
          f(j, k) = n;
      end
  end
  pcolor(x, y, f); shading flat; axis square; colorbar
  xlabel('Re$ z$ ', 'Interpreter', 'Latex');
  ylabel('Im$ z$ ', 'Interpreter', 'Latex');
```

执行上述语句后，得到 Julia 集分形图，如图 9-2-1 所示.将上述程序中第 2 行语句分别修改为 $c=0.11+0.66\mathrm{i}$，$c=0.188+0.78603\mathrm{i}$，$c=-0.8+0.156\mathrm{i}$，得到的相应 Julia 集分形图如图 9-2-2、图 9-2-3 和图 9-2-4 所示.

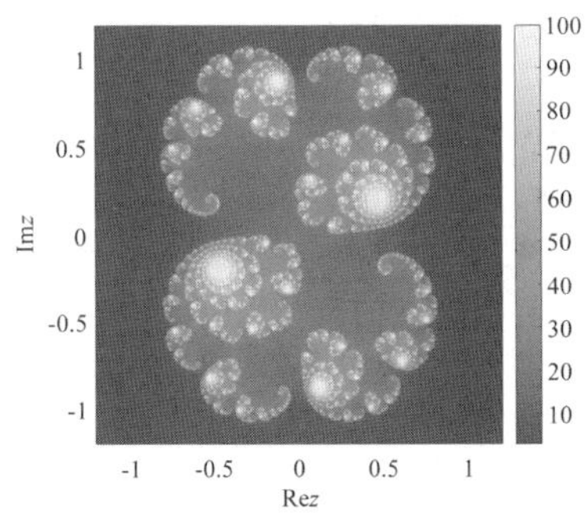

图 9-2-1 $c=0.285-0.01\mathrm{i}$ 的 Julia 集分形图

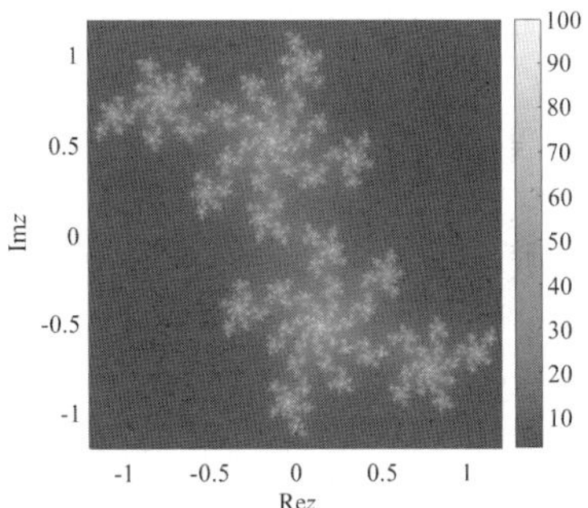

图 9-2-2 $c=0.11+0.66\mathrm{i}$ 的 Julia 集分形图

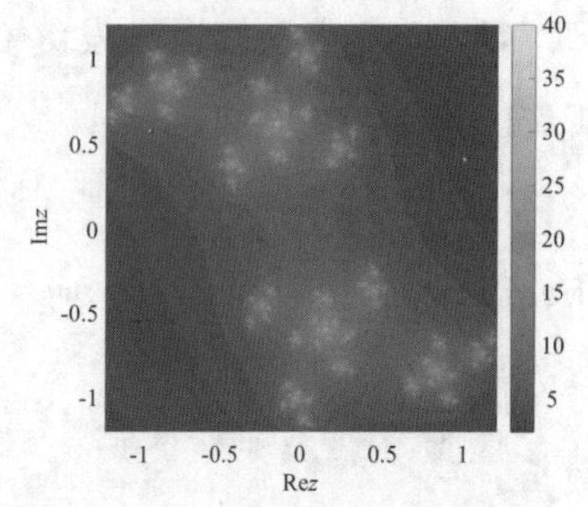

图 9-2-3　$c=0.188+0.78603\mathrm{i}$ 的 Julia 集分形图

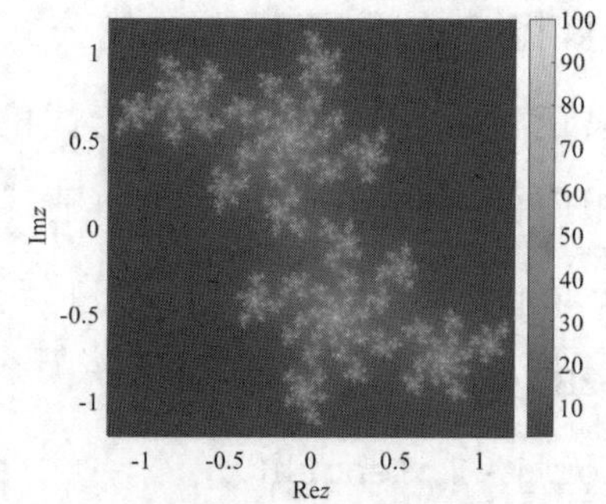

图 9-2-4　$c=-0.8+0.156\mathrm{i}$ 的 Julia 集分形图

从这四幅图可以直观地发现迭代算法对初值和迭代公式的依赖性和敏感性.

习题 9.2

1. 求极限$\lim\limits_{z\to \mathrm{i}}\dfrac{\overline{z}}{z}$.

2. 求极限$\lim\limits_{z\to \mathrm{i}}(z^2+2\mathrm{i}z)$.

3. 计算极限$\lim\limits_{z\to 1}\dfrac{z\overline{z}-\overline{z}+z-1}{z-1}$.

4. 设 $f(z)=z^n$,求它在 $z=\mathrm{i}$ 处的一阶导数.

5. 设 $f(z)=\mathrm{e}^z$,求它在 $z=1+\mathrm{i}$ 处的二阶导数.

6. 计算 $f(z)=\mathrm{Ln}(1+\sin(z))$在 $z=\dfrac{\mathrm{i}}{2}$处的一阶导数.

7. 计算 $f(z)=z\mathrm{Re}z$ 在 $z=0$ 处的一阶导数.

8. 计算函数 $f(z)=\left(z+\dfrac{1}{z}\right)^z$ 在点 $z=1$ 处的一阶导数.

9. 已知 $f(z)=\dfrac{z^2+3z-4}{(z-1)^5}$,试求 $f'''(\mathrm{i})$的值.

10. 用迭代算法求函数 $f(z)=z^2+1-z\cos z$ 的一个零点.

§9.3 复变函数的可视化

9.3.1 MATLAB 命令或函数

1. ezplot(fun):绘制表达式 fun(z)在默认定义域 $-2\pi<z<2\pi$ 上的图形,其中 fun(z)仅是 z 的显函数,它可以是函数句柄、字符向量或字符串.

2. plot(Z): plot 函数绘制 Z 的虚部对 Z 的实部的图,使得 plot(Z)等效于 plot(real(Z), imag(Z)).

3. subplot(m, n, p) 将当前图窗划分为 $m\times n$ 的网格,并在 p 指定的位置创建坐标区.按行号对子图位置进行编号.第一个子图是第一行的第一列,第二个子图是第一行的第二列,依此类推.如果指定的位置已存在坐标区,则此命令会将该坐标区设为当前坐标区.

4. title(titletext):将指定的标题添加到当前坐标区或独立可视化中.

5. contour(X, Y, Z, levels, 'color'):绘制 Z 的等高线图,X 和 Y 为 Z 的坐标;levels 表示要在某些特定高度绘制等高线,请将 levels 指定为单调递增的向量.若要在一个高度(n)绘制等高线,则将 levels 指定为二元素行向量[n n];'color'表示曲线的颜色,如'k'表示黑色,'g'表示绿色,'b'表示蓝色,'r'表示红色.

6. fill(X, Y, C):根据 X 和 Y 中的数据创建填充的多边形(顶点颜色由 $\boldsymbol{C}$ 指定),$\boldsymbol{C}$ 是一个用作颜色图索引的向量或矩阵.

7. z=cplxgrid(m):产生$(m+1)\times(2\times m+1)$的极坐标下的复数数据网格,构成最大半径为 1 的圆面.在命令窗口输入 type cplxgrid,屏幕将显示它的源程序,可以参考它来编写自己的专用程序.

8. cplxmap(z, f(z) , [optional bound]):画复变函数的图形,可选项用以选择函数的作图范围.使用 cplxmap 作图时,它将以 xOy 平面表示自变量所在的复平面,以 z 轴表示复变函数的实部,颜色表示复变函数的虚部.

9. cplxroot(n, m)：使用 $m\times m$ 的数据网格画复数 n 次根式函数曲面. 如果不指定 m 的值，则使用默认值 $m=20$.

10. colorbar：在当前轴或图表的右侧显示垂直颜色条.

9.3.2 平面曲线

例9.3.1 画出 $|z+1-2\mathrm{i}|+|z-1+2\mathrm{i}|=8$ 的图形.

解 在 MATLAB 命令窗口中输入：

```
>> clc, clear, syms x y
>> eq = abs(x + i * y + 1 - 2 * i) + abs(x + i * y - 1 + 2 * i) - 8;
   ezplot(eq, [-6, 6])
```

执行上述语句后，得到一个以 $-1+2\mathrm{i}$ 和 $1-2\mathrm{i}$ 为焦点的椭圆，如图 9-3-1 所示.

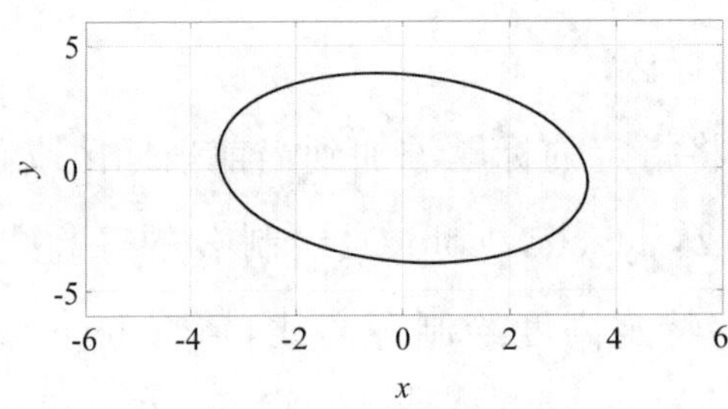

图 9-3-1 焦点为 $-1+2\mathrm{i}$ 和 $1-2\mathrm{i}$ 的椭圆

例9.3.2 绘制椭圆 $4x^2+y^2=1$ 在映射 $w=\dfrac{1}{z}$, $z=x+\mathrm{i}y$ 下的像.

解 椭圆的参数方程为

$$\begin{cases} x=\dfrac{\cos t}{2}, \\ y=\sin t, \end{cases} \quad 0\leqslant t\leqslant 2\pi.$$

我们利用复变函数将其表示为 $z=\dfrac{\cos t}{2}+\mathrm{i}\sin t$，画图的 MATLAB 程序如下.

```
clc, clear, t = 0:0.01:2 * pi; z = cos(t)/2 + i * sin(t);
subplot(1, 2, 1), plot(z) ;
```

```
title('$ 4x^2 + y^2 = 1$ ','Interpreter', 'Latex') % Latex 格式显示
w = 1./z; subplot(1, 2, 2), plot(w);
title('$ w = \frac{1}{z}$ ', 'Interpreter', 'Latex')
```

执行上述语句后，得到两个图形，如图 9－3－2 所示.

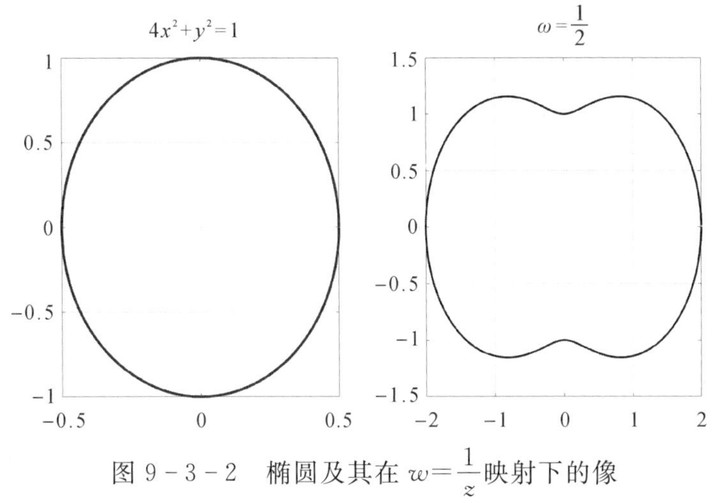

图 9－3－2 椭圆及其在 $w=\frac{1}{z}$ 映射下的像

例9.3.3 分别画出函数 $f(z)=z^2+1-z\sin z$ 实部和虚部的零值等值线.

解 实部和虚部的零值等值线即函数 $f(z)$ 的实部和虚部分别为零所确定的隐函数曲线，零等值线可以直观地显示函数 $f(z)$ 的零点分布. 画图的 MATLAB 程序如下.

```
clc, clear, x = -10:0.1:10; [x, y] = meshgrid(x);
z = x + i * y; f = z^2 + 1 - sin(z). * z;
contour(x, y, real(f), [0  0], 'k'); % 画出实部的零值等值线
hold on; contour(x, y, imag(f), [0  0], 'r - .'); % 画出虚部的零值等值线
xlabel('Re$ z$ ', 'Interpreter', 'Latex');
ylabel('Im$ z$ ', 'Interpreter', 'Latex');
legend('实部的零值等值线', '虚部的零值等值线');
```

执行上述语句后，得到实部和虚部的零值等值线，如图 9－3－2 所示. 从图中可以看出，函数 $f(z)$ 有四对互为共轭的零点.

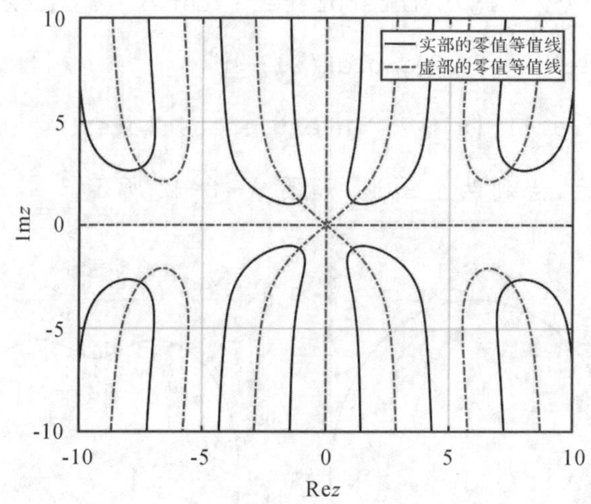

图 9-3-3　函数 $f(z)$的实部与虚部的零值等值线

9.3.3　空间曲面

复变函数 $w=f(z)$是一个将 Z 平面上的点 $z=x+\mathrm{i}y$ 变换到 W 平面上的点 $w=u+\mathrm{i}v$ 的映射，其像空间为四维空间，空间中的点为(x,y,u,v). MATLAB 表现四维数据的方法是用三个空间坐标表示其中的三个值，借助颜色来表示第四维空间的值. 具体的画法是以 X-Y 平面表示自变量所在的复平面，以 Z 轴表示复变函数值的实部，用颜色表示复变函数值的虚部. 用这种方法可以画出复变函数的图形，从图形上容易看出复变函数的某些性质.

例9.3.4　指数函数 $w=\mathrm{e}^z=\mathrm{e}^x(\cos y+\mathrm{i}\sin y)$是以 $2\pi\mathrm{i}$ 为周期的周期函数，请画出它的图形.

解　使用工具箱的直接画图命令和实函数的画图命令两种方法，画图的 MATLAB 程序如下.

```
clc, clear, z = cplxgrid(20); % 生成单位圆盘的网格数据
subplot(1, 3, 1), cplxmap(z, exp(z)), title('(a)使用工具箱命令画图')
r1 = 0:0.1:1; r2 = 0:0.2:6; t1 = 0:0.1:2.1 * pi; t2 = t1;
[r1, t1] = meshgrid(r1, t1); [r2, t2] = meshgrid(r2, t2); % 生成网格数据
x1 = r1. * cos(t1); y1 = r1. * sin(t1); z1 = x1 + i * y1; % 生成极坐标
x2 = r2. * cos(t2); y2 = r2. * sin(t2); z2 = x2 + i * y2; % 生成极坐标
f1 = exp(z1); f2 = exp(z2); % 计算函数值
subplot(1, 3, 2), surfc(x1, y1, real(f1), imag(f1));
```

```
title('(b)利用实函数画图(1)')
subplot(1, 3, 3), surfc(x2, y2, real(f2), imag(f2));
title('(c)利用实函数画图(2)')
```

绘制的图形如图 9－3－4 所示.

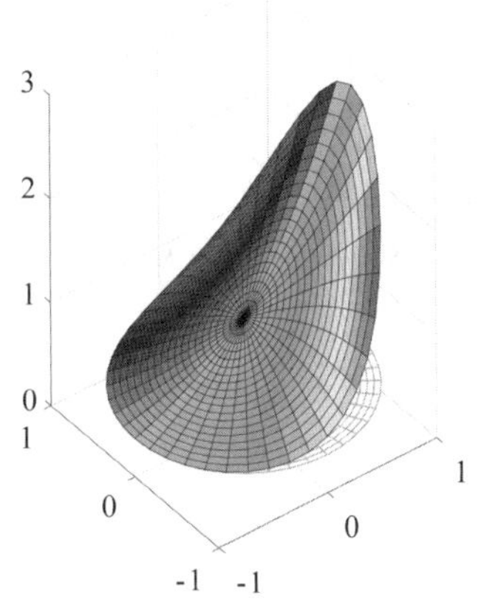

(a)使用工具箱命令画图

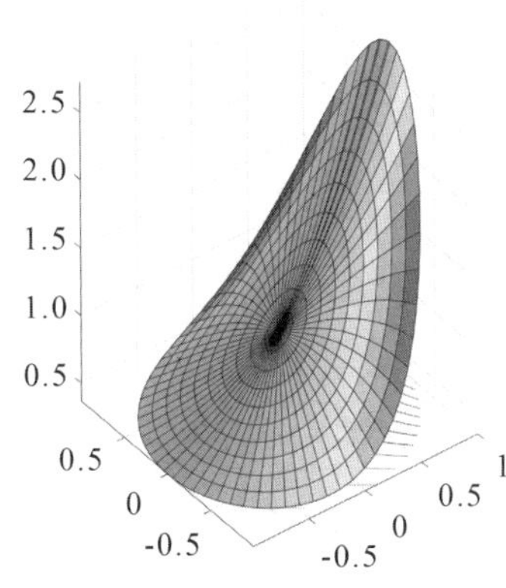

(b)利用实函数画图(1)

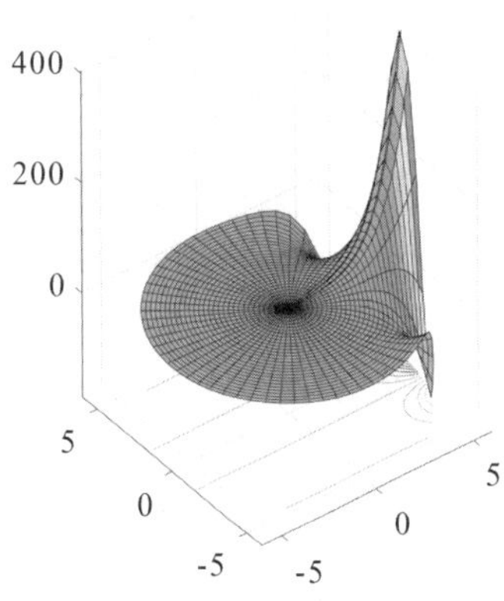

(c)利用实函数画图(2)

图 9－3－4　指数函数的图形

例9.3.5　对数函数 $w=\mathrm{Ln}z=\ln|z|+\mathrm{i}\mathrm{Arg}z=\ln|z|+\mathrm{i}(\arg z+2k\pi)$ $(k=0,\pm1,\pm2,\cdots)$是指数函数 $z=\mathrm{e}^{w}$ 的反函数,请画出它的图形.

解　利用 MATLAB 工具箱,直接画出主值分支 $\ln|z|$. 另外,可以利用对数函数的定义和实变函数的画图命令,画出 $w=\mathrm{Ln}z$ 的三个分支值,即 $\mathrm{Ln}z=\ln|z|+\mathrm{i}(\arg z+2k\pi)$ $(k=0,3,6)$, MATLAB 画图的程序如下.

```
lc, clear, z = cplxgrid(20); % 生成单位圆盘的网格数据
subplot(2, 2, 1), cplxmap(z, log(z)), colorbar, title('(1) 主值分支')
r = 0:0.1:1; t = 0:0.1:2 * pi; [r, t] = meshgrid(r, t);
% 生成单位圆盘的极坐标数据
x = r. * cos(t); y = r. * sin(t); z = x + i * y;
for k = 0:3:6
    f = log(abs(z)) + i * angle(z) + 2 * (k + 1) * pi * i; % 计算函数值
    subplot(2, 2, k/3 + 2), surf(x, y, real(f), imag(f)), colorbar
     % 与工具箱直接画图命令进行比较
    title(['(', int2str(k/3 + 2),')',' 虚部为 arg(z) + ', int2str(k), ' * 2\pi'])
end
```

MATLAB 绘制的图形如图 9-3-5 所示.

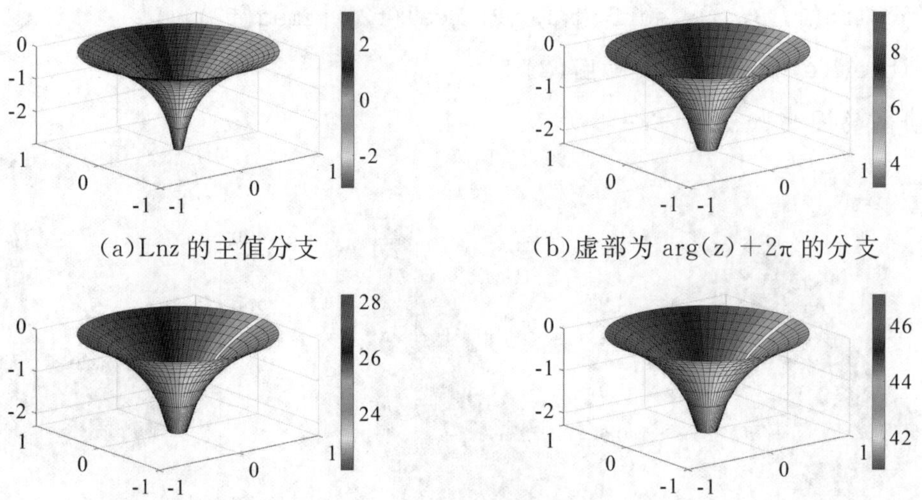

(a)Lnz 的主值分支　　(b)虚部为 arg(z)+2π 的分支

(c)虚部为 arg(z)+8π 的分支　　(d)虚部为 arg(z)+14π 的分支

图 9-3-5　对数函数的图形

例9.3.6　幂函数 $w=z^a=e^{a\mathrm{Ln}z}$(其中 a 为复数,且 $z\neq0$).

(1)当 a 为正整数 n 时,它在复平面内是单值的连续函数,且 $w=z^n=e^{n\mathrm{Ln}z}=e^{n[\ln|z|+i(\arg z+2k\pi)]}=|z|^n e^{in\arg z}$.

(2)当 a 为有理数 $\frac{p}{q}$(p 和 q 为互质的整数,且 $q>0$)时,它是一个多值函数,且 $w=z^{\frac{p}{q}}=e^{\frac{p}{q}\ln|z|+i\frac{p}{q}(\arg z+2k\pi)}$　$[k=0,1,2,\cdots,(q-1)]$.

(3)当 a 为无理数或复数时,$w=z^a$ 有无穷多值,并且它们各分支除去原点和负实轴外在复平面是连续函数.

请分别画出幂函数 $w=z^{\frac{5}{2}}$、$w=z^4$ 和 $w=z^{\frac{1}{4}}$ 的图形.

解　画图的 MATLAB 程序如下.

```
clc, clear, z = cplxgrid(20); % 生成网格数据
subplot(1, 2, 1), cplxmap(z, z^(5/2)),  colorbar % 这里绘制的是主值分支
title([ '(a) 函数', 'f(z) = z^{5/2}', '的主值分支图形' ], 'FontSize', 20)
z = cplxgrid(20);  % 生成网格数据
subplot(1, 2, 2), cplxmap(z, z^4), colorbar % 这里绘制的是主值分支
title([ '(b) 函数', 'f(z) = z^4', '的主值分支图形' ], 'FontSize', 20)
figure % 创建新的图形窗
```

```
subplot(1, 2, 1), cplxroot(4), colorbar % 这里绘制的是全部四个分支
title([ '(a) 函数', 'f(z) = z^{1/4}', '的全部四个分支图形' ], 'FontSize',20)
z = cplxgrid(20); % 生成网格数据
subplot(1, 2, 2), cplxmap(z, exp(log(z)/4)),  colorbar
% 这里绘制的是主值分支
title([ '(b) 函数', 'f(z) = z^{1/4}', '的主支图形' ], 'FontSize', 20)
```

MATLAB 绘制的图形如图 9－3－6 和图 9－3－7 所示.

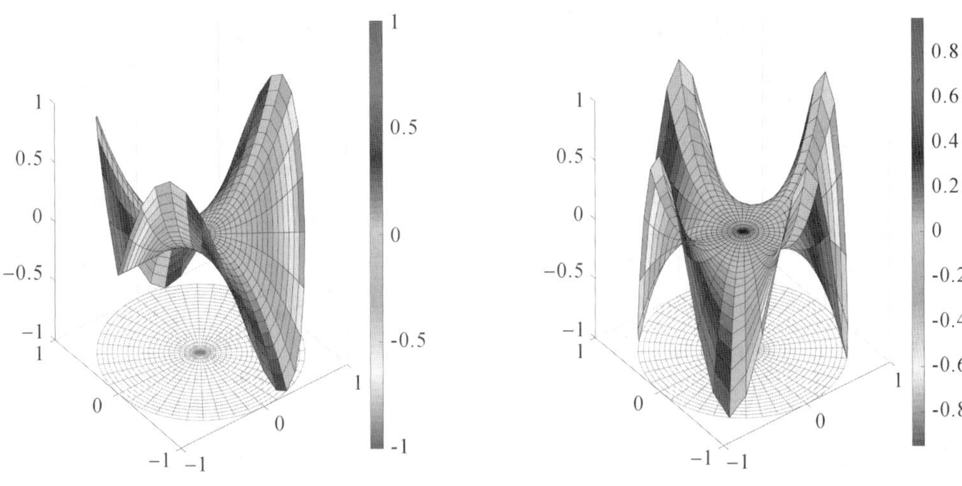

(a)函数 $f(z)=z^{5/2}$ 的主值分支图形　　(b)函数 $f(z)=z^4$ 的图形

图 9－3－6　幂函数 $w=z^{\frac{5}{2}}$ 和 $w=z^4$ 的图形

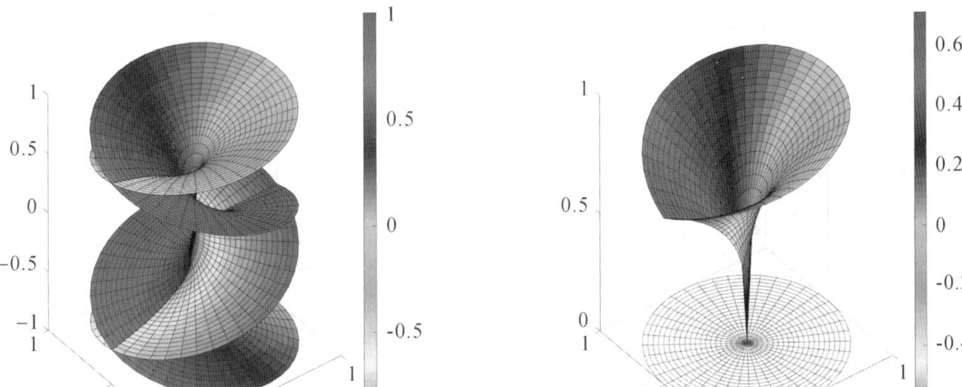

(a)函数 $f(z)=z^{1/4}$ 的全部四个分支图形　　(b)函数 $f(z)=z^{1/4}$ 的主支图形

图 9－3－7　幂函数 $w=z^{\frac{1}{4}}$ 分支与主分支的图形

上面的程序用到了 MATLAB 中的指令 cplxroot( )，该指令给出了画一种常见多值函数——根式函数图形的方法，绘制的图像被称为“黎曼面”.

例9.3.7 画 $w=\sqrt[3]{z}$的图形.

解 画图的 MATLAB 程序如下.

```
> > clc, clear; cplxroot(3,30);
```

MATLAB 绘制的图形如图 9-3-8 所示.

图 9-3-8 $w=\sqrt[3]{z}$的图形

例9.3.8 已知正弦函数 $f(z)=\sin z=\dfrac{e^{iz}-e^{-iz}}{2i}$，余弦函数 $f(z)=\cos z=\dfrac{e^{iz}+e^{-iz}}{2}$，请绘制它的图形.

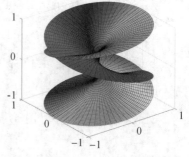

解 画图的 MATLAB 程序如下.

```
clc, clear
z = 5 * cplxgrid(30); % 生成半径为 10 的圆盘的网格数据
subplot(1, 2, 1), cplxmap(z, sin(z)), colorbar
% 这里绘制的是 sin(z)的图形
title('(a) 正弦函数 f(z) = sin(z)的图形', 'FontSize', 20)
z = 5 * cplxgrid(30); % 生成半径为 10 的圆盘的网格数据
subplot(1, 2, 2), cplxmap(z, cos(z)), colorbar % 这里绘制的是 cos(z)的图形
title(' (b) 余弦函数 f(z) = cos(z)的图形' , 'FontSize', 20)
```

MATLAB 绘制的图形如图 9-3-9 所示.

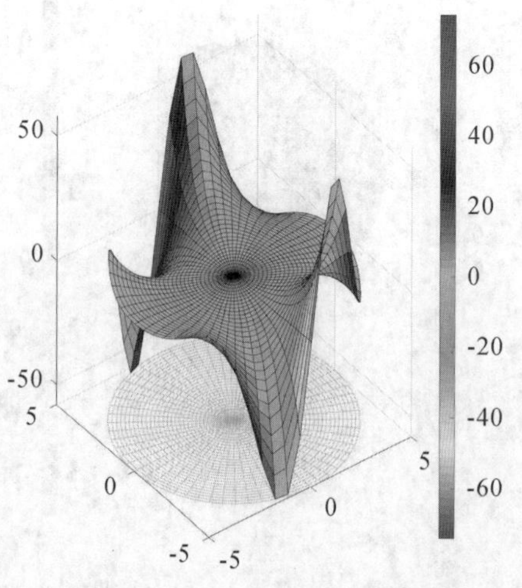

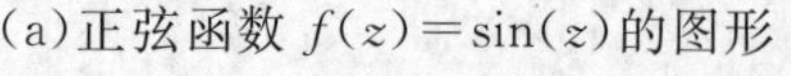
(a)正弦函数 $f(z)=\sin(z)$的图形

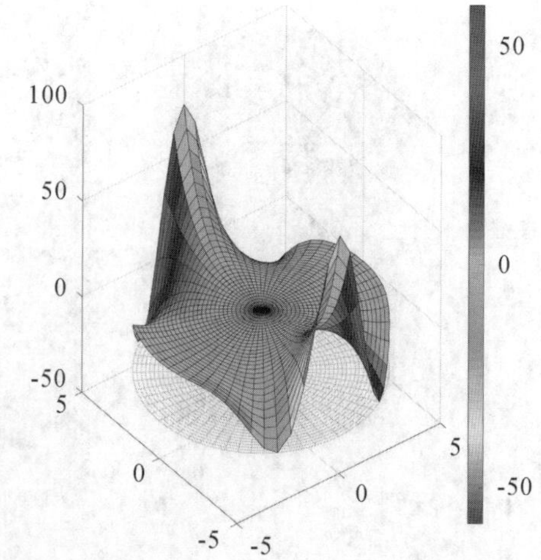

(b)余弦函数 $f(z)=\cos(z)$的图形

图 9-3-9 正、余弦函数的图形

例9.3.9　已知反正弦函数 $\mathrm{Arcsin}z = -\mathrm{i}\mathrm{Ln}(\mathrm{i}z + \sqrt{1-z^2})$，反余弦函数 $\mathrm{Arccos}z = -\mathrm{i}\mathrm{Ln}(z + \sqrt{z^2-1})$，请绘制它的图形.

解　画图的 MATLAB 程序如下.

```
clc, clear, z = 5 * cplxgrid(30); % 生成半径为 10 的圆盘的网格数据
subplot(1, 2, 1), cplxmap(z, asin(z)), colorbar
% 这里绘制的是 Arcsin(z)的图形
title('(a) 反正弦函数 f(z) = Arcsin(z)的主值分支图形', 'FontSize', 20)
z = 5 * cplxgrid(30); % 生成半径为 10 的圆盘的网格数据
subplot(1, 2, 2), cplxmap(z, acos(z)), colorbar
% 这里绘制的是 Arccos(z)的图形
title( '(b) 反余弦函数 f(z) = Arccos(z)的主值分支图形', 'FontSize', 20)
```

MATLAB 绘制的图形如图 9-3-10 所示.

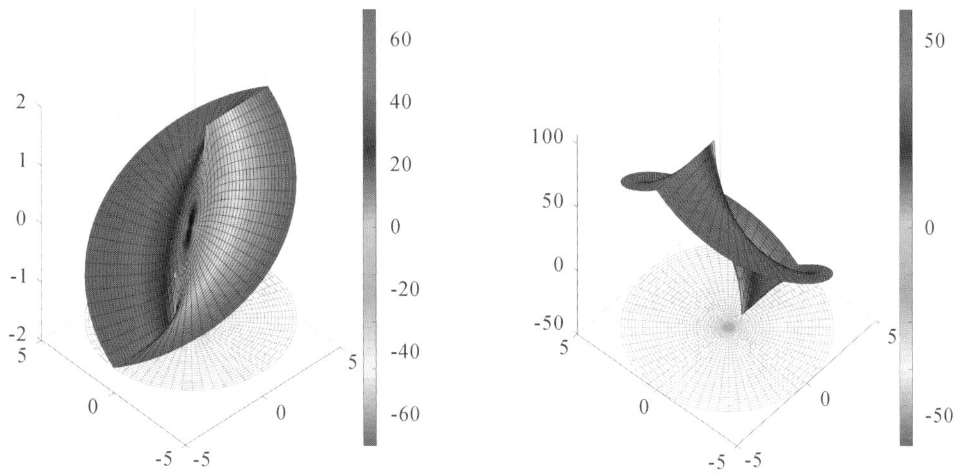

(a)反正弦函数 $f(z) = \mathrm{Arcsin}(z)$的主值分支　(b)反余弦函数 $f(z) = \mathrm{Arccos}(z)$的主值分支

图 9-3-10　反正弦函数和反余弦函数的主值分支图形

习题 9.3

1. 画出 $|z+1-2\mathrm{i}| - |z-1+2\mathrm{i}| = \pm 3$ 的图形.

2. 绘制圆 $(x-1)^2 + y^2 = 1$ 在映射 $w = \dfrac{1}{z}$ 下的像.

3. 绘制椭圆 $4x^2+y^2=1$ 在映射 $w=\frac{1}{z}$ 下的像.

4. 已知映射 $w=z+\frac{1}{z}$,请绘制 $|z|=2$ 在 w 平面上的像.

5. 分别画出函数 $f(z)=z^2+1-z\cos z$ 实部和虚部的零值等值线.

6. 画出函数 $w_1=\mathrm{e}^{-\frac{z^2}{2}}$ 和 $w_2=\mathrm{e}^{-\frac{|z|^2}{2}}$ 的图形.

7. 绘制函数 $w_1=\mathrm{Ln}z^2$ 和 $w_2=\mathrm{Ln}|z|$ 的图形.

8. 画出幂函数 $w_1=z^{\frac{2}{3}}$ 和 $w_2=z^8$ 的图形.

9. 绘制正切函数 $w_1=\tan z$ 和余切函数 $w_2=\cot z$ 的图形.

10. 绘制正割函数 $w_1=\sec z$ 和余割函数 $w_2=\csc z$ 的图形.

11. 绘制反正切函数 $w_1=\mathrm{Arctan}\,z=\frac{\mathrm{i}}{2}\mathrm{Ln}\,\frac{\mathrm{i}+z}{\mathrm{i}-z}$ 和反余切函数 $w_2=\mathrm{Arccot}z=\frac{\mathrm{i}}{2}\mathrm{Ln}\,\frac{z-\mathrm{i}}{z+\mathrm{i}}$ 的图形.

§9.4 复变函数与分形

9.4.1 MATLAB 命令或函数

1. function 函数.

用法:function [输出变量]=函数名称(输入变量).

function 用来定义函数,一般一个函数放在一个.m 文件里.

2. for 循环.

格式一:for 循环变量=表达式 1:表达式 2:表达式 3

```
        循环体;
    end
```

表达式 1 表示循环变量初值;表达式 2 表示步长,步长为 1 时,可省略;表达式 3 表示循环变是终值.

格式二:for 循环变量=矩阵表达式

    循环体;

  end

3. while 循环.

用法:while 表达式

    程序语句;

  end

这里只要表达式正确,系统就会执行对应的程序语句;否则,系统不执行.

4. if 判断.

用法 1:if 表达式

    被执行语句;

  end

用法 2:if 表达式 1

    被执行语句 1;

  else if 表达式 2

    被执行语句 2;

  else

    被执行语句 3;

  end

5. xlim(limits). 设置当前轴或图表的 x 轴限制. 将极限指定为形式为[$x$min,$x$max]的两元素向量,其中 $x$max 大于 $x$min.

6. ylim(limits). 设置当前轴或图表的 x 轴限制. 将极限指定为形式为[$y$min,$y$max]的两元素向量,其中 $y$max 大于 $y$min.

7. p=randperm(n). 返回包含从 1 到 n 的整数的随机排列而不重复元素的行向量.

8. image(C). 将矩阵 $\boldsymbol{C}$ 中的数据显示为图像. $\boldsymbol{C}$ 的每个元素指定图像的 1 个像素的颜色,得到的图像是像素的 $m\times n$ 网格,其中 m 是行数,n 是 $\boldsymbol{C}$ 中的列数.

9. x=zeros(n). 返回一个 $n\times n$ 的零矩阵.

10. y=linspace(x1, x2, n):生成 n 个点,点之间的间距为$(x_2-x_1)/(n-1)$.

11. b=mod(a, m):返回 a 除以 m 后的余数,其中 a 是被除数,m 是除数.

9.4.2 分形介绍

分形(Fractal)这个术语是美籍法国数学家芒德布罗①(Mandelbrot,1924—2010)于20世纪70年代创造的.1977年,Mandelbrot出版了他的专著《分形对象:形、机遇与维数》,这标志着分形理论的正式诞生.但其严格的数学基础之一——芒德布罗集,却是20世纪70年代末芒德布罗、布鲁克斯、马蒂尔斯基以及道阿迪、哈伯德、沙斯顿等人几乎同时建立完善的,他们的思想都源自20世纪前叶一些前辈,如法图、莱维、朱利亚等的有关思想.直到1982年,随着他的名著《自然界的分形几何》(*The Fractal Geometry of Nature*)第二版出版时,分形这个概念被广泛传播,成为当时全球科学家们议论最热烈、最感兴趣的热门话题之一.

Fractal出自拉丁语Fractus(碎片,支离破碎)、英文Fractured(断裂)和Fractional(碎片,分数),说明分形是用来描述和处理粗糙、不规则对象的.Mandelbrot是想用此词来描述自然界中传统欧几里得几何学所不能描述的一大类复杂无规则的几何对象,如蜿蜒曲折的海岸线、起伏不定的山脉、粗糙不堪的断面、变幻无常的浮云、九曲回肠的河流、纵横交错的血管、令人眼花缭乱的满天繁星等.它们的共同特点是极不规则或极不光滑,但是却有一个重要的性质——自相似性.例如,海岸线的任意小部分都包含与整体相似的细节.要定量地分析这样的图形,要借助分形维数这一概念.经典维数都是整数,而分形维数可以取分数.简单来讲,具有分数维数的几何图形称为分形.

分形几何是一门以不规则几何形态为研究对象的几何学.由于不规则现象在自然界普遍存在,因此分形几何学又被称为描述大自然的几何学.分形理论既是非线性科学的前沿和重要分支,又是一门新兴的横断学科,是研究一类现象特征的新的数学分科,相对于其几何形态,它与微分方程与动力系统理论的联系更为显著.

---

①Benoît B. Mandelbrot在中文文献译名一直不统一,芒德布罗本人使用的中文名字是"本华·曼德博",可见于其耶鲁大学网站(https://users.math.yale.edu/mandelbrot/)个人主页照片,为竖排繁体汉字手写体.全国科学技术名词审定委员会在数学、物理学、力学等几个学科术语的译名中,使用的都是"芒德布罗".

分形具有以下四个特点：

(1)分形都具有任意小尺度下的比例细节，或者说它具有精细的结构；

(2)有某种自相似的形式，可能是近似的或统计的；

(3)一般它的分形维数大于它的拓扑维数；

(4)可以由非常简单的方法定义，并由递归、迭代等产生.

人们熟悉的分形有：康托尔集(Cantor，1845—1918，德国数学家)、科赫(Koch)雪花、谢尔宾斯基三角形(Sierpinski，1882—1969，波兰数学家)、皮亚诺曲线(Peano，1858—1932，意大利数学家)、Mandelbrot 集、Julia 集、Burning Ship 分形等.

科赫及科赫雪花

9.4.3 Koch 雪花

1904 年，瑞典数学家冯·科赫(von Koch，1870—1924)在其论文《关于一条连续而无切线，可由初等几何构作的曲线》中描述了一种曲线，该曲线处处连续但处处不光滑、不可微. 如果一个三角形按生成 Koch 曲线的生成规则来迭代，则曲线的形状像一朵雪花，故得名 Koch 雪花，该曲线的构成规则如下.

以一个正三角形为初始元图形，将每一边三等分，中间一段用以其为边向外作正三角形的另外两条边来代替，得到一个六角形，如图 9-4-1 所示，然后，再将该六角形的每一边再分三段作相同的替代，如此下去，直至无穷，便可得到 Koch 雪花，该曲线上任何一点均连续且不可微. 为了能够编程实现 Koch 雪花的构造，我们首先构造一个复数序列表示图形的各个顶点，然后将该序列首尾相连，那么这个复数序列在复平面上就构成了每一次的图形；最后，对该复数序列进行迭代，可以生成更细分的图形. 下面分析迭代的计算过程.

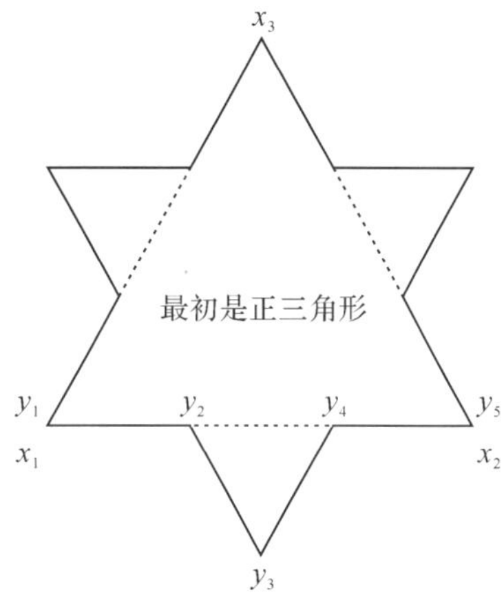

图 9-4-1 正三角形与六角星

设第 n 次迭代前的序列为 $X_n=[x_1,x_2,\cdots,x_{k_n}]\in \mathbf{C}^{k_n}$，其中元素 x_j 表示图形中的第 j 个点，k_n 为图形中的总点数. 同时，使用映射 $TX_n\to X_{n+1}$ 表示第 n 次迭代的过程，之所以用复数来表示，是为了方便对每一段进行映射操作. 例如,当 $n=1$ 时,X_1 表示初始的正三角形,相应的复数序列 $X_1=[x_1,x_2,x_3,x_1]=\left[0,1,\frac{1+\sqrt{3}\mathrm{i}}{2},0\right]$. 以三角形的底边 x_1x_2 的几何迭代为例,它的第一次迭流程如下.

(1)将其等分为三段,并令 $y_1=x_1,y_5=x_2$;

(2)在原矢量$\overrightarrow{x_1x_2}$的$\frac{1}{3}$处,添加点 y_2;

(3)在原矢量$\overrightarrow{x_1x_2}$的$\frac{2}{3}$处,添加点 y_4;

(4)将矢量$\overrightarrow{y_2y_4}$,以 y_2 为圆心顺时针方向旋转$\frac{\pi}{3}$(长度不变),得到新的向量$\overrightarrow{y_2y_3}$,添加点 y_3.

复数序列 X_1 中的点$[x_1,x_2]$相应地迭代更新为复数序列点$[y_1,y_2,y_3,y_4,y_5]$,迭代的计算公式如下.

(1)$\Delta x=x_2-x_1,y_1=x_1,y_5=x_5$;

(2)$y_2=x_1+\frac{1}{3}\Delta x$;

(3)$y_4=y_2+\frac{1}{3}\Delta x$;

(4)$y_3=y_2+\frac{1}{3}\mathrm{e}^{-\frac{\pi}{3}\mathrm{i}}\Delta x$.

按照上面的迭代算法,我们将初始的正三角形迭代生成六角星,如图 9-4-1 所示. 对 X_1 中的$[x_2,x_3]$和$[x_3,x_1]$重复以上的迭代方法完成对复数序列 X_1 的迭代,得到序列 $X_2=[y_1,y_2,\cdots,y_{11},y_{12}]$,为了表达的便利,将其重新记为 $X_2=[x_1,x_2,\cdots,x_{11},x_{12}]$. 以此类推,对复数序列 $X_n=[x_1,x_2,\cdots,x_{k_n}]$迭代,得到复数序列 $X_{n+1}=[x_1,x_2,\cdots,x_{k_{n+1}}]$.

例9.4.1 编写画 Koch 雪花图案的 MATLAB 程序,绘制 Koch 雪花图案.

解 画 Koch 雪花图案的 MATLAB 程序如下.

```
function mykoch(N)
if nargin = = 0;N = 6; end % N 为迭代的次数, 默认值为 6
z1 = [1, (1 + sqrt(3) * i)/2, 0, 1]; % 画正三角形的复数数据
```

```
for k = 1: N
    z2 = z1; n = length(z2) - 1;
    for m = 0: n - 1;
        dz = (z2(m + 2) - z2(m + 1))/3; z1(4 * m + 1) = z2(m + 1);
        z1(4 * m + 2) = z2(m + 1) + dz;
z1(4 * m + 4) = z2(m + 1) + 2 * dz;
        z1(4 * m + 3) = z1(4 * m + 2) + dz * ((1 - sqrt(3) * i)/2);
    end
    z1(4 * n + 1) = z2(n + 1);
end
plot(z1), axis equal, xlim([0, 1]), ylim([ - 0.35, 0.95])
```

MATLAB 绘制的图形如图 9－4－2 所示.

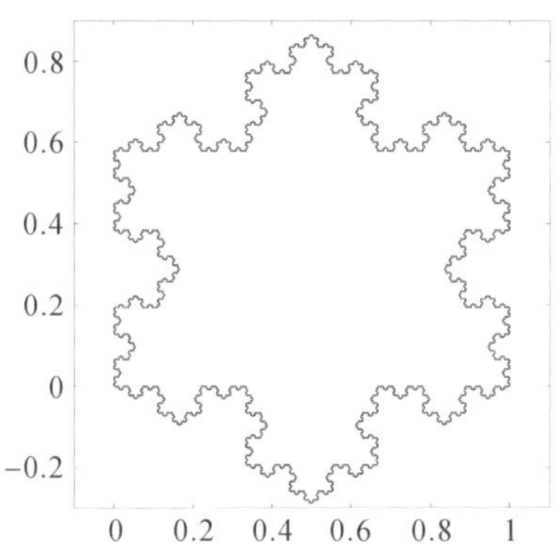

图 9－4－2 六次迭代的 Koch 雪花

谢尔宾斯基

9.4.4 谢尔宾斯基三角形

谢尔宾斯基三角形是波兰数学家谢尔宾斯基在 1915 年构造的，它是自相似集的例子. 巴黎著名的埃菲尔铁塔正是参照谢尔宾斯基三角形设计，当然铁塔并没有将三角形的分形进行到无穷，但这已经体现了数学的美与精彩. 谢尔宾斯基三角形的构造方法有很多，但一般都是通过迭代函数或仿射变换得到的，下面给出两种迭代算法来实现它.

1. 去中心法

(1)取一个实心的三角形(多数使用等边三角形)；

(2)沿三边中点的连线,将它分成四个小三角形;

(3)去掉中心位置的小三角形,保留周围的三个小三角形;

(4)对其余三个小三角形重复步骤(1).

2. 随机点法

(1)任意取平面上三点 A,B,C,组成一个三角形;

(2)任意取三角形 ABC 内的一点 P,画出该点;

(3)随机选择三角形 ABC 的一个顶点,画出点 P 与该顶点的中点;

(4)重复步骤(2).

例9.4.2 编写去中心法的 MATLAB 程序,绘制谢尔宾斯基三角形.

解 去中心法的 MATLAB 程序如下.

```
function mysierpinski_C(N)
if nargin = = 0; N = 7; end
z1 = [1, 0, (1 + sqrt(3) * i)/2, 1];
for k = 1:N
    z2 = z1;n = length(z2) - 1;
    for m = 0:n - 1
        dz = (z2(m + 2) - z2(m + 1))/2; z1(6 * m + 1) = z2(m + 1);
        z1(6 * m + 2) = z2(m + 1) + dz;
        z1(6 * m + 3) = z1(6 * m + 2) + dz * (( - 1 - sqrt(3) * i)/2);
        z1(6 * m + 4) = z1(6 * m + 3) + dz;
        z1(6 * m + 5) = z2(m + 1) + dz; z1(6 * m + 6) = z2(m + 1) + 2 * dz;
end
```

MATLAB绘制的谢尔宾斯基三角形如图 9-4-3 所示.

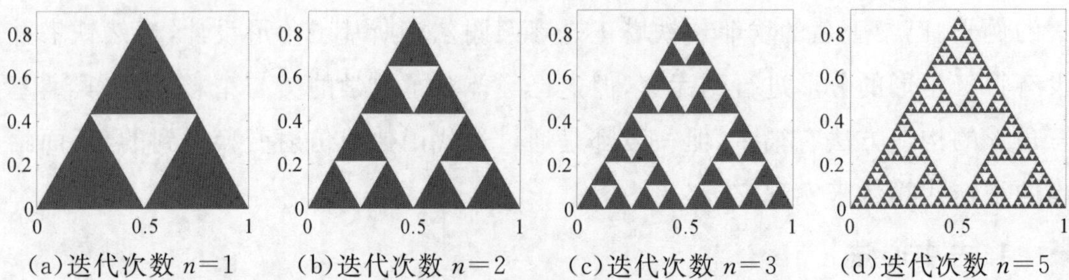

(a)迭代次数 $n=1$　(b)迭代次数 $n=2$　(c)迭代次数 $n=3$　(d)迭代次数 $n=5$

图 9-4-3　去中心法绘制谢尔宾斯基三角形

例9.4.3 编写随机点法的MATLAB程序,绘制谢尔宾斯基三角形.

解 随机点法的MATLAB程序如下.

```
function mysierpinski_CG(N)
if nargin = = 0; N = 100000; end
A = 0; B = 1; C = complex(0.5, sqrt(3) * 0.5);
% 用复数表示的三角形三个点 A, B, C 的坐标
P = complex(0.1, 0.2); % 任取三角形内的一点
TP = [ ]; % 所有生成点的初始化
problility = randperm(N); % 产生 1 到 N 的随机全排列
for k = problility
if k<N/3 + 1;
      P = (P + A)/2; % 生成新点为点 P 和 A 的中点
elseif k<2 * N/3 + 1
      P = (P + B)/2; % 生成新点为点 P 和 B 的中点
else P = (P + C)/2; % 生成新点为点 P 和 C 的中点
end
TP = [TP, P]; % TP 中加入新点
end
plot(TP, '.', 'markersize', 1) % 画所有生成的新点
axis equal; xlim([A, B]), ylim([0, imag(C)]);
```

MATLAB绘制的谢尔宾斯基三角形如图 9-4-4 所示.

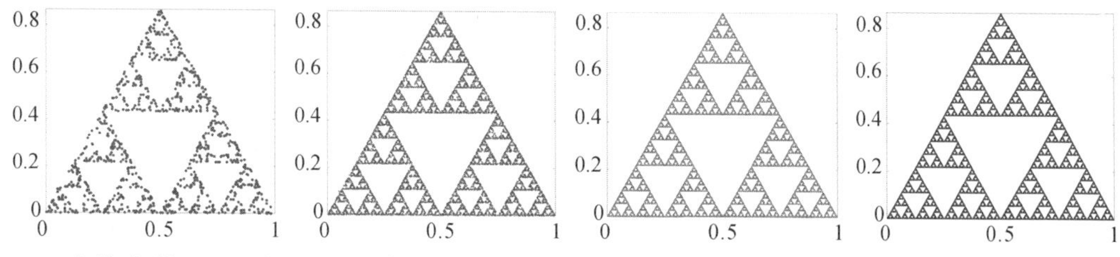

(a)迭代次数 $n=10^3$ (b)迭代次数 $n=10^4$ (c)迭代次数 $n=10^5$ (d)迭代次数 $n=10^6$

图 9-4-4 随机点法绘制谢尔宾斯基三角形

除了上述两个方法外,构造谢尔宾斯基三角形的方法还有如下几种.

(1)递归法:首先计算给定正三角形的中心,然后利用中心点计算分形后的三个非中心小三角形的顶点,绘制这三个小三角形,最后对每个小三角形重复第一步.

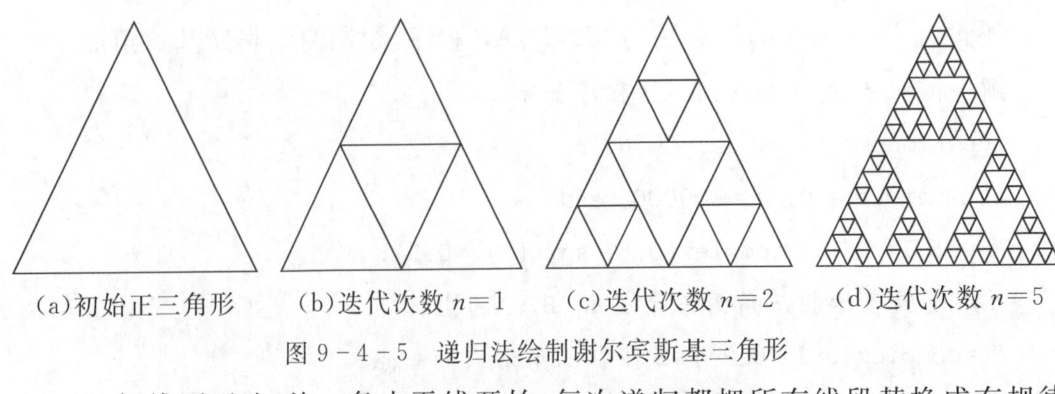

(a)初始正三角形　(b)迭代次数 $n=1$　(c)迭代次数 $n=2$　(d)迭代次数 $n=5$

图 9-4-5　递归法绘制谢尔宾斯基三角形

(2)折线逼近法:从一条水平线开始,每次递归都把所有线段替换成有规律的三段折线.无限递归下去,整段折线会越来越逼近谢尔宾斯基三角形.

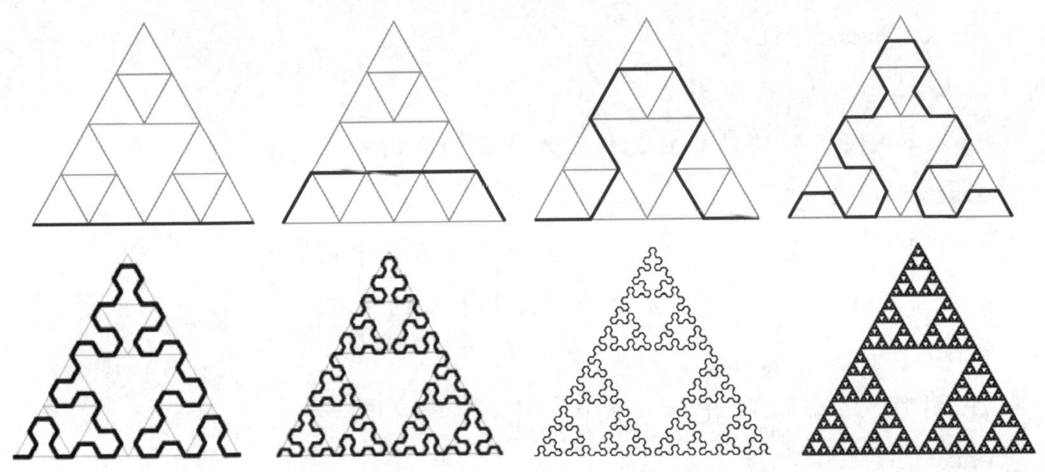

图 9-4-6　折线逼近法绘制谢尔宾斯基三角形的过程

谢尔宾斯基地毯是谢尔宾斯基在 1916 年提出的一种自相似结构,如图 9-4-7 所示.谢尔宾斯基地毯和谢尔宾斯基三角形基本类似,不同之处在于谢尔宾斯基地毯采用的是正方形进行分形构造,而谢尔宾斯基三角形采用的等边三角形进行分形构造的.谢尔宾斯基地毯的构造方法与谢尔宾斯基三角形的构造方法限于篇幅关系,此处不再赘述.

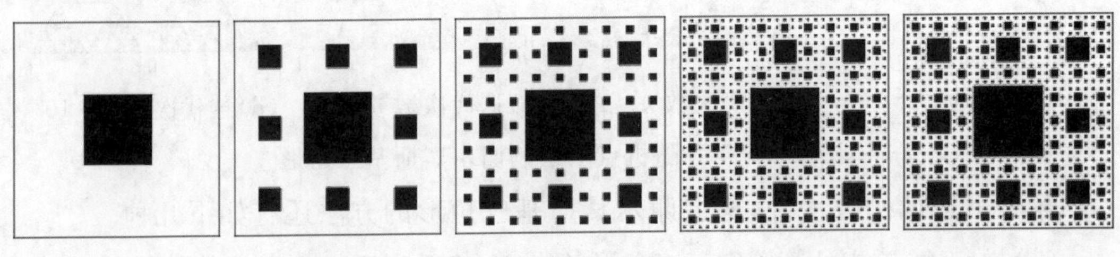

图 9-4-7　谢尔宾斯基地毯的产生过程

9.4.5　牛顿分形

1. 牛顿迭代法

牛顿迭代法(也称为 Newton-Raphson 迭代法)是解非线性方程 $f(z)=0$ 的最著名的和最有效的数值方法之一.若初始值充分接近于方程的根,则牛顿迭代法的收敛速度很快.在不动点迭代中,用不同的方法构造迭代函数可得到不同的迭代方法.假设 $f'(z)\neq 0$,令

$$g(z)=z-\frac{f(z)}{f'(z)}, \tag{9.4.1}$$

则方程 $f(z)=0$ 和 $z=g(z)$ 是等价的.选取(9.4.1)式为迭代函数.根据(9.4.1)式,构造迭代序列为

$$z_{k+1}=z_k-\frac{f(z_k)}{f'(z_k)} \quad (k=0,1,2,\cdots), \tag{9.4.2}$$

(9.4.2)式称为牛顿迭代公式,称 $\{z_k\}$ 为牛顿序列.在第 9.4 节,例 9.2.6 中的(9.2.6)式就是相应的牛顿迭代公式.

2. 牛顿分形的算法

在复平面上取定一个窗口,将此窗口均匀离散化为有限个点,将这些点记为初始点 z_0,按(9.4.2)式进行迭代.其中,大多数的点都会很快收敛到方程 $f(z)=0$ 的某一个零点,但也有一些点经过很多次迭代仍不收敛.为此,可以设定一个正整数 N 和一个很小的数 δ,如果当迭代次数小于 N 时,就有两次迭代的两个点的距离小于 δ,即

$$|z_{k+1}-z_k|<\delta, \tag{9.4.3}$$

则认为 z_0 是收敛的,即点 z_0 被吸引到方程 $f(z)=0$ 的某一个根上;反之,当迭代次数达到了 N,而 $|z_{k+1}-z_k|>\delta$ 时,则认为点 z_0 是发散(逃离)的.

当点 z_0 比较靠近方程 $f(z)=0$ 的根时,迭代过程就很少;点 z_0 离得越远,迭代次数越多,甚至不收敛.

由此,设计函数 $f(z)=0$ 的牛顿分形生成算法步骤如下.

(1)设定复平面窗口范围:实部范围$[X_1,X_2]$,虚部范围$[Y_1,Y_2]$,最大迭代次数为 N,判断距离 δ.

(2)将复平面窗口均匀离散化为有限个点,取定第一个点,将其记为 z_0,然后按式(9.4.2)进行最多 N 次迭代.

每进行一次迭代,按(9.4.3)式判断迭代前后的距离是否小于 δ,如果小于 δ,根据当前迭代的次数,选择一种颜色在复平面上绘出点 z_0;如果达到了最大迭代次数 N 而迭代前后的距离仍然大于 δ,则认为 z_0 是发散的,也选择一种颜色在复平面上绘出点 z_0.

(3)在复平面窗口上取定第二个点,将其记为 z_0,按第(2)步的方法进行迭代和绘制,直到复平面上所有点迭代完毕.

例9.4.4 利用牛顿分形算法绘制方程 $f(z)=z^n-1=0(n=3,4,6,9)$ 的分形图案.

解 编写绘制牛顿分形图案的 MATLAB 程序如下.

```
function mynewton(N)
if nargin = = 0; N = 3; end
fz = @(z)z - (z^N - 1)/(N * z^(N - 1)); % 多定义牛顿迭代函数
x = - 2.5:0.01:2.5; [x, y] = meshgrid(x); z = x + i * y;
for j = 1:length(x);
    for k = 1:length(y);
        n = 0; zn1 = z(j, k);  zn2 = fz(zn1); % 第一次牛顿迭代
        while(abs(zn1 - zn2)>0.01 & n<50) % n<50 限制颜色的种数
            zn1 = zn2; zn2 = fz(zn1); n = n + 1; % 继续进行牛顿迭代
        end
        f(j, k) = mod(n,11); % 使用 11 种颜色
    end
end
pcolor(x, y, f); shading flat; axis square; colorbar
xlabel('Re$ z$ ', 'Interpreter', 'Latex', 'FontSize', 20);
ylabel('Im$ z$ ', 'Interpreter', 'Latex','FontSize', 20);
end
clc, clear
```

```
subplot(1,4,1), mynewton(3);
title('$ f(z) = z^3 - 1$ ', 'Interpreter', 'Latex', 'FontSize', 20)
subplot(1,4,2), mynewton(4);
title ('$ f(z) = z^4 - 1$ ', 'Interpreter', 'Latex', 'FontSize', 20)
subplot(1,4,3), mynewton(6);
title('$ f(z) = z^6 - 1$ ', 'Interpreter', 'Latex', 'FontSize', 20)
subplot(1,4,4), mynewton(9);
title ('$ f(z) = z^9 - 1$ ', 'Interpreter', 'Latex', 'FontSize', 20)
```

MATLAB 绘制的牛顿分形图如图 9-4-8(a)和图 9-4-8(b)所示.

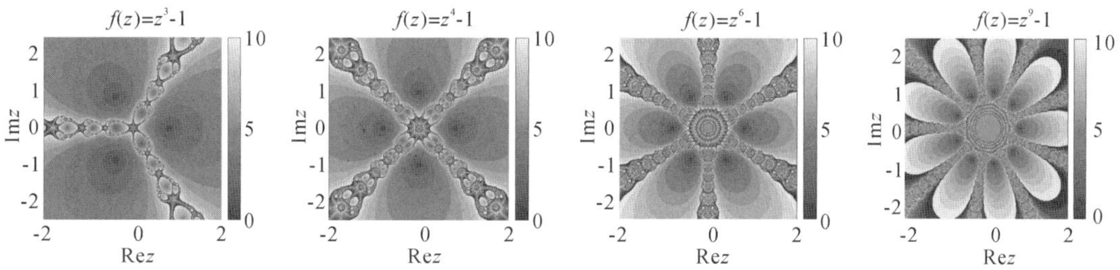

图 9-4-8(a) 由 11 种颜色描绘的函数 $f(z)$的牛顿分形图

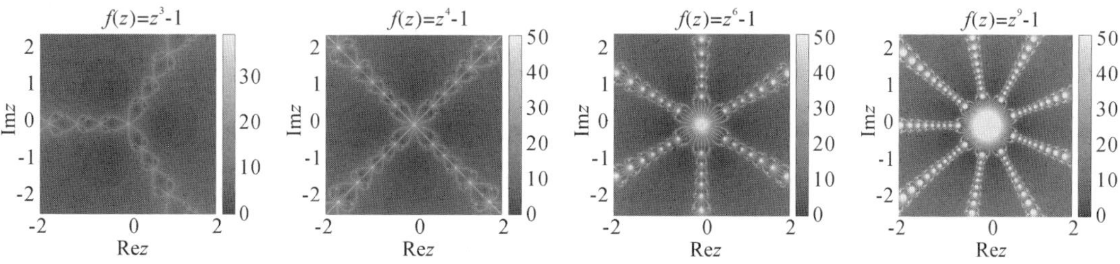

图 9-4-8(b) 由 51 种颜色描绘的函数 $f(z)$的牛顿分形图

例 9.4.4 中的方程为 $f(z)=z^n-1=0$ 的形式,它的零点的分布都呈现出中心对称的图案.如果我们改变方程的形式,则还会产生不同的图案,如图 9-4-9 和图 9-4-10 所示.

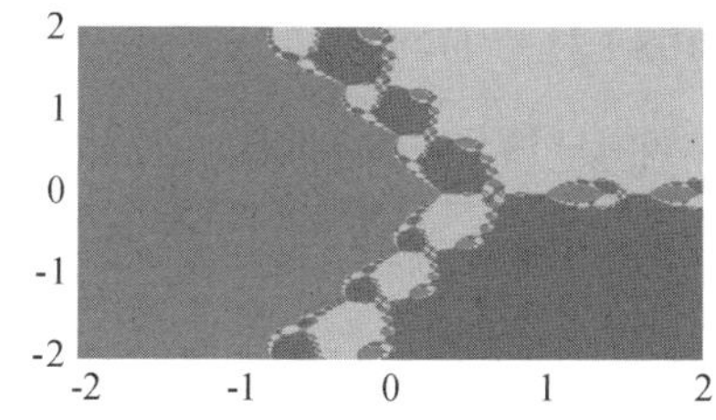

图 9-4-9 $z^3-2z^2+z+1=0$ 的牛顿分形

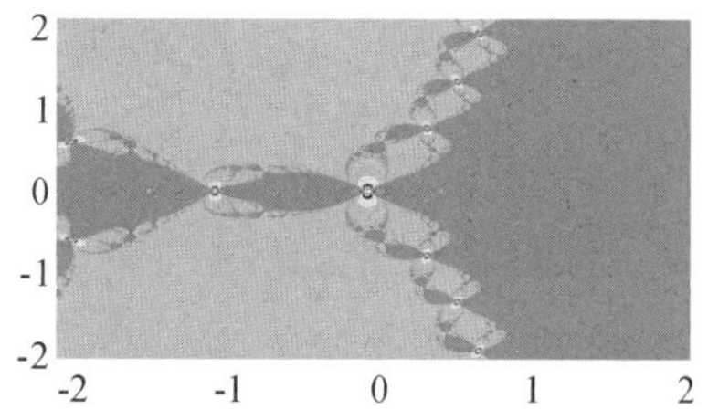

图 9-4-10 $z^2\sin z=0$ 的牛顿分形

9.4.6 Julia 集合与 Mandelbrot 集合

Julia 集合与 Mandelbrot 集合是研究复平面上的迭代的，考虑的是复平面上的一个二次映射

$$f(z)=z^2+c, z, c\in \mathbf{C}, c=a+\mathrm{i}b, a, b\in \mathbf{R} \tag{9.4.4}$$

的迭代行为. 对于这个复平面上的迭代，等价于二维实平面上的迭代

$$\begin{cases} x_{n+1}=x_n^2-y_n^2+a, \\ y_{n+1}=2x_ny_n+b. \end{cases} \tag{9.4.5}$$

利用(9.4.4)式或(9.4.5)式进行迭代的轨迹是否有界与初始值有很大的关系. 我们根据其有界性，对其初值进行分类定义.

1. Julia 集合

定义9.4.1 对于复平面上的映射 $z=f(z), z\in \mathbf{C}$，记 $f_c(z)$ 的 n 次复合函数为

$$z_n=f_c^n(z)=\underbrace{(f_c\circ f_c\circ\cdots\circ f_c)}_{n\text{重复合}}(z),$$

对于某一给定的 $z=z_0$，我们把 $z_n=f_c^n(z_0)$ 称为 $z=f(z)$ 对 z_0 的一个 ***n* 次迭代(*n* iterations)**，$z=z_0$ 为该迭代的**初值(initial value)**，序列 $\{z_n\}_{n=0}^{\infty}$ 称为在初值 $z=z_0$ 时，映射 $z=f(z)$ 的一个**迭代序列(iteration sequence)**.

定义9.4.2 对于某一给定的 $c\in \mathbf{C}$ 和初值 $z=z_0$，若映射 $f_c(z)=z^2+c$，$z\in \mathbf{C}$ 产生的迭代序列 $\{z_n\}_{n=0}^{n=\infty}$ 有界，则称 z_0 为映射 $f_c(z)$ 的一个**有界点(bounded point)**，全体有界点构成的集合，称为**填充 Julia 集(filled Julia set)**，填充Julia集的边界称为 Julia 集合(Julia set). 在非 $f_c(z)=z^2+c$ 形式的映射下，得到的填充 Julia 集称为**广义填充 Julia 集(generalized filled Julia set)**，相应的边界称为**广义 Julia 集合(generalized Julia set)**.

定理9.4.1 **(逃逸准则，escape criterion)** 对于映射 $f_c(z)=z^2+c, z\in \mathbf{C}$ 产生的迭代序列 $\{z_n\}_{n=0}^{\infty}$，当 $|c|\leqslant 2$ 时，如果存在某个 $j\in \mathbf{N}$ 使得 $|z_j|>2$，那么该序列将逃逸到无穷大.

证明 不妨假设 $|z_j|=2+\varepsilon(\varepsilon>0)$. 因此，我们可得

$$|z_{j+1}|=|z_j^2+c|\geqslant|z_j^2|-|c|>|z_j|^2-|z_j|>|z_j|(|z_j|-1)>|z_j|(1+\varepsilon),$$

从而$\frac{|z_{j+1}|}{|z_j|}>1+\varepsilon$,所以序列$\{z_n\}_{n=0}^{n=\infty}$趋向于无穷大.

上述定理说明,在迭代运算过程中,只要出现模大于2的项,那么可以断定该序列必将发散到无穷.因此,映射$z\to f_c(z)=z^2+c$对应的填充Julia集,就是无限迭代后模仍然不超过2的点的集合.于是,我们得到了构造填充Julia集的方法.首先,考虑复平面上以原点为中心半径为2的圆盘,看看圆盘上的哪些点的平方加c后仍然会落在这个圆盘内;然后,再考察这些点中的哪些点再平方加c后仍然会落在这个圆盘内,如此反复迭代,不断找出原象,反推出符合要求的点集.

下面是生成填充Julia集的算法.

(1)设定参数$c=a+\mathrm{i}b$,$\sqrt{a^2+b^2}\leqslant 2$,以及最大的迭代步数$N$;

(2)设定一个界限值R,如$R=2.2$;

(3)对于圆盘区域$|z|\leqslant 2$内的每一点z进行迭代,如果对于所有的$n\leqslant N$,都有$|z_{n+1}|\leqslant R$,那么在屏幕上绘制出相应的起始点,否则不绘制.

例9.4.5 按上面的算法编写MATLAB程序绘制当$c=0.11-0.6\mathrm{i}$及$c=-0.19-0.6557\mathrm{i}$时的填充Julia集的图案.

解 编写的MATLAB程序如下.

```
function Myjulia(c, R, N)
if nargin = = 0
    c = 0.11 - 0.65 * i; R = 2.2; N = 900;
    % R 为界限值,N + 1 为使用的颜色数
    %c = - 0.19 - 0.6557 * i; R = 2.2; N = 900;
    % R 为界限值,N + 1 为使用的颜色数
end
x = linspace( - 1.4, 1.4, 900); % x 方向取 900 个点
[x, y] = meshgrid(x); z = x + i * y;
for j = 1:length(x)
    for k = 1:length(y)
        zn = z(j, k); n = 0;
```

```
            while(abs(zn)<R & n<N)
                zn = zn.^2 + c; n = n + 1;
            end
            f(j, k) = n;
        end
    end
    pcolor(f); shading flat; axis('square'); colorbar
    xlabel('Re$ z$ ', 'Interpreter', 'Latex');
    ylabel('Im$ z$ ', 'Interpreter', 'Latex');
```

MATLAB 绘制的填充 Julia 集如图 9-4-11 所示.

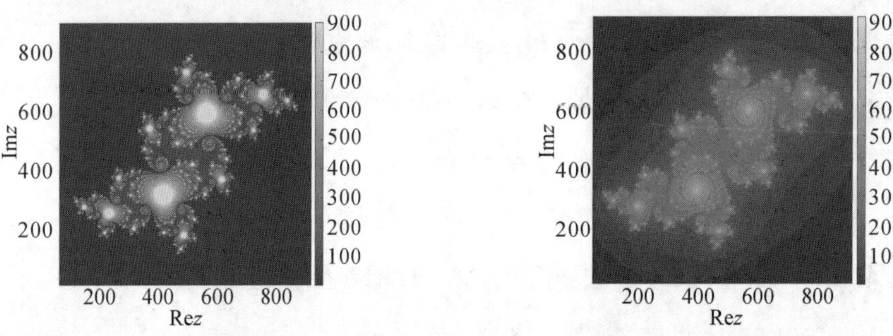

(a) $c=0.11-0.65*i$ 时的 Julia 集图形　(b) $c=-0.19-0.6557*i$ 时的 Julia 集图形

图 9-4-11　填充 Julia 集图形

例9.4.6　按上面的算法编写 MATLAB 程序绘制当 $c=0.279$ 时的填充 Julia 集的图案.

解

```
clear; clc; close all
res = 2500; % res 迭代的初始点数
iter = 500; % iter 迭代次数
xc = 0; yc = 0; % (xc, yc)图像中心
xoom = 1.25; % xoom 放大倍数
x0 = xc - 2/xoom; x1 = xc + 2/xoom; y0 = yc - 2/xoom; y1 = yc + 2/xoom;
x = linspace(x0, x1, res); y = linspace(y0, y1, res);
[xx,yy] = meshgrid(x, y); z = xx + yy * 1i; c = 0.279; N = ones(res, res);
for k = 0: iter
    z = z. * z + c; inside = abs(z)< = 2; N = N + inside;
```

```
    end
mycolorpoint = [[235 255 255];[243 253 242];[248 247 193];[255 211 49];...
            [236 133 0];[134 36 21];[75 6 34];[15 5 64];[3 8 96];[7 35 154];...
            [24 84 205];[87 169 229];[165 223 247];[235 255 255]; ];
    mycolorposition = [1 3 7 14 27 45 57 66 74 86 96 109 119 128];
    mycolormap_r = interp1(mycolorposition, mycolorpoint(:, 1),1:128, '
pchip', 'extrap');
    mycolormap_g = interp1(mycolorposition,mycolorpoint(:, 2), 1:128,'
pchip', 'extrap');
    mycolormap_b = interp1(mycolorposition,mycolorpoint(:, 3), 1:128, '
pchip', 'extrap');
    mycolor = [mycolormap_r', mycolormap_g', mycolormap_b']/255;
    figure() % 输出
    pcolor(x, y, log(N));
    mycolor = interp1(linspace(1, 256, 128), mycolor, 1:256);
    colormap([mycolor; mycolor; mycolor]); shading interp
    Nq = LowPrecision2High(N); % 二次光滑
    Figure, pcolor(x, y, log(Nq));
    colormap([mycolor; mycolor; mycolor]), shading interp
    function Zq = LowPrecision2High(Z) % 对阶梯数据进行平滑
    [Nx, Ny] = size(Z); [X, Y] = meshgrid(1:Nx, 1:Ny);
    XP = [ ]; YP = [ ]; ZP = [ ];
    for kx = 1:(Nx - 1)
        for ky = 1:(Ny - 1)
            if Z(kx, ky)~ = Z(kx, ky + 1)
              x_t = 0.5 * (X(kx, ky) + X(kx, ky + 1));
              y_t = 0.5 * (Y(kx, ky) + Y(kx, ky + 1));
              z_t = 0.5 * (Z(kx, ky) + Z(kx, ky + 1));
              XP = [XP; x_t]; YP = [YP; y_t]; ZP = [ZP; z_t];
```

```
          end
          if Z(kx, ky)~ = Z(kx + 1, ky)
            x_t = 0.5 * (X(kx, ky) + X(kx + 1, ky));
            y_t = 0.5 * (Y(kx, ky) + Y(kx + 1, ky));
            z_t = 0.5 * (Z(kx, ky) + Z(kx + 1, ky));
XP = [XP; x_t]; YP = [YP; y_t];ZP = [ZP; z_t];
          end
      end
end
for kx = 1:Nx % 边界值
      XP = [XP; X(kx, 1)]; YP = [YP; Y(kx, 1)]; ZP = [ZP; Z(kx,1)];
      XP = [XP; X(kx, end)];YP = [YP;Y(kx, end)];ZP = [ZP; Z(kx, end)];
end
for ky = 2:Ny - 1
      XP = [XP; X(1, ky)]; YP = [YP; Y(1, ky)]; ZP = [ZP; Z(1, ky)];
      XP = [XP; X(end, ky)];YP = [YP; Y(end, ky)]; ZP = [ZP; Z(end, ky)];
end
Zq = griddata(XP, YP, ZP, X, Y, 'natural');
end
```

当 c=0.279 时，由 MATLAB 绘制的填充 Julia 集如图 9-4-12 所示.

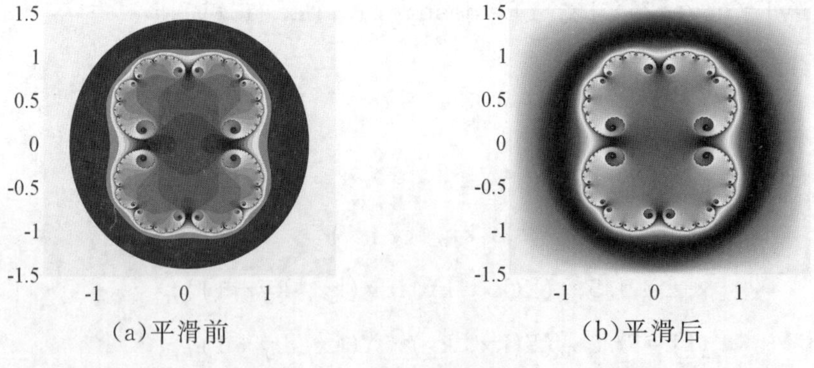

(a)平滑前　　　　(b)平滑后

图 9-4-12　$c=0.279$ 时的填充 Julia 集图形

由例 9.2.6、例 9.4.5 和例 9.4.6 可见，每取一个不同的 c，我们都能得到一个不同的 Julia 集，这些 Julia 集大小不同、形状各异，随着常数 c 的变化，对应的 Julia 集也会连续地发生变化，可谓是百花齐放，各有各的美丽. 我们比较关心的一个问题就是，哪些 c 值会让对应的 Julia 集形成一个连通的区域(即任意两点间都有一条存在于该区域中的通路)? 在 Julia 集相关领域中，有一个非常漂亮且非常重要的定理叫作基本二分法定理(fundamental dichotomy theorem)，该定理给出了这个问题的答案.

定理9.4.2 (**基本二分法定理，fundamental dichotomy theorem**)对于复平面上的二次映射 $f_c(z)=z^2+c, z,c\in\mathbf{C}$，如果$\lim\limits_{n\to\infty}f_c^n(0)=\infty$，则填充 Julia 集是一个康托集(Cantor set)；否则填充 Julia 集是一个连通集.

定理 9.4.2 告诉我们，填充 Julia 集要么是连通的，要么是不连通的，即整个图形是一个个孤立的点. 判断 $f_c(z)=z^2+c$ 的填充 Julia 集是否连通，我们只需考察它对初始值 $z_0=0$ 进行无穷多次迭代后，所得的复数 $f_c^n(z_0)$ 的模 $|f_c^n(z_0)|$ 是否会趋于无穷大即可. 在此，很自然地产生一个疑问：能够使填充Julia集连通的常数值 c 在复平面上组成一个怎样的图形? 为了回答这个问题，我们只需要固定初始值 $z_0=0$，把复平面上不同的点当作 c，画出迭代序列$\{z_n\}$模的发散速度即可(和前面制作填充 Julia 集的方法一样，我们用不同的颜色来表示不同的发散速度). 神奇的是，这本身竟然又是一个漂亮的分形图形! 数学家芒德布罗是最早对其进行系统研究的人之一. 因此，我们把所有将零点迭代后不发散的复数 c 组成的集合[①]叫作**芒德布罗集(Mandelbrot set)**.

2. 芒德布罗集

芒德布罗

定义9.4.2 在平面区域上，使得映射 $f_c(z)=z^2+c, z\in\mathbf{C}$ 产生的迭代序列$\{f_c^n(0)\}_{n=1}^{\infty}$有界的所有 c 点的集合，称为芒德布罗集(Mandelbrot set). 如果把迭代函数 $f_c(z)$ 换成其他函数，生成的 Mandelbrot 集称为**广义 Mandelbrot 集(generalized Mandelbrot set)**.

---

①为纪念 Benoît B. Mandelbrot 在分形几何中作出的杰出贡献，Adrien Douady 将该集合命名为曼德布洛特集.

注:(1)Mandelbrot 集为连通集,这个性质由康奈尔大学的哈伯德(Hubbard)和巴黎高等师范的数学家杜阿迪(Douad)给予了证明.

(2)当$|c|>2$时,迭代序列$\{f_c^n(0)\}_{n=1}^{\infty}$将逃逸到无穷大.这个结果由冯·海泽勒(von Haeseler)在 1985 给出了证明.

由此可知,整个 Mandelbrot 集包含于一个以原点为圆心,半径为 2 的圆中,这也是我们在考虑填充 Julia 集时往往假设常数 c 的模小于 2 的原因.

生成 Mandelbrot 集的算法和生成填充 Julia 集的算法十分相近,只是这一次我们固定的是初始值,而把 c 当作了变量. Mandelbrot 集内的每一个点对应一个连通的填充 Julia 集,Mandelbrot 集合外的点则对应了不连通的填充 Julia 集.

下面给出生成 Mandelbrot 集的算法:

(1)设定一个最大的迭代步数 N 和一个界限值 R(称为逃逸半径);

(2)对于参数平面上每一点 c,使用(9.4.4)式作为迭代函数,对以 R 为半径的圆周内的每一点进行迭代,如果对于所有的 $n\leqslant N$,都有$|z_{n+1}|\leqslant R$,那么绘制出相应的参数点 c,否则不绘制.

例9.4.6 利用 Mandelbrot 集的算法,绘制 Mandelbrot 集的图案.

解 编写的 MATLAB 程序如下.

```
maxIterations = 500; gridSize = 1000; % 最大迭代次数和网格数
xlim = [ - 2.2, 1.1]; ylim = [ - 1.4, 1.4];
% xlim = [ - 0.748766713922161, - 0.748766707771757]; % 局部图
% ylim = [ 0.123640844894862,  0.123640851045266]; % 局部图
x = linspace( xlim(1), xlim(2), gridSize );
y = linspace( ylim(1), ylim(2), gridSize );
[xGrid, yGrid] = meshgrid( x, y );
count = mandelbrot_count(maxIterations, xGrid, yGrid);
figure(2), imagesc( x, y, count ); axis('square'); colorbar; axis off
function count = mandelbrot_count(maxIterations, xGrid, yGrid)
% 自定义函数
z0 = xGrid + 1i * yGrid; count = ones(size(z0));
```

```
coder.gpu.kernelfun; % 将计算映射到 GPU.
z = z0;
for n = 0:maxIterations
    z = z. * z + z0; inside = abs(z)< = 2; count = count + inside;
end
count = log(count);
end
```

由 MATLAB 绘制的 Mandelbrot 集如图 9－4－13 所示.

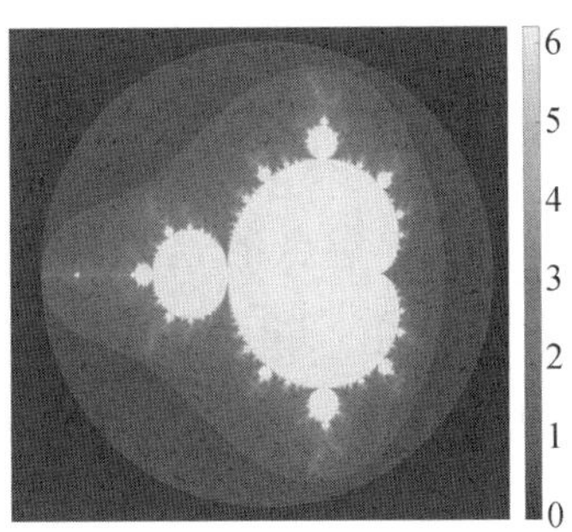

(a)Mandelbrot 集全貌

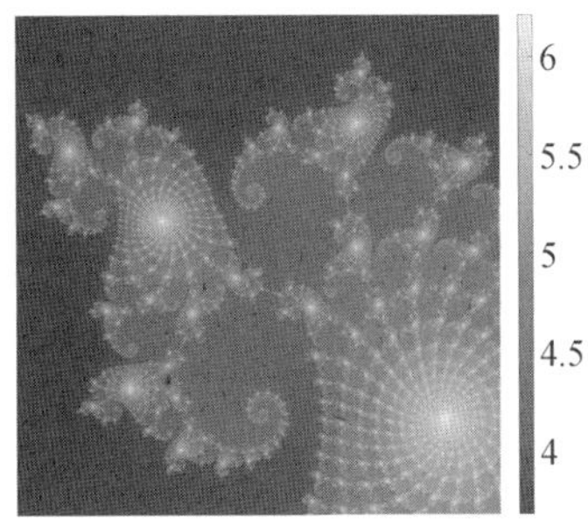

(b)Mandelbrot 局部放大

图 9－4－13　Mandelbrot 集图形

当我们使用 MATLAB 绘制 Mandelbrot 集的时候,也可以设置不同的颜色取值,如图 9－4－13 所示,对应的 MATLAB 程序如下.

```
clc, clear, n = 5000; depth = 2000; % depth 为迭代次数
x = linspace( - 1.8, 0.7, n) ; y = linspace( - 1.1, 1.1, n) ;
[X, Y] = meshgrid(x, y) ;
Z0 = complex(X, Y); C = zeros(n); Z = zeros(n);
for k = 1:depth
      Z = Z.^2 + Z0; f = log(abs(Z) + 1); C(abs(Z)<2) = k;
end
image(C), colormap jet, axis('square'); colorbar
figure, pcolor(f); shading flat; axis('square'); colorbar
```

由 MATLAB 绘制的不同颜色设置的 Mandelbrot 集图形如图 9－4－14 所示.

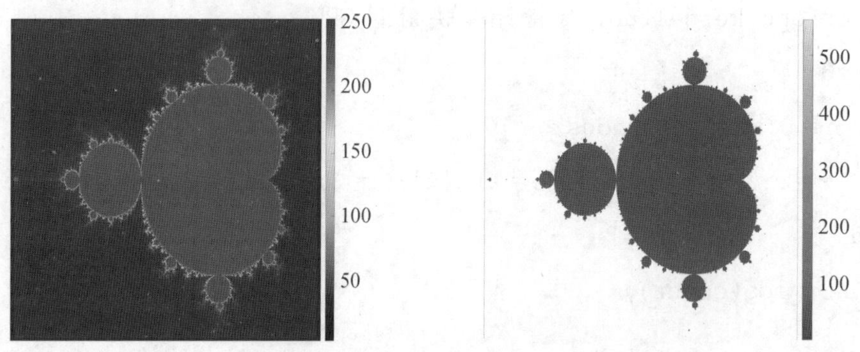

图 9-4-14 不同颜色设置的 Mandelbrot 集图形

3. Julia 集与 Mandelbrot 集的关系

首先,从代数角度来看,Mandelbrot 集可以说是所有无穷多个 Julia 集的一个高度总结,是 Julia 集的缩略图. 这是因为 Julia 集的零点的迭代结果,很大程度上决定了 Julia 集的形状,就好像这个零点"知道"Julia 集是什么样子似的,而 Mandelbrot 集则把所有的零点信息都汇聚在了一起,自然高度归纳出了所有的 Julia 集. 很容易想到,越靠近 Mandelbrot 集的边界,对应的 Julia 集形状就越诡异. 因此,Mandelbrot 集被称为"魔鬼的聚合物""上帝的指纹"!

其次,从几何维度上来看,在映射 $z\to f_c(z)=z^2+c$ 的迭代过程中,有四个参数,它们分别是初始值 z_0 的实部和虚部以及参数 c 的实部和虚部. Julia 集是在参数 c 给定实部与虚部的情况下所得的结果,而 Mandelbrot 集则是限定 z 的实部和虚部均为 0 的情况下所得的结果. 众所周知,任意限定其中两个参数,把另外两个参数当作变量,我们还能得到很多不同的图形. 事实上,如果我们把所有不同的 Julia 集重合起来,将会得到一个四维图形,其中的两个维度是不同的初始值 z_0 构成的复平面,另外两个维度则是不同的常数 c 构成的复平面. 这个四维空间就包含了所有不同的初始值在所有不同的常数 c 之下的迭代情况. 而 Mandelbrot 集,则是这个四维图形在 $c=0$ 处的一个切片,它是最具有概括力的一个切片. 因此,我们相当于有了 Mandelbrot 集的一个四维扩展,从这个四维图形中,我们可以切出很多二维的或者三维的切片,得到更多惊人而漂亮的图形.

另外,如果把 Mandelbrot 集产生规则中的 z^2 一般化为 z^n,则随着 n 的连续变化,Mandelbrot 集也会连续地变化. 如果把不同 n 所对应的 Mandelbrot 集重叠在一起,就会得到一个三维图形,有兴趣的读者可以不妨试一试.

9.4.7 分形树

1. 分形树的生成算法

芒德布罗曾说,分形是自然界的几何学.自然界中的树就具有十分典型的分形特征:一棵树的树干上生长出一些侧枝,每个侧枝上又生长出若干同形的侧枝,以此类推,便长成一棵疏密有致且具有分形结构的参天大树.树这样的生长结构也可以用分形递归算法来模拟.

图 9-4-15 是分叉树生成过程的示意图.如图所示,设 A 点坐标为(x,y),B 点坐标为(x_0,y_0),C 点坐标为(x_1,y_1),D 点坐标为(x_2,y_2),角度 α 为枝干与主干的夹角,L 为树干的长度.利用分形算法生成分形树的过程就是将这一生成元在每一层次上不断重复实现的过程,具体算法步骤如下.

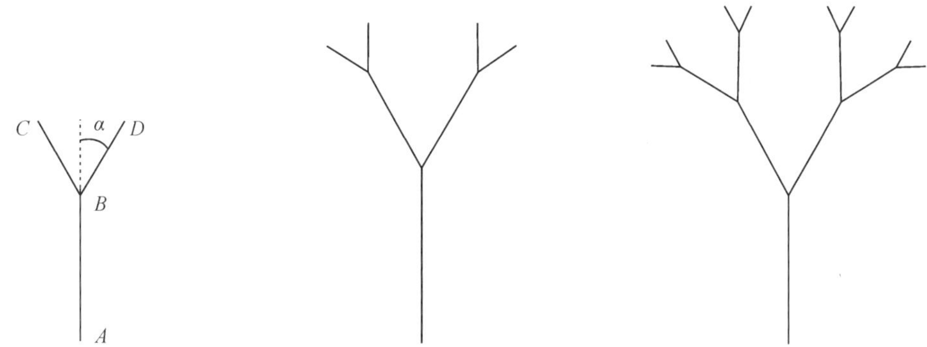

(a)分形树的生成元　(b)一次迭代后的分形树　(c)二次迭代后的分形树

图 9-4-15　分形树的迭代生成过程

(1)绘制树的主干 AB,即线段$(x,y)-(x_0,y_0)$;

(2)计算分支的长度:$L=\lambda L$,λ 为枝干的收缩比例;

(3)计算点 C 的坐标:$x_1=x_0-L\cos\alpha$,$y_1=y_0+L\sin\alpha$,绘制分支 BC,即线段$(x_0,y_0)-(x_1,y_1)$;

(4)计算点 D 的坐标:$x_2=x_0+L\cos\alpha$,$y_2=y_0+L\sin\alpha$,绘制分支 BD,即线段$(x_0,y_0)-(x_2,y_2)$;

(5)对新的到的全部枝干,分别重复第(2)步至第(5)步,得到下一级枝干,直到完成递归次数.

2. 算法的 MATLAB 实现

例9.4.7　利用分形树的生成算法,绘制一个分形树的图案.

解 在下面的 MATLAB 函数中,设 z 为树的起点复数坐标;L 为树干的起始长度;a 为树干的起始倾斜角;b 为枝干的倾斜程度;C 为主干的倾斜程度;K 为细腻程度;s_1 为主干的收缩速度,s_2 为枝干的收缩速度. 编写的 MATLAB 程序如下.

```
function my_drawleaf(z, L, a, w1, w2)
    b = 50; K = 2; c = - 10; s1 = 0.82; s2 = 2/5;
    if L> = K
        z0 = z + L * exp(i * a * pi/180); % 计算树干顶端点的复数坐标
        z1 = z0 + s2 * L * exp(i * (a + b) * pi/180) ; % 计算 C 端点的复数坐标
        z2 = z0 + s2 * L * exp(i * (a - b) * pi/180) ; % 计算 D 端点的复数坐标
        plot([z, z0], 'k', 'LineWidth', w1); % 绘制树干 AB;
        hold on, grid on, plot([z0, z1], 'k', 'LineWidth',w2);
        % 绘制枝干 BC;
        plot([z0, z2], 'k', 'LineWidth', w2); % 绘制枝干 BD;
        my_drawleaf(z0, s1 * L, a + c, 0.9 * w1, 0.85 * w2);
        my_drawleaf(z1, s2 * L, a + b, 0.9 * w1, 0.85 * w2);
        my_drawleaf(z2, s2 * L, a - b, 0.9 * w1, 0.85 * w2);
    end
end
```

在命令窗口中运行 my_drawleaf(200, 100, 90, 3, 2.5),得到的分形树如图 9-4-16所示.

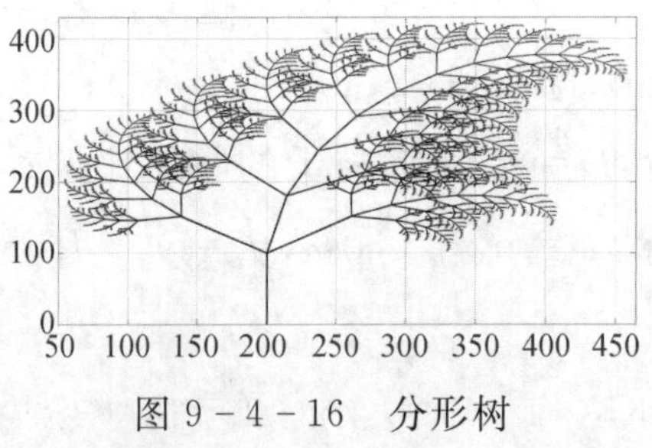

图 9-4-16 分形树

9.4.8 基于 *L*-系统的仿真树

1968 年,美国著名理论生物学家林德迈伊(Lindenmayer)在研究植物形态的进化和构造时,提出了一种描述植物生长的文法描述方法,即 L-系统. 它能很好地表达植物的分枝特征的拓扑结构,如枝条和花序的结构. 1984 年,史密斯

(Smith)首次将 L-系统运用到计算机图形学领域，形成一种自然植物模拟的有效方法. 之后，各地的研究人员开始关注 L-系统并对其作了各种改进.

至今，L-系统仍然是植物模拟的一种重要思想方法. L-系统是一种符号并行重写系统，即用预先定义好的"重写规则集"不断生成复合形状，并用它取代初始简单物体的某些部分以定义复杂物体的系统. "并行"在 L-系统的含义是指，组成系统的生成规则对于每个输入字符串的所有字符是同时起作用的. 一方面，并行机制使 L-系统与分形结构紧密相连；另一方面，自然植物本身是按并行方式生长的，并行机制是植物模拟中的重要因素，L-系统具有的并行机制与植物的并行生长过程相吻合，为描述植物生长和繁殖过程的形态和结构特征，提供了行之有效的理论和方法. L-系统的核心思想是"字符串替换". 字符串即按一定规律排列的字符集合，它可以包含短语、字母、数字或标点符号，一般用大写字母书写. 字符串替换也是先根据一组**改写规则(override rules)**或**产生式(production rules)**，然后替换所给的初始字符串中的每一个字符. 这种替换的次数是无穷的，可得到无限推导序列. 替换中每一次反复称之为字符串的深度. 例如，深度为 3 表示字符串替换进行了三次.

例如，由两个字母组成的字符串，其替换规则为：$b\to a$，$a\to ab$. 则这个 L-系统的演变过程为：

$$b\to a\to ab\to aba\to abaab\to abaababa\to abaababaabaab\to\cdots$$

上面这个字符串中字母个数的增长符合斐波那契(Fibonacci)数列，即 $F(n+2)=F(n+1)+F(n)$. L-系统应用于模拟植物时，首先根据其符号元和替换规则产生一系列字符串，然后读取字符，按照不同字符表示的意义来执行不同的动作. 我们将其简单描述如下.

第一步，生成字符串.

(1)声明并设置产生式规则.

(2)声明并设置起始点、初始角、迭代步长以及迭代上限等控制参数.

(3)循环用替换字符串替换种子.

第二步，读取字符并画图.

(1)逐个读取字符串中的每个字符.

(2)根据读取到的字符采取不同的动作.

①读取"F"时，画线段.

②读取"+"时，逆时针旋转.

③读取"－"时,顺时针旋转.

④读取"["时,进栈,记录当前状态.

⑤读取"]"时,出栈.

L-系统有两种不同的分类方法:依据生成规则的数目可分为单一规则的 L-系统和多规则的 L-系统;依据产生式的前驱和后继的对应关系,可分为确定性 L-系统和随机性 L-系统.

在自然环境下,同一种类的树木由于生长环境的影响和内部基因的变化,它们的结构往往是各不相同的.因此,使用随机 L-系统模拟树木分生器官的一些重要生长现象,可以获得更加丰富的效果.基于以上原因和篇幅的限制,接下来我们仅介绍随机 L-系统并给出实例,对其他类型的 L-系统有兴趣的读者可以自行查阅相关文献学习.

随机 L-系统是一种在字符串的重写替换过程中引入随机性的 L-系统.其随机性可以用在最终字符串字符的解释上.例如,在前进时将前进的步长取不同的随机值,或者是在旋转时将旋转的方向角取不同的随机值,从而来实现最终生成有一定随机性的灵活的图形,这种随机性能够保持基本拓扑结构不变.随机性也可以用在产生式的选择上,即对一个字符给出多种产生式规则,并以不同的概率选定不同的产生式.例如,可以设计如下具有随机性的产生式规则.

$$\begin{cases} p_1: F\to(0.30)FF+[+F+F]-[+F]; \\ p_2: F\to(0.35)F[+F]F|-F|+F]]; \\ p_3: F\to(0.35)FF-[-F+F+F]+[+F-F-F]. \end{cases} \tag{9.4.6}$$

在随机 L-系统中,由于产生式的随机选择性,所以对于同样的生成规则,经过相同的迭代次数生成的结构一般也不同,从而实现各种灵活的分形结构.

例9.4.8 根据(9.4.6)式的产生式规则,设计并编写随机 L-系统的 MATLAB 程序,绘制一个分形树的图案.

解 编写的 MATLAB 程序如下.

```
function SLtree(n)
S = 'F'; a = pi/10; A = pi/2; z = 0; zA = [0, pi/2];
p1 = 'FF + [ + F + F] - [ + F]'; p2 = 'F[ + F]F[ - F[ + F]]';
p3 = 'FF -  [ - F + F + F] + [ + F - F - F]';
for k = 2:n
```

```
        c = rand(1);
        if c> = 0.7
                S = strrep(S, 'F', p1);
        elseif c> = 0.35
                S = strrep(S, 'F', p2);
        else
                S = strrep(S, 'F', p3);
        end
    end
    figure, hold on, grid on
    for k = 1:length(S)
        switch S(k);
            case 'F';plot([z, z + 2 * exp(i * A)], 'k - ','linewidth', 2);
                    z = z + 2 * exp(i * A);
            case '+'; A = A + a;
            case '-'; A = A - a;
            case '['; zA = [zA;  [z, A]];
            case ']'; z = zA(end, 1); A = zA(end, 2); zA(end, :) = [ ];
            otherwise
        end
    end
```

在命令窗口中运行 SLtree(5)，得到随机 L-系统生成的分形树如图 9-4-17 所示.

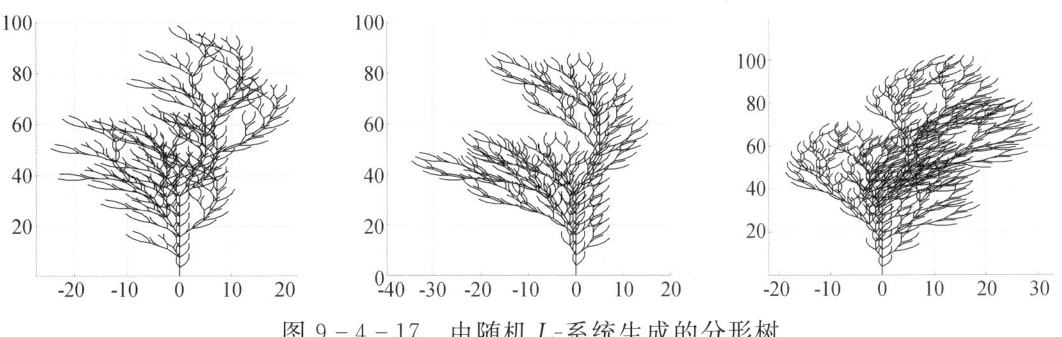

图 9-4-17　由随机 L-系统生成的分形树

9.4.9 基于迭代函数系统的仿真树

1. 迭代函数系统的思想

迭代函数系统(iterated function system,IFS)是分形理论的重要分支,迭代函数系统的提出,最早可以追溯到1981年哈金森(Hutchinson)对自相似集的研究.1985年,美国佐治亚理工学院的科学家巴恩斯利(Barnsley)发展了这一分形构型系统,将其命名为"迭代函数系统",并将其应用于模拟自然景物.后来又经德马格(Demko)等人将其公式化,并引入图像合成领域中.IFS的基本思想是,分形具有局部与整体的自相似性,即局部是整体的一个小复制品,只是在大小、位置和方向上有所不同而已.而数学中的仿射变换是一种线性变换,正好具有把图形放大、缩小、旋转和平移的性质.因此,产生一个复制品的过程就相当于对图形作一次压缩仿射变换.简单的说,IFS是将待生成的图像看成是由许多与整体相似的(自相似)或者经过一定变换与整体相似的(自仿射)子图拼贴在一起的处理过程.由于植物自身结构的自相似性,利用IFS可以逼真地模拟各种植物形态.

2. 迭代函数系统的理论基础

首先,我们回顾曾经学习过的仿射变换.对于二维欧氏空间中的仿射变换 $\omega: R^2 \to R^2$,它可将点 $(x,y)^{\mathrm{T}}$ 映射为点 $(x',y')^{\mathrm{T}}$,其矩阵表示为

$$\begin{bmatrix} x' \\ y' \end{bmatrix} = \omega \begin{bmatrix} x \\ y \end{bmatrix} = \begin{bmatrix} a & b \\ c & d \end{bmatrix} \begin{bmatrix} x \\ y \end{bmatrix} + \begin{bmatrix} e \\ f \end{bmatrix}, \tag{9.4.7}$$

其中 a,b,c,d,e,f 六个参数为实数,它们能唯一决定这个仿射变换.

我们也可以将上述仿射变换分解成平移、旋转、比例变换等,用下式表示

$$\begin{bmatrix} x' \\ y' \end{bmatrix} = \omega \begin{bmatrix} x \\ y \end{bmatrix} = \begin{bmatrix} r\cos\theta & -q\sin\varphi \\ r\sin\theta & -q\cos\varphi \end{bmatrix} \begin{bmatrix} x \\ y \end{bmatrix} + \begin{bmatrix} e \\ f \end{bmatrix}, \tag{9.4.8}$$

其中 e,f 为 x,y 方向上的平移分量;θ,φ 为分别围绕 x,y 轴的转角;r,q 是 x,y 方向上的比例放大系数.

然后,我们给出迭代系统函数的数学定义.

定义9.4.3 设 $W=\{\omega_j \mid 1 \leqslant j \leqslant N\}$ 为 $\mathbf{R}^2$ 上的压缩映射集,ω_j 对应的压缩比[即 ω_j 的利普希茨(Lipschitz)常数]为 s_j,满足 $0 < S = \max(s_j) < 1$,且

对应每一个 ω_j 有一个伴随概率 p_j：$0 < p_j < 1$ 且 $\sum_{j=1}^{N} p_j = 1$，则称 W 为一个**迭代函数系统(Iterated Function System,IFS)**，记为(W,P). 迭代函数系统(W,P)中的集合$\{\omega_j, p_j \mid j = 1,2,\cdots,N\}$称为**IFS码(IFS code)**.

最后，我们给出迭代系统函数的吸引集的概念、吸引集的存在性定理和拼贴定理.

定义9.4.4 对于迭代函数系统(W,P)及任意取定的初始点 $z_0 \in \mathbf{R}^2$，依据概率集 P，在任一变换 $\omega_j \in W$ 的作用下产生点序列 $z_{n+1} = \omega_j(z_n)$, $n = 0,1,2,\cdots$，若存在足够大的 n，使得 z_n 以后的结果保持不变，即集合$\{z_k \mid k \geqslant n\}$趋于稳定，则称此集合为迭代函数系统$(W,P)$的**吸引集或吸引子(attraction set or attractor)**.

定理9.4.3 **(吸引集的存在性定理，existence theorem of attractive set)** 对于给定的IFS系统(W,P)，其吸引集是存在且唯一的.

可以使用不动点定理给出上述定理的证明，逐步逼近不动点的过程，即迭代收敛过程，所形成点的轨迹图形，可以表示为

$$A = \bigcup_{j=1}^{N} \omega_j(A) = \omega_1(A) \cup \omega_2(A) \cup \cdots \cup \omega_N(A)$$

因此，吸引集 A 的结构由IFS码中的仿射变换集 W 控制，即其中的 $6N$ 个参数决定了吸引集相关图形的形状. IFS码中的概率集 P 控制落入吸引集各部分的概率，它也是绘制吸引集图形的重要信息.

在构造分形图的过程中，如何用若干个小的复制品表达原始图，Bansley的拼贴定理给出了解决该问题的理论依据.

定理9.4.4 **(拼贴定理,collage theorem)** 设$\{\omega_j, p_j \mid j = 1,2,\cdots,N\}$是一组IFS码，$0 < S = \max(s_j) < 1$，其中 s_j 是映射 ω_j 的Lipschitz常数. 对于给定的任意小的正数 ε，如果对于 $\mathbf{R}^2$ 上任一给定的边界闭合的子集 T，$h[T, \bigcup_{j=1}^{N} \omega_j(T)] < \varepsilon$，那么 $h(T,A) < \frac{\varepsilon}{1-S}$.

这个定理告诉我们，对于任意图形 T，存在迭代函数系统IFS使得其重构图像无限接近图形 T. 只要仿射变换选得适当，迭代的结果可使目标图像与吸引集任意接近. 同时也说明，拼贴图越接近原图，对应产生的IFS码重构的图形就越接近于原图.

3. 确定性迭代算法

对于给定的一个 IFS 码

$$W=\{\omega_1,\omega_2,\cdots,\omega_N\},\omega_j\begin{bmatrix}x\\y\end{bmatrix}=\begin{bmatrix}a_j\\c_j\end{bmatrix}\begin{bmatrix}x\\y\end{bmatrix}+\begin{bmatrix}e_j\\f_j\end{bmatrix}(j=1,2,\cdots,N).\quad(9.4.9)$$

该算法的步骤如下.

(1) 任选初始图形 A_0,作为输入;

(2) 复制 $\omega_1(A_0),\omega_2(A_0),\cdots,\omega_N(A_0)$,并令 $A_1=\bigcup_{j=1}^{N}\omega_j(A_0)$,输出 A_1;

(3) 将 A_1 作为输入,重复第(2) 步,输出 A_2;

…

最后,$\overline{A}=\lim\limits_{k\to\infty}A_k$,$\overline{A}$ 是最终图形,即为 IFS 的吸引集.

实际计算中,当第 k 步得到的图形 A_k 与下一步得到的图形 A_{k+1} 十分接近时,就把 A_k 作为最终图形.

确定性算法需要的存储空间较大且产生的图形显得中规中矩、比较呆板,因此通常 IFS 生成分形图形不采用确定性算法,而较多采用随机迭代算法.

4. 随机性迭代算法

设带有概率集的 IFS(W,P),其中 W 形如(9.4.9) 式,概率集为

$$P=\{p_1,p_2,\cdots,p_N\},p_j>0(j=1,2,\cdots,N),p_1+p_2+\cdots p_N=1.\quad(9.4.10)$$

该算法的步骤如下.

(1) 确定初始点(x_0,y_0),总迭代次数 N,起始阈限迭代次数 N_0(为防止生成图形与原图的差别太大,当迭代次数大于 N_0 时开始画点);

(2) 根据概率 P,随机选取 W 中的 ω_j 对(x_0,y_0)进行变换,产生新坐标点(x_1,y_1).

(3) 若此时的迭代次数大于起始阈限迭代次数 N_0,则绘制新坐标点(x_1,y_1). 否则跳转到第(2) 步.

(4) 若此时的迭代次数大于总迭代次数 N 时,生成的点集将充分接近该 IFS 的吸引集或吸引子,则绘图结束;否则,再以(x_1,y_1)作为初始点,重复第(2) 步.

随机性迭代算法是一个随机过程,并行处理对结果没有影响. 随机迭代算法

生成的 IFS 吸引子可能是不完整的,但是只要迭代次数充分大,随机迭代算法就能绘制出吸引子的绝大部分信息. 所以在多数情况下,采用随机迭代算法生成 IFS 吸引子. 下面给出几个利用 IFS 绘制植物仿真图形的例子.

例9.4.9 编写 IFS 的 MATLAB 程序,绘制蕨类植物的图案.

解 编写的 MATLAB 程序如下.

```
function [xx, yy] = My_IFS1(N)
x = 0; y = 0; p = rand(1, N);
AA = [0, 0, 0.16, 0, 0, 0; 0.85, -2.5/180 * pi, 0.85, -2.5/180 * pi, 0, 1.6; ...
    0.3, 49/180 * pi, 0.34, 49/180 * pi, 0, 1.6; 0.3, 120/180 * pi, 0.37,
-50/180 * pi, 0, 0.44];
xx = zeros(N, 1); yy = zeros(N, 1);
for ss = 1: N;
    if p(1, ss)<= 0.005
        [x,y] = IFS(x, y, AA(1,1), AA(1,2), AA(1,3), AA(1,4), AA(1,
5), AA(1,6));
    elseif p(1, ss)<= 0.805
        [x,y] = IFS(x, y, AA(2,1), AA(2,2), AA(2,3), AA(2,4), AA(2,
5), AA(2,6));
    elseif p(1, ss)<= 0.9025
        [x, y] = IFS(x, y, AA(3, 1), AA(3, 2), AA(3, 3), AA(3, 4), AA
(3, 5), AA(3, 6));
    else
        [x, y] = IFS(x, y, AA(4, 1), AA(4, 2), AA(4, 3), AA(4, 4), AA
(4, 5), AA(4, 6));
    end
    xx(ss) = x; yy(ss) = y;
end
plot(xx, yy, '.b', 'markersize', 2); axis([-2.5, 2.8, 0, 10.2]);
grid on
```

```
function[xp,yp] = IFS(x, y, r, theta, s, phi, h, k)
%带概率的仿射变换函数
xp = r * x * cos(theta) - s * y * sin(phi) + h;
yp = r * x * sin(theta) + s * y * cos(phi) + k;
return
```

在命令窗口中运行 My_IFS1(500000),得到由 IFS 生成的蕨类植物仿真图形,如图 9-4-18 所示.

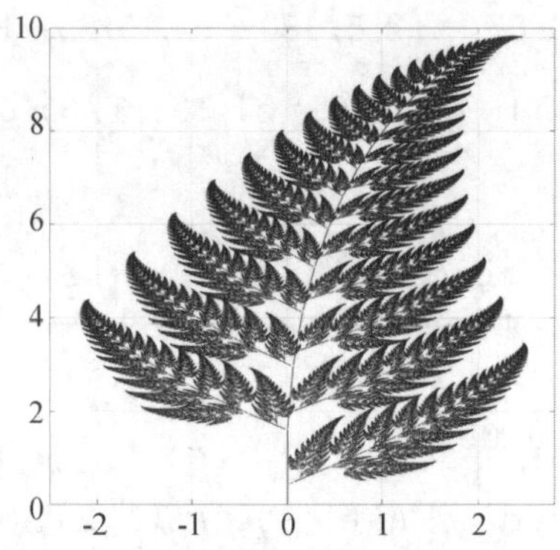

图 9-4-18　由 IFS 生成的蕨类植物仿真图形

例9.4.10　编写随机 IFS 的 MATLAB 程序,绘制一颗仿真树.

解　编写的 MATLAB 程序如下.

```
function [xx, yy] = My_IFS2(N)
x = 0; y = 0; p = rand(1, N);
AA = [ - 0.04, 0, - 0.19, - 0.47, - 0.12, 0.3; 0.65, 0, 0, 0.56, 0.06, 1.56; ...
    0.41, 0.46, - 0.39, 0.61, 0.46, 0.4; 0.52, - 0.35, 0.25, 0.74, - 0.48,
    0.38];
xx = zeros(N, 1); yy = zeros(N, 1);
for ss = 1: N
    if p(1, ss) < = 0.25;
        [x, y] = IFS(x, y, AA(1,1), AA(1,2), AA(1,3), AA(1,4), AA(1,
5), AA(1,6));
    elseif p(1, ss) < = 0.5
```

```
            [x, y] = IFS(x, y, AA(2,1), AA(2,2), AA(2,3), AA(2,4), AA(2,
5), AA(2,6));
        elseif p(1, ss)< = 0.75
            [x, y] = IFS(x, y, AA(3,1), AA(3,2), AA(3,3), AA(3,4), AA(3,
5), AA(3,6));
        else
            [x, y] = IFS(x, y, AA(4,1), AA(4,2), AA(4,3), AA(4,4), AA(4,
5), AA(4,6));
        end
        xx(ss) = x; yy(ss) = y;
    end
plot(xx, yy, '.b', 'markersize', 2); grid on, axis([ -2.5, 2.5, -1.3 ,3.7]);
    function [xp, yp] = IFS(x, y, a1, b1, c1, d1, e1, f1)
    xp = a1 * x + b1 * y + e1; yp = c1 * x + d1 * y + f1; return;
```

在命令窗口中运行 My_IFS2(500000),得到由 IFS 生成的仿真树图形,如图 9-4-19所示.

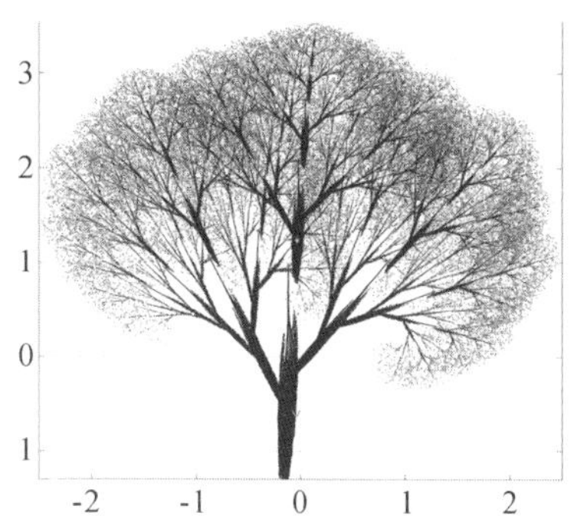

图 9-4-19 由随机 IFS 生成的仿真树

由于使用了具有随机性的 IFS,所以绘制的仿真树比较逼真,但同时也存在缺陷,如有些树干的部分会出现空洞,这是由于迭代过程中使用了概率选择,这必然使某些仿射变换没有使用,从而产生空洞. 采用随机 IFS 迭代系统构造分形树时,对于同一个 IFS 迭代系统,不同的概率分布的选取,会得到不同外观的树,从而实现生成分形树的多样化.

例9.4.11 编写随机IFS的MATLAB程序,通过平移和缩放生成位于道路两旁的仿真树.

解 编写的MATLAB程序如下.

```
function [kx, yy] = My_IFS3 (N)
alpha = pi/6; x = 0; y = 0; p = rand(1, N);
% r, theta, s, phi, h, k
AA = [0, 0, 0.2, 0, 0, 0; 0.7, 0/180 * pi, 0.75, -2.5/180 * pi, 0, 1.6; ...
    0.2, 50/180 * pi, 0.35, 55/180 * pi, 0, 1.6; -0.30, 90/180 * pi, 0.35,
    50/180 * pi, 0, 1.6];
xx = zeros(N, 1); yy = zeros(N, 1);
for ss = 1: N;
        if p(1, ss)< = 0.2;
            [x, y] = IFS(x, y, AA(1, 1), AA(1, 2), AA(1, 3), AA(1, 4), AA
(1, 5), AA(1, 6));
          elseif p(1, ss)< = 0.6;
            [x, y] = IFS(x, y, AA(2, 1), AA(2, 2), AA(2, 3), AA(2, 4), AA
(2, 5), AA(2, 6));
        elseif p(1, ss)< = 0.8;
            [x, y] = IFS(x, y, AA(3, 1), AA(3, 2), AA(3, 3), AA(3, 4), AA
(3, 5), AA(3, 6));
        else
        [x, y] = IFS(x, y, AA(4, 1), AA(4, 2), AA(4, 3), AA(4, 4), AA(4,
5), AA(4, 6));
    end
    xx(ss) = x * sin(alpha) + y * cos(alpha);
    yy(ss) = x * cos(alpha) - y * sin(alpha);
    end
    max_x = max(xx);
    mx = 2 * max_x - xx + 2; my = yy; wx = [xx, mx]; wy = [yy, my];
```

```
figure, plot(-wx, -wy, '.b', 'markersize', 2), grid on;
axis([-12.8, -0.8, 0.5, 3]);
function [xp, yp] = IFS(x, y, r, theta, s, phi, h, k)
xp = r*x*cos(theta) - s*y*sin(phi) + h;
yp = r*x*sin(theta) + s*y*cos(phi) + k;
return
```

在命令窗口中运行 My_IFS3(500000)，得到位于道路两旁的仿真树，如图 9-4-20所示.

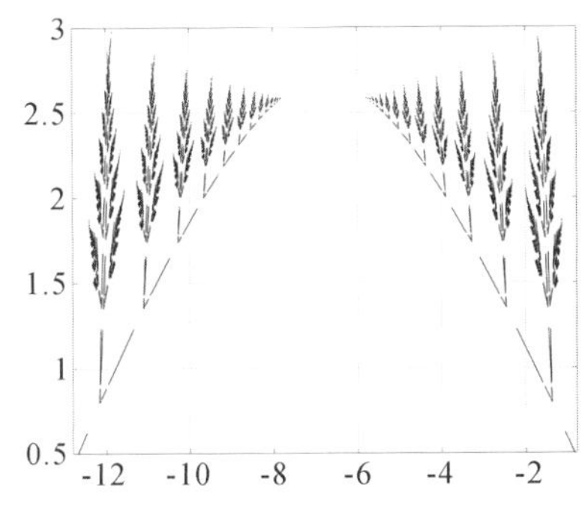

图 9-4-20 位于道路两旁的仿真树

在模拟植物形态方面，L-系统可以方便、自由地描述植物的枝干、叶子、花朵、果实等结构形态，其具有的并行机制与植物的并行生长过程比较吻合，所以 L-系统对于植物生长规律和拓扑结构的模拟具有优势，我们将之称为“形似”. 但是，利用 L-系统绘制的植物形态与自然植物相比，缺乏质地感或纹理感，这是因为使用电脑绘制真实的枝干往往要涉及自由曲线、自由曲面等复杂的造型技术，L-系统实现起来非常困难. IFS 仿真的植物图形几何特征显著，在颜色上可以浓淡渐变，纹理结构丰富，我们将之称为“神似”. 但不足之处是，IFS 缺乏基于植物生理特征的描述，模拟的植物形态差异性小，往往会出现千篇一律的现象. 自然界中的植物富有纹理而又千姿百态，既有自相似的结构，又有生长的随机性等特点，仅用 L-系统或者 IFS 方法，很难绘制出一个既“形似”又“神似”的仿真植物. 因此，有学者①提出将 L-系统与 IFS 进行有机结合来模拟植物的形态. 其基本思想是：利用 L-系统来模拟植物的随机生长规律与拓扑结构，而对于植物具有纹

①李庆忠，韩金姝. 一种 L-系统与 IFS 相互融合的植物模拟方法[J]. 工程图学学报，2005(6)：135-139.

理的各组成部分,如枝干、叶子等则由 IFS 来模拟.将两种方法扬长避短地融合在一起,既可以通过 L-系统实现植物生长规律和拓扑结构的自由控制和模拟,又可以通过 IFS 方法快速模拟出植物各组成部分的自相似性和丰富的纹理、质地特性.这两种方法结合的过程类似于“搭积木”:一方面,L-系统的生成规则和并行重写机制可作为“搭积木的方法”;另一方面,利用 IFS 生成参数可控的具有丰富纹理的图形可作为“积木”,然后按 L-系统的规则进行“搭积木”,如此循环下去,可模拟出千姿百态、栩栩如生的植物形态.限于篇幅关系,此处不再展开介绍,对此有兴趣的读者请查阅相关文献.

习题 9.4

1. 1883 年,德国数学家康托为了证明级数中的一些定理,提出了如今广为人知的康托集.康托集是一种分形集,具有严格的自相似结构.康托集的构造特别简单,其构造过程如下.

(1)把闭区间[0,1]平均分为三段,去掉中间的 1/3 部分段,则只剩下两个闭区间[0,1/3]和[2/3,1].

(2)再将剩下的两个闭区间各自平均分为三段,同样去掉中间的区间段,这时剩下四段闭区间[0,1/9],[2/9,1/3],[2/3,7/9]和[8/9,1].

(3)重复删除每个小区间中间的 1/3 段,如此不断的分割下去,最后剩下的各个小区间段就构成了康托集.

请根据上述构造过程编写 MATLAB 程序,绘制康托集.

2. H 分形是由一个字母 H 演化出的一种分形图案,其场景有些像迷宫,它的构造过程如下.

(1)任意选定一个中心点 z_0(如 $z_0=0$),以此为中心点绘制一条长为 L 的水平线段和两条长为 H 的竖直线段,构成一个字母“H”的形状.

(2)以两条竖直线段的上下共四个端点为中心点,分别绘制一条长为$\frac{L}{2}$的水平线段和两条长为$\frac{H}{2}$的竖直线段.

第三步:重复以上操作直至达到要求的层数.

请根据上述构造过程编写 MATLAB 程序,绘制 H 分形图案.

3. 莱维 C 形曲线(Lévy C curve)是一个自相似的分形曲线,它是莱维在 1938 年发现的规律曲线. C 形曲线的构造步骤如下.

(1)由一条线段开始,以该线段为斜边,在其上面建立一个直角等腰三角形,原线段由三角形的两条直角边所取代.

(2)以这两条直角边为斜边,在其上面各建立一个新的直角等腰三角形,然后原有的两条直角边又被这两个新建立的三角形的两条直角边取代.

(3)重复上述过程,每条线段都被在它上面新建立的直角等腰三角形的两条直角边取代.

经过 n 个阶段的迭代,这个曲线最终由 2^n 条直线组成,每条边的长度都是原来的线段线长度的$\sqrt{2}^n$ 分之一. 经过"无限"次迭代而形成的 C 形曲线就是莱维 C 形曲线.

请根据上述构造过程编写 MATLAB 程序,绘制莱维 C 形曲线.

4. 1890 年,意大利数学家皮亚诺发明了能填满一个正方形的曲线,称为皮亚诺曲线. 皮亚诺曲线(非希尔伯特曲线)构造方法如图 9-4-21 所示.

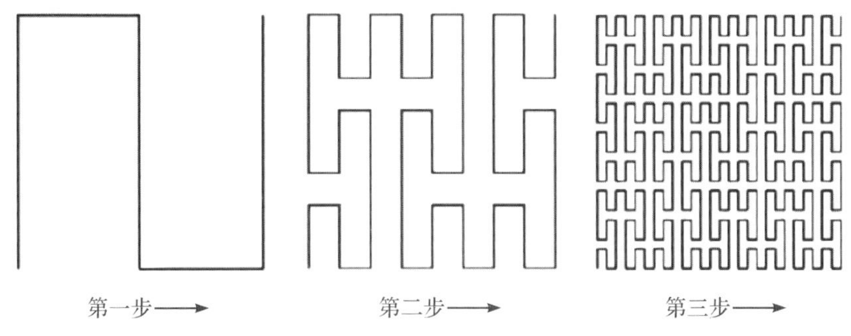

图 9-4-21 皮亚诺曲线的产生过程

(1)取一个正方形并把它分出九个相等的小正方形,然后从左下角的正方形开始至右上角的正方形结束,依次把小正方形的中心点用线段连接起来.

(2)把每个小正方形分成九个相等的正方形,然后按照步骤(1)中的方式把它们的中心点连接起来.

(3)将这种操作步骤无限次进行下去,最终得到的极限情况的曲线就可以填满整个平面①.

请根据上述构造过程编写 MATLAB 程序,绘制皮亚诺曲线.

5. 1891 年,希尔伯特作出了一种能填充满平面上正方形的曲线,称为空间填充曲线,又称为希尔伯特曲线②(Hilbert curve),如图 9-4-22 所示.希尔伯特曲线是一种奇妙的曲线,只要恰当选择函数,就能画出一条连续的参数曲线,当参数 t 在[0,1]区间取值时,曲线将遍历单位正方形中所有的点,得到一条充满空间的曲线.构造希尔伯特曲线的 *L*-系统记法如下.

(1)变数:L,R.

(2)常数:F,+,-.

(3)公理:L.

(4)规则:①L →+R F - L F L - F R+.

②R → - L F+ R F R+F L -.

③F :向前　- :右转 90°　+:左转 90°.

请根据上述 *L*-系统的文法描述编写 MATLAB 程序,绘制希尔伯特曲线.

图 9-4-22　希尔伯特曲线的产生过程

6. 海飞科(Hexaflake)分形图案是一种雪花型的自相似图案,它的构造过程如下.

(1)在复平面上取一个中心点 z_0,如 $z_0=0$,以它为中心点绘制一个边长为 L 的正六边形并进行颜色填充.

(2)在这个正六边形中再找六个点 $z_k=z_0+\dfrac{2}{3}Le^{\frac{k}{3}\pi}(k=1,2,\cdots,6)$,以点

---

①一般来说,曲线是一维的几何体是不可能填满二维空间中的正方形的,但皮亚诺曲线能够通过正方形内的任何一点,最终会充满整个正方形.也就是说,这条曲线最终就是整个正方形,应该有面积.这个结论令当时的数学界大吃一惊.

②希尔伯特-皮亚诺曲线是一条连续而又处处不可导的曲线.

$z_k(k=0,1,\cdots,6)$为中心点分别绘制七个边长为$\frac{L}{3}$的正六边形，替换掉原来边长为 L 的正六边形并进行颜色填充.

(3)对上述七个边长为$\frac{L}{3}$的正六边形重复第(2)步操作，直至达到要求的层数.

请根据上述构造过程编写 MATLAB 程序，绘制 Hexaflake 分形图案.

7. 门格海绵(Menger sponge)最先由奥地利数学家门格(Menger)在 1926 年提出，它是康托集和谢尔宾斯基地毯在三维空间的一种推广，它的构造过程如下.

(1)画出一个立方体(第一个图像).

(2)把正方体的每一个面分成 9 个正方形. 这将把正方体分成 27 个小正方体，类似于魔方的样子.

(3)把每一面中间的正方体掏空，包括最内层的小立方体，留下 20 个正方体(第二个图像).

(4)把每一个留下的小正方体都重复第(1)步至第(3)步.

把以上的步骤重复无穷多次以后，得到的图形就是门格海绵. 请根据上述构造过程编写 MATLAB 程序，绘制门格海绵的图案.

8. 请自行查阅下列分形图形的构造方法，编写 MATLAB 程序分别绘制它们的图形.

(1)维切克(Vicsek)分形.

(2)龙形(Dragon)曲线.

(3)毕达哥拉斯(Pythagoras)树.

9. 编写 MATLAB 程序绘制函数 $f(z)=z^{10}-1$ 的牛顿迭代分形图案.

10. 编写 MATLAB 程序绘制函数 $f(z)=\frac{z(1+z^5)}{1-z^5}$的牛顿迭代分形图案.

11. 已知函数 $f(z)=az-\mathrm{e}^{-bz}$，试用下面两种情况，编写 MATLAB 程序绘制其牛顿迭代分形图案.

(1)$a=5,b=1$；(2)$a=10,b=-1$.

12. 编写 MATLAB 程序绘制函数 $f(z)=z^5+c$ 的牛顿迭代分形图案,其中 c 的取值分别为

(1)c=0.188+0.78603i;(2)c=0.74543+0.11301i.

13. 编写 MATLAB 程序,分别绘制函数 $f(z)=c\cos(\pi z)$ 和函数 $f(z)=\sin(z^2)+c$ 在 $c=0.62+0.15\text{i}$ 时的广义 Julia 集图案.

14. 编写 MATLAB 程序,分别绘制函数 $f(z)=\dfrac{z^2}{1+cz^2}$,在 $c=0.1+0.5\text{i}$ 和 $c=-0.12+0.74\text{i}$ 时的广义 Julia 集图案.

15. 编写 MATLAB 程序,绘制函数 $f(z)=z^2+\dfrac{1}{c}$ 对应的 Mandelbrot 集图形.

16. 编写 MATLAB 程序,绘制函数 $f(z)=z^{20}+z_0$ 对应的广义 Mandelbrot 集图形.

17. 编写 MATLAB 程序,绘制函数 $f(z)=z^{\frac{3}{2}}+z_0$ 对应的广义 Mandelbrot 集图形.

18. 使用适当的迭代函数,设计广义的 Julia 集图案.

19. 使用下面的 IFS 码,编写 MATLAB 程序,绘制一片枫叶.

ω	a	b	c	d	e	f
1	0.14	0.01	0	0.51	−0.08	−1.31
2	0.43	0.52	−0.45	0.5	1.49	−0.75
3	0.45	−0.49	0.47	0.47	−1.62	−0.74
4	0.49	0	0	0.51	0.02	1.62

20. 使用下面的 IFS 码,编写 MATLAB 程序,绘制一颗树.

ω	a	b	c	d	e	f	P
1	0.195	−0.488	0.344	0.443	0.4431	0.2452	0.2
2	0.462	0.414	−0.252	0.361	0.2511	0.5692	0.2
3	−0.637	0	0	0.501	0.8562	0.2512	0.2
4	−0.035	0.07	−0.469	0.022	0.4884	0.5069	0.2
5	−0.058	−0.07	0.453	−0.111	0.5976	0.0969	0.2

21. 分别使用下面的两组 IFS 码,编写 MATLAB 程序,绘制带有影子的树.

ω	a	b	c	d	e	f	P
1	0.05	−1.38	0	0.60	0	0	0.10
2	0.05	1.38	0	−0.50	−2.0	0.80	0.14
3	−0.50	−2.56	0.39	1.36	−1.2	0.48	0.20
4	0.05	−1.09	0.17	0.85	−2.2	0.88	0.18
5	−0.70	2.05	0.45	1.36	−2.0	0.80	0.18
6	1.25	2.53	−0.31	−0.47	−1.0	0.40	0.20

ω	a	b	c	d	e	f	P
1	−0.04	0	−0.19	−0.47	−0.12	0.30	0.25
2	−0.65	0	0	0.56	0.06	1.56	0.25
3	0.41	0.46	−0.39	0.61	0.46	0.40	0.25
4	0.52	−0.35	0.25	0.74	−0.48	0.38	0.25

§9.5 复变函数的积分

复变函数的积分是研究解析函数的一个重要工具,所以计算复变函数的积分是复变函数中的又一重要内容.一般地,积分的值不但依赖于被积函数,还依赖于积分曲线,这导致积分的计算通常不是很容易,但对于解析函数,它的积分和高等数学中的实变函数的积分则是一样的.

9.5.1 MATLAB 命令或函数

1. int(f):计算函数 f 的不定积分.
2. int(f,z):计算函数 f 关于变量的不定积分.
3. int(f,a,b):计算函数 f 对自变量从 a 到 b 的定积分.
4. int(f,z,a,b):计算函数 f 对自变量从 a 到 b 的定积分.
5. expand(S):将 S 中的所有括号相乘,并通过应用标准恒等式简化 S.

6. simplify(expr)：对 expr 进行代数简化，如果 expr 是符号向量或矩阵，则此函数简化了 expr 中的每个元素.

7. [r, how]＝simple(S)：执行 expr 的代数简化，如果 expr 是符号向量或矩阵，则此函数简化了 expr 中的每个元素，r 为返回的简化形式，how 为化简过程中使用的一种方法. simple 是通过对表达式尝试多种不同的方法进行化简，以寻求符号表达式 S 的最简形式，所使用的方法有 simplify(代数简化)、radsimpe(根式化简)、combine(乘积、幂运算合并)、collect(合并同类项)、factor(分解因式)、convert(类型转换).

9.5.2 解析函数的积分

例9.5.1 计算积分 $\int e^z \, dz$.

解 在 MATLAB 命令窗口中输入：

```
>> clc, clear; syms z;
>> f = (exp(sym(1)))^z; int(f)
```

执行上述语句后，运行结果：ans＝exp(z)，即 $\int e^z \, dz = e^z + C$.

例9.5.2 计算积分 $\int_0^i z\sin z dz$.

解 在 MATLAB 命令窗口中输入：

```
>> clc, clear; syms z
>> f = z * sin(z); jg = int(f, z, 0, i)
```

执行上述语句后，运行结果：ans＝sin(i)－i * cos(i)，

即
$$\int_0^i z\sin z dz = \sin i - i\cos i.$$

例9.5.3 计算积分 $\int_C z^2 dz$，C 为从 $z = 0$ 到 $z = 2 + i$ 的直线段.

解 在 MATLAB 命令窗口中输入：

```
>> clc, clear; syms z
>> int(z^2, z, 0, 2 + i)
```

执行上述语句后，运行结果：ans＝2/3＋11i/3，即 $\int_0^{2+i} z^2 dz = \frac{1}{3}(2 + 11i)$.

注:也可以将被积函数先参数化后,再计算积分.

```
>> syms z; syms t real % 声明 t 是一个实的符号变量
>> z = (2 + i) * t; int(z^2 * diff(z), t, 0, 1)
```

例9.5.4 试沿区域 $\mathrm{Im}z \geqslant 0, \mathrm{Re}z \geqslant 0$ 内的圆弧 $|z| = 1$,计算积分 $\int_1^i \frac{\ln(z+1)}{z+1}\,dz$ 的值.

解 在 MATLAB 命令窗口中输入:

```
>> clc, clear; syms f(z)
>> f = log(z + 1)/(z + 1); In = int(f, z, 1, i) % 计算积分
>> R = real(In), Im = imag(In) % 提取积分值的实部和虚部
```

执行上述语句后,运行结果:

In = - log(2)^2/2 + log(1 + 1i)^2/2, R = - pi^2/32 - (3 * log(2)^2)/8, Im = (pi * log(2))/8.

即 $\int_1^i \frac{\ln(z+1)}{z+1}\,dz = -\frac{1}{2}\ln^2 2 + \frac{1}{2}\ln^2(1+i) = -\left(\frac{\pi^2}{32} + \frac{3}{8}\ln^2 2\right) + i\,\frac{\pi}{8}\ln 2.$

例9.5.5 求闭路积分 $\oint_{|z|=2} \frac{2z^2 - z + 1}{z-1}\,dz$.

解 在 MATLAB 命令窗口中输入:

```
>> clc, clear; syms t z;
>> z = 2 * cos(t) + i * 2 * sin(t); f = (2 * z^2 - z + 1)/(z - 1);
   inc = int(f * diff(z), t, 0, 2 * pi)
```

执行上述语句后,运行结果:inc=4 * i * pi.

即
$$\oint_{|z|=2} \frac{2z^2 - z + 1}{z-1}\,dz = 4\pi i.$$

9.5.3 柯西积分公式的应用

例9.5.6 试求积分 $\oint_C \frac{\cos\pi z}{(z-1)^5}\,dz$ 的值,其中 C 为正向圆周:$|z| = r > 1$.

解 因为函数 $\frac{\cos\pi z}{(z-1)^5}$ 在 C 内的点 $z = 1$ 处不解析,但函数 $f(z) = \cos\pi z$

在 C 内处处解析，所以根据柯西积分公式

$$f^{(n)}(z)=\frac{n!}{2\pi i}\oint_C\frac{f(z)}{(z-z_0)^{n+1}}dz(n=1,2,3,\cdots),$$

得

$$\oint_C\frac{\cos\pi z}{(z-1)^5}dz=\frac{2\pi i}{(5-1)!}(\cos\pi z)^{(4)}\bigg|_{z=1}=-\frac{\pi^5}{12}i.$$

故在 MATLAB 命令窗口中输入：

```
> > clc, clear; syms f(z)
> > f = cos(pi * z); d4f = diff(f, 4) %求 f(z)关于 z 的四阶导数
> > In = 2 * pi * i * subs(d4f, z, 1)/factorial(4); %根据柯西积分公式计算积分值
```

执行上述语句后，运行结果：d4f = pi^4 * cos(pi * z, In = - (pi^5 * 1i)/12 .

例9.5.7 试求曲线积分 $\oint_{|z|=2}\frac{1}{(z+i)^{10}(z-1)(z-3)}dz$ 的值.

解 在 MATLAB 命令窗口中输入：

```
> > clc, clear; syms z
> > f = 1/((z + i)^10 * (z - 1) * (z - 3));
    df9 = diff(f * (z + i)^10, z, 9)/prod(1:9);
> > r1 = subs(df9, z, - i); r2 = limit(f * (z - 1), z, 1);
    a = 2 * pi * i * (r1 + r2)
```

执行上述语句后，运行结果：a = pi * (237/312500000 + 779i/78125000) .

即 $$\oint_{|z|=2}\frac{1}{(z+i)^{10}(z-1)(z-3)}dz=\frac{237\pi}{312500000}+\frac{779\pi}{78125000}i.$$

9.5.4 解析函数与调和函数的关系

1. 偏积分法

例9.5.8 验证 $u(x,y)=y^3-3x^2y$ 为调和函数，并求其共轭调和函数 $v(x,y)$ 及由它们构成的解析函数.

解 因为 $\frac{\partial u}{\partial x}=-6xy,\frac{\partial^2 u}{\partial x^2}=-6y,\frac{\partial u}{\partial y}=3y^2-3x^2,\frac{\partial^2 u}{\partial y^2}=6y$，所以 $\frac{\partial^2 u}{\partial x^2}+\frac{\partial^2 u}{\partial y^2}=0$，即 $u(x,y)$ 为调和函数.

由 C-R 方程得

$$dv(x,y)=-\frac{\partial u}{\partial y}dx+\frac{\partial u}{\partial x}dy=(3x^2-3y^2)dx-6xdy,$$

由偏积分法和凑微分法得 $v=x^3-3xy^2+c$,所以解析函数

$$w=y^3-3x^2y+i(x^3-3xy^2+c).$$

由于 $z=x+iy$,所以 $x=\frac{z+\bar{z}}{2}$,$y=\frac{z-\bar{z}}{2i}$代人上式得

$$w=f(z)=i(z^3+c).$$

在 MATLAB 命令窗口中输入:

```
>> clc, clear; syms u(x, y) v(x, y) z zb
>> u = y^3 - 3 * x^2 * y;
>> dux2 = diff(u, x, 2) % 求 u 关于 x 的 2 阶偏导数
>> duy2 = diff(u, y, 2) % 求 u 关于 y 的 2 阶偏导数
>> du = dux2 + duy2 % 求 u 的全微分
>> v1 = int(diff(u, x), y), v2 = int( - diff(u, y), x) % 求两个偏积分
>> f1 = u + i * v2 % 得到关于 x, y 的解析函数
>> f2 = subs(f1, {x, y}, {(z + zb)/2, (z - zb)/(2 * i)});
>> f2 = simplify(f2) % 得到关于 z 的解析函数
```

执行上述语句后,运行结果为:

```
dux2 = - 6 * y,duy2 = 6 * ydu = 0,v1 = - 3 * x * y^2,v2 = x^3 - 3 * x * y^2;
f1 = x^3 * 1i - 3 * x^2 * y - x * y^2 * 3i + y^3,f2 = z^3 * 1i .
```

即　　$v(x,y)=x^3-3xy^2$,$f(z)=i(z^3+c)$,c 为任意常数.

例9.5.9　已知一调和函数 $v=e^x(y\cos y+x\sin y)+x+y$,求一解析函数 $f(z)=u+iv$, 使得 $f(0)=0$.

解　在 MATLAB 命令窗口中输入:

```
>> clc, clear; syms u(x, y) v(x, y) z zb c
>> v = exp(x) * (y * cos(y) + x * sin(y)) + x + y;
>> ul = int(diff(v, y), x), u2 = int( - diff(v, x), y) % 求两个偏积分
>> u = ul - y + c; f1 = u + i * v % 得到关于 x, y 的解析函数
>> f2 = subs(f1, {x, y}, {(z + zb)/2, (z - zb)/(2 * i)});
>> f2 = expand(f2); f2 = simplify(f2) % 必须先展开, 然后才能化简
```

```
>> c0 = solve(subs(f2, z, 0) = = 0) % 求 c 的取值
>> f3 = subs(f2, c, c0)   % 求得最终的关于 z 的解析函数
```

执行上述语句后,运行结果:

```
u1 = x + x * exp(x) * cos(y) - y * exp(x) * sin(y)
u2 = x * exp(x) * cos(y) - y - y * exp(x) * sin(y)
f1 = c + x * exp(x) * cos(y) - y * exp(x) * sin(y) + x * (1 + 1i) - y * (1 - 1i) + exp(x) * (y * cos(y) + x * sin(y)) * 1i
f2 = c + z * exp(z) + z * (1 + 1i)
c0 = 0
f3 = z * exp(z) + z * (1 + 1i) .
```

即 $$f(z)=z\mathrm{e}^z+(1+\mathrm{i})z.$$

2. 不定积分法

例9.5.10 已知 $u(x,y)=y^3-3x^2y$,请使用不定积分法求其共轭调和函数 $v(x,y)$及由它们构成的解析函数 $f(z)$.

解 由 $u=y^3-3x^2y$ 计算得

$$f'(z)=\frac{\partial u}{\partial x}-\mathrm{i}\frac{\partial u}{\partial y}=-6xy-\mathrm{i}(3y^2-3x^2)=3\mathrm{i}(x^2+2xy\mathrm{i}-y^2)=3\mathrm{i}z^2,$$

积分得

$$f(z)=\mathrm{i}z^3+c_1=\mathrm{i}(z^3+c),$$

其中 c 为任意实常数.

在 MATLAB 命令窗口中输入:

```
>> clc, clear; syms u(x, y) z zb
>> u = y^3 - 3 * x^2 * y; df = diff(u, x) - i * diff(u, y);
>> f1 = subs(df, {x, y}, {(z + zb)/2, (z - zb)/(2 * i)});
   f2 = simplify(f1);
>> f = int(f2) % 求得最终的关于 z 的解析函数
```

执行上述语句后,运行结果为:f = z^3 * 1i .

即 $$f(z)=\mathrm{i}(z^3+c).$$

例9.5.11 已知调和函数 $v=e^x(y\cos y+x\sin y)+x+y$,请使用不定积分法求一解析函数 $f(z)=u+\mathrm{i}v$, 使得 $f(0)=0$.

解 因为 $v=e^x(y\cos y+x\sin y)+x+y$,所以

$$f'(z)=\frac{\partial v}{\partial y}+\mathrm{i}\frac{\partial v}{\partial x}=e^z+ze^z+1+\mathrm{i},$$

积分,得

$$f(z)=\int(e^z+ze^z+1+\mathrm{i})dz=ze^z+(1+\mathrm{i})z+c,$$

由 $f(0)=0$,得 $c=0$,所以

$$f(z)=ze^z+(1+\mathrm{i})z.$$

在 MATLAB 命令窗口中输入:

```
> > clc, clear; syms v(x, y) z zb c
> > v = exp(x) * (y * cos(y) + x * sin(y)) + x + y;
    df = diff(v, y) + i * diff(v, x); % 求两个偏微分
> > f1 = subs(df, {x, y}, {(z + zb)/2, (z - zb)/(2 * i)});
> > f2 = expand(f1); f3 = simplify(f2); % 必须先展开,然后才能化简
> > f = int(f3) + c; % 求不定积分,人工加上积分常数
> > c0 = solve(subs(f2, z, 0) = = 0);   % 求 c 的取值
> > f = subs(f2, c, c0) % 求得最终的关于 z 的解析函数
```

执行上述语句后,运行结果:f = z * exp(z) + z * (1 + 1i).

即 $$f(z)=ze^z+(1+\mathrm{i})z.$$

3. 直接代入法

若 $f(z)=u(z)+\mathrm{i}v(z)$,则 $\overline{f(z)}=\overline{u(z)}-\mathrm{i}\,\overline{v(z)}$,所以解得

$$u(z)=\frac{f(z)+\overline{f(z)}}{2},v(z)=\frac{f(z)-\overline{f(z)}}{2\mathrm{i}}.$$

从上面的式子可以借助 $u(z)$或者 $v(z)$的表示式求出 $f(z)$.

例9.5.12 已知 $u(x,y)=y^3-3x^2y$,请使用直接法求解析函数 $f(z)$,使得 $f(z)=u(z)+\mathrm{i}v(z)$,其中 $v(z)$为 $u(x,y)$的共轭调和函数.

解 将 $x=\frac{z+\bar{z}}{2}, y=\frac{z-\bar{z}}{2\mathrm{i}}$ 代入 $u(x,y)$，得

$$u(x,y)=\left(\frac{z-\bar{z}}{2\mathrm{i}}\right)^3-3\left(\frac{z+\bar{z}}{2}\right)^2\cdot\frac{z-\bar{z}}{2\mathrm{i}}=\frac{\bar{z}^3-z^3}{2\mathrm{i}}=\frac{1}{2}(\mathrm{i}z^3-\mathrm{i}\,\bar{z}^3)$$

所以

$$f(z)=\mathrm{i}z^3+c\quad(c\text{ 为纯虚数}).$$

在 MATLAB 命令窗口中输入：

```
> > clc, clear; syms u x y z zb
> > u = y^3 - 3 * x^2 * y; u = subs(u, {x, y}, {(z + zb)/2, (z - zb)/(2 * i)});
> > u = simplify(u); f = 2 * subs (u, zb, 0)
     %把 u 中的 zb 替换为 0,乘以 2 得到 f
```

执行上述语句后，运行结果为：f = z^3 * 1i .

例9.5.13 已知调和函数 $v=\mathrm{e}^x(y\cos y+x\sin y)+x+y$，请使用直接法求一解析函数 $f(z)=u+\mathrm{i}v$，使得 $f(0)=0$.

解 将 $x=\frac{z+\bar{z}}{2}, y=\frac{z-\bar{z}}{2\mathrm{i}}$ 代入 $v(x,y)$，得

$$v(x,y)=\frac{z}{2}(1-\mathrm{i}-\mathrm{i}\mathrm{e}^z)+\frac{\bar{z}}{2}(1+\mathrm{i}+\mathrm{i}\mathrm{e}^{\bar{z}}),$$

所以，有

$$f(z)=z(1+\mathrm{i}+\mathrm{e}^z)+c,\ c\text{ 为实数}.$$

由 $f(0)=0$，得 $c=0$，所以

$$f(z)=z\mathrm{e}^z+(1+\mathrm{i})z.$$

在 MATLAB 命令窗口中输入：

```
> > clc, clear; syms v x y z zb
> > v = exp(x) * (y * cos(y) + x * sin(y)) + x + y;
     v = subs(v, {x, y}, {(z + zb)/2, (z - zb)/(2 * i)});
> > v = expand(v); v = simplify(v); %必须先展开, 然后才能化简
> > f = subs(2 * i * v, zb, 0) %最终求得关于 z 的解析函数
```

执行上述语句后，运行结果：f = z * exp(z) + z * (1 + 1i) .

即 $$f(z)=z\mathrm{e}^z+(1+\mathrm{i})z.$$

习题 9.5

1. 计算下列积分，其中 C 为从原点到点 $1+\mathrm{i}$ 的直线段.

(1) $\int_C z\,\mathrm{d}z$；　　(2) $\int_C x^2-y^2+2\mathrm{i}xy\,\mathrm{d}z$.

2. 计算下列积分：

(1) $\int_{-\pi\mathrm{i}}^{3\pi\mathrm{i}} \mathrm{e}^{2z}\,\mathrm{d}z$；　　(2) $\int_0^1 z\sin z\,\mathrm{d}z$.

3. 求闭路积分 $\oint_{|z|=3} \frac{2z+3}{z^2+2z+3}\mathrm{d}z$.

4. 计算积分 $\oint_C \frac{2\mathrm{i}}{z^2+1}\mathrm{d}z$，其中 C 为 $|z-1|=6$ 的正向.

5. 计算积分 $\oint_C \frac{\mathrm{d}z}{z-\mathrm{i}}$，其中 C 为以 $\pm\frac{1}{2}$，$\pm\frac{6}{5}\mathrm{i}$ 为顶点的正向菱形.

6. 已知下列调和函数，求由它们所确定的解析函数 $f(z)=u+\mathrm{i}v$.

(1) $u=x^2-y^2+xy$；

(2) $u=(x-y)(x^2+4xy+y^2)$；

(3) $u=2(x-1)y$，$f(2)=-\mathrm{i}$.

§9.6 级数、留数与共形映射

级数在解决各种实际问题中有着广泛的应用，它既是研究函数零点、奇点特别是极点的有力工具，又是复变函数论中重要的概念之一. 它是积分与复级数理论相结合的产物，与解析函数在奇点处的洛朗展开式、柯西复合闭路定理等都有着密切的关系. 共形映射的方法解决了动力学、弹性理论、静电场与磁场等方面的许多实际问题.

本节首先给出了一些使用 MATLAB 软件求解解析函数的泰勒展式、洛朗展式的例子，并通过绘制图像的方式展现了级数对原函数的逼近过程. 之后，给出了使用 MATLAB 软件计算留数的两种方法及留数的应用. 最后，给出了几个

MATLAB 软件在共形映射中的应用.

9.6.1 MATLAB 命令或函数

1. taylor(f, x):返回函数 f 在自变量 $x=0$ 处的五次幂多项式近似.

2. taylor(f):返回函数 f 在自变量取值为零处的五次幂多项式近似,taylor 使用由 symvar(f,1)确定的默认变量.

3. taylor(f, x, a):返回 a 点处的五次幂多项式近似.

4. taylor(f, x, 'ExpansionPoint' , a):返回函数 f 在自变量 $x=a$ 时的五次幂多项式近似.

5. taylor(f, x, 'Order', n):返回函数 f 在自变量 $x=0$ 处的 $n-1$ 次幂多项式近似.如果 f 是多元函数,则 taylor(f, x, 'Order', n)表示的数学意义为

$$\sum_{k=0}^{n-1}\frac{(x-a)^k}{k!}\cdot\frac{\partial^k f(x,y)}{\partial x^k}\bigg|_{x=a}.$$

6. taylor(f, x, 'Order', n, 'ExpansionPoint' , a):返回函数 f 在自变量 $x=a$ 处的 $n-1$ 次幂多项式近似.

7. R=limit(f * (z−z0) , z, z0):计算函数 f 在单奇点 $z=z_0$ 处的留数.

8. R=Limit(diff(f * (z−z0)^n , z , n−1)/prod(1:(n−1)) , z, z0) :计算函数 f 在 n 重奇点 $z=z_0$ 处的留数.

9. [r, p, k]=residue(b, a):计算如下形式展开的两个多项式之比的部分分式展开的留数、极点和直项.

$$\frac{b(s)}{a(s)}=\frac{b_m m^m+b_{m-1}s^{m-1}+\cdots+b_1 s+b_0}{a_n n^n+a_{n-1}s^{n-1}+\cdots+a_1 s+a_0}=\frac{r_n}{s-p_n}+\cdots+\frac{r_2}{s-p_2}+\frac{r_1}{s-p_1}+k(s)$$

函数命令输入参量为 b 与 a,b 与 a 是分子多项式 $b(s)$与分母多项式 $a(s)$以降幂排列的多项式系数向量 $\boldsymbol{b}=[b_m b_{m-1}\cdots b_2 b_1]$和 $\boldsymbol{a}=[a_m a_{m-1}\cdots a_2 a_1]$,函数返回的向量为留数 $\boldsymbol{r}=[r_n r_{n-1}\cdots r_2 r_1]$、极点 $\boldsymbol{p}=[p_n p_{n-1}\cdots p_2 p_1]$和多项式 k.其中,极点向量 $\boldsymbol{p}$ 的元素是按从小到大的顺序排列的,留数向量 $\boldsymbol{r}$ 中元素与极点向量中元素的位置顺序一一对应,向量 $\boldsymbol{k}(s)$中存放的是假分式$\dfrac{b(s)}{a(s)}$的有理整式的系数,即对应着从右向左依次为 $s^0,s^1,s^2,s^3\cdots$等项的系数.若 $a(s)$含有 m 重根 p_j,即 $p_j=p_{j+1}=\cdots=p_{j+m-1}$,函数返回的向量仍为极点向量 $\boldsymbol{p}$ 的元素从小到大的

顺序排列的，而重根部分展开为式$\frac{r_j}{s-p_j}+\frac{r_{j+1}}{(s-p_j)^2}+\cdots+\frac{r_{j+m-1}}{(s-p_j)^m}$，即向量 $\boldsymbol{r}$ 与 $\boldsymbol{p}$ 元素向量的顺序与展开式各项从左到右的顺序一致. 此时，对于同一个极点 p_j，有多个展开系数 $r_j, r_{j+1}, \cdots, r_{j+m-1}$，这些展开系数中只有 r_j 为留数，其余不是留数.

9.6.2 级数

例9.6.1 求下列函数在指定点处的五阶泰勒级数近似式.

(1) $f(z)=\tan z\left(z_0=\frac{\pi}{4}\right)$； (2) $g(z)=\frac{1}{z^2}(z_0=-1)$.

解 在 MATLAB 的脚本文件中输入：

```
syms z
ans1 = taylor(tan(z),z,pi/4), ans2 = taylor(1/z^2, z, -1)
```

执行上述语句后，运行结果：

```
ans1 = 1 + 2 * z - pi/2 + 2 * (z - pi/4)^2 + (8 * (z - pi/4)^3)/3 + (10 *
(z - pi/4)^4)/3 + (64 * (z - pi/4)^5)/15
ans2 = 3 + 2 * z + 3 * (z + 1)^2 + 4 * (z + 1)^3 + 5 * (z + 1)^4 + 6 * (z + 1)^5 .
```

即

(1) $f(z)=1+2z-\frac{\pi}{2}+2\left(z-\frac{\pi}{4}\right)^2+\frac{8}{3}\left(z-\frac{\pi}{4}\right)^3+\frac{10}{3}\left(z-\frac{\pi}{4}\right)^4+\frac{64}{15}\left(z-\frac{\pi}{4}\right)^5$；

(2) $g(z)=3+2z+3(1+z)^2+4(1+z)^3+5(1+z)^4+6(1+z)^5$.

例9.6.2 求下列函数在指定点处的五阶洛朗级数.

(1) $f(z)=e^{\frac{z}{z-1}}, z_0=0$；(2) $g(z)=e^{\frac{1}{1-z}}, 1<|z|<+\infty$.

解 (1)函数 $f(z)$ 只有一个有限远奇点 $z=1$，它与 $z=0$ 距离为 1，故收敛半径 $R=1$.

在 MATLAB 的脚本文件中输入：

```
clear, syms z
f = exp(z/(z - 1)); T = taylor(f, z, 'Order', 6) % 展开级数的前 6 项
```

执行上述语句后，运行结果：

```
T = 1 - z - z^2/2 - z^3/6 + z^4/24 + (19 * z^5)/120 .
```

即 $f(z)\approx 1-z-\frac{1}{2}z^2-\frac{1}{6}z^3+\frac{1}{24}z^4+\frac{19}{120}z^5$.

(2)设 $z=\frac{1}{t}$,所以 $1<|z|<+\infty$ 转化为 $0<|t|<1$,令 $G(t)=g\left(\frac{1}{t}\right)=\mathrm{e}^{\frac{t}{t-1}}$,故由(1)可知,$G(t)=F(t)$,所以

$$g(z)=G\left(\frac{1}{z}\right)\approx 1-\frac{1}{z}-\frac{1}{2!\ z^2}-\frac{1}{3!\ z^3}-\frac{1}{4!\ z^4}-\frac{1}{5!\ z^5}.$$

例9.6.3 求下列函数在 $z_0=0$ 处的三阶、七阶和十五阶泰勒级数近似式,并作图展示其近似效果.

(1)$f(z)=\mathrm{e}^z$; (2)$g(z)=\frac{\sin z}{z}$.

解 在 MATLAB 的脚本文件中输入:

```
syms z
f = exp(z); g = sin(z)/z; sympref('PolynomialDisplayStyle', 'ascend');
f3 = taylor(f, z, 'Order', 4), f7 = taylor(f, z, 'Order', 6)
f15 = taylor(f, z, 'Order', 16)
g3 = taylor(g, z, 'Order', 4), g7 = taylor(g, z, 'Order', 6)
g15 = taylor(g, z, 'Order', 16)
```

执行上述语句后,运行结果:

```
f3 = 1 + z + z^2/2 + z^3/3! ,f7 = 1 + z + z^2/2 + z^3/3! + z^4/4! + z^5/5! ,
f15 = 1 + z + z^2/2 + z^3/3! + z^4/4! + z^5/5! + z^6/6! + z^7/7! + z^8/8! + z^9/9!
+ z^10/10! + z^11/11! + z^12/12! + z^13/13! + z^14/14! + z^15/15!;
g3 = 1 - z^2/3! , g7 = 1 - z^2/3! + z^4/5! ,
g15 = 1 - z^2/3! + z^4/5! - z^6/7! + z^8/9! - z^10/11! + z^12/13! - z^14/15! .
```

即,函数 $f(z)=\mathrm{e}^z$ 在 $z_0=0$ 处的三阶、七阶和十五阶泰勒展开分别为

$$1+z+\frac{z^2}{2!}+\frac{z^3}{3!},1+z+\frac{z^2}{2!}+\frac{z^3}{3!}+\frac{z^4}{4!}+\frac{z^5}{5!},$$

$$1+z+\frac{z^2}{2!}+\frac{z^3}{3!}+\frac{z^4}{4!}+\frac{z^5}{5!}+\frac{z^6}{6!}+\frac{z^7}{7!}+\frac{z^8}{8!}+\frac{z^9}{9!}+\frac{z^{10}}{10!}+\frac{z^{11}}{11!}+\frac{z^{12}}{12!}+\frac{z^{13}}{13!}+\frac{z^{14}}{14!}+\frac{z^{15}}{15!}.$$

函数 $g(z)=\frac{\sin z}{z}$ 在 $z_0=0$ 处的三阶、七阶和十五阶泰勒展开分别为

$$1-\frac{z^2}{3!},1-\frac{z^2}{3!}+\frac{z^4}{5!},1-\frac{z^2}{3!}+\frac{z^4}{5!}-\frac{z^6}{7!}+\frac{z^8}{9!}-\frac{z^{10}}{11!}+\frac{z^{12}}{13!}-\frac{z^{14}}{15!}.$$

接下来,我们给出函数 $f(z)=\mathrm{e}^z$ 的三阶、五阶和十五阶泰勒级数的作图程序.

```
subplot(1, 4, 1); z = 5 * cplxgrid(30); f = exp(z); cplxmap(z, f);
title('函数f(z) = e^z 的图像')
subplot(1, 4, 2); f3 = 1 + z + z^2/2 + z^3/6; cplxmap(z, f3);
title('函数 f = e^z 的 3 阶泰勒展式的图像')
subplot(1, 4, 3);
f7 = 1 + z + z^2/2 + z^3/6 + z^4/24 + z^5/120 + z^6/720 + z^7/5040;
cplxmap(z, f7); title('函数 f = e^z 的 7 阶泰勒展式的图像')
subplot(1, 4, 4);
f15 = 1 + z + z^2/2 + z^3/6 + z^4/24 + z^5/120 + z^6/720 + z^7/5040 + z^8/40320
+ z^9/362880 + z^10/3628800 + z^11/39916800 + z^12/479001600 + z^13/6227020800
+ z^14/87178291200 + z^15/1307674368000;
cplxmap(z, f15); title('函数 f = e^z 的 15 阶泰勒展式的图像')
```

执行上述程序后,得到函数 $f(z)=\mathrm{e}^z$ 及其三阶、七阶和十五阶泰勒展式的图像,如图 9-6-1 所示.

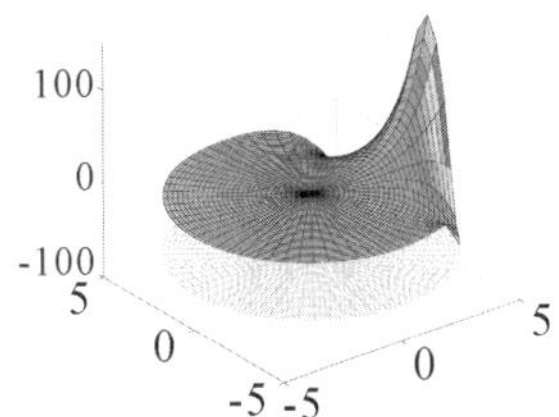

(a)函数 $f=\mathrm{e}^z$ 的图像

(b)函数 $f=\mathrm{e}^z$ 的三阶泰勒展式的图像

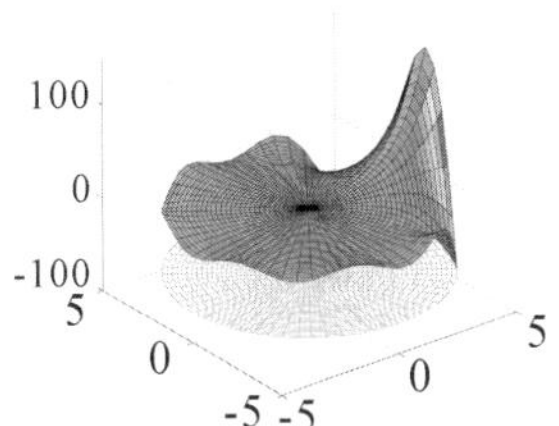

(c)函数 $f=\mathrm{e}^z$ 的七阶段泰勒展式的图像

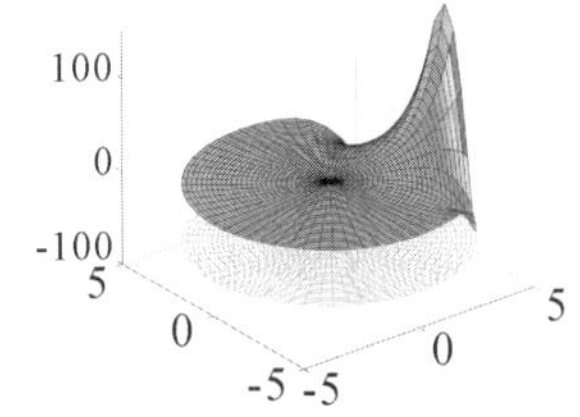

(d)函数 $f=\mathrm{e}^z$ 的十五阶泰勒展式的图像

图 9-6-1　泰勒展式对函数 $f(z)=\mathrm{e}^z$ 的逼近过程

最后，我们给函数 $f(z)=\dfrac{\sin z}{z}$ 的三阶、七阶和十五阶泰勒级数的作图程序.

```
subplot(1, 4, 1); z = 5 * cplxgrid(30); g = sin(z)/z; cplxmap(z, g);
title('函数 g = sin(z)/z 的图像')
subplot(1, 4, 2); g3 = 1 - z^2/6; cplxmap(z, g3);
title('函数 g = sin(z)/z 的 3 阶泰勒展式的图像')
subplot(1, 4, 3); g7 = 1 - z^2/6 + z^4/120 - z^6/5040; cplxmap(z, g7);
title('函数 g = sin(z)/z 的 7 阶泰勒展式的图像')
subplot(1, 4, 4);
g15 = 1 - z^2/6 + z^4/120 - z^6/5040 + z^8/362880 - z^10/39916800 + z^12/
6227020800 - z^14/1307674368000;
cplxmap(z, g15); title('函数 g = sin(z)/z 的 15 阶泰勒展式的图像')
```

执行上述程序后，得到函数 $g(z)=\dfrac{\sin z}{z}$ 及其三阶、七阶和十五阶泰勒展式的图像，如图 9-6-2 所示.

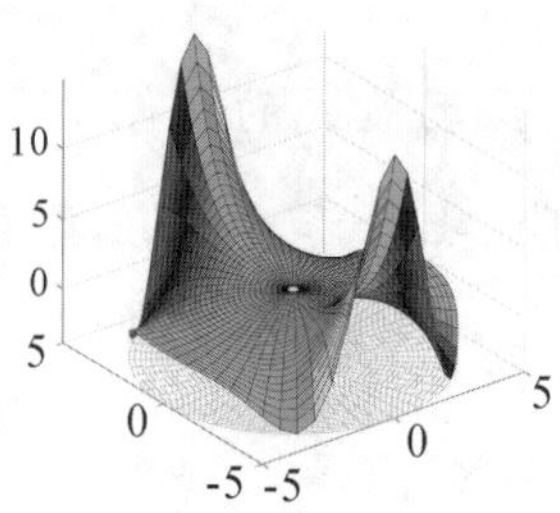

(a)函数 $g=\sin z$ 的图像

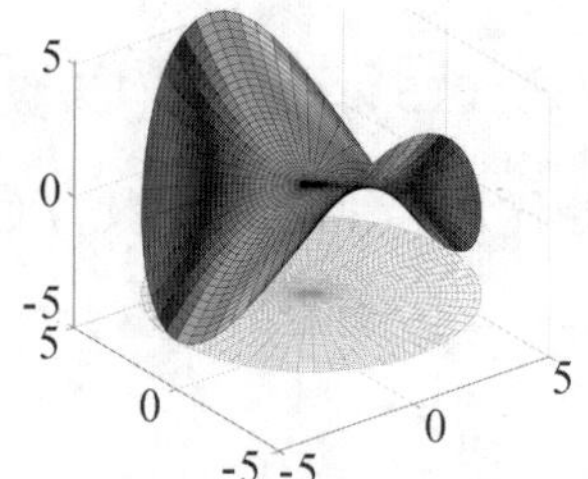

(b)函数 $g(z)$ 的三阶泰勒展式的图像

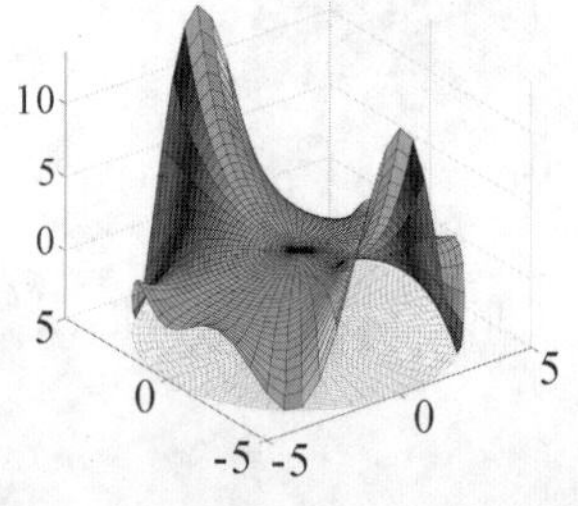

(c)函数 $g(z)$ 的七阶段泰勒展式的图像

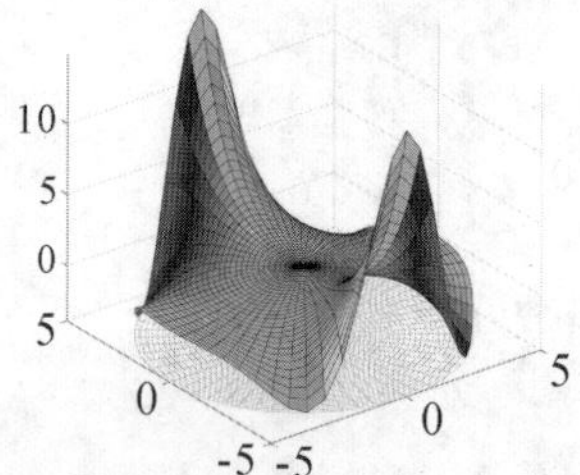

(d)函数 $g(z)$ 的十五阶泰勒展式的图像

图 9-6-2　泰勒展式对函数 $g(z)=\dfrac{\sin z}{z}$ 的逼近过程

观察图 9-6-1 发现，随着泰勒展式阶数的增加，逼近的效果越来越好. 这是因为函数 $f(z)=e^z$ 在整个复平面上解析，其泰勒级数与洛朗级数相同，并且收敛域为整个复平面，所以只要提高泰勒展式的阶数(增加展式中的项数)，就能

不断地逼近 $f(z)$.

观察图 9-6-2 发现，函数 $g(z)=\dfrac{\sin z}{z}$的图像在 $z=0$ 处有个洞，这是因为函数 $g(z)$在 $z=0$ 点不解析，$z=0$ 是它一个奇点，但是它在这点的极限存在且为 1，所以图像看起来在 $z=0$ 处有个洞. 直观地来说，这个奇点似乎是可有可有无的，是“可去”的，因此称为可去奇点. 如果我们把洞“补上”，就全部解析了，即

$$\tilde{g}(z)=\begin{cases}\dfrac{\sin z}{z}, & z\neq 0,\\ 1, & z=0.\end{cases}$$

对于函数$\tilde{g}(z)$来说，它在整个复平面上解析，所以其洛朗展式与泰勒展式相同，并且收敛域为整个复平面，所以随着泰勒展式的阶数的增加（或展式中的项数的增加），泰勒展式就能不断地逼近$\tilde{g}(z)$，即除去 $z=0$ 外，泰勒展式不断地逼近 $g(z)$.

例9.6.4 将下列函数在指定区域上展开为洛朗级数，并作图展示其近似效果.

(1) $f(z)=\dfrac{1}{(1+z)^2}$ $(|z|<1, 1<|z|<+\infty)$；

(2) $g(z)=\dfrac{1}{z^2-3z+2}$ $(|z|<1, 1<|z|<2, 2<|z|<+\infty)$.

解 根据例 4.3.2、例 4.4.4 及间接展开法，可知函数 $f(z)$ 和 $g(z)$ 洛朗级数分别为

$$f(z)=\frac{1}{(1-z)^2}=\begin{cases}\displaystyle\sum_{n=1}^{\infty} nz^{n-1}, & |z|<1,\\ \displaystyle\sum_{n=1}^{\infty}\frac{n}{z^{n+1}}, & |z|>1,\end{cases}$$

$$g(z)=\frac{1}{1-z}-\frac{1}{2-z}=\begin{cases}\displaystyle\sum_{n=0}^{\infty}\left(1-\frac{1}{2^{n+1}}\right)z^n, & |z|<1,\\ \displaystyle-\sum_{n=1}^{\infty}\left(z^{-n}+\frac{z^{n-1}}{2^n}\right), & 1<|z|<2,\\ \displaystyle\sum_{n=1}^{\infty}\frac{2^{n-1}-1}{z^n}, & 2<|z|<+\infty.\end{cases}$$

接下来，我们首先给出函数 $f(z)=\dfrac{1}{(1+z)^2}$ 的 20 阶、50 阶和 150 阶洛朗级数的作图程序.

```
clc, clear
m = 30; % m 的取值与图形的平滑度(精度)相关
od1 = 20; od2 = 50; od3 = 150; od = od3;
 % 选择 laurent 展式的最高阶数:od1,od2,od3
r = (0:2 * m)'/m; % 复数的模
theta = pi * ( - m:m)/m; % 复数的幅角
z = r * exp(1i * theta); % 复数的 Euler 欧拉表示
z(z = = 1) = NaN; % 挖去奇点
f = 1/(1 - z)^2; figure, cplxmap(z, f); % 作原函数的图像
title('函数 f(z) = 1/(1 - z)^2 的图像')
axis([ - 2.2 2.2  - 2.2 2.2  - 50 800]); % 坐标轴的显示范围
 % 下面计算:当|z|<1 时,od 阶的 laurent 展式
z1 = z; z1(abs(z1)> = 1) = NaN; % 选定收敛域,|z|<1
f1 = 1; % laurent 展式的首项
u1 = 1; % laurent 展式通项的次幂
for k = 1: od % for 循环,求 od 阶的 laurent 展式和
    u1 = u1. * z1; % 累乘得到下一个高次幂(不含系数)
    f1 = f1 + (k + 1). * u1;   % 累加求和,得到|z|<1 时的 laurent 展式
end
 % 下面计算当|z|>1 时,od 阶的 laurent 展式
z2 = z; z2(abs(z2)< = 1) = NaN; % 选定收敛域:|z|>1
f2 = 1./z2.^2; % laurent 展式的首项
u2 = 1./z2.^2; % laurent 展式通项的次幂
for k = 1:od % for 循环,求 od 阶的 laurent 展式和
    u2 = u2./z2; % 累除得到下一个高次幂(不含系数)
    f2 = f2 + (k + 1). * u2; % 累加求和,得到|z|>1 时的 laurent 展式
end
 % 下面将|z|<1 和|z|>1 时的 laurent 展式合并存入 f12,以方便作图
```

```
for j = 1:2 * m + 1
    for k = 1:2 * m + 1
        if abs(z(j, k))<1
            f12(j, k) = f1(j, k);
        end
        if abs(z(j, k))>1
            f12(j, k) = f2(j, k);
        end
    end
end
f12(abs(z) = = 1) = NaN; % 挖去|z| = 1 时,f12 的值
figure, cplxmap(z, f12);
% 同时绘制|z|<1 和|z|>1 时两部分 laurent 展式的图像
title(['函数 f 的', num2str(od), '阶洛朗展式的图像'])
axis([ - 2.2 2.2  - 2.2 2.2  - 50 800]); % 坐标轴的显示范围
```

执行上述程序后,得到函数 $f(z)=\dfrac{1}{(1+z)^2}$及其 20 阶、50 阶和 150 阶泰勒展式的图像,如图 9-6-3 所示.

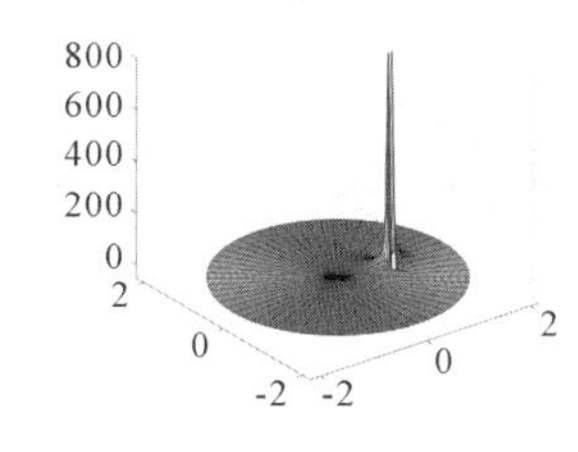

(a)函数 $f(z)=\dfrac{1}{(1+z)^2}$的图像

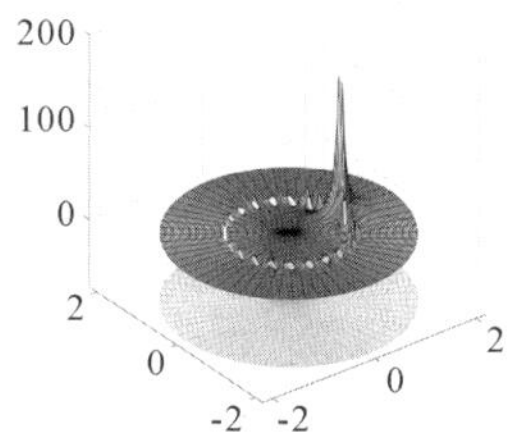

(b)函数 f 的 20 阶洛朗展式的图像

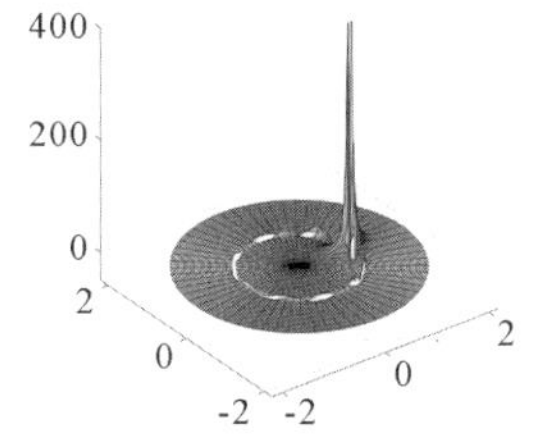

(c)函数 f 的 50 阶洛朗展式的图像

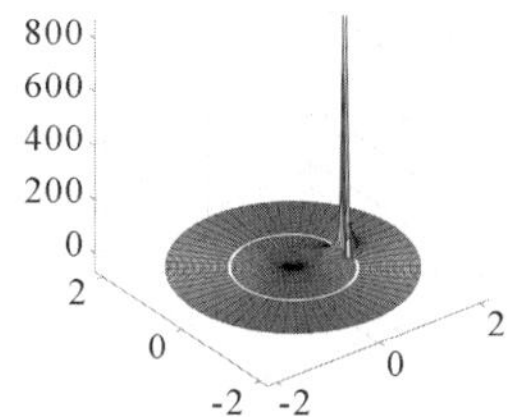

(d)函数 f 的 150 阶洛朗展式的图像

图 9-6-3　洛朗展式对函数 $f(z)=\dfrac{1}{(1+z)^2}$的逼近过程

最后，我们给函数 $g(z)=\dfrac{1}{z^2-3z+2}$ 的 20 阶、50 阶和 150 阶洛朗级数的作图程序，并由此得到函数 $g(z)$ 及其 20 阶、50 阶和 150 阶泰勒展示的图像，如图 9-6-4 所示.

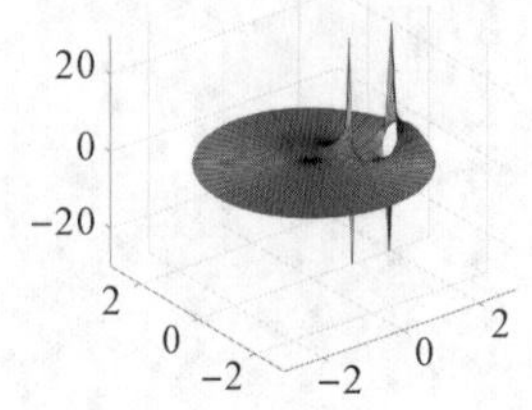

(a)函数 $f(z)=\dfrac{1}{z^2+3z-2}$ 的图像

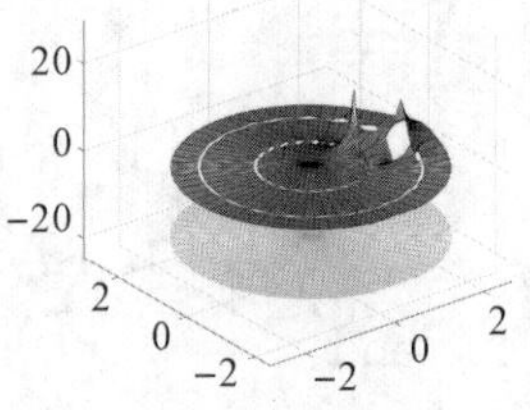

(b)函数 f 的 20 阶洛朗展式的图像

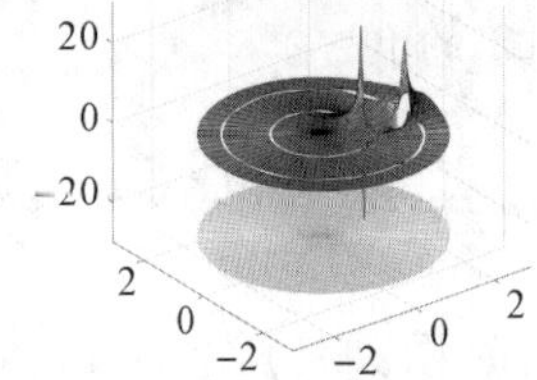

(c)函数 f 的 50 阶洛朗展式的图像

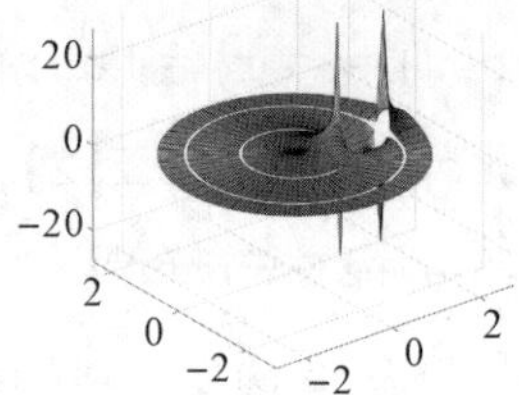

(d)函数 f 的 150 阶洛朗展式的图像

图 9-6-4　洛朗展式对函数 $g(z)=\dfrac{1}{z^2-3z+2}$ 的逼近过程

```
m = 30; % m的取值与图形的平滑度(精度)相关
od1 = 20; od2 = 50; od3 = 150; od = od3;
%选择laurent展式的最高阶数:od1,od2,od3
r = (0:2.5 * m)'/m; %复数的模
theta = pi * ( - m: m)/m; %复数的幅角
z = r * exp(1i * theta); %复数的Euler欧拉表示
z(z = = 1) = NaN; z(z = = 2) = NaN; %挖去奇点
f = 1./(z^2 - 3 * z + 2); figure, cplxmap(z, f);   %作原函数的图像
title('函数f(z) = 1/(z^2 - 3 * z + 2)的图像')
axis([ - 3 3  - 3 3  - 30 30]); %坐标轴的显示范围
%下面计算:当|z|<1时,od阶的laurent展式
z1 = z; z1(abs(z1)>1) = NaN; %选定收敛域:|z|<1
u1 = 1; %laurent展式通项的次幂
v1 = - 1/2; %laurent展式通项的次幂
```

```
f1 = u1 + v1; % laurent 展式的首项
for k = 1:od % for 循环,求 od 阶的 laurent 展式和
    u1 = u1. * z1; % 累乘得到下一个高次幂(不含系数)
    v1 = v1. * z1./2; % 累乘得到下一个高次幂(不含系数)
    f1 = f1 + u1 + v1; % 累加求和,得到|z|<1 时的 laurent 展式
end
% 下面计算:当 1<|z|<2 时,od 阶的 laurent 展式
z2 = z; z2(abs(z2)< = 1.000001) = NaN; % 选定收敛域:1<|z|<2
z2(abs(z2)> = 1.999999) = NaN; % 选定收敛域:1<|z|<2
u2 = - 1./z2; % laurent 展式通项的次幂
v2 = - 1/2; % laurent 展式通项的次幂
f2 = u2 + v2; % laurent 展式的首项
for k = 1: od % for 循环,求 od 阶的 laurent 展式和
    u2 = u2./z2; % 累乘得到下一个高次幂(不含系数)
    v2 = v2./2. * z2; % 累乘得到下一个高次幂(不含系数)
    f2 = f2 + u2 + v2; % 累加求和,得到 1<|z|<2 时的 laurent 展式
end
% 下面计算:当 1<|z|<2 时,od 阶的 laurent 展式
z3 = z; z3(abs(z3)< = 2.000001) = NaN; % 选定收敛域:|z|>2
u3 = 2; % laurent 展式通项的系数
v3 = 1./(z3.^2); % laurent 展式通项的次幂
f3 = (u3 - 1) * v3; % laurent 展式的首项
for k = 1: od   % for 循环,求 od 阶的 laurent 展式和
    u3 = u3 * 2; % 累乘得到下一个高次幂(不含系数)
    v3 = v3./z3; % 累乘得到下一个高次幂(不含系数)
    f3 = f3 + (u3 - 1) * v3; % 累加求和,得到|z|>2 时的 laurent 展式
end
% 下面将|z|<1,1<|z|<2 和|z|>2 这三部分的 laurent 展式合并存入
f123,以方便作图
```

```
for j = 1: 76
    for k = 1: 2 * m + 1
        if abs(z(j, k))<1
            f123(j, k) = f1(j, k);
        end
        if abs(z(j, k))>1 & abs(z(j, k))<2
            f123(j, k) = f2(j, k);
        end
        if abs(z(j, k))> = 2
            f123(j, k) = f3(j, k);
        end
    end
end
f123(abs(z) = = 1) = NaN; % 挖去|z| = 1 时,f123 的值
f123(abs(z) = = 2) = NaN; % 挖去|z| = 2 时,f123 的值
figure % 打开图形窗口
cplxmap(z, f123);
% 同时绘制收敛域为|z|<1,1<|z|<2 和|z|>2 的 laurent 展式的图像
title(['函数 f 的', num2str(od), '阶洛朗展式的图像'])
axis([ - 3 3 - 3 3 - 30 30]); % 坐标轴的显示范围
```

9.6.3 留数及其应用

留数理论及其应用对复变函数论的发展起到一定的推动作用,但某些复变函数的留数并不容易通过手动计算,然而借助 MATLAB 软件来求解,既简单快捷,又准确.

例9.6.5 求下列函数在有限奇点处的留数.

(1) $f(z)=\dfrac{1-e^{2z}}{z^3}$; (2) $g(z)=\dfrac{1}{z^4(z-1)}\cos\left(z+\dfrac{\pi}{3}\right)e^{-2z}$.

解 (1) $z=0$ 是函数 $f(z)$ 分母的三级零点,是分子的一级零点,所以是 $f(z)$

的二级极点，故函数 $f(z)$ 的留数的 MATLAB 求解程序如下.

```
clc, clear, syms f(z)
f = (1exp(2 * z))/z^3; % 定义符号函数
Res11 = limit(diff(z^2 * f), 0) % 按照二级极点求留数
Res12 = limit(diff(z^3 * f, 2)/factorial(2), 0) % 按照三级极点求留数
```

执行上述语句后，运行结果为：Res11＝－2，Res12＝－2 .

从结果可知： $\text{Res}[f(z),0]=-2$.

(2) $z=0$ 是函数 $g(z)$ 分母的四级零点，$z=1$ 是函数 $g(z)$ 分母的一级零点，故函数 $g(z)$ 留数的 MATLAB 求解程序如下.

```
syms z;
g = cos(z + pi/3) * exp(2 * z)/(z^4 * (z - 1)); % 定义被积函数
res21 = limit(diff(g * z^4, z, 3)/prod(1:3), z, 0) % 求 z = 0 处的留数
latex(res21); % 将结果 res21 转化为 latex 格式
res22 = limit(g * (z - 1), z, 1) % 求 z = 1 处的留数
latex(res22); % 将结果 res22 转化为 latex 格式
```

执行上述语句后，运行结果：

res21 = (29 * 3^(1/2))/12 - 29/12,res22 = exp(2) * cos(pi/3 + 1) .

从结果可知，$\text{Res}[g(z),0]=\dfrac{29\sqrt{3}}{12}-\dfrac{29}{12}$，$\text{Res}[g(z),1]=e^2\cos\left(\dfrac{\pi}{3}+1\right)$.

例9.6.6 求函数 $f(z)=\dfrac{e^z}{z^2-1}$ 在 $z=\infty$ 处的留数.

解 因为 $f(z)=\dfrac{e^z}{z^2-1}$ 在扩充复平面有三个极点，分别为 $-1,1,\infty$，所以相应的 MATLAB 的脚本文件如下.

```
clc, clear, syms f(z)
f = exp(z)/(z^2 - 1); Res1 = limit(f * (z - 1), - 1) % 求 Res[f(z), - 1]
Res2 = limit(f * (z + 1), 1) ; Res3 = - (Res1 + Res2)
% 求 Res[f(z), 1],Res[f(z), ∞ ]
```

执行上述语句后，运行结果：

Res1 = exp(- 1)/2,Res2 = exp(1)/2,Res3 = exp(- 1)/2 - exp(1)/2 .

从结果可知，

$$\mathrm{Res}[f(z),-1]=-\frac{1}{2\mathrm{e}},\mathrm{Res}[f(z),1]=\frac{\mathrm{e}}{2},\mathrm{Res}[f(z),\infty]=\frac{1}{2\mathrm{e}}-\frac{\mathrm{e}}{2}.$$

例9.6.7 求函数 $f(z)=\dfrac{z+1}{z^2-2z}$在有限奇点处的留数.

解 MATLAB 的脚本文件如下.

```
clc, clear
B = [1 1]; A = [1 -2 0]; %B为分子多项式,A为分母多项式
[r, p, k] = residue(b, A) %求留数r,极点p和长除法商的多项式k
```

执行上述语句后，运行结果：

上述结果显示，留数向量 $\boldsymbol{r}=\begin{bmatrix}1.5\\-0.5\end{bmatrix}$，极点向量 $\boldsymbol{p}=\begin{bmatrix}2\\0\end{bmatrix}$，多项式 $k=[\,]$. 因此，我们可以得到 $\mathrm{Res}[f(z),2]=1.5$，$\mathrm{Res}[f(z),0]=-0.5$，并且 $f(z)$的部分分式展开式为

$$f(z)=\frac{z+1}{z^2-2z}=\frac{1.5}{z-2}+\frac{-0.5}{z}.$$

例9.6.8 求函数 $f(z)=\dfrac{z^3+2z^2+3z+4}{(z+1)^2(z+2)(z+3)^2}$在有限奇点处的留数.

解 MATLAB 的脚本文件如下.

```
clc, clear; syms f(z)
B = [1:4]; %定义分子多项式
A1 = [1 3]; %定义多项式z+3
A2 = [1 2]; %定义多项式z+2
A3 = [1 1]; %定义多项式z+1
A11 = conv(A1, A1); %计算多项式(z+3)^2的系数
A33 = conv(A3, A3); %计算多项式(z+1)^2的系数
A = conv(conv(A11, A2), A33); %计算分母多项式的系数
[r, p, k] = residue(B, A)
f(z) = (z^3 + 2 * z^2 + 3 * z + 4)/((z + 1)^2 * (z + 2) * (z + 3)^2);
r1 = limit(diff((z + 3)^2 * f(z)), -3) %求z = -3处的留数
r2 = limit((z + 2) * f(z), -2) %求z = -2处的留数
```

```
r3 = limit(diff((z + 1)^2 * f(z)), - 1) % 求 z = - 1 处的留数
```

执行上述语句后，运行结果：

```
r=2.5000        p=-3.0000        k=[ ]
  3.5000         -3.0000         r1=5/2
 -2.0000         -2.0000         r2=-2
 -0.5000         -1.0000         r3=-1/2
  0.5000         -1.0000
```

从结果可知，$f(z)=\frac{2.5}{z+3}+\frac{3.5}{(z+3)^2}-\frac{2}{z+2}-\frac{0.5}{z+1}+\frac{0.5}{(z+1)^2}$，且有

$\mathrm{Res}[f(z),-3]=2.5,\mathrm{Res}[f(z),-2]=-2,\mathrm{Res}[f(z),-1]=-0.5.$

例9.6.9 求有理函数 $f(z)=\frac{z}{z^3-3z-2}$的部分分式展开式.

解 MATLAB的脚本文件如下.

```
clc, clear; format rat  % 使用有理式的显示方式提高求解精度
B = [1, 0]; A = [1, 0, - 3, - 2]; [r, p, k] = residue(B, A)
```

执行上述语句后，运行结果：

```
r = 2/9        p = 2        k = [ ]
  - 2/9          - 1
    1/3          - 1
```

从结果可知，$f(z)=\frac{2}{9(z-2)}-\frac{2}{9(z+1)}+\frac{1}{3(z+1)^2}$.

计算出函数的留数以后，应用留数定理计算复变函数积分就变得相对简单了.分析所求积分区域内所包含的极点，对每一个极点计算出相应的留数，再用留数定理可得积分结果为 $S=2\pi i\cdot \mathrm{sum}(R)$，$\mathrm{sum}(R)$表示各极点留数的和.

例9.6.10 计算曲线积分$\oint_{\Gamma}\frac{1}{(i+z)^{10}(z-1)(z+3)}dz$，其中 Γ 为 $|z|=2$ 的逆时针圆周封闭曲线.

解 通过分析可知，该积分的被积函数有四个极点，分别是$-i,1,3,\infty$，而在区域$|z|\leqslant 2$ 上只有两个极点$-i,1$.因此，只需计算出这两个极点的留数，再应用留数定理即可计算出该积分.相应的MATLAB的脚本文件如下.

```
clear, syms z
f = 1/(z + 1i)^10/(z - 1)/(z - 3);
r1 = limit(diff(f * (z + 1i)^10, z, 9)/prod(1:9), z, - 1i);
r2 = limit(f * (z - 1), z, 1); S = 2 * pi * 1i * (r1 + r2)
```

执行上述语句后，运行结果：S = pi * (237/312500000 + 779 * i /78125000).

该积分的解析解为 $-\frac{\pi i}{(3+i)^{10}}$（见例 5.4.8），注意到 $-\frac{\pi i}{(3+i)^{10}}=\left(\frac{237}{212500000}+\frac{779i}{78125000}\right)\pi$，故 MATLAB 的符号计算结果与积分的解析解是一致的.

例9.6.11 计算积分 $I=\oint_{|z|=\frac{5}{2}}\frac{z^3+2z^2+3z+4}{(z+1)^2(z+2)(z+3)^2}\mathrm{d}z$.

解 由例 9.6.8 可知，$\mathrm{Res}[f(z),-3]=2.5$，$\mathrm{Res}[f(z),-2]=-2$，$\mathrm{Res}[f(z),-1]=-0.5$，在区域 $|z|\leqslant\frac{5}{2}$ 上只有两个极点 $z=-2$，$z=-1$，所以

$$
\begin{aligned}
I&=\oint_{|z|=\frac{5}{2}}\frac{z^3+2z^2+3z+4}{(z+1)^2(z+2)(z+3)^3}\mathrm{d}z\\
&=2\pi i(\mathrm{Res}[f(z),-2]+\mathrm{Res}[f(z),-1])=-5\pi i.
\end{aligned}
$$

相应的 MATLAB 的脚本文件如下.

```
clc, clear, syms z
n = [1:4]; % 定义分子多项式
d = (z + 1)^2 * (z + 2) * (z + 3)^2; % 定义分母符号多项式
d = sym2poly(d) % 把符号多项式转化成向量表示的多项式
[r, p, k] = residue(n, d);
up = unique(p); % 求不同的奇点
aup = up(abs(up)<5/2); % 筛选区域|z|<= 5/2 上的奇点
s = 0; % 留数和的赋初值 0
for k = 1:length(aup)
    pk = find(p = = aup(k), 1); % 找第一个位置
    s = s + r(pk); % 计算内部奇点的留数和
end
```

```
s %显示|z|<=5/2内奇点的留数的和
Int = s * 2 * pi * 1i %显示积分值
```

执行上述语句后,运行结果:s = -5/2,Int = -1775/113i.

从结果可知,$s=\mathrm{Res}[f(z),-2]+\mathrm{Res}[f(z),-1])=-\dfrac{5}{2}$,

故 $I=\oint_{|z|=\frac{5}{2}}\dfrac{z^3+2z^2+3z+4}{(z+1)^2(z+2)(z+3)^2}\,\mathrm{d}z=2\pi\mathrm{i}\cdot s=-5\pi\mathrm{i}.$

9.6.4 共形映射

例9.6.12 求将点 $z_1=1, z_2=\mathrm{i}, z_3=-1$ 分别映射为 $w_1=-1, w_2=\mathrm{i}, w_3=1$ 的分式线性映射.

解 MATLAB的脚本文件如下.

```
clc, clear, syms w z
z1 = 1; z2 = 1 * i; z3 = -1; w1 = -1; w2 = i; w3 = 1;
eq = (w - w1)/(w - w2) * (z3 - z1)/(z3 - z2) = = (z - z1)/(z - z2) * (w3 - w1)/(w3 - w2); %根据第六章的公式(6.2.5)定义方程
w = solve(eq, w) %解方程,得到分式线性映射 w
```

执行上述语句后,运行结果:w = -1/z .

从结果可知,相应的分式线性映射为 $w=\dfrac{1}{z}$.

例9.6.13 求把点 $z_1=3, z_2=\mathrm{i}, z_3=1$ 分别映为点 $w_1=1, w_2=2, w_3=\infty$ 的分式线性映射.

解 MATLAB的脚本文件如下.

```
clc, clear, syms w z
z1 = 3; z2 = 1 * i; z3 = 1; w1 = 1; w2 = 2;
eq = (w - w1)/(w - w2) * (z3 - z1)/(z3 - z2) = = (z - z1)/(z - z2);
%根据第六章的公式(6.2.6)定义方程
w = solve(eq, w) %解方程,得到分式线性映射 w
```

执行上述语句后,运行结果:w = (- (11 - 3i) + z * (7 - 1i))/(- 5 + 5 * z) .

从结果可知,相应的分式线性映射为 $w=\dfrac{-11+3\mathrm{i}+(7-\mathrm{i})z}{5z-5}$.

例9.6.14 绘制曲线 $|z-3\mathrm{i}|=2$ 在分式线性映射 $w=\dfrac{z+\mathrm{i}}{z-\mathrm{i}}$ 下的象曲线.

解 MATLAB的脚本文件如下.

```
clc, clear
t = 0:0.01:2 * pi; z = 3 * i + 2 * exp(i * t);
subplot(1, 2, 1); plot(z); title('$ |z - 3i| = 2$ ', 'Interpreter', ' Latex')
axis([ - 2.5 2.5 0.5 5.5]); % 坐标轴的显示范围
w = (z + i)./(z - i); subplot(1, 2, 2); plot(w);
title('$ = \frac{z + i}{z - i}$ ','Interpreter',' Latex')
axis([1.4999999999992 1.5000000000004 - 450 150]);
% 坐标轴的显示范围
```

执行上述语句后,得到曲线 $|z-3\mathrm{i}|=2$ 在分式线性映射 $w=\dfrac{z+\mathrm{i}}{z-\mathrm{i}}$ 下的象曲线,如图 9-6-5 所示.

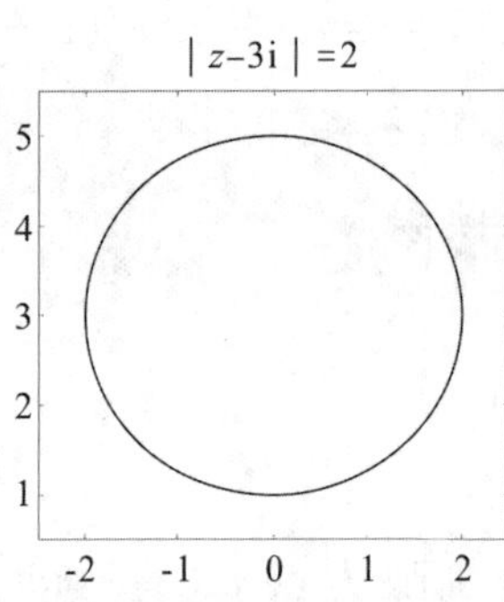

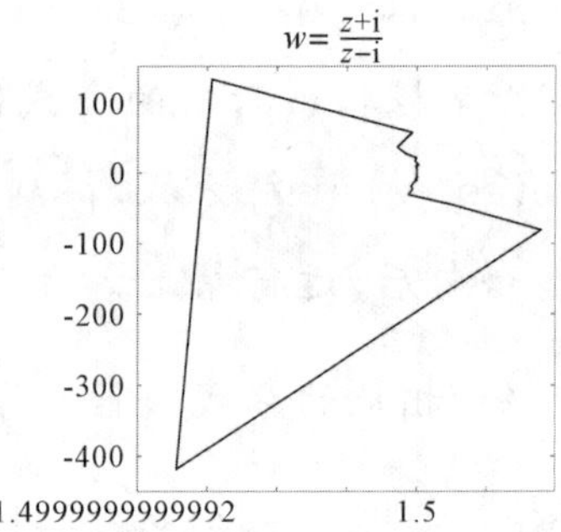

图 9-6-5 曲线 $|z-3\mathrm{i}|=2$ 及其在映射 $w=\dfrac{z+\mathrm{i}}{z-\mathrm{i}}$ 下的象曲线

例9.6.14 作出圆周 $|z|=c$ 在映射 $w=z+\dfrac{1}{z}$ 下的实部和虚部的等值线.

解 圆周 $|z|=c$ 的参数方程为 $z=c\mathrm{e}^{\mathrm{i}t}, t\in[0,2\pi]$, 则有

$$w=z+\frac{1}{z}=c\mathrm{e}^{\mathrm{i}t}+\frac{1}{c}c\,\mathrm{e}^{-\mathrm{i}t}=\left(c+\frac{1}{c}\right)\cos t+\mathrm{i}\left(c-\frac{1}{c}\right)\sin t,$$

所以 w 的实部为 $u(c,t)=\left(c+\dfrac{1}{c}\right)\cos t$, 虚部为 $v(c,t)=\left(c-\dfrac{1}{c}\right)\sin t$.

MATLAB的脚本文件如下.

```
clc, clear
```

```
uct = @(c, t)(c + 1./c). * cos(t); % 匿名函数
ezcontour(uct) % 作实部等值线的图
title(['$ (c + \frac{1}{c})$ ', 'cos', '$ t$ '], 'Interpreter', 'Latex')
xlabel('$ c$ ', 'Interpreter', 'Latex');
ylabel('$ t$ ', 'Interpreter', 'Latex', 'Rotation', 0);
% 下面是使用 ezplot 命令作虚部等值线图像的程序
vct = @(c, t, a)(c - 1./c). * sin(t) - a;
figure, hold on
a = -6:1.5:6; % 等值线的取值
for i = 1:length(a)
h = ezplot(@(c, t)vct(c, t, a(i)), [ -6, 6, -6, 6]);
end
title(['$ (c - \frac{1}{c})$ ', 'sin', '$ t$ '], 'Interpreter', 'Latex')
xlabel('$ c$ ', 'Interpreter', 'Latex');
ylabel('$ t$ ', 'Interpreter', 'Latex', 'Rotation', 0);
```

执行上述语句后，得到圆周 $|z|=c$ 在映射 $w=z+\dfrac{1}{z}$ 下 w 的实部和虚部的等值线，如图 9－6－6 所示.

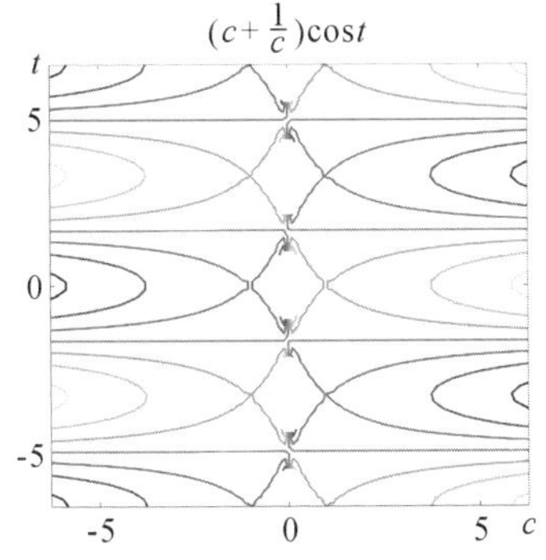

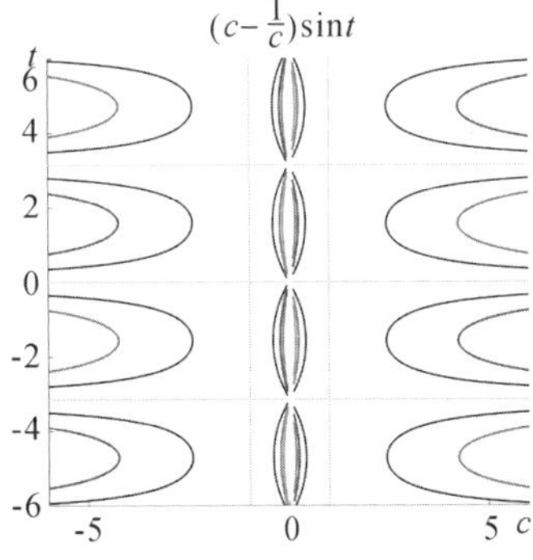

图 9－6－6 圆周 $|z|=c$ 在映射 $w=z+\dfrac{1}{z}$ 下的实部和虚部的等值线

习题 9.6

1. 求下列函数在指定点处的五阶泰勒展式.

(1) $f_1(z)=\cot z\left(z_0=\dfrac{\pi}{4}\right)$； (2) $f_2(z)=\sin(z+2)+\cos(z-2)(z=3)$；

(3) $f_3(z)=\dfrac{2z^5+5z^3+z^2+2}{z^3+2z^2+3z+1}(z=0)$；(4) $f_4(z)=\dfrac{1}{4-3z}(z_0=1+\mathrm{i})$.

2. 将函数 $f(z)=\dfrac{1}{(z-1)(z-2)}$ 在圆环域 $0<|z|<1$ 内展开为洛朗级数.

3. 将下列函数在区域 $0<|z|<+\infty$ 内展开为洛朗级数,并作图展示其近似效果.

(1) $f(z)=\dfrac{\mathrm{e}^z-1}{z^2}$； (2) $g(z)=\sin\dfrac{1}{z}$；(3) $h(z)=z^3\mathrm{e}^{\frac{1}{z}}$.

4. 将下列函数在指定区域上展开为洛朗级数,并作图展示其近似效果.

(1) $f(z)=\dfrac{1}{1-z^2}$, $|z|<1$, $|z|>1$；

(2) $g(z)=\dfrac{1}{z^2-z-2}$, $|z|<1$, $1<|z|<2$, $2<|z|<+\infty$.

5. 求下列函数在有限奇点处的留数.

(1) $f(z)=\dfrac{\sin z-z}{z^6}$；(2) $g(z)=\dfrac{\mathrm{e}^z}{z^2(z-\pi\mathrm{i})}$；

(3) $h(z)=\dfrac{1}{z^4(z-1)}\sin\left(z+\dfrac{\pi}{3}\right)\mathrm{e}^{-2z}$.

6. 求下列函数在 $z=\infty$ 处的留数.

(1) $f(z)=\dfrac{\mathrm{e}^z}{z^2-1}$； (2) $g(z)=\dfrac{1}{z(z+1)^4(z-4)}$.

7. 求函数 $f(z)=\dfrac{1}{z\sin z}$ 的留数.

8. 求下列有理函数的部分分式展开式.

(1) $f(z)=\dfrac{-2z+6}{z^3+z}$； (2) $g(z)=\dfrac{z^2-4z+3}{z^3+2z^2+z}$；

(3) $F(s)=\dfrac{s^2+3s+5}{s^3+6s^2+11s+6}$,其中 s 为复数.

9. 用两种方法求下列函数的留数.

(1) $f(z)=\dfrac{z+1}{z^2-2z}$；(2) $g(z)=\dfrac{z+1}{z^2-5z+6}$；(3) $h(z)=\dfrac{z}{(z-1)(z+1)^2}$.

10. 沿着曲线 Γ 的正向计算下列各积分，其中 Γ 为圆周 $|z|=2$.

(1) $\oint_\Gamma \dfrac{\sin z\mathrm{d}z}{\left(z-\dfrac{\pi}{2}\right)^2}$；　　(2) $\oint_\Gamma \dfrac{\mathrm{e}^z\mathrm{d}z}{z^5}$；

(3) $\oint_\Gamma \dfrac{ze^2}{z^2+1}\mathrm{d}z$；　　(4) $\oint_\Gamma \dfrac{\mathrm{d}z}{(z+\mathrm{i})^{10}(z-1)^2(z-3)}$.

11. 求积分 $I=\oint_C \dfrac{\mathrm{e}^z(z^3+2z^2+3z+4)}{z^6+11z^5+48z^4+106z^3+125z^2+75z+18}\mathrm{d}z$，其中 C 为正向圆周：$|z|=2.5$.

12. 求将点 $z_1=2, z_2=\mathrm{i}, z_3=-2$ 分别映射为 $w_1=1, w_2=\mathrm{i}, w_3=-1$ 的分式线性映射.

13. 求把点 $z_1=2, z_2=2\mathrm{i}, z_3=1$ 分别映为点 $w_1=3, w_2=1, w_3=\infty$ 的分式线性映射.

14. 绘制曲线 $|z-2\mathrm{i}|=3$ 在分式线性映射 $w=\dfrac{z-\mathrm{i}}{z+\mathrm{i}}$ 下的象曲线.

15. 把点 $z=1,\mathrm{i},-\mathrm{i}$ 分别映射成点 $w=1,0,-1$ 的分式线性映射把单位圆 $|z|<1$ 映射成什么?并求出这个映射.

§9.7 傅里叶级数和傅里叶变换

法国数学家傅里叶在研究偏微分方程的边值问题时提出了傅里叶级数.他认为,任何周期函数都可以用正弦函数和余弦函数构成的无穷级数来表示(选择正弦函数与余弦函数作为基函数是因为它们是正交的),后来称傅里叶级数为一种特殊的三角级数,根据欧拉公式,三角函数又能化成指数形式,也称傅里叶级数为一种指数级数.

本节首先给出一些使用 MATLAB 软件求解函数的傅里叶级数的例子,并通过绘制图像的方式展现傅里叶级数对原函数的逼近过程.然后介绍使用

MATLAB 软件进行傅里叶变换与逆变换的方法和若干应用.

9.7.1 MATLAB 命令或函数

1. x=square(t)：为时间阵列 t 的元素生成周期为 2π 的方波，square 类似于正弦函数，但创建值为 −1 和 1 的方波.

2. x=square(t, duty)：产生一个周期为 2π，幅值为 ±1 的周期性方波，duty 表示占空比.

3. q=integral(fun, xmin, xmax)：使用全局自适应积分和默认误差容限在 xmin 至 xmax 间以数值形式为函数 fun 求积分.

4. stem(X, Y, 'filled', 'Name', Value)：在 ***X*** 指定的位置绘制数据序列 ***Y***，***X*** 和 ***Y*** 必须是同型的向量或矩阵. filled 为填充圆形，Name 为参数名称，Value 为对应的值.

5. g=MATLABFunction(f)：将符号表达式或函数 f 转换为带句柄 g 的 MATLAB 函数，转换后的函数可以在没有符号数学工具箱的情况下使用.

6. atan(y/x)得到的角度只取决于正切值 y/x.

当 $y/x>0$ 时，其范围是 $0\sim\frac{\pi}{2}$；当 $y/x<0$ 时，其范围是 $-\frac{\pi}{2}\sim 0$.

7. atan2(y, x)得到的角度不仅取决于正切值 y/x，还取决于点 (x, y) 所在的象限.

点 (x, y) 在第一象限时，其范围是 $0\sim\frac{\pi}{2}$；点 (x, y) 在第二象限时，其范围是 $\frac{\pi}{2}\sim\pi$；

点 (x, y) 在第三象限时，其范围是 $-\pi\sim-\pi/2$；点 (x, y) 在第四象限时，其范围是 $-\pi/2\sim 0$.

8. F=fourier(f)：返回以默认独立变量 x 对符号函数 f 的傅里叶变换，返回函数以切为默认 w 为变量. 如果 $f=f(w)$，则 fourier 函数返回 t 的函数 $F=F(t)$. 定义 F 为对 x 的积分 F(w)=int(f(x) * exp(−i * w * x), x, −inf, inf).

9. F=fourier(f, v)：以 v 代替默认变量 w 的 Fourier 变换，且 fourier(f, v) 等价于 F(v)=int(f(x) * exp(−i * v * x) , x, −inf, inf).

10. fourier(f, u, v):对指定函数表达式作关于变量 u 的傅里叶变换,且变换结果为 v 的函数. fourier(f, u, v)等价于 F(v)=int(f(u) * exp(−i * v * u) , u , −inf , inf) .

11. f=ifourier(F):返回默认独立变量 w 的函数 F 的傅里叶逆变换,默认返回 x 的函数. 如果 $F=F(x)$ 则 ifourier 函数返回 t 的函数 $f=f(t)$. 一般来说,f(x)=1/(2 * pi) * int(F(w) * exp(i * w * x) , w, −inf, inf) ,对 w 积分.

12. f=ifourier(F, u):返回 u 的傅里叶逆变换函数. ifourier(F, u)等价于 f(u)=1/(2 * pi) * int(F(w) * exp(i * w * u) , w, −inf, inf) ,对 w 积分.

13. f=ifourier(F, v, u):对 v 进行傅里叶逆变换,返回变量 u 的函数. ifourier(F, v, u)等价于 f(u)=1/(2 * pi) * int(F(v) * exp(i * v * u) , v, −inf, inf) ,对 v 积分.

14. heaviside(x) :单位阶跃函数,简记为 $H(x)$,其定义为

$$H(x)=\begin{cases}0, & x<0,\\ \dfrac{1}{2}, & x=0,\\ 1, & x>0.\end{cases}$$

它和符号函数的关系为 $H(x)=\dfrac{1}{2}[1+\mathrm{sgn}(x)]$. 它是个不连续函数,其“微分”是 δ 函数. 事实上,$x=0$ 的值在实际应用时并不重要,可以任意取.

14. dirac(ω):单位脉冲函数 $\delta(\omega)$.

15. dirac(n,t):单位脉冲函数 $\delta(t)$ 的 n 阶导数.

9.7.2 傅里叶级数

例9.7.1 设 $f(t)$ 是周期为 2π 的周期函数,它在$[-\pi,\pi)$上的表达式为

$$f(t)=\begin{cases}-1, & -\pi\leqslant t<0,\\ 1, & 0\leqslant t<\pi.\end{cases}$$

试将 $f(t)$ 展开为傅里叶级数.

解 由例 7.1.1 可知,

$$f(t)=\frac{4}{\pi}\left[\sin t+\frac{1}{3}\sin 3t+\cdots+\frac{1}{2k-1}\sin(2k-1)t+\cdots\right]$$

$$=\frac{4}{\pi}\sum_{k=1}^{\infty}\frac{1}{2k-1}\sin(2k-1)t \quad (-\infty<t<+\infty, t\neq 0, \pm\pi, \pm 2\pi, \cdots).$$

接下来我们给出有限项傅里叶级数逼近函数 $f(t)$ 的 MATLAB 程序.

```
clc, clear, syms n t %定义符号变量
a1 = - pi; b1 = 0; a2 = 0; b2 = pi; %定义区间端点
f1 = - 1; f2 = 1; %定义函数
N1 = 5; N2 = 20; N3 = 50; N4 = 150; %傅里叶级数的展开次数
an = 1/pi * (int(f1 * cos(n * t), a1, b1) + int(f2 * cos(n * t), a2, b2));
%符号积分求系数 an
bn = 1/pi * (int(f1 * sin(n * t), a1, b1) + int(f2 * sin(n * t), a2, b2));
%符号积分求系数 bn
M = 500; % M 为图像的画点个数
t = linspace(a1, b2, M); sum = zeros(size(t));
for k = 1: N1
    sum = sum + subs(an, n, k). * cos(k * t) + subs(bn, n, k). * sin(k * t);
%计算 N1 阶傅里叶展开式
end
f = sign(t); %计算 f(t)的函数值
subplot(1, 4, 1), plot(t, f, 'r--', 'Linewidth', 2)
%绘制函数 f(t)的图像
hold on, plot(t, sum, 'b', 'Linewidth', 1) %绘制傅里叶级数的图像
axis([ - 3.2 3.2, - 1.3 1.5])
legend('函数 f(t)', [num2str(N1), '阶傅里叶级数'], 'Location', 'northwest')
%显示图例
set(gca, 'FontSize', 12) %设置字号
for k = N1 + 1:N2
    sum = sum + subs(an, n, k). * cos(k * t) + subs(bn, n, k). * sin(k * t);
%计算 N2 阶傅里叶展开式
end
subplot(1, 4, 2), plot(t, f, 'r--', 'Linewidth', 2)
```

```
    hold on, plot(t, sum, 'b', 'Linewidth', 1), axis([-3.2 3.2, -1.5 1.5])
    legend('函数 f(t)', [num2str(N2), '阶傅里叶级数'], 'Location', 'northwest')
    axis([-3.2 3.2, -1.3 1.5]), set(gca, 'FontSize', 12)
    for k = N2 + 1:N3
        sum = sum + subs(an, n, k).*cos(k*t) + subs(bn, n, k).*sin(k*t);
%计算 N3 阶傅里叶展开式
    end
    subplot(1, 4, 3), plot(t, f, 'r--', 'Linewidth', 2)
    hold on, plot(t, sum, 'b', 'Linewidth', 1), axis([-3.2 3.2, -1.3 1.5])
    legend('函数 f(t)', [num2str(N3), '阶傅里叶级数'], 'Location', 'northwest')
    set(gca, 'FontSize', 12)
    for k = N3 + 1:N4
        sum = sum + subs(an, n, k).*cos(k*t) + subs(bn, n, k).*sin(k*t);
%计算 N4 阶傅里叶展开式
    end
    subplot(1, 4, 4), plot(t, f, 'r--', 'Linewidth', 2)
    hold on, plot(t, sum, 'b', 'Linewidth', 1), axis([-3.2 3.2, -1.3 1.5])
    legend('函数 f(t)', [num2str(N4), '阶傅里叶级数'], 'Location', 'northwest')
    set(gca, 'FontSize', 12)
```

执行上述程序后,得到函数 $f(t)$的图像及其 5 阶、20 阶、50 阶和 150 阶傅里叶级数的图像,如图 9-7-1 所示.

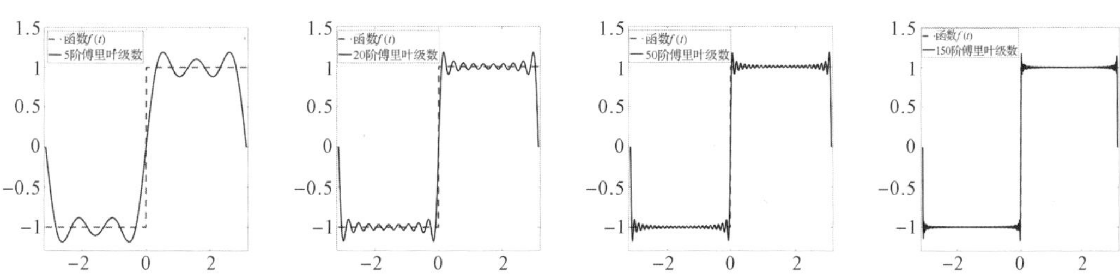

图 9-7-1　傅里叶级数对函数 $f(t)$的逼近过程

由图 9－7－1 可见，随着正弦波的叠加，正弦波中上升的部分与下降的部分逐步相互抵消，叠加后的图像很快趋向于水平线，从而基本形成了矩形波. 但是，我们也注意到有限多个正弦波叠加起来并没有形成一个 90 度角的标准矩形波，在断点处的图像峰值没有随叠加个数的增多而快速减小，这种现象称为吉布斯现象(Gibbs phenomenon)或吉布斯效应(Gibbs effect). 吉布斯现象形成的原因是频率截断效应，即前面有限个正弦波叠加丢失了原始信号中的高频成分.

例9.7.2 把函数 $f(x)=x, x\in[-2,2]$展开成复指数的傅里叶级数，并用有限阶的傅里叶级数来逼近 $f(x)$.

解 MATLAB 的脚本文件如下.

```
clc, clear; syms x n %定义符号变量
a = -2; b = 2; %区间端点
T = b - a; %区间长度/周期
w0 = 2 * pi/T; %基频
N = 20; %傅里叶级数的阶数
fxn = @(x, n)x. * exp( - i * n * w0 * x);
%将被积表达式设定为变量 x, n 的匿名函数
M = 200; %M 为所画点的个数
x = linspace(a, b, M); sum = zeros(size(x));
for k = - N: N
    sum = sum + 1/T * integral(@(x)fxn(x, k), a, b) * exp(i * k * w0 * x);
end
plot(x, x, '--r', 'Linewidth', 2), hold on, grid on %作函数 f(x)的图像
plot(x, real(sum), 'k', 'Linewidth', 2)
%作函数有限项傅里叶级数的图像
set(gca,'FontSize', 16), legend({'$ f(x) = x$ ', [num2str(N), '阶傅里叶级数']}, 'Interpreter', 'Latex', 'Location', 'NorthWest', 'FontSize', 16)
```

执行上述程序后，得到函数 $f(x)$的 20 阶傅里叶级数的图像，如图 9－7－2 所示.

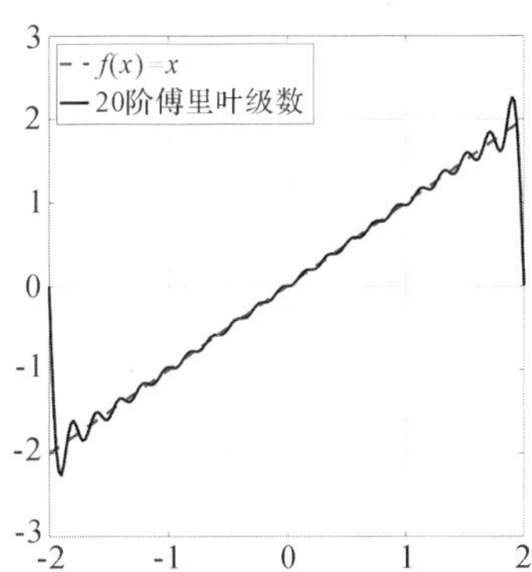

图 9-7-2　函数 $f(x)$的 20 阶傅里叶级数

例9.7.3　绘制例 9.7.1 中函数 $f(t)$的振幅频谱图和相位频谱图.

解　$f(t)$的振幅频谱图即函数 $F(n\omega_0)=|c_n|$的图像,由于在例 9.7.1 中已经得到了系数 a_n 和 b_n 的表达式,所以可以根据关系式$|c_n|=\frac{1}{2}\sqrt{a_n+b_n}$,得到$|c_n|$的表达式.故仅需在例 9.7.1 中代码后面增加如下的代码,即可绘制 $f(t)$的振幅频谱图和相位频谱图.

```
cn = sqrt(an^2 + bn^2)/2; % 求离散频谱 cn
fcn = MATLABFunction(cn); % 把符号表达式转换成匿名函数格式
m = 0:20; vfcn = [0, fcn(m(2:end))]; % 生成离散频谱图的横纵坐标
figure, stem(m, vfcn, 'filled', 'LineWidth', 2) % 绘制离散频谱图
grid on, set(gca, 'FontSize', 20)
% 以下为绘制相位频谱的程序
N = N2;   % 设定傅里叶级数的阶数
A = zeros(N + 1, 1); B = zeros(N + 1, 1);
ang = zeros(N + 1, 1); esp = 10^( - 20); % 设定极小的正数
 for k = 0: N
      A(k + 1, 1) = limit(an, n, k); % n = k 时 an 的值并赋给 A(k + 1, 1)
      B(k + 1, 1) = limit(bn, n, k); % n = k 时 bn 的值并赋给 B(k + 1, 1)
      if abs(A(k + 1, 1))< = esp % 判断 A(k + 1, 1)是否为零
          ang(k + 1, 1) = atan2(B(k + 1, 1), esp);
          % 当 A(k + 1, 1)为零时,计算相位角的近似值
      else
```

```
        ang(k+1, 1) = atan2(B(k+1, 1), A(k+1, 1));
        %当 A(k+1, 1)不为零时,计算相位角
    end
  end
n = 0: N; stem(n, ang, 'filled', 'LineWidth', 2) %绘制离散相位图
axis([0 N+1, 0 2]), set(gca, 'YTick', [0, 3.1416/4, 3.1416/2, 2]);
set(gca, 'TickLabelInterpreter', 'latex')
set(gca, 'YTicklabel', {'0', '$ \frac{\pi}{4}$ ', '$ \frac{\pi}{2}$ ', '2'})
grid on, set(gca,'FontSize',16) %设置字号
```

执行上述程序后,得到函数 $f(t)$ 的振幅频谱图和相位频谱图,如图 9-7-3 所示.

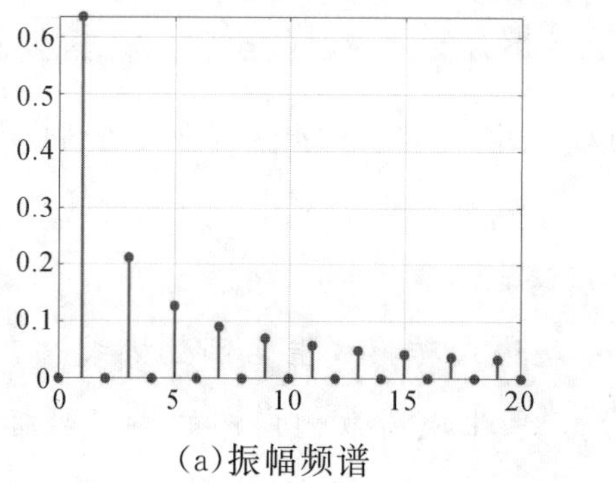

(a)振幅频谱

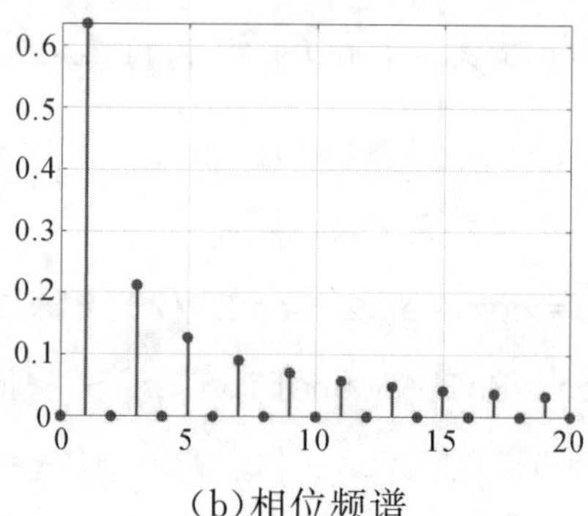

(b)相位频谱

图 9-7-3　函数 $f(t)$ 的振幅频谱和相位频谱

9.7.3　傅里叶变换与逆变换

例9.7.4　求下列函数的傅里叶变换.

(1) $f_1(t)=1$;

(2) $f_3(t)=e^{i\omega_0 t}$;

(3) $f_2(t)=\dfrac{1}{t}$;

(4) $f_4(t)=\dfrac{1}{t^2+a^2}, a>0$;

(5) $f_5(t)=\dfrac{e^{ibt}}{a^2+t^2}, a>0, b>0$;

(6) $f_6(t)=\sin\omega_0 t$;

(7) $f_7(t)=\dfrac{\sin\omega_0 t}{\pi t}$;

(8) $f_8(t)=\begin{cases}\sin t, & 0\leqslant t\leqslant\dfrac{\pi}{2},\\ 0, & 其他;\end{cases}$

(9) $f_9(t)=\begin{cases}0, & t<0,\\ 1, & t>0.\end{cases}$

解　MATLAB的脚本文件如下.

```
clc, clear, syms t w, syms a b w0 positive
f1 = 1; F1 = fourier(f1, t, w), f2 = exp(i * w0 * t); F2 = fourier(f2, t, w)
f3 = 1/t; F3 = fourier(f3, t, w), f4 = 1/(t^2 + a^2); F4 = fourier(f4, t, w)
f5 = exp(i * b * t)/(a^2 + t^2); F5 = fourier(f5, t, w)
f6 = sin(w0 * t); F6 = fourier(f6, t, w)
f7 = sin(w0 * t)/pi/t; F7 = fourier(f7, t, w)
f8 = sin(t) * (heaviside(t) - heaviside(t - pi/2));
F8 = fourier(f8, t, w), f9 = heaviside(t); F9 = fourier(f9, t, w)
```

执行上述程序后,得到这上述函数的傅里叶变换分别为

```
F1 = 2 * pi * dirac(w),F2 = 2 * pi * dirac(w0 - w),F3 = - pi * sign(w) * 1i,
F4 = (pi * exp( - a * abs(w)))/a,F5 = (pi * exp( - a * abs(b - w)))/a,
F6 = - pi * (dirac(w0 - w) - dirac(w0 + w)) * 1i,
F7 = - heaviside(w0 - w) - heaviside( - w0 - w),
F8 =  (w * cos((pi * w)/2) * 1i + w * sin((pi * w)/2) - 1)/( - 1 + w^2),
F9 = pi * dirac(w) - 1i/w.
```

即

$$F_1(\omega)=2\pi\delta(\omega);\quad F_2(\omega)=\begin{cases}-\pi\mathrm{i}, & \omega>0,\\ \pi\mathrm{i}, & \omega<0;\end{cases}\quad F_3(\omega)=2\pi\delta(\omega-\omega_0);$$

$$F_4(\omega)=\frac{\pi}{a}\mathrm{e}^{-a|\omega|};\quad F_5(\omega)=\frac{\pi}{a}\mathrm{e}^{-a|b-\omega|};\quad F_6(\omega)=\mathrm{i}\pi[\delta(\omega+\omega_0)-\delta(\omega-\omega_0)];$$

$$F_7(\omega)=\begin{cases}1, & |\omega|\leqslant\omega_0,\\ 0, & \text{其他};\end{cases}\quad F_8(\omega)=\frac{\omega\sin\left(\frac{\pi}{2}\omega\right)-1+\mathrm{i}\omega\cos\left(\frac{\pi}{2}\omega\right)}{\omega^2-1};$$

$$F_9(\omega)=\pi\delta(\omega)-\frac{\mathrm{i}}{\omega}.$$

例9.7.5　求下列函数的傅里叶逆变换.

(1) $F_1(\omega)=2\pi\delta(\omega)$;(2) $F_2(\omega)=2\pi\delta(\omega-\omega_0)$;(3) $F_3(\omega)=-\dfrac{2}{\omega^2}$;

(4) $F_4(\omega)=\dfrac{b}{\omega^2+a^2}$;(5) $F_5(\omega)=\begin{cases}1, & |\omega|\leqslant\omega_0,\\ 0, & \text{其他};\end{cases}$ (6) $F_6(\omega)=\mathrm{e}^{-\frac{\sigma^2\omega^2}{2}}$;

(7) $F_7(\omega)=\begin{cases}\omega e^{-\alpha\omega}, & \omega>0, \\ 0, & \omega\leqslant 0\end{cases}$ $(\alpha>0)$；(8) $F_8(\omega)=\pi\delta(\omega)-\dfrac{i}{\omega}$；

(9) $F_9(\omega)=\dfrac{\sin\omega}{\omega}$.

解　MATLAB 的脚本文件如下.

```
clc, clear, syms t w, syms a b w0 sigma positive
F1 = 2 * pi * dirac(w); if1 = ifourier(F1, t)
F2 = 2 * pi * dirac(w0 - w); if2 = ifourier(F2, t)
F3 = - 2/w^2; if3 = ifourier(F3, t)
F4 = b/(w^2 + a^2); if4 = ifourier(F4, t)
F5 = - (pi * heaviside( - w0 - w) - pi * heaviside(w0 - w))/pi;
if5 = simplify(ifourier(F5, t))
F6 = exp( - (sigma^2 * w^2/2)); if6 = simplify(ifourier(F6, t))
F7 = w * exp( - a * w) * heaviside(w); if7 = ifourier(F7, t)
F8 = pi * dirac(w) - 1i/w; if8 = ifourier(F8, t)
F9 = sin(w)/w; if9 = simplify(ifourier(F9, t))
```

执行上述程序后,得到这上述函数的傅里叶逆变换分别为

```
if1 = 1,if2 = exp(t * w0 * 1i),if3 = t * sign(t)
if4 = (b * exp( - a * abs(t)))/(2 * a),if5 = sin(t * w0)/(t * pi)
if6 = (2^(1/2) * exp( - t^2/(2 * sigma^2)))/(2 * sigma * pi^(1/2))
if7 = 1/(2 * pi * ( a - t * 1i)^2),if8 = (pi + pi * sign(t))/(2 * pi),
if9 = heaviside(1 + t)/2 - heaviside(t - 1)/2.
```

即

$f_1(t)=1$；　$f_2(t)=e^{i\omega_0 t}$；　$f_3(t)=\begin{cases}t, & t>0, \\ -t, & t\leqslant 0;\end{cases}$　$f_4(t)=\dfrac{b}{2a}e^{-a|t|}$；

$f_5(t)=\dfrac{\sin\omega_0 t}{\pi t}$；　$f_6(t)=\dfrac{1}{\sqrt{2\pi}\sigma}e^{-\frac{t^2}{2\sigma^2}}$；　$f_7(t)=\dfrac{1}{2\pi(-3+it)^2}$；

$f_8(t)=\begin{cases}0, & t<0, \\ 1, & t>0;\end{cases}$　$f_9(t)=\dfrac{u(t+1)-u(t-1)}{2}$.

由例 9.7.4 和例 9.7.5 可知,1 和 $2\pi\delta(\omega)$ 构成了一个傅里叶变换对；$e^{i\omega_0 t}$ 和 $2\pi\delta(\omega-\omega_0)$ 也构成了一个傅里叶变换对等.

9.7.4 傅里叶变换的物理意义

例9.7.6 下列函数是工程技术中常见的一些函数，请绘制它们的频谱图.

(1)单位脉冲函数 $f_1(t)=\delta(t)$；

(2)单边指数衰减函数 $f_2(t)=\begin{cases}0, & t<0,\\ e^{-\beta t}, & t\geqslant 0\end{cases}$ $(\beta>0)$；

(3)双边指数脉冲函数 $f_3(t)=Ae^{-\beta|t|}$ $(\beta>0)$；

(4)钟形脉冲函数 $f_4(t)=Ae^{-\beta t^2}$；

(5)矩形脉冲函数 $f_5(t)=\begin{cases}E, & |t|\leqslant\dfrac{T}{2},\\ 0, & |t|>\dfrac{T}{2};\end{cases}$

(6)单位阶跃函数 $f_6(t)=u(t)$.

解 MATLAB的脚本文件如下.

```
clc, clear, syms t A E T b w real
assume([A E T b], 'positive') %设定 A E T b 为正数
A = 2; E = 3; T = 4; b = 1; %设定 A E T b 的取值
f1 = dirac(t); F1 = fourier(f1, t, w); aF1 = abs(F1);
%求傅里叶变换和频谱,下同
f2 = exp( - b * t) * heaviside(t); F2 = fourier(f2, t, w); aF2 = abs(F2);
f3 = E * exp( - b * abs(t)); F3 = fourier(f3, t, w); aF3 = abs(F3);
f4 = A * exp( - b * t^2); F4 = fourier(f4, t, w); aF4 = abs(F4);
f5 = E * (heaviside(t + T/2) - heaviside(t - T/2));
F5 = simplify(fourier(f5, t, w));  aF5 = abs(F5);
f6 = heaviside(t); F6 = fourier(f6, t, w); aF6 = abs(F6);
fplot(aF1, [ - 2 * pi, 2 * pi], 'Linewidth', 2); grid on
set(gca, 'FontSize', 20) %作频谱图,下同
xlabel('$ t$ ', 'Interpreter', 'Latex')
ylabel('$ |F(\omega)|$ ', 'Interpreter', 'Latex')
figure, fplot(aF2, 'Linewidth', 2); grid on
```

```
set(gca, 'FontSize', 20), axis([ - 2 * pi 2 * pi 0 1.2])
xlabel('$ t$ ', 'Interpreter', 'Latex')
ylabel('$ |F(\omega)|$ ', 'Interpreter', 'Latex')
figure, fplot(aF3, 'Linewidth', 2); grid on
set(gca, 'FontSize', 20), axis([ - 2 * pi 2 * pi 0 7])
xlabel('$ t$ ', 'Interpreter', 'Latex')
ylabel('$ |F(\omega)|$ ', 'Interpreter', 'Latex')
figure, fplot(aF4, 'Linewidth', 2); grid on
set(gca, 'FontSize', 20), axis([ - 2 * pi 2 * pi 0 4])
```

执行上述程序后,得到这上述函数的傅里叶变换,分别为

$$F_1(\omega)=1;\ F_2(\omega)=\frac{1}{b+\mathrm{i}\omega};\ F_3(\omega)=\frac{2Eb}{b^2+\omega^2};\ F_4(\omega)=A\sqrt{\frac{\pi}{b}}\mathrm{e}^{-\frac{\omega^2}{4-b}};$$

$$F_5(\omega)=\frac{2}{\omega}E\sin\left(\frac{T\omega}{2}\right);\ F_6(\omega)=\pi\delta(\omega)-\frac{\mathrm{i}}{\omega}.$$

相应的频谱函数图,如图 9-7-4(a)～(f)所示.

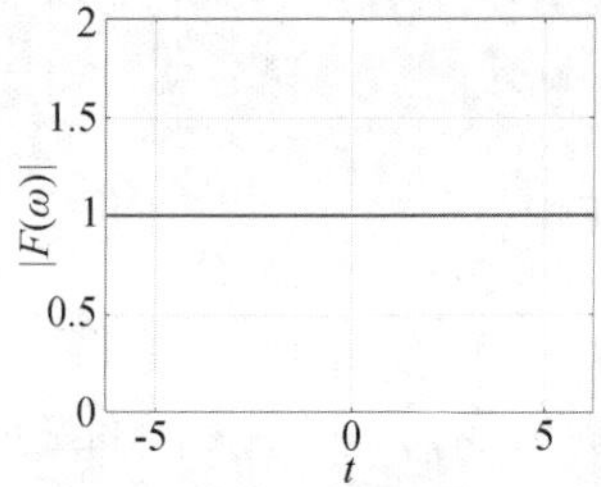

(a)单位脉冲函数的频谱

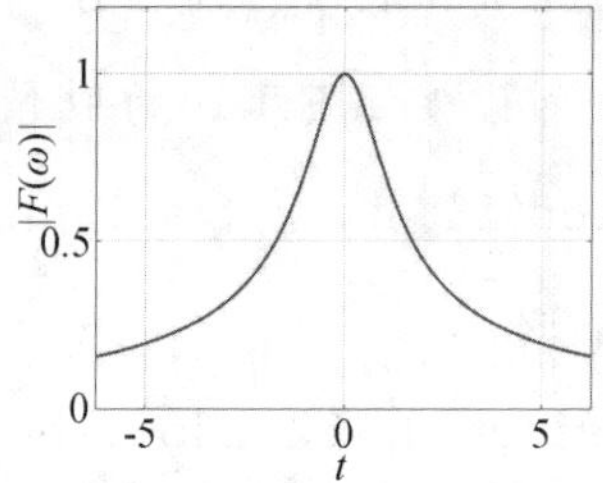

(b)单边指数衰减函数的频谱

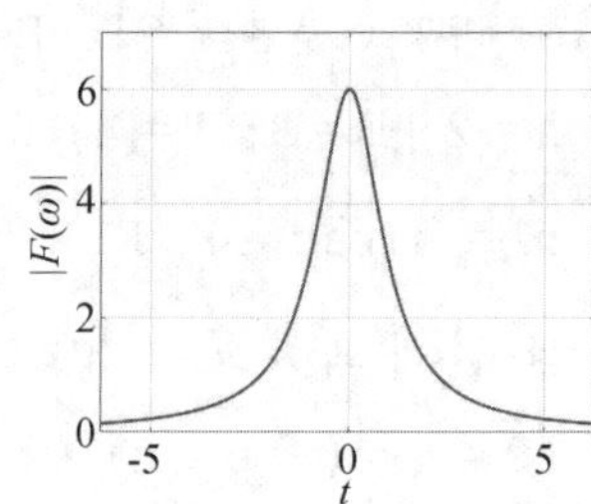

(c)双边指数脉冲函数的频谱

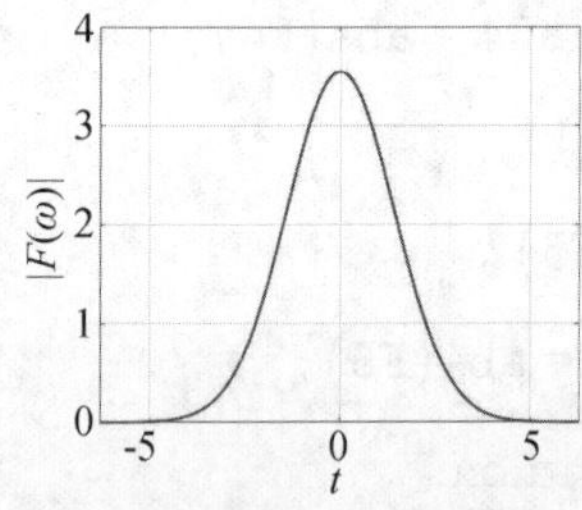

(d)钟形脉冲函数的频谱

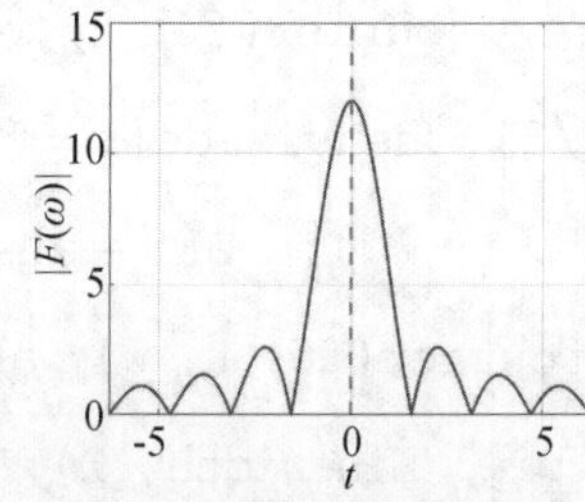

(e)矩形脉冲函数的频谱

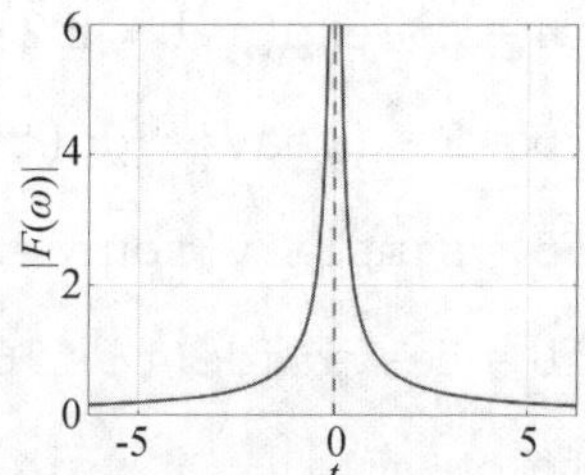

(f)单位阶跃函数的频谱

图 9-7-4 频谱函数

例9.7.7 请绘制例 9.7.6 中的函数 $f_2(t)$,$f_5(t)$和 $f_6(t)$的相位频谱图.

解 由于在例 9.7.6 中已经得到了函数 $f_2(t)$,$f_5(t)$和 $f_6(t)$的傅里叶变换

式,故在此基础上计算各个函数的相位角即可绘制相位频谱图,所以仅需在例 9.7.6 的代码后面增加如下的代码.

```
ang2 = angle(F2); ang5 = angle(F5); ang6 = angle(F6); %计算相角
fplot(ang2, 'Linewidth', 2); grid on
set(gca, 'FontSize', 20), axis([-2*pi 2*pi, -2 2]) %作相位频谱图
xlabel('$ \omega$ ', 'Interpreter', 'Latex')
ylabel('$ argF(\omega)$ ', 'Interpreter', 'Latex')
figure, fplot(ang5, 'Linewidth', 2); grid on
set(gca, 'FontSize', 20), axis([-2*pi 2*pi, -0.5 3.5]) %作相位频谱图
set(gca, 'XTick', -2*pi:pi:2*pi)
set(gca, 'XTicklabel', {'$ -2\pi$ ', '$ -\pi$ ', '0', '$ \pi$ ', '$ 2\pi$ '})
set(gca, 'YTick', [0, 3.1416/2, 3.1416])
set(gca, 'TickLabelInterpreter', 'latex')
set(gca, 'YTicklabel', {'0', '$ \frac{\pi}{2}$ ', '$ \pi$ '})
xlabel('$ \omega$ ', 'Interpreter', 'Latex')
ylabel('$ argF(\omega)$ ', 'Interpreter', 'Latex')
figure, fplot(ang6, 'Linewidth', 2); grid on
set(gca, 'FontSize', 20), axis([-2*pi 2*pi, -2 2]) %作相位频谱图
set(gca, 'YTick', [-3.1416/2, 0, 3.1416/2])
set(gca, 'TickLabelInterpreter', 'latex')
set(gca, 'YTicklabel', {'$ -\frac{\pi}{2}$ ', '0', '$ \frac{\pi}{2}$ '})
xlabel('$ \omega$ ', 'Interpreter', 'Latex')
ylabel('$ argF(\omega)$ ', 'Interpreter', 'Latex')
```

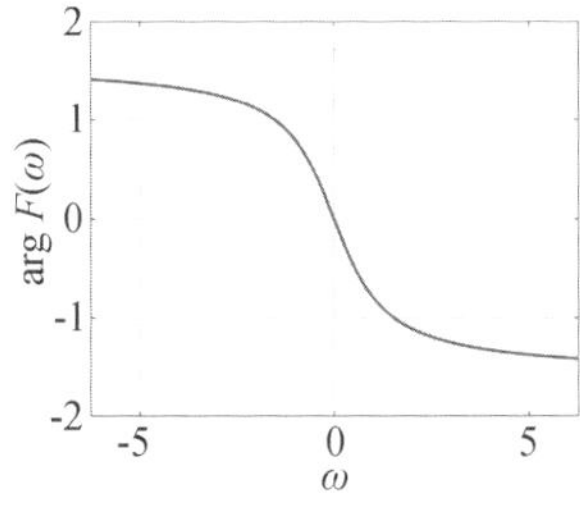

(a)函数 $f_2(t)$的相位频谱

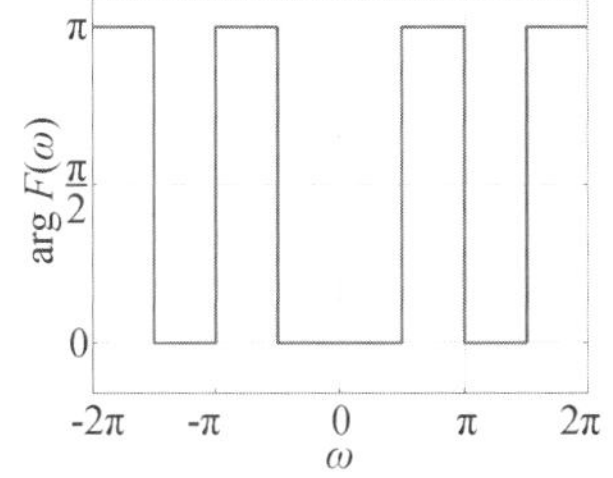

(b)函数 $f_5(t)$的相位频谱

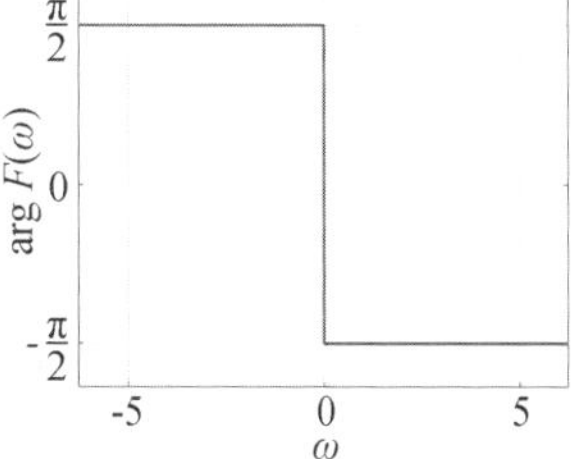

(c)函数 $f_6(t)$的相位频谱

图 9-7-5 相位频谱

9.7.5 傅里叶变换的性质

例9.7.8 求下列函数的傅里叶变换并验证傅里叶变换的性质.

(1) $f_1(t)=g'(t)$; (2) $f_2(t)=\sin(2\pi t)+\sin(3\pi t)$; (3) $f_3(t)=e^{-\beta t}u(t)\cos\omega_0 t(\beta>0)$; (3) $f_4(t)=t^2h(t)$, 其中 $h(t)=\begin{cases}0, & t<0,\\ e^{-\beta t}, & t\geqslant 0\end{cases}(\beta>0)$.

解 MATLAB的脚本文件如下.

```
clc, clear, syms t b w w0 g(t) x; assume([w0 b], 'positive');
F11 = fourier(diff(g), t, w) % 直接求 f1 的 Fourier 变换
F12 = i * w * fourier(g, t, w) % 利用性质求 f1 的 Fourier 变换
F21 = fourier(sin(2 * pi * t) + sin(3 * pi * t), t, w)
% 直接求 f2 的 Fourier 变换
F22 = fourier(sin(2 * pi * t), w) + fourier(sin(3 * pi * t), t, w)
% 利用性质求 f2 的 Fourier 变换
F31 = simplify(fourier(exp( - b * t) * heaviside(t) * cos(w0 * t), t, w))
% 直接求 f3 的 Fourier 变换
F3_item1 = fourier(exp( - b * t) * heaviside(t), t, w);
% 求 f3 中第一项的 Fourier 变换
F3_item2 = fourier(cos(w0 * t), t, w); % 求 f3 中第二项的 Fourier 变换
F32 = simplify(int(subs(F3_item1, w, x) * subs(F3_item2, w, w - x), x,
- inf, inf))/(2 * pi) % 按照卷积定理计算卷积
F41 = fourier(t^2 * exp( - b * t) * heaviside(t), t, w)
% 直接求 t^2·h(t)的 Fourier 变换
F4 = fourier(exp( - b * t) * heaviside(t), t, w); % 求 f4 的 Fourier 变换
F42 = i^2 * diff(F4, w, 2) % % 利用性质求 t^2·h(t)的 Fourier 变换
```

执行上述程序后,得到上述函数的傅里叶变换,分别为:

```
F11 = w * fourier(g(t), t, w) * 1i,F12 = w * fourier(g(t), t, w) * 1i,
F21 = - pi * (dirac( - 2 * pi + w) - dirac(2 * pi + w)) * 1ipi * (dirac( - 3
* pi + w) - dirac(3 * pi + w)) * 1i,
```

F22 = - pi * (dirac(- 2 * pi + w) - dirac(2 * pi + w)) * 1ipi * (dirac(- 3 * pi + w) - dirac(3 * pi + w)) * 1i,

F31 = - ((b * 1i - w) * 1i)/(b^2 + w0^2 + b * w * 2i - w^2) ,

F32 = - ((b * 1i - w) * 1i)/(b^2 + w0^2 + b * w * 2i - w^2) ,

F41 = 2/(b + w * 1i)^3,F42 = 2/(b + w * 1i)^3.

上面的结果告诉我们,使用傅里叶变换的定义、性质或是卷积定理,计算得到的傅里叶变换是都相同的.

9.7.6 卷积和自相关函数

例9.7.9 若函数 $f_1(t)=\begin{cases}0, & -t<0,\\ 1, & -t\geqslant 0,\end{cases}$ $f_2(t)=\begin{cases}0, & -t<0,\\ e^{-t}, & -t\geqslant 0,\end{cases}$ 请按照卷积的定义和卷积定理分别计算 $f_1(t)*f_2(t)$.

解 MATLAB的脚本文件如下.

```
clc, clear, syms t x
f1 = heaviside(t); f2 = exp( - t) * heaviside(t); % 定义两个函数
f12conv1 = simplify(int(subs(f1, t, x) * subs(f2, t, t - x), x, - inf, inf)) % 按照定义计算卷积
f12conv2 = simplify(ifourier(fourier(f1) * fourier(f2), t))
% 利用卷积定理计算卷积
```

执行上述程序后,得到这两个函数的卷积:

f12conv1 = (exp(- t) * (exp(t) - 1) * (sign(t) + 1))/2,

f12conv2 = (exp(- t) * (exp(t) - 1) * (sign(t) + 1))/2.

即

$$f_1(t)*f_2(t)=\begin{cases}1-e^{-t}, & t\geqslant 0,\\ 0, & t<0.\end{cases}$$

例9.7.10 已知某信号的相关函数为 $R(\tau)=\cos\omega_0\tau(\omega_0>0)$,求它的能量谱密度函数.

解 MATLAB的脚本文件如下.

```
clc, clear, syms w0 tau;
```

```
Rtau = cos(w0 * tau); Sw = fourier(Rtau)
```

执行上述程序后,得到能量谱密度:Sw = pi * (dirac(w - tau) + dirac(w + tau)).

即能量谱密度为 $S(\omega)=\pi[\delta(\omega+\omega_0)+\delta(\omega-\omega_0)]$.

例9.7.11 求单边指数衰减函数 $f(t)=\begin{cases}0, & t<0,\\ e^{-\beta t}, & t\geqslant 0\end{cases}$ $(\beta>0)$的能量谱密度函数和自相关函数.

解 MATLAB的脚本文件如下.

```
clc, clear, syms t b w real, assume(b, 'positive')
Fw = fourier(exp( - b * t) * heaviside(t)) % 求傅里叶变换
Sw = simplify(Fw * conj(Fw)) % 求能量谱密度
Rt = ifourier(Sw, w, t) % 求自相关函数
```

执行上述程序后,得到能量谱密度和自相关函数:

Sw = 1/(b^2 + w^2) ,Rt = exp(- b * abs(t))/(2 * b) .

即能量谱密度 $S(\omega)=\dfrac{1}{\beta^2+\omega^2}$,自相关函数 $R(\tau)=\dfrac{1}{2\beta}e^{-\beta|\tau|}$.

9.7.7 微分方程的傅里叶变换解法

运用傅里叶变换的线性性质、微分性质及其积分性质,可以把线性常系数微分积分方程变为象函数的代数方程,通过解代数方程得到象函数,再求象函数的傅里叶逆变换,可以得到象原函数,即所求微分积分方程的解.本小节讨论线性偏微分方程中的未知函数是二元函数的情形,通过一些较典型的例题来说明用傅里叶变换求解某些常(偏)微分方程定解问题的方法.

例9.7.12 求常系数非齐次二阶线性微分方程 $\dfrac{d^2y}{dx^2}+p\dfrac{dy}{dx}+qy=f(x)$的解,其中 p,q 为已知常数,$f(x)$为已知函数.

解 MATLAB的脚本文件如下.

```
clc, clear, syms p q y(x) f(x) Yw w
ode = diff(y, 2) + p * diff(y) + q * y - f; % 定义微分方程
Fode = fourier(ode); % 两边取傅里叶变换
Fode = subs(Fode, fourier(y(x), x, w), Yw);
```

```
% 把 fourier(y(x),x,w)替换为 Yw
Yw = solve(Fode, Yw); % 解代数方程得到象函数 Yw
y_x = ifourier(Yw) % 取傅里叶逆变换得到原方程的解
```

执行上述程序后,得到原方程的解:

y_x = fourier(fourier(f(x), x, w)/(q + p * w * 1i - w^2), w, - x)/(2 * pi) .

即原方程的解:

$$y(x) = \frac{1}{2\pi}\int_{-\infty}^{+\infty} \frac{F(\omega)}{-\omega^2 + \mathrm{i}p\omega + q}\mathrm{e}^{\mathrm{i}\omega x}\,\mathrm{d}\omega,\text{其中 } F(\omega) = \mathscr{F}[f(t)].$$

例9.7.13 求微分积分方程 $ax'(t) + bx(t) + c\int_{-\infty}^{t} x(t)\mathrm{d}t = h(t)$ 的解,其中 $t \in \mathbf{R}$,a,b,c 均为已知常数,$h(t)$ 为已知函数.

解 MATLAB 的脚本文件如下.

```
clc, clear, syms a b c x(t) h(t) Xw w
eq = a * diff(x, 2) + b * diff(x) + c * x - diff(h);
% 设 x(t),h(t)充分光滑,转化为等价的微分方程
Feq = fourier(eq); % 方程两边取傅里叶变换
Feq = subs(Feq, fourier(x(t), t, w), Xw); % 把 fourier(x(t), t, w)替换为 Xw
Xw = solve(Feq, Xw); % 解代数方程得到象函数 Xw
X_t = ifourier(Xw) % 取傅里叶逆变换得到原方程的解
```

执行上述程序后,得到原方程的解:

X_t = (fourier((w * fourier(h(t), t, w))/(c + b * w * 1ia * w^2), w, - x) * 1i)/(2 * pi) .

即原方程的解:

$$x(t) = \frac{1}{2\pi}\int_{-\infty}^{+\infty} \frac{\omega H(\omega)}{b\omega + \mathrm{i}(a\omega^2 - c)}\mathrm{e}^{\mathrm{i}\omega t}\,\mathrm{d}\omega,\text{其中 } H(\omega) = \mathscr{F}[h(t)].$$

例9.7.14 利用傅里叶变换求解一维波动方程的初值问题:

$$\begin{cases} \dfrac{\partial^2 u}{\partial t^2} = a^2\,\dfrac{\partial^2 u}{\partial x^2}, \\ u(x,0) = \varphi(x), \\ u'_t(x,0) = \psi(x) \end{cases} \quad (a > 0, x \in \mathbf{R}, t > 0).$$

当 $a = 1$,$\varphi(x) = \cos x$,$\psi(x) = \sin x$ 时,绘制解 $u(x,t)$ 的图像.

解 MATLAB的脚本文件如下.

```
clc, clear, syms a w x U(t) phi(x) psi(x), assume([a w], 'real')
dU = diff(U); % 得到 U(ω,t)对 t 的偏导数,其中 U(ω,t) = ∫_{-∞}^{+∞} u(x,t)e^{iωx}dx
odet = diff(U, 2) + a^2 * w^2 * U; % 定义象函数关于 t 的微分方程
U0 = fourier(phi(x)); dU0 = fourier(psi(x));
% 计算初始条件的傅里叶变换
Ut = dsolve(odet, U(0) = = U0, dU(0) = = dU0);
% 解常微分方程,得到 U(ω,t)
uxt = ifourier(Ut, w, x) % 求傅里叶逆变换,得到原问题的解 U(x,t)
uxtICs = simplify(subs(uxt, {a, phi, psi}, {1, cos(x), sin(x)})) % 代入
a,φ(x),ψ(x)的值和函数式,得到 a = 1,φ(x) = cosx,ψ(x) = sinx 时的解 u(x,t)
ezmesh(uxtICs), title('') % 绘制 u(x,t)的图像
```

执行上述程序后,得到原方程的解:

```
uxt = (fourier((sin(a * t * w) * fourier(psi(x), x, w))/w, w, - x)/a
      + fourier(cos(a * t * w) * fourier(phi(x), x, w), w, - x))/(2 * pi) ,
uxtICs = cos(t - x) .
```

即 $$u(x,t)=\frac{1}{2\pi}\int_{-\infty}^{+\infty}\left[\cos(a\omega t)\Phi(\omega)+\frac{1}{a\omega}\sin(a\omega t)\Psi(\omega)\right]e^{i\omega x}\,d\omega,$$

其中 $\Phi(\omega)=F[\varphi(t)],\Psi(\omega)=F[\psi(t)]$.

当 $a=1,\varphi(x)=\cos x,\psi(x)=\sin x$ 时,$u(x,t)=\cos(t-x)$,解 $u(x,t)$ 的图像如图 9-7-6 所示.

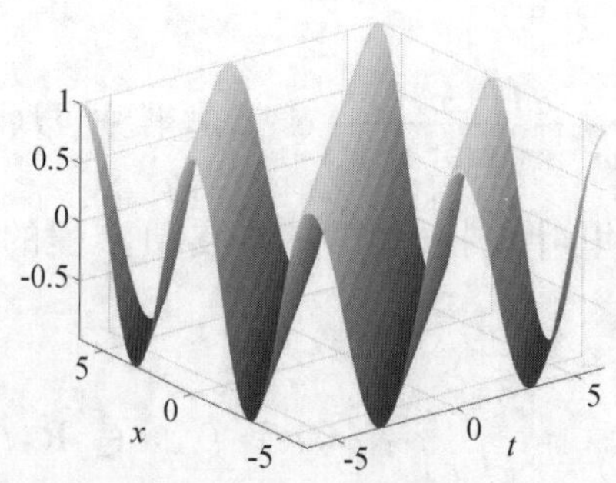

图 9-7-6 $u(x,t)=\cos(t-x)$ 的图像

注:(1) 本例及下例中均需要函数 $u=u(x,t)$ 及其偏导数 $\frac{\partial u}{\partial x},\frac{\partial^2 u}{\partial x^2}$ 作为 x 的一元函数在取傅里叶变换时满足傅里叶变换中微分性质的条件;$\frac{\partial u}{\partial t},\frac{\partial^2 u}{\partial t^2}$ 关于 x 取傅里叶变换时允许偏导数运算与积分运算交换次序,即

$$\mathscr{F}\left[\frac{\partial u}{\partial t}\right]=\frac{\partial}{\partial t}\mathscr{F}[u(x,t)],\mathscr{F}\left[\frac{\partial^2 u}{\partial t^2}\right]=\frac{\partial^2}{\partial t^2}\mathscr{F}[u(x,t)].$$

(2) 对于一维波动方程的初值问题,已经证明其公式解为

$$u(x,t)=\frac{1}{2}[\varphi(x+at)+\varphi(x-at)]+\frac{1}{2a}\int_{x-at}^{x+at}\psi(\xi)\mathrm{d}\xi,$$

该公式称为**达朗贝尔公式(D'Alembert formula)**.

例9.7.15 利用傅里叶变换求解一维热传导方程的初值问题:

$$\begin{cases}\frac{\partial u}{\partial t}=a^2\frac{\partial^2 u}{\partial x^2}+f(x,t),\\ u(x,0)=\varphi(x)\end{cases}(a>0,x\in\mathbf{R},t>0).$$

当 $a=1,\varphi(x)=\varphi_k(x)(k=1,2,3)$ 时,绘制解 $u(x,t)$ 的图像,其中 $\varphi_1(x)=x^2+x,\varphi_2(x)=\sin x,\varphi_3(x)=\mathrm{e}^{-x^2}$.

解 MATLAB 的脚本文件如下.

```
clc, clear, syms a w x y s mu U(t) phi(x), assume([a w], 'real');
odet = diff(U) + a^2 * w^2 * U; % 定义象函数关于 t 的微分方程
U0 = fourier(phi(x)); % 计算初始条件的傅里叶变换
Ut = dsolve(odet,U(0) = = U0); % 解常微分方程,得到 U(w, t)
uxt = ifourier(Ut, w, x); % 求傅里叶逆变换,得到原问题的解 U(w, t)
phi1 = x^2 + x; phi2 = sin(x); phi3 = exp( - x^2/2);
uxtICs = simplify(subs(uxt, {a, phi}, {1, phi1}))
% 代入 a 的值和 phi(x)函数式,得到解 U(x, t)
ezsurf(uxtICs, [ 0 6 - 5 5])
```

执行上述程序后,得到原方程的解为:

```
uxt = fourier(exp( - a^2 * t * w^2) * fourier(phi(x), x, w), w, - x)/(2 * pi) ,
uxtICs1 = 2 * t + x + x^2,
uxtICs2 = (exp( - t) * exp( - x * 1i) * 1i)/2 - (exp( - t) * exp(x * 1i) * 1i)/2
uxtICs = exp( - x^2/(2 + 4 * t))/(2 * t + 1)^(1/2) .
```

即 $u(x,t)=\frac{1}{2\pi}\int_{-\infty}^{+\infty}\mathrm{e}^{-a^2\omega^2 t}\Phi(\omega)\mathrm{e}^{\mathrm{i}\omega x}\mathrm{d}\omega=\frac{1}{2a\sqrt{\pi t}}\int_{-\infty}^{+\infty}\varphi(\xi)\mathrm{e}^{-\frac{(x-t)^2}{4a^2t}}\mathrm{d}\xi,\Phi(\omega)=\mathscr{F}[\varphi(t)]$.

当 $a=1,\varphi(x)=\varphi_k(x)(k=1,2,3)$ 时,$u_1(x,t)=x^2+x+2t$,

$u_2(x,t)=\sin x\mathrm{e}^{-t},u_2(x,t)=\frac{1}{\sqrt{1+2t}}\mathrm{e}^{-\frac{x^2}{2+4t}}$,它们的图像如图 9-7-7 所示.

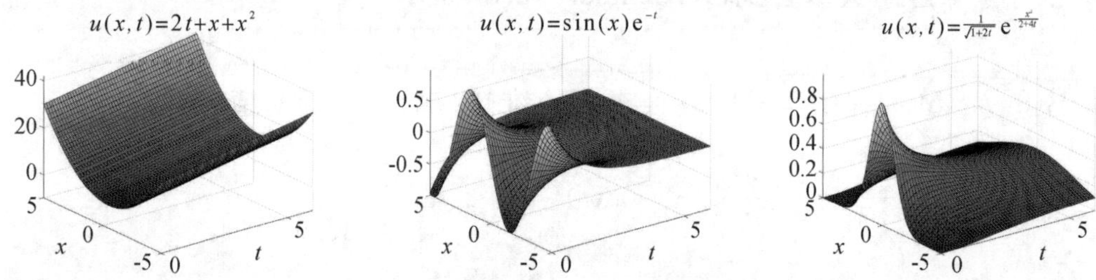

图 9-7-7　不同初始条件下的解 $u(x,t)$ 的图像

注:(1) 此例中的偏微分方程是非齐次的,$f(x,t)$ 是与热源有关的量,使用傅里叶变换的方法得到的解为

$$u(x,t)=\frac{1}{2a\sqrt{\pi t}}\int_{-\infty}^{+\infty}\varphi(\xi)\mathrm{e}^{-\frac{(x-\xi)^2}{4a^2t}}\mathrm{d}\xi+\frac{1}{2a\sqrt{\pi}}\int_0^t\int_{-\infty}^{+\infty}\frac{f(\xi,\tau)}{\sqrt{t-\tau}}\mathrm{e}^{-\frac{(x-\xi)^2}{4a^2(t-\tau)}}\mathrm{d}\xi\mathrm{d}\tau.$$

(2) 当 $f(x,t)=0$ 时,得到齐次偏微分方程,其解为

$$u(x,t)=\frac{1}{2a\sqrt{\pi t}}\int_{-\infty}^{+\infty}\varphi(\xi)\mathrm{e}^{-\frac{(x-\xi)^2}{4a^2t}}\mathrm{d}\xi.$$

在使用傅里叶变换法求解时,使用了公式$\mathscr{F}^{-1}[\mathrm{e}^{-a^2\omega^2t}]=\frac{1}{2a\sqrt{\pi t}}\mathrm{e}^{-\frac{x^2}{4a^2t}}$.

习题 9.7

1. 设函数 $f(t)=\begin{cases}-1, & -1\leqslant t<0,\\ 1, & 0\leqslant t<1,\end{cases}$ 将 $f(t)$ 在$[-1,1)$ 上展开成傅里叶级数.

2. 把函数 $f(x)=x^2, x\in[-2,2]$ 展开成复指数的傅里叶级数,并用有限阶的傅里叶级数逼近 $f(x)$.

3. 求函数 $f(t)=\begin{cases}1, & 0<t<1,\\ 0, & \text{其他}\end{cases}$ 的傅里叶正弦变换和余弦变换.

4. 求函数 $f(t)=\mathrm{e}^{-t}(t>0)$ 的傅里叶正弦积分,并证明

$$\int_0^{+\infty}\frac{\omega\sin\omega t}{1+\omega^2}\,\mathrm{d}\omega=\frac{\pi}{2}\mathrm{e}^{-t}(t>0).$$

5. 求下列函数的傅里叶变换.

(1) 正弦函数 $f_1(t)=\sin\omega_0 t$;

(2) 余弦函数 $f_2(t)=\cos\omega_0 t$;

(3) 正弦脉冲 $f_3(t)=\begin{cases}E\sin\dfrac{\pi t}{\tau}, & |t|\leqslant\dfrac{\tau}{2},\\ 0, & \text{其他};\end{cases}$

(4) 余弦脉冲 $f_4(t)=\begin{cases}E\cos\dfrac{\pi t}{\tau}, & |t|\leqslant\dfrac{\tau}{2},\\ 0, & \text{其他};\end{cases}$

(5) 射频脉冲 $f_5(t)=\begin{cases}E\cos\omega_0 t, & |t|\leqslant\dfrac{\tau}{2},\\ 0, & \text{其他};\end{cases}$

(6) 高斯分布 $f_6(t)=\dfrac{1}{\sqrt{2\pi}}\mathrm{e}^{-t^2}$;

(7) 三角脉冲 $f_6(t)=\begin{cases}E\left(1-\dfrac{2|t|}{\tau}\right), & |t|<\dfrac{\tau}{2},\\ 0, & |t|\geqslant\dfrac{\tau}{2};\end{cases}$

(8) 梯形脉冲 $f_8(t)=\begin{cases}\dfrac{2E}{\tau-\tau_1}\left(\dfrac{\tau}{2}-|t|\right), & \dfrac{\tau_1}{2}<|t|<\dfrac{\tau}{2},\\ E, & -\dfrac{\tau_1}{2}<t<\dfrac{\tau_1}{2},\\ 0, & |t|\geqslant\dfrac{\tau}{2}\end{cases}(\tau>\tau_1>0).$

6. 求下列函数的傅里叶逆变换.

(1) $F_1(\omega)=-\pi\mathrm{isgn}\omega$;　　(2) $F_2(\omega)=\dfrac{\sin\omega}{\omega}$;

(3) $F_3(\omega)=\dfrac{2\mathrm{i}\cos\omega}{\omega}$;　　(4) $F_4(\omega)=\dfrac{2\mathrm{i}(\cos\omega-1)}{\omega}$;

(5) $F_5(\omega)=\dfrac{E}{(\alpha+\mathrm{i}\omega)(\beta+\mathrm{i}\omega)}$;　　(6) $F_6(\omega)=\dfrac{\omega_0E}{(\alpha+\mathrm{i}\omega)^2+\omega_0^2}(\alpha>0)$;

(7) $F(\omega)=E\tau\left[\dfrac{\sin\tau(\omega-\omega_0)}{\tau(\omega-\omega_0)}+\dfrac{\sin\tau(\omega+\omega_0)}{\tau(\omega+\omega_0)}\right]$.

7. 绘制下列函数的振幅频谱图和相位频谱图.

(1) $f_1(t)=\dfrac{1}{\sqrt{2\pi}\sigma}\mathrm{e}^{-\frac{t^2}{2\sigma^2}}$;　　(2) $f_2(t)=\dfrac{\sin\omega_0t}{\pi t}$;

(3) $f_3(t)=\dfrac{u(t+1)-u(t-1)}{2}$.

8. 求下列函数的傅里叶变换并验证傅里叶变换的性质.

(1) $f_1(t)=g_1(t)\cdot\mathrm{e}^{\mathrm{i}bt}$,其中 $g_1(t)=\dfrac{1}{a^2+t^2},a>0,b>0$;

(2) $f_2(t)=t\mathrm{e}^{-t^2}$;　(3) $f_3(t)=\mathrm{e}^{-2|t|}\sin6t$.

9. 若函数 $f_1(t)=\begin{cases}\mathrm{e}^{-\alpha t}, & t\geqslant0,\\ 0, & t<0,\end{cases}$ $f_2(t)=\begin{cases}\mathrm{e}^{-\beta t}, & t\geqslant0,\\ 0, & t<0,\end{cases}$ 其中 $\alpha,\beta>0$ 且 $\alpha\neq\beta$,请按照卷积的定义和卷积定理分别计算 $f_1(t)*f_2(t)$.

10. 利用帕塞瓦尔等式计算下列积分.

(1) $\displaystyle\int_{-\infty}^{+\infty}\frac{\sin^2x}{x^2}\mathrm{d}x$;　(2) $\displaystyle\int_{-\infty}^{+\infty}\frac{1-\cos x}{x^2}\mathrm{d}x$;　(3) $\displaystyle\int_{-\infty}^{+\infty}\frac{x^2}{(x^2+1)^2}\mathrm{d}x$.

11. 利用傅里叶变换,解下列积分方程.

(1) $\displaystyle\int_0^{+\infty}g(\omega)\cos\omega t\,\mathrm{d}\omega=\frac{\sin t}{t}$;　(2) $\displaystyle\int_0^{+\infty}g(\omega)\sin\omega t\,\mathrm{d}\omega=\begin{cases}1, & 0\leqslant t<1,\\ 2, & 1\leqslant t<2,\\ 0, & t\geqslant2.\end{cases}$

12. 利用傅里叶变换,求下列微分积分方程的解 $x(t)$.

$$x'(t)-4\int_{-\infty}^{t}x(t)\mathrm{d}t=\mathrm{e}^{-|t|}(t\in\mathbf{R}).$$

13. 利用傅里叶变换,求解下列偏微分方程的定解问题.

(1) $\begin{cases}\dfrac{\partial^2 u}{\partial t^2}=\dfrac{\partial^2 u}{\partial x^2}+t\sin x, \\ u(x,0)=0, \\ u'_t(x,0)=\sin x\end{cases}(x\in\mathbf{R},t>0)$;

(2) $\begin{cases}\dfrac{\partial^2 u}{\partial t^2}=a^2\dfrac{\partial^2 u}{\partial x^2}, \\ u(0,t)=0, \\ u(x,0)=\begin{cases}1, & 0<x\leqslant 1, \\ 0, & x>1\end{cases}\end{cases}(x>0,t>0)$.

§9.8 拉普拉斯变换

拉普拉斯变换是工程数学中常用的一种积分变换,又称为拉氏变换.拉氏变换是一个线性变换,可将一个有参数实数 $t(t\geqslant 0)$ 的函数转换为一个参数为复数的函数.拉普拉斯变换在工程技术和科学研究领域中有着广泛的应用,是古典控制理论中的数学基础,在力学系统、电学系统、自动控制系统、可靠性系统以及随机服务系统等系统科学中也都起着重要作用.在使用拉普拉斯变换解决实际时,首先应将研究对象抽象,建立一个时域数学模型;然后再借助拉普拉斯变换将时域数学模型转变为复域数学模型;最后求解复域数学模型并使用拉普拉斯逆变换将其解转化为时域数学模型的解.若要使结果更直观,可以使用图形来表示,如传递函数的图像或者时域数学模型的解的图像等.

9.8.1 MATLAB命令或函数

1. L=laplace(f):计算符号函数 f 关于默认变量[由 symvar(f, 1)确定的变量]的拉普拉斯变换,返回值默认为 s 的函数,即 $L(s)$.

2. L=laplace(f, t)：计算符号函数 f 的拉普拉斯变换，返回值为 t 的函数，即 $L(t)$.

3. L=laplace(f, x, t)：计算符号函数 f 关于变量 x 的拉普拉斯变换，返回值为 t 的函数.

4. F=ilaplace(F)：计算符号函数 F 关于默认变量的拉普拉斯逆变换，返回值默认为 t 的函数，即 $F(t)$.

5. F=ilaplace(F, x)：计算符号函数 F 关于默认变量的拉普拉斯逆变换，返回值为 x 的函数.

6. F=ilaplace(F, t, x)：计算符号函数 F 关于变量 t 的拉普拉斯逆变换，返回值为 x 的函数.

7. S=sum(A)：返回 **A** 沿第一个数组维度的元素之和. 如果 **A** 是向量，则 sum(A)返回元素之和，如果 **A** 是矩阵，则 sum(A)将返回包含每列总和的行向量. 如果 **A** 为多维数组，则 sum(A)沿第一个数组维度计算，并将这些元素视为向量.

8. P=poly2sym(c)：根据系数 c 的向量创建符号多项式表达式 P，多项式变量默认为 x. 比如，若 $c=[c_1, c_2, \cdots c_n]$，则 $P=c_1x^{n-1}+c_2x^{n-2}+\cdots+c_{n-1}x+c_n$.

9. P=poly2sym(c, var)：在根据系数 c 的向量创建符号多项式表达式 P 时使用 var 作为多项式变量.

10. expand(expr)：对将符号表达式 expr 的中的各项进行展开.

11. fsurf(f, xyinterval)：在指定区间绘制符号函 f 的三维曲面. 若对 x 和 y 使用相同的区间，则将 xyinterval 写为[min max]形式；若使用不同的区间，则将 xyinterval 写为[xmin xmax ymin ymax]的形式.

12. expint(x)：指数积分函数，返回单参数积分函数 $\text{expint}(x)=\int_x^{+\infty}\frac{e^{-t}}{t}dt$.

13. expint(n, x)：指数积分函数，返回两参数积分函数 $\text{expint}(n,x)=\int_1^{+\infty}\frac{e^{-xt}}{t^n}dt$.

9.8.2 拉普拉斯变换

例9.8.1 计算下列函数的拉普拉斯变换.

(1) $f_1(t)=1$；　　(2) $f_2(t)=\delta(t)$；　　(3) $f_3(t)=e^{at}$；

(4) $f_4(t)=\sin at$； (5) $f_5(t)=\cos at$； (6) $f_6(t)=t^m(m>-1)$.

解 MATLAB的脚本文件如下.

```
clc, clear, syms t a m, assume(m> - 1)
F1 = laplace(sym(1)), F2 = laplace(dirac(t)), F3 = laplace(exp(a * t))
F4 = laplace(sin(a * t)), F5 = laplace(cos(a * t)), F6 = laplace(t^m)
```

执行上述程序后,得到上述函数的拉普拉斯变换分别为

(1) $F_1(s)=\mathscr{L}[1]=\dfrac{1}{s}$；

(2) $F_2(s)=\mathscr{L}[\delta(t)]=1$；

(3) $F_3(s)=\mathscr{L}[e^{at}]=\dfrac{1}{s-a}$；

(4) $F_3(s)=\mathscr{L}[\sin at]=\dfrac{a}{s^2+a^2}$ $(\mathrm{Re}s>0)$；

(5) $F_5(s)=\mathscr{L}[\cos at]=\dfrac{s}{s^2+a^2}$ $(\mathrm{Re}s>0)$；

(6) $F_6(s)=\mathscr{L}[t^m]=\dfrac{\Gamma(m+1)}{s^{m+1}}$ $(\mathrm{Re}s>0)$.

例9.8.2 已知 $m>-1$,求下列函数的拉普拉斯变换.

(1) $f_1(t)=\sin^2 at$； (2) $f_2(t)=\cos^2 at$； (3) $f_3(t)=e^{-bt}\sin at$；

(4) $f_4(t)=e^{-bt}\cos at$； (5) $f_5(t)=t^m\sin at$； (6) $f_6(t)=t^m\cos at$.

解 MATLAB的脚本文件如下.

```
clc, clear, syms t a b m, assume(m> - 1)
F1 = laplace((sin(a * t))^2), F2 = laplace((cos(a * t))^2)
F3 = laplace(exp( - b * t) * sin(a * t))
F4 = laplace(exp( - b * t) * cos(a * t)),
F5 = laplace(t^m * sin(a * t)), F6 = laplace(t^m * cos(a * t))
```

执行上述程序后,得到上述函数的拉普拉斯变换分别为

(1) $F_1(s)=\dfrac{2a^2}{s(4a^2+s^2)}$；

(2) $F_1(s)=\dfrac{2a^2+s^2}{s(4a^2+s^2)}$；

(3) $F_3(s)=\dfrac{a}{(s+b)^2+a^2}$;

(4) $F_4(s)=\dfrac{s+b}{(s+b)^2+a^2}$;

(5) $F_5(s)=\dfrac{\Gamma(m+1)}{2\mathrm{i}(s^2+a^2)^{m+1}}[(s+\mathrm{i}a)^{m+1}-(s-\mathrm{i}a)^{m+1}]$;

(6) $F_6(s)=\dfrac{\Gamma(m+1)}{2(s^2+a^2)^{m+1}}[(s+\mathrm{i}a)^{m+1}+(s-\mathrm{i}a)^{m+1}]$.

例9.8.3 求下列函数的拉普拉斯变换.

(1) $f_1(t)=|\sin at|$;

(2) $f_2(t)=\mathrm{e}^{-bt}\sin(at+c)$;

(3) $f_3(t)=\sin at\cos bt$;

(4) $f_4(t)=t^m\mathrm{e}^{at}\ (m>-1)$;

(5) $f_5(t)=\mathrm{e}^{-\beta t}\delta(t)-\beta\mathrm{e}^{-\beta t}u(t),\beta>0$;

(6) $f_6(t)=\delta(t)\cos t-u(t)\sin t$;

(7) $f_7(t)=\mathrm{e}^{-ct}(\sin at+\cos bt)$.

解 MATLAB的脚本文件如下.

```
clc, clear, syms t a b c m, assume(m> - 1)
F1 = laplace(abs(sin(a * t))), F2 = laplace(exp( - b * t) * sin(a * t + c)),
F3 = laplace(sin(a * t) * cos(b * t))
F4 = simplify(laplace(t^m * exp(a * t)))
F5 = laplace(exp( - b * t) * dirac(t) - b * exp( - b * t) * heaviside(t))
F6 = laplace(dirac(t) * cos(t) - heaviside(t) * sin(t))
F7 = simplify(laplace(exp( - c * t) * (cos(a * t) - sin(b * t))))
```

执行上述程序后,得到上述函数的拉普拉斯变换分别为

(1) $F_1(s)=\dfrac{a}{a^2+s^2}\coth\left(\dfrac{\pi}{2a}s\right)$;

(2) $F_2(s)=\dfrac{(s+b)\sin c+a\cos c}{(s+b)^2+a^2}$;

(3) $F_3(s)=\dfrac{1}{2}\left[\dfrac{a+b}{(a+b)^2+s^2}+\dfrac{a-b}{(a-b)^2+s^2}\right]$;

(4) $F_4(s)=\dfrac{\Gamma(m+1)}{(s-a)^{m+1}}$;

(5) $F_5(s)=\dfrac{s}{s+\beta}$;

(6) $F_6(s)=\dfrac{s^2}{s^2+1}$;

(7) $F_7(s)=\dfrac{a}{a^2+(c+s)^2}+\dfrac{c+s}{b^2+(c+s)^2}$.

例9.8.4 设 $f(t)$是以 2π 为周期的函数,且在区间$[0,2\pi]$上的表达式为

$$f(t)=\begin{cases}\sin t, & 0\leqslant t\leqslant \pi,\\ 0, & \pi<t\leqslant 2\pi.\end{cases}$$

求拉普拉斯变换 $\mathscr{L}[f(t)]$.

解 根据(8.2.14)式 $\mathscr{L}[f(t)]=\dfrac{1}{1-\mathrm{e}^{-sT}}\displaystyle\int_0^T f(t)\mathrm{e}^{-st}\,\mathrm{d}t$,得

$$\begin{aligned}\mathscr{L}[f(t)]&=\frac{1}{1-\mathrm{e}^{-2\pi s}}\int_0^{\pi}\sin t\mathrm{e}^{-st}\,\mathrm{d}t\\&=\frac{1}{1-\mathrm{e}^{-2\pi s}}\cdot\frac{\mathrm{e}^{-\pi s}(\mathrm{e}^{\pi s}+1)}{(s^2+1)}\\&=\frac{\mathrm{e}^{\pi s}}{(s^2+1)(\mathrm{e}^{\pi s}-1)}.\end{aligned}$$

MATLAB的脚本文件如下.

```
clc, clear, syms t s
F1 = int(sin(t) * exp( - s * t), t, 0, pi)/(1exp( - 2 * pi * s));
F1 = simplify(F1)
```

执行上述程序后,得到函数 f(t)的拉普拉斯变换为

```
F1 = exp(pi * s)/((1 + s^2) * (exp(pi * s) - 1)).
```

即
$$\mathscr{L}[f(t)]=\frac{\mathrm{e}^{\pi s}}{(s^2+1)(\mathrm{e}^{\pi s}-1)}.$$

9.8.3 拉普拉斯变换的性质

例9.8.5 利用 MATLAB 验证拉普拉斯变换的线性性质、微分性质、积分性质和位移性质.

解 MATLAB 的脚本文件如下.

```
clc, clear, syms f(t) g(t) h(u) a b s
FL1 = laplace(a * f + b * g); FL2 = a * laplace(f) + b * laplace(g); FL =
FL1 - FL2 % 线性性质
FD1 = laplace(diff(f)); FD2 = s * laplace(f) - f(0); FD = FD1 - FD2
% 微分性质
```

```
FI1 = laplace(int(h(u), u, 0, t), t, s);
FI2 = laplace(h(t), t, s)/s; FI = FI1 - FI2 % 积分性质
FS1 = laplace(exp(a * t) * f, t, s); FS2 = subs(laplace(f), s, s - a);
FS = FS1 - FS2 % 位移性质
```

执行上述程序后，得到结果如下：

$$FL=0, FD=0, FI=0, FS=0.$$

即拉普拉斯变换满足如下的线性性质、微分性质、积分性质和位移性质：

$\mathscr{L}[af(t)+bg(t)]=a\mathscr{L}[f(t)]+b\mathscr{L}[g(t)]$；$\mathscr{L}[f'(t)]=sF(s)-f(0), \mathrm{Re}s>c$；

$\mathscr{L}\left[\int_0^t f(t)\mathrm{d}t\right]=\dfrac{1}{s}F(s), \mathrm{Re}s>c$；$\mathscr{L}[\mathrm{e}^{at}f(t)]=F(s-a), \mathrm{Re}(s-a)>c$.

例9.8.6 求下列函数的拉普拉斯变换并验证拉普拉斯变换的性质，其中 a,b,m 为实常数，且 $m>-1$.

(1) $f_1(t)=\delta''(t)$； (2) $f_2(t)=t\sin at$； (3) $f_3(t)=\mathrm{e}^{-bt}\sin at$；

(4) $f_4(t)=t^m\mathrm{e}^{at}$； (5) $f_5(t)=\int_0^t \sin a\tau\,\mathrm{d}\tau$； (6) $f_6(t)=\dfrac{\sinh t}{t}$.

解 MATLAB 的脚本文件如下.

```
clc, clear, syms f(t) a b s m, assume(m> - 1)
F11 = laplace(diff(dirac(t), 2)) % 直接计算 f1(t)的拉普拉斯变换
F12 = s^2 * laplace(dirac(t)) % 根据微分性质计算 f1(t)的拉普拉斯变换
F21 = laplace(t * sin(a * t)) % 直接计算 f2(t)的拉普拉斯变换
F22 = - diff(laplace(sin(a * t)), s) % 根据微分性质计算 f2(t)的拉普拉斯变换
F31 = laplace(exp( - b * t) * sin(a * t)) % 直接计算 f3(t)的拉普拉斯变换
F32 = subs(laplace(sin(a * t)), s, s + b) % 根据位移性质计算 f3(t)的拉普拉斯变换
F41 = laplace(t^m * exp(a * t)) % 直接计算 f4(t)的拉普拉斯变换
F42 = subs(laplace(t^m), s, s - a) % 根据位移性质计算 f4(t)的拉普拉斯变换
F51 = laplace(int(sin(a * t), t, 0, t)) % 直接计算 f5(t)的拉普拉斯变换
F52 = 1/s * laplace(sin(a * t)) % 根据积分性质计算 f5(t)的拉普拉斯变换
F61 = laplace(sinh(t)/t) % 直接计算 f5(t)的拉普拉斯变换
```

```
IF62 = laplace(sinh(t)); % 计算 sinh(t)的拉普拉斯变换
F62 = 1/2 * log((s + 1)/(s - 1)) % 根据积分性质得到 f6(t)的拉普拉斯变换
```

执行上述程序后,得到如下结果:

```
F11 = s^2,F12 = s^2;
F21 = (2 * a * s)/(a^2 + s^2)^2,F22 = (2 * a * s)/(a^2 + s^2)^2;
F31 = a/((b + s)^2 + a^2),F32 = a/((b + s)^2 + a^2);
F41 = gamma(1 + m)/( - a + s)^(m + 1);
F42 = gamma(1 + m)/( - a + s)^(m + 1);
F51 = a/(s * (a^2 + s^2)), F52 = a/(s * (a^2 + s^2));
F61 = log((1 + s)/( - 1 + s))/2,F62 = log((1 + s)/( - 1 + s))/2.
```

由此可见,利用拉普拉斯变换的定义和性质得到的拉普拉斯变换都是相同的.

注:若积分$\int_0^{+\infty}\frac{f(t)}{t}\mathrm{d}t$存在,则$\int_0^{+\infty}\frac{f(t)}{t}\mathrm{d}t=\int_0^{+\infty}F(s)\mathrm{d}s$,这个公式常用来计算某些积分.例如,因为$\mathscr{L}[\sin t]=\frac{1}{s^2+1}$,所以$\int_0^{+\infty}\frac{\sin t}{t}\mathrm{d}t=\int_0^{+\infty}\frac{1}{s^2+1}\mathrm{d}s=\arctan s\big|_0^{+\infty}=\frac{\pi}{2}$.

9.8.4 拉普拉斯逆变换

1. 利用卷积定理求拉普拉斯逆变换

将有理函数$F(s)=\frac{A(s)}{B(s)}$化为若干分式之积,结合卷积定理求得函数$f(t)$.

例9.8.7 求下列函数的拉普拉斯逆变换.

(1)$F_1(s)=\frac{1}{s^2(s^2+1)}$;

(2)$F_2(s)=\frac{2s}{s^4+13s^2+36}$;

(3)$F_3(s)=\frac{1}{s^4+10s^3+39s^2+70s+50}$.

解 (1) 因为$F_1(s)=\frac{1}{s^2(s^2+1)}=\frac{1}{s^2}\cdot\frac{1}{s^2+1}$,所以

$$f_1(t)=\mathscr{L}^{-1}\left[\frac{1}{s^2}\cdot\frac{1}{s^2+1}\right]$$

$$=t*\sin t$$

$$=\int_0^t\tau\sin(t-\tau)\mathrm{d}\tau$$

$$=t-\sin t.$$

(2) 因为 $F_2(s)=\dfrac{2}{s^2+2^2}\cdot\dfrac{s}{s^2+3^2}$,所以

$$f_2(t)=\mathscr{L}^{-1}\left[\frac{2}{s^2+2^2}\cdot\frac{s}{s^2+3^2}\right]$$

$$=\sin 2t*\cos 3t$$

$$=\int_0^t\sin 2\tau\cos 3(t-\tau)\mathrm{d}\tau$$

$$=\frac{2}{5}(\cos 2t-\cos 3t).$$

(3) 因为 $F_3(s)=\dfrac{1}{(s+2)^2+1}\cdot\dfrac{1}{(s+3)^2+1}$,所以根据位移性质,得

$$f_3(t)=\mathscr{L}^{-1}\left[\frac{1}{(s+2)^2+1}\cdot\frac{1}{(s+3)^2+1}\right]$$

$$=(\mathrm{e}^{-2t}\sin t)*(\mathrm{e}^{-3t}\sin t)$$

$$=\int_0^t\mathrm{e}^{-2\tau}\sin\tau\,\mathrm{e}^{-3(t-\tau)}\sin(t-\tau)\mathrm{d}\tau$$

$$=\frac{1}{10}[\mathrm{e}^{-3t}(4\cos t+2\sin t)-\mathrm{e}^{-2t}(4\cos t-2\sin t)].$$

MATLAB的脚本文件如下.

```
clc, clear, syms t s tau
F11 = 1/s^2; F12 = 1/(s^2 + 1); F1 = F11 * F12; % 定义函数 F1
f11 = ilaplace(F1) % 直接计算 F1 的拉普拉斯逆变换
f12 = int(subs(ilaplace(F11), t, tau) * subs(ilaplace(F12), t, t - tau), tau, 0, t) % 根据卷积定理计算 F1 的拉普拉斯逆变换
F21 = 2/(s^2 + 4); F22 = s/(s^2 + 9); F2 = F21 * F22; % 定义函数 F3
f21 = ilaplace(F2) % 直接计算 F2 的拉普拉斯逆变换
```

```
f22 = int(subs(ilaplace(F21), t, tau) * subs(ilaplace(F22), t, t - tau), tau, 0, t) %根据卷积定理计算 F2 的拉普拉斯逆变换
f22_f21 = simplify(f22 - f21) %计算两种方法下的拉氏逆变换结果的差
F31 = 1/((s + 3)^2 + 1); F32 = 1/((s + 2)^2 + 1);
F3 = F31 * F32; %定义函数 F3
f31 = ilaplace(F3) %直接计算 F3 的拉普拉斯逆变换
f32 = int(subs(ilaplace(F31), t, tau) * subs(ilaplace(F32), t, t - tau), tau, 0, t) %根据卷积定理计算 F3 的拉普拉斯逆变换
f32_f31 = simplify(f32 - f31) %计算两种方法下的拉氏逆变换结果的差
```

执行上述程序后,得到的结果如下:

```
f11 = t - sin(t),f12 = t - sin(t);
f21 = (2 * cos(2 * t))/5 - (2 * cos(3 * t))/5;
f22 = (6 * cos(t))/5 + (4 * cos(t)^2)/5 - (8 * cos(t)^3)/5 - 2/5;
f22_f21 = 0;
f31 = (2 * exp( - 3 * t) * (cos(t) + sin(t)/2))/5 - (2 * exp( - 2 * t) * (cos(t) - sin(t)/2))/5;
f32 = (exp( - 3 * t) * (4 * cos(t) + 2 * sin(t)))/10 - (exp( - 2 * t) * (4 * cos(t) - 2 * sin(t)))/10.
f32_f31 = 0;
```

由此可见,利用拉普拉斯逆变换的定义和卷积定理得到的拉普拉斯逆变换是相同的.

2. 利用部分分式法求拉普拉斯逆变换

将有理函数 $F(s)=\dfrac{A(s)}{B(s)}$ 化为若干个部分分式(最简分式)之和,并结合拉普拉斯变换求得函数 $f(t)$.

例9.8.8 求下列函数 $F(s)$ 的拉普拉斯逆变换.

(1)$F_1(s)=\dfrac{1}{s^2(s+1)}$;(2)$F_2(s)=\dfrac{2s-5}{s^2-5s+6}$;(3)$F_3(s)=\dfrac{1}{s^3(s^2+a^2)}$.

解 (1) 因为 $F_1(s)=\dfrac{-1}{s}+\dfrac{1}{s^2}+\dfrac{1}{s+1}$,所以

$$f_1(t)=\mathscr{L}^{-1}\left[\frac{1}{s^2(s+1)}\right]$$
$$=\mathscr{L}^{-1}\left[\frac{-1}{s}\right]+\mathscr{L}^{-1}\left[\frac{1}{s^2}\right]+\mathscr{L}^{-1}\left[\frac{1}{s+1}\right]$$
$$=-1+t+\mathrm{e}^{-t}.$$

(2) 因为 $F_2(s)=\dfrac{1}{s-2}+\dfrac{1}{s-3}$,所以

$$f_3(t)=\mathscr{L}^{-1}\left[\frac{1}{s-2}\right]+\mathscr{L}^{-1}\left[\frac{1}{s-3}\right]=\mathrm{e}^{2t}+\mathrm{e}^{3t}.$$

(3) 因为 $F_3(s)=\dfrac{1}{a^4}\dfrac{s}{s^2+a^2}-\dfrac{1}{a^4}\dfrac{1}{s}+\dfrac{1}{a^2}\dfrac{1}{s^3}$,所以

$$f_3(t)=\frac{1}{a^4}\mathscr{L}^{-1}\left[\frac{s}{s^2+a^2}\right]-\frac{1}{a^4}\mathscr{L}^{-1}\left[\frac{1}{s}\right]+\frac{1}{a^2}\mathscr{L}^{-1}\left[\frac{1}{s^3}\right]$$
$$=\frac{1}{a^4}\cos at-\frac{1}{a^4}\times 1+\frac{1}{a^2}\frac{t^2}{2!}$$
$$=\frac{1}{a^4}(\cos at-1)+\frac{t^2}{2a^2}.$$

MATLAB 的脚本文件如下.

```
clc, clear, syms a s t, assume(t, 'real')
num1 = [1]; den1 = [1 1 0 0]; % 定义 F1 的分子和分母多项式系数向量
[r1, p1, k1] = residue(num1, den1); % 对 F1 进行部分分式分解
F1 = [1/(1 + s), - 1/s,1/s^2]; % 定义 F1 的各个分解式
f1 = ilaplace(F1); % 求 F1 的各个分解式的拉普拉斯逆变换
f11 = sum(f1) % 求 F1 的拉普拉斯逆变换
f12 = ilaplace(poly2sym(num1, s)/poly2sym(den1, s))
% 直接求 F1 的拉普拉斯逆变换
num2 = [2 - 5]; den2 = [1 - 5 6]; % 定义 F2 的分子和分母多项式系数向量
[r2, p2, k2] = residue(num2, den2); % 对 F2 进行部分分式分解
F2 = r2./(s - p2); % 定义 F2 的各个分解式
f2 = ilaplace(F2); % 求 F2 的各个分解式的拉普拉斯逆变换
f21 = sum(f2) % 求 F2 的拉普拉斯逆变换
f22 = ilaplace(poly2sym(num2, s)/poly2sym(den2, s))
% 直接求 F2 的拉普拉斯逆变换
```

```
F3 = [1/a^4 * s/(s^2 + a^2), - 1/a^4/s, 1/a^2/s^3]; % 定义 F3 的各个分解式
f3 = ilaplace(F3); % 求 F3 各个分解式的拉普拉斯逆变换
f31 = sum(f3) % 求 F3 的拉普拉斯逆变换
f32 = ilaplace(1/s^3/(s^2 + a^2)) % 直接求 F3 的拉普拉斯逆变换
```

执行上述程序后,得到的结果如下:

```
f11 = t + exp( - t) - 1, f12 = t + exp( - t) - 1;
f21 = exp(2 * t) + exp(3 * t), f22 = exp(2 * t) + exp(3 * t);
f31 = cos(a * t)/a^4  - 1/a^4 + t^2/(2 * a^2);
f32 = cos(a * t)/a^4  - 1/a^4 + t^2/(2 * a^2) .
```

由此可见,将函数化为部分分式的方法求拉普拉斯逆变换和使用 ilaplace 指令直接计算是相同的.

3. 利用留数法计算有理式的拉普拉斯逆变换

根据 8.3 节的内容我们知道,对于有理函数 $F(s)=\dfrac{A(s)}{B(s)}$,其中 $A(s)$,$B(s)$ 是不可约的多项式,且 $A(s)$ 的次数小于 $B(s)$ 的次数,设 $f(t)=\mathscr{L}^{-1}[F(s)]$,则有

(1) 当$B(s)$仅有n个一阶零点时,$f(t)=\sum\limits_{k=1}^{n}\dfrac{A(s_k)}{B'(s_k)}e^{s_k t}=\sum\limits_{k=1}^{n}\lim\limits_{s\to s_k}(s-s_k)\dfrac{A(s)}{B(s)}e^{st}$.

(2) 当 $B(s)$ 有一个 m 阶零点 s_1,$n-m$ 个一阶零点 $s_{m+1},s_{m+2},\cdots,s_n$ 时,

$$f(t)=\frac{1}{(m-1)!}\lim_{s\to s_1}\frac{d^{m-1}}{ds^{m-1}}\left[(s-s_1)^m\frac{A(s)}{B(s)}e^{st}\right]+\sum_{i=m+1}^{n}\frac{A(s_i)}{B'(s_i)}e^{s_i t}.$$

例9.8.9 求下列函数的拉普拉斯逆变换.

(1)$F_1(s)=\dfrac{1}{s^2+a^2}$; (2)$F_2(s)=\dfrac{1}{s(s-1)^2}$; (3)$F_3(s)=\dfrac{1}{s^3(s^2+a^2)}$.

解 (1) 因为 $s^2+a^2=(s+ja)(s-ja)$ 有两个一阶零点 $s_1=-ja$,$s_2=ja$,所以当 $t>0$ 时,有

$$\begin{aligned}f_1(t)&=\frac{1}{2s}e^{st}\Big|_{s=ja}+\frac{1}{2s}e^{st}\Big|_{s=-ja}\\&=\frac{1}{2ja}e^{jat}-\frac{1}{2ja}e^{-jat}\\&=\frac{1}{a}\cdot\frac{e^{jat}-e^{-jat}}{2j}\\&=\frac{1}{a}\sin at.\end{aligned}$$

(2) 因为 $s(s-1)^2$ 有一阶零点 $s=0$,二阶零点 $s=1$,从而当 $t>0$ 时,有

$$\begin{aligned}f_2(t)&=\lim_{s\to0}\left[s\frac{1}{s(s-1)^2}\mathrm{e}^{st}\right]+\lim_{s\to1}\frac{\mathrm{d}}{\mathrm{d}s}\left[(s-1)^2\frac{\mathrm{e}^{st}}{s(s-1)^2}\right]\\&=\frac{\mathrm{e}^{st}}{(s-1)^2}\bigg|_{s=0}+\lim_{s\to1}\frac{st\,\mathrm{e}^{st}-\mathrm{e}^{st}}{s^2}\\&=1+\mathrm{e}^t(t-1).\end{aligned}$$

(3) 因为 $B(s)=s^3(s^2+a^2)$ 有两个一阶零点 $s_1=-\mathrm{j}a$ 和 $s_2=\mathrm{j}a$,一个三阶零点 $s_3=0$,$B'(s)=5s^4+3a^2s^2$,从而当 $t>0$ 时,有

$$\begin{aligned}f(t)&=\frac{1}{5s^4+3a^2s^2}\mathrm{e}^{st}\bigg|_{s=-\mathrm{j}a}+\frac{1}{5s^4+3a^2s^2}\mathrm{e}^{st}\bigg|_{s=\mathrm{j}a}+\frac{1}{2!}\lim_{s\to0}\frac{\mathrm{d}^2}{\mathrm{d}s^2}\left[s^3\cdot\frac{1}{s^3(s^2+a^2)}\mathrm{e}^{st}\right]\\&=\frac{1}{2a^4}(\mathrm{e}^{-\mathrm{j}at}+\mathrm{e}^{\mathrm{j}at})+\frac{a^2t^2-2}{2a^4}\\&=\frac{\cos at}{a^4}+\frac{t^2}{2a^2}-\frac{1}{a^4}\\&=\frac{1}{a^4}(\cos at-1)+\frac{t^2}{2a^2}.\end{aligned}$$

MATLAB的脚本文件如下.

```
clc, clear, syms a s t, assume(t, 'real')
num1 = 1; den1 = s^2 + a^2; % 定义 F1 的分子和分母的符号函数
r1 = solve(den1); df1 = num1/diff(den1); % 求 F1 的极点和分母微分式
f11 = simplify(subs(df1 * exp(s * t), s, r1(1)) + subs(df1 * exp(s * t), 
s, r1(2))) % 利用留数方法求 f1
f12 = ilaplace(num1/den1) % 直接调用 ilaplace 指令求 f1
num2 = 1; den2 = s * (s - 1)^2; % 定义 F2 的分子和分母的符号函数
r2 = solve(den2); df2 = num2/diff(den2); % 求 F2 的极点和分母微分式
f21 = subs(df2 * exp(s * t), s, r2(1));
f22 = limit(diff((s - r2(2))^2 * num2/den2 * exp(s * t), s), s, 1);
f2a = f21 + f22 % 利用留数方法求 f2
f2b = ilaplace(num2/den2) % 直接调用 ilaplace 指令求 f2
num3 = 1; den3 = s^3 * (s^2 + a^2); % 定义 F3 的分子和分母的符号函数
r3 = solve(den3); df31 = simplify(num3/diff(den3)); % 求 F3 的极点和
```

分母微分式

```
f31 = simplify(subs(df31 * exp(s * t), s, r3(4)) + subs(df31 * exp(s *
t), s, r3(5)));
f32 = expand(limit(diff((s - r3(1))^3 * num3/den3 * exp(s * t), s, 2),
s, 0)/2);
f3a = f31 + f32 % 利用留数方法求 f3
f3b = ilaplace(num3/den3) % 直接调用 ilaplace 指令求 f3
```

执行上述程序后,得到的结果如下:

```
f11 = sin(a * t)/a, f12 = sin(a * t)/a;
f2a = t * exp(t) exp(t) + 1, f2b = t * exp(t) exp(t) + 1;
f3a = cos(a * t)/a^4 - 1/a^4 + t^2/(2 * a^2);
f3b = cos(a * t)/a^4 - 1/a^4 + t^2/(2 * a^2) .
```

由此可见,利用留数计算拉普拉斯逆变换和使用 ilaplace 指令直接计算是相同的.

9.8.5 拉普拉斯变换的应用

1. 微分方程(组)和积分方程的拉普拉斯变换解法

在使用拉普拉斯变换求解微分方程的时候,常常用到以下几个变换公式($Y(s)=\mathscr{L}[y(t)]$),有兴趣的读者可以利用拉普拉斯变换的微分性质自行推导.

(1)$\mathscr{L}[y(t)]=Y(s)$;

(2)$\mathscr{L}[y'(t)]=sY(s)-y(0)$;

(3)$\mathscr{L}[y''(t)]=s^2Y(s)-sy(0)-y'(0)$;

(4)$\mathscr{L}[ty(t)]=-Y'(s)$;

(5)$\mathscr{L}[ty'(t)]=-[sY'(s)+Y(s)]$;

(6)$\mathscr{L}[ty''(t)]=-[s^2Y'(s)+2sY(s)-y(0)]$.

例9.8.10 求二阶常系数微分方程方程

$$y''+y'-2y=\mathrm{e}^{-t}$$

满足初始条件$y|_{t=0}=0, y'|_{t=0}=1$ 的解.

解 设方程的解为 $y=y(t)(t\geqslant 0)$, 且设 $\mathscr{L}[y(t)]=Y(s)$. 对方程的两边取

拉普拉斯变换并考虑到初始条件,得

$$s^2Y(s)-1+sY(s)-2Y(s)=\frac{1}{s+1},$$

解得,$Y(s)=\frac{1}{s^2-1}$. 对象函数 $Y(s)$ 取拉普拉斯逆变换,即得到微分方程满足初值条件的解为

$$y(t)=\frac{1}{2}(\mathrm{e}^t-\mathrm{e}^{-t}).$$

MATLAB的脚本文件如下.

```
clc, clear, syms y(t) YS s
Dy = diff(y, t); Dyy = diff(y, t, 2);
eq = Dyy + Dy - 2 * y - exp( - t)   %定义微分方程
L = laplace(eq); %计算拉普拉斯变换
L = subs(L, {y(0), Dy(0)}, {0, 1}); %象函数中代入初值
L = subs(L, laplace(y(t), t, s), YS); %把 y(t)的象函数替换为 YS
YS = solve(L, YS); %求得象函数
y = ilaplace(YS) %求拉普拉斯逆变换,得到原方程的解
```

执行上述程序后,得到的结果为 y = exp(t)/2 - exp(- t)/2 .

例9.8.11 求二阶常系数微分方程方程

$$y''-3y'+2y=0$$

满足边界条件 $y(0)=0,y(a)=b\quad(a>0,b\neq0)$的解.

解 设方程的解为 $y=y(t)(0\leqslant t\leqslant a)$,且设 $\mathscr{L}[y(t)]=Y(s)$. 对方程的两边取拉普拉斯变换,并考虑到边界条件,得

$$s^2Y(s)-y'(0)-3sY(s)+2Y(s)=0,$$

解得 $Y(s)=\frac{y'(0)}{s^2-3s+2}$. 对象函数 $Y(s)$ 取拉普拉斯逆变换,得 $y(t)=y'(0)(\mathrm{e}^{2t}-\mathrm{e}^t)$. 由第二个边界条件确定 $y'(0)$的值,即 $b=y(a)=y'(0)(\mathrm{e}^{2a}-\mathrm{e}^a)$,于是有 $y'(0)=\frac{b}{\mathrm{e}^{2a}-\mathrm{e}^a}$,从而,原方程的解为

$$y=\frac{b}{\mathrm{e}^{2a}-\mathrm{e}^a}(\mathrm{e}^{2t}-\mathrm{e}^t).$$

MATLAB 的脚本文件如下.

```
clc, clear, syms a b c y(t) YS s
Dy = diff(y, t); Dyy = diff(y, t, 2);
eq = Dyy - 3 * Dy + 2 * y; % 定义微分方程
L = laplace(eq); % 计算拉普拉斯变换
L = subs(L, {y(0), Dy(0)}, {0, c}); % 象函数中代入初值
L = subs(L, laplace(y(t), t, s), YS); % 把 y(t)的象函数替换为 YS
YS = solve(L, YS); % 求得象函数
y = ilaplace(YS); % 求拉普拉斯逆变换,得到原方程的解
eq2 = subs(y, t, a) - b; % 定义求 c 的代数方程
c0 = solve(eq2, c); % 求解 c 的取值
y = subs(y, c, c0); % 求方程的特解
y = simplify(y)
```

执行上述程序后,得到的结果为:

```
y = (b * exp( - a) * exp(t) * (exp(t) - 1))/(exp(a) - 1) .
```

注:例 9.8.11 告诉我们,常系数线性微分方程的边值问题可以先当作它的初值问题来求解,而所得微分方程的解中含有未知的初值可由已知的边值求得,从而最后完全确定微分方程满足边界条件的解.

例9.8.12 求二阶变系数微分方程

$$ty''+(1-3t)y'-3y=0$$

满足初始条件 $y(0)=1, y'(0)=3$ 的解.

解 设方程的解为 $y=y(t)(t\geqslant 0)$，且设 $\mathscr{L}[y(t)]=Y(s)$. 对方程的两边取拉普拉斯变换,并考虑到边界条件,得

$$-[s^2Y'(s)+2sY(s)-1]+sY(s)-1+3[sY'(s)+Y(s)]-3Y(s)=0.$$

化简得 $(3s-s^2)Y'(s)-sY(s)=0$,求解此微分方程得 $Y(s)=\frac{c}{s-3}$. 对象函数 $Y(s)$ 取拉普拉斯逆变换,得 $y(t)=c_1\mathrm{e}^{3t}$. 由初始条件 $y(0)=1$ 可知 $c=1$,从而,原方程的解为

$$y(t)=\mathrm{e}^{3t}.$$

MATLAB 的脚本文件如下.

```
clc, clear, syms y(t) Y(s) DY s C1, assume(t, 'real')
Dy = diff(y, t); Dyy = diff(y, t, 2);
eq = t * Dyy + (1 - 3 * t) * Dy - 3 * y; % 定义微分方程
L = laplace(eq); % 计算拉普拉斯变换
L = subs(L, {y(0), Dy(0)}, {1, 2}); % 象函数中代入初值
L = subs(L, {laplace(y(t), t, s), laplace(t * y(t), t, s)}, {Y(s), -
diff(Y(s), s)});
% 把 y(t)的象函数替换为 Y(s),laplace(t * y(t), t, s)替换为 DY(s)
Y = dsolve(L); % 求 Y(s)
yt = ilaplace(Y); y0 = 1; C10 = solve(subs(yt, t, 0) = = y0, C1);
% 利用拉普拉斯逆变换求 y(t),并使用初始条件确定积分常数 C1
y = subs(yt, C1, C10) % 求得原方程的解
```

执行上述程序后,得到的结果为 yt = exp(3 * t) .

例9.8.13 求积分方程

$$y(t)=h(t)+\int_0^t y(t-\tau)f(\tau)\mathrm{d}\tau$$

的解,其中 $h(t)$,$f(t)$为定义在$[0,+\infty)$上的已知实值函数.

解 设 $\mathscr{L}[y(t)]=Y(s)$,$\mathscr{L}[h(t)]=H(s)$及 $\mathscr{L}[f(t)]=F(s)$. 对方程两边取拉普拉斯变换,由卷积定理,得

$$Y(s)=H(s)+\mathscr{L}[y(t)*f(t)]=H(s)+Y(s)\cdot F(s),$$

所以,$Y(s)=\dfrac{H(s)}{1-F(s)}$. 由拉普拉斯反演积分公式,有 $y(t)=\mathscr{L}^{-1}\left[\dfrac{H(s)}{1-F(s)}\right]$,$t>0$.

这里给出的是由象函数 $Y(s)$求它的象原函数 $y(t)$的一般公式,当给定函数 $h(t)$和 $f(t)$解析式时,可以直接从象函数 $Y(s)$的关系式中求出 $y(t)$. 例如,当 $h(t)=\dfrac{t^2}{2}$,$f(t)=\sin t$ 时,则 $H(s)=\mathscr{L}[t^2]=\dfrac{1}{s^3}$,$F(s)=\mathscr{L}[\sin t]=\dfrac{1}{s^2+1}$,此时$Y(s)=\dfrac{1}{s^3}+\dfrac{1}{s^5}$,所以

$$y(t)=\mathscr{L}^{-1}[Y(s)]=\frac{t^2}{2}+\frac{t^4}{24}.$$

MATLAB 的脚本文件如下.

```
clc, clear, syms t s
Hs = laplace(t^2/2); Fs = laplace(sin(t)); % 计算函数 h(t)和 f(t)的拉普拉斯变换
y = simplify(ilaplace(Hs/(1 - Fs))); % 化简
```

执行上述程序后,得到的结果为 y = (t^2 * (12 + t^2))/24 .

例9.8.14 求方程组 $\begin{cases}\dfrac{\mathrm{d}x}{\mathrm{d}t}=2x+y,\\ \dfrac{\mathrm{d}y}{\mathrm{d}t}=-x+4y\end{cases}$ 满足初始条件 $x(0)=0,y(0)=1$ 的解.

解 设 $\mathscr{L}[x(t)]=X(s),\mathscr{L}[y(t)]=Y(s)$,对方程的两边取拉普拉斯变换,得

$$\begin{cases}sX(s)-x(0)=2X(s)+Y(s),\\ sY(s)-y(0)=-X(s)+4Y(s),\end{cases}\quad 即\begin{cases}(s-2)X(s)-Y(s)=0,\\ X(s)+(s-4)Y(s)=1,\end{cases}$$

从而有

$$\begin{cases}X(s)=\dfrac{1}{(s-3)^2},\\ Y(s)=\dfrac{s-2}{(s-3)^2}=\dfrac{1}{s-3}+\dfrac{1}{(s-3)^2}.\end{cases}$$

对上面方程组取拉普拉斯逆变换,得原方程组的解为

$$\begin{cases}x(t)=t\mathrm{e}^{3t},\\ y(t)=\mathrm{e}^{3t}+t\mathrm{e}^{3t}.\end{cases}$$

MATLAB 的脚本文件如下.

```
clc, clear, syms x(t) y(t) Xs Ys s, assume(t, 'real')
eq1 = diff(x, t) - 2 * x - y; eq2 = diff(y, t) + x - 4 * y; eq = [eq1, eq2];
% 定义微分方程组
L = laplace(eq); % 对方程进行拉普拉斯变换
L = subs(L, {x(0), y(0)}, {0, 1}); % 象函数中代入初值
L = subs(L, {laplace(x(t), t, s), laplace(y(t), t, s)}, {Xs, Ys});
```

```
%把 x(t)的象函数替换为 X(s),把 y(t)的象函数替换为 Y(s)
Xs_Ys = solve([L(1), L(2)], [Xs, Ys]); %求 X(s)和 Y(s)
x_y = ilaplace([Xs_Ys.Xs, Xs_Ys.Ys]) %求原方程组的解 x(t)和 y(t)
```

执行上述程序后,得到的结果为:

x_y = [t * exp(3 * t), exp(3 * t) + t * exp(3 * t)].

例9.8.15 求方程组 $\begin{cases} x''-y''+x'+y=\dfrac{t^2}{2}, \\ x''-y''+2y'-x=t \end{cases}$ 满足初始条件 $\begin{cases} x(0)=0, x'(0)=1, \\ y(0)=0, y'(0)=1 \end{cases}$ 的解.

解 设 $\mathscr{L}[x(t)]=X(s)$,$\mathscr{L}[y(t)]=Y(s)$,对每个方程,两边取拉普拉斯变换并考虑到初值条件,得 $\begin{cases} s^2X(s)-s^2Y(s)+sX(s)+Y(s)=\dfrac{1}{s^3}, \\ s^2X(s)-s^2Y(s)+2sY(s)-X(s)=\dfrac{1}{s^2}, \end{cases}$ 解之,得 $\begin{cases} X(s)=\dfrac{1}{s^2(s+1)}, \\ Y(s)=\dfrac{1}{s^3}, \end{cases}$

再取拉普拉斯逆变换,得原方程组的解为

$$\begin{cases} x(t)=\mathrm{e}^{-t}+t-1, \\ y(t)=\dfrac{t^2}{2}. \end{cases}$$

MATLAB 的脚本文件如下.

```
clc, clear, syms s x(t) y(t) XS YS
Dx = diff(x, t); Dxx = diff(x, t, 2);
Dy = diff(y, t); Dyy = diff(y, t, 2); %定义导数
eq1 = Dxx - Dyy + Dx + y - t^2/2; eq2 = Dxx - Dyy + 2 * Dy - x - t;
%定义方程组
L1 = laplace(eq1); L2 = laplace(eq2); %对两个方程做拉普拉斯变换
Leq1 = subs(L1, {x(0), y(0), Dx(0), Dy(0)}, {0, 0, 1, 1});
%代人初值条件
Leq2 = subs(L2, {x(0), y(0), Dx(0), Dy(0)}, {0, 0, 1, 1});
%代人初值条件
Leq1 = subs(Leq1, {laplace(x(t), t, s), laplace(y(t), t, s)}, {XS,
```

```
YS}); % 符号替换
    Leq2 = subs(Leq2, {laplace(x(t), t, s), laplace(y(t), t, s)}, {XS,
YS}); % 符号替换
    [XS,YS] = solve(Leq1, Leq2, XS, YS); % 求 x(t)和 y(t)的象函数
    x_y = [ilaplace(XS), ilaplace(YS)];
    % 做拉普拉斯逆变换,得到原方程组的解
```

执行上述程序后,得到的结果为 x_y = [t + exp(- t) - 1, t^2/2] .

2. 偏微分方程的拉普拉斯变换解法

拉普拉斯变换是求解某些偏微分方程的方法之一,其计算过程和步骤与用傅里叶变换求解偏微分方程的过程及步骤相似.本小节以二元函数 $u=u(x,t)$ 的二阶线性偏微分方程为例介绍拉普拉斯变换解偏微分方程的方法和步骤.为方便起见,记 $U(x,s)=\mathscr{L}_t[u(x,t)]$ 表示对函数 $u(x,t)$ 关于变量 t 取拉普拉斯变换,$\widetilde{U}(s,t)=\mathscr{L}_x[u(x,t)]$ 表示对函数 $u(x,t)$ 关于变量 x 取拉普拉斯变换.同时,我们假定函数 $u(x,t)$ 及其偏导数 $\frac{\partial u}{\partial x},\frac{\partial^2 u}{\partial x^2}$ 关于 t 取拉普拉斯变换或 $\frac{\partial u}{\partial t},\frac{\partial^2 u}{\partial t^2}$ 关于 x 取拉普拉斯变换时,都满足拉普拉斯变换中微分性质的条件且允许偏导数运算与积分运算交换次序,即

$$\mathscr{L}_t\left[\frac{\partial^k u(x,t)}{\partial x^k}\right]=\frac{\partial^k U(x,s)}{\partial x^k},\mathscr{L}_x\left[\frac{\partial^k u(x,t)}{\partial t^k}\right]=\frac{\partial^k \widetilde{U}(s,t)}{\partial t^k},k=1,2,3,\cdots.$$

例9.8.16 利用拉普拉斯变换求解定解问题:

$$\begin{cases}\frac{\partial^2 u}{\partial x\partial t}=x^2 t,x>0,t>0,\\ u(0,t)=3t,u(x,0)=x^2.\end{cases}$$

解 对方程的两边关于 x 取拉普拉斯变换,并利用微分性质及初始条件,得

$$\mathscr{L}_x\left[\frac{\partial^2 u}{\partial x\partial t}\right]=\frac{\partial}{\partial t}[s\widetilde{U}(s,t)-u(0,t)]=s\frac{\mathrm{d}\widetilde{U}}{\mathrm{d}t}-3,\mathscr{L}_x[x^2 t]=\frac{2}{s^3}t,\widetilde{U}(s,0)=\frac{2}{s^3}.$$

于是,原定解问题转化为含有参数 s 的常微分方程的边值问题

$$\begin{cases}s\frac{\mathrm{d}\widetilde{U}}{\mathrm{d}t}-3=\frac{2}{s^3}t,\\ \widetilde{U}(s,0)=\frac{2}{s^3}.\end{cases}$$

求得该方程的解为$\widetilde{U}(s,t)=\frac{t^2}{s^4}+\frac{3t}{s}+\frac{2}{s^3}$,对其取拉普拉斯逆变换得到原问题的解为

$$u(x,t)=\frac{1}{6}x^3t^3+3t+x^2.$$

MATLAB的脚本文件如下.

```
clc, clear, syms U(t) s x t
Dt = diff(U, t); %定义导数
eq = s * Dt - 3 - 2/s^3 * t; cond = U(0) = = 2/s^3;
%定义象函数的常微分方程和初始条件
U = expand(dsolve(eq, cond)); %求解象函数的常微分方程
u = ilaplace(U, s, x) %求解拉普拉斯逆变换,得到原方程的解
```

执行上述程序后,得到的结果为 u = 3 * t + x^2 + (t^2 * x^3)/6 .

例9.8.17 利用拉普拉斯变换求解半无界杆上的热传导问题:

$$\begin{cases}\frac{\partial u}{\partial t}=a^2\frac{\partial^2 u}{\partial x^2},x>0,t>0,\\ u(x,0)=u_0,u(0,t)=u_1,\\ \lim\limits_{x\to+\infty}u(x,t)=u_0.\end{cases}$$

解 对方程的两边关于t取拉普拉斯变换,并利用微分性质及初始条件,得

$$\mathscr{L}_t\left[\frac{\partial u}{\partial t}\right]=sU(x,s)-u(x,0)=sU-u_0,\mathscr{L}_t\left[\frac{\partial^2 u}{\partial x^2}\right]=\frac{\mathrm{d}^2U(x,s)}{\mathrm{d}x^2},$$

于是,将原问题转化为求解含有参数s的常微分方程的边值问题

$$\begin{cases}\frac{\mathrm{d}^2U}{\mathrm{d}x^2}-\frac{s}{a^2}U=-\frac{u_0}{a^2},\\ U(0,s)=\frac{u_1}{s},\lim\limits_{x\to+\infty}U(x,s)=\frac{u_0}{s}.\end{cases}$$

这是一个二阶常系数非齐次线性微分方程的边值问题,容易求得该方程的通解为

$$u(x,s)=c_1\mathrm{e}^{\frac{\sqrt{s}}{a}x}+c_2\mathrm{e}^{-\frac{\sqrt{s}}{a}x}+\frac{u_0}{s}.$$

代入边界条件,得$U(x,s)=\frac{u_0}{s}+\frac{u_1-u_0}{s}\mathrm{e}^{-\frac{\sqrt{s}}{a}x}$,取拉普拉斯逆变换并查拉普

拉斯变换表，得原问题的解为

$$u(x,t)=u_0+(u_1-u_0)\operatorname{erfc}\left(\frac{x}{2a\sqrt{t}}\right),$$

其中，$\operatorname{erfc}\left(\frac{x}{2a\sqrt{t}}\right)=\frac{2}{\sqrt{\pi}}\int_{\frac{x}{2a\sqrt{t}}}^{+\infty}e^{-\tau^2}d\tau$.

注：$\operatorname{erf}(x)=\frac{2}{\sqrt{\pi}}\int_0^x e^{-\tau^2}d\tau$ 为误差函数，$\operatorname{erfc}(x)=1-\operatorname{erf}(x)=\frac{2}{\sqrt{\pi}}\int_x^{+\infty}e^{-\tau^2}d\tau$ 为余误差函数.

当 $u_0=3$ 且 $u_1=2$ 时，令 a 取不同值，可以作 $u(x,t)$ 的图像，如图 9-8-1 所示.

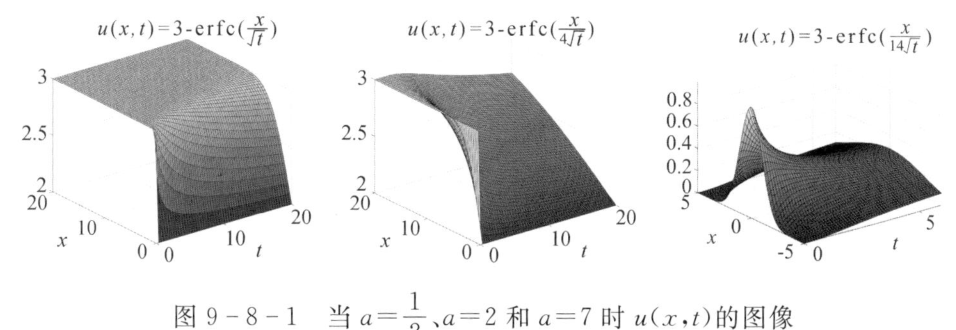

图 9-8-1 当 $a=\frac{1}{2}$、$a=2$ 和 $a=7$ 时 $u(x,t)$ 的图像

MATLAB 的脚本文件如下.

```
clc, clear, syms U(x) a s t, assume([a, s], 'positive')
Dxx = diff(U, x, 2); eq = Dxx - s/a^2 * U + 3/a^2;
% 定义导数和象函数的常微分方程
cond = U(0) = = 2/s; U = dsolve(eq, cond);
% 给定初始条件并求解象函数的常微分方程
V = symvar(U); % 显示 U 中的所有符号变量
v1 = solve(limit(U, x, inf) = = 3/s, V(1)); % 求积分常数 V(1)
U = subs(U, V(1), v1); % 积分常数 V(1)的取值代入
u = ilaplace(U, s, t); % 实际上 MATLAB 无法求解拉普拉斯逆变换
u = 3 - erfc(x/(2 * a * sqrt(t))); % 这里使用查表直接给出函数 u(x,t)
ezsurf(subs(u, a, 2), [0, 20, 0, 20])
```

```
%画出 a=1/2,a=4 和 a=7 时的解曲面
title('$ u(x, t) = 3 - erfc(\frac{x}{4\sqrt{t}})$ ', 'Interpreter', 'Latex', 'FontSize', 16)
```

注:在此例中,注意到$u(x,t)$中x,t的变化范围均为$(0,+\infty)$,那么是否可以将此问题关于x取拉普拉斯变换进行求解呢?实际上,由微分性质可知

$$\mathscr{L}_x\left[\frac{\partial^2 u}{\partial x^2}\right]=s^2\widetilde{U}(s,t)-su(0,t)-u'_x(0,t),$$

由于$u'_x(0,t)$是未知的,从而导致关于$\widetilde{U}(s,t)$的微分方程也是不确定的,所以原问题无法求解.因此,不能通过对x取拉普拉斯变换求解原问题.这说明由二元函数$u=u(x,t)$所构成的定解问题,究竟是关于x还是关于t取拉普拉斯变换,不仅要看x和t的变化范围(定义域),还要考虑所给出的定解条件.

例9.8.18 利用拉普拉斯变换求解长度为L的均匀细杆上的热传导问题:

$$\begin{cases}u_t=a^2u_{xx},0<x<L,t>0,\\u_x(0,t)=0,u(L,t)=u_1,t\geqslant 0,\\u(x,0)=u_0,0\leqslant x\leqslant L.\end{cases}$$

解 对方程和边界条件关于变量t进行拉普拉斯变换,记$\mathscr{L}_t[u(x,t)]=U(x,s)$,并考虑初始条件,可得

$$\begin{cases}\dfrac{\mathrm{d}^2U}{\mathrm{d}x^2}-\dfrac{s}{a^2}U+\dfrac{u_0}{a^2}=0,\\U_x(0,s)=0,U(L,s)=\dfrac{u_1}{s}.\end{cases}$$

上述方程的通解为

$$U(x,s)=\frac{u_0}{s}+c_1(s)\sinh\frac{\sqrt{s}}{a}x+c_2(s)\cosh\frac{\sqrt{s}}{a}x,$$

由边界条件求出$c_1(s),c_2(s)$,得

$$U(x,s)=\frac{u_0}{s}+\frac{u_1-u_0}{s}\frac{\cosh\frac{\sqrt{s}}{a}x}{\cosh\frac{\sqrt{s}}{a}L}.$$

由 $\mathscr{L}^{-1}\left[\frac{1}{s}\right]=1$ 及例 8.3.1 中第(3) 小题的结论知

$$\mathscr{L}^{-1}\left[\frac{\cosh\frac{\sqrt{s}}{a}x}{s\cosh\frac{\sqrt{s}}{a}L}\right]=1+\frac{4}{\pi}\sum_{k=1}^{\infty}\frac{(-1)^k}{2k-1}\cos\frac{(2k-1)\pi x}{2L}\mathrm{e}^{-\frac{a^2\pi^2(2k-1)^2}{4L^2}t},$$

可得

$$u(x,t)=\mathscr{L}^{-1}[U(x,s)]=u_1+(u_1-u_0)\frac{4}{\pi}\sum_{k=1}^{\infty}\frac{(-1)^k}{2k-1}\cos\frac{(2k-1)\pi x}{2L}\mathrm{e}^{-\frac{a^2\pi^2(2k-1)^2}{4L^2}t}.$$

MATLAB 的脚本文件如下.

```
clc, clear, syms U(x) a s t L u0 u1, assume([a, s], 'positive')
Dx = diff(U, x); Dxx = diff(U, x, 2); % 定义导数
eq = Dxx - s/a^2 * U + u0/a^2; % 定义象函数的常微分方程
cond = [Dx(0) = = 0, U(L) = = u1/s]; U = dsolve(eq, cond)
% 给定初始条件并求解象函数的常微分方程
u = ilaplace(U, s, t); % 实际上 MATLAB 无法求解拉普拉斯逆变换
u0 = 0; u1 = 1; a = 1/5; L = 1; N = 1000; n = 1:N;
Bsin = 4/pi. * ( - 1).^n./(2 * n - 1). * cos((2 * n - 1). * pi. * x./(2. * L)). * exp( - a^2 * pi^2 * (2 * n - 1).^2. * t./(4 * L^2));
u = u1 + (u1 - u0) * sum(Bsin); % 这里直接给出函数 u(x, t)
fsurf(u, [0, 30, 0, L]); axis([0 30 0 L 0 1]);
% 画出 u0 = 0, u1 = 1, a = 1/5, L = 1 时的解曲面
title('$ u(x, t) = 1 + \sum\limits_{n = 1}^{\infty}\frac{( - 1)^k}{2k - 1}\mathrm{cos}\left(\frac {2k\pi\pi}{2} x\right)\mathrm{e}^{ - \frac{(2k\ pi\pi)^2}{100}t}$ ', 'Interpreter', 'Latex', 'FontSize', 16)
xlabel('$ t$ ', 'Interpreter', 'Latex', 'FontSize', 12);
ylabel('$ x$ ', 'Interpreter', 'Latex','FontSize', 12);
```

执行上述程序后,得到 $u(x,t)$ 在拉普拉斯变换下的解析式为

$$U(x,s)=\frac{u_0}{s}+\frac{u_1-u_0}{s}\frac{\mathrm{e}^{\frac{\sqrt{s}x}{a}}+\mathrm{e}^{-\frac{\sqrt{s}x}{a}}}{\mathrm{e}^{\frac{\sqrt{s}}{a}L}+\mathrm{e}^{-\frac{\sqrt{s}}{a}L}}$$

当 $u_0=0,u_1=L=1$ 且 $a=\frac{1}{5}$ 时,

$$u(x,t)=1+\sum_{k=1}^{\infty}\frac{(-1)^k}{2k-1}\cos\left(\frac{2k\pi-\pi}{2}x\right)\mathrm{e}^{-\frac{(2k\pi-\pi)^2}{100}t}$$

绘制解函数 $u(x,t)$ 的图像，如图 9-8-2 所示.

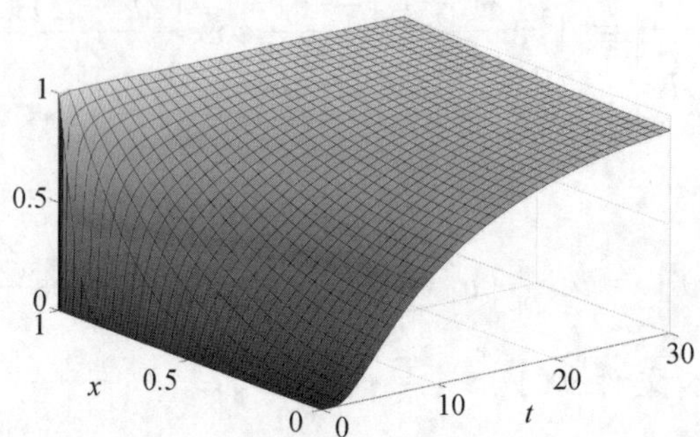

图 9-8-2 当 $u_0=0, u_1=L=1$ 且 $a=\frac{1}{5}$ 时，$u(x,t)$ 的图像

例9.8.19 利用拉普拉斯变换求解半无界弦的振动问题：

$$\begin{cases}u_{tt}=a^2u_{xx}, 0<x<+\infty, t>0,\\ u(0,t)=f(t), \lim\limits_{x\to\infty}u(x,t)=0, t\geqslant 0,\\ u(x,0)=0, u_t(x,0)=0, 0\leqslant x<+\infty.\end{cases}$$

若 $f(t)=A\sin\omega t$，请绘制解函数 $u(x,t)$ 的图像.

解 对方程和边界条件关于变量 t 进行拉普拉斯变换，记 $\mathscr{L}_t[u(x,t)]=U(x,s)$，则有

$$\begin{cases}\dfrac{\mathrm{d}^2U}{\mathrm{d}x^2}-\dfrac{s^2}{a^2}U(x,s)=0,\\ U(0,s)=F(s), \lim\limits_{x\to\infty}U(x,s)=0,\end{cases}$$

其通解为

$$U(x,s)=c_1(s)\mathrm{e}^{-\frac{x}{a}s}+c_2(s)\mathrm{e}^{\frac{x}{a}s},$$

代入边界条件，得

$$c_2(s)=0, c_1(s)=F(s), F(s)=\mathscr{L}[f(t)],$$

故

$$U(x,s)=\mathrm{e}^{-\frac{x}{a}s}F(s),$$

根据由位移性质，可得

$$\mathrm{e}^{-\frac{x}{a}s}F(s)=\mathscr{L}\left[f\left(t-\frac{x}{a}\right)\right],$$

所以

$$u(x,t)=\mathscr{L}^{-1}[U(x,s)]=\mathscr{L}^{-1}\left\{\mathscr{L}\left[f\left(t-\frac{x}{a}\right)\right]\right\}=\begin{cases}f\left(t-\frac{x}{a}\right), & t\geqslant\frac{x}{a},\\ 0, & t<\frac{x}{a}.\end{cases}$$

相应的 MATLAB 的脚本文件如下.

```
clc, clear, syms U(x) f(t) A a w s t, assume([a, s], 'positive')
Dx = diff(U, x); Dxx = diff(U, x, 2); % 定义导数
eq = Dxx - s^2/a^2 * U; % 定义象函数的常微分方程
cond = U(0) = = laplace(f(t), t, s); U = dsolve(eq, cond);
% 给定初始条件并求解象函数的常微分方程
V = symvar(U); % 显示 U 中的所有符号变量
v1 = solve(limit(U, x, inf) = = 0,V(1)); % 求积分常数 V(1)
U = subs(U, V(1), v1); % 积分常数 V(1)的取值代入
u = ilaplace(U, s, t);
% 未给出 f(t)的解析式时,MATLAB 无法化简这个拉普拉斯逆变换
u = subs(u, f, A * sin(w * t)) % 当给出 f(t)的解析式时,得到原问题的解
u = subs(u, [A, a, w], [1, 1, 1]);
fsurf(u, [0, 40, 0, 20]) % 画出 A = 1,a = 1 时的解曲面
title('$ u(x, t) = \mathrm{sin}(t - x), 0\le x<t $ ', 'Interpreter', 'Latex',
'FontSize', 16)
xlabel('$ t$ ', 'Interpreter', 'Latex', 'FontSize', 12);
ylabel('$ x$ ', 'Interpreter', 'Latex','FontSize', 12);
```

执行上述程序后,得到 $f(t)=A\sin\omega t$ 时 $u(x,t)$ 的解析式为 u=A * heaviside(t−x/a) * sin(w * (t−x/a)),并绘制当 $A=a=\omega=1$ 时 $u(x,t)$ 的图像,如图 9-8-3 所示.

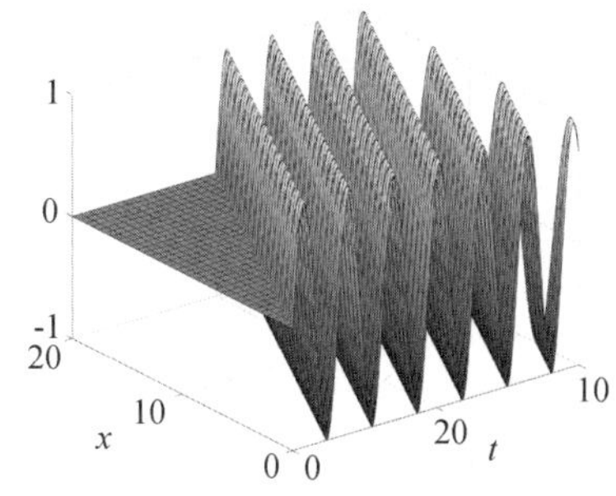

图 9-8-3 当 $A=a=\omega=1$ 时 $u(x,t)$ 的图像

例9.8.20 利用拉普拉斯变换求解长度为 L 的弦的振动问题：

$$\begin{cases}\dfrac{\partial^2 u}{\partial t^2}=a^2\dfrac{\partial^2 u}{\partial x^2},0\leqslant x\leqslant L,t>0,\\ u(0,t)=0,u(L,t)=\varphi(t),\\ u(x,0)=0,u'_t(x,0)=0.\end{cases}$$

若 $\varphi(t)=A\sin\omega t$，请绘制解函数 $u(x,t)$ 的图像.

解 对方程的两边关于 t 取拉普拉斯变换，并利用微分性质及初始条件，得

$$\mathscr{L}_t\left[\frac{\partial^2 u}{\partial t^2}\right]=s^2U(x,s)-su(x,0)-u'_t(x,0)=s^2U,\mathscr{L}_t\left[\frac{\partial^2 u}{\partial x^2}\right]=\frac{\mathrm{d}^2U(x,s)}{\mathrm{d}x^2},$$

于是，原问题转化为求解含有参数 s 的常微分方程的边值问题

$$\begin{cases}\dfrac{\mathrm{d}^2U}{\mathrm{d}x^2}-\dfrac{s^2}{a^2}U=0,\\ U(0,s)=0,U(L,s)=\Phi(s),\end{cases}\quad 其中\ \Phi(s)=\mathscr{L}[\varphi(t)].$$

这是一个二阶常系数齐次线性微分方程的边值问题，容易求得该方程的通解为

$$U(x,s)=c_1(s)\mathrm{e}^{\frac{s}{a}x}+c_2(s)\mathrm{e}^{-\frac{s}{a}x},$$

由边界条件 $U(0,s)=0$ 可知 $c_1(s)+c_2(s)=0$，结合边界条件 $U(L,s)=\Phi(s)$ 可得

$$\Phi(s)=c_1(s)\mathrm{e}^{\frac{s}{a}L}+c_2(s)\mathrm{e}^{-\frac{s}{a}L}=c_1(s)(\mathrm{e}^{\frac{s}{a}L}-\mathrm{e}^{-\frac{s}{a}L}),c_1(s)=-c_2(s)=\frac{\Phi(s)}{\mathrm{e}^{\frac{s}{a}L}-\mathrm{e}^{-\frac{s}{a}L}},$$

故 $U(x,s)=\Phi(s)\dfrac{\mathrm{e}^{\frac{s}{a}x}-\mathrm{e}^{-\frac{s}{a}x}}{\mathrm{e}^{\frac{s}{a}L}-\mathrm{e}^{-\frac{s}{a}L}}=\Phi(s)\left[\dfrac{\mathrm{e}^{-\frac{s}{a}(L-x)}-\mathrm{e}^{-\frac{s}{a}(L+x)}}{1-\mathrm{e}^{-\frac{4L}{a}s}}+\dfrac{\mathrm{e}^{-\frac{s}{a}(3L-x)}-\mathrm{e}^{-\frac{s}{a}(3L+x)}}{1-\mathrm{e}^{-\frac{4L}{a}s}}\right].$

注意到，上式中的分母为 $1-\mathrm{e}^{-\frac{4L}{a}s}$，所以 $U(x,s)$ 的拉普拉斯逆变换是关于 t 的周期为 $\dfrac{4L}{a}$ 的函数. 若记 $\mathscr{L}^{-1}\left[\dfrac{\Phi(s)}{1-\mathrm{e}^{-\frac{4L}{a}s}}\right]=\varphi(t)$，则由周期函数的拉普拉斯变换公式(8.2.14)可知，$\varphi(t)$ 由积分方程 $\Phi(s)=\displaystyle\int_0^{\frac{4L}{a}}\varphi(t)\mathrm{e}^{-st}\mathrm{d}t$ 唯一确定，再根据延迟性质，有

$$\mathscr{L}^{-1}\left[\frac{\Phi(s)}{1-\mathrm{e}^{-\frac{4L}{a}s}}\mathrm{e}^{-\frac{s}{a}(L-x)}\right]=\varphi\left(t-\frac{L-x}{a}\right)u\left(t-\frac{L-x}{a}\right),$$

其中 $u(t)$ 为单位阶跃函数，其他各项同理可得. 因此，原问题的解可表示为

$$\begin{aligned}u(x,t)&=\mathscr{L}^{-1}[U(x,s)]\\&=\varphi\left(t-\frac{L-x}{a}\right)u\left(t-\frac{L-x}{a}\right)-\varphi\left(t-\frac{L+x}{a}\right)u\left(t-\frac{L+x}{a}\right)\\&\quad+\varphi\left(t-\frac{3L-x}{a}\right)u\left(t-\frac{3L-x}{a}\right)-\varphi\left(t-\frac{3L+x}{a}\right)u\left(t-\frac{3L+x}{a}\right).\end{aligned}$$

当 $\varphi(t)=A\sin\omega t$ 时，$U(x,s)=\dfrac{A\omega(e^{\frac{s}{a}x}-e^{-\frac{s}{a}x})}{(\omega^2+s^2)(e^{\frac{s}{a}L}-e^{-\frac{s}{a}L})}$，相应的解为

$$u(x,t)=\frac{A}{\sin\frac{\omega L}{a}}\sin\left(\frac{\omega}{a}x\right)\sin\omega t+\frac{2A\omega}{aL}\sum_{n=1}^{\infty}\frac{(-1)^n\sin\left(\frac{n\pi}{L}x\right)\sin\left(\frac{n\pi a}{L}t\right)}{\frac{n^2\pi^2}{L^2}-\frac{\omega^2}{a^2}}.$$

绘图的 MATLAB 的脚本文件如下.

```
clc, clear, syms U(x) A a s t n L w, assume([A, a, L, s, w], 'positive')
Dx = diff(U, x); Dxx = diff(U, x, 2); eq = Dxx - s^2/a^2 * U;
% 定义导数和象函数的常微分方程
cond = [U(0) = = 0, U(L) = = A * w/(s^2 + w^2)]; U = dsolve(eq, cond) ;
% 给定初始条件并求解象函数的常微分方程
u = ilaplace(U, s, t); % 实际上 MATLAB 无法求解拉普拉斯逆变换
A = 1; a = 1; L = 1; w = 1; N = 2000; n = 1: N;
Bsin = ( - 1).^n./( n.^2. * pi^2./L^2 - w^2./a^2) . * sin(n. * pi./L. * x).
* sin(n. * pi. * a./L. * t);
u = A./sin(w. * L./a). * sin(w. * x./a). * sin(w. * t) + 2. * a. * w./a./
L. * sum(Bsin); % 这里直接给出函数 u(x,t)
fsurf(u, [0, 20, 0, 1]) % 画出 A = 1; a = 1; L = 1; w = 1 时的解曲面
title('$ u(x,t) = \frac{\mathrm{sin}x\mathrm{sin}t}{\mathrm{sin}1}
+ 2\sum\limits_{n = 1}^{\infty}\frac{( - 1)^n\mathrm{sin}(n\pi t)\mathrm
{sin}(n\pi x)}{ n^2\pi^2 - 1}$ ', 'Interpreter', 'Latex', 'FontSize', 16)
xlabel('$ t$ ', 'Interpreter', 'Latex', 'FontSize', 12);
ylabel('$ x$ ', 'Interpreter', 'Latex','FontSize', 12);
```

执行上述程序后，得到当 $A=a=\omega=L=1$ 时 $u(x,t)$ 的图像，如图 9-8-4 所示.

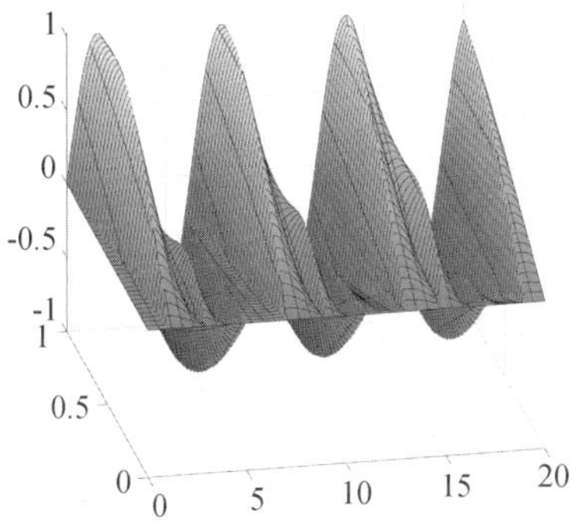

图 9-8-4　当 $A=a=\omega=1$ 时 $u(x,t)$ 的图像

从上面的例题可以看出,拉普拉斯变换可以用来求解无界区域内的初边值定解问题,也可以求解有界区域内的初边值定解问题.在用拉普拉斯变换法求解定解问题时,无论方程与边界条件是齐次与否,都采用相同的步骤.

习题 9.8

1. 计算下列函数的拉普拉斯变换.

(1) $f_1(t) = t^4 - t$;

(2) $f_2(t) = \sinh t$;

(3) $f_3(t) = \dfrac{\sin t}{t}$;

(4) $f_4(t) = \cos(2t) - \sin(3t)$;

(5) $f_5(t) = 2\sqrt{\dfrac{t}{\pi}}$;

(6) $f_6(t) = \sinh(t) - \sin t$.

2. 利用拉氏变换的性质计算下列函数的拉普拉斯变换,其中 $a > 0$.

(1) $f_1(t) = \dfrac{1}{t+a}$;

(2) $f_2(t) = (t-1)^2 \mathrm{e}^t$;

(3) $f_3(t) = \mathrm{e}^{-2t}\sin 6t$;

(4) $f_4(t) = \dfrac{\mathrm{e}^{3t}}{\sqrt{t}}$;

(5) $f_5(t) = \dfrac{1}{a^4}(\cos at - 1) + \dfrac{t^2}{2a^2}$;

(6) $f_6(t) = t\cos t\,\mathrm{e}^{-2t}$;

(7) $f_7(t) = t^2\mathrm{e}^{-2t}\sin(t+\pi)$;

(8) $f_8(t) = \dfrac{\mathrm{e}^{bt} - \mathrm{e}^{at}}{t}$;

(9) $f_9(t) = t^2\cos^2 t$;

(10) $f_{10}(t) = u(t-\tau)$;

(11) $f_{11}(t) = \begin{cases} \sin\dfrac{2\pi}{T}, & 0 \leqslant t \leqslant \dfrac{T}{2}, \\ 0, & \text{其他}; \end{cases}$

(12) $f_{12}(t) = \begin{cases} 0, & t < 0, \\ c_1, & 0 \leqslant t < a, \\ c_2, & a \leqslant t < b, \\ c_3, & t \geqslant b; \end{cases}$

(13) $f_{13}(t) = \dfrac{f_3(t)}{t}$;

(14) $f_{14}(t) = f_3^{(5)}(t)$.

3. 求下列函数的拉普拉斯变换.

(1) $f_1(t) = \displaystyle\int_0^t \mathrm{e}^{-3\tau}\cos 2\tau\,\mathrm{d}\tau$;

(2) $f_2(t) = t\displaystyle\int_0^t \mathrm{e}^{-3\tau}\cos 2\tau\,\mathrm{d}\tau$;

(3) $f_3(t)=\int_0^t \tau e^{-3\tau}\cos 2\tau d\tau$; (4) $f_4(t)=\int_0^t \frac{e^{-3\tau}\cos 2\tau}{\sqrt{\tau}}d\tau$;

(5) $f_5(t)=\int_0^t \frac{e^{-3\tau}\sin 2\tau}{\tau}d\tau$.

4. 求下列函数的拉普拉斯逆变换.

(1) $f_1(s)=\frac{2a^2}{s(4a^2+s^2)}$; (2) $f_1(s)=\frac{2a^2+s^2}{s(4a^2+s^2)}$;

(3) $f_3(s)=\frac{a}{(s+b)^2+a^2}$; (4) $f_4(s)=\frac{s+b}{(s+b)^2+a^2}$;

(5) $f_5(s)=\frac{\Gamma(m+1)}{(s-a)^{m+1}}$; (6) $f_6(s)=\frac{(s+b)\sin c+a\cos c}{(s+b)^2+a^2}$;

(7) $f_7(s)=\frac{s}{s+b}$; (8) $f_8(s)=\frac{s^2}{s^2+1}$;

(9) $f_9(s)=\ln\frac{s^2-a^2}{s^2}$; (10) $f_{10}(s)=\ln\frac{s^2+a^2}{s^2}$.

(11) $f_{11}(s)=\frac{1}{2}\left[\frac{a+b}{(a+b)^2+s^2}+\frac{a-b}{(a-b)^2+s^2}\right]$;

(12) $f_{12}(s)=\frac{a}{(s+c)^2+a^2}+\frac{s+c}{(s+c)^2+b^2}$;

5. 利用部分分式法求下列函数的拉普拉斯逆变换.

(1) $f_1(s)=\frac{3s}{(s^2+1)(s^2+4)}$; (2) $f_1(s)=\frac{1}{s(s+a)(s+b)}$;

(3) $f_3(s)=\frac{1}{s^2(s+1)}$; (4) $f_4(s)=\frac{2s+2}{s^3+4s^2+6s+4}$;

(5) $f_5(s)=\frac{2}{(s^2+1)(s+1)}$.

6. 利用卷积定理计算下列函数的拉普拉斯逆变换.

(1) $f_1(s)=\frac{3s}{(s^2+1)(s^2+4)}$; (2) $f_2(s)=\frac{2s^2}{(1+s^2)^2}$;

(3) $f_3(s)=\frac{1}{s^2(s+1)}$; (4) $f_4(s)=\frac{1}{(s-2)(s-1)^2}$;

(5) $f_5(s)=\frac{2}{(s^2+1)(s+1)}$; (6) $f_6(s)=\frac{8s}{s^4+10s^2+9}$.

7. 计算下列拉普拉斯卷积及卷积的拉普拉斯变换，其中 $a \geqslant 0$.

(1) $e^{3t} * t^3$； (2) $t * \cos t$； (3) $t * \sinh t$；

(4) $\sinh at * \sinh at$； (5) $u(t-a) * f(t)$； (6) $\delta(t-a) * f(t)$.

8. 利用卷积定理证明下面的结论.

(1) $\mathscr{L}\left[\dfrac{s}{(s^2+a^2)^2}\right]=\dfrac{t}{2a}\sin at$； (2) $\mathscr{L}\left[\dfrac{1}{\sqrt{s}(s-1)}\right]=\dfrac{2}{\sqrt{\pi}}e^t\int_0^{\sqrt{t}} e^{-\tau^2}d\tau$；

(3) $\mathscr{L}\left[\dfrac{1}{s\sqrt{s+1}}\right]=\mathrm{erf}(\sqrt{t})$.

9. 利用留数法求下列函数的拉普拉斯逆变换.

(1) $f_1(s)=\dfrac{1}{s^2+4}$； (2) $f_2(s)=\dfrac{1}{(s-2)(s-1)^2}$；

(3) $f_3(s)=\dfrac{16}{s(s-4)^2}$； (4) $f_4(s)=\dfrac{1}{s^3(s^2-a^2)}$.

10. 求周期性三角波 $f(t)=\begin{cases} t, & 0\leqslant t<b, \\ 2b-t, & b\leqslant t<2b \end{cases}$ 且 $f(t+2b)=f(t)$ 的拉普拉斯变换.

11. 计算下列广义积分.

(1) $\int_0^{+\infty} e^{-3t}\cos 2t\,dt$； (2) $\int_0^{+\infty}\dfrac{1-\cos t}{t}e^{-t}dt$； (3) $\int_0^{+\infty}\dfrac{\sin t}{t}dt$.

12. 利用拉普拉斯变换法，求下列常系数微分方程的解.

(1) $y''+2y'-3y=e^{-t}, y(0)=0, y'(0)=1$；

(2) $y''-3y'+2y=2e^{-t}, y(0)=2, y'(0)=-1$；

(3) $y''-2y'+y=0, y(0)=0, y(a)=4$；

(4) $y''+4y'+3y=e^{-t}, y(0)=y'(0)=1$；

(5) $y''-2y'+2y=2e^t\cos t, y(0)=y'(0)=0$；

(6) $y''-y=4\sin t+5\cos 2t, y(0)=-1, y'(0)=-2$；

(7) $y'''+3y''+3y'+y=1, y(0)=y'(0)=y''(0)=0$.

13. 利用拉普拉斯变换法，求下列变系数微分方程的解.

(1) $ty''+(1-2t)y'-2y=0, y(0)=1, y'(0)=2$；

(2) $ty''-2ty=0, y(0)=y'(0)=c_0$ (c_0 为已知字母常数)；

(3) $ty''+2(t-1)y'+(t-2)y=0, y(0)=0$；

(4) $ty''+2(t-1)y'=0, y(0)=0, y'(1)=4\mathrm{e}^{-2}$；

(5) $ty''+ty'+y=0, y(0)=0, y'(0)=1$；

(6) $ty''+(t-1)y'-y=0, y(0)=1, y'(+\infty)=0$；

(7) $ty''+(1-n-t)y'+ny=0, y(0)=0, y'(1)=n$.

14. 求下列积分方程、微分积分方程的解.

(1) $y(t)=at+\int_0^t y(\tau)\cdot\sin(t-\tau)\mathrm{d}\tau$；

(2) $y(t)+\int_0^t \mathrm{e}^{\tau}y(t-\tau)\mathrm{d}\tau=2t-3$；

(3) $\int_0^t y(\tau)\cos(t-\tau)\mathrm{d}\tau=y'(t), y(0)=1$；

(4) $y'(t)+2y(t)+2\int_0^t y(\tau)\mathrm{d}\tau=u(t-b), y(0)=-2$；

(5) $y'(t)+3y(t)+2\int_0^t y(\tau)\mathrm{d}\tau=2[u(t-1)-u(t-2)], y(0)=1$.

15. 求下列微分、积分方程组的解.

(1) $\begin{cases} x'+x-y=\mathrm{e}^t, \\ y'+3x-2y=\mathrm{e}^t, \end{cases}$ 初始条件 $\begin{cases} x(0)=0, \\ y(0)=0; \end{cases}$

(2) $\begin{cases} y''-x''+x'-y=\mathrm{e}^t-2, \\ 2y''-x''-2y'+x=-t, \end{cases}$ 初始条件 $\begin{cases} x(0)=x'(0)=0, \\ y(0)=y'(0)=0; \end{cases}$

(3) $\begin{cases} 2x''-x'+4x-y''-y'-3y=0, \\ 2x''+x'+2x-y''+y'-5y=0, \end{cases}$ 初始条件 $\begin{cases} x(0)=x'(0)=1, \\ y(0)=y'(0)=0; \end{cases}$

(4) $\begin{cases} (t+1)y''-x''-2(2t+1)y=0, \\ y-x'=\mathrm{e}^{-2t}, \end{cases}$ 初始条件 $\begin{cases} x(0)=x'(0)=0, \\ y(0)=y'(0)=0; \end{cases}$

(5) $\begin{cases} -3x''+3y''=t\mathrm{e}^{-t}-3\cos t, \\ tx''-y'=\sin t, \end{cases}$ 初始条件 $\begin{cases} x(0)=0, x'(0)=-1, \\ y(0)=0, y''(0)=0; \end{cases}$

(6) $\begin{cases} x''+2x'+\int_0^t y(\tau)\mathrm{d}\tau=0, \\ 4x''-x'+y=\mathrm{e}^{-t}, \end{cases}$ 初始条件 $\begin{cases} x(0)=0, \\ x'(0)=-\dfrac{1}{4}. \end{cases}$

16. 求解下列线性偏微分方程定解问题.

(1) $\begin{cases} x\dfrac{\partial u}{\partial x}+\dfrac{\partial u}{\partial t}=x, \\ u(0,t)=0, \\ u(x,0)=0(x>0,t>0); \end{cases}$
(2) $\begin{cases} \dfrac{\partial^2 u}{\partial x\partial t}=1,x>0,t>0, \\ u(0,t)=t+1, \\ u(x,0)=1; \end{cases}$

(3) $\begin{cases} \dfrac{\partial u}{\partial t}=a^2\dfrac{\partial^2 u}{\partial x^2},0<x<2,t>0, \\ u(0,t)=0,u(2,t)=0, \\ u(x,0)=6\sin\dfrac{\pi x}{2}; \end{cases}$
(4) $\begin{cases} \dfrac{\partial^2 u}{\partial x\partial t}=x^2t,0<x,t<+\infty, \\ u(x,0)=x^2,u(0,t)=3t; \end{cases}$

(5) $\begin{cases} \dfrac{\partial^2 u}{\partial t^2}=a^2\dfrac{\partial^2 u}{\partial x^2}+b,x>0,t>0, \\ u(x,0)=0,u'_t(x,0)=0, \\ u(0,t)=0,b\text{ 为常数}; \end{cases}$
(6) $\begin{cases} \dfrac{\partial^2 u}{\partial t^2}=a^2\dfrac{\partial^2 u}{\partial x^2},0\leqslant x\leqslant 1,t>0, \\ u(x,0)=0,u'_t(x,1)=0, \\ u(0,t)=1,u(1,t)=\sin t. \end{cases}$

本章小结

本章主要介绍了 MATLAB 在复变函数与积分变换方面的应用，提供了丰富的示例和详细的程序. 本章借助 MATLAB 中的 90 多个指令的演练，逐步介绍了 MATLAB 在复数的表示与基本运算、复变函数的极限、复变函数的导数和零点、复变函数的可视化、复变函数在分形上的应用、复变函数的积分、级数、留数与共形映射、傅里叶级数、傅里叶变换以及傅里叶逆变换等诸多方面的应用. 这些内容与前八章的理论知识相互对应，读者每学习完一章理论知识后，就可以结合本章中对应的内容进行编程实践，将理论知识学习与 MATLAB 的实践和应用相结合，在加深对理论的理解的同时，不断增强应用知识解决实际问题的能力，起到事半功倍的效果！

康托尔

希尔伯特

部分习题详解

知识拓展

参考文献

[1]西安交通大学高等数学教研室. 复变函数[M]. 4 版. 北京:高等教育出版社出版,2000.

[2]南京工学院数学教研室. 积分变换[M]. 3 版. 北京:高等教育出版社出版,2000.

[3]姚端正. 数学物理方法学习指导[M]. 北京:科学出版社,2001.

[4]李建林. 复变函数与积分变换(导教・导学・导考)[M]. 西安:西北工业大学出版社,2001.

[5]周正中,郑吉富. 复变函数与积分变换[M]. 北京:高等教育出版社出版,2002.

[6]李建林. 复变函数与积分变换典型题分析解集[M]. 3 版. 西安:西北工业大学出版社,2003.

[7]苏变萍,王一平. 复变函数与积分变换学习辅导与习题选解[M]. 北京:高等教育出版社,2003.

[8]科学出版社名词室. 新汉英数学词汇[M]. 北京:科学出版社,2004.

[9]Saff E B,Snider A D. 复分析基础及工程应用(英文版)[M]. 3 版. 北京:机械工业出版社,2004.

[10]盖云英,邢宇明. 复变函数与积分变换(英文版)[M]. 北京:科学出版社,2007.

[11]华中科技大学数学系. 复变函数与积分变换[M]. 3 版. 北京:高等教育出版社出版,2008.

[12]郑君里,应启珩,杨为理. 信号与系统引论[M]. 北京:高等教育出版社,2009.

[13]林益,刘国均. 复变函数与积分变换[M]. 武汉:华中科技大学出版社,2009.

[14]孙清华,孙昊. 复变函数疑难分析与解题方法[M]. 武汉:华中科技大学出版社,2010.

[15]张鸿林,葛显良. 英汉数学词汇[M]. 2 版. 北京:清华大学出版社,2010.

[16]刘明华,周晖杰. 复变函数与积分变换[M]. 杭州:浙江大学出版社,2012.

[17]闫焱. 复变函数与积分变换[M]. 北京:清华大学出版社,2013.

[18]包革军,邢宇明. 复变函数与积分变换同步学习指导[M]. 2 版. 北京:科学出版社,2014.

[19]Brown J W,Churchill R V. 复变函数及应用(英文版)[M]. 9 版. 北京:机械工业出版社,2014.

[20]高宗升,滕岩梅. 复变函数与积分变换[M]. 2 版. 北京:北京航空航天大学出版社,2016.

[21]孙玺菁,司守奎. MATLAB 的工程数学应用[M]. 北京:国防工业出版社,2017.

[22]陈文鑫,鲍程红. 线性代数与积分变换[M]. 2 版. 杭州:浙江大学出版社,2017.

[23]华中科技大学数学系编著. 复变函数与积分变换学习辅导与习题全解[M]. 5 版. 北京:高等教育出版社,2019.

[24]张天德,孙娜. 复变函数习题精选精解[M]. 济南:山东科学技术出版社,2019.

附录 A　傅里叶变换简表

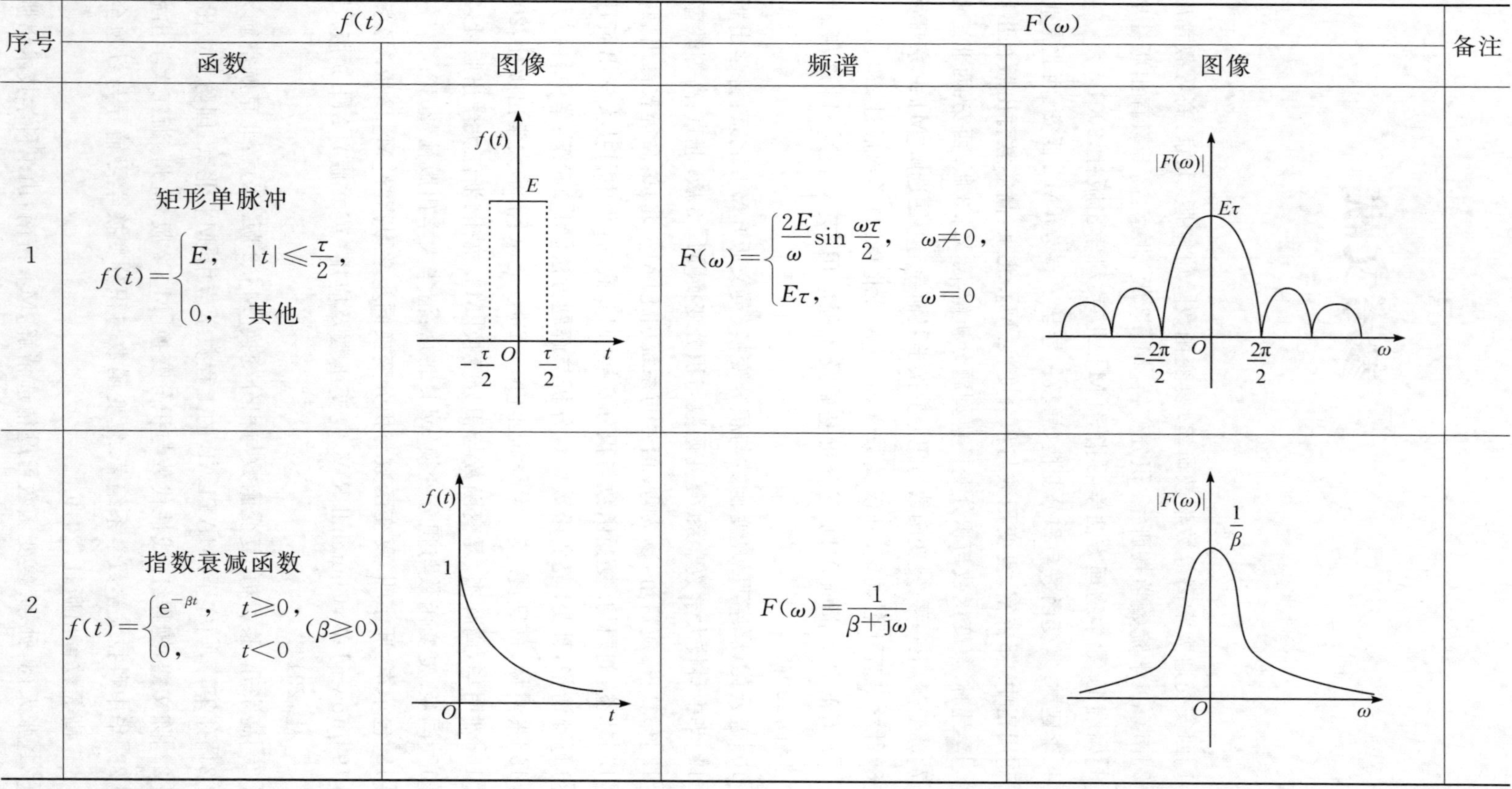

序号	$f(t)$		$F(\omega)$		备注
	函数	图像	频谱	图像	
1	矩形单脉冲 $f(t)=\begin{cases}E, & \lvert t\rvert\leqslant\dfrac{\tau}{2},\\0, & 其他\end{cases}$	$f(t)$　E　$-\frac{\tau}{2}$　O　$\frac{\tau}{2}$　t	$F(\omega)=\begin{cases}\dfrac{2E}{\omega}\sin\dfrac{\omega\tau}{2}, & \omega\neq0,\\E\tau, & \omega=0\end{cases}$	$\lvert F(\omega)\rvert$　$E\tau$　$-\frac{2\pi}{2}$　O　$\frac{2\pi}{2}$　ω	
2	指数衰减函数 $f(t)=\begin{cases}\mathrm{e}^{-\beta t}, & t\geqslant0,\\0, & t<0\end{cases}(\beta\geqslant0)$	$f(t)$　1　O　t	$F(\omega)=\dfrac{1}{\beta+\mathrm{j}\omega}$	$\lvert F(\omega)\rvert$　$\frac{1}{\beta}$　O　ω	

续表

序号	$f(t)$		$F(\omega)$		备注
	函数	图像	频谱	图像	
3	双边指数脉冲 $f(t)=E\mathrm{e}^{-a\|t\|}\ (a>0)$	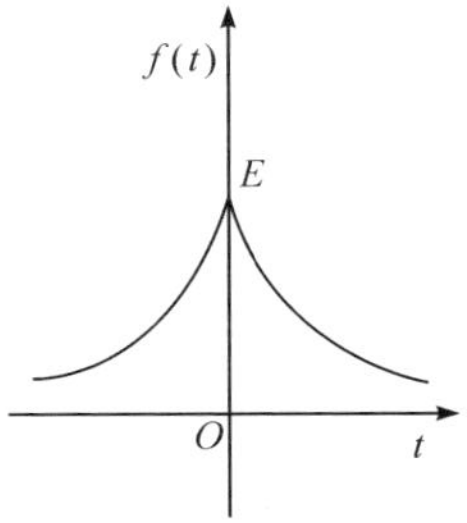	$F(\omega)=\dfrac{2aE}{a^2+\omega^2}$	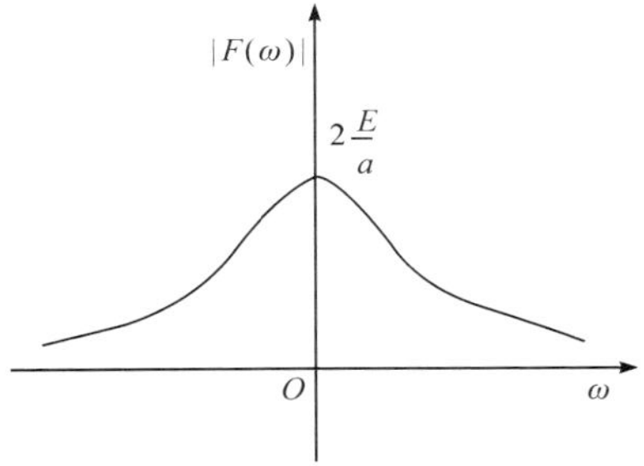	
4	三角脉冲 $f(t)=\begin{cases}E\left(1-\dfrac{2\|t\|}{\tau}\right), & \|t\|<\dfrac{\tau}{2},\\ 0, & \|t\|\geqslant\dfrac{\tau}{2}\end{cases}$	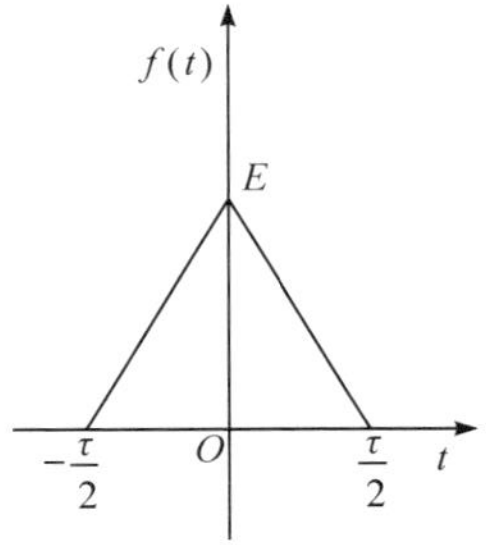	$F(\omega)=\begin{cases}\dfrac{E\tau}{2}\dfrac{\sin^2\dfrac{\omega\tau}{4}}{\left(\dfrac{\omega\tau}{4}\right)^4}, & \omega\neq 0,\\ \dfrac{\tau E}{2}, & \omega=0\end{cases}$	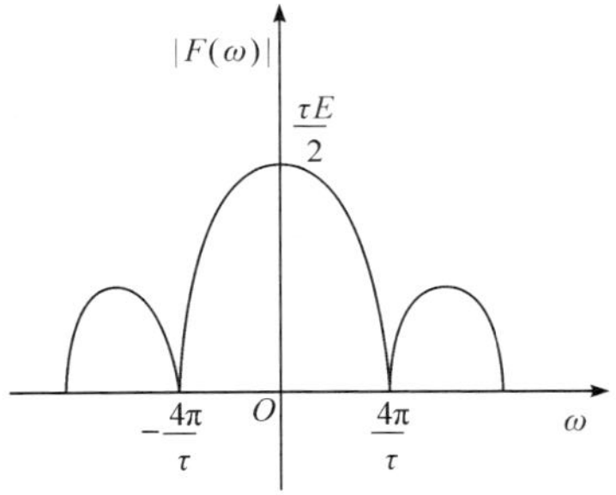	
5	$f(t)=\begin{cases}\dfrac{2E}{\tau-\tau_1}\left(\dfrac{\tau}{2-\|t\|}\right), & \dfrac{\tau_1}{2}<\|t\|<\dfrac{\tau}{2},\\ E, & -\dfrac{\tau_1}{2}<t<\dfrac{\tau_1}{2},\\ 0, & \|t\|\leqslant\dfrac{\tau}{2}\end{cases}$ $(0<\tau_1<\tau)$	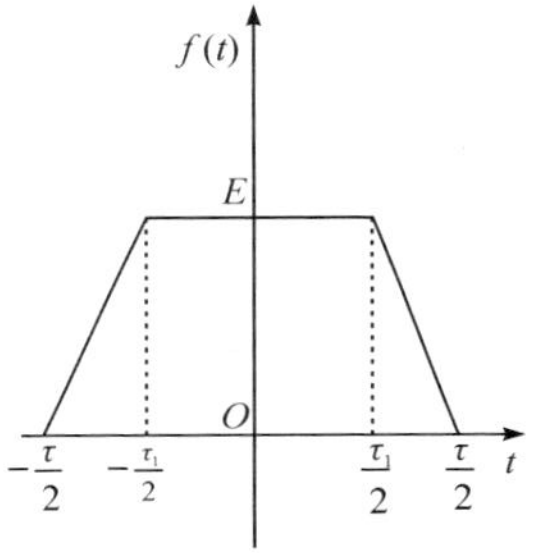	$F(\omega)=\dfrac{8E}{(\tau-\tau_1)\omega^2}\sin\dfrac{(\tau+\tau_1)\omega}{4}$ $\times\sin\dfrac{(\tau-\tau_1)\omega}{4}$	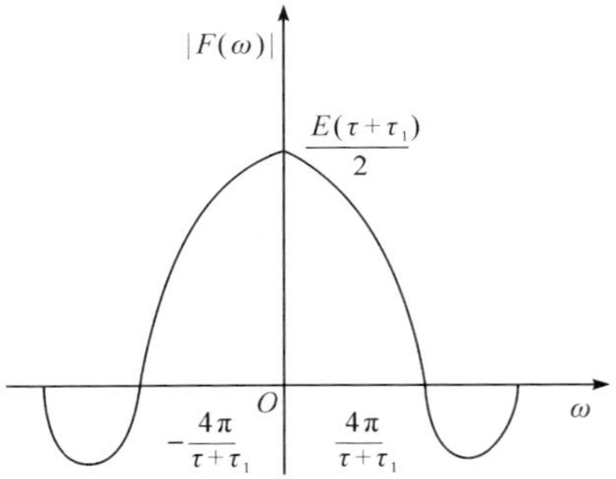	

续表

序号	$f(t)$		$F(\omega)$		备注
	函数	图像	频谱	图像	
6	钟形脉冲 $f(t)=Ae^{-\beta t^2}\ (\beta>0)$		$F(\omega)=A\sqrt{\frac{\pi}{\beta}}e^{\frac{\omega^2}{4\beta}}$		
7	博里叶核 $f(t)=\frac{\sin\omega_0 t}{\pi t}$		$F(\omega)=\begin{cases}1, & \lvert\omega\rvert<\omega_0,\\ 0, & \text{其他}\end{cases}$		
8	高斯分布函数 $f(t)=\frac{1}{\sqrt{2\pi}\sigma}e^{-\frac{t^2}{2\sigma^2}}$		$F(\omega)=e^{-\frac{\sigma^2\omega^2}{2}}$		

续表

序号	$f(t)$		$F(\omega)$		备注
	函数	图像	频谱	图像	
9	矩形射频脉冲 $f(t)=\begin{cases}E\cos\omega_0 t, & \lvert t\rvert\leqslant\frac{\tau}{2},\\ 0, & 其他\end{cases}$		$F(\omega)=\frac{E\tau}{2}\left[\frac{\sin\frac{\tau}{2}(\omega-\omega_0)}{\frac{\tau}{2}(\omega-\omega_0)}+\frac{\sin\frac{\tau}{2}(\omega+\omega_0)}{\frac{\tau}{2}(\omega+\omega_0)}\right]$		
10	单位脉冲函数 $f(t)=\delta(t)$		$F(\omega)=1$		
11	周期性脉冲函数 $f(t)=\sum_{n=-\infty}^{+\infty}\delta(t-nT)$ （T 为脉冲函数的周期）		$F(\omega)=\frac{2\pi}{T}\sum_{n=-\infty}^{+\infty}\delta\left(\omega-\frac{2n\pi}{T}\right)$		

续表

序号	$f(t)$		$F(\omega)$		备注
	函数	图像	频谱	图像	
12	余弦函数 $f(t)=\cos\omega_0 t$	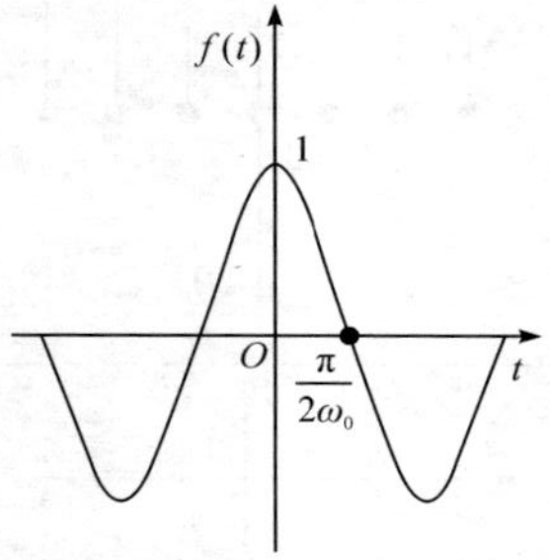	$F(\omega)=\pi[\delta(\omega+\omega_0)+\delta(\omega-\omega_0)]$	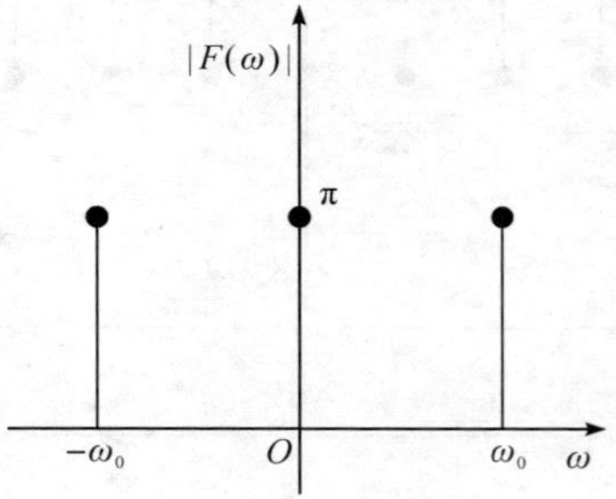	
13	正弦函数 $f(t)=\sin\omega_0 t$	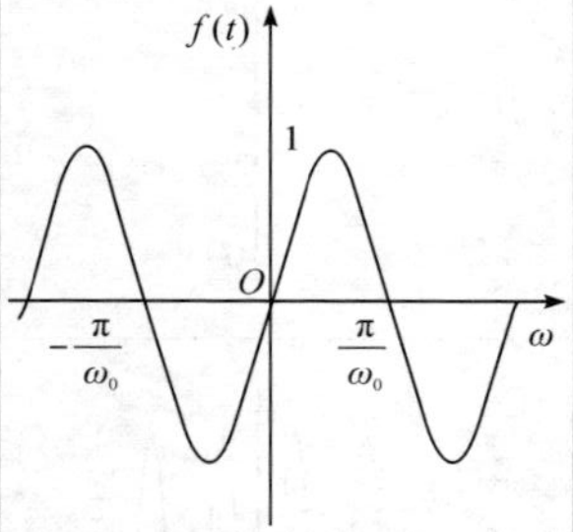	$F(\omega)=\mathrm{j}\pi[\delta(\omega+\omega_0)-\delta(\omega-\omega_0)]$	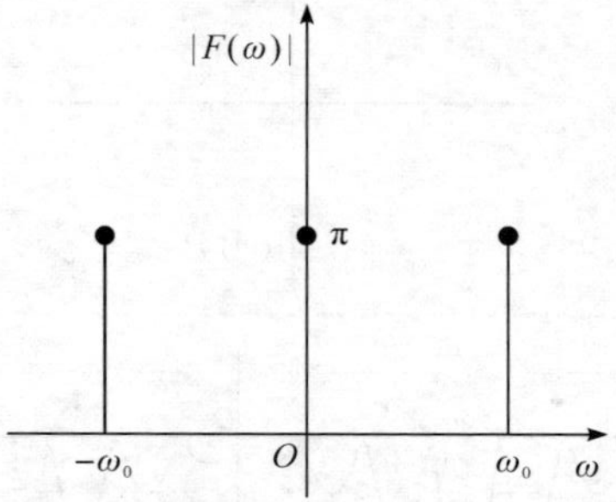	
14	单位阶跃函数 $f(t)=u(t)$	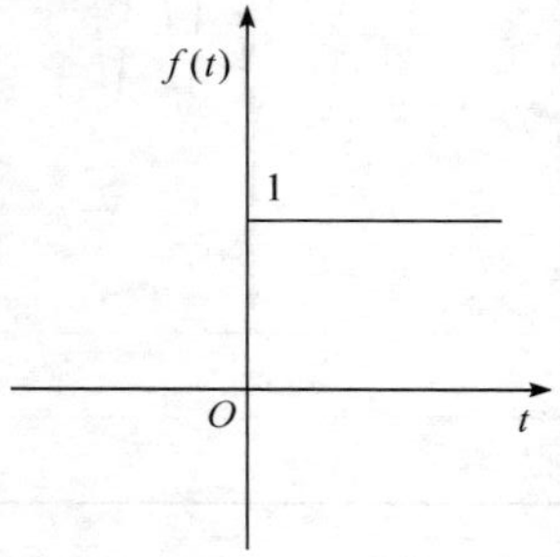	$F(\omega)=\dfrac{1}{\mathrm{j}\omega}+\pi\delta(\omega)$	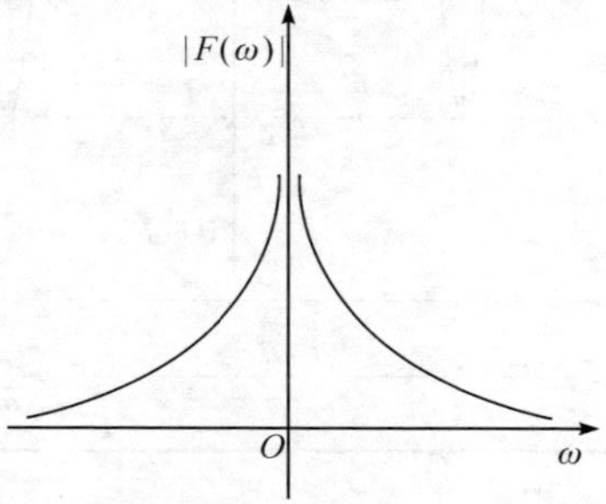	

序号	$f(t)$	$F(\omega)$	序号	$f(t)$	$F(\omega)$
15	$u(t-c)$	$\frac{1}{j\omega}e^{-j\omega c}+\pi\delta(\omega)$	25	$\delta^{(n)}(t)$	$(j\omega)^n$
16	$tu(t)$	$-\frac{1}{\omega^2}+\pi j\delta'(\omega)$	26	$\delta^{(n)}(t-c)$	$(j\omega)^n e^{-j\omega c}$
17	$t^n u(t)$	$-\frac{n!}{(j\omega)^{n+1}}+\pi j^n\delta^{(n)}(\omega)$	27	1	$2\pi\delta(\omega)$
18	$u(t)\sin at$	$\frac{a}{a^2-\omega^2}+\frac{\pi}{2j}[\delta(\omega-\omega_0)-\delta(\omega+\omega_0)]$	28	t	$2j\pi\delta'(\omega)$
19	$u(t)\cos at$	$\frac{j\omega}{a^2-\omega^2}+\frac{\pi}{2}[\delta(\omega-\omega_0)+\delta(\omega+\omega_0)]$	29	t^n	$2\pi j^n\delta^{(n)}(\omega)$
20	$u(t)e^{jat}$	$\frac{1}{j(\omega-a)}+\pi\delta(\omega-a)$	30	e^{jat}	$2\pi\delta(\omega-a)$
21	$u(t)e^{jat}t^n$	$\frac{n!}{[j(\omega-a)]^{n+1}}+\pi j^n\delta^{(n)}(\omega-a)$	31	$t^n e^{jat}$	$2\pi j^n\delta^{(n)}(\omega-a)$
22	$u(t-c)e^{jat}$	$\frac{1}{j(\omega-a)}e^{-j(\omega-a)c}+\pi\delta(\omega-a)$	32	$\frac{1}{a^2+t^2}(\mathrm{Re}a<0)$	$-\frac{\pi}{a}e^{a\|\omega\|}$
23	$u(t-c)$	$e^{-j\omega c}$	33	$\frac{t}{(a^2+t^2)^2}(\mathrm{Re}a<0)$	$\frac{j\pi\omega}{2a}e^{a\|\omega\|}$
24	$\delta'(t)$	$j\omega$	34	$\frac{e^{jbt}}{a^2+t^2}(\mathrm{Re}a<0,b\in\mathbf{R})$	$-\frac{\pi}{a}e^{a\|\omega-b\|}$

续表

序号	$f(t)$	$F(\omega)$	序号	$f(t)$	$F(\omega)$
35	$\dfrac{\cos bt}{a^2+t^2}(\mathrm{Re}a<0,b\in\mathbf{R})$	$-\dfrac{\pi}{2a}[\mathrm{e}^{a\lvert\omega-b\rvert}+\mathrm{e}^{a\lvert\omega+b\rvert}]$	43	$\dfrac{\sin^2 at}{t^2}$	$\begin{cases} n\left(a-\dfrac{\lvert\omega\rvert}{2}\right), & \lvert\omega\rvert\leqslant 2a, \\ 0, & \lvert\omega\rvert>2a \end{cases}$
36	$\dfrac{\sin bt}{a^2+t^2}(\mathrm{Re}a<0,b\in\mathbf{R})$	$\dfrac{\mathrm{j}\pi}{2a}[\mathrm{e}^{a\lvert\omega-b\rvert}-\mathrm{e}^{a\lvert\omega+b\rvert}]$	44	$\dfrac{\cos at}{\sqrt{\lvert t\rvert}}$	$\sqrt{\dfrac{\pi}{2}}\left(\dfrac{1}{\sqrt{\lvert\omega+a\rvert}}-\dfrac{1}{\sqrt{\lvert\omega-a\rvert}}\right)$
37	$\dfrac{\mathrm{sh}at}{\mathrm{sh}\pi t}(-\pi<a<\pi)$	$\dfrac{\sin a}{\mathrm{ch}\,\omega+\cos a}$	45	$\dfrac{\sin at}{\sqrt{\lvert t\rvert}}$	$\mathrm{j}\sqrt{\dfrac{\pi}{2}}\left(\dfrac{1}{\sqrt{\lvert\omega+a\rvert}}-\dfrac{1}{\sqrt{\lvert\omega-a\rvert}}\right)$
38	$\dfrac{\mathrm{sh}at}{\mathrm{ch}\pi t}(-\pi<a<\pi)$	$-2\mathrm{j}\dfrac{\sin\dfrac{a}{2}\mathrm{sh}\dfrac{\omega}{2}}{\mathrm{ch}\omega+\cos a}$	46	$\dfrac{1}{\sqrt{\lvert t\rvert}}$	$\sqrt{\dfrac{2\pi}{\lvert\omega\rvert}}$
39	$\dfrac{\mathrm{ch}at}{\mathrm{ch}\pi t}(-\pi<a<\pi)$	$2\dfrac{\cos\dfrac{a}{2}\mathrm{ch}\dfrac{\omega}{2}}{\mathrm{ch}\,\omega+\cos a}$	47	$\mathrm{sgn}t$	$\dfrac{2}{\mathrm{j}\omega}$
40	$\sin at^2$	$\sqrt{\dfrac{\pi}{a}}\cos\left(\dfrac{\omega^2}{4a}+\dfrac{\pi}{4}\right)$	48	$\mathrm{e}^{-at^2}(\mathrm{Re}a>0)$	$\sqrt{\dfrac{\pi}{a}}\mathrm{e}^{-\frac{\omega^2}{4a}}$
41	$\cos at^2$	$\sqrt{\dfrac{\pi}{a}}\cos\left(\dfrac{\omega^2}{4a}-\dfrac{\pi}{4}\right)$	49	$\lvert t\rvert$	$-\dfrac{2}{\omega^2}$
42	$\dfrac{\sin at}{t}$	$\begin{cases}\pi, \lvert\omega\rvert\leqslant a, \\ 0, \lvert\omega\rvert>a\end{cases}$	50	$\dfrac{1}{\lvert t\rvert}$	$\dfrac{\sqrt{2\pi}}{\omega}$

附录 B　拉普拉斯变换简表

序号	$f(t)$	$F(\omega)$	序号	$f(t)$	$F(\omega)$
1	1	$\frac{1}{\sqrt{s}}$	9	$t\sin at$	$\frac{2as}{(s^2+a^2)^2}$
2	e^{at}	$\frac{1}{s-a}$	10	$t\cos at$	$\frac{s^2-a^2}{(s^2+a^2)^2}$
3	$t^m(m>-1)$	$\frac{\Gamma(m+1)}{s^{m+1}}$	11	$t\,\mathrm{sh}\,at$	$\frac{2as}{(s^2-a^2)^2}$
4	$t^m e^{at}(m>-1)$	$\frac{\Gamma(m+1)}{(s-a)^{m+1}}$	12	$t\,\mathrm{ch}\,at$	$\frac{s^2+a^2}{(s^2-a^2)^2}$
5	$\sin at$	$\frac{a}{s^2+a^2}$	13	$t^m \sin at(m>-1)$	$\frac{\Gamma(m+1)}{2\mathrm{j}(s^2+a^2)^{m+1}}[(s+\mathrm{j}a)^{m+1}-(s-\mathrm{j}a)^{m+1}]$
6	$\cos at$	$\frac{s}{s^2+a^2}$	14	$e^{-bt}\sin at(m>-1)$	$\frac{\Gamma(m+1)}{2(s^2+a^2)^{m+1}}[(s+\mathrm{j}a)^{m+1}+(s-\mathrm{j}a)^{m+1}]$
7	$\mathrm{sh}\,at$	$\frac{a}{s^2-a^2}$	15	$e^{-bt}\cos at$	$\frac{a}{(s+b)^2+a^2}$
8	$\mathrm{ch}\,at$	$\frac{s}{s^2-a^2}$	16	$e^{-bt}\cos at$	$\frac{s+b}{(s+b)^2+a^2}$

续表

序号	$f(t)$	$F(\omega)$	序号	$f(t)$	$F(\omega)$
17	$e^{-bt}\sin(at+c)$	$\frac{(s+b)\sin c+a\cos c}{(s+b)^2+a^2}$	26	$\frac{1}{a^3}(at-\sin at)$	$\frac{1}{s^3(s^2+a^2)}$
18	$\sin^2 t$	$\frac{1}{2}\left(\frac{1}{s}-\frac{s}{s^2+4}\right)$	27	$\frac{1}{a^4}(\cos at-1)+\frac{1}{2a^2}t^2$	$\frac{1}{s^3(s^2+a^2)}$
19	$\cos^2 t$	$\frac{1}{2}\left(\frac{1}{s}+\frac{s}{s^2+4}\right)$	28	$\frac{1}{a^4}(\mathrm{ch}\,at-1)-\frac{1}{2a^2}t^2$	$\frac{1}{s^3(s^2-a^2)}$
20	$\sin at\sin bt$	$\frac{2abs}{[s^2+(a+b)^2][s^2+(a-b)^2]}$	29	$\frac{1}{2a^3(\sin at-at\cos at)}$	$\frac{1}{(s^2+a^2)^2}$
21	$e^{at}-e^{bt}$	$\frac{a-b}{(s-a)(s-b)}$	30	$\frac{1}{2a}(\sin at+at\cos at)$	$\frac{s^2}{(s^2+a^2)^2}$
22	$ae^{at}-be^{bt}$	$\frac{(a-b)s}{(s-a)(s-b)}$	31	$\frac{1}{a^4}(1-\cos at)-\frac{1}{2a^3}t\sin at$	$\frac{1}{s(s^2+a^2)^2}$
23	$\frac{1}{a}\sin at-\frac{1}{b}\sin bt$	$\frac{b^2-a^2}{(s^2+a^2)(s^2+b^2)}$	32	$(1-at)e^{-at}$	$\frac{s}{(s+a)^2}$
24	$\cos at-\cos bt$	$\frac{(b^2-a^2)s}{(s^2+a^2)(s^2+b^2)}$	33	$t\left(1-\frac{a}{2}t\right)e^{-at}$	$\frac{s}{s(s+a)^3}$
25	$\frac{1}{a^2}(1-\cos at)$	$\frac{1}{s(s^2+a^2)}$	34	$\frac{1}{a}(1-e^{-at})$	$\frac{1}{s(s+a)}$

续表

序号	$f(t)$	$F(\omega)$	序号	$f(t)$	$F(\omega)$
35	$\frac{1}{ab}+\frac{1}{b-a}\left(\frac{e^{-bt}}{b}-\frac{e^{-at}}{a}\right)$	$\frac{1}{s(s+a)(s+b)}$	45	$\frac{1}{\sqrt{\pi t}}\cos 2\sqrt{at}$	$\frac{1}{\sqrt{s}}e^{-\frac{a}{s}}$
36	$e^{-at}-e^{\frac{at}{2}}\left(\cos\frac{\sqrt{3}at}{2}-\sqrt{3}\sin\frac{\sqrt{3}at}{2}\right)$	$\frac{3a^2}{s^3+a^3}$	46	$\frac{1}{\sqrt{\pi t}}\mathrm{ch}2\sqrt{at}$	$\frac{1}{\sqrt{s}}e^{\frac{a}{s}}$
37	$\sin at\,\mathrm{ch}at-\cos at\,\mathrm{sh}at$	$\frac{4a^3}{s^4+4a^4}$	47	$\frac{1}{\sqrt{\pi t}}\sin 2\sqrt{at}$	$\frac{1}{s\sqrt{s}}e^{-\frac{a}{s}}$
38	$\frac{1}{2a^2}\sin at\,\mathrm{sh}at$	$\frac{s}{s^4+4a^4}$	48	$\frac{1}{\sqrt{\pi t}}\mathrm{sh}2\sqrt{at}$	$\frac{1}{s\sqrt{s}}e^{\frac{a}{s}}$
39	$\frac{1}{2a^3}(\mathrm{sh}at-\sin at)$	$\frac{1}{s^4-a^4}$	49	$\frac{1}{t}(e^{bt}-e^{at})$	$\ln\frac{s-a}{s-b}$
40	$\frac{1}{2a^2}(\mathrm{ch}at-\cos at)$	$\frac{s}{s^4-a^4}$	50	$\frac{2}{t}\mathrm{sh}at$	$\ln\frac{s+a}{s-a}=2\mathrm{arctanh}\frac{a}{s}$
41	$\frac{1}{\sqrt{\pi t}}$	$\frac{1}{\sqrt{s}}$	51	$\frac{2}{t}(1-\cos at)$	$\ln\frac{s^2+a^2}{s^2}$
42	$2\sqrt{\frac{t}{\pi}}$	$\frac{1}{s\sqrt{s}}$	52	$\frac{2}{t}(1-\mathrm{ch}at)$	$\ln\frac{s^2-a^2}{s^2}$
43	$\frac{1}{\sqrt{\pi t}}e^{at}(1+2at)$	$\frac{s}{(s-a)\sqrt{s-a}}$	53	$\frac{1}{t}\sin at$	$\arctan\frac{a}{s}$
44	$\frac{1}{2\sqrt{\pi t^3}}(e^{bt}-e^{at})$	$\sqrt{s-a}-\sqrt{s-b}$	54	$\frac{1}{t}(\mathrm{ch}at-\cos bt)$	$\ln\sqrt{\frac{s^2+b^2}{s^2-a^2}}$

续表

序号	$f(t)$	$F(\omega)$	序号	$f(t)$	$F(\omega)$
55①	$\frac{1}{\pi t}\sin(2a\sqrt{t})$	$\mathrm{erf}\left(\frac{a}{\sqrt{s}}\right)$	64	$tu(t)$	$\frac{1}{s^2}$
56	$\frac{1}{\pi t}\mathrm{e}^{-2a\sqrt{t}}$	$\frac{1}{\sqrt{s}}\mathrm{e}^{\frac{a^2}{s}}\mathrm{erfc}\left(\frac{a}{\sqrt{s}}\right)$	65	$t^m u(t)(m>-1)$	$\frac{1}{s^{m+1}}\Gamma(m+1)$
57②	$\mathrm{erfc}\left(\frac{a}{2\sqrt{t}}\right)$	$\frac{1}{s}\mathrm{e}^{-a\sqrt{s}}$	66	$\delta(t)$	1
58	$\mathrm{erf}\left(\frac{t}{2a}\right)$	$\frac{1}{s}\mathrm{e}^{a^2s^2}\mathrm{erfc}(as)$	67	$\delta^{(n)}(t)$	s^n
59	$\frac{1}{\sqrt{\pi t}}\mathrm{e}^{-2\sqrt{at}}$	$\frac{1}{\sqrt{s}}\mathrm{e}^{\frac{a}{s}}\mathrm{erfc}\left(\frac{\sqrt{a}}{s}\right)$	68	$\mathrm{sgn}t$	$\frac{1}{s}$
60	$\frac{1}{\sqrt{\pi(t+a)}}$	$\frac{1}{\sqrt{s}}\mathrm{e}^{as}\mathrm{erfc}(\sqrt{as})$	69③	$J_0(at)$	$\frac{1}{\sqrt{s^2+a^2}}$
61	$\frac{1}{\sqrt{a}}\mathrm{erf}(\sqrt{at})$	$\frac{1}{s\sqrt{s+a}}$	70④	$I_0(at)$	$\frac{1}{s^2-a^2}$
62	$\frac{1}{\sqrt{a}}\mathrm{e}^{at}\mathrm{erf}(\sqrt{at})$	$\frac{1}{\sqrt{s}(s-a)}$	71	$J_0(2\sqrt{at})$	$\frac{1}{s}\mathrm{e}^{-\frac{a}{s}}$
63	$u(t)$	$\frac{1}{s}$	72	$\mathrm{e}^{-bt}I_0(at)$	$\frac{1}{\sqrt{(s+b)^2-a^2}}$

注：①$\mathrm{erf}(x)=\frac{2}{\sqrt{\pi}}\int_0^x \mathrm{e}^{-t^2}\mathrm{d}t$ 称为误差函数；②$\mathrm{erfc}(x)=1-\mathrm{erf}(x)=\frac{2}{\sqrt{\pi}}\int_x^{+\infty}\mathrm{e}^{-t^2}\mathrm{d}t$ 称为余误差函数；

③J_n 称为第一类 n 阶贝塞尔(Bessel)函数；④I_n 称为第一类 n 阶变形的贝塞尔函数，且 $I_n(x)=\mathrm{j}^{-n}\cdot J_n(\mathrm{j}x)$.

附录C　高等数学中的基本概念和常用公式

一、函数的极限

1. 一元函数极限定义

设函数 $y=f(x)$ 在 x_0 的去心邻域 $0<|x-x_0|<\delta$ 内有定义，如果有一个确定的常数 A 存在，对于任意给定的 $\varepsilon>0$，总存在一个正数 $\delta(\varepsilon)$，使得对满足 $0<|x-x_0|<\delta$ 的一切 x，都有 $|f(x)-A|<\varepsilon$ 成立，则称 A 为函数 $f(x)$ 当 x 趋向于 x_0 时的极限，记作

$$\lim_{x\to x_0} f(x)=A \text{ 或 } f(x)\to A(x\to x_0).$$

2. 二元函数极限定义

设二元函数 $f(x,y)$ 的定义域为 D，点 $P_0(x_0,y_0)$ 是 D 的聚点，如果存在常数 A，对于任意给定的正数 ε，总存在正数 δ，使得当点 $P(x,y)\in D\cap \overset{0}{U}(P_0,\delta)$ 时，都有

$$|f(P)-A|=|f(x,y)-A|<\varepsilon$$

成立，则称常数 A 为函数 $f(x,y)$，当 $(x,y)\to(x_0,y_0)$ 时的极限，记作

$$\lim_{(x,y)\to(x_0,y_0)} f(x,y)=A \text{ 或 } f(x,y)\to A((x,y)\to(x_0,y_0)).$$

也可以记作

$$\lim_{P\to P_0} f(P)=A \text{ 或 } f(P)\to A(P\to P_0).$$

二、函数的连续性

1. 一元函数连续定义

设函数 $y=f(x)$ 在 x_0 的某邻域 $|x-x_0|<\delta$ 内有定义，如果极限 $\lim\limits_{x\to x_0} f(x)$

$= f(x_0)$[或 $\lim\limits_{\Delta x \to 0} f(x_0 + \Delta x) = f(x_0)$],则称函数 $f(x)$ 在点 x_0 处连续.

2. 二元函数连续定义

设函数 $z = f(x, y)$ 的定义域为 D,且 $P_0(x_0, y_0) \in D$,若

$$\lim_{(x,y) \to (x_0, y_0)} f(x, y) = f(x_0, y_0),$$

则称函数 $f(x, y)$ 在点 $P_0(x_0, y_0)$ 处连续.

三、导数与微分

1. 导数定义

设函数 $y = f(x)$ 在点 x_0 的某个邻域内有定义,当自变量 x 在 x_0 处取得增量 Δx(点 $x_0 + \Delta x$ 仍在该邻域内)时,函数 $y = f(x)$ 相应地取得增量

$$\Delta y = f(x_0 + \Delta x) - f(x_0),$$

如果极限 $\lim\limits_{\Delta x \to 0} \dfrac{\Delta y}{\Delta x}$ 存在,则称函数 $f(x)$ 在点 x_0 处可导,并称这个极限值为函数 $f(x)$ 在点 x_0 处的导数,记为 $y'|_{x=x_0}$,即

$$y'|_{x=x_0} = \lim_{\Delta x \to 0} \frac{\Delta y}{\Delta x} = \lim_{\Delta x \to 0} \frac{f(x_0 + \Delta x) - f(x_0)}{\Delta x}.$$

2. 微分定义

设函数 $y = f(x)$ 在某区间内有定义,x_0 及 $x_0 + \Delta x$ 在该区间内,如果

$$\Delta y = f(x_0 + \Delta x) - f(x_0) = A\Delta x + o(\Delta x),$$

其中 A 是不依赖于 Δx 的常数,而 $o(\Delta x)$ 是比 Δx 高阶的无穷小,则称函数 $y = f(x)$ 在点 x_0 是可微的,而 $A\Delta x$ 称函数在点 x_0 相应于自变量增量的微分,记作 $\mathrm{d}y$,且有

$$\mathrm{d}y = A\Delta x = f'(x_0)\Delta x.$$

3. 基本求导法则与导数公式

常数和基本初等函数导数公式

(1) $(C)' = 0$,　　(2) $(x^\mu)' = \mu x^{\mu-1}$,

(3) $(\sin x)' = \cos x$,　　(4) $(\cos x)' = -\sin x$,

(5) $(\tan x)' = \sec^2 x$,　　(6) $(\cot x)' = -\csc^2 x$,

(7) $(\sec x)' = \sec x \tan x$，　　(8) $(\csc x)' = -\csc x \cot x$，

(9) $(a^x)' = a^x \ln a$，　　(10) $(e^x)' = e^x$，

(11) $(\log_a x)' = \dfrac{1}{x \ln a}$，　　(12) $(\ln x)' = \dfrac{1}{x}$，

(13) $(\arcsin x)' = \dfrac{1}{\sqrt{1-x^2}}$，　　(14) $(\arccos x)' = -\dfrac{1}{\sqrt{1-x^2}}$，

(14) $(\arctan x)' = \dfrac{1}{1+x^2}$，　　(16) $(\operatorname{arccot} x)' = -\dfrac{1}{1+x^2}$.

函数和、差、积、商的求导公式

设 $u = u(x)$，$v = v(x)$ 均可导，则

(1) $(u \pm v)' = u' \pm v'$，　　(2) $(Cu)' = Cu'$（C 是常数），

(3) $(uv)' = u'v + uv'$，　　(4) $\left(\dfrac{u}{v}\right)' = \dfrac{u'v - uv'}{v^2}(v \neq 0)$.

反函数的求导法则

如果函数 $x = f(y)$ 在某区间 I_y 内单调、可导且 $f'(y) \neq 0$，那么它的反函数 $y = f^{-1}(x)$ 在对应区间 I_x 内也可导，且有公式

$$[f^{-1}(x)]' = \frac{1}{f'(y)} = \frac{1}{f'[f^{-1}(x)]} \text{ 或 } \frac{dy}{dx} = \frac{1}{\frac{dx}{dy}}.$$

四、一元函数积分

1. 不定积分常用公式

基本公式

(1) $\int k dx = kx + C$，　　(2) $\int x^\mu dx = \dfrac{1}{\mu+1} x^{\mu+1} + C(\mu \neq -1)$，

(3) $\int \dfrac{1}{x} dx = \ln|x| + C$，　　(4) $\int a^x dx = \dfrac{a^x}{\ln a} + C$，

(5) $\int e^x dx = e^x + C$，　　(6) $\int \sin x dx = -\cos x + C$，

(7) $\int \cos x dx = \sin x + C$，

(8) $\int \dfrac{1}{\cos^2 x} dx = \int \sec^2 x dx = \tan x + C$，

(9) $\int \frac{1}{\sin^2 x}\mathrm{d}x = \int \csc^2 x\mathrm{d}x = -\cot x + C$,

(10) $\int \sec x\tan x\mathrm{d}x = \sec x + C$,

(11) $\int \csc x\cot x\mathrm{d}x = -\csc x + C$,　　(12) $\int \frac{\mathrm{d}x}{\sqrt{1-x^2}} = \arcsin x + C$,

(13) $\int \frac{\mathrm{d}x}{1+x^2} = \arctan x + C$,　　(14) $\int \mathrm{sh}x\mathrm{d}x = \mathrm{ch}x + C$,

(15) $\int \mathrm{ch}x\mathrm{d}x = \mathrm{sh}x + C$,　　(16) $\int \tan x\mathrm{d}x = -\ln|\cos x| + C$,

(17) $\int \cot x\mathrm{d}x = \ln|\sin x| + C$,

(18) $\int \sec x\mathrm{d}x = \ln|\sec x + \tan x| + C$,

(19) $\int \csc x\mathrm{d}x = \ln|\csc x - \cot x| + C$,

(20) $\int \frac{\mathrm{d}x}{a^2+x^2} = \frac{1}{a}\arctan\frac{x}{a} + C$,

(21) $\int \frac{\mathrm{d}x}{\sqrt{a^2-x^2}} = \arcsin\frac{x}{a} + C$,

(22) $\int \frac{1}{x^2-a^2}\mathrm{d}x = \frac{1}{2a}\ln\left|\frac{x-a}{x+a}\right| + C$.

分部积分公式

$\int uv'\mathrm{d}x = uv - \int vu'\mathrm{d}x$ 或 $\int u\mathrm{d}v = uv - \int v\mathrm{d}u$ ($\mathrm{d}v = v'\mathrm{d}x, \mathrm{d}u = u'\mathrm{d}x$).

常用分部积分法的被积函数类型

设 $p(x)$ 为 x 的某一多项式，a 及 b 为常数，则

(1) 当 $\int p(x)\mathrm{e}^{ax}\mathrm{d}x$ 时，设 $u = p(x)$，$\mathrm{d}v = \mathrm{e}^{ax}\mathrm{d}x$；

(2) 当 $\int p(x)\sin ax\mathrm{d}x$ 或 $\int p(x)\cos ax\mathrm{d}x$ 时，设 $u = p(x)$，$\mathrm{d}v = \sin ax\mathrm{d}x$（或 $\mathrm{d}v = \cos ax\mathrm{d}x$）；

(3) 当 $\int p(x)\ln(ax+b)\mathrm{d}x$ 时，设 $u = \ln(ax+b)$，$\mathrm{d}v = p(x)\mathrm{d}x$；

(4) 当$\int p(x)\arcsin ax\,\mathrm{d}x$ 或$\int p(x)\arctan ax\,\mathrm{d}x$ 时，设 $u = \arcsin ax, \mathrm{d}v = p(x)\mathrm{d}x$.

(5) 当$\int \mathrm{e}^{ax}\sin bx\,\mathrm{d}x$ 或$\int \mathrm{e}^{ax}\cos bx\,\mathrm{d}x$ 时，需要循环积分.

2. 定积分牛顿-莱布尼茨公式

积分上限函数的导数

如果函数 $f(x)$ 在$[a,b]$上连续，则 $\Phi(x) = \int_a^x f(t)\mathrm{d}t$ 可导，且

$$\Phi'(x) = \frac{\mathrm{d}}{\mathrm{d}x}\int_a^x f(t)\mathrm{d}t = f(x)(a \leqslant x \leqslant b).$$

原函数存在定理

如果函数 $f(x)$ 在区间$[a,b]$上连续，则函数 $\Phi(x) = \int_a^x f(t)\mathrm{d}t$ 就是被积函数 $f(x)$ 在区间$[a,b]$上的一个原函数.

牛顿-莱布尼茨公式

如果 $F(x)$ 是连续函数 $f(x)$ 在区间$[a,b]$上的一个原函数，则

$$\int_a^b f(x)\mathrm{d}x = F(b) - F(a) \text{ 或 } \int_a^b f(x)\mathrm{d}x = [F(x)]_a^b.$$

五、曲线积分

1. 第一类曲线积分定义

设 L 为 xOy 平面内的一条光滑曲线弧，函数 $f(x,y)$ 在 L 上有界，在 L 上任意插入一点列 $M_1, M_2, \cdots, M_{n-1}$ 把 L 分成 n 小段弧，设第 i 个小段弧的长度为 Δs_i，又(ξ_i, η_i)为第 i 个小段弧上任意取定的一点，作积 $f(\xi_i, \eta_i)\Delta s_i (i = 1,2,\cdots,n)$，并作和 $\sum\limits_{i=1}^{n} f(\xi_i, \eta_i)\Delta s_i$，如果当各小弧段的长度的最大值 $\lambda \to 0$ 时，该和的极限总存在，则称此极限值为函数 $f(x,y)$ 在曲线弧 L 上对弧长的曲线积分或第一类曲线积分，记作

$$\int_L f(x,y)\mathrm{d}s = \lim_{\lambda \to 0}\sum_{i=1}^{n} f(\xi_i, \eta_i)\Delta s_i,$$

其中 $f(x,y)$ 叫作被积函数，L 叫作积分曲线弧.

2. 第一类曲线积分计算

设函数 $f(x,y)$ 在光滑曲线 L 上有定义且连续，曲线 L 的参数方程为

$$\begin{cases} x=\varphi(t), \\ y=\psi(t) \end{cases} (\alpha \leqslant t \leqslant \beta),$$

其中 $\varphi(t),\psi(t)$ 在区间 $[\alpha,\beta]$ 上具有一阶连续导数，且 $\varphi'^2(t)+\psi'^2(t)\neq 0$，则曲线积分 $\int_L f(x,y)\mathrm{d}s$ 存在，且

$$\int_L f(x,y)\mathrm{d}s=\int_\alpha^\beta f[\varphi(t),\psi(t)]\sqrt{\varphi'^2(t)+\psi'^2(t)}\,\mathrm{d}t(\alpha<\beta).$$

3. 第二类曲线积分计算

设函数 $P(x,y),Q(x,y)$ 在有向光滑曲线 L 上有定义且连续，曲线 L 的参数方程为 $\begin{cases} x=\varphi(t), \\ y=\psi(t) \end{cases}$，当参数 t 单调地由 α 变到 β 时，点 $M(x,y)$ 从 L 的起点 Λ 沿曲线 L 运动到终点 B，函数 $\varphi(t),\psi(t)$ 在以 α 及 β 为端点的闭区间上具有连续的导数，且 $\varphi'^2(t)+\psi'^2(t)\neq 0$，则曲线积分 $\int_L P(x,y)\mathrm{d}x+Q(x,y)\mathrm{d}y$ 存在，且

$$\int_L P(x,y)\mathrm{d}x+Q(x,y)\mathrm{d}y=\int_\alpha^\beta \{P[\varphi(t),\psi(t)]\varphi'(t)+Q[\varphi(t),\psi(t)]\psi'(t)\}\mathrm{d}t.$$

4. 格林公式

设闭区域 D 由分段光滑的曲线 L 围成，函数 $P(x,y),Q(x,y)$ 在 D 上具有一阶连续偏导数，则有

$$\iint_D\left(\frac{\partial Q}{\partial x}-\frac{\partial P}{\partial y}\right)\mathrm{d}x\mathrm{d}y=\oint_L P\mathrm{d}x+Q\mathrm{d}y,$$

其中 L 是区域 D 取正向的边界曲线.

5. 曲线积分与路径无关等价条件

设开区域 G 是一单连通区域，函数 P,Q 在 G 内具有一阶连续偏导数，则下列四条结论等价：

(1) 曲线积分 $\int_L P\mathrm{d}x+Q\mathrm{d}y$ 在 G 内与路径无关；

(2) 对 G 内任一闭曲线 L，均有 $\oint_L P\mathrm{d}x+Q\mathrm{d}y=0$ 成立；

(3) $\frac{\partial P}{\partial y}=\frac{\partial Q}{\partial x},\forall(x,y)\in G$;

(4) 表达式 $P\mathrm{d}x+Q\mathrm{d}y$ 为某个二元函数全微分,即有 $\mathrm{d}u=P\mathrm{d}x+Q\mathrm{d}y$.

6. 求原函数 $u(x,y)$ 的方法(积分 $\int_L P\mathrm{d}x+Q\mathrm{d}y$ 与路径无关)

$$u(x,y)=\int_{(x_0,y_0)}^{(x,y)}P\mathrm{d}x+Q\mathrm{d}y\xlongequal{\text{平行坐标轴折线}}\int_{x_0}^{x}P(x,y_0)\mathrm{d}x+\int_{y_0}^{y}Q(x,y)\mathrm{d}y$$

或

$$u(x,y)=\int_{y_0}^{y}Q(x_0,y)\mathrm{d}y+\int_{x_0}^{x}P(x,y)\mathrm{d}x.$$

如图附录 C-1 所示.

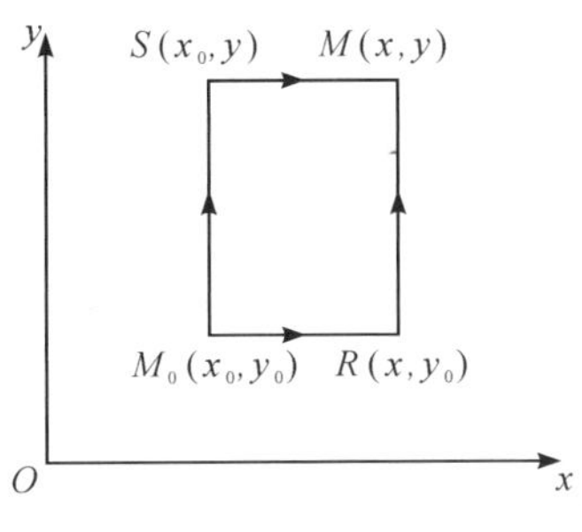

图附录 C-1　积分路径

六、无穷级数

1. 无穷级数收敛概念

如果级数 $\sum_{u=1}^{\infty}u_n$ 的部分和数列 $\{S_n\}$ 有极限,即 $\lim_{n\to\infty}S_n=S$,则称无穷级数 $\sum_{u=1}^{\infty}u_n$ 收敛,此时极限 S 称为该级数的和,记作

$$S=u_1+u_2+\cdots+u_n+\cdots;$$

如果 $\{S_n\}$ 极限不存在,则称无穷级数 $\sum_{u=1}^{\infty}u_n$ 发散.

2. 级数收敛的必要条件

如果级数 $\sum_{u=1}^{\infty}u_n$ 收敛,则它的一般项趋于零,即 $\lim_{n\to\infty}u_n=0$.

3. 常数项级数的收敛

(1) 几何级数(等比级数)

$$\sum_{n=0}^{\infty} aq^n = \begin{cases} 收敛于\dfrac{a}{1-q}, & 当|q|<1时, \\ 发散, & 当|q|\geqslant 1时; \end{cases}$$

(2) p-级数$\sum_{n=1}^{\infty}\dfrac{1}{n^p}$,当$p>1$时收敛,当$p\leqslant 1$时发散.

4. 幂级数

阿贝尔定理

(1) 如果幂级数$\sum_{n=0}^{\infty}a_n x^n$,在点$x=x_0(x_0\neq 0)$处收敛,则当$|x|<|x_0|$时,幂级数$\sum_{n=0}^{\infty}a_n x^n$绝对收敛;

(2) 如果幂级数$\sum_{n=0}^{\infty}a_n x^n$,在点$x=x_0$处发散,则当$|x|>|x_0|$时,幂级数$\sum_{n=0}^{\infty}a_n x^n$发散.

收敛半径求法

若幂级数$\sum_{n=0}^{\infty}a_n x^n$的系数满足

$$\lim_{n\to\infty}\left|\frac{a_{n+1}}{a_n}\right|=\rho(或\lim_{n\to\infty}\sqrt[n]{|u_n|}=\rho),$$

则这个幂级数的收敛半径为

$$R=\begin{cases}\dfrac{1}{\rho}, & 当\rho\neq 0时, \\ +\infty, & 当\rho=0时, \\ 0, & 当\rho=+\infty时. \end{cases}$$

泰勒级数

$$f(x)=\sum_{n=0}^{\infty}\frac{f^{(n)}(x_0)}{n!}(x-x_0)^n 为 x-x_0 的幂级数.$$

麦克劳林级数

$$f(x)=\sum_{n=0}^{\infty}\frac{f^{(n)}(0)}{n!}x^n 为 x 的幂级数.$$

5. 常用的展开式

几何函数

$$\frac{1}{1-x}=\sum_{n=0}^{\infty}x^n \quad (-1<x<1).$$

指数函数

$$e^x=\sum_{n=0}^{\infty}\frac{x^n}{n!} \quad (-\infty<x<+\infty).$$

正弦函数

$$\sin x=\sum_{n=0}^{\infty}(-1)^n\frac{x^{2n+1}}{(2n+1)!} \quad (-\infty<x<+\infty).$$

二项式展开

$$(1+x)^m==\sum_{n=0}^{\infty}\frac{m(m-1)\cdots(m-n+1)}{n!}x^n \quad (-1<x<1).$$

七、傅里叶级数

欧拉公式

$$e^{ix}=\cos x+i\sin x,\quad e^{-ix}=\cos x-i\sin x,$$

$$\cos x=\frac{1}{2}(e^{ix}+e^{-ix}),\quad \sin x=\frac{1}{2i}(e^{ix}-e^{-ix}).$$

傅里叶级数的三角形式

设 $f_T(t)$ 是以 T 为周期的函数，如果函数 $f_T(t)$ 在 $\left[-\frac{T}{2},\frac{T}{2}\right]$ 上满足狄利克雷条件(即狄氏条件)，即函数 $f_T(t)$ 在 $\left[-\frac{T}{2},\frac{T}{2}\right]$ 上满足：连续或只有有限个第一类间断点；只有有限个极值点.

则函数 $f_T(t)$ 在区间 $\left[-\frac{T}{2},\frac{T}{2}\right]$ 上就可展开为傅里叶级数的三角级数形式.

(1) 当 t 为函数 $f_T(t)$ 的连续点时，

$$f_T(t)=\frac{a_0}{2}+\sum_{n=1}^{\infty}(a_n\cos n\omega_0 t+b_n\sin n\omega_0 t),$$

其中 $$\omega_0=\frac{2\pi}{T},a_0=\frac{2}{T}\int_{-\frac{T}{2}}^{\frac{T}{2}}f_T(t)\,dt,$$

$$a_n = \frac{2}{T}\int_{-\frac{T}{2}}^{\frac{T}{2}} f_T(t)\cos n\omega_0 t\mathrm{d}t,$$

$$b_n = \frac{2}{T}\int_{-\frac{T}{2}}^{\frac{T}{2}} f_T(t)\sin n\omega_0 t\mathrm{d}t(n = 1,2,\cdots),$$

(2) 当 t 为函数 $f_T(t)$ 的间断点时，

$$\frac{1}{2}[f_T(t+0) + f_T(t-0)] = \frac{a_0}{2} + \sum_{n=1}^{\infty}(a_n\cos n\omega_0 t + b_n\sin n\omega_0 t).$$

傅里叶级数的复指数形式

$$f_T(t) = c_0 + \sum_{n=1}^{\infty}[c_n\mathrm{e}^{\mathrm{j}\omega_n t} + c_{-n}\mathrm{e}^{-\mathrm{j}\omega_n t}] = \sum_{n=-\infty}^{+\infty} c_n\mathrm{e}^{\mathrm{j}\omega_n t},$$

其中 $c_n = \dfrac{1}{T}\displaystyle\int_{-\frac{T}{2}}^{\frac{T}{2}} f_T(t)\mathrm{e}^{-\mathrm{j}\omega_n t}\mathrm{d}t.$

附录 D　MATLAB 软件的安装

一、MATLAB 软件简介

MATLAB 是美国 MathWorks 公司出品的商业数学软件. 20 世纪 70 年代，美国新墨西哥大学计算机科学系主任克里夫·莫勒尔(Cleve Moler)为了减轻学生编程的负担，用 FORTRAN 编写了最早的 MATLAB. 1984 年，杰克·利特尔(Jack Little)、莫勒尔(Moler)、史蒂芬·班格特(Steve Bangert)合作成立了 MathWorks 公司，正式把 MATLAB 推向市场. 到了 20 世纪 90 年代，MATLAB 已成为国际控制界的标准计算软件.

MATLAB 是 MATrix LABoratory 的缩写，是一种用于无线通信、深度学习、图像处理与计算机视觉、信号处理、量化金融与风险管理、机器人、控制系统、算法开发、数据分析与数据可视化以及数值计算等领域的高级技术计算语言和交互式环境. 除了用来矩阵运算、绘制函数(数据)图像等常用功能外，MATLAB 还可以用来创建用户界面及与调用其他语言(包括 C、C ++、Java、Python 和 FORTRAN)编写的程序，功能十分强大，应用领域非常广泛.

截至 2023 年 7 月，MathWorks 公司发行的 MATLAB 的最新版本为 MATLAB2023a，并且针对不同的客户群体，该公司提供了不同类别的许可证. 例如，有行业使用、学生使用、大学使用、高职院校使用、中小学使用、初创公司使用和家庭使用等类别的许可证. 除了可以购买相应的商业版之外，MATLAB 还提供了无附加条件的试用版(30 天免费试用)，只要登陆网址 https://ww2.mathworks.cn/campaigns/products/ trials.html，并按照要求完成填表即可，如图附录 D－1 所示.

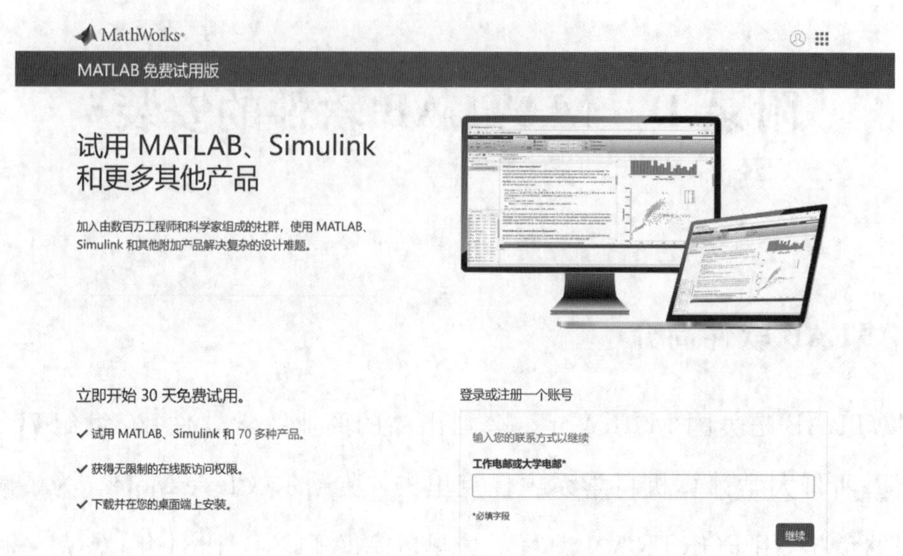

图附录 D-1　MATLAB 试用版申请界面

可以在一定程度上说，MATLAB 应该是理工科学生需要熟练掌握的软件之一，特别是要学会借助该软件，加强学习、研究和解决本专业领域的相关问题.

二、安装的系统配置要求

MATLAB 是一个跨平台软件，适用于各种主流操作系统，包括 32 位 Windows 或 64 位 Windows、64 位 Linux 以及 Mac 系统. MATLAB2023a 版本的计算机推荐配置：内存大于 6G，不小于 60G 的硬盘空间.

三、MATLAB 软件的安装

接下来，以 MATLAB2023a（试用版）为例，演示 MATLAB 的安装步骤.

(1) 首先完成试用版的下载或购买正式版并完成下载.

(2) 双击安装文件“setup. exe”，进入安装界面. 进入正式开始安装界面时，选择右上角“高级选项”中的“我有文件安装密钥”，点击“下一步”，如图附录 D-2 所示.

图附录 D-2　MATLAB 试用版安装步骤(2)

(3) 选择“是”以同意许可协议，然后点击“下一步”进入下一步安装，如图附录 D-3 所示.

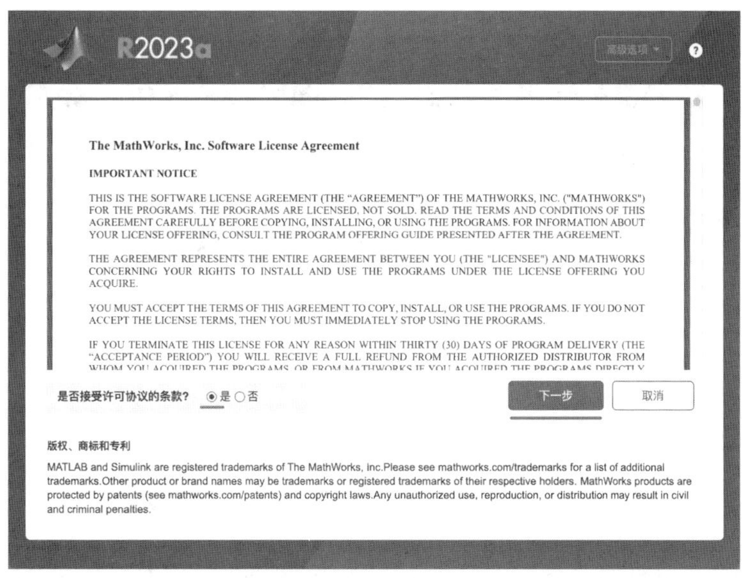

图附录 D-3　MATLAB 试用版安装步骤(3)

(4) 这一步需要选择“我已有我的许可证”，并输入您申请或购买的许可证序列号：“XXXXX－XXXXX－XXXXX－XXXXX－XXXXX－XXXXX”到输入框，然后点击下方“下一步”，如图附录 D-4 所示.

图附录 D-4　MATLAB 试用版安装步骤(4)

(5) 选择许可证文件,点击下图界面中的“浏览”按钮选中所购买的或者申请的许可证文件“license_standalone. lic”,然后点击“下一步”,如图附录 D-5 所示.

图附录 D-5　MATLAB 试用版安装步骤(5)

(6) 选择安装路径,系统会默认安装路径在 C 盘并创建文件夹 Applications,为了后面方便查找文件,这里使用自定义文件夹. 请先新建一个自己记得住名字和位置的文件夹作为安装位置(如果使用系统的默认路径,还请记住它),点击下图界面中的“浏览”按钮选中刚刚新建的文件夹,然后点击“下一步”,如图附录D-6所示.

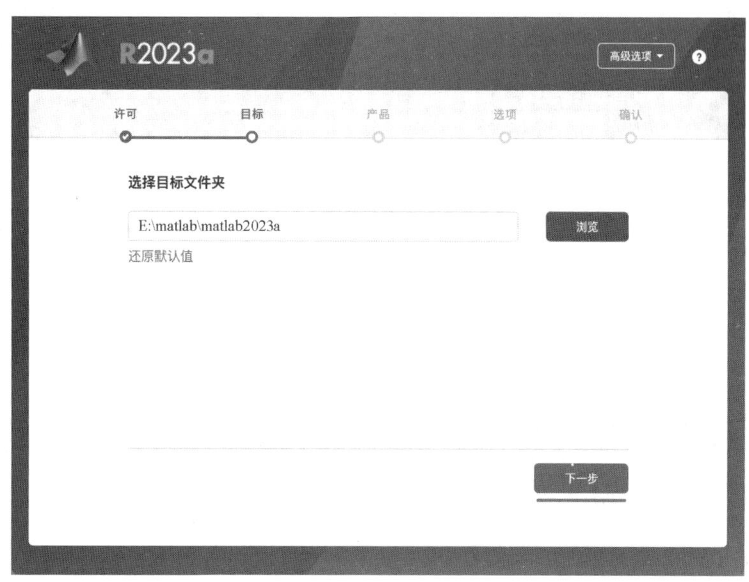

图附录D-6　MATLAB试用版安装步骤(6)

(7)选择要安装的产品,一般选上全部功能安装,当然,也可以后面需要时再安装.这里全选“产品”,然后点击“下一步”,如图附录D-7所示.

图附录D-7　MATLAB试用版安装步骤(7)

(8) 勾上快捷方式添加到“桌面”,点击“下一步”,如图附录 D-8 所示.

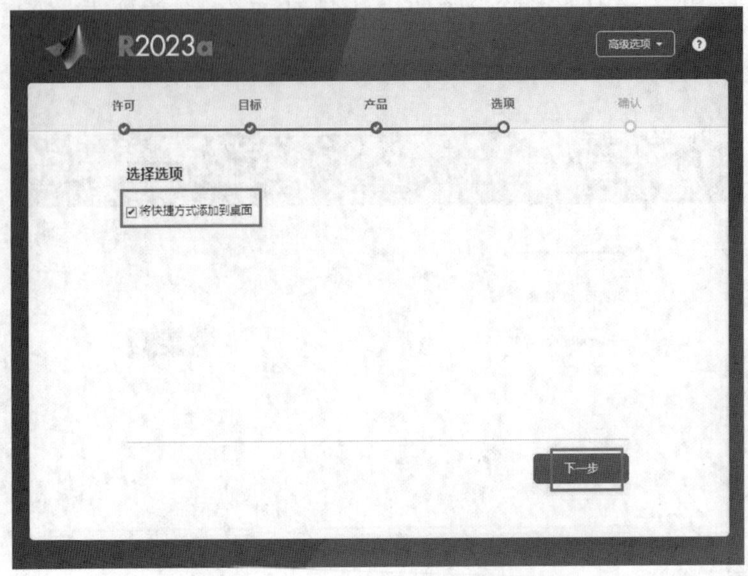

图附录 D-8　MATLAB 试用版安装步骤(8)

(9) 当出现下图中的选择选项时,推荐不勾选“通过向 Mathworks 公司发送用户体验信息来帮助改进 MATLAB”,如图附录 D-9 所示.

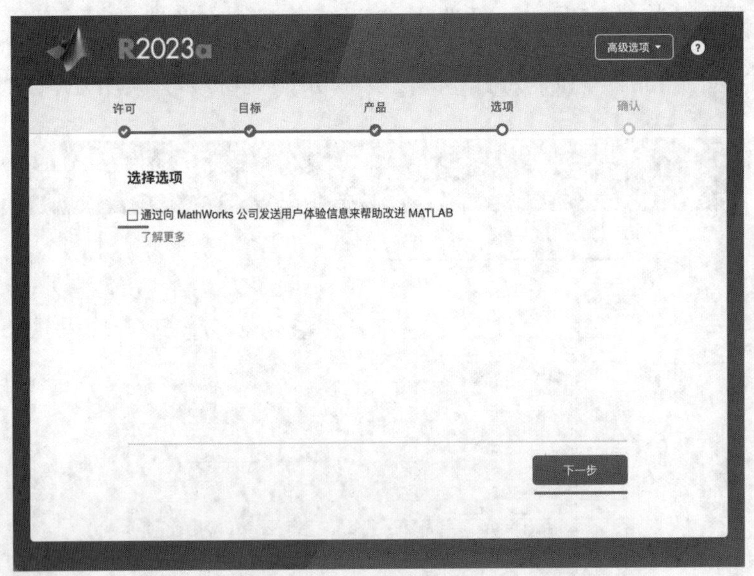

图附录 D-9　MATLAB 试用版安装步骤(9)

(10) 点击“安装”按钮,开始正式安装,如图附录 D-10 所示.

图附录 D-10　MATLAB 试用版安装步骤(10)

(11) 安装过程可能需要一段时间,我们只需耐心等待进度条拉满,如图附录 D-11 所示.

图附录 D-11　MATLAB 试用版安装步骤(11)

(12) 进度条拉满完成后出现如下界面,点击“关闭”,并在桌面上找到 MATLAB 快捷方式,如图附录 D-12 所示.

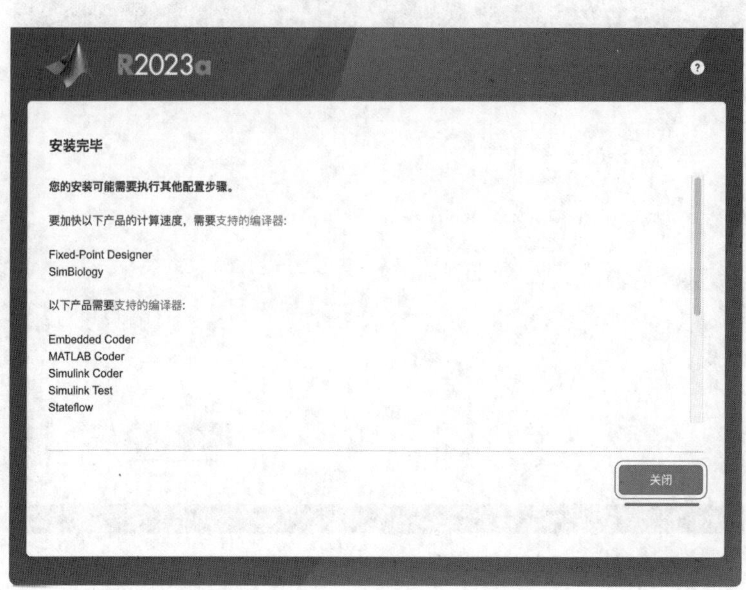

图附录 D-12　MATLAB 试用版安装步骤(12)

四、启动 MATLAB 软件

启动 MATLAB 软件(Windows 版)：

(1) 从开始菜单选择所有程序 → MATLAB 2023a;

(2) 双击桌面的 MATLAB 2023a 快捷键图标.

启动 MATLAB 软件(Mac 版)：

(1)Finder → Applications → MATLAB 2023a;

(2) 双击桌面的 MATLAB 2023a 快捷键图标.

MATLAB软件打开后，会显示进入到如下的页面(见图附录D-13)，并等候您的操作指令.

图附录 D-13　MATLAB 启动完成的界面窗口

MATLAB 主界面默认布局下包括下列面板.

当前文件夹:MATLAB 中的文件浏览器,定位在当前工作的文件夹.

命令行窗口:是输入 MATLAB 命令的区域,命令前面以提示符(>>)表示.

工作区:Workspace,创建或者导入的数据都以变量的形式显示在工作区.

注:(1)>> 是 MATLAB 自动显示的命令行提示符,无需我们手工输入.如要显示输出结果,运算表达式后不要加“;”,也不要加“:”,如不要显示输出结果,运算表达式后加“;”.

(2)“%”是注释符号,“%”之后的语句不被执行计算,仅供显示.

附录E　MATLAB常用指令索引(按功能分类)

一、运算符和数值函数

<table>
<tr><th>符号/函数名</th><th>功能描述</th><th>符号/函数名</th><th>功能描述</th></tr>
<tr><td>＋</td><td>加</td><td>’</td><td>矩阵转置(复数的共轭转置)</td></tr>
<tr><td>－</td><td>减</td><td>.’</td><td>向量转置(复数的非共轭转置)</td></tr>
<tr><td>*</td><td>矩阵乘</td><td>＝</td><td>赋值运算</td></tr>
<tr><td>. *</td><td>向量乘</td><td>＝＝</td><td>关系运算符,相等</td></tr>
<tr><td>^</td><td>矩阵乘方</td><td>～＝</td><td>关系运算符,不等</td></tr>
<tr><td>.^</td><td>向量乘方</td><td>＜</td><td>关系运算符,小于</td></tr>
<tr><td>kron</td><td>求矩阵的张量积</td><td>＜＝</td><td>关系运算符,小于等于</td></tr>
<tr><td>\</td><td>矩阵左除</td><td>＞</td><td>关系运算符,大于</td></tr>
<tr><td>/</td><td>矩阵右除</td><td>＞＝</td><td>关系运算符,大于等于</td></tr>
<tr><td>.\</td><td>向量左除</td><td>&</td><td>逻辑运算符,与</td></tr>
<tr><td>./</td><td>向量右除</td><td>|</td><td>逻辑运算符,或</td></tr>
<tr><td>:</td><td>向量生成或子阵提取</td><td>～</td><td>逻辑运算符,非</td></tr>
<tr><td>( )</td><td>下标运算、参数定义或制定运算顺序</td><td>xor</td><td>逻辑运算符,异或</td></tr>
<tr><td>[ ]</td><td>矩阵生成</td><td>all</td><td>所有元素非零为真</td></tr>
<tr><td>{ }</td><td>集合生成</td><td>any</td><td>所有元素非全零为真</td></tr>
<tr><td>.</td><td>结构字段获取符</td><td>fix</td><td>向零方向取整</td></tr>
<tr><td>...</td><td>续行标志</td><td>floor</td><td>向－∞方向取整</td></tr>
<tr><td>;</td><td>分行符(不显示结果)</td><td>ceil</td><td>向＋∞方向取整</td></tr>
<tr><td>,</td><td>分行符(显示结果)</td><td>round</td><td>四舍五入取整</td></tr>
<tr><td>%</td><td>注释标志</td><td>rem</td><td>求除法的余数</td></tr>
<tr><td>＞＞</td><td>操作系统命令提示符</td><td></td><td></td></tr>
</table>

二、常数与特殊常量

函数名	功能描述	函数名	功能描述
ans	缺省的计算结果变量	NaN	非数值常量常由 0/0 或 Inf/Inf 获得
nargin	函数中参数输入个数	nargout	函数中输出变量个数
eps	浮点相对精度 2^(−52)	Inf	无穷大
pi	圆周率 3.1415926…	i 或 j	虚数单位
realmax	最大浮点数值 2^1024	realmin	最小浮点数值 2^(−1022)
varargin	函数中输入的可选参数	varargout	函数中输出的可选参数

三、常用的数学函数

1. 三角函数与反三角函数(弧度制)

函数名	功能描述(弧度制)	函数名	功能描述(弧度制)
sin/asin	正弦/反正弦函数	sec/asec	正割/反正割函数
cos/acos	余弦/反余弦函数	csc/acsc	余割/反余割函数
tan/atan	正切/反正切函数	cot/acot	余切/反余切函数
atan2	四个象限内反正切函数		

2. 三角函数与反三角函数(度数制)

函数名	功能描述(度数制)	函数名	功能描述(度数制)
sind/asind	正弦/反正弦函数	secd/asecd	正割/反正割函数
cosd/acosd	余弦/反余弦函数	cscd/acscd	余割/反余割函数
tand/atand	正切/反正切函数	cotd/acotd	余切/反余切函数
atan2d	四个象限内反正切函数		

3. 双曲函数与反双曲函数

函数名	功能描述	函数名	功能描述
sinh/asinh	双曲正弦/反双曲正弦函数	sech/asech	双曲正割/反双曲正割函数
cosh/acosh	双曲余弦/反双曲余弦函数	csch/acsch	双曲余割/反双曲余割函数
tanh/atanh	双曲正切/反双曲正切函数	coth/acoth	双曲余切/反双曲余切函数

4. 指数函数、对数函数与平方根函数等

函数名	功能描述	函数名	功能描述
exp	指数函数	log10	以 10 为底的对数函数
log	自然对数函数	sqrt	平方根函数
log2	底为 2 的对数	pow2	求以 2 为底的幂值
realsqrt	返回非负根	mod(x，y)	返回 x/y 的余数
sum	向量元素求和		

5. 复数函数

函数名	功能描述	函数名	功能描述
abs	绝对值(模)函数	imag	求虚部函数
angle	角相位函数	real	求实部函数
conj	共轭复数函数		

6. 其他特殊数学函数

函数名	功能描述	函数名	功能描述
erf	误差函数	erfc	互补误差函数
erfcx	比例互补误差函数	erfinv	逆误差函数
gamma	伽马函数	gammainc	非完全伽马函数
beta	贝塔函数	betainc	非完全的贝塔函数
gcd	最大公约数	lcm	最小公倍数
gammaln	伽马对数函数	betaln	贝塔对数函数
rat	有理逼近	rats	有理输出
expint	指数积分函数	sign	符号函数
heaviside	单位阶跃函数	dirac	单位脉冲函数

四、常用的高等运算

1. 函数极限与解方程

函数名	功能描述	函数名	功能描述
limit	求符号函数的极限	dsolve	符号计算解微分方程
solve	求代数方程的符号解	fsolve	求多元函数的零点

2. 函数的微分与积分

函数名	功能描述	函数名	功能描述
diff	求数值差分或符号函数的微分	gradient	求数值梯度
int	求符号函数的积分	trapz	梯形法数值积分
fnint	利用样条函数求积分	cumtrapz	累计梯形积分
integral	一元函数的数值积分	integral2	计算二重数值积分
quad2d	计算二重数值积分		

3. 级数、傅里叶变换和拉普拉斯变换

函数名	功能描述	函数名	功能描述
taylor	展开为泰勒级数	series	展开为皮瑟级数
fourier	傅里叶变换	ifourier	傅里叶逆变换
fft	离散傅里叶变换	ifft	离散傅里叶逆变换
fft2	二维离散傅里叶变换	ifft2	二维离散傅里叶逆变换
fftn	高维离散傅里叶变换	ifftn	高维离散傅里叶逆变换
laplace	拉普拉斯变换	ilaplace	拉普拉斯逆变换

五、创建矩阵

函数名	功能描述	函数名	功能描述
eye	创建单位阵	zeros	创建零矩阵
ones	创建元素全部为 1 的矩阵	a:h:b	以步长 h 对区间[a, b]划分，产生向量
linspace	构造线性分布的向量	logspace	构造等对数分布的向量
diag	建立对角矩阵或获取对角向量	randperm	创建随机行向量
randn	创建正态分布矩阵	rand	创建随机分布矩阵
magic	创建魔方矩阵	compan	生成伴随矩阵
hilb	生成 hilbert 矩阵	invhilb	生成逆 hilbert 矩阵
hadamard	生成 hadamard 矩阵	pascal	生成 pascal 矩阵
hankel	生成 hankel 矩阵	toeplitz	生成 toeplitz 矩阵

六、矩阵的处理

函数名	功能描述	函数名	功能描述
cat	向量连接	reshape	改变矩阵行列个数
fliplr	按左右方向翻转矩阵元素	tril	取矩阵的下三角部分
flipud	按上下方向翻转矩阵元素	triu	取矩阵的上三角部分
transpose	沿主对角线翻转矩阵，等同于 A.’	ctranspose	共轭转置矩阵，等同于 A’
repmat	复制并排列矩阵函数	rot90	将矩阵逆时针旋转 90 度
horcat	水平聚合矩阵，等同于 cat(1,A,B)	vercat	垂直聚合矩阵，等同于 cat(2,A,B)
length	返回矩阵最长维的长度	ndims	数组维度数目
numel	返回矩阵元素个数	size	返回每一维的长度
inv	求矩阵的逆	det	求矩阵的行列式值
rank	求矩阵的秩	pinv	求伪逆矩阵
trace	求矩阵对角元素的和	eig	求特征值和右特征向量
eigs	求指定的几个特征值	norm	求矩阵或矢量的各种范数
normest	估计矩阵的最大范数矢量	chol	矩阵的 cholesky 分解
cholinc	不完全 cholesky 分解	lu	矩阵的 LU 分解
luinc	不完全 LU 分解	qr	正交分解

七、多项式的表示与运算

函数名	功能描述	函数名	功能描述
conv	进行多项式的乘法、卷积	deconv	计算多项式的除法，返回商和余数
poly	由已知根求多项式的系数	polyeig	求多项式的特征值
roots	求多项式的根	polyder	求多项式的一阶导数
polyint	进行多项式的积分	polyval	求多项式的值
polyvalm	计算矩阵多项式	residue	部分分式展开式
ppval	计算分段多项式	poly2str	以习惯方式显示多项式
poly2sym	双精度多项式系数转变为向量符号多项式		

八、插值与拟合函数

函数名	功能描述	函数名	功能描述
interp1	一维插值	interp2	二维插值
interp3	三维插值	interpft	用快速傅里叶变换进行一维插值
polyfit	进行多项式的曲线拟合	lsqnonlin	非线性最小二乘数据拟合
griddata	数据网格化合曲面拟合	griddata3	三维数据网格化合超曲面拟合
spline	三次样条插值	pchip	分段 hermit 插值
mkpp	使用分段多项式		

九、函数的最值

函数名	功能描述
fzero	求非线性函数的根
fminbnd	求一元函数在闭区间上的最小值
fminsearch	求无约束的多元函数的最小值

十、图像绘制

1. 基本绘图函数

函数名	功能描述	函数名	功能描述
plot	绘制二维图形和两个坐标轴	plot3	绘制三维图形和两个坐标轴
plotyy	双纵坐标图	polar	极坐标图
fplot3	三维参数化曲线绘图函数	ezpolar	符号函数极坐标绘图
fplot	绘制表达式或符号函数	fnplt	绘制样条函数图形
fill	填充的二维多边形	fill3	三维多边形填色图
feather	羽毛图	compass	射线图
quiver	二维方向箭头图	quiver3	三维方向箭头图
pie	二维饼图	pie3	三维饼图
bar	二维直方图	bar3	三维直方图
area	面域图	barh	二维水平直方图

续表

函数名	功能描述	函数名	功能描述
comet	彗星状轨迹图	comet3	三维彗星轨迹图
scatter	散点图	scatter3	三维散点图
hist	频数直方图	histc	端点定位频数直方图
histfit	带正态拟合的频数直方图	peaks	MATLAB 提供的三维曲面
semilogx	绘制半对数坐标图形	semilogy	绘制半对数坐标图形
loglog	两个坐标都为对数坐标	errorbar	带误差限的曲线图
hold on	开启在一个窗口绘制图形	hold off	关闭在一个窗口绘制图形
colormap	设置当前颜色图	subplot	分区域绘图图像
contour	等位线	contourf	填色等位线
contour3	三维等位线	meshgrid	产生“格点”矩阵
fcontour	画符号函数的等位线或填色等位线	fmesh	画符号函数的网线图或带等位线的网线图
grid on	画分格线	grid off	取消分格线
mesh	网格曲面图	meshz	垂帘网格曲面图
fsurf	绘制三维曲面/等高线组合绘图	cplxgrid	产生极坐标下的复数数据网格
cplxmap	画复变函数的图形	cplxroot	使用数据网格画复数 n 次根式函数曲面
colorbar	显示垂直颜色条	legend	显示图例
plotmatrix	矩阵的散点图	ginput	从图形窗获取数据
gplot	依图论法则画图	gtext	由鼠标放置注释文字
figure	创建图形窗		

2. 颜色与线型

符号	说明	符号	说明	符号	说明
y	黄色	.	圆点线	v	向下箭头
g	绿色	-.	点线组合	>	向右箭头
b	蓝色	+	点为加号形	<	向左箭头
m	红紫色	o	空心圆形	p	五角星形
c	蓝紫色	*	星号	h	六角星形

续表

符号	说明	符号	说明	符号	说明
w	白色	.	实心小点	x	叉号形状
r	红色	s	方形	—	实线
k	黑色	--	虚线	^	向上箭头
d	菱形	pcolor	伪彩图	hsv	饱和色图
prism	光谱色图阵	cool	青紫调冷色	copper	古铜调色
white	全白色图矩阵	pink	粉红色图阵	gray	黑白灰度
flag	红白蓝黑交错色	hot	黑红黄白色图	bone	蓝渐变白色
jet	蓝头红尾饱和色	spring	紫黄调春色图	summer	绿黄调夏色图
autumn	红黄调秋色	winter	蓝绿调冬色图		

十一、工作空间的管理

函数名	功能描述	函数名	功能描述
clear	删除内存中的变量与函数	clc	清除命令窗口,但不清除工作空间
disp	显示矩阵与文本	save	将工作空间中的变量存盘
load	从文件中装入数据	who, whos	列出工作空间中的变量名

十二、控制流程

函数名	功能描述	函数名	功能描述
for	循环语句	if	条件转移语句
else	与 if 一起使用的转移语句	elseif	与 if 一起使用的转移语句
while	循环语句	end	结束控制语句块
break	中断循环执行的语句	return	返回调用函数
switch	与 case 结合实现多路转移	case	与 switch 结合实现多路转移
otherwise	多路转移中的缺省执行部分	warning	显示警告信息
error	显示错误信息		

附录 F　MATLAB 常用指令索引(按字母顺序)

a

abs	绝对值、模、字符的 ASCII 码值
acos	反余弦函数(弧度)
acosd	反余弦函数(度)
acosh	反双曲余弦函数
acot	反余切函数(弧度)
acotd	反余切函数(度)
acoth	反双曲余切函数
acsc	反余割函数(弧度)
acscd	反余割函数(度)
acsch	反双曲余割函数
all	所有元素非零为真
angle	相角
ans	表达式计算结果的缺省变量名
any	所有元素非全零为真
area	面域图
asec	反正割函数(弧度)
asecd	反正割函数(度)
asech	反双曲正割函数
asin	反正弦函数(弧度)
asind	反正弦函数(度)
asinh	反双曲正弦函数
atan	反正切函数(弧度)
atand	反正切函数(度)
atan2	四个象限内反正切函数(弧度)
atan2d	四个象限内反正切函数(度)
atanh	反双曲正切函数
autumn	红黄调秋色图阵
axes	创建轴对象的低层指令
axis	控制轴刻度和风格的高层指令

b

bar	二维直方图
bar3	三维直方图
bar3h	三维水平直方图
barh	二维水平直方图
beta	贝塔函数
betaln	贝塔对数函数
bone	蓝色调黑白色图阵
box	框状坐标轴
break	循环中断指令

c

cat	字符串接数组为高维数组
caxis	设置颜色图范围
cdf2rdf	复数特征值对角阵转为实数块对角阵
ceil	向正无穷取整
cell	创建元胞数组
char	把数值、符号、内联类转换为字符对象
chi2cdf	分布累积概率函数

chi2inv	分布逆累积概率函数
chi2pdf	分布概率密度函数
chi2rnd	分布随机数发生器
chol	Cholesky 分解
clc	清除指令窗
clear	清除内存变量和函数
colorbar	显示垂直颜色条
colormap	设置当前颜色图
comet	彗星状轨迹图
comet3	三维彗星轨迹图
compass	射线图
compose	求复合函数
conj	复数共轭
contour	等位线
contourf	填色等位线
contour3	三维等位线
contourslice	四维切片等位线图
conv	多项式乘、卷积
cool	青紫调冷色图
copper	古铜调色图
cos	余弦函数(弧度)
cosd	余弦函数(度)
cosh	双曲余弦
cot	余切函数(弧度)
cotd	余切函数(度)
coth	双曲余切
cplxpair	复数共轭成对排列
cplxgrid	产生极坐标下的复数数据网格
cplxmap	画复变函数的图形
cplxroot	使用数据网格画复数 n 次根式函数曲面
csc	余割函数(弧度)
cscd	余割函数(度)
csch	双曲余割
cumsum	元素累加和
cumtrapz	累加梯形积分
cylinder	创建圆柱

d

dblquad	二重数值积分
deconv	多项式除、解卷
det	行列式
diag	矩阵对角元素提取、创建对角阵
diff	求数值差分或符号函数的微分
digits	符号计算中设置符号数值的精度
dirac	单位脉冲函数
double	转换为双精度数值
dsolve	符号计算解微分方程

e

eig	求特征值和特征向量
eigs	求指定的几个特征值
eps	浮点相对精度
erf	误差函数
erfc	误差补函数
erfcx	刻度误差补函数
erfinv	逆误差函数
errorbar	带误差限的曲线图
etreeplot	画消去树
eval	计算表达式的值
exit	终止 MATLAB 程序
exp	指数函数
expand	符号计算中的展开操作
expint	指数积分函数

expm	矩阵指数函数
eye	单位阵
ezpolar	画极坐标图

f

factor	符号计算的因式分解
fcontour	画符号函数的等位线或填色等位线
feather	羽毛图
feval	计算函数
fft	离散傅里叶变换
fft2	二维离散傅里叶变换
fftn	高维离散傅里叶变换
figure	创建图形窗
fill3	三维多边形填色图
find	寻找非零元素下标
findsym	机器确定内存中的符号变量
finverse	符号计算中求反函数
fix	向零取整
flag	红白蓝黑交错色图阵
fliplr	矩阵的左右翻转
flipud	矩阵的上下翻转
flipdim	矩阵沿指定维翻转
floor	向负无穷取整
flops	浮点运算次数
fmesh	画符号函数的网线图或带等位线的网线图
fminbnd	求单变量非线性函数极小值点
fminunc	求无约束多变量函数的最小值
fminsearch	使用无导数法计算无约束的多变量函数的最小值
fnder	对样条函数求导
fnint	利用样条函数求积分
fnval	计算样条函数区间内任意一点的值
fnplt	绘制样条函数图形
for	构成 for 循环用
format	设置输出格式
fourier	傅里叶变换
fplot	绘制表达式或符号函数
fplot3	三维参数化曲线绘图函数
fprintf	将数据写入文本文件
fread	读取二进制文件中的数据
fsolve	求多元函数的零点
fsurf	绘制三维曲面/等高线组合绘图
full	将稀疏矩阵转换为满存储
funm	计算常规矩阵函数
fzero	求单变量非线性函数的零点

g

gamma	伽马函数
gammainc	不完全伽马函数
gammaln	伽马函数的对数
gca	获得当前轴句柄
gcf	获得当前图对象句柄
gco	获得当前对象句柄
geomean	几何平均值
get	获知对象属性
ginput	标识坐标区坐标
global	定义全局变量
gplot	依图论法则画图
gradient	求数值梯度
gray	黑白灰度
grid	画分格线
griddata	规则化数据和曲面拟合
gtext	由鼠标放置注释文字

h

harmmean	调和平均值
help	在线帮助
heaviside	单位阶跃函数
hilb	创建 Hilbert 矩阵
hist	频数计算或频数直方图
histc	端点定位频数直方图
histfit	带正态拟合的频数直方图
hold	当前图上重画的切换开关
hot	黑红黄白色图

i

if-else-elseif	条件分支结构
ifft	离散傅里叶反变换
ifft2	二维离散傅里叶反变换
ifftn	高维离散傅里叶反变换
ifourier	傅里叶逆变换
i, j	虚数单位
ilaplace	拉普拉斯逆变换
imag	复数虚部
image	显示图象
imagesc	显示亮度图象
imread	从文件读取图象
imwrite	把图象写成文件
inf	无穷大
inline	构造内联函数对象
input	提示用户输入
int	符号积分
integral	计算一元函数的数值积分
integral2	对二重积分进行数值计算
int2str	把整数数组转换为字符串数组
interp1	一维插值
interp2	二维插值
interp3	三维插值
interpn	N 维插值
interpft	利用 FFT 插值
inv	求矩阵逆
invhilb	Hilbert 矩阵的准确逆
ipermute	广义反转置
ischar	若是字符串则为真
isequal	若两数组相同则为真
isempty	若是空阵则为真
isfinite	若全部元素都有限则为真
isfield	若是构架域则为真
isglobal	若是全局变量则为真
isinf	若是无穷数据则为真
isletter	若是英文字母则为真
islogical	若是逻辑数组则为真
ismember	检查是否属于指定集
isnan	若是非数则为真
isnumeric	若是数值数组则为真
isobject	若是对象则为真
isprime	若是质数则为真
isreal	若是实数则为真
isspace	若是空格则为真
issparse	若是稀疏矩阵则为真
isstruct	确定输入是否为结构体数组
iztrans	符号计算 Z 反变换

j，k

jacobian	符号计算中求雅可比矩阵
jet	蓝头红尾饱和色
jordan	符号计算中获得
kron	矩阵的 Kronecker 运算，即张量积

l

laplace	拉普拉斯变换
leastsq	解非线性最小二乘问题(旧版)

legend	图形图例
line	创建线对象
lines	采用 plot 画线色
linspace	线性等分向量
load	从 MAT 文件读取变量
log	自然对数
log10	常用对数
log2	底为 2 的对数
loglog	双对数刻度图形
logm	矩阵对数
logspace	对数分度向量
lookfor	按关键字搜索 M 文件
lsqnonlin	求解非线性最小二乘数据拟合
lu	矩阵的 LU 分解

m

mad	平均绝对值偏差
magic	魔方阵
mat2str	将矩阵转换为字符
max	找向量中最大元素
mean	求向量元素的平均值
median	求中位数
mesh	网线图
meshz	垂帘网线图
meshgrid	产生“格点”矩阵
min	找向量中最小元素
mod	模运算

n

ndims	求数组维度数目
NaN	(预定义)非数变量
nargin	函数输入变量数
nargout	函数输出变量数
ndgrid	产生高维格点矩阵
nnz	矩阵的非零元素总数
nonzeros	矩阵的非零元素
norm	矩阵或向量范数
normcdf	正态分布累积概率密度函数
normest	估计矩阵 2 范数
norminv	正态分布逆累积概率密度函数
normpdf	正态分布概率密度函数
normrnd	正态随机数发生器
null	零空间
num2str	把非整数数组转换为字符串
numden	获取最小公分母和相应的分子表达式

o

ode113	求解非刚性微分方程-变阶方法
ode15s	求解刚性微分方程和 DAE -变阶方法
ode23	求解非刚性微分方程-低阶方法
ode23s	求解非刚性微分方程-低阶方法
ode23t	求解中等刚性的 ODE 和 DAE -梯形法则
ode23tb	求解刚性微分方程-梯形法则-后向差分公式
ode45	求解非刚性微分方程-中阶方法
odeget	提取 ODE 选项值
ones	创建全部为 1 的数组
orth	将列向量组正交化

p

pause	暂停
pcolor	伪彩图
peaks	Matlab 提供的三维曲面
permute	广义转置
pi	(预定义变量)圆周率
pie	二维饼图
pie3	三维饼图
pink	粉红色图矩阵
pinv	伪逆
plot	平面线图
plot3	三维线图
plotmatrix	矩阵的散点图
plotyy	双纵坐标图
poissinv	泊松分布逆累积概率分布函数
poissrnd	泊松分布随机数发生器
polarhistogram	极坐标中的直方图
pol2cart	极或柱坐标变为直角坐标
polar	极坐标图
poly	矩阵的特征多项式、根集对应的多项式
poly2str	以习惯方式显示多项式
poly2sym	双精度多项式系数转变为向量符号多项式
polyder	多项式导数
polyfit	数据的多项式拟合
polyval	计算多项式的值
polyvalm	计算矩阵多项式
pow2	求以 2 为底的幂值
ppval	计算分段多项式
pretty	以习惯方式显示符号表达式
print	打印图形或 SIMULINK 模型
printsys	以习惯方式显示有理分式
prism	光谱色图矩阵

q,r

quit	退出 Matlab 环境
quiver	二维方向箭头图
quiver3	三维方向箭头图
rand	产生均匀分布随机数
randn	产生正态分布随机数
randperm	随机置换向量
range	样本极差
rank	矩阵的秩
rats	有理输出
real	复数的实部
reallog	在实数域内计算自然对数
realpow	在实数域内计算乘方
realsqrt	在实数域内计算平方根
realmax	最大正浮点数
realmin	最小正浮点数
rectangle	画“长方框”
rem	求余数
repmat	重复铺放数组副本
reshape	改变数组维数、大小
residue	部分分式展开
return	返回
ribbon	条带图
roots	求多项式的根
rose	绘制玫瑰图
rot90	矩阵旋转 90 度
rotate	指定的原点和方向旋转
round	四舍五入取整
rref	简化矩阵为行阶梯形
rsf2csf	实数块对角阵转为复数特征值对角阵

s

save 把内存变量保存为文件
scatter 散点图
scatter3 三维散点图
sec 正割函数(弧度)
secd 正割函数(度)
sech 双曲正割
semilogx X 轴对数刻度坐标图
semilogy Y 轴对数刻度坐标图
series 展开为皮瑟级数
set 设置图形对象属性
sign 符号取函数
signum 符号计算中的符号取值函数
simple 寻找最短形式的符号解
simplify 符号计算中进行简化操作
sin 正弦函数(弧度)
sind 正弦函数(度)
sinh 双曲正弦
size 矩阵的大小
slice 立体切片图
solve 求代数方程的符号解
sph2cart 将球面坐标转换为笛卡尔坐标
sphere 产生球面
spinmap 色图彩色的周期变化
spline 样条插值
spring 紫黄调春色图
sprintf 把格式数据写成字符串
spy 可视化矩阵的稀疏模式
sqrt 平方根
sqrtm 方根矩阵
stairs 阶梯图
std 标准差
stem 绘制离散序列数据
str2double 字符串转换为双精度值
str2mat 创建多行字符串数组
str2num 字符串转换为数
strcat 接成长字符串
strcmp 字符串比较
strjust 字符串对齐
strmatch 搜索指定字符串
strncmp 比较字符串的前 n 个字符(区分大小写)
strrep 字符串替换
struct 创建构架数组
struct2cell 把构架转换为元胞数组
strvcat 创建多行字符串数组
sub2ind 多下标转换为单下标
subplot 创建子图
subs 符号计算中的符号变量置换
subspace 两子空间夹角
sum 元素和
summer 绿黄调夏色图
surf 三维着色表面图
surface 创建面对象
surfc 带等位线的表面图
surfl 带光照的三维表面图
surfnorm 空间表面的法线
svd 奇异值分解
svds 求指定的若干奇异值
switch-case-otherwise 多分支结构
sym2poly 符号多项式转变为双精度多项式系数向量
syms 创建多个符号对象

t

tan 正切函数(弧度)

tand 正切函数(度)
tanh 双曲正切
taylor 泰勒级数
text 文字注释
tic 启动计时器
title 添加标题
toc 关闭计时器
trapz 梯形法数值积分
treeplot 绘制树形图
tril 下三角阵
try-catch 控制流中的 try-catch 结构

u,v,w

upper 转换为大写字母
var 方差
varargin 变长度输入变量
varargout 变长度输出变量
view 三维图形的视角控制
vpa 任意精度(符号类)数值
which 确定函数、文件的位置
while 控制流中的 While 环结构
white 全白色图矩阵
who 列出内存中的变量名
whos 列出内存中变量的详细信息
winter 蓝绿调冬色图

x,y,z

xlabel 为 x 轴添加标签
xor 或非逻辑
ylabel 为 y 轴添加标签
zeros 全零数组
zlabel 为 z 轴添加标签
ztrans 符号计算 Z 变换

习题答案

第 1 章　复数与复变函数

习题 1.1

1. (1)$2\left[\cos\left(-\frac{\pi}{3}\right)+\mathrm{i}\sin\left(-\frac{\pi}{3}\right)\right]=2\mathrm{e}^{-\frac{\pi}{3}\mathrm{i}}$;

(2)$5\left[\cos\left(-\frac{\pi}{2}\right)+\mathrm{i}\sin\left(-\frac{\pi}{2}\right)\right]=5\mathrm{e}^{-\frac{\pi}{2}\mathrm{i}}$;

(3)$\cos\pi+\mathrm{i}\sin\pi=\mathrm{e}^{\mathrm{i}\pi}$;

(4)$\cos\dfrac{-\frac{1}{2}\pi+2k\pi}{2}+\mathrm{i}\sin\dfrac{-\frac{1}{2}\pi+2k\pi}{2}=\mathrm{e}^{\mathrm{i}\frac{-\frac{1}{2}\pi+2k\pi}{2}}\quad(k=0,1).$

2. (1) $-\mathrm{i}$;(2) $-\frac{3}{2}-\frac{1}{2}\mathrm{i}$.

3. (1) $-8(1+\sqrt{3}\mathrm{i})$;(2)$2+\mathrm{i},-2-\mathrm{i}$.

4. $z_k=\sqrt[3]{2}\left(\cos\frac{2k\pi}{3}+\mathrm{i}\sin\frac{2k\pi}{3}\right)\quad(k=0,1,2).$

5. (1)$z=t+\mathrm{i}t\quad(0\leqslant t\leqslant 1)$;　(2)$z=a\cos t+\mathrm{i}b\sin t\quad(0\leqslant t\leqslant 2\pi)$.

习题 1.2

1. (1) 以(1,0)为圆心,半径为 2 的圆盘;　(2) 以 $\arg z=\frac{\pi}{3}$,$\arg z=0$,$x=2$,$x=4$ 为边界的区域;　(3) 以 $y=1$,$y=2$ 为边界的条形闭区域;　(4) 抛物线 $y^2=1-2x$ 的内部;(5) 椭圆$\frac{x^2}{4}+\frac{y^2}{3}=1$ 的内部.

2. (1) 以(0,−2)为圆心,半径为 1 的圆周;　(2) 表示直线 $y=3$;

(3) 表示直线 $y=2$;　(4) 表示以 i 为起点的射线 $y=x+1$.

3. (1)$y=-x$;　(2)$xy=1$;　(3)$x^2+y^2=9$.

习题 1.3

1. 证明:令 $z=x+\mathrm{i}y$,则有$\frac{\mathrm{Im}(z)}{z}=\frac{y}{x+\mathrm{i}y}$,显然,当 z 沿直线 $y=kx$(k 是常数)趋于

零时，极限 $\lim\limits_{\substack{x\to 0\\ y=kx}}\dfrac{\mathrm{Im}(z)}{z}=\lim\limits_{\substack{z\to 0\\ y=kx}}\dfrac{y}{x+\mathrm{i}y}=\lim\limits_{x\to 0}\dfrac{kx}{x+\mathrm{i}kx}=\dfrac{k}{1+\mathrm{i}k}$，注意到 k 取不同的值时，极限 $\lim\limits_{z\to 0}\dfrac{\mathrm{Im}(z)}{z}$ 也不同，因而所求的极限不存在.

2. 提示：只需证明极限 $\lim\limits_{z\to 0}\dfrac{xy}{x^2+y^2}$ 不唯一.

3. 提示：利用定理 1.3.2 证明.

4. 提示：利用定理 1.3.2 证明.

5. 因为 $f(0)$ 无定义，又 $\lim\limits_{\substack{z\to z_0\\ \mathrm{Im}z>0}}f(z)=\lim\limits_{\substack{z\to z_0\\ \mathrm{Im}z>0}}\arg z=\pi$，$\lim\limits_{\substack{z\to z_0\\ \mathrm{Im}z<0}}f(z)=\lim\limits_{\substack{z\to z_0\\ \mathrm{Im}z<0}}\arg z=-\pi$.

6. (1) w 平面的左半平面；(2) 上半圆 $1\leqslant |w|\leqslant 4$.

习题 1.4

1. (1) $-\mathrm{ie}$；(2) $\dfrac{1}{\sqrt{2}}\mathrm{e}^{\frac{1}{4}}(1+\mathrm{i})$；

(3) $\mathrm{i}\left(2k\pi-\dfrac{\pi}{2}\right)(k=0,\pm 1,\pm 2,\cdots)$，主值为 $-\dfrac{\pi}{2}\mathrm{i}$；

(4) $\ln\sqrt{2}+\mathrm{i}\left(2k\pi+\dfrac{\pi}{4}\right)(k=0,\pm 1,\pm 2,\cdots)$，主值为 $\ln\sqrt{2}+\mathrm{i}\dfrac{\pi}{4}$；

(5) $\dfrac{1}{2}(\mathrm{e}+\mathrm{e}^{-1})$；(6) $\dfrac{1}{2}[(\mathrm{e}+\mathrm{e}^{-1})\sin 1+\mathrm{i}(\mathrm{e}-\mathrm{e}^{-1})\cos 1]$；

(7) $\mathrm{e}^{\frac{\pi}{2}-4k\pi}[\cos(2\ln\sqrt{2})+\mathrm{i}\sin(2\ln\sqrt{2})]\quad(k=0,\pm 1,\pm 2,\cdots)$，

主值为 $\mathrm{e}^{\frac{\pi}{2}}[\cos(2\ln\sqrt{2})+\mathrm{i}\sin(2\ln\sqrt{2})]$；

(8) $3\mathrm{e}^{2k\pi}[\cos(2k\pi-\ln 3)+\mathrm{i}\sin(2k\pi-\ln 3)]\quad(k=0,\pm 1,\pm 2,\cdots)$，

主值为 $3(\cos\ln 3-\mathrm{i}\sin\ln 3)$.

2. (1) $z=\mathrm{i}$；(2) $z=(2k+1)\pi\mathrm{i}\quad(k=0,\pm 1,\pm 2,\cdots)$.

3. (1) $|\mathrm{e}^z|=\mathrm{e}^x$；(2) $|\mathrm{Ln}z|=\ln|z|$；(3) $|\sin(z)|=\sqrt{\sin^2 x+\mathrm{sh}^2 y}$；

(4) $|\cos z|=\sqrt{\cos^2 x+\mathrm{sh}^2 y}$；(5) $|z^n|=|z|^n$.

4. 提示：(1) $|\sin(x+\mathrm{i}y)|=\sqrt{\sin^2 x+\mathrm{sh}^2 y}\geqslant|\mathrm{sh}y|$，

$|\cos(x+\mathrm{i}y)|=\sqrt{\cos^2 x+\mathrm{sh}^2 y}\geqslant|\mathrm{sh}y|$；

(2) $\cos\mathrm{i}=\dfrac{\mathrm{e}+\mathrm{e}^{-1}}{2}\approx 1.547$，$\sin\mathrm{i}=\dfrac{\mathrm{e}^{-1}-\mathrm{e}}{2\mathrm{i}}\approx 1.17\mathrm{i}$.

5. 略.

自测题 1

一、**1.** B　**2.** D　**3.** C　**4.** B　**5.** C　**6.** A

二、**1.** $1,-1,\sqrt{2},-\dfrac{\pi}{4}+2k\pi\quad(k\in\mathbf{Z}),-\dfrac{\pi}{4}$.

2. -1.

3. $2\sqrt{2}\left(\cos\frac{\pi}{4}+\mathrm{i}\sin\frac{\pi}{4}\right), 2\sqrt{2}\mathrm{e}^{\mathrm{i}\frac{\pi}{4}}$.

4. $z_0=1+\sqrt{3}\mathrm{i}, z_1=-2, z_2=1-\sqrt{3}\mathrm{i}$.

5. $x=-3$.

6. $-7+2\mathrm{i}$.

三、**1.** 2.　**2.** i.　**3.** i.　**4.** $\sqrt[4]{8}\left(\cos\frac{3+8k\pi}{16}+\mathrm{i}\sin\frac{3+8k\pi}{16}\right)\quad(k=0,1,2,3)$.

四、**1.** $-\mathrm{e}^3$.　**2.** $\frac{\mathrm{i}(\mathrm{e}-\mathrm{e}^{-1})}{\mathrm{e}+\mathrm{e}^{-1}}$.　**3.** $-\frac{\mathrm{e}^5+\mathrm{e}^{-5}}{2}=-\mathrm{ch}5$.

4. $\ln 2+\mathrm{i}\left(2k\pi+\frac{\pi}{3}\right)\quad(k=0,\pm1,\pm2,\cdots)$.

5. $\cos(2\sqrt{2}k\pi)+\mathrm{i}\sin(2\sqrt{2}k\pi)\quad(k=0,\pm1,\pm2,\cdots)$.

6. $3^{\sqrt{5}}[\cos\sqrt{5}(2k+1)\pi+\mathrm{i}\sin\sqrt{5}(2k+1)\pi]\quad(k=0,\pm1,\pm2,\cdots)$.

五、$z=1+\mathrm{i}+(-2-5\mathrm{i})t\quad(0\leqslant t\leqslant 1)$.

六、**1.** $z=z_1+c$,其中 $c=a+\mathrm{i}b$.　**2.** $z=z_1\mathrm{e}^{\mathrm{i}\alpha}$.

七、$u=x^2-y^2+1, v=2xy$.

八、$w=\frac{3}{2\bar{z}}+\frac{1}{2z}$.

九、**1.** $u^2+v^2=1$.　**2.** $u+v=0$.　**3.** $\left(u-\frac{1}{2}\right)^2+v^2=\frac{1}{4}$.

十、$z=-2k\pi+\mathrm{i}\ln 4\quad(k=0,\pm1,\pm2,\cdots)$.

第 2 章　解析函数

习题 2.1

1. (1)$z=0,\pm\mathrm{i}$;(2)$z=-2,1,-1,\pm\mathrm{i}$.

2. (1)$f(z)=z^3+2\mathrm{i}z$ 在复平面上处处解析,且 $f'(z)=3z^2+2\mathrm{i}$;

(2) 函数在 $z=\pm1$ 外处处解析,且 $f'(z)=\frac{-2z}{(z^2-1)^2}$;

(3) 当 $c=0$ 时,$f(z)=\frac{a}{d}z+\frac{b}{d}$ 在复平面处处解析,且 $f'(z)=\frac{a}{d}$,当 $c\neq0$ 时,函数 $f(z)$ 在除 $z=-\frac{\mathrm{d}}{c}$ 外处处解析,且 $f'(z)=\frac{ad-bc}{(cz+d)^2}$.

3. (1) 不解析;　(2) 解析函数,且 $f'(z)=\mathrm{e}^{-y}(-\sin x+\mathrm{i}\cos x)$;

(3) 不解析;　(4) 不解析.

4. $a = 2, b = -1, c = -1, d = 2$.

5. 证明：

(1) 参考例 2.1.8(4) 证明.

(2) 若 $v = u^2$，且 $\frac{\partial u}{\partial x} = \frac{\partial v}{\partial y} = 2u\frac{\partial u}{\partial y}, \frac{\partial u}{\partial y} = -\frac{\partial v}{\partial x} = -2u\frac{\partial u}{\partial x}$，将后者代入前者，得 $\frac{\partial u}{\partial x}(4u^2+1) = 0$，从而有 $\frac{\partial u}{\partial x} = 0$ 或者 $(4u^2+1) = 0$，所以 $u \equiv C$(常数)，即 $f(z) = C + \mathrm{i}C^2$ 为常数.

习题 2.2

1. $f(z) = (1 - \frac{\mathrm{i}}{2})z^2 + \frac{\mathrm{i}}{2}$.

2. $f(z) = \frac{1}{2}\ln(x^2 + y^2) + C + \mathrm{i}\arctan\frac{y}{x} = \ln z + C$.

3. (1) $f(z) = \mathrm{e}^z + \mathrm{i}C$；(2) $f(z) = \frac{1}{2} - \frac{1}{z}$.

4. 提示：不满足 C-R 方程.

5. 提示：对 $f(z)$ 求偏导数，利用 C-R 方程证明.

习题 2.3

1. (1) $f(z) = (nz^{n-1} + z^n)\mathrm{e}^z$；(2) $f(z) = (\cos z - \sin z)\mathrm{e}^z$；(3) $f'(z) = \frac{1}{\cos^2 z}$.

2. 证明略.

自测题 2

一、**1.** B　**2.** A　**3.** C　**4.** D　**5.** A　**6.** C

二、**1.** $1 + \mathrm{i}$.　**2.** u, v 偏导数连续并且满足 C-R 方程.　**3.** $\frac{27}{4} - \frac{27}{8}\mathrm{i}$.

4. i.　**5.** -3.（提示：利用调和函数的定义）　**6.** $-u(x,y)$.

三、**1.** 在复平面上处处不解析，所以处处不可导.

2. 在 $z = 0$ 处可导，但在复平面内处处不解析.

3. 在复平面内除去含原点的负实轴上的点外函数处处解析，所以处处可导.

四、**1.** $f'(z) = -\sin z$.　**2.** $f'(z) = (1 + z)\mathrm{e}^z$.

五、复平面内除 $z = 0$ 外处处解析，且 $f'(z) = -\frac{1+\mathrm{i}}{z^2}$.

六、$f(z) = xy + \frac{1}{2}(x^2 - y^2) + \mathrm{i}\left[xy + \frac{1}{2}(y^2 - x^2)\right] + (1+\mathrm{i})C = \frac{1-\mathrm{i}}{2}z^2 + (1+\mathrm{i})C$.

（提示：将 $u - v = x^2 - y^2$ 分别对 x, y 求导，结合 C-R 方程，再解方程组，得到 u_x, u_y, v_x, v_y）.

七、$f(z)=x^2-y^2-3y+\mathrm{i}(2xy+3x)+C=z^2+3\mathrm{i}z+C$.

八、当 $p=1$ 时，$f(z)=\mathrm{e}^x(\cos y+\mathrm{i}\sin y)+C=\mathrm{e}^z+C$；

当 $p=-1$ 时，$f(z)=-\mathrm{e}^{-x}(\cos y+\mathrm{i}\sin y)+C=-\mathrm{e}^{-z}+C$.

九、证明略.

第 3 章　复变函数的积分

习题 3.1

1. (1)$2+\mathrm{i}$；　(2)$2(1+\mathrm{i})$.

2. $2\pi\mathrm{i}$.

3. (1)$4\pi\mathrm{i}$；　(2)$8\pi\mathrm{i}$.

4. 当 $n\geqslant 0$ 或 $n<-1$ 时，$\int_C(z-z_0)^n\mathrm{d}z=0$；当 $n=-1$ 时，$\int_C(z-z_0)^n\mathrm{d}z=2\pi\mathrm{i}$.

5. 证明略.

习题 3.2

1. (1)0；　(2)0；　(3)0；　(4)$2\pi\mathrm{i}$.

2. (1)$1-\cos\pi\mathrm{i}$；　(2)$2\mathrm{ch}1$；　(3)$\sin 1-\cos 1$.

3. 提示:见例 3.2.1.

4. 0.

5. (1)$\int\mathrm{e}^{z_0x}\mathrm{d}x=\dfrac{1}{z_0}\mathrm{e}^{z_0x}+C$；　(2) 证明略.

习题 3.3

1. (1)$14\pi\mathrm{i}$；　(2)0；　(3)0；　(4)$2\pi\mathrm{i}$.

2. (1)$-2\pi\mathrm{i}$；　(2)0.

3. 略.

4. 证明略.

习题 3.4

1. (1)$-8\pi\mathrm{i}$；　(2)0.

2. $\pi\mathrm{i}(\mathrm{e}+\mathrm{e}^{-1})$.　　**3.** $\dfrac{\pi}{\mathrm{e}}$.　　**4.** $\dfrac{\pi\mathrm{i}}{2}$.

5. $f(\mathrm{i})=2\pi\mathrm{i}\mathrm{e}^{\frac{\pi}{3}\mathrm{i}}$，$f(-\mathrm{i})=2\pi\mathrm{i}\mathrm{e}^{-\frac{\pi}{3}\mathrm{i}}$；$f(z)=0$.

6. 提示:将闭曲线 C_1，C_2 用线连接，其中 C_1 是逆时针方向，C_2 是顺时针方向，于是可应用柯西积分公式得到结果.

7. 证明略.

习题 3.5

1. $\pi i(-2+e+e^{-1})$.　2. $\frac{2\pi i}{99!}$.　3. (1) $-\frac{3}{8}\pi i$; (2) 0 .　4. $\frac{\pi i}{3e^2}$.

5. 当 z_0 在曲线 C 外时, $g(z_0)=0$; 当 z_0 在曲线 C 内时, $g(z_0)=2(6z_0^2+1)\pi i$.

6. (1) 当 C 不包含 z_1 与 z_2 时, $\oint_C \frac{z}{z^2-\alpha^2}dz=0$;

(2) 当 C 包含 z_1 与 z_2 时, $\oint_C \frac{z}{z^2-\alpha^2}dz=2\pi i$;

(3) 当 C 包含 z_1 而不包含 z_2 时, $\oint_C \frac{z}{z^2-\alpha^2}dz=\pi i$;

(4) 当 C 不包含 z_1 而包含 z_2 时, $\oint_C \frac{z}{z^2-\alpha^2}dz=\pi i$.

7. 证明略.

8. 提示:利用柯西导数公式证明对于任意 z_0, 使得 $f'(z_0)=0$, 即可以证明.

9. 提示:等式两边同时证明都等于 $2\pi i f'(z_0)$, 或者 0 即可.

10. 证明略.

自测题 3

一、1. D　2. C　3. B　4. A　5. A　6. C

二、1. 2.　2. $10\pi i$.　3. 0.　4. $\frac{\pi}{12}i$.　5. 平均.　6. 解析.

三、1. (1) $\frac{\pi}{5}i$; (2) $\frac{4\pi}{5}i$; (3) 0; (4) πi.

2. (1) 当 C 不包含点 1 与 -1 时, 积分为零;

(2) 当 C 包含点 1 时, 积分为 $\frac{\pi}{2}i$;

(3) 当 C 包含点 -1 时, 积分为 $-\frac{\pi}{2}i$;

(4) 当 C 包含点 1 与点 -1 时, 积分为零.

3. 积分为零.

4. $\frac{\sqrt{2}}{2}\pi i$.

5. (1) 当 $0<R<1$ 时, 积分为零;

(2) 当 $1<R<2$ 时, 积分为 $8\pi i$;

(3) 当 $2<R<+\infty$ 时, 积分为零.

6. 积分为零.

四、提示：

(1) 由三角不等式 $1-|f(z)|<|1-f(z)|<1$ 知，在区域 D 内处处有 $|f(z)|>0$，$f(z)\neq 0$；

(2) 因为函数 $\dfrac{f''(z)}{f(z)}$ 在区域 D 内解析，故可由基本定理证明.

五、提示：对于积分 $\oint_{|z|=1}\dfrac{e^z}{z}dz=2\pi i$ 利用欧拉公式化为实数积分，再利用函数在对称区间上的奇偶性证明.

第 4 章　解析函数的级数表示

习题 4.1

1. (1) $\{z_n\}$ 收敛于 -1；　(2) $\{z_n\}$ 发散；

(3) $\{z_n\}$ 收敛于 0；　(4) $\{z_n\}$ 收敛于 0.

2. (1) 条件收敛；　(2) 绝对收敛；

(3) 绝对收敛；　(4) 条件收敛.

3. $$\lim_{n\to\infty}z^n=\begin{cases}0, & |z|<1,\\ \infty, & |z|>1,\\ 1, & z=1,\\ \text{不存在}, & |z|=1, z\neq 1.\end{cases}$$

习题 4.2

1. (1) 1；　(2) 2；　(3) 0；　(4) $\dfrac{\sqrt{2}}{2}$.

2.—5. 证明略.

习题 4.3

1. (1) $\sin z^2=\sum_{n=1}^{\infty}(-1)^{n-1}\dfrac{z^{2(2n-1)}}{(2n-1)!}(|z|<\infty)$；　(2) $e^{2z}=\sum_{n=0}^{\infty}\dfrac{2^n}{n!}z^n(|z|<\infty)$；

(3) $e^z=\sum_{n=0}^{\infty}\dfrac{e}{n!}(z-1)^n(|z|<\infty)$；　(4) $\dfrac{1}{z}=\sum_{n=0}^{\infty}(-1)^n(z-1)^n(|z-1|<1)$.

2. (1) $\dfrac{z-1}{z+1}=\sum_{n=0}^{\infty}\dfrac{(-1)^n}{2^{n+1}}(z-1)^{n+1}(|z-1|<2)$，收敛半径 $R=2$；

(2) $\dfrac{1}{4-3z}=\dfrac{1}{1-3i}\sum_{n=0}^{\infty}\left(\dfrac{3}{1-3i}\right)^n[z-(1+i)]^n$，收敛半径 $R=\dfrac{\sqrt{10}}{3}$；

(3) $\dfrac{z}{(z+1)(z+2)}=\sum_{n=0}^{\infty}(-1)^n\left(\dfrac{2}{4^{n+1}}-\dfrac{1}{3^{n+1}}\right)(z-2)^n$，收敛半径 $R=3$；

(4) $\frac{1}{z^2}=\sum_{n=0}^{\infty}n(z+1)^{n-1}(|z+1|<1)$,收敛半径 $R=1$.

3. (1) $\frac{1}{(1-z)^2}=\sum_{n=1}^{\infty}nz^{n-1}(|z|<1)$; (2)$\arctan z=\sum_{n=0}^{\infty}\frac{(-1)^n}{2n+1}z^{2n+1}(|z|<1)$.

习题 4.4

1. (1) 当 $0<|z-1|<1$ 时,$\frac{1}{(z-1)(z-2)}=-\sum_{n=-1}^{\infty}(z-1)^n$;

当 $1<|z-1|<+\infty$ 时,$\frac{1}{(z-1)(z-2)}=\sum_{n=1}^{\infty}\frac{(-1)^{n+1}}{(z-2)^{n+1}}$.

(2) 当 $0<|z|<1$ 时,$\frac{1}{z(1-z)^2}=\sum_{n=-1}^{\infty}(n+2)z^n$;

当 $0<|z-2|<1$ 时,$\frac{1}{z(1-z)^2}=\sum_{n=-2}^{\infty}(-1)^n(z-1)^n$.

2. (1) 当 $0<|z-\mathrm{i}|<1$ 时,$\frac{1}{z^2(z-\mathrm{i})}=\sum_{n=1}^{\infty}n\mathrm{i}^{n+1}(z-\mathrm{i})^{n-2}$;

当 $1<|z-\mathrm{i}|<+\infty$ 时,$\frac{1}{z^2(z-\mathrm{i})}=\sum_{n=0}^{\infty}\frac{(-1)^n(n+1)\mathrm{i}^n}{(z-\mathrm{i})^{n+3}}$.

(2) $\frac{\mathrm{e}^z}{z-2}=\mathrm{e}^2\sum_{n=0}^{\infty}\frac{1}{n!}(z-2)^{n-1}(|z-2|>0)$.

3. (1) $\frac{1}{z(z-1)}=-\sum_{n=0}^{\infty}z^{n-1}$; (2) $\frac{1}{z(z-1)}=\sum_{n=0}^{\infty}\left(\frac{1}{z}\right)^{n+2}$;

(3) $\frac{1}{z(z-1)}=\sum_{n=0}^{\infty}(z-1)^{n-1}$; (4) $\frac{1}{z(z-1)}=\sum_{n=0}^{\infty}(-1)^n\frac{1}{(z-1)^{n+2}}$.

4. (1) 在环域 $2<|z|<+\infty$ 内展开,$\oint_C f(z)\mathrm{d}z=2\pi\mathrm{i}C_{-1}=0$;

(2) 在环域 $1<|z|<+\infty$ 内展开,$\oint_C f(z)\mathrm{d}z=2\pi\mathrm{i}C_{-1}=2\pi\mathrm{i}$;

(3) 在环域 $1<|z|<+\infty$ 内展开,$\oint_C f(z)\mathrm{d}z=2\pi\mathrm{i}C_{-1}=0$;

(4) 在环域 $1<|z|<4$ 内展开,$\oint_C f(z)\mathrm{d}z=2\pi\mathrm{i}(-\frac{1}{12})=-\frac{\pi}{6}\mathrm{i}$;

(5) $-\frac{\pi\mathrm{i}}{6}$.

* **5.** 当 C 包围原点时,$\oint_C(\sum_{n=-2}^{\infty}z^n)\mathrm{d}z=2\pi\mathrm{i}$,当 C 不包围原点时,$\oint_C(\sum_{n=-2}^{\infty}z^n)\mathrm{d}z=0$.

(提示:对于 $\sum_{n=-2}^{\infty}z^n$ 在 $0<|z|<1$ 内的逐项积分,可利用公式 $\oint_C z^n\mathrm{d}z=0$,$\oint_C\frac{1}{z^2}\mathrm{d}z=0$ 以及 $\oint_C\frac{1}{z}\mathrm{d}z=\begin{cases}0, & C\text{ 不包围原点},\\ 2\pi\mathrm{i}, & C\text{ 包围原点}.\end{cases}$)

自测题 4

一、**1.** D **2.** A **3.** B **4.** D **5.** C **6.** A

二、**1.** 发散； **2.** $\frac{\sqrt{2}}{2}$； **3.** $\frac{1}{n!}f^{(n)}(z_0)(n=0,1,2,\cdots)$； **4.** $\frac{R}{2}$；

5. $\sum_{n=0}^{\infty}\frac{1}{n!}z^n+\sum_{n=0}^{\infty}\frac{1}{n!}\frac{1}{z^n}$； **6.** $\sum_{n=0}^{\infty}\frac{(-1)^n i^n}{(z-i)^{n+2}}$.

三、**1.** $\frac{1}{e}$. **2.** ∞.

四、**1.** 当 $a\neq b$ 时，$\frac{1}{(z-a)(z-b)}=\frac{1}{b-a}\left(\sum_{n=0}^{\infty}\frac{z^n}{a^{n+1}}-\sum_{n=0}^{\infty}\frac{z^n}{b^{n+1}}\right)(|z|<\min\{|a|,|b|\})$；

当 $a=b$ 时，$\frac{1}{(z-a)(z-b)}=\sum_{n=1}^{\infty}\frac{n}{a^{n+1}}z^{n-1}(|z|<|a|)$.

2. $\frac{1}{(1+z^2)^2}=\sum_{n=1}^{\infty}(-1)^{n-1}nz^{2n-2}(|z|<1)$.

3. $\sin^2 z=-\frac{1}{2}\sum_{n=1}^{\infty}(-1)^n\frac{2^n}{(2n)!}z^n(|z|<+\infty)$.

五、和函数 $S(z)=\sum_{n=1}^{\infty}n^2z^n=\frac{z(1+z)}{(1-z)^3}$，$S\left(\frac{1}{2}\right)=\sum_{n=1}^{\infty}\frac{n^2}{2^n}=6$.

六、提示：将展开式 $e^z=1+z+\frac{1}{2!}z^2+\cdots+\frac{1}{n!}z^n+\cdots$ 代入 $|e^z-1|$ 中，适当地放大，即可以证明.

七、**1.** 当 $0<|z-1|<1$ 时，$\frac{1}{z^2-3z+2}=-\sum_{n=0}^{\infty}(z-1)^{n-1}$；

当 $1<|z-1|<+\infty$ 时，$\frac{1}{z^2-3z+2}=\sum_{n=0}^{\infty}\frac{1}{(z-1)^{n+2}}$.

2. 当 $0<|z-i|<2$ 时，$\frac{1}{(z^2+1)^2}=\sum_{n=0}^{\infty}(-1)^n\frac{(n+1)}{(2i)^{n+2}}(z-i)^{n-2}$.

第 5 章 留数及其应用

习题 5.1

1. (1) $z=\pm i$ 是孤立奇点；

(2) $z=0$ 不是孤立奇点，$z=\frac{1}{n\pi+\frac{\pi}{2}}(n=1,2,\cdots)$ 是孤立奇点；

(3) $z=(2n+1)\pi i(n=1,2,\cdots)$ 是孤立奇点；

(4) $z=n\pi(n=1,2,\cdots)$ 是孤立奇点.

2. (1) 一阶极点； (2) 一阶极点； (3) 一阶极点；

(4) 可去奇点； (5) 本性奇点； (6) 本性奇点.

3. (1) $\pm\frac{\sqrt{2}}{2}(1-\mathrm{i})$ 为二阶极点；

(2) $z=0$ 一阶极点，$z=-1$ 为二阶极点，$z=1$ 为三阶极点；

(3) $z=0$ 为可去奇点；

(4) $z=-\mathrm{i}$ 为本性奇点；

(5) $z=n\pi+\frac{\pi}{2}(n=0,\pm1,\pm2,\cdots)$ 为二阶极点；

(6) $z=1$ 为可去奇点，$z=1+\left(n\pi+\frac{\pi}{2}\right)(n=0,\pm1,\pm2,\cdots)$ 为一阶极点.

4. 提示：设 $f(z)=(z-z_0)^m\varphi(z)$，求出 $f'(z)$.

5. (1) $z=z_0$ 为函数 $f(z)\cdot g(z)$ 的 $n+m$ 阶极点；

(2) 当 $n>m$ 时，$z=z_0$ 为函数$\frac{f(z)}{g(z)}$的 $n-m$ 阶极点，当 $n=m$ 时，$z=z_0$ 为函数$\frac{f(z)}{g(z)}$的可去奇点，当 $n<m$ 时，$z=z_0$ 为函数$\frac{f(z)}{g(z)}$ 的 $m-n$ 阶零点.

(提示：设 $f(z)=\frac{f_1(z)}{(z-z_0)^m}$，$g(z)=\frac{g_1(z)}{(z-z_0)^m}$，再分别讨论.)

习题 5.2

1. (1) $z=1$ 为一阶极点，$\mathrm{Res}[f(z),1]=1$，$z=2$ 为二阶极点，$\mathrm{Res}[f(z),2]=-1$；

(2) $z=\pm a\mathrm{i}$ 为一阶极点，$\mathrm{Res}[f(z),\pm a\mathrm{i}]=\pm\frac{\mathrm{e}^{\pm a\mathrm{i}}}{2a\mathrm{i}}$；

(3) $z=0$ 为三阶极点，$\mathrm{Res}[f(z),0]=1$，$z=\pm1$ 一阶极点，$\mathrm{Res}[f(z),\pm1]=\frac{1}{2}$；

(4) $z=0$ 三阶极点，$\mathrm{Res}[f(z),0]=-\frac{4}{3}$；

(5) $z=n\pi+\frac{\pi}{2}\quad(n=0,\pm1,\pm2,\cdots)$ 为一阶极点，

$\mathrm{Res}\left[f(z),n\pi+\frac{\pi}{2}\right]=(-1)^{n+1}\left(n\pi+\frac{\pi}{2}\right)$；

(6) $z=1$ 为本性奇点，$\mathrm{Res}[f(z),1]=-1$；

(7) $z=0$ 为本性奇点，$\mathrm{Res}[f(z),0]=-\frac{1}{3!}$；

(8) $z=0$ 为二阶极点，$\mathrm{Res}[f(z),0]=0$，$z=n\pi\quad(n=\pm1,\pm2,\cdots)$ 为一阶极点，

$\mathrm{Res}[f(z),n\pi]=\frac{(-1)^n}{n\pi}\quad(n=\pm1,\pm2,\cdots)$.

2. $-\dfrac{\sqrt{3}}{3}\pi i$； **3.** $-\dfrac{1}{2}\pi i$.

4. (1)0； (2)0； (3)$4\pi ie^2$； (4)$-12i$.

5. (1) 当 $1<|a|<|b|$ 时，$\oint_C \dfrac{dz}{(z-a)^n(z-b)^n}=0$；

(2) 当 $|a|<1<|b|$ 时，$\oint_C \dfrac{dz}{(z-a)^n(z-b)^n}=2\pi i(-1)^{n-1}\dfrac{n(n+1)(n+2)\cdots(2n-2)}{(n-1)!(a-b)^{2n-1}}$；

(3) 当 $|a|<|b|<1$ 时，$\oint_C \dfrac{dz}{(z-a)^n(z-b)^n}=0$.

习题 5.3

1. (1)4π； (2)$\dfrac{\sqrt{3}}{3}\pi$.

2. (1)$\dfrac{\pi}{2}$； (2)$\dfrac{\pi}{2}e^{-m}$； (3)$-\dfrac{\pi}{e}\sin 2$； (4)πe^{-ab}.

3. π.

4. 证明略.

习题 5.4

1. (1) 本性奇点； (2) 本性奇点； (3) 一阶极点；
(4) 可去奇点； (5) 三阶极点； (6) 二阶极点；
(7) 本性奇点； (8) 可去奇点； (9) 本性奇点.

2. (1)$\text{Res}[f(z),\infty]=0$； (2)$\text{Res}[f(z),\infty]=-\dfrac{\sin a}{a}$；

(3)$\text{Res}[f(z),\infty]=0$； (4)$\text{Res}[f(z),\infty]=\dfrac{4}{3}$；

(5)$\text{Res}[f(z),\infty]=1$； (6)$\text{Res}[f(z),\infty]=0$.

3. (1)$z=\infty$ 是函数的可去奇点，$\text{Res}[f(z),\infty]=-C_{-1}=0$；
(2)$z=\infty$ 是函数的本性奇点，$\text{Res}[f(z),\infty]=-C_{-1}=0$；
(3)$z=\infty$ 是函数的可去奇点，$\text{Res}[f(z),\infty]=-C_{-1}=-2$.

4. (1)$-\dfrac{2}{3}\pi i$； (2)$2\pi i$； (3)$-\dfrac{1}{2}\pi i$.

自测题 5

一、**1.** C **2.** D **3.** B **4.** D **5.** A **6.** C

二、**1.** 9. **2.** $-\dfrac{1}{24}$. **3.** -2. **4.** $\dfrac{\pi}{12}i$. **5.** $2\pi i$. **6.** $\dfrac{\pi}{e}i$.

三、**1.** $z=0$ 为一阶极点，$z=\pm i$ 为二阶极点.
2. $z=e^{\frac{3}{4}\pi i}$ 为二阶极点，$z=e^{\frac{7}{4}\pi i}$ 为二阶极点.
3. $z=5$ 为一阶极点. **4.** $z=1$ 是本性奇点.

5. $z=0$ 为可去奇点. **6.** $z=0$ 为六阶极点

四、$z=0$ 为函数 $f(z)$ 的一阶极点,$z=3$ 为函数 $f(z)$ 的可去奇点,$z=\pm1,\pm2,-3,\pm4,\cdots$ 为函数 $f(z)$ 的四阶极点,$z=\infty$ 不是函数的孤立奇点.

五、**1.** $z=0$ 为函数 $f(z)$ 的二阶极点,$\text{Res}[f(z),0]=1$,$z=-2$ 为函数 $f(z)$ 的一阶极点,$\text{Res}[f(z),-2]=-1$.

2. $z=1$ 为函数 $f(z)$ 的二阶极点,$\text{Res}[f(z),1]=4$.

3. $z=0$ 为三阶极点,$z=n\pi(n=\pm1,\pm2,\cdots)$ 为一阶极点,$\text{Res}[f(z),0]=\dfrac{1}{6}$,

$\text{Res}[f(z),n\pi]=(-1)^n\dfrac{1}{n^2\pi^2}(n=\pm1,\pm2,\cdots)$.

4. $z=n\pi(n=0,\pm1,\pm2,\cdots)$ 为一阶极点,$\text{Res}[f(z),n\pi]=1$.

六、**1.** $10\pi\text{i}$. **2.** πi. **3.** $-6\pi^2\text{i}$.

4. (1) 若 C 不含 $z=0,z=1$,则积分为 0;

(2) 若 C 含 $z=0$,不含 $z=1$,则积分为 $-\pi\text{i}$;

(3) 若 C 不含 $z=0$,含 $z=1$,则积分为 $2\pi\text{i}\cos1$;

(4) 若 C 含 $z=0,z=1$,则积分为 $2\pi\text{i}\left(\cos1-\dfrac{1}{2}\right)$.

七、**1.** $\dfrac{1}{2}\pi$; **2.** $\dfrac{\pi}{3}\text{e}^{-3}(\cos1-3\sin1)$; **3.** $\dfrac{5}{12}\pi$; **4.** $\dfrac{\pi}{\text{e}}\cos1$.

八、**1.** 提示:根据 m 阶极点的定义,设 $f(z)=\dfrac{1}{(z-a)^m}\varphi(z)$,其中 $\varphi(z)$ 解析,且 $\varphi(a)\neq0$ 即可证明.

2. 提示:a 为 $f(z)$ 的孤立奇点 $\Leftrightarrow f(z)=\sum\limits_{n=-\infty}^{-2}C_n(z-a)^n+\dfrac{C_{-1}}{z-a}+\sum\limits_{n=0}^{+\infty}C_n(z-a)^n$,

由于 $f(z)=-f(-z)$,所以 $-f(-z)=\sum\limits_{n=-\infty}^{-2}C_n(z-a)^n+\dfrac{C_{-1}}{z-a}+\sum\limits_{n=0}^{+\infty}C_n(z-a)^n$,或

$f(z)=\sum\limits_{n=-\infty}^{-2}C_n(-1)^{n+1}(z+a)^n+\dfrac{C_{-1}}{z+a}+\sum\limits_{n=0}^{+\infty}C_n(-1)^{n+1}(z+a)^n$,于是,有

$$\text{Res}[f(z),-a]=C_{-1}=\text{Res}[f(z),a].$$

第 6 章　共形映射

习题 6.1

1. (1) 伸缩率:$|w'(\text{i})|=2$,旋转角:$\text{Arg}w'(\text{i})=\dfrac{\pi}{2}$;

(2) 伸缩率:$|w'(1+\text{i})|=2\sqrt{2}$,旋转角:$\text{Arg}w'(1+\text{i})=\dfrac{\pi}{4}$.

2. (1) 伸缩率：$|w'(\mathrm{i})|=1$，旋转角：$\mathrm{Arg}w'(\mathrm{i})=\dfrac{\pi}{2}$；

(2) 伸缩率：$|w'(\mathrm{i})|=\mathrm{e}$，旋转角：$\mathrm{Arg}w'(\mathrm{i})=1$.

3. 等伸缩率曲线$(x+1)^2+y^2=C_1$，等旋转角曲线 $y=C_2(x+1)$.

4. (1) 以 $w=-1, w=-\mathrm{i}, w=\mathrm{i}$ 为顶点的三角形；

(2) 圆域 $|w-\mathrm{i}|\leqslant 1$.

5. $\Gamma_1:\mathrm{Re}w=3$；$\Gamma_2:\mathrm{Im}w=4$. 因为 Γ_1 与 Γ_2 在相平面上相互垂直，所以由保角性可知 C_1 和 C_2 的正交.

习题 6.2

1. (1)$w=\dfrac{(1+\mathrm{i})(z-\mathrm{i})}{1+z+3\mathrm{i}(1-z)}$； (2)$w=\dfrac{\mathrm{i}(z+1)}{1-z}$； (3)$w=-\dfrac{1}{z}$； (4)$w=\dfrac{1}{1-z}$.

2. $w=\mathrm{i}\,\dfrac{z-\mathrm{i}}{z+\mathrm{i}}$. 3. $w=\dfrac{2z-1}{z-2}$.

4. $w=\mathrm{e}^{\mathrm{i}\theta}\,\dfrac{z-z_0}{z+z_0}$，其中 $\mathrm{Re}z_0>0$，θ 为任意实数.

5. $w=-\dfrac{\mathrm{i}z+6}{3z+2\mathrm{i}}$.

6. $w=\dfrac{(1+\mathrm{i})(z-\mathrm{i})}{1+z+3\mathrm{i}(1-z)}$ 将单位圆域 $|z|<1$ 映射成 w 平面的下半平面.

7. 证明略.

习题 6.3

1. $w=z^2$. 2. $w=\dfrac{(\sqrt[4]{z})^5-\mathrm{i}}{(\sqrt[4]{z})^5+\mathrm{i}}$. 3. $w=\mathrm{e}^{2(z-\frac{\pi}{2}\mathrm{i})}$.

4. 映射成上半单位圆：$|w|<1, \mathrm{Im}w>0$. 5. $w=\left(\dfrac{\mathrm{e}^{-z}-1}{\mathrm{e}^{-z}+1}\right)^2$.

6. (1)$w=-\left(\dfrac{z+\sqrt{3}-\mathrm{i}}{z-\sqrt{3}-\mathrm{i}}\right)^3$； (2)$w=\left(\dfrac{z^4+16}{z^4-16}\right)^2$；

(3)$w=\mathrm{e}^{\frac{\pi\mathrm{i}}{b-a}(z-a)}$； (4)$w=-\left(\dfrac{z^{\frac{2}{3}}+2^{\frac{2}{3}}}{z^{\frac{2}{3}}-2^{\frac{2}{3}}}\right)^2$.

自测题 6

一、1. D 2. B 3. D 4. A 5. D 6. B

二、1. 保角性与伸缩率的不变. 2. $w=R\mathrm{e}^{\mathrm{i}\theta}\,\dfrac{z-a}{1-\bar{a}z}$($\theta$ 为实数，$|a|<1$).

3. $w=4\mathrm{e}^{\mathrm{i}\theta}\,\dfrac{z^4-a}{z^4-\bar{a}}$($\theta$ 为实数，$\mathrm{Im}z>0$). 4. $0<\arg w<\dfrac{3}{4}\pi$.

5. 扇形域 $0<\arg w<\pi$ 且 $|w|<8$. 6. $0<\mathrm{Im}w<\pi$.

三、1. $w=e^{\frac{\pi}{2}i}\frac{z+1}{1-z}$. 2. $w=\frac{z-6i}{3iz-2}$. 3. $2i\frac{z-i}{z+i}$. 4. $\frac{2z-1}{z-2}$.

四、1. $w=e^{2z}$. 2. $1+z$. 3. $\frac{z-1-i}{z-1+i}$.

五、1. $|w|=1$. 2. $0<\arg w<\frac{\pi}{2}$. 3. $|w|<1$.

六、$w=\frac{(i-1)z+1}{(1+i)-z}$.

第7章　傅里叶变换

习题 7.1

1. (1)$f(x)=\pi^2+1+12\sum_{n=0}^{\infty}\frac{(-1)^n}{n^2}\cos nx, x\in(-\infty,+\infty)$.

(2)$\cos\frac{x}{2}=\frac{2}{\pi}+\frac{4}{\pi}\sum_{n=1}^{\infty}\frac{(-1)^{n-1}}{4n^2-1}\cos nx, x\in(-\infty,+\infty)$.

(3)$f(x)=\frac{e^{2\pi}-e^{-2\pi}}{\pi}\left[\frac{1}{4}+\sum_{n=1}^{\infty}\frac{(-1)^n}{n^2+4}(2\cos nx-n\sin nx)\right], x\in(-\infty,+\infty)$.

(4) $f(x)=\frac{2}{\pi}\sum_{n=1}^{\infty}\left[\frac{1}{n^2}\sin\frac{n\pi}{2}+(-1)^{n+1}\frac{\pi}{2n}\right]\sin nx, x\neq(2n+1)\pi, n=0,\pm1,\pm2,\cdots$.

2. (1)$f(x)=\frac{11}{12}+\frac{1}{\pi^2}\sum_{n=1}^{\infty}\frac{(-1)^{n+1}}{n^2}\cos 2n\pi x, x\in(-\infty,+\infty)$.

(2) $f(x)=-\frac{1}{2}+\sum_{n=1}^{\infty}\left\{\frac{6}{n^2\pi^2}[1-(-1)^n]\cos\frac{n\pi x}{3}+\frac{6}{n\pi}(-1)^{n+1}\sin\frac{n\pi x}{3}\right\}$,

$x\neq3(2k+1), k=0,\pm1,\pm2,\cdots$.

3. $\omega_0=2, F(n\omega_0)=\frac{-2}{(4n^2-1)\pi}(n=0,\pm1,\pm2,\cdots), f(t)=\frac{-2}{\pi}\sum_{n=-\infty}^{+\infty}\frac{1}{4n^2-1}e^{jn\omega_0 t}$.

4. $u(t)=\frac{4E}{\pi}\left(\frac{1}{2}-\sum_{n=1}^{\infty}\frac{1}{4n^2-1}\cos nt\right)(-\pi\leqslant t\leqslant\pi)$.

5. 略.

6. $f(x)=\mathrm{sh}\,1\sum_{n=-\infty}^{\infty}\frac{(-1)^n(1-jn\pi)}{1+(n\pi)^2}e^{jn\pi x}(x\neq2k+1, k=0,\pm1,\pm2,\cdots)$.

*7. $u(t)=\frac{h\tau}{T}+\frac{2h}{\pi}\sum_{n=1}^{\infty}\frac{1}{n}\sin\frac{n\tau\pi}{T}\cos\frac{2n\pi t}{T}, t\in(-\infty,+\infty)$.

习题 7.2

1. $a(\omega)=\frac{1}{\pi}\int_{-\infty}^{+\infty}f(\tau)\cos\omega\tau\,d\tau, b(\omega)=\frac{1}{\pi}\int_{-\infty}^{+\infty}f(\tau)\sin\omega\tau\,d\tau$.

2. (1)$F(\omega)=\begin{cases}\pi, & |\omega|\leqslant 1,\\ 0, & \text{其他}\end{cases}$；(2)$-\dfrac{2\mathrm{j}}{\omega}(1-\cos\omega)$；(3)$\dfrac{1}{1-\mathrm{j}\omega}$；

(4)$F(\omega)=\dfrac{4(\omega\cos\omega-\sin\omega)}{\omega^3}$；(5)$F(\omega)=-\dfrac{2}{\omega^2-2\mathrm{j}\omega-5}$.

3. $F(\omega)=\dfrac{2\sin\omega}{\omega}$,证明略.

4. $F(\omega)=-\dfrac{2\mathrm{j}}{1-\omega^2}\sin\omega\pi$,证明略.

5. 因为$\int_0^{+\infty}f(\tau)\sin\omega\tau\,\mathrm{d}\tau=\dfrac{\omega^2}{\beta^2+\omega^2}$,$\int_0^{+\infty}f(\tau)\cos\omega\tau\,\mathrm{d}\tau=\dfrac{\beta}{\beta^2+\omega^2}$,所以

$f(t)=\dfrac{2}{\pi}\int_0^{+\infty}\dfrac{\omega\sin\omega t}{\beta^2+\omega^2}\mathrm{d}\omega$,$f(t)=\dfrac{2}{\pi}\int_0^{+\infty}\dfrac{\beta\cos\omega t}{\beta^2+\omega^2}\mathrm{d}\omega$,将$\beta=1$代入这两个积分即可得证.

习题 7.3

1. (1)$F(\omega)=\dfrac{2}{\mathrm{j}\omega}$； (2)$F(\omega)=\dfrac{\pi}{2}\mathrm{j}[\delta(\omega+2)-\delta(\omega-2)]$；

(3)$F(\omega)=\dfrac{\pi}{2}[(\sqrt{3}+\mathrm{j})\delta(\omega+5)+(\sqrt{3}-\mathrm{j})\delta(\omega-5)]$；

(4)$F(\omega)=\dfrac{A(1-\mathrm{e}^{-\mathrm{j}\omega\tau})}{\mathrm{j}\omega}$.

2. $f(t)=\begin{cases}\dfrac{u(1+t)+u(1-t)-1}{2}, & |t|\neq 1,\\[2ex] \dfrac{1}{4}, & |t|=1.\end{cases}$

3. $\cos\omega_0 t$.

习题 7.4

1. (1) $\dfrac{\mathrm{j}}{2}\dfrac{\mathrm{d}}{\mathrm{d}\omega}F\left(\dfrac{\omega}{2}\right)$；

$\left(\text{提示:}\mathscr{F}[tf(2t)]=-\dfrac{1}{\mathrm{j}}\dfrac{\mathrm{d}}{\mathrm{d}\omega}\left[\dfrac{1}{2}F\left(\dfrac{\omega}{2}\right)\right]=\dfrac{\mathrm{j}}{2}\dfrac{\mathrm{d}}{\mathrm{d}\omega}F\left(\dfrac{\omega}{2}\right)\right)$

(2)$\mathrm{j}\dfrac{\mathrm{d}}{\mathrm{d}\omega}F(\omega)-2F(\omega)$；

$$(\text{提示:}\mathscr{F}[(t-2)f(t)]=\mathscr{F}[tf(t)]-2\mathscr{F}[f(t)]$$
$$=-\dfrac{1}{\mathrm{j}}\dfrac{\mathrm{d}}{\mathrm{d}\omega}F(\omega)-2F(\omega)=\mathrm{j}\dfrac{\mathrm{d}}{\mathrm{d}\omega}F(\omega)-2F(\omega))$$

(3) $\dfrac{1}{2\mathrm{j}}\dfrac{\mathrm{d}^3}{\mathrm{d}\omega^3}F\left(\dfrac{\omega}{2}\right)$；

$\left(\text{提示:}\mathscr{F}[t^3f(2t)]=\dfrac{1}{(-\mathrm{j})^3}\dfrac{\mathrm{d}^3}{\mathrm{d}\omega^3}\left[\dfrac{1}{2}F\left(\dfrac{\omega}{2}\right)\right]=\dfrac{1}{2\mathrm{j}}\dfrac{\mathrm{d}^3}{\mathrm{d}\omega^3}F\left(\dfrac{\omega}{2}\right)\right)$

(4) $-F(\omega)-\omega\frac{\mathrm{d}}{\mathrm{d}\omega}F(\omega)$;

$\left(\text{提示}:\mathscr{F}[tf'(t)]=\frac{1}{-\mathrm{j}}\frac{\mathrm{d}}{\mathrm{d}\omega}[\mathrm{j}\omega F(\omega)]=-F(\omega)-\omega\frac{\mathrm{d}}{\mathrm{d}\omega}F(\omega)\right)$

2. (1) $F(\omega)=\frac{2}{4-\omega^2}+\frac{\pi}{2}\mathrm{j}[\delta(\omega+2)-\delta(\omega-2)]$;

(2) $F(\omega)=\frac{\omega_0}{(\beta+\mathrm{j}\omega)^2+\omega_0^2}$;

(3) $F(\omega)=-\frac{1}{(\omega-\omega_0)^2}+\pi\mathrm{j}\delta'(\omega-\omega_0)$;

(4) $F(\omega)=\frac{1}{\mathrm{j}(\omega-\omega_0)}+\pi\delta(\omega-\omega_0)$;

(5) $F(\omega)=\mathrm{e}^{-\mathrm{j}(\omega-\omega_0)}\left[\frac{1}{\mathrm{j}(\omega-\omega_0)}+\pi\delta(\omega-\omega_0)\right]$.

3. 提示:$G(\omega)=E\tau\cdot\mathrm{Sa}\left(\frac{\omega\tau}{2}\right)$,$f(t)=\frac{1}{2}G(t)(\mathrm{e}^{\mathrm{j}\omega_0 t}+\mathrm{e}^{-\mathrm{j}\omega_0 t})$,根据频移性质可得

$F(\omega)=\frac{1}{2}G(\omega-\omega_0)+\frac{1}{2}G(\omega+\omega_0)=\frac{E\tau}{2}Sa\left[(\omega-\omega_0)\frac{\tau}{2}\right]+\frac{E\tau}{2}Sa\left[(\omega+\omega_0)\frac{\tau}{2}\right]$.

4. $f_1(t)*f_2(t)=\begin{cases}\frac{t}{2}, & 0<t<1,\\ \frac{2-t}{2}, & 1\leqslant t\leqslant 2,\\ 0, & \text{其他}.\end{cases}$

5. $f_1(t)*f_2(t)=\frac{a\sin t-\cos t+\mathrm{e}^{-at}}{a^2+1}$.

6.—10. 证明略.

自测题 7

一、1. A　**2.** B　**3.** D　**4.** D　**5.** A　**6.** B

二、1. $\cos 1\cdot\mathrm{e}^{-\mathrm{j}\omega}$.　**2.** $\frac{2\sin\omega}{\omega}$.　**3.** $u(t)$.

4. $\mathrm{e}^{-\mathrm{j}\omega t_0}F(\omega)$,$\frac{1}{|a|}F\left(\frac{\omega}{2}\right)$.　**5.** $\frac{1}{2}\mathrm{e}^{-\frac{3\mathrm{j}}{2}}\left(\mathrm{e}-\frac{\omega}{2}\right)$.

6. $F_1(\omega)\cdot F_2(\omega)$,$\int_{-\infty}^{+\infty}f_1(\tau)f_2(t-\tau)\mathrm{d}\tau$.

三、1. $|F(n\omega_0)|=\begin{cases}\frac{h}{2}, & n=0,\\ \frac{h}{2\pi|n|}, & n=\pm1,\pm2,\cdots.\end{cases}$ (如图自测题 7 - 1 所示)

2. $F(\omega)=\frac{4A}{\tau\omega^2}\left(1-\cos\frac{\tau\omega}{2}\right)$.(如图自测题 7 - 2 所示)

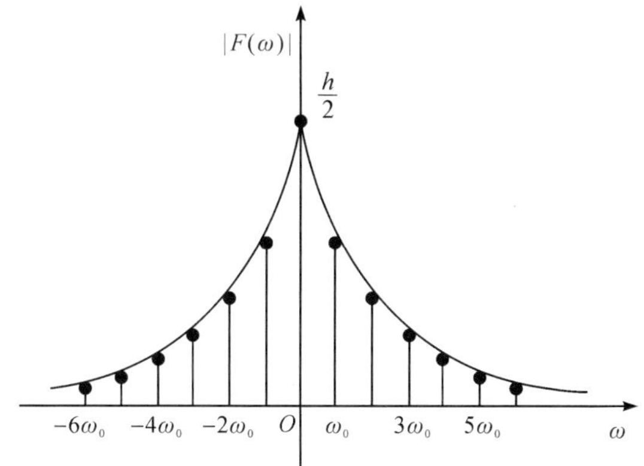

图自测题 7-1　频谱图

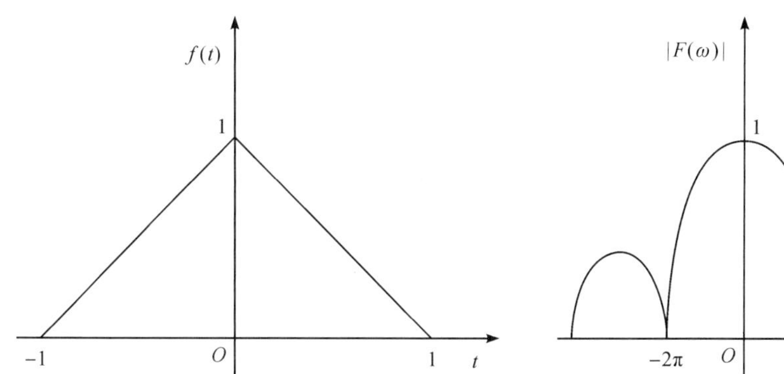

图自测题 7-2　频谱图

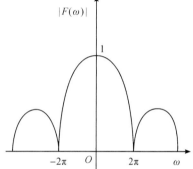

3. $f(t)=\begin{cases}\dfrac{1}{2}, & |t|<1,\\[2mm] \dfrac{1}{4}, & |t|=1,\\[2mm] 0, & |t|>1.\end{cases}$

4. $F(\omega)=\dfrac{\pi}{4}\mathrm{j}[\delta(\omega-3)-3\delta(\omega-1)+3\delta(\omega+1)-\delta(\omega+3)]$.

5. $F(\omega)=F[f(t)]=-\dfrac{\pi}{2}[\delta(\omega-4)-2\delta(\omega-2)+\delta(\omega)]$.

6. $f(t)=\dfrac{1}{2}\left[\dfrac{1}{\mathrm{j}\omega}+\pi\delta(\omega)+\dfrac{\mathrm{j}\omega}{4-\omega^2}\right]+\dfrac{\pi}{4}[\delta(\omega-2)+\delta(\omega+2)]$.

7. $F(\omega)=\mathrm{e}^{-\mathrm{j}\omega}\cos 1$.

8. $f(t)*g(t)=\begin{cases}0, & t<0,\\[2mm] \dfrac{1}{\alpha-\beta}(\mathrm{e}^{-\beta t}-\mathrm{e}^{-\alpha t}), & t\geqslant 0.\end{cases}$

9. $F(\omega)=\dfrac{\mathrm{j}\omega}{\omega_0^2-\omega^2}+\dfrac{\pi}{2}[\delta(\omega-\omega_0)+\delta(\omega+\omega_0)]$.

10. $x(t)=\frac{1}{2}t\mathrm{e}^{-t}$.

$\left(\text{提示}:x(t)=F^{-1}[X(\omega)]=-\frac{\mathrm{j}}{\pi}\int_{-\infty}^{+\infty}\frac{\omega}{(\omega^2+1)^2}\mathrm{e}^{\mathrm{j}\omega t}\,\mathrm{d}\omega,\text{用留数计算}\right)$

第 8 章　拉普拉斯变换

习题 8.1

1. (1)1；　(2) $\frac{1}{s-a}$；　(3) $\frac{1}{s}$；　(4) $\frac{b}{s^2+b^2}$；

(5) $\frac{1}{s}$；　(6) $\frac{s}{s^2+b^2}$；　(7) $\frac{\Gamma(m+1)}{s^{m+1}}$；　(8) $\frac{2}{s(s^2+4)}$，$\mathrm{Re}s>0$.

2. $\mathscr{L}[f(t)]=\frac{1}{s}(2+\mathrm{e}^{-2s})$.

3. $\mathscr{L}[f(t)]=5+\frac{1}{s-2}$.

4. $\mathscr{L}[f(t)]=\frac{s^2}{s^2+1}$.

习题 8.2

1. (1)$\delta(t)$；(2) $\frac{1}{\sqrt{\pi t}}$；(3)1；(4)$\sin bt$；(5)t^m；(6)$\cos bt$；(7)e^{at}；(8)$t^m\mathrm{e}^{at}$.

2. (1)$aF(s)+bG(s)$；　(2) $\frac{1}{a}F\left(\frac{s}{a}\right)$；　(3)$\mathrm{e}^{-s\tau}F(s)$；　(4)$F(s-a)$；

(5)$s^nF(s)-s^{n-1}f(0)-s^{n-2}f'(0)-\cdots-f^{(n-1)}(0)$；　(6)$(-1)^nt^nf(t)$；

(7) $\frac{1}{s}F(s)$；　(8) $\frac{f(t)}{t}$；　(9)$\int_0^t f_1(\tau)f_2(t-\tau)\mathrm{d}\tau$；(10)$F_1(s)F_2(s)$；

(11)$\mathrm{e}^{at}f(t)$；　(12)$\int_0^t f(t)\mathrm{d}t$；　(13)$f(t-\tau)$；　(14)$f_1(t)*f_2(t)$.

3. (1)$F(s)=\frac{1}{s^2}(2+6s-3s^2)$；(2)$F(s)=\frac{1}{s}-\frac{1}{(s-1)^2}$；(3)$F(s)=\frac{10-3s}{s^2+2}$；

(4)$F(s)=\frac{1}{s}\mathrm{e}^{-\frac{s}{2}}$；　(5)$F(s)=\frac{s^2-a^2}{(s^2+a^2)^2}$；　(6)$F(s)=\frac{4}{(s-3)^2+4^2}$；

(7)$F(s)=\frac{\sqrt{\pi}}{\sqrt{s-3}}$；(8)$F(s)=\frac{2s}{(s^2+4)^2}$.

4. (1)$F(s)=\operatorname{arccot}\frac{s}{k}$；　(2)$\operatorname{arccot}\frac{s+3}{2}$；　(3)$f(t)=\frac{t}{4}(\mathrm{e}^t-\mathrm{e}^{-t})$.

5. 证明略，$\int_0^{+\infty}\frac{\mathrm{e}^{-t}-\mathrm{e}^{-2t}}{t}\mathrm{d}t=\ln 2$.

6. 证明略，$\int_0^{+\infty} te^{-2t}dt = \frac{1}{4}$.

7. $\mathscr{L}[f(t)] = \frac{e^{\pi s}}{(s^2+1)(e^{\pi s}-1)}$.

8. $\mathscr{L}[f(t)] = \frac{1}{s^2}\tanh\frac{as}{2}$.

9. 证明略.

习题 8.3

1. (1) $f(t) = \frac{1}{a^3}\left(e^{at} - \frac{a^2}{2}t^2 - at - 1\right)$； (2) $f(t) = \frac{1}{a-b}(ae^{at} - be^{bt})$.

2. (1) $f(t) = \frac{1}{a^2}(\text{ch}at - 1)$； (2) $f(t) = e^{2t} - e^t - te^t$.

3. $f(t) = \sin at * u(t) = \frac{1}{a}(1-\cos at)$.

4. (1) $f(t) = \frac{1}{6}e^{-2t}(\sin 3t + 3t\cos 3t)$； (2) $f(t) = e^{2t} - e^t - te^t$； (3) $f(t) = t\cos at$.

5. (1) $y(t) = e^{2t} - t - u(t)$； (2) $y(t) = \sin t$； (3) $y(t) = t^3 e^{-t}$.

6. (1) $\begin{cases} x(t) = -\frac{3}{2}e^t + 2t, \\ y(t) = -\frac{1}{2}e^t - \frac{1}{2}t^2 + \frac{3}{2}; \end{cases}$ (2) $\begin{cases} x(t) = \frac{2}{3}\cos 2t + \frac{1}{3}\sin 2t + \frac{1}{3}e^t, \\ y(t) = -\frac{2}{3}\cos 2t - \frac{1}{3}\sin 2t + \frac{2}{3}e^t. \end{cases}$

7. (1) $y(t) = (1-t)e^{-t}$； (2) $y(t) = \sin t$； (3) $f(t) = a\left(t + \frac{1}{6}t^3\right)$.

自测题 8

一、**1.** D **2.** C **3.** C **4.** D **5.** B **6.** D

二、**1.** $\frac{\omega}{s^2+\omega^2}, \frac{s}{s^2+\omega^2}$. **2.** $\frac{2}{s^3}$. **3.** $\text{arccot}s$. **4.** $\frac{s^2+2}{s(s^2+4)}$.

5. $2e^{-t} + 3e^{2t}$. **6.** $\frac{1}{2}t^2e^{-2t} + \frac{1}{6}t^3e^{-2t}$.

三、**1.** $F(s) = -\frac{d}{ds}\left[\frac{k}{s^2+k^2}\right] = \frac{2ks}{(s^2+k^2)^2}$.

2. $F(\omega) = \frac{1}{2}\frac{d^2}{ds^2}\left[\frac{1}{s} + \frac{s}{s^2+4}\right] = \frac{1}{s^3} - \frac{s^3-s^2+4s+4}{(s^2+4)^3} = \frac{2(s^6+24s^2+32)}{s^3(s^2+4)^3}$.

3. $F(s) = \frac{m!}{(s-a)^{m+1}}$. **4.** $F(s) = \frac{(s+a)}{(s+a)^2+k^2}$.

5. $\frac{1+e^{\pi s}}{(1+s^2)(e^{\pi s}-1)}$. **6.** $F(\omega) = 1 - \frac{\beta}{s+\beta} = \frac{s}{s+\beta}$.

7. $F(\omega) = 1 - \frac{1}{s^2+1} = \frac{s^2}{s^2+1}$.

四、1. $f_1(t)=\delta(t)+e^{-t}+3e^{-2t}-3e^{-4t}$. 2. $f_2(t)=\frac{\sin t}{t}$.(提示:利用微分性质求解)

五、1. $y(t)=\frac{1}{8}(3e^{t}-2e^{-t}+e^{-3t})$. 2. $\begin{cases} x(t)=\mathscr{L}^{-1}\left[\frac{2s-1}{s^2(s-1)^2}\right]=-t+te^{t}, \\ y(t)=\mathscr{L}^{-1}\left[\frac{1}{s(s-1)^2}\right]=1+te^{t}-e^{t}. \end{cases}$

3. $y(t)=a\mathscr{L}^{-1}\left[\frac{1}{s^2}+\frac{1}{s^4}\right]=a\left(t+\frac{1}{6}t^3\right)$.

六、$y(t)=\frac{1}{2}(\sin t-t\cos t)$.

(提示:既要利用象原函数的导数公式,又要利用象函数的导数公式)

七、$\begin{cases} Ri(t)+L\frac{\mathrm{d}i(t)}{\mathrm{d}t}=E \\ i(0)=0 \end{cases}$, $i(t)=\frac{E}{R}(1-e^{-\frac{R}{L}t})$.

第9章 MATLAB在复变函数与积分变换中的应用

习题9.1

1. (1) $-i$; (2) $\frac{1-i}{2}$; (3) $-8(1+\sqrt{3}i)$; (4) $-i$; (5) -8.

2. (1) 设 $\theta=\arctan\frac{4}{3}$,则 $\sqrt{3+4i}$ 的值为 $\pm\sqrt{5}\left(\cos\frac{\theta}{2}+i\sin\frac{\theta}{2}\right)=\pm(2+i)$;

(2) $\pm i, \pm\frac{\sqrt{3}}{2}\pm\frac{i}{2}, \pm\frac{\sqrt{3}}{2}\mp\frac{i}{2}$;

(3) $-\sqrt[8]{2}\left(\cos\frac{7\pi}{16}\pm i\sin\frac{7\pi}{16}\right)$, $\sqrt[8]{2}\left(\cos\frac{7\pi}{16}\pm i\sin\frac{7\pi}{16}\right)$.

3. (1) $\ln 10+\pi i$; (2) $\frac{\pi}{2}i$; (3) $\ln\sqrt{13}+i\left(\pi-\arctan\frac{3}{2}\right)$.

4. $z_1=\frac{1}{2}[(3-\sqrt{3})+(1+\sqrt{3})i]$, $z_2=\frac{1}{2}[(3+\sqrt{3})+(1-\sqrt{3})i]$,图略.

5. (1) $\sqrt[3]{2}$, $\sqrt[3]{2}\left(-\frac{1}{2}+\frac{\sqrt{3}}{2}i\right)$, $\sqrt[3]{2}\left(\frac{1}{2}+\frac{\sqrt{3}}{2}i\right)$; (2) $2i$, $-\sqrt{3}-i$, $\sqrt{3}-i$.

6. $z_1=\frac{17}{37}-\frac{9}{37}i$, $z_2=-\frac{10}{37}-\frac{23}{37}i$.

习题9.2

1. -1. 2. -3. 3. 2. 4. ni^{n-1}. 5. e^{1+i}.

6. $\dfrac{\cosh\frac{1}{2}-\sinh\frac{1}{2}+\left(1-\sinh\frac{1}{2}\right)i}{\cosh\frac{1}{2}}$. 7. 0. 8. $2\ln 2$.

9. $\frac{75}{2}-30\mathrm{i}$.

10. $0.4531 \pm 0.6882\mathrm{i}$, $f(0.4531 \pm 0.6882\mathrm{i}) = \pm 3.3307\mathrm{i} \cdot 10^{-16}$;

$-2.5824 \pm 1.8776\mathrm{i}$, $f(-2.5824 \pm 1.8776\mathrm{i}) = (-0.8882 \mp 3.5527\mathrm{i}) \cdot 10^{-16}$.

习题 9.3

1.

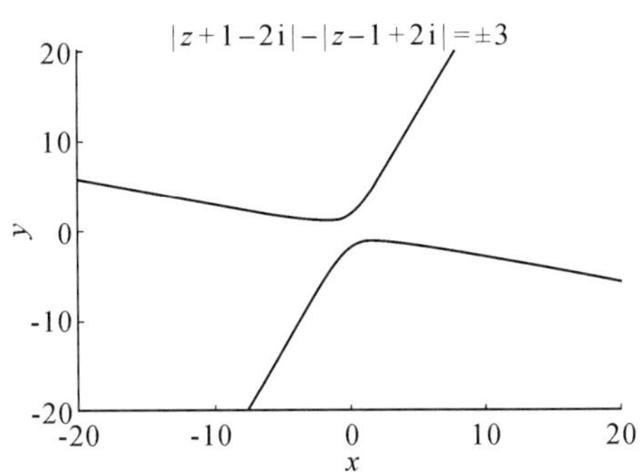

图习题 9-3-1 $|z+1-2\mathrm{i}|-|z-1+2\mathrm{i}|=\pm 3$ 的图像

2.

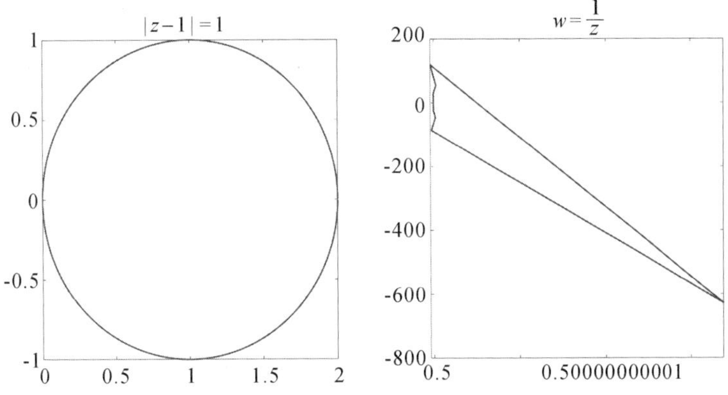

图习题 9-3-2 $|z-1|=1$ 及其在映射 $w=\frac{1}{z}$ 下的图像

3.

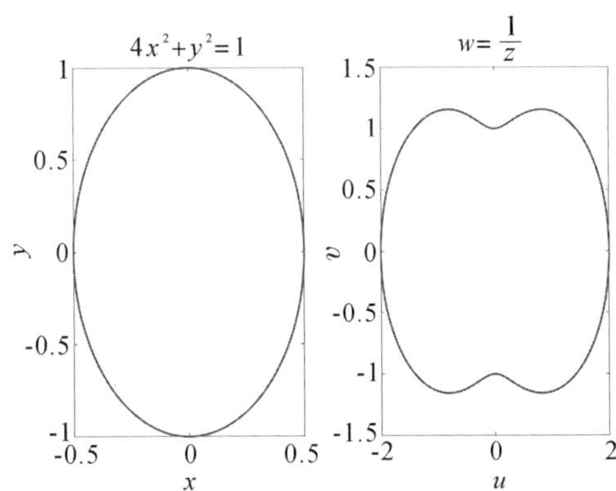

图习题 9-3-3 $4x^2+y^2=1$ 及其在映射 $w=\frac{1}{z}$ 下的图像

4.

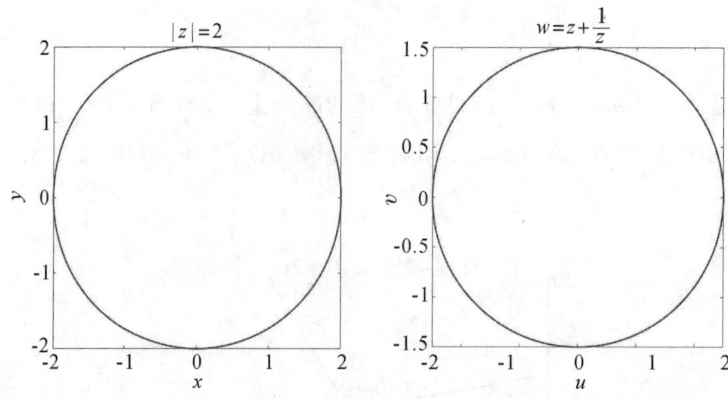

图习题 9－3－4　$|z|=2$ 及其在映射 $w=z+\dfrac{1}{z}$ 下的图像

5.

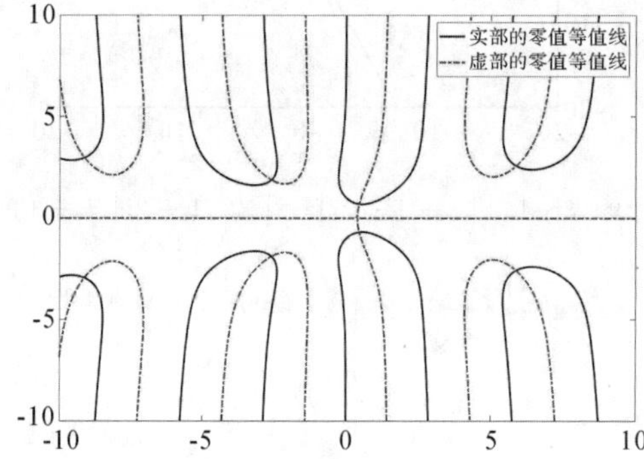

图习题 9－3－5　$f(z)$ 实部和虚部的零值等值线

6.

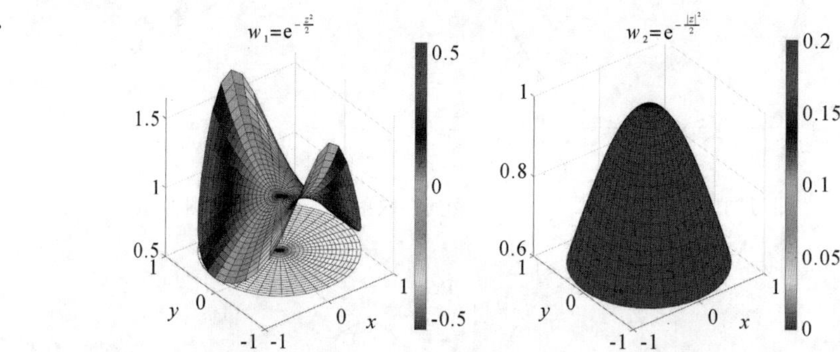

图习题 9－3－6　函数 $w_1=e^{-\frac{z^2}{2}}$ 和 $w_2=e^{-\frac{|z|^2}{2}}$ 的图形

7.（1）

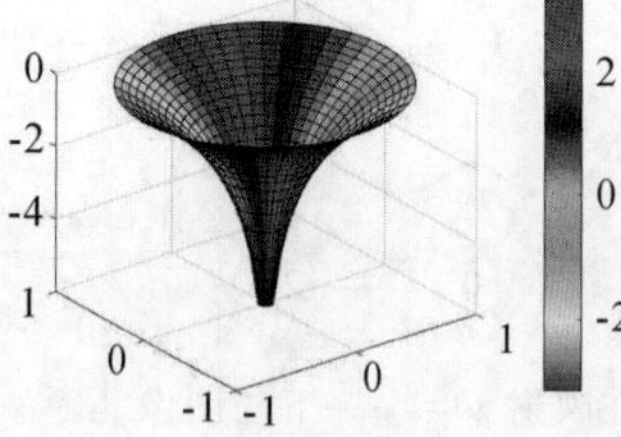

(a) 主值分支

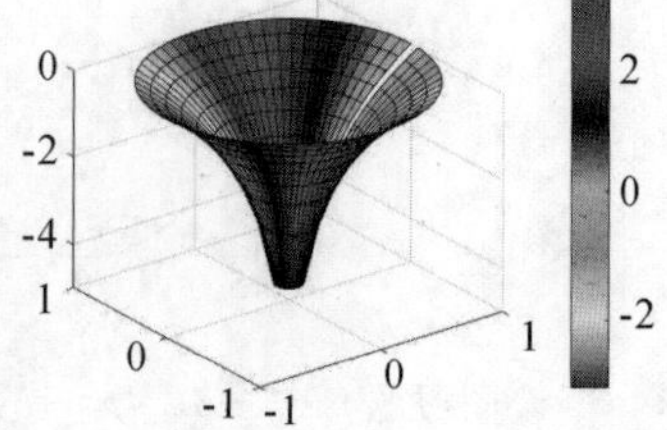

(b) 虚部为 $\arg(z^2)+0\times 2\pi$

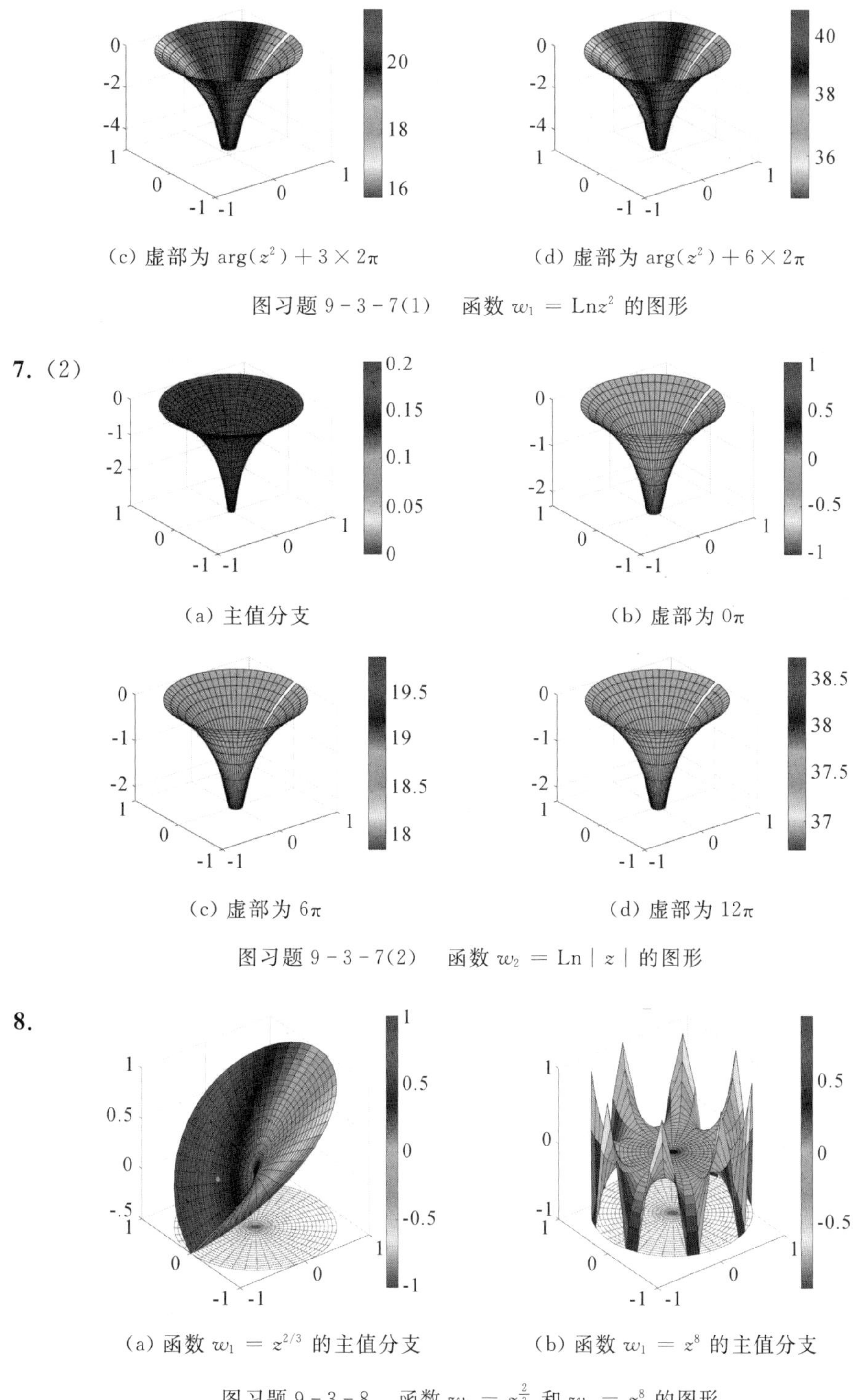

(c) 虚部为 $\arg(z^2)+3\times 2\pi$　　(d) 虚部为 $\arg(z^2)+6\times 2\pi$

图习题 9-3-7(1)　函数 $w_1=\mathrm{Ln}z^2$ 的图形

7. (2)

(a) 主值分支　　(b) 虚部为 0π

(c) 虚部为 6π　　(d) 虚部为 12π

图习题 9-3-7(2)　函数 $w_2=\mathrm{Ln}\,|\,z\,|$ 的图形

8.

(a) 函数 $w_1=z^{2/3}$ 的主值分支　　(b) 函数 $w_1=z^8$ 的主值分支

图习题 9-3-8　函数 $w_1=z^{\frac{2}{3}}$ 和 $w_2=z^8$ 的图形

9.

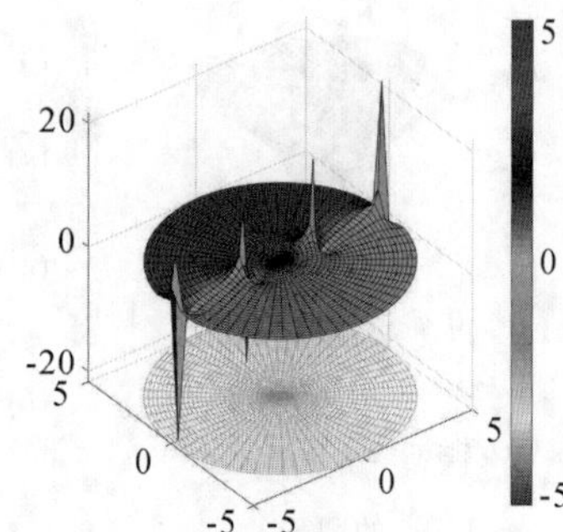

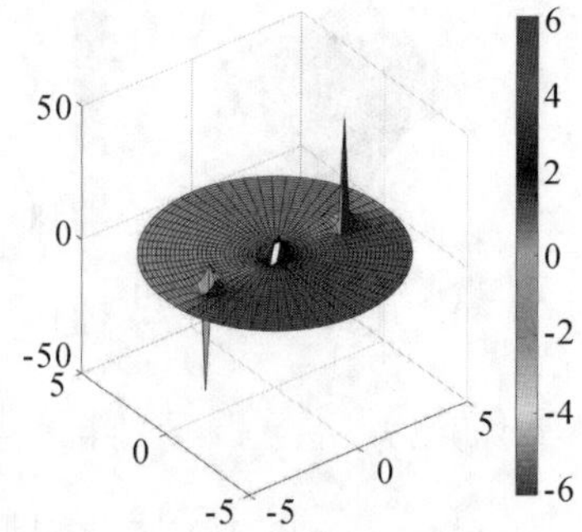

(a) 正切函数 $w_1 = \tan(z)$ 的图形　　(b) 余切函数 $w_2 = \cot(z)$ 的图形

图习题 9-3-9　函数 $w_1 = \tan z$ 和 $w_2 = \cot z$ 的图形

10.

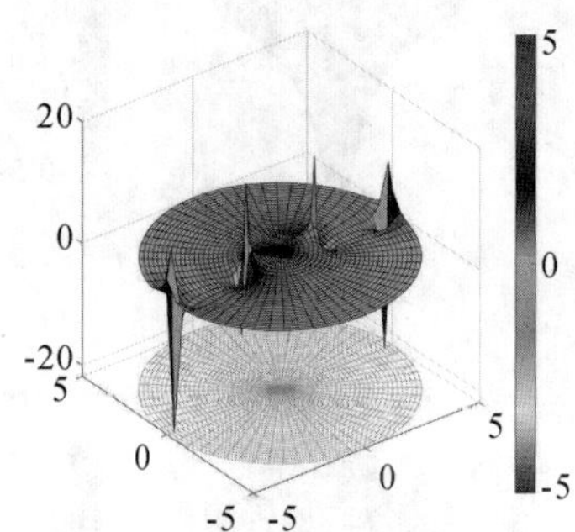

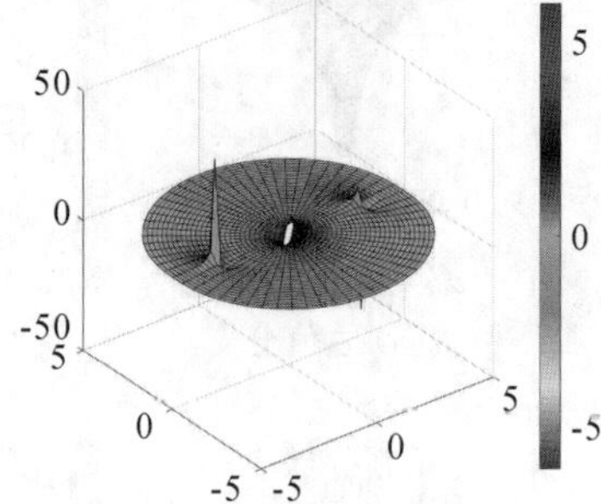

(a) 正割函数 $w_1 = \sec(z)$ 的图形　　(b) 余割函数 $w_2 = \csc(z)$ 的图形

图习题 9-3-10　函数 $w_1 = \sec z$ 和 $w_2 = \csc z$ 的图形

11.

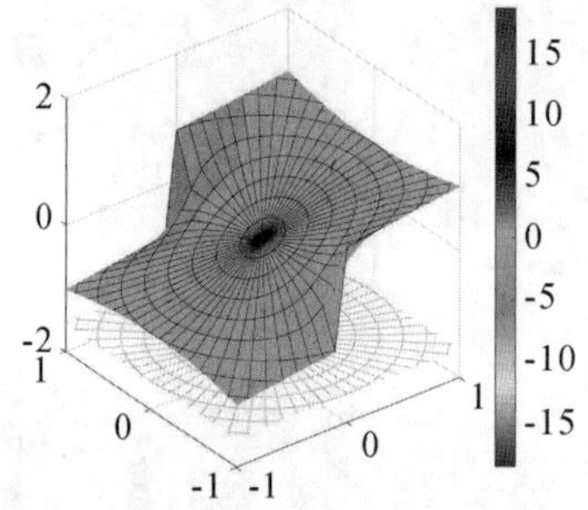

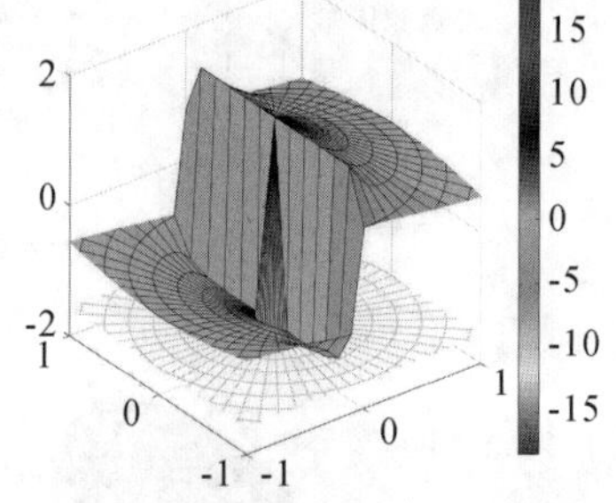

(a) 反正切 $w_1 = \text{Arctan}(z)$ 的主值分支　　(b) 反余切 $w_2 = \text{Arccot}(z)$ 的主值分支

图习题 9-3-10　函数 $w_1 = \text{Arctan} z$ 和 $w_2 = \text{Arccot} z$ 的图形

习题 9.4

1.－21. 略.

习题 9.5

1. (1)i；(2) $\frac{2}{3}(\mathrm{i}-1)$.

2. (1)0；(2)$\sin 1 - \cos 1$.

3. $4\pi\mathrm{i}$.　**4.** 0.　**5.** $2\pi\mathrm{i}$.

6. (1)$f(z)=z^2\left(1-\frac{i}{2}\right)$；　(2)$f(z)=x^3-y^3-3xy^2+3x^2y+i(c-x^3)$；

(3)$f(z)=-iz^2+2iz-i=-i(z-1)^2$.

习题 9.6

1. (1)$f_1(z)\approx 1-2\left(z-\frac{\pi}{4}\right)+2\left(z-\frac{\pi}{4}\right)^2-\frac{8}{3}\left(z-\frac{\pi}{4}\right)^3+\frac{10}{3}\left(z-\frac{\pi}{4}\right)^4-\frac{64}{15}\left(z-\frac{\pi}{4}\right)^5$；

(2) $f_2(z)\approx a+b(z-3)-\frac{a}{2!}(z-3)^2-\frac{b}{3!}(z-3)^3+\frac{a}{4!}(z-3)^4+\frac{b}{5!}(z-3)^5$，其中 $a=\cos 1+\sin 5, b=\cos 5-\sin 1$；

(3) $f_3(z)\approx 2-6z+15z^2-30z^3+66z^4-151z^5$；

$$f_4(z)\approx\frac{1}{10}+\frac{3i}{10}+\left(-\frac{6}{25}+\frac{9i}{50}\right)(z-1-i)-\left(\frac{117}{500}+\frac{81}{500}i\right)(z-1-i)^2$$
$$+\left(\frac{189}{2500}-\frac{162i}{625}\right)(z-1-i)^3+\left(\frac{6399}{25000}-\frac{243i}{25000}\right)(z-1-i)^4$$
$$+\left(\frac{2673}{31250}+\frac{28431i}{125000}\right)(z-1-i)^5.$$

2. $f(z)=\sum_{n=0}^{\infty}\left(1-\frac{1}{2^{n+1}}\right)z^n=\frac{1}{2}+\frac{3}{4}z+\frac{7}{8}z^2+\frac{15}{16}z^3+\frac{31}{32}z^4+\frac{63}{64}z^5+\cdots(0<|z|<1)$.

3. (1)$f(z)=\sum_{n=1}^{\infty}\frac{z^{n-1}}{n!}=\frac{1}{z}+\frac{1}{2}+\frac{z}{6}+\frac{z^2}{24}+\frac{z^3}{120}+\cdots$，作图略；

(2)$g(z)=\sum_{n=1}^{\infty}\frac{(-1)^{n-1}}{(2n-1)!}\frac{1}{z^{2n-1}}=z^{-1}-\frac{1}{3!}z^{-3}+\frac{1}{5!}z^{-5}+\frac{1}{7!}z^{-7}+\cdots$，作图略；

(3)$h(z)=\sum_{n=0}^{\infty}z^{-n+3}=z^3+z^2+\frac{z}{2}+\frac{1}{3!}+\frac{1}{4!}z^{-1}+\frac{1}{5!}z^{-2}+\cdots$，作图略.

4. (1) $f(z)=\sum_{n=0}^{\infty}z^{2n}=1+z^2+z^4+\cdots$，$|z|>1$；

$f(z)=\sum_{n=1}^{\infty}z^{2n}=-z^2-z^{-4}-z^{-6}-\cdots$，$|z|>1$；作图略.

(2) $g(z)=-\frac{1}{3}\sum_{n=0}^{\infty}[(-1)^n+2^{-(n+1)}]z^n=-\frac{1}{2}+\frac{1}{4}z-\frac{3}{8}z^2+\frac{5}{16}z^3-\cdots$，$|z|<1$；

$g(z)=-\frac{1}{6}\sum_{n=0}^{\infty}\frac{z^n}{2^n}-\frac{1}{3}\sum_{n=0}^{\infty}\frac{1}{n+1}=-\frac{1}{3}\sum_{n=0}^{\infty}\left(\frac{z^n}{2^{n+1}}+\frac{1}{2^{n+1}}\right)$，$1<|z|<2$；

$g(z)=\frac{1}{3}\sum_{n=0}^{\infty}[2^n-(-1)^n]z^{-(n+1)}=\frac{1}{z^2}+\frac{1}{z^3}+\frac{3}{z^4}+\frac{5}{z^5}+\frac{11}{z^6}+\cdots$，$2<|z|<\infty$；

作图略.

5. (1)$\mathrm{Res}[f(z),0]=\frac{1}{120}$；

(2)$\mathrm{Res}[f(z),0]=\frac{i}{\pi}+\frac{1}{\pi^2}$，　$\mathrm{Res}[f(z),\pi i]=0$；

(3) $\mathrm{Res}[f(z),0]=-\frac{1}{12}(5+\sqrt{3})$，　$\mathrm{Res}[f(z),1]=\mathrm{e}^{-2}\sin\left(1+\frac{\pi}{3}\right)$.

6. (1) $\mathrm{Res}[f(z),\infty]=\frac{1}{2}(\mathrm{e}^{-1}-\mathrm{e})$；　(2) $\mathrm{Res}[f(z),\infty]=\frac{1}{2}(\mathrm{e}^{-1}-\mathrm{e})$.

7. $\mathrm{Res}[f(z),0]=0$，　$\mathrm{Res}[f(z),\pm k\pi]=\frac{(-1)^k}{k\pi}$.

8. (1) $f(z)=\frac{-3+\mathrm{i}}{z-\mathrm{i}}-\frac{3+\mathrm{i}}{z+\mathrm{i}}+\frac{6}{z}$；

(2) $g(z)=-\frac{2}{z+1}-\frac{8}{(z+1)^2}+\frac{3}{z}$；

(3) $F(s)=\frac{5}{2(s+3)}-\frac{3}{s+2}+\frac{3}{2(s+1)}$.

9. (1) $\mathrm{Res}[f(z),0]=-\frac{1}{2}$，　$\mathrm{Res}[f(z),2]=\frac{3}{2}$；

(2) $\mathrm{Res}[g(z),3]=4$，　$\mathrm{Res}[g(z),2]=-3$；

(3) $\mathrm{Res}[h(z),-1]=-\frac{1}{4}$，　$\mathrm{Res}[h(z),1]=\frac{1}{4}$.

10. (1) 0；　(2) $2\pi\mathrm{i}$；　(3) $\mathrm{i}\pi(2\cos 1+\sin 1)$；　(4) $\left(\frac{237}{312500000}+\frac{779\mathrm{i}}{78125000}\right)\pi$.

11. $I=\left(4\mathrm{e}^{-2}-\frac{1}{4}\mathrm{e}^{-1}\right)\pi\mathrm{i}$.

12. 分式线性映射为 $w=\frac{\left(\frac{2}{3}\mathrm{i}+z\right)3\mathrm{i}}{6\mathrm{i}-z}=\frac{3\mathrm{i}z-2}{6\mathrm{i}-z}$.

13. 分式线性映射为 $w=\frac{2\mathrm{i}-(3+\mathrm{i})z}{2(1-z)}$.

14.

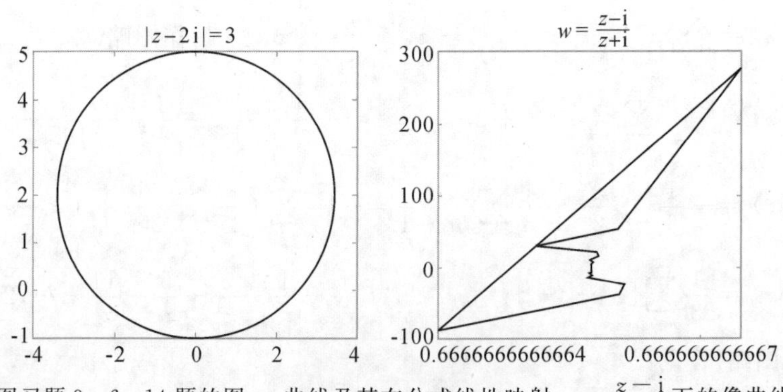

图习题 9-6-14 题的图　曲线及其在分式线性映射 $w=\frac{z-\mathrm{i}}{z+\mathrm{i}}$ 下的像曲线

15. 略.

习题 9.7

1.—2. 略.

3. 正弦变换为 $F_1(\omega)=\dfrac{1-\cos\omega}{\omega}$， 余弦变换为 $F_1(\omega)=\dfrac{\sin\omega}{\omega}$.

4. $\mathrm{e}^{-t}=\dfrac{2}{\pi}\int_0^{+\infty}\dfrac{\omega\sin\omega t}{1+\omega^2}\mathrm{d}\omega$， $\int_0^{+\infty}\dfrac{\omega\sin\omega t}{1+\omega^2}\mathrm{d}\omega=\dfrac{\pi}{2}\mathrm{e}^{-t}$.

5. (1) $F_1(\omega)=\mathrm{i}\pi[\delta(\omega+\omega_0)-\delta(\omega-\omega_0)]$；

(2) $F_2(\omega)=\pi[\delta(\omega+\omega_0)+\delta(\omega-\omega_0)]$；

(3) $F_3(\omega)=\dfrac{2\mathrm{i}E\tau^2\omega\cos\dfrac{\tau\omega}{2}}{\tau^2\omega^2-\pi^2}$；

(4) $F_4(\omega)=\dfrac{2\pi E\tau\omega\cos\dfrac{\tau\omega}{2}}{\tau^2\omega^2-\pi^2}$；

(5) $F(\omega)=\dfrac{E\tau}{2}\left[\dfrac{\sin\dfrac{\tau}{2}(\omega-\omega_0)}{\dfrac{\tau}{2}(\omega-\omega_0)}+\dfrac{\sin\dfrac{\tau}{2}(\omega+\omega_0)}{\dfrac{\tau}{2}(\omega+\omega_0)}\right]$；

(6) $F_3(\omega)=\mathrm{e}^{-\frac{\sigma^2\omega^2}{2}}$；

(7) $F(\omega)=\begin{cases}\dfrac{E\tau}{2}\dfrac{\sin^2\dfrac{\omega\tau}{4}}{\left(\dfrac{\omega\tau}{4}\right)^2}, & \omega\neq0,\\ \dfrac{\tau E}{2}, & \omega=0;\end{cases}$

(8) $F(\omega)=\dfrac{8E}{(\tau-\tau_1)\omega^2}\sin\dfrac{(\tau+\tau_1)\omega}{4}\sin\dfrac{(\tau-\tau_1)\omega}{4}$.

6. (1) $f_1(t)=\dfrac{1}{t}$；

(2) $f_2(t)=\begin{cases}1, & -1<t<1,\\ 0, & \text{其他};\end{cases}$

(3) $f_3(t)=\begin{cases}-1, & -\infty<t<-1,\\ 0, & -1<t<1,\\ 1, & 1<t<+\infty;\end{cases}$

(4) $f_4(t)=\begin{cases}-1, & -1<t<0,\\ 1, & 0<t<1,\\ 0, & \text{其他};\end{cases}$

(5) 当 $\alpha=\beta$ 时，$f_5(t)=\begin{cases}te^{-\alpha t}, & t\geqslant 0,\\ 0, & t<0,\end{cases}$

当 $\alpha\neq\beta$ 时，$f_5(t)=\begin{cases}\dfrac{E}{\beta-\alpha}(e^{-\alpha t}-e^{-\beta t}), & t\geqslant 0,\\ 0, & t<0;\end{cases}$

(6) $f_6(t)=\begin{cases}Ee^{-\alpha t}\sin\omega_0 t, & t\geqslant 0,\\ 0, & t<0;\end{cases}$

(7) $f_7(t)=\begin{cases}E\cos\omega_0 t, & |t|<\tau,\\ 0, & t\geqslant\tau.\end{cases}$

7. $f_1(\omega)=e^{-\frac{\sigma^2\omega^2}{2}}$； $f_2(\omega)=\begin{cases}1, & |\omega|\leqslant\omega_0,\\ 0, & 其他\end{cases}$； $f_3(\omega)=\dfrac{\sin\omega}{\omega}$； 频谱图和相位图略.

8. (1) $\mathscr{F}[e^{j\omega_0 t}g_1(t)]=\dfrac{\pi}{a}e^{-a|b-\omega|}$； (2) $\mathscr{F}[f(t)]=-j\dfrac{\omega}{2}\sqrt{\pi}e^{-\frac{\omega^2}{4}}$；

(3) $\mathscr{F}[f_3(t)]-\dfrac{-48\omega i}{\omega^4-64\omega^2+1600}$.

9. $f(t)*g(t)=\begin{cases}0, & t<0,\\ \dfrac{1}{\alpha-\beta}(e^{-\beta t}-e^{-\alpha t}), & t\geqslant 0.\end{cases}$

10. (1) π； (2) π； (3) $\dfrac{\pi}{2}$.

11. 略.

12. $x(t)=\dfrac{1}{3}e^{-2|t|}\operatorname{sign}(t)(e^{|t|}-1)$.

13. (1) $u(x,t)=\sin(x)\sin(t)$；

(2) $u(x,t)=\begin{cases}\dfrac{1}{2}\left[\operatorname{erf}\left(\dfrac{x}{2\sqrt{t}}\right)-\operatorname{erf}\left(\dfrac{x-1}{2\sqrt{t}}\right)\right], & 0<x\leqslant 1,\\ 0, & 其他.\end{cases}$

习题 9.8

1. (1) $f_1(s)=\dfrac{24}{s^5}-\dfrac{1}{s^2}$； (2) $f_2(s)=\dfrac{1}{s^2-1}$； (3) $f_3(s)=\arctan\dfrac{1}{s}$；

(4) $f_4(s)=\dfrac{s}{4+s^2}-\dfrac{3}{9+s^2}$； (5) $f_5(s)=\dfrac{1}{s\sqrt{s}}$； (6) $f_6(s)=\dfrac{2}{s^4-1}$；

2. (1) $f_1(s)=e^{as}\operatorname{expint}(as)$； (2) $f_2(s)=\dfrac{s^2-4s+5}{(s-1)^3}$；

(3) $f_3(s)=\dfrac{6}{(2+s)^2+36}$； (4) $f_4(s)=\sqrt{\dfrac{\pi}{s-3}}$；

(5) $f_5(s)=\dfrac{\cos at-t}{a^4}+\dfrac{t^2}{2a^2}$； (6) $f_6(s)=\dfrac{(s+2)^2-1}{[(s+2)^2+1]^2}$；

(7) $f_7(s)=-2\,\dfrac{3(s+2)^2-1}{[(s+2)^2+1]^3}$； (8) $f_8(s)=\ln\left(\dfrac{a-s}{b-s}\right)$.

(9) $f_9(s)=\dfrac{2(s^6+24s^2+32)}{s^3(s^2+4)^3}$； (10) $f_{10}(s)=\begin{cases}\dfrac{1}{s}e^{-s\tau}, & t>\tau,\\ 0, & t<\tau;\end{cases}$

(11) $f_{11}(s)=\dfrac{2\pi T}{T^2s^2+4\pi^2}(1+e^{-\frac{\tau}{2}t})$；

(12) $f_{12}(s)=\dfrac{1}{s}[c_1+(c_2-c_1)e^{-as}+(c_3-c_2)e^{-bs}]$；

(13) $f_{13}(s)=\dfrac{\pi}{2}-\arctan\dfrac{s+2}{6}$； (14) $f_{14}(s)=-\dfrac{384(s+160)}{(s+2)^2+36}$.

3. (1) $f_1(s)=\dfrac{s+3}{s(s^2+6s+13)}$； (2) $f_2(s)=\dfrac{2s^3+15s^2+36s+39}{s^2(s^2+6s+13)^2}$；

(3) $f_3(s)=\dfrac{s^2+6s+5}{s(s^2+6s+13)^2}$；

(4) $f_4(s)=\dfrac{\sqrt{\pi}}{2s}\left(\dfrac{1}{\sqrt{s+3-2i}}+\dfrac{1}{\sqrt{s+3+2i}}\right)$或 $f_4(s)=\dfrac{\sqrt{\pi}}{2s}\,\dfrac{\sqrt{s+3+2i}+\sqrt{s+3-2i}}{\sqrt{(s+3)^2+2^2}}$；

(5) $f_5(s)=\dfrac{i}{2s}\ln\left(\dfrac{s+3-2i}{s+3+2i}\right)$或 $f_5(s)=\dfrac{1}{s}\arctan\dfrac{2}{s+3}$.

4. (1) $f_1(t)=\sin^2 at$； (2) $f_2(t)=\cos^2 at$；

(3) $f_3(t)=e^{-bt}\sin at$； (4) $f_4(t)=e^{-bt}\cosh(iat)=e^{-bt}\cos at$；

(5) $f_5(t)=t^m e^{at}\,(m>-1)$； (6) $f_6(t)=e^{-bt}\sin(at+c)$；

(7) $f_7(t)=\delta(t)-be^{-\beta t}$； (8) $f_8(t)=\delta(t)-\sin t$；

(9) $f_9(t)=\dfrac{2}{t}(1-\cosh at)$； (10) $f_{10}(t)=\dfrac{2}{t}(1-\cos at)$；

(11) $f_{11}(t)=\sin at\cos bt$； (12) $f_{12}(t)=e^{-ct}(\sin at+\cos bt)$.

5. (1) $f_1(t)=\cos t-\cos 2t$； (2) $f_2(t)=\dfrac{e^{-at}}{a(a-b)}-\dfrac{e^{-bt}}{b(a-b)}+\dfrac{1}{ab}$；

(3) $f_3(t)=t+e^{-t}-1$； (4) $f_4(t)=e^{-t}(\cos t+\sin t)-e^{-2t}$；

(5) $f_5(t)=\sin t-\cos t+e^{-t}$.

6. (1) $f_1(t)=\cos t-\cos 2t$； (2) $f_2(t)=t\cos t+\sin t$；

(3) $f_3(t)=\int_0^t \tau e^{-t+\tau}\,d\tau=e^{-t}+t-1$； (4) $f_4(t)=e^t(e^t-t-1)$；

(5) $f_5(t)=\sin t-\cos t+e^{-t}$； (6) $f_6(t)=\cos t-\cos 3t$.

7. (1) $\dfrac{2e^{3t}}{27}-\dfrac{t^3}{3}-\dfrac{t^2}{3}-\dfrac{2t}{9}-\dfrac{2}{27}$； (2) $1-\cos t$；

(3) $\sinh t - t$；　　(4) $\dfrac{at\cosh at - \sinh at}{2a}$；

(5) $\begin{cases}\int_a^t f(t-\tau)\mathrm{d}\tau, & t > a,\\ 0, & t \leqslant a;\end{cases}$　　(6) $\begin{cases} f(t-a), & t > a,\\ 0, & t \leqslant a.\end{cases}$

8. 证明略.

9. (1) $f_1(t) = \dfrac{1}{2}\sin 2t$；　　(2) $f_2(t) = \mathrm{e}^{2t} - \mathrm{e}^{t}(t+1)$；

(3) $f_3(t) = 1 + (4t-1)\mathrm{e}^{4t}$；　　(4) $f_4(t) = \dfrac{1}{a^4}(\operatorname{ch} at - 1) - \dfrac{t^2}{2a^2}$.

10. $\mathscr{L}[f(t)] = \dfrac{1}{s^2}\tanh\dfrac{bs}{2}$.

11. (1) $\dfrac{3}{13}$；　(2) $\dfrac{1}{2}\ln 2$；　(3) $\dfrac{\pi}{2}$.

12. (1) $y_1 = \dfrac{3}{8}\mathrm{e}^{t} - \dfrac{1}{8}\mathrm{e}^{-3t} - \dfrac{1}{4}\mathrm{e}^{-t}$；　(2) $y_2 = \dfrac{1}{3}\mathrm{e}^{-t} + 4\mathrm{e}^{-t} - \dfrac{7}{3}\mathrm{e}^{-2t}$；

(3) $y_3 = \dfrac{4}{a}t\mathrm{e}^{t-a}$；　　(4) $y_4 = 1 - \dfrac{1}{2}(t^2 + 2t + 2)\mathrm{e}^{-t}$；

(5) $y_5 = \dfrac{7}{4}\mathrm{e}^{-t} - \dfrac{3}{4}\mathrm{e}^{-3t} + \dfrac{1}{2}t\mathrm{e}^{-t}$；

(6) $y_6 = \dfrac{1}{4}[\mathrm{e}^{-t}(\cos t - \sin t) - \mathrm{e}^{t}(\cos t - 3\sin t)]$；

(7) $y_7 = -\cos 2t - 2\sin t$.

13. (1) $y_1 = \mathrm{e}^{2t}$；　(2) $y_2 = c_0\left[\cosh(\sqrt{2}t) + \dfrac{\sqrt{2}}{2}\sinh(\sqrt{2}t)\right]$；

(3) $y_3 = ct^3\mathrm{e}^{-t}$($c$ 为任意常数)；　(4) $y_4 = -(2t^2 + 2t + 1)\mathrm{e}^{-2t} + 1$；

(5) $y_5 = t\mathrm{e}^{-t}$；　(6) $y_6 = \mathrm{e}^{-t}$；　(7) $y_7 = t^n$.

14. 略.

15. (1) $\begin{cases} x(t) = \dfrac{2\sqrt{3}}{3}\mathrm{e}^{\frac{t}{2}}\sin\dfrac{\sqrt{3}}{2}t,\\ y(t) = \left(\sqrt{3}\sin\dfrac{\sqrt{3}}{2}t + \cos\dfrac{\sqrt{3}}{2}t\right)\mathrm{e}^{\frac{t}{2}} - \mathrm{e}^{t};\end{cases}$　　(2) $\begin{cases} x(t) = t(\mathrm{e}^{t} - 1),\\ y(t) = \mathrm{e}^{t}(t-1) + 1;\end{cases}$

(3) $\begin{cases} x(t) = \dfrac{1}{2}\mathrm{e}^{t} - \dfrac{\sqrt{21}}{14}\sin\dfrac{\sqrt{21}t}{3} - \dfrac{1}{2}\cos\dfrac{\sqrt{21}t}{3},\\ y(t) = \dfrac{1}{2}\mathrm{e}^{t} + \dfrac{\sqrt{21}}{14}\sin\dfrac{\sqrt{21}t}{3} + \dfrac{1}{2}\cos\dfrac{\sqrt{21}t}{3};\end{cases}$

(4) $\begin{cases} x(t) = \dfrac{1}{16}\mathrm{e}^{2t} + \dfrac{11}{16}\mathrm{e}^{-2t} + \dfrac{t}{4}\mathrm{e}^{-2t} - \dfrac{3}{4},\\ y(t) = \dfrac{1}{8}\mathrm{e}^{2t} - \dfrac{1}{8}\mathrm{e}^{-2t} - \dfrac{t}{2}\mathrm{e}^{-2t};\end{cases}$

(5) $\begin{cases} x(t) = \dfrac{2}{3}t^2 - \dfrac{1}{3}e^{-t} - \dfrac{4}{3}t + \dfrac{1}{3}, \\ y(t) = \dfrac{2}{3}t^2 + \dfrac{1}{3}(t+1)e^{-t} + \cos t - \dfrac{4}{3}; \end{cases}$

(6) $\begin{cases} x(t) = \dfrac{1}{4}[e^t(t-1) + e^{-t}], \\ y(t) = -\dfrac{1}{4}[(3t+4)e^t - e^t]. \end{cases}$

16. (1) $u(x,t) = x - xe^{-t}$； (2) $u(x,t) = xt + t + 1$；

(3) $u(x,t) = 6e^{-\frac{\pi^2 a^2}{4}t}\sin\dfrac{\pi x}{2}$；第(4)－(6)题略.

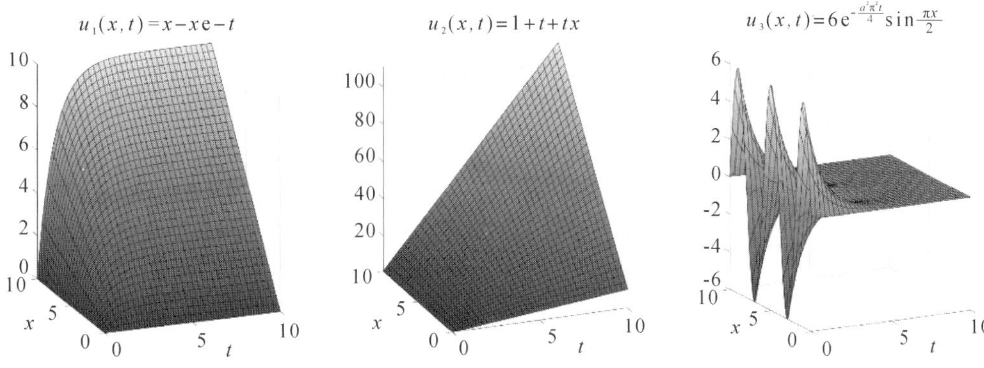

图习题 9－8－16　问题(1)～(3)的解函数